新工科·普通高等教育机电类系列教材

现代机械工程制图

第2版

主　编　许幸新　罗晨旭　白聿钦

副主编　段　鹏　孙智甲　刘　宁

参　编　刘　瑜　魏　锋　牛　赢　莫亚林

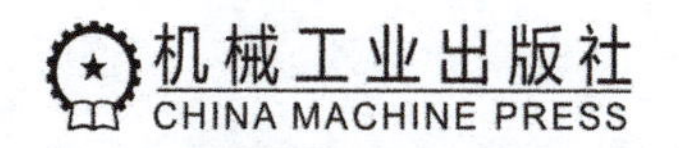

本书依据教育部高等学校工程图学课程教学指导委员会2015年制订的《普通高等学校工程图学课程教学基本要求》的精神，结合工程图学的发展趋势及新世纪人才培养的要求，总结编者多年来的教学经验及教学改革成果编写而成。全书坚持三维设计理念与工程图学经典内容有机融合、继承基本理论、探索新方法的原则，以立体表达为主线，以异维图示为工具，以培养学生空间思维能力、构形设计能力以及计算机应用能力为目标，构建基于异维图示的机械工程制图教材内容新体系。

本书内容包括制图基本知识和技能、投影基础、立体及其表面交线、组合体、轴测图、机件的常用表达方法、机械制造基础知识、标准件与常用件、零件图、装配图、计算机绘图、附录。

本书可作为普通工科院校机械制图课程的配套教材，也可供相关工程技术人员参考。另外编有《现代机械工程制图习题集》和辅助教学用多媒体课件，与本书配套使用。

图书在版编目（CIP）数据

现代机械工程制图/许幸新，罗晨旭，白聿钦主编. —2版. —北京：机械工业出版社，2024.6

新工科·普通高等教育机电类系列教材

ISBN 978-7-111-75755-9

Ⅰ.①现… Ⅱ.①许… ②罗… ③白… Ⅲ.①机械制图－高等学校－教材 Ⅳ.①TH126

中国国家版本馆CIP数据核字（2024）第092306号

机械工业出版社（北京市百万庄大街22号 邮政编码100037）

策划编辑：赵亚敏　　责任编辑：赵亚敏　杨　璇

责任校对：龚思文　王　延　　封面设计：张　静

责任印制：常天培

北京机工印刷厂有限公司印刷

2024年9月第2版第1次印刷

184mm×260mm·26.5印张·655千字

标准书号：ISBN 978-7-111-75755-9

定价：79.80元

电话服务

客服电话：010-88361066

010-88379833

010-68326294

网络服务

机　工　官　网：www.cmpbook.com

机　工　官　博：weibo.com/cmp1952

金　书　网：www.golden-book.com

机工教育服务网：www.cmpedu.com

封底无防伪标均为盗版

PREFACE

第2版前言

本书是新工科·普通高等教育机电类系列教材，是在2013年出版的第1版基础上，依据教育部高等学校工程图学课程教学指导委员会2015年制定的《普通高等学校工程图学课程教学基本要求》的精神，汲取我校近年来的实际使用经验及广大读者的反馈意见修订而成的。

为适应科学技术的发展和本课程教学改革的发展趋势，本书在继承第1版特色和基本构架的基础上，做出如下相应修改和调整。

1）考虑到本课程大部分在大学一年级开设，相关计算机知识课程尚未开设，本书在第1版坚持三维设计理念与工程图学经典内容有机融合的基础上，为充分贯彻现代设计方法的教学理念，删去涉及三维软件SolidWorks具体操作的章节内容，统一替换成三维设计理念的介绍，而不局限于某一三维软件。仅将三维建模的思路分别融入截断体、相贯体、组合体的构形，以及零件、装配体的表达中，其具体内容分别放在对应的传统教学内容之后。

2）为有效提升读者的空间思维能力，本书增加部分立体模型的对应二维码，与本校自主研发的手机APP三维虚拟模型库配合使用，方便读者浏览学习。

3）为了在有限学时内掌握三维建模思想，提升读图效率和准确度，本次修订辅以二维码和手机APP三维虚拟模型库，因此，将第1版采用异维图示表达简单立体、组合体重组到“轴测图”内容之后，缩短异维图示内容的篇幅。

4）为遵循由易到难的认知规律，将“立体的图示原理”一章更名为“投影基础”，其“平面立体投影图”内容合并到“组合体”一章的线面分析中，“轴测图”内容单独成为一章放于“组合体”之后，原有“零件的表达方法”一章中的“轴测剖视图”内容归入“轴测图”，方便读者系统学习。

5）为方便读者按照知识点汇总学习，将第三章“立体表面交线的二维作图原理”内容分别对应截交和相贯分解到截断体和相贯体内容中。

6）为简短精炼地介绍机械制造实践知识，原有“机械制造基础知识”一章，将其第一至三节合并为“零件的常用加工方法”一节内容，并将“典型零件的加工”以分类列表的形式加以体现，方便读者理解。“零件的工艺结构”内容移到“零件图”一章。

7）为便于读者分门别类，本书将“机械制造基础知识”一章中的“螺纹”内容、“零件图”一章中的“齿轮”和“弹簧”内容和“装配图”一章中的“螺纹联接”“键联结”“销联接”“齿轮啮合”和“滚动轴承”进行重组，成为“标准件与常用件”一章。

8）为完善本书立体化系列配套资源，还同步修订了与本书配套的《现代机械工程制图习题集》和课件。

9）最后增加计算机 AutoCAD 二维绘图内容。

10）更正了第1版中的一些疏漏和错误。

本书由河南理工大学主持编写，由河南理工大学许幸新、罗晨旭、白聿钦任主编，段鹏、孙智甲、刘宁任副主编。参加本次修订工作的有河南理工大学罗晨旭（第一章、第八章第三、四节和第六节、第十一章第四至六节）、魏锋（第二章）、刘宁（第四、五章）、许幸新（绪论、第六章、第七章、第八章第二节、第十一章第七、八节）、牛赢（第八章第五节、第十一章第一至三节）、段鹏（第九章）、孙智甲（第十章）、白聿钦和莫亚林（合编附录）以及河南牧业经济学院刘瑜（第三章、第八章第一节）。

另外编有《现代机械工程制图习题集》和辅助教学用多媒体课件与本书配套使用。

本书的修订工作得到了机械工业出版社和中望教育云平台的大力帮助和技术支持，在此表示衷心感谢！特别向为前一版做出贡献，而又未能参加此次修订的侯守明、杜宝玉、胡爱军、曲海军老师表示衷心的感谢！也特别向为本书配套“手机 APP 三维虚拟模型库”提供技术支持的河南理工大学智绘图学团队的吴二闯等同学表示衷心的感谢！

由于编者水平有限，本书难免存在疏漏和不足之处，敬请广大读者批评指正，并提出宝贵意见与建议。

编　者

PREFACE

第1版前言

本书依据教育部高等学校工程图学课程教学指导委员会 2010 年制定的《普通高等学校工程图学课程教学基本要求》的精神，结合工程图学的发展趋势及新世纪人才培养的要求，总结编者多年来的教学经验及教学改革成果编写而成。全书坚持三维设计理念与工程图学经典内容有机融合、继承基本理论、探索新方法的原则，以立体表达为主线，以异维图示为工具，以培养学生空间思维能力、构形设计能力以及计算机应用能力为目标，构建基于异维图示的机械工程制图教材内容新体系。

本书具有如下特点：

1. 采用“异维图示”方式表达工程形体

在图纸平面上，用二维投影图和三维立体图共同表达立体的方式，称为异维图示。

本书从开始就引入这种表达方式，此后在基本体、组合体、零件和装配体各阶段均采用异维图示。通过对照二维图与三维图，能较快地帮助学生及工程技术人员理解立体结构，有利于读者从简单到复杂、由浅到深地认识工程体，使读者较快地在头脑中完成各种空间表象的积累，适应二维图与三维图之间的切换思维，强化空间思维，进而提高读图效率和准确度。

2. 异维图示是基于计算机绘图技术的表达方式

由于用传统方法绘制复杂立体图烦琐、效率低且不易实现，二维图成为表达工程体的主要方式，三维图仅作为辅助手段，用以表达简单形体。所以，工程体采用异维图示是传统工程制图“可望而不易及”的表达方式。

计算机绘图技术的发展、各种绘图软件的成熟，为工程体三维建模提供了广阔的空间，立体的三维模型与二维投影图的转换已经实现，工程体的表达方式应与时俱进。

通过异维方式图示工程形体，必须与计算机绘图技术相结合。基于此，本书在各个章节均采用计算机绘图软件 SolidWorks 创建各类实例。由三维建模实现异维图示，有助于学生在了解传统绘图方式的基础上，熟练掌握较先进的计算机绘图技术，紧跟时代发展步伐，适应社会发展需要。

3. 基于立体表达构建内容体系

立体表达这根主线贯穿整本书。画法几何部分从“体”的表达介绍点、线、面，从平面立体投影图分析点、线、面的投影，此后基本体、截断体、相贯体和组合体各部分内容都是从体的角度进行表述，对立体的表面交线仅介绍其作图的基本原理。在专业制图部分，主要通过计算机绘图技术构建立体的三维模型，由异维图示实现工程体的三维直观显示和二维准确表达。

4. 专业制图部分加入机械制造的基本知识

为弥补大学一年级学生机械制造实践知识的缺乏和机械制造方面知识的不足，在学习零件图前，加入“机械制造基本知识”一章，使学生能够对零件的机加工过程有所了解，对各种机床、加工方法、各类零件的加工过程和工艺结构等有所认识，为学生进一步学好专业制图奠定基础。

5. 采用新的国家标准

本书采用了现行的制图国家标准。

本书由河南理工大学主持编写，由白聿钦、莫亚林任主编，段鹏、许幸新、侯守明任副主编，参加编写的有莫亚林（编写第一章）、杜宝玉（编写第二章）、白聿钦（编写第三章）、胡爱军（编写第四章）、许幸新（编写第五章）、曲海军（编写第六章）、段鹏（编写第七章）、侯守明和魏锋（编写第八章）。

另外编有《现代机械工程制图习题集》和辅助教学用多媒体课件与本书配套使用。

本书的编写工作得到了谭建荣院士的关心和支持，他对本书的目录、大纲及编写提出了宝贵的建设性指导意见，对此表示衷心感谢！

由于编者水平有限，本书难免存在疏漏之处，敬请广大读者提出宝贵意见与建议，以便今后继续改进。

编　者

CONTENTS

目　录

绪论

一、本课程的性质

本课程主要研究绘制和阅读工程图样的原理和方法，是一门既有系统理论又有较强实践性的专业技术基础课程。工程图样是准确表达客观事物的结构、形状、大小及有关要求的图形，是设计与制造中工程与产品信息的载体，在机械、土木、水利、建筑、电气等工程领域的技术与管理工作中广泛应用，被认为是工程界的“技术交流语言”或“工程师的语言”。

在现代工业生产中，机械图样应用普遍，任何机械设备、电子产品、交通运输车辆等的设计、加工、装配都离不开机械图样。设计者通过图样表达设计思想，展示设计内容，论证设计方案的合理性和科学性；生产者通过图样了解设计要求，依照图样加工制造；检验者依照图样的要求检验产品的结构和性能。

随着 CAD 技术的发展，机械产品的开发大多历经 CAD 技术三维建模、动画模拟与分析、虚拟装配检验与仿真等一系列阶段，以及时纠正设计问题，提高设计效率。因此，每个工程技术人员必须能够熟练绘制和阅读工程图样。

二、本课程的内容和任务

本课程主要包括投影理论、制图基础、工程图和计算机绘图等内容。投影理论是研究用正投影法图示空间形体和图解空间几何问题的基本理论和方法；制图基础介绍制图基本知识和技能、投影图表达物体内外形状及大小的绘图以及由投影图想象出物体内外形状的读图；工程图以机械图为主，介绍绘制和阅读机械图样的方法和步骤；计算机绘图部分介绍使用 CAD 软件绘图的基本方法和技能。

本课程的主要任务如下。

1）学习正投影法的基本理论及其应用。

2）培养空间想象能力和形象思维能力。

3）培养绘制和阅读机械图样的基本能力。

4）培养徒手绘图和尺规绘图的能力。

5）培养计算机二维绘图和三维形体建模的能力。

6）培养工程意识、标准化意识和严谨认真的工作态度。

三、本课程的学习方法

1）准备一套合乎要求的制图工具，按照正确的绘图方法和步骤认真完成作业，对作业中的错误及时修正。

2）课前预习，认真听课，及时复习，尤其是对基本概念、基本理论、基本方法要透彻理解，熟练掌握，灵活运用，并自觉按时完成一定数量的作业，以熟练掌握形体分析、线面分析和构形设计等方法。

3）注重由三维到二维，再由二维到三维的反复训练，通过一系列的绘图和读图实践，掌握空间物体和平面图形的转化规律，培养空间想象力和构思能力。

4）利用现代信息技术，以网络微课、视频等资源辅助学习，加强计算机基础知识和三维软件建模的学习，培养自主学习、构形设计和图形表达能力。

5）熟悉并严格遵守课程相关国家标准和技术规定，学会查阅有关标准和资料的方法。

四、我国工程图学发展简史

作为世界文明古国之一，我国工程图学发展历史悠久（图0-1），在天文图、地理图、建筑图、机械图等方面的杰出成就举世公认，既有文字记载，也有实物考证。例如，春秋时期的一部技术经典著作《周礼·考工记》中，已有画图工具“规、矩、绳、墨、悬、水”的记载。宋代李诫于公元1100年完成《营造法式》36卷，附图就占了6卷，如图0-2所示，其中有平面图、立体图和断面图等图样，画法上有正投影、轴测投影和透视投影等。宋代以后，元代王祯所著的《农书》、明代宋应星所著的《天工开物》等书中都附有上述类似图样，清代徐光启所著的《农政全书》画出了许多农具图样，包括构造细节和详图，并附有详细的尺寸和制造技术的注解。这充分证明了我们的祖先在很早以前对工程图学技术的研究就已经达到了较高水平。

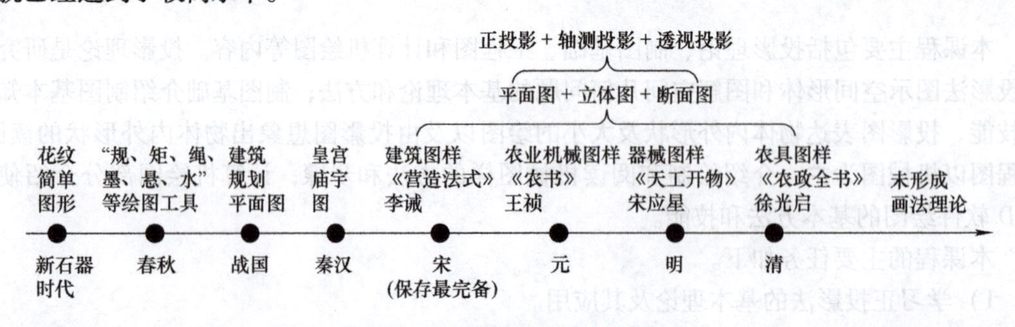

图0-1　我国工程图学发展简史

我国工程图学标准发展史如图0-3所示。新中国成立前，我国工业和科学技术发展缓慢，没有自己的标准，工程图学停滞不前。新中国成立后，工程图学得到了前所未有的发展。1956年，原第一机械工业部颁布了第1个部颁标准《机械制图》。1959年，国家科学技术委员会颁布了第1个国家标准《机械制图》，随后又颁布了国家标准《建筑制图》，使全国工程图样标准得到了统一，标志着我国工程图学进入了一个崭新的阶段。1978年，我

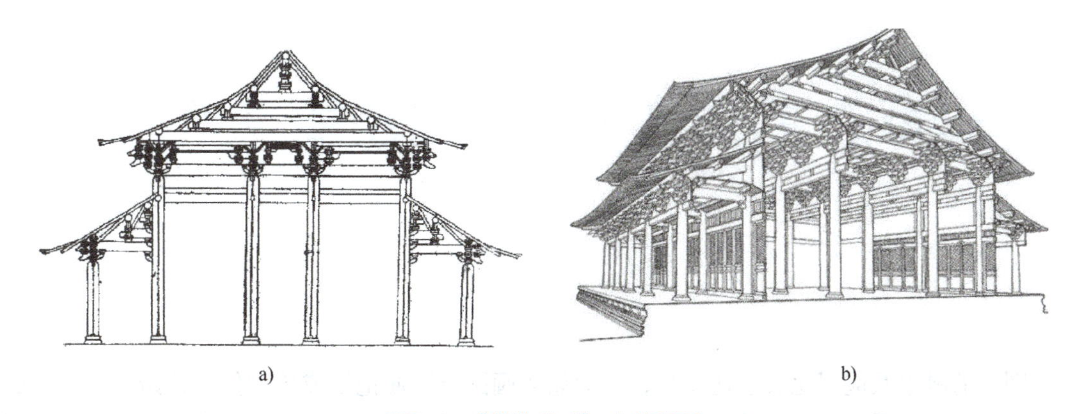

图 0-2 《营造法式》中的图例

国正式加入国际标准化组织（International Organization for Standardization，ISO）。为了更好地进行国际技术交流和进一步提高标准化水平，自 1988 年起，我国开始制定和发布了《技术制图》方面的国家标准，同时陆续发布了一系列《机械制图》《建筑制图》《电气制图》等专业制图国家标准，我国的制图标准体系达到了国际先进水平，对工程制图及工业生产起到了极大的促进作用。

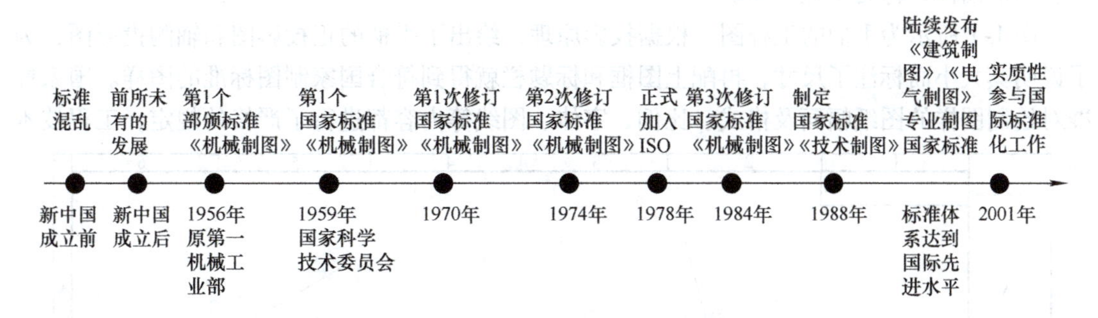

图 0-3 我国工程图学标准发展史

计算机技术的飞速发展有力地推动了制图技术的自动化。计算机绘图是利用计算机及绘图软件，对图样进行绘制、编辑、输出及图库管理的一种方法和技术。与传统的手工绘图相比，具有效率高、绘图精确、创新迅速等特点，在机械、航空航天、建筑、电子、气象等领域广泛应用。

当前，融合工业大数据、人工智能、脑科学等交叉学科的“图学 +”模式蓬勃发展，图学理论逐渐发展成为以软件的形式服务于人类。软件正改变着世界，成为各项技术创新的基础与支撑，必将进一步促进工程图学理论和技术的新发展。我国的 CAD 软件发展起步较晚，经过多年的探索，已取得很大进步，但和国外成熟的 CAD 软件相比，在性能和稳定性，尤其是高端 3D 领域还有一定差距。随着制造强国战略的推进，我国正全面提升制造创新能力，加快向“制造强国”的转变，作为我国智能制造的重要基础和核心支撑的工业软件也日益受到更高关注，其国产化程度将对实现制造强国的目标具有重要意义。因此，作为担当民族复兴大任的时代新人，更应当把使命放在心上、把责任扛在肩上，以实际行动勇攀科技高峰，为实现核心技术的自主研发与创新贡献智慧和力量！

第一章 制图基本知识和技能

图样的诞生及应用比文字还要早，从原始人画图形以便记忆或传达信息开始，到古代的先人们在农业、手工业、建筑业中大量地采用了很朴素的图样，图样的应用已有了悠久的历史。在现代工业生产中，机器与设备的设计、制造、维修，更是离不开图样。图样是表达和交流技术思想的必备工具，是产品设计、加工、装配和检验的重要依据。不会画图，就无法表达自己的构思；不会读图，就无法理解别人的设计意图。因此，工程图样一直被认为是工程界的共同语言。

在工程技术中，根据投影原理、国家标准或有关规定，准确地表达物体形状、大小及技术要求的图样，称为工程图样。

图 1-1 所示为手柄的工程图。根据投影原理，绘出了手柄的正投影图和轴测投影图，为了说明其大小而标注了尺寸，再配上图框和标题栏就得到符合国家制图标准的图样。国家标准对绘制图样的图纸幅面及格式、比例、字体、图线等内容都进行了严格的规定，工程技术

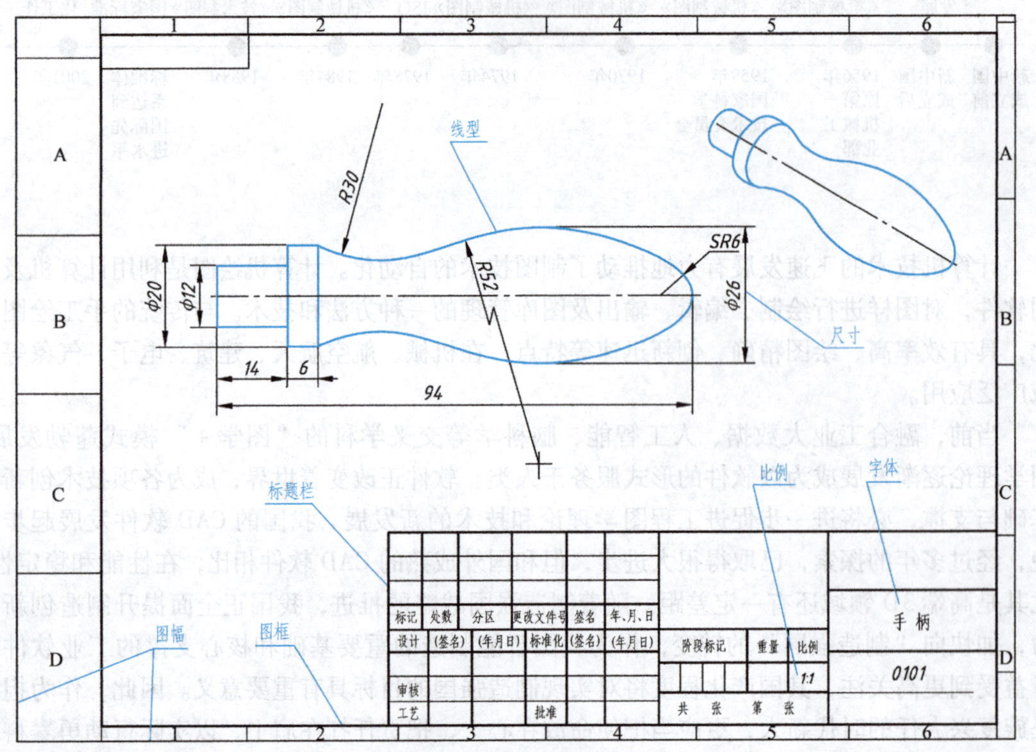

图 1-1 手柄的工程图

人员必须自觉遵守，这些内容将在本章中进行详细介绍。

第一节 国家标准的基本规定

为便于生产、管理和交流，必须对图样的画法、尺寸注法等都进行统一的规定。《技术制图》与《机械制图》是国家技术监督局发布的中华人民共和国国家标准（简称为国标），该类标准统一规定了在有关生产和设计时所需要共同遵守的技术方面的规则。

我国国家标准的代号为“GB”（“GB/T”为推荐性国标），字母后面的两组数字分别表示标准顺序号和标准颁布的年代号，例如“GB/T 14689—2008”，其中“14689”是标准顺序号，“2008”是标准颁布的年代号。

一、图纸幅面及格式（GB/T 14689—2008《技术制图 图纸幅面和格式》、GB/T 10609.1—2008《技术制图 标题栏》）

1. 图纸幅面尺寸

为了便于图纸的装订、保管及合理地利用图纸，规定图纸幅面有5种基本尺寸，见表1-1。绘制图样时，应优先采用表1-1中所规定的图纸基本幅面尺寸。

表1-1 图纸基本幅面尺寸 （单位：mm）

尺寸代号	幅面代号				
	A0	A1	A2	A3	A4
$B \times L$	841×1189	594×841	420×594	297×420	210×297
a	25				
c	10			5	
e	20		10		

必要时，图纸可按规定加长幅面。这些幅面的尺寸是由图纸基本幅面的短边成整数倍增加后得出，如图1-2所示。

2. 图框格式

图要画在图框里边，图框线必须用粗实线画出。

从是否装订来看，图框可分为两种格式，如图1-3和图1-4所示，但同一产品的图样只能采用一种格式。

不留装订边：各边均为e（a、c、e的值见表1-1）。

留装订边：装订边宽度为a，其余留边宽度为c。

图纸可以横放也可以竖放，按照标题栏在图框的方位可分为X型和Y型两种。

X型又称为横式，标题栏长边平行于图纸长边——A0～A3。

Y型又称为竖式，标题栏长边垂直于图纸长边——A4。

3. 附加符号

（1）对中符号 为了使图样复制和缩微摄影时定位方便，应在图纸各边长的中点处分别画出对中符号（图1-5）。对中符号用短粗实线绘制，线宽应不小于0.5mm，长度从纸边

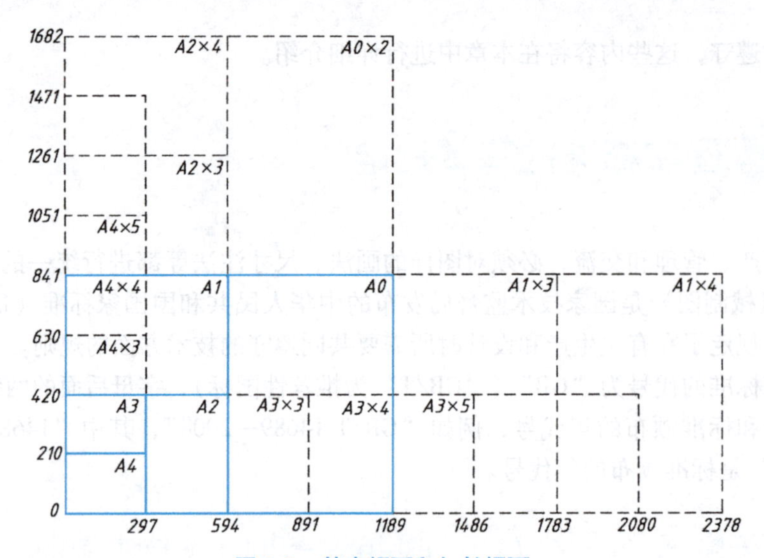

图 1-2 基本幅面和加长幅面

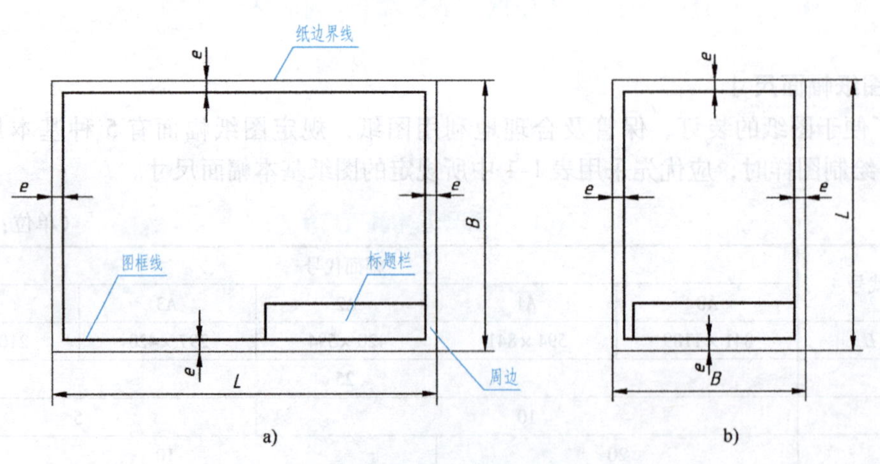

图 1-3 不留装订边的图框格式
a) X型 b) Y型

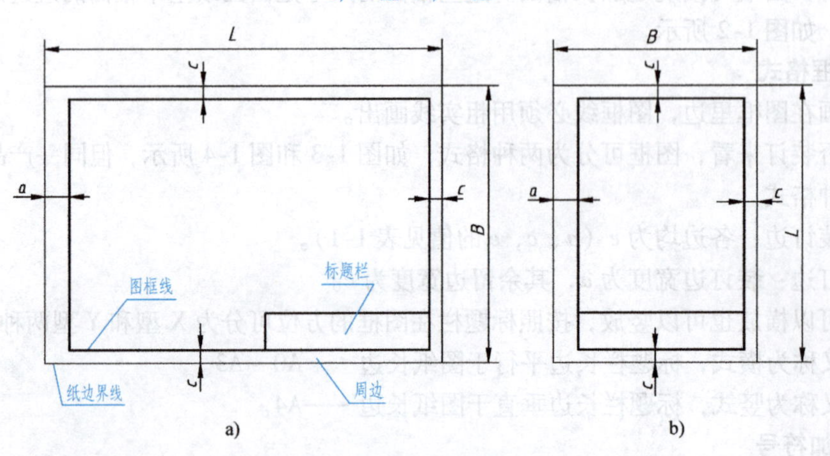

图 1-4 留装订边的图框格式
a) X型 b) Y型

界开始到伸入图框内约 5mm 为止。当对中符号处在标题栏范围内时，则伸入标题栏的部分省略不画。

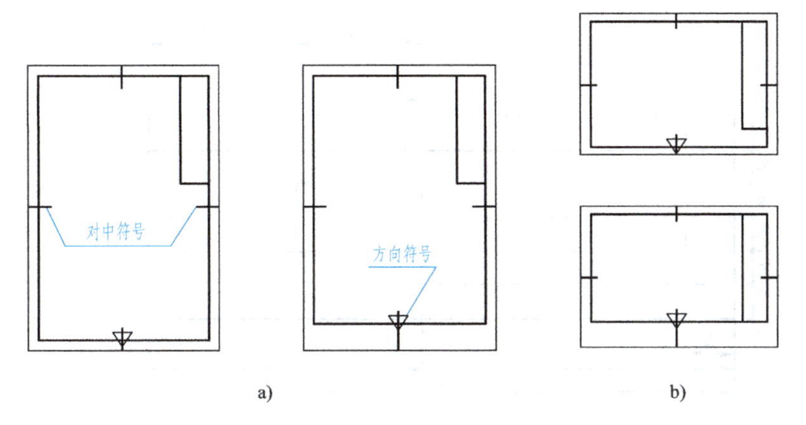

图 1-5　对中符号及方向符号

a）X 型图纸的短边置于水平位置使用　b）Y 型图纸的长边置于水平位置使用

（2）方向符号　当标题栏位于图样右上角时，为了明确绘图与看图的方向，应在图纸的下边对中符号处画出一个方向符号，其所处位置如图 1-5 所示。

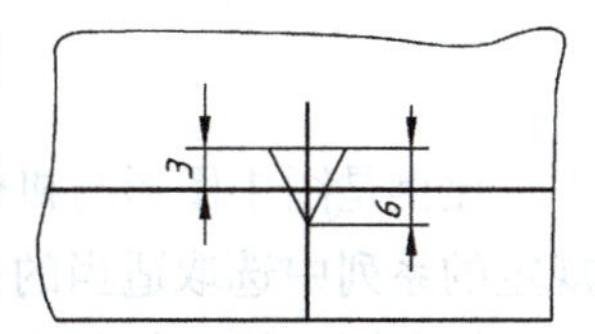

图 1-6　方向符号大小

方向符号是用细实线绘制的等边三角形，其大小如图 1-6 所示。

当图样中方向符号的尖角对着读图者时，其向上的方向即为看图的方向，但标题栏中的内容及书写方向仍按常规处理。

4. 标题栏及明细栏

每张图样上都必须有标题栏，一般位于图样的右下角，用来填写图样的综合信息。标题栏中文字书写方向通常代表看图方向，如果改变，必须标注方向符号。标准标题栏及明细栏格式如图 1-7 所示。

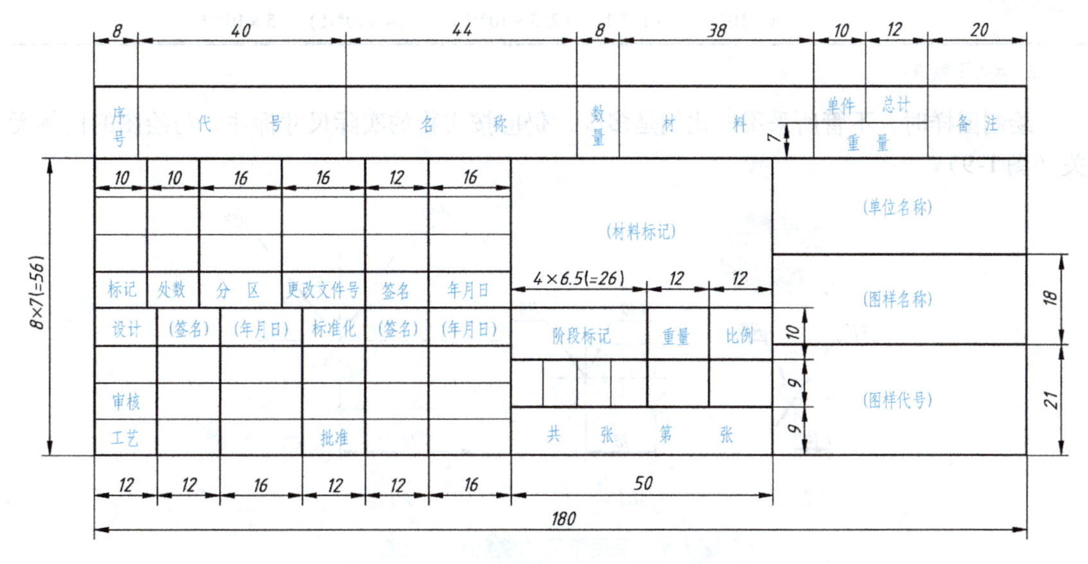

图 1-7　标准标题栏及明细栏格式

在学校的制图作业中，标题栏可以采用如图1-8所示的格式。标题栏内一般图名用10号字书写，图号、校名用7号字书写，其余都用5号字书写。

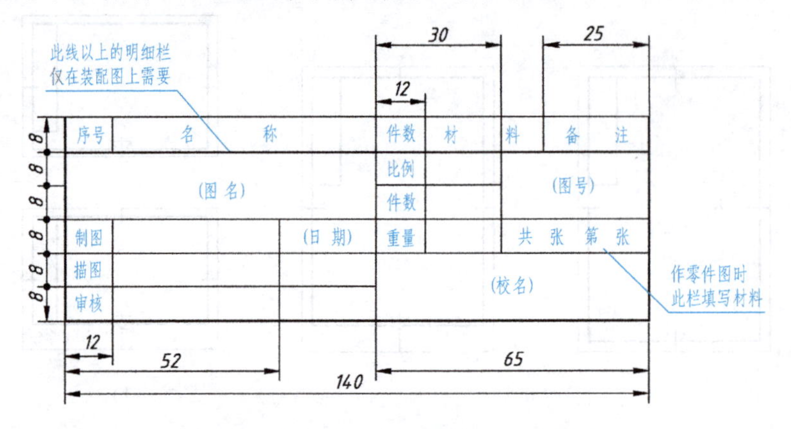

图1-8　学校作业的标题栏及明细栏格式

二、比例（GB/T 14690—1993《技术制图　比例》）

比例是图中图形与机件相应要素的线性尺寸之比。需要按比例绘制图样时，应在表1-2规定的系列中选取适当的比例，优先选用不带括号的比例。

绘制同一机件的各个视图时，应尽可能采用相同的比例，并在标题栏的比例栏中填写。

表1-2　比例

原值比例	1:1
缩小比例	(1:1.5)　1:2　(1:2.5)　(1:3)　(1:4)　1:5　(1:6)　1:10　$1:1\times10^n$　$(1:1.5\times10^n)$ $1:2\times10^n$　$(1:2.5\times10^n)$　$(1:3\times10^n)$　$(1:4\times10^n)$　$1:5\times10^n$　$(1:6\times10^n)$
放大比例	2:1　(2.5:1)　(4:1)　5:1 $1\times10^n:1$　$2\times10^n:1$　$(2.5\times10^n:1)$　$(4\times10^n:1)$　$5\times10^n:1$

注：n为正整数。

绘制图样时，不管所采用的比例是多少，仍应按实物的实际尺寸标注，与绘图的比例无关（图1-9）。

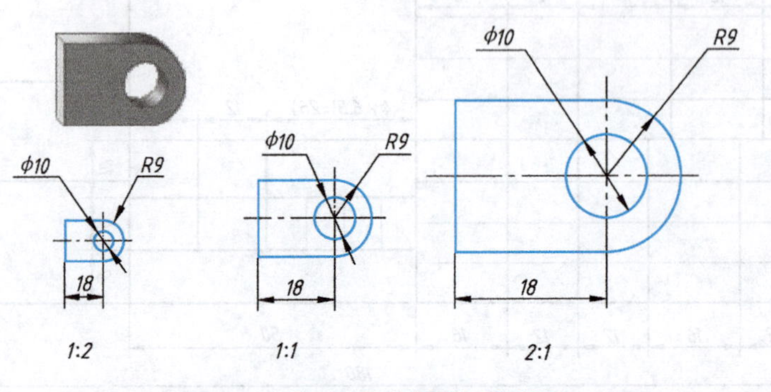

图1-9　采用不同比例所画的视图

三、字体（GB/T 14691—1993《技术制图　字体》）

工程图样中常用的字体有汉字、阿拉伯数字、拉丁字母等。图样中书写的汉字、数字、字母都必须做到：字体端正、笔画清楚、间隔均匀、排列整齐。

字体的高度（用 h 表示，单位为 mm）代表字体的号数（简称为号数）。图样中字体的高度分为 20mm、14mm、10mm、7mm、5mm、3.5mm、2.5mm、1.8mm，共 8 种。字体的高宽比为：$1:1/\sqrt{2}$，见表 1-3。

表 1-3　常用字体的大小

字号	2.5	3.5	5	7	10	14	20
(高/mm)×(宽/mm)	2.5×1.8	3.5×2.5	5×3.5	7×5	10×7	14×10	20×14

1. 汉字

汉字应采用国家正式公布的简化字，并采用长仿宋体字，汉字高不应小于 3.5mm，基本笔画和示例见表 1-4 和图 1-10。

表 1-4　长仿宋体字基本笔画

名称	横	竖	撇	捺	挑	点	钩
形状							
笔法							

图 1-10　长仿宋体字示例

书写长仿宋体字的要领是：横平竖直，注意起落，结构均匀，填满方格。

2. 字母和数字

字母和数字分为 A 型和 B 型。字体的笔画宽度用 d 表示。A 型字体的笔画宽度 $d=h/14$，B 型字体的笔画宽度 $d=h/10$。在同一图样上，只允许选用一种型式的字体。字母和数字可写成斜体或直体，但全图要统一。斜体字字头向右倾斜，与水平基准线成 75°。

用作指数、分数、极限偏差、注脚等的字母和数字，一般采用小一号的字体。

图 1-11 所示为 B 型字母和数字在图样上的应用示例。

ABCDEFGHIJKLMNOPQRSTUVWXYZ

abcdefghijklmnopqrstuvwxyz

12345678910　I II III IV V VI VII VIII IX X

R3　C2　M24-6H　Φ60H7　Φ30g6

$\Phi 20^{+0.021}_{0}$　$\Phi 25^{-0.007}_{-0.020}$　Q235　HT200

图 1-11　B 型字母和数字在图样上的应用示例

四、图线（GB/T 17450—1998《技术制图　图线》、GB/T 4457.4—2002《机械制图　图样画法　图线》）

为了表示不同的内容且能分清主次，图样中的图线必须用不同的线型及粗细来表示。

1. 基本线型

常用的基本线型有实线、波浪线、双折线、细虚线、细点画线、细双点画线等，见表 1-5。

表 1-5　基本线型及主要用途

图线名称	基本线型	图线宽度	主要用途
粗实线		*d*	可见轮廓线、可见棱边线
细实线		约 *d*/2	尺寸线、尺寸界线、剖面线、辅助线、重合断面的轮廓线、指引线、螺纹牙底线及齿轮的齿根线
波浪线		约 *d*/2	断裂处边界线、视图和剖视图的分界线
双折线	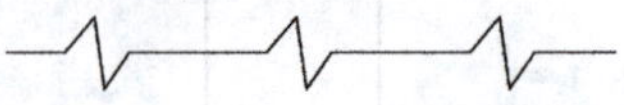	约 *d*/2	断裂处边界线、视图和剖视图的分界线
细虚线	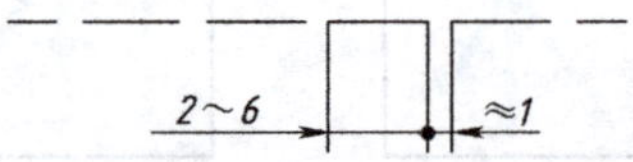 2～6　≈1	约 *d*/2	不可见轮廓线、不可见棱边线
细点画线	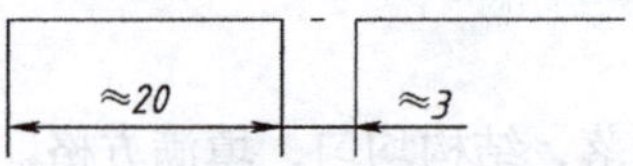 ≈20　≈3	约 *d*/2	轴线、对称中心线、齿轮的分度圆及分度线
细双点画线	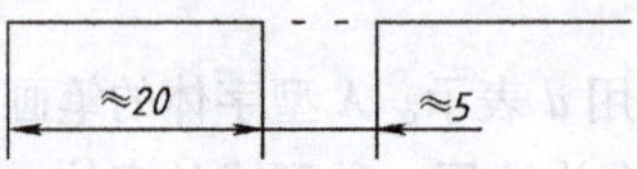 ≈20　≈5	约 *d*/2	相邻辅助零件的轮廓线、中断线、可动零件的极限位置的轮廓线

2. 图线宽度

国家标准规定了 9 种图线宽度，所有线型的图线宽度 *d* 应按图样的类型和尺寸大小在下列数系中选择：0.13mm、0.18mm、0.25mm、0.35mm、0.5mm、0.7mm、1mm、1.4mm、2mm。

在机械图样上采用两种线宽，粗线线宽与细线线宽的比例为2:1；在通常情况下，粗线的宽度优先采用0.7mm。

3. 图线应用

图1-12所示为几种常用图线的应用举例。

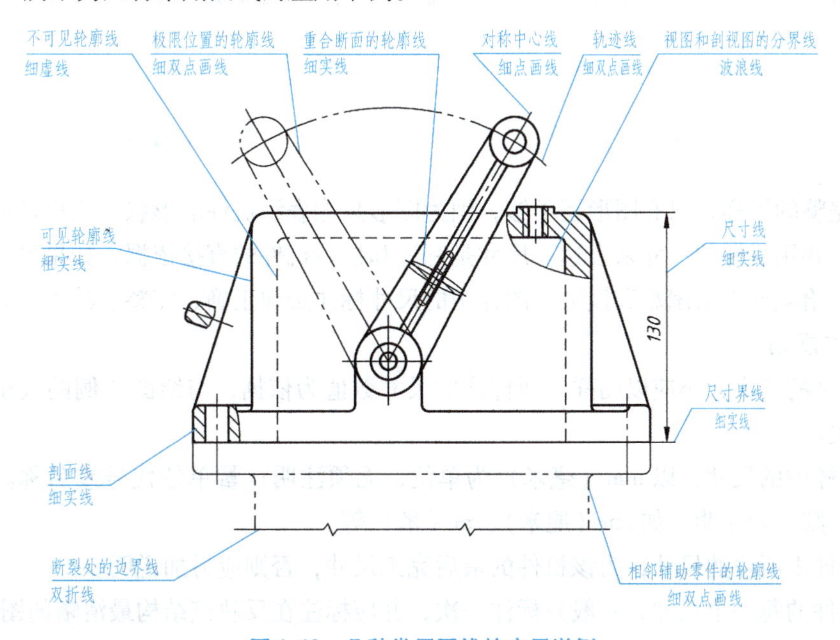

图1-12　几种常用图线的应用举例

4. 图线画法注意事项（图1-13）

1）在同一图样中，同类图线的宽度应保持基本一致。细虚线、细点画线及细双点画线的线段长度和间隔应各自大致相等。

2）绘制圆的对称中心线时，中心线应超出圆外2～5mm，圆心应为线段的交点。细点画线和细双点画线的首末两端应是线段而不是短画，且应超出图形外2～5mm。

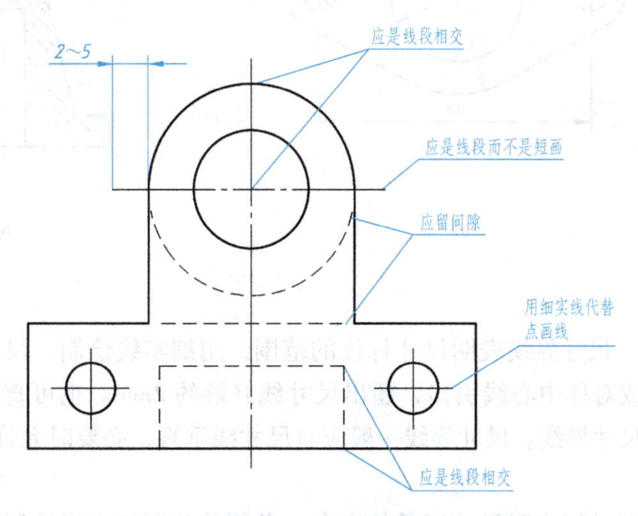

图1-13　图线画法

3）在较小的图形上绘制细点画线或细双点画线有困难时，可用细实线代替。

4）实线与细虚线、细点画线、细双点画线相交时，或细虚线、细点画线、细双点画线相交时，应该是线段相交。当细虚线是粗实线的延长线时，在连接处应断开。

5）当各种图线重合时，应按粗实线、细虚线、细点画线的顺序画出。

五、尺寸标注（GB/T 16675. 2—2012《技术制图　简化表示法　第2部分：尺寸注法》、GB/T 4458. 4—2003《机械制图　尺寸注法》）

一张完整的图样，只有图形还不够，因为图形只能表示机件的形状，而机件的大小和相对位置还需要用机件的尺寸来表达。尺寸是制造和检验机件的直接依据，如果尺寸有遗漏或错误，都会给生产带来困难和损失。图样中的尺寸标注必须正确、完整、清晰、合理。

1. 基本规则

1）机件的真实大小应以图样上所标注的尺寸数值为依据，与绘图比例的大小及绘图的准确度无关。

2）图样中的尺寸，以mm（毫米）为单位，无须注明计量单位代号或名称。若采用其他单位时，则必须注明，如cm（厘米）、m（米）等。

3）图样中所注的尺寸，为该机件的最后完工尺寸，否则应另加说明。

4）机件的每一个尺寸，一般只标注一次，并应标注在反映该结构最清晰的图形上。

2. 尺寸组成及基本规定

一个完整的尺寸由尺寸界线、尺寸线、尺寸线终端（箭头）和尺寸数字组成，如图1-14a所示。

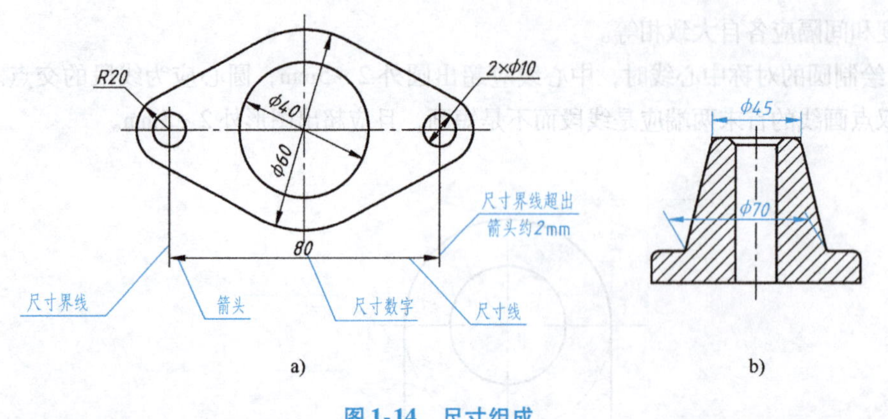

图1-14　尺寸组成

（1）尺寸界线　尺寸界线表明尺寸标注的范围，用细实线绘制。尺寸界线一般应由图形的轮廓线、轴线或对称中心线引出，超出尺寸线终端约2mm。也可直接用轮廓线、轴线或对称中心线作为尺寸界线。尺寸界线一般应与尺寸线垂直，必要时允许倾斜，如图1-14b所示。

（2）尺寸线　尺寸线表明尺寸度量的方向，必须单独用细实线绘制，不能用其他图线代替，也不得与其他图线重合或画在其延长线上，并应尽量避免尺寸线之间及尺寸线与尺寸界线之间相交。

标注线性尺寸时，尺寸线必须与所标注的线段平行，相同方向的各尺寸线的间距要均匀，一般不小于5mm，以便于注写尺寸数字和有关符号。

（3）尺寸线终端　终端可以有箭头和斜线两种形式，机械图样一般用箭头，其尖端应与尺寸界线接触，箭头长度约为粗实线宽度的6倍，如图1-15所示。

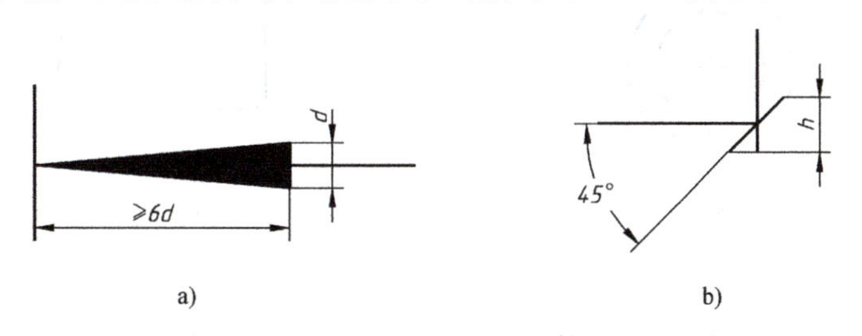

图1-15　尺寸线终端的画法

（4）尺寸数字　尺寸数字表明尺寸的数值，应按国家标准对字体的规定形式书写，一般注写在尺寸线上方或尺寸线中断处，且不能被任何图线通过，否则必须将图线断开。同一图样内字号大小应一致，位置不够可引出标注。

3. 尺寸基本注法

（1）线性尺寸的注法　标注线性尺寸时，尺寸线必须与所标注的线段平行。线性尺寸数字的方向，一般应按图1-16a所示的方向注写，并尽可能避免在图示30°范围内标注尺寸。当无法避免时，可按图1-16b所示的形式标注。

（2）圆、圆弧及球面尺寸的注法

1）如图1-17a所示，标注圆的直径时，尺寸线应通过圆心，尺寸线的两个终端应画成箭头，并在尺寸数字前加注符号“ϕ”；当图形中的圆只画出一半或略大于一半时，尺寸线应略超过圆心，此时仅在尺寸线一端画出箭头。

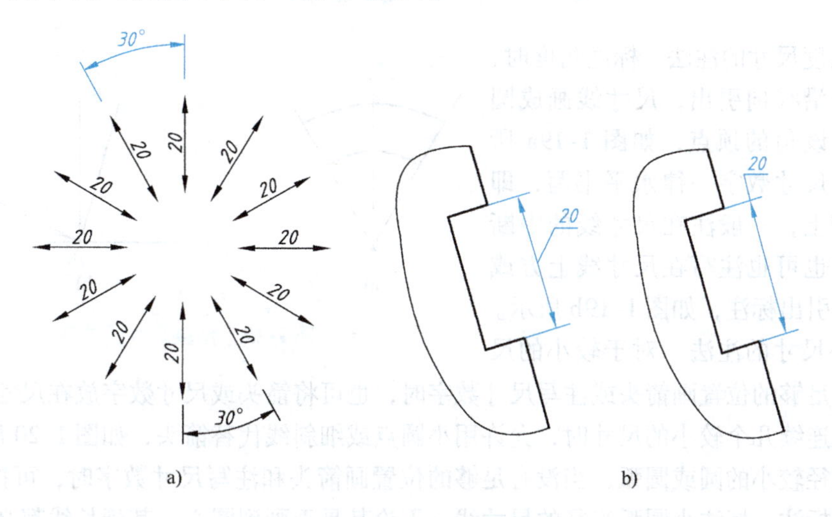

图1-16　线性尺寸的注法

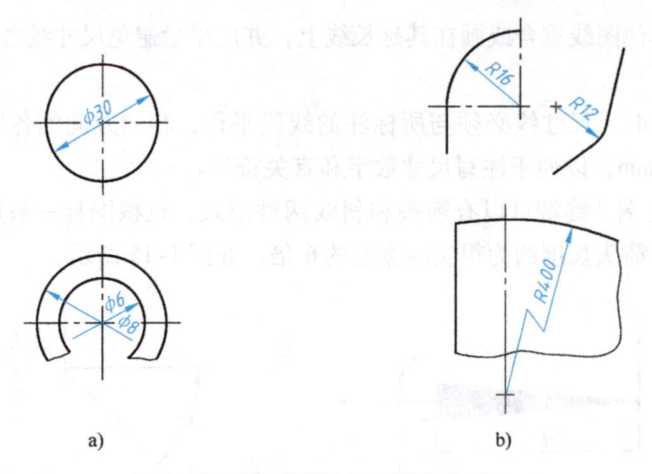

图1-17　圆的直径和圆弧半径的注法

2）如图1-17b所示，标注圆弧的半径时，尺寸线一端一般应画到圆心，另一端画成箭头，并在尺寸数字前加注符号“*R*”；当大圆弧的半径过大或在图纸范围内无法标出其圆心位置时，可将尺寸线折断。

3）标注球面的直径或半径时，应在尺寸数字前分别加注符号“*Sϕ*”或“*SR*”，如图1-18a所示。但对于有些轴及手柄的端部，在不致引起误解的情况下，可省略符号“*S*”，如图1-18b所示。

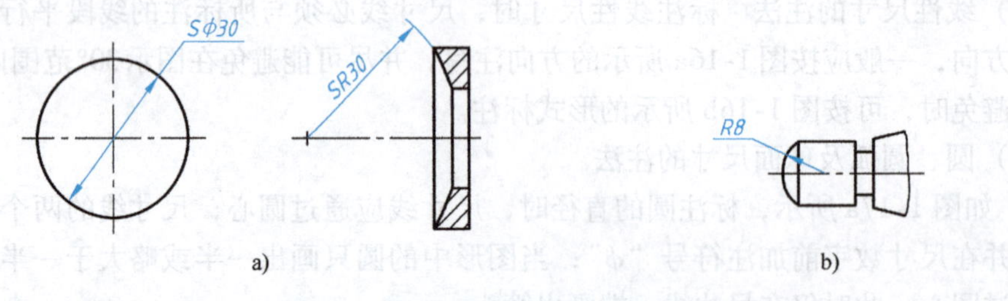

图1-18　球面或特殊球面的注法

（3）角度尺寸的注法　标注角度时，尺寸界线应沿径向引出，尺寸线画成圆弧，圆心是该角的顶点，如图1-19a所示。角度的尺寸数字一律水平书写，即字头永远朝上，一般注在尺寸线的中断处，必要时也可也注写在尺寸线上方或外面，也可引出标注，如图1-19b所示。

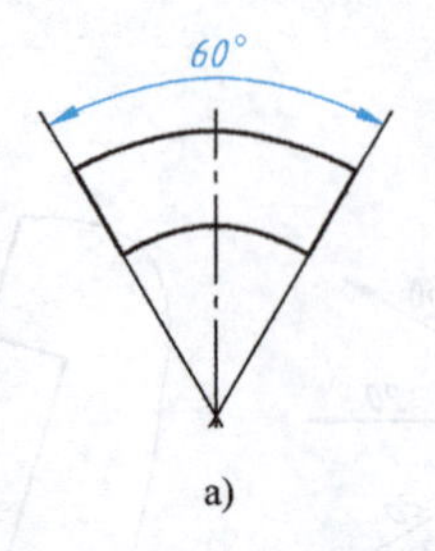

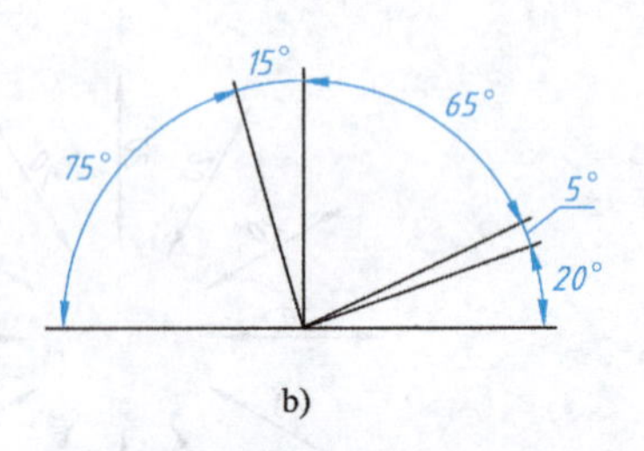

图1-19　角度尺寸的注法

（4）小尺寸的注法　对于较小的尺寸，当没有足够的位置画箭头或注写尺寸数字时，也可将箭头或尺寸数字放在尺寸界线的外面；当标注连续几个较小的尺寸时，允许用小圆点或细斜线代替箭头，如图1-20所示。

对于直径较小的圆或圆弧，当没有足够的位置画箭头和注写尺寸数字时，可按图1-21a所示的形式标注。标注小圆弧半径的尺寸线，不论其是否画到圆心，其延长线都必须通过圆心，如图1-21b所示。

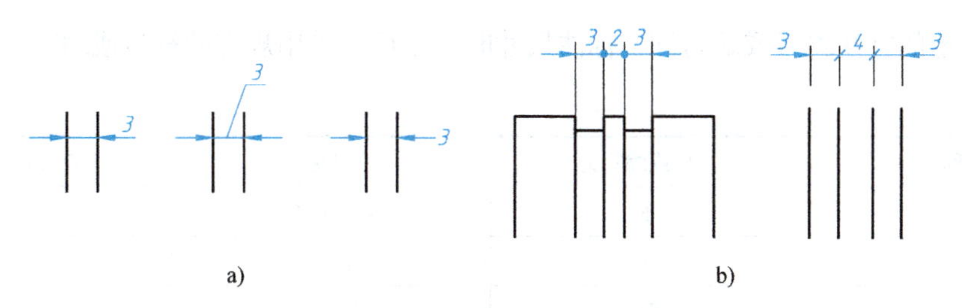

图 1-20　箭头与尺寸数字的调整

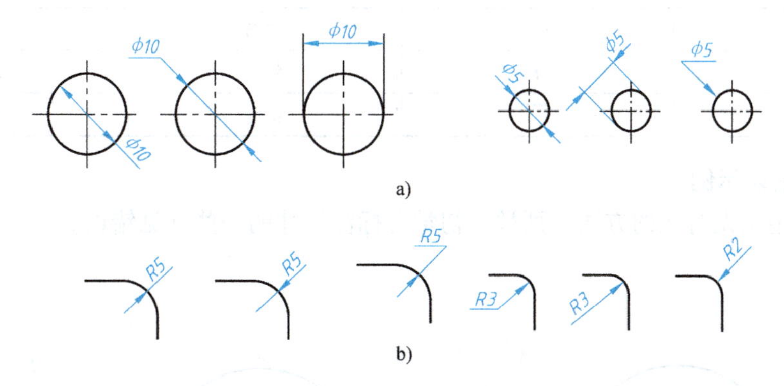

图 1-21　小圆或圆弧的注法

其他尺寸的注法，如光滑过渡处的尺寸注法、对称尺寸的注法、板状机件的厚度注法、正方形结构的尺寸注法如图 1-22 所示。

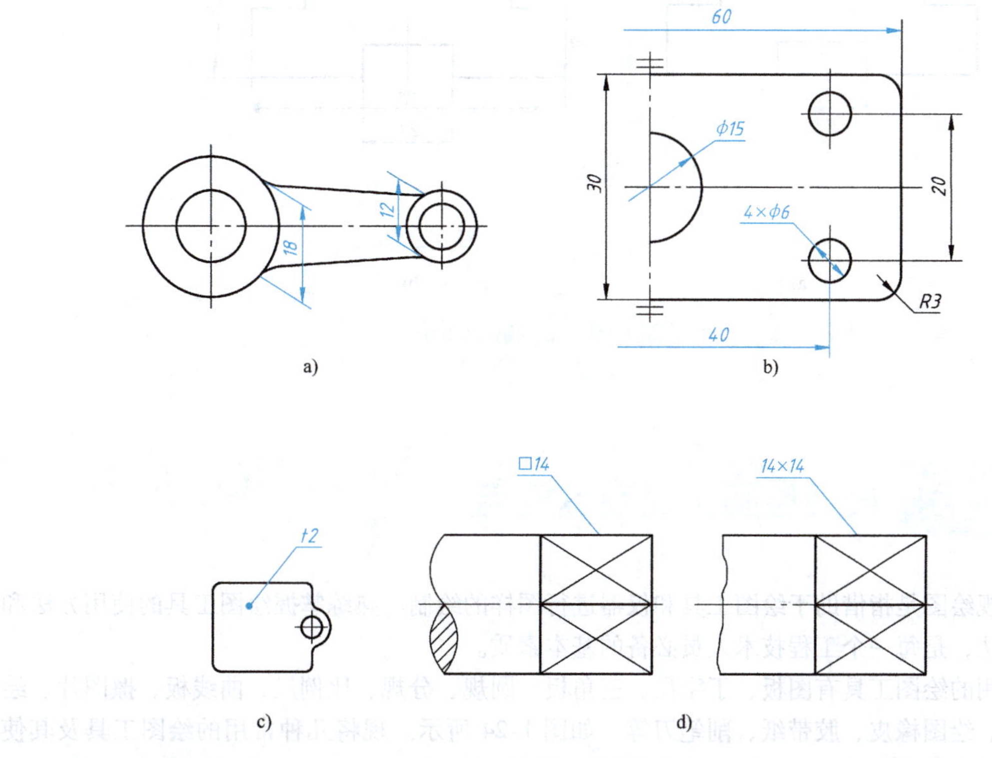

图 1-22　其他尺寸的注法

（5）规定的标注符号或缩写词 标注尺寸时，尽可能采用规定的符号或缩写词（表1-6）。

表1-6 规定的符号或缩写词

名称	符号或缩写词	名称	符号或缩写词
直径	ϕ	45°倒角	C
半径	R	深度	↧
球直径	$S\phi$	沉孔或锪平	⌴
球半径	SR	埋头孔	∨
圆弧	⌒	均布	EQS
厚度	t	斜度	∠
正方形	□	锥度	◁

4. 常见错误示例

图1-23用正误对比的方法，列举了初学者标注尺寸的一些常见错误。

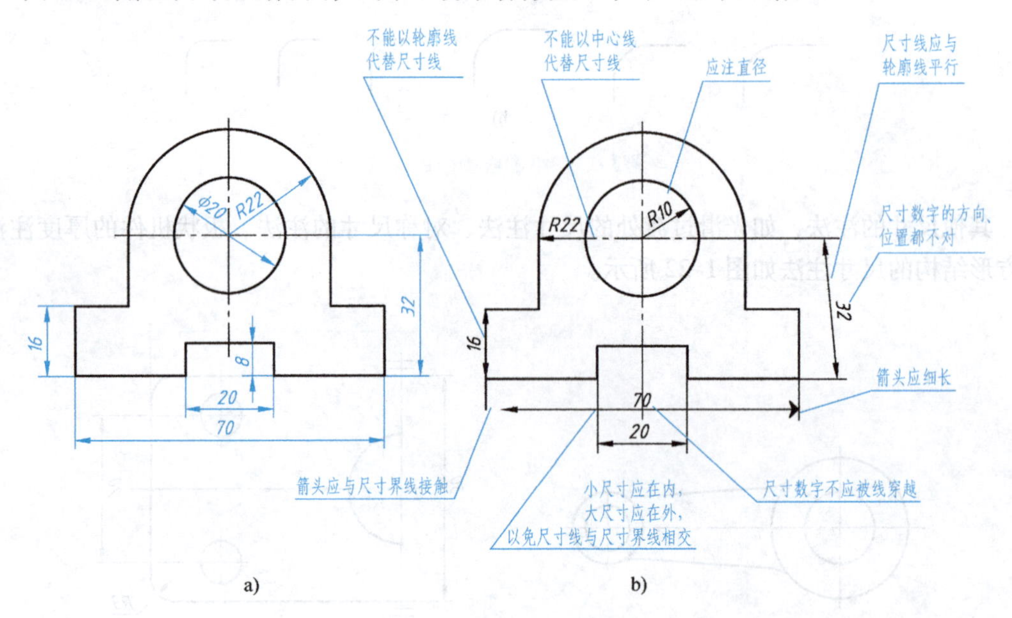

图1-23 常见错误示例
a）正确 b）错误

第二节 尺规绘图工具及其使用

尺规绘图是指借助于绘图工具和仪器进行图样的绘制。熟练掌握绘图工具的使用方法和图样画法，是每一个工程技术人员必备的基本素质。

常用的绘图工具有图板、丁字尺、三角板、圆规、分规、比例尺、曲线板、擦图片、绘图铅笔、绘图橡皮、胶带纸、削笔刀等，如图1-24所示。现将几种常用的绘图工具及其使用方法分别介绍如下。

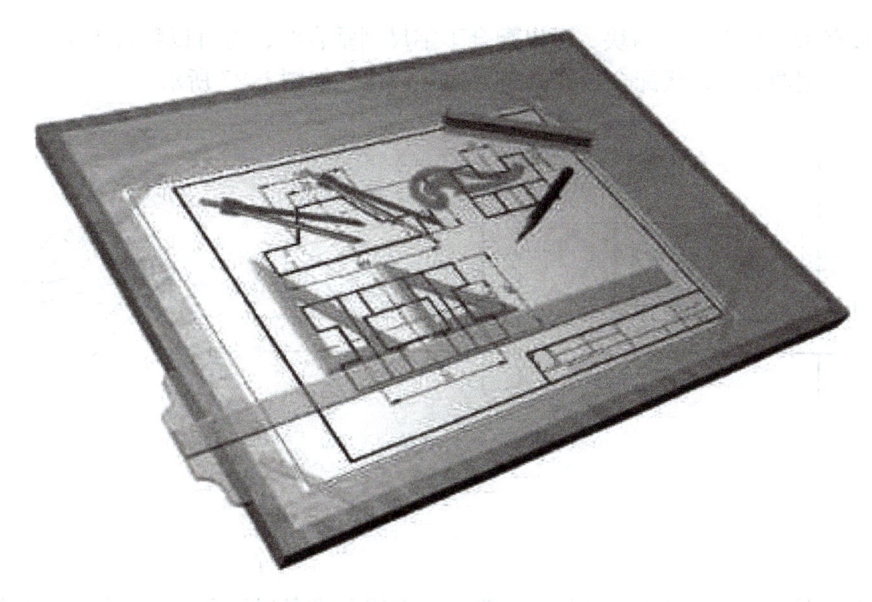

图 1-24　常用的绘图工具

一、图板、丁字尺和三角板

图板是供画图时使用的垫板，要求表面平坦光洁，用作导边的左边必须平直，以保证与丁字尺内侧边的紧密接触。

丁字尺由尺头和尺身两部分组成。丁字尺与图板配合使用，主要用来画水平线。丁字尺与三角板配合使用，主要用来画竖直线。

用丁字尺画水平线时，用左手握住尺头，使其紧靠图板的左边做上下移动，右手执笔，沿尺身上部工作边自左向右画线。当画较长的水平线或所画线段的位置接近尺尾时，左手应按牢尺身，以防止尺尾翘起和尺身摆动。用铅笔沿工作边画直线时，笔杆应稍向外倾斜，尽量使笔尖贴靠工作边，如图 1-25 所示。用丁字尺画垂直线，如图 1-26 所示。

画线时，铅笔在前后方向应与纸面垂直，而且向画线前进方向倾斜约 30°。当画粗实线时，因用力较大，倾斜角度可小一些。画线时用力要均匀，匀速前进。

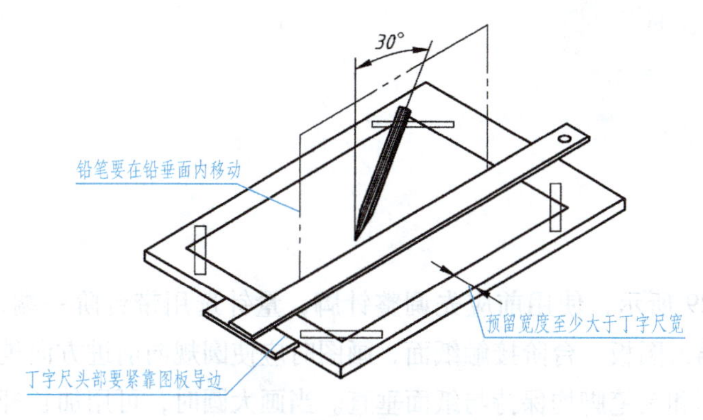

图 1-25　用丁字尺画水平线

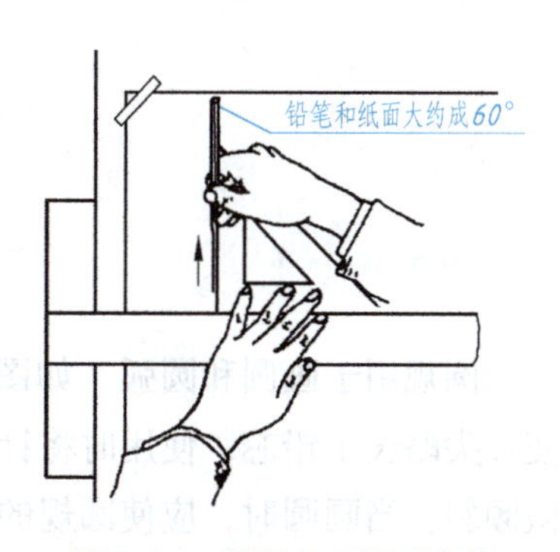

图 1-26　用丁字尺画垂直线

三角板有 45°和 30°/60°两块，可以配合丁字尺画垂直线，也可以配合丁字尺画 15°倍角的倾斜线，或用两块三角板配合画任意角度的平行线，如图 1-27 所示。

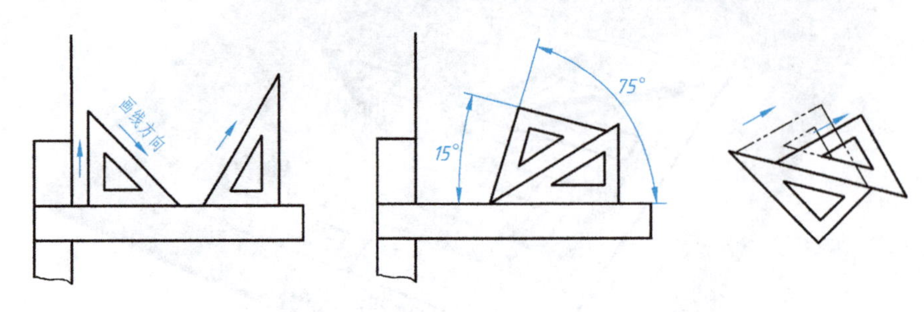

图 1-27　三角板的使用

二、铅笔和铅芯

绘制工程图样时要选择专用的绘图铅笔，一般需要准备以下几种型号的绘图铅笔。

B 或 HB——用来画粗实线。

HB——用来画细实线、细点画线、细双点画线、细虚线和写字。

H 或 2H——用来画底稿。

H 前的数字越大，画出来的图线就越淡；B 前的数字越大，画出来的图线就越黑。由于圆规画圆时不便于用力，因此安装在圆规上的铅芯一般要用 2B 以上的铅芯。用于画粗实线的铅笔和铅芯应磨成矩形断面，其余的磨成圆锥形，如图 1-28 所示。

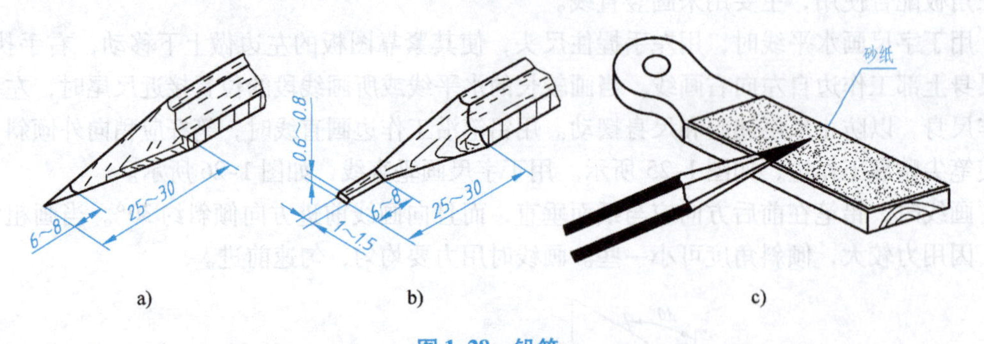

图 1-28　铅笔

a）磨成锥形　b）磨成矩形　c）铅笔的磨法

三、圆规

圆规用于画圆和圆弧。如图 1-29 所示，使用前应先调整针脚，量针选用带台阶一端，使针尖略长于铅芯，使用时将针尖插入图板，台阶接触纸面，画图时应使圆规向前进方向稍微倾斜。当画圆时，应使圆规的针脚和铅笔脚均保持与纸面垂直。当画大圆时，可用加长杆来扩大所画圆的半径。

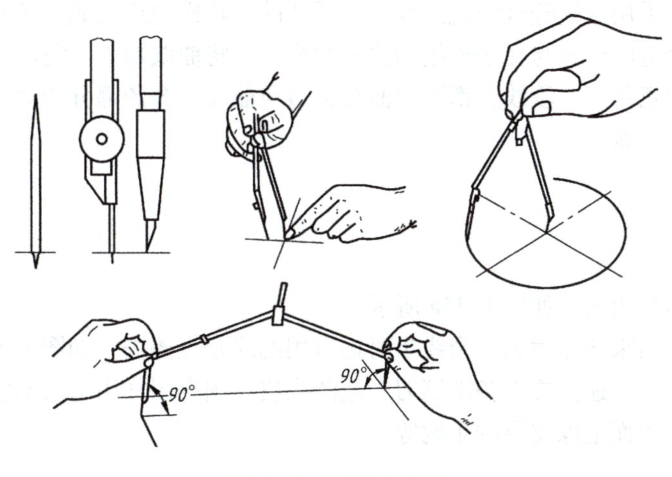

图 1-29　圆规的用法

四、分规

分规是用来量取线段长度和分割线段的工具，分规使用时两针尖应平齐，如图 1-30 所示。

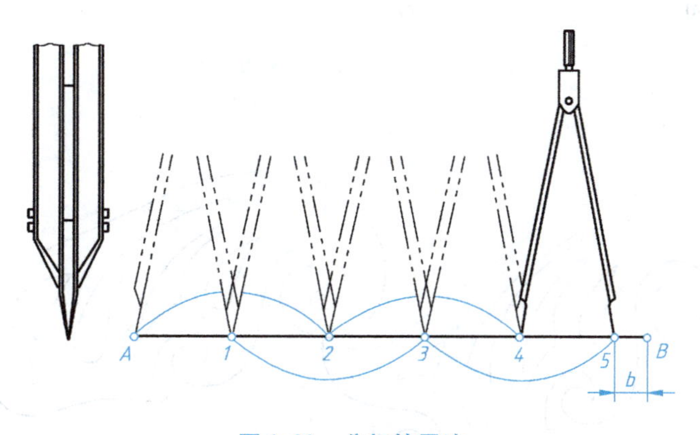

图 1-30　分规的用法

五、比例尺

比例尺有三棱式和板式两种，如图 1-31a、b 所示，尺面上有各种不同比例的刻度。当用不同比例绘制图样时，只需要直接在比例尺上的相应比例刻度上量取，省去了麻烦的计算，加快了绘图速度，如图 1-31c 所示。

六、曲线板

曲线板是用来绘制非圆曲线的工具，其轮廓线由多段不同曲率半径的曲线组成，如图 1-32所示。

作图时，先徒手用铅笔轻轻地把曲线上一系列的点顺次地连接成一条光滑曲线，然后选择曲线板上曲率合适的部分与徒手连接的曲线贴合，并将曲线加深。每次连接应至少通过曲线上3个点，并注意每画一段线，都要比曲线板边与曲线贴合的部分稍短一些，这样才能使所画的曲线光滑地过渡。

七、其他绘图用品

量角器用来测量角度，如图1-33a所示。

简易的擦图片用来防止擦去多余线条时把有用的线条也擦去，如图1-33b所示。

另外，在绘图时，还需要准备削笔刀、绘图橡皮、固定图样用的透明胶带纸、磨铅笔用的砂纸，以及清除图面上橡皮屑的小刷等。

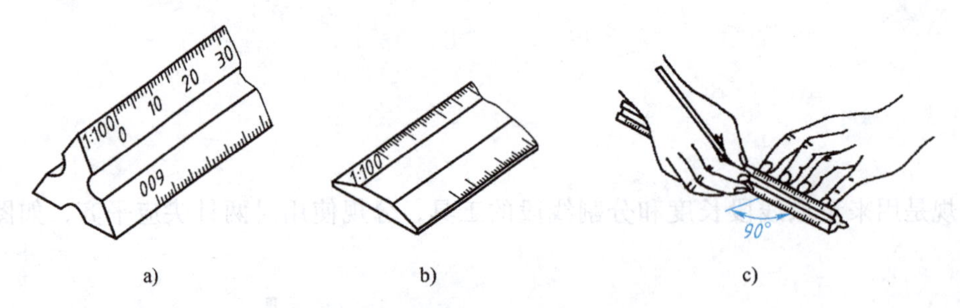

图1-31　比例尺及其使用方法

a）三棱式　b）板式　c）绘图示例

图1-32　曲线板及其使用方法

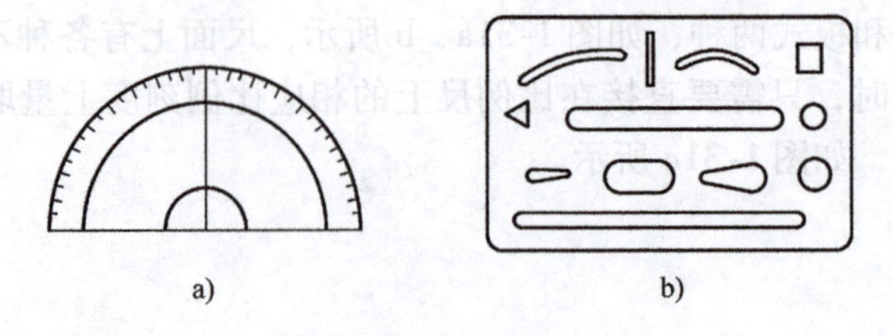

图1-33　其他绘图工具

a）量角器　b）擦图片

第三节　几何作图

虽然机件的轮廓形状是多种多样的，但它们的图样基本上都是由直线、圆弧和其他一些曲线所组成的几何图形，因此在绘制图样时经常要运用一些最基本的几何作图方法。

一、直线段的任意等分

等分已知直线段的一般作图法，如图1-34所示。如将已知直线段AB等分为5份，则可过其一个端点A任作一直线AC，用分规以任意相等的距离在AC上量得1、2、3、4、5各等分点（图1-34a），然后连接$5B$，并过各等分点作$5B$的平行线，即得AB上的各等分点1′、2′、3′、4′（图1-34b）。利用此种办法也可将一直线段分成任意比的两段。

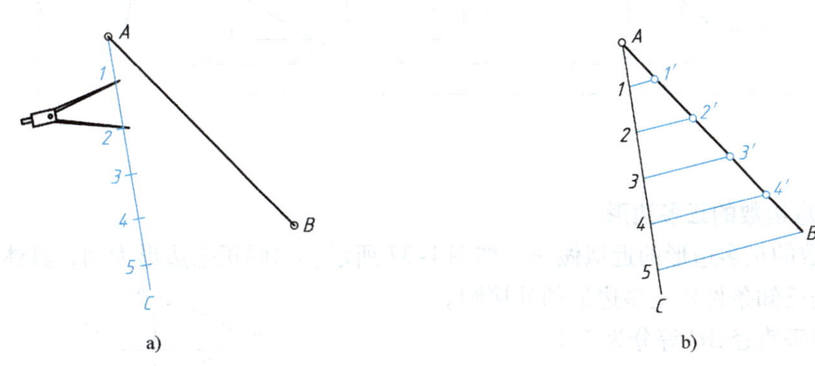

图1-34　等分线段

二、正多边形画法

1. 作圆内接正五边形

如图1-35所示，若已知外接圆直径求作正五边形，其作图步骤如下。

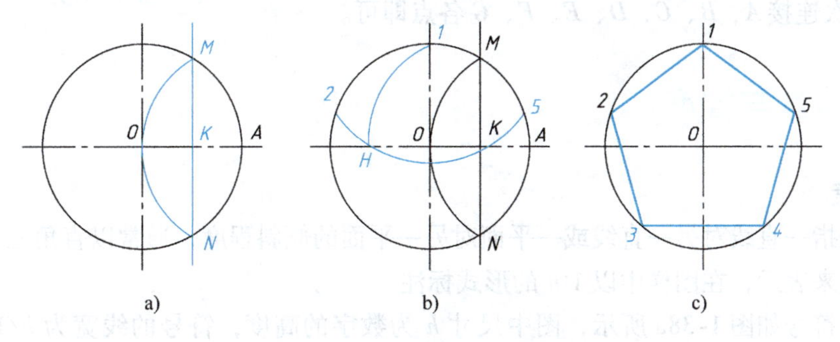

图1-35　正五边形的作图方法

1）以点A为圆心、AO为半径作圆弧，交圆于点M、点N；连接点M、点N，MN与OA的交点为点K。

2）以点 K 为圆心、$K1$ 为半径作圆弧，交水平直径于点 H；再以点 1 为圆心、$1H$ 为半径作圆弧，交圆于点 2 和点 5。

3）分别以点 2、点 5 为圆心，弦长 12 为半径作圆弧，交圆于点 3 和点 4。

4）连接点 1、点 2、点 3、点 4、点 5，即为正五边形。

2. 作圆内接正六边形

工程图样中最常遇到的正多边形即为正六边形，在实际制图时，人们习惯于使用 30°或 60°三角板与丁字尺配合，根据已知条件直接作正六边形，其外接圆也可省略不画，具体作图方法如图 1-36 所示。

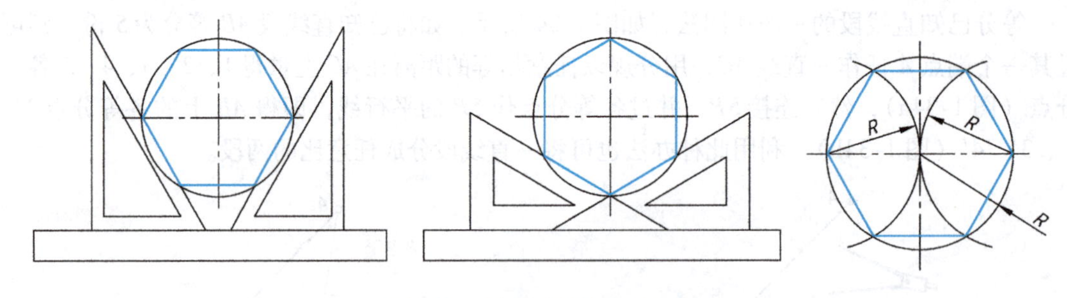

图 1-36 正六边形的作图方法

3. 作任意边数的正多边形

任意边数的正多边形的近似做法，如图 1-37 所示。以画正七边形为例，具体步骤如下。

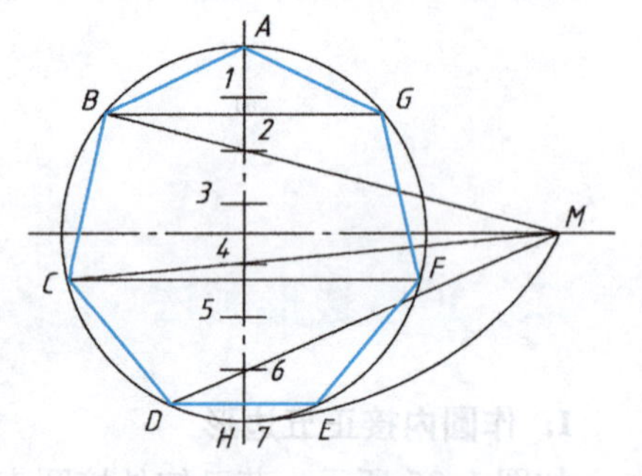

图 1-37 正七边形的作图方法

1）根据已知条件作正多边形的外接圆。

2）将铅垂直径 AH 等分为 7 份。

3）以 A 为圆心、AH 为半径画弧交水平直径延长线于点 M。

4）延长 $M2$、$M4$、$M6$ 与外接圆分别交于点 B、点 C、点 D。

5）分别过点 B、点 C、点 D 作水平线与外接圆分别交于点 G、点 F、点 E。

6）顺次连接 A、B、C、D、E、F、G 各点即可。

三、斜度与锥度

1. 斜度

斜度是指一直线对另一直线或一平面对另一平面的倾斜程度，通常以直角三角形中两直角边的比值来表示，在图样中以 1:n 的形式标注。

斜度的符号如图 1-38a 所示，图中尺寸 h 为数字的高度，符号的线宽为 h/10。标注斜度的方法如图 1-38b、c 所示，应注意斜度符号的方向应与斜度的方向一致。

如图 1-39a 所示，物体的左部具有斜度为 1:5 的斜面，其正面投影的作图步骤如下：先按其他有关尺寸作它的非倾斜部分的轮廓（图 1-39b），再过点 A 作水平线，用分规任取一

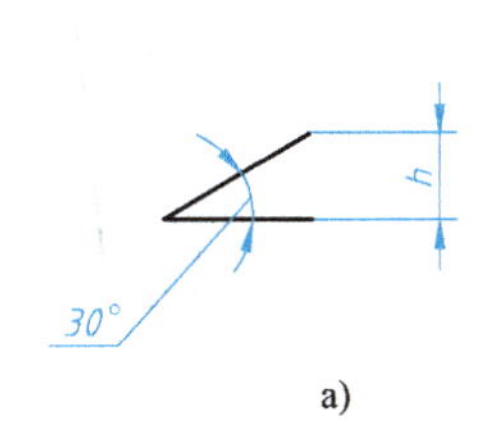

a)

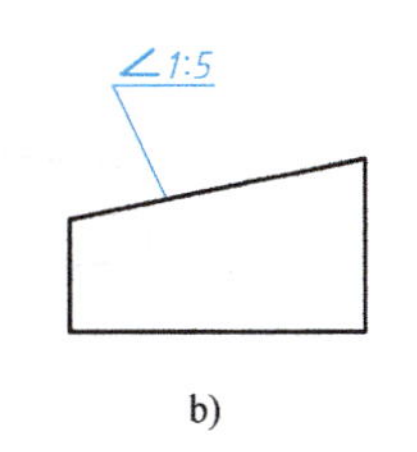

b)

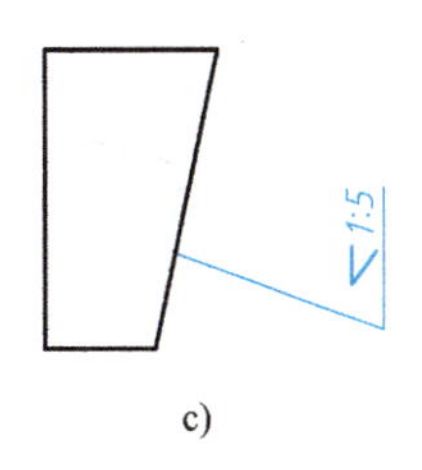

c)

图 1-38　斜度的符号及注法

个单位长度 AB，并使 $AC=5AB$，过点 C 作垂线，并取 $CD=AB$，连接 AD 即完成该斜面的投影（图 1-39c）。

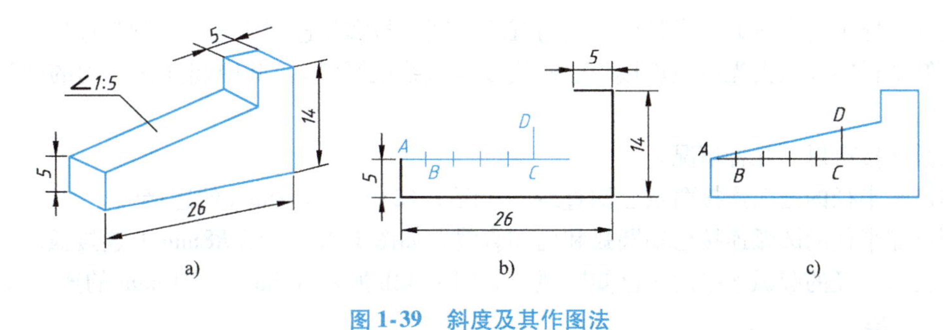

图 1-39　斜度及其作图法

2. 锥度

锥度是指圆锥的底面直径与高度之比。如果是圆锥台，则为底面直径与顶面直径之差与高度之比。

在制图中一般将锥度值化为 $1:n$ 的形式进行标注。如图 1-40a 所示，圆锥台具有 1:3 的锥度。作该圆锥台的正面投影时，先根据圆锥台的尺寸 26mm 和 ϕ18mm 作 AO 和 FG 线，过点 A 用分规任取一个单位长度 AB，并使 $AC=3AB$（图 1-40b），过点 C 作垂线，并取 $DE=2CD=AB$，连接 AD 和 AE，并过点 F 和点 G 作线分别相应地平行于 AD 和 AE（图 1-40c），再过点 A 作垂线即完成该圆锥台的投影。

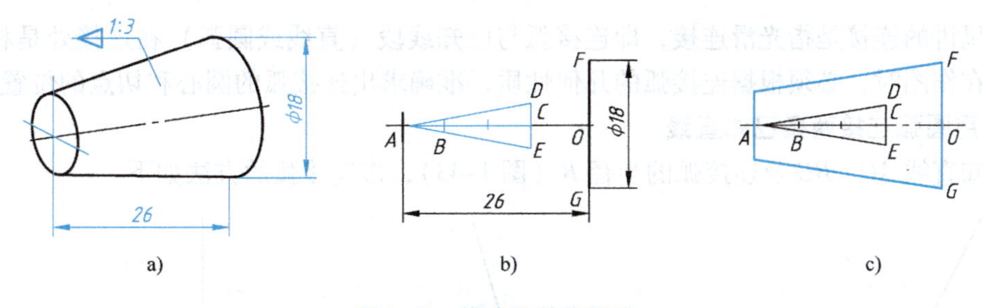

图 1-40　锥度及其作图法

锥度的符号如图 1-41a 所示，锥度的注法如图 1-41b、c 所示。锥度可直接标注在圆锥轴线的上面，也可从圆锥的外形轮廓线处引出进行标注，应注意锥度符号的方向应与锥度的方向一致。

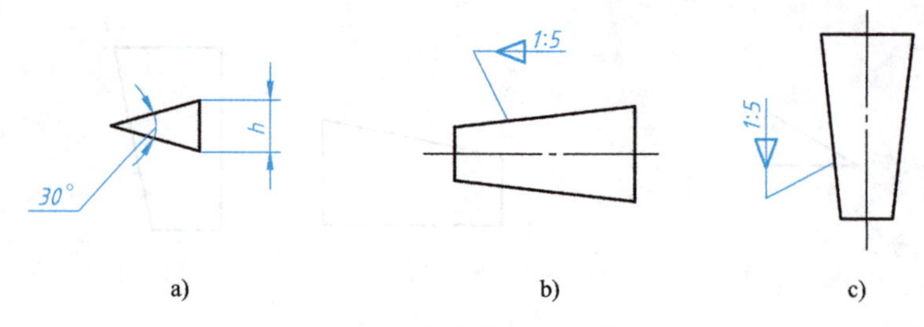

图 1-41　锥度的符号及注法

四、圆弧连接

机件图样中的大多数图形是由直线与圆弧、圆弧与圆弧连接而成的。圆弧连接实际上就是用已知半径的圆弧去光滑地连接两已知线段（直线或圆弧）。其中起连接作用的圆弧称为连接弧。

圆弧连接有以下几种情况。

用已知半径的圆弧连接两条已知直线，如图 1-42a 所示 *R*10mm 的连接弧。

用已知半径的圆弧连接已知圆弧和已知直线，如图 1-42a 所示 *R*8mm 的连接弧。

用已知半径的圆弧连接两个已知圆弧，如图 1-42b 所示 *R*18mm、*R*40mm 的连接弧。

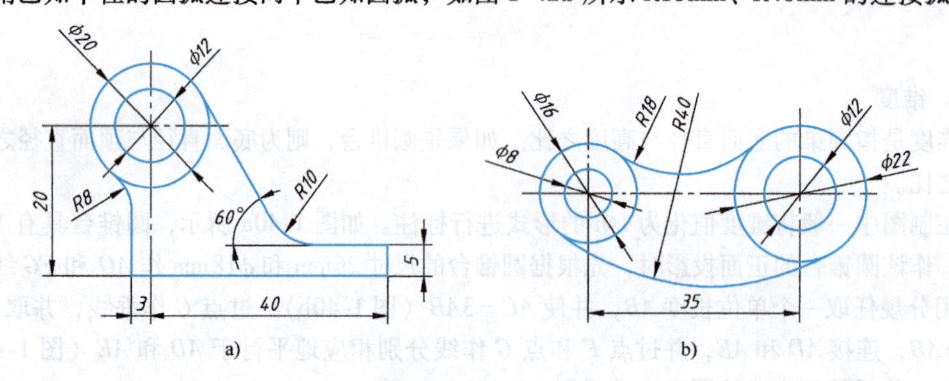

图 1-42　圆弧连接

这里讲的连接是指光滑连接，即连接弧与已知线段（直线或圆弧）在连接处是相切的。因此，在作图时，必须根据连接弧的几何性质，准确求出连接弧的圆心和切点的位置。

1. 用圆弧连接两条已知直线

已知直线 *AC*、*BC* 及连接弧的半径 *R*（图 1-43），作连接弧的方法如下。

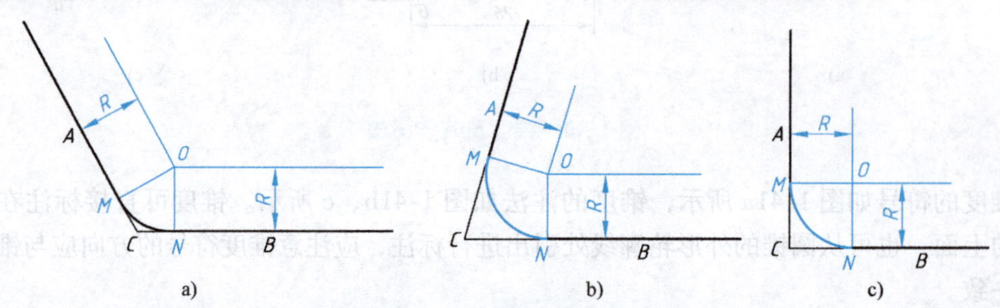

图 1-43　用圆弧连接两条已知直线

1）求连接弧的圆心。根据上述原理，作两辅助直线分别与 AC 及 BC 平行，并使两平行线之间的距离都等于 R，两辅助直线的交点 O 就是所求连接弧的圆心。

2）求连接弧的切点。从点 O 向两已知直线作垂线，得到两个点 M、N，就是切点。

3）作连接弧。以点 O 为圆心，OM 或 ON 为半径作弧，与 AC 及 BC 切于 M、N 两点，即完成连接。

2. 用圆弧连接两个已知圆弧

已知两圆的半径 R_1、R_2及连接圆弧半径 $R_{内}$、$R_{外}$（图 1-44a），求作如图 1-44b 所示的两条连接弧。

分析：该题的作图可分为两部分，即以 $R_{外}$ 为半径作与两圆外切的连接弧和以 $R_{内}$ 为半径作与两圆内切的连接弧，两者的区别在于求连接弧的圆心时所使用的半径不同。作图方法分别如图 1-45 和图 1-46 所示。

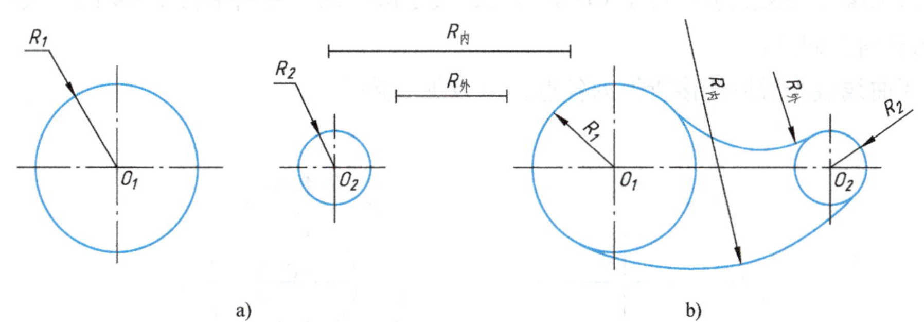

图 1-44　用圆弧连接两个已知圆弧

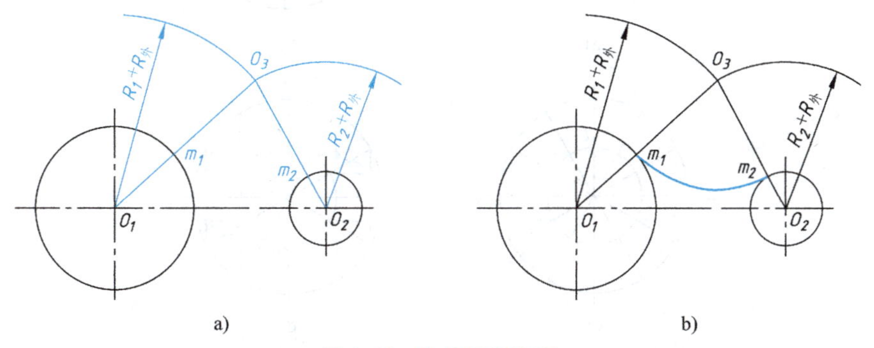

图 1-45　作外切连接弧

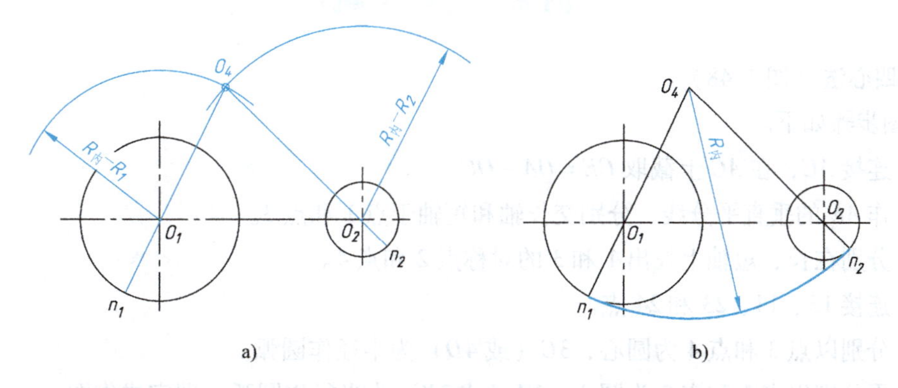

图 1-46　作内切连接弧

五、椭圆的画法

绘图时，除了直线和圆弧外，也会遇到一些非圆曲线。在这里只介绍已知椭圆长、短轴时，椭圆的一般常用画法。

1. 同心圆法（图1-47）

作图步骤如下。

1）以点 O 为圆心，分别以 OA、OC 为半径，作同心的两个圆。

2）将其中的一个圆任意等分（如等分为12份），过圆心和各等分点作直线，与两圆相交。

3）过大圆上的交点引平行于 CD 的直线；过小圆上的交点引平行于 AB 的直线，它们的交点即为椭圆上的点。

4）用曲线板光滑地连接所得的各点，即为所求椭圆。

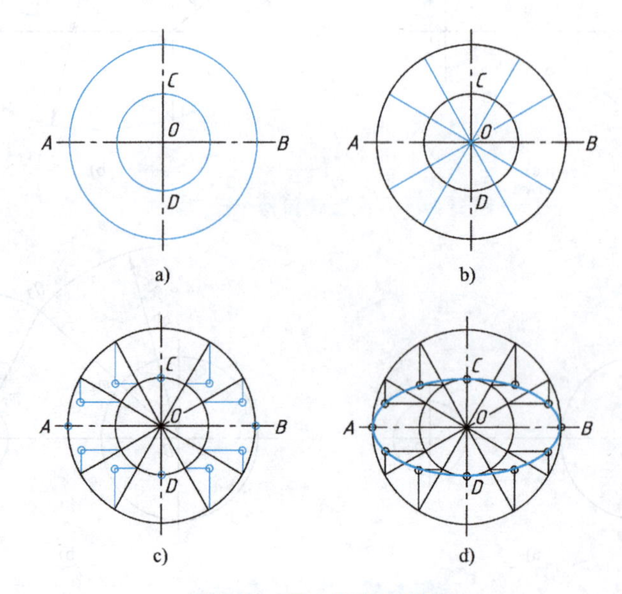

图1-47　同心圆法作椭圆

2. 四心法（图1-48）

作图步骤如下。

1）连接 AC，在 AC 上截取 $CE=OA-OC$。

2）作 AE 的垂直平分线，分别交长轴和短轴于点1和点3。

3）分别在长、短轴上找出1和3的对称点2和点4。

4）连接13、14、23和24点。

5）分别以点3和点4为圆心，$3C$（或 $4D$）为半径作圆弧。

6）再分别以点1和点2为圆心，$1A$（或 $2B$）为半径作圆弧，即完成作图。

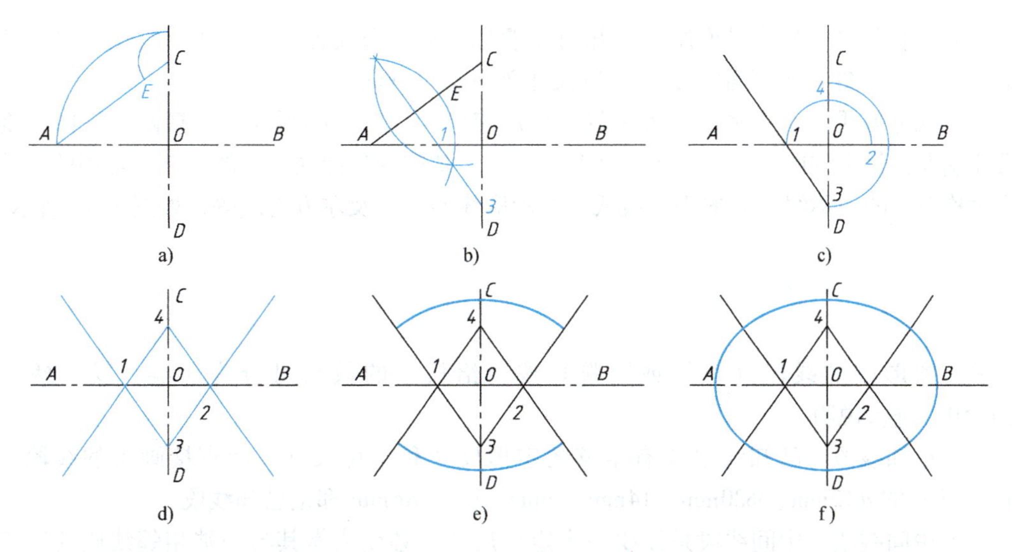

图 1-48　四心法作椭圆

第四节　平面图形的画法和尺寸标注

每个平面图形由直线或曲线线段共同构成，曲线线段以圆弧为最多。绘制平面图形之前，应先根据给定的尺寸对图形各线段进行分析，明确每一线段的形状、大小和相对位置，然后逐个画出各线段，因此平面图形的绘制与其尺寸标注是密切相关的。

一、平面图形的尺寸分析

尺寸按其在平面图形中所起的作用，可分为定形尺寸和定位尺寸两类。现以图 1-49 所示平面图形为例进行分析。

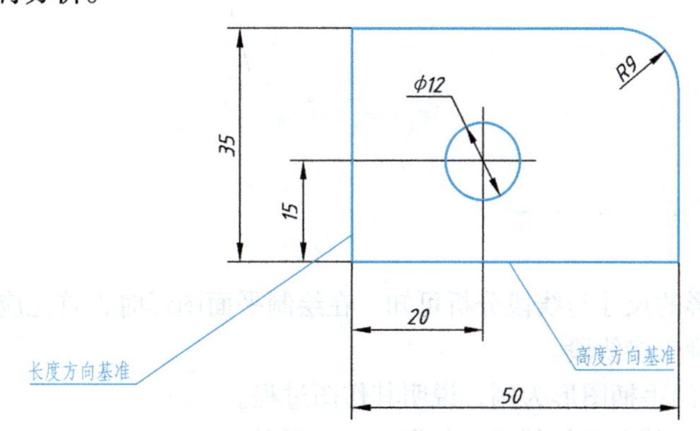

图 1-49　平面图形的尺寸分析

（1）定形尺寸　确定平面图形上几何元素大小的尺寸称为定形尺寸，如直线段的长度（图 1-49 所示的尺寸 35mm、50mm）、圆直径（图 1-49 所示的 ϕ12mm）、半径 R9mm 等尺寸。

（2）定位尺寸　确定平面图形上几何元素与基准之间或各元素之间相对位置的尺寸称为定位尺寸，如图1-49所示的圆心位置尺寸20mm、15mm。

（3）尺寸基准　对于平面图形来说，标注定位尺寸时，必须在长、高两个方向分别选出尺寸基准，每个方向至少有一个尺寸基准。尺寸基准就是标注尺寸的起点。常用的尺寸基准是对称图形的对称线、圆的中心线或主要轮廓线的下方及左方直线等，如图1-49所示。

二、平面图形的线段分析

平面图形中的线段（直线或圆弧）按所给尺寸的数量可分为3类，以手柄为例（图1-50）进行说明。

（1）已知线段　已知线段是有足够的定形尺寸和定位尺寸，能直接画出的线段，如图1-50所示的ϕ12mm、ϕ20mm、14mm、6mm、圆弧R6mm都是已知线段。

（2）中间线段　中间线段是缺少一个定位尺寸，必须依靠其与一端相邻线段的连接关系才能画出的线段，如图1-50所示的圆弧R52mm是中间线段。

（3）连接线段　连接线段是只有定形尺寸，其定位尺寸必须依靠两端相邻已知线段求出才能画出的线段，如图1-50所示的圆弧R30mm是连接线段。

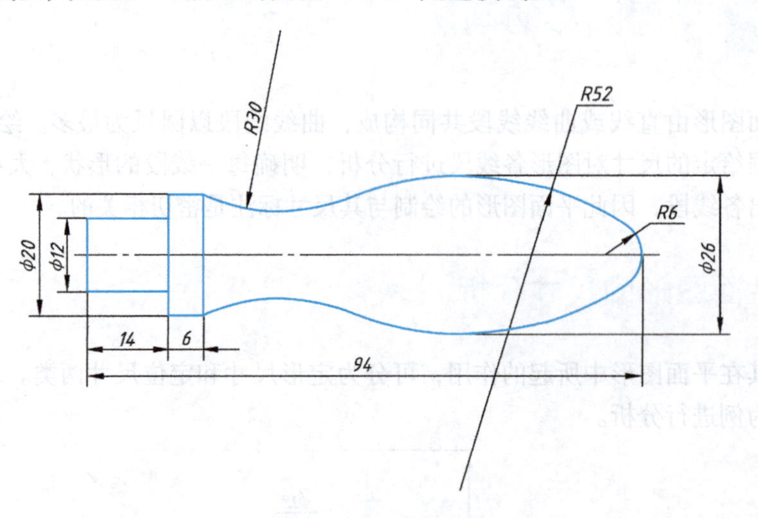

图1-50　手柄

三、手柄图形示例分析

通过对平面图形的尺寸与线段分析可知，在绘制平面图形时，首先应画已知线段，其次画中间线段，最后画连接线段。

以图1-50所示的手柄图形为例，说明其作图过程。

1）画手柄的中心线和已知线段，如图1-51a所示。

2）画手柄的中间线段弧R52mm，且与弧R6mm内切，如图1-51b所示。

3）画手柄的连接弧R30mm，且与弧R52mm外切，如图1-51c所示。

4）根据其对称性，用同上方法画手柄的下部图形，并检查加深，如图1-51d所示。

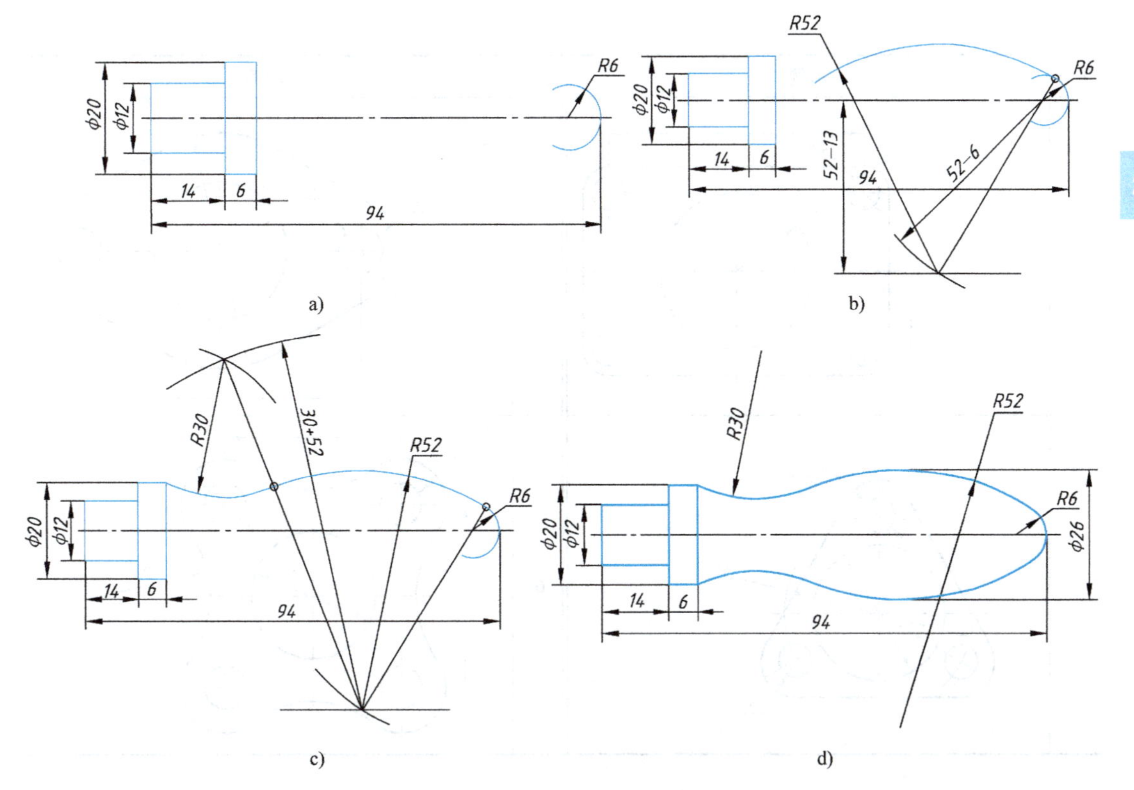

图 1-51　手柄的作图步骤

a）画已知线段　b）画中间线段　c）画连接线段　d）检查加深

四、平面图形的尺寸注法

标注平面图形的尺寸，必须满足 3 个要求。

（1）正确　尺寸标注要按国家标准规定进行，尺寸数字不能写错位置和方向。

（2）完整　尺寸必须注写齐全，不遗漏，也不要重复。

（3）清晰　尺寸布局要整齐、美观，便于阅读。

平面图形尺寸标注的示例见表 1-7。

表 1-7　平面图形尺寸标注的示例

序号	示例	序号	示例
1	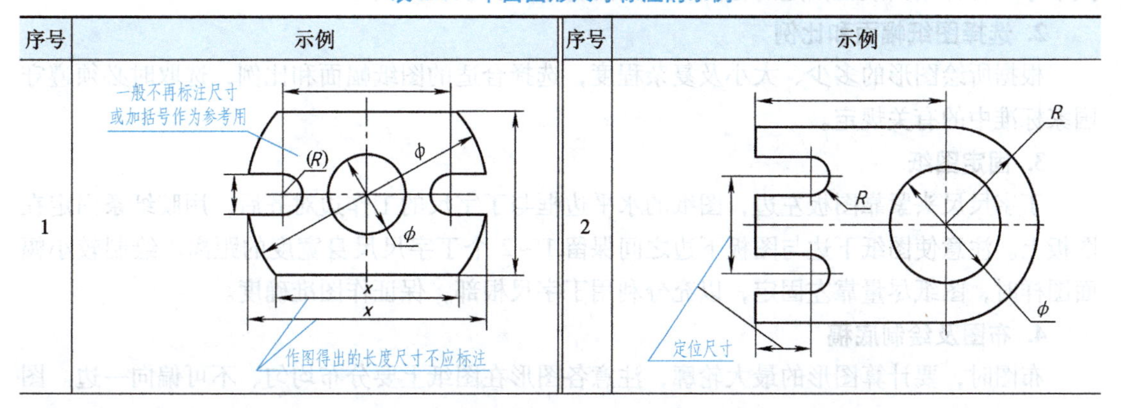	2	

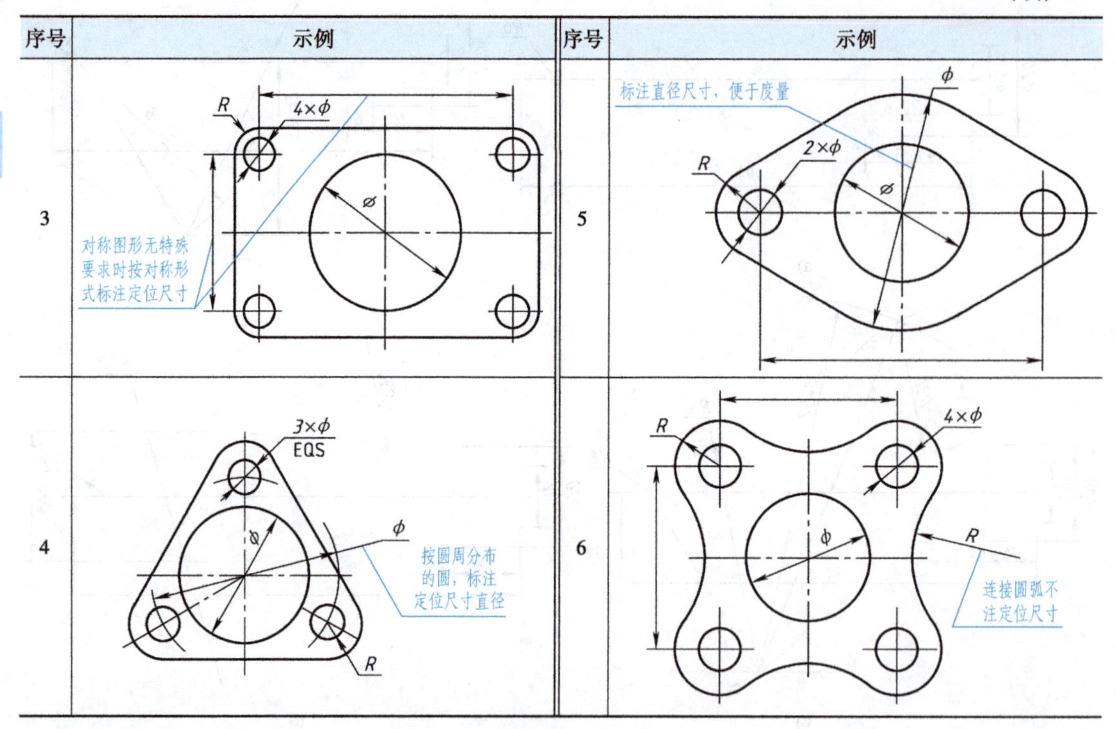

第五节　手工绘图的方法和步骤

一、尺规绘图的方法

1. 做好绘图前准备工作

“工欲善其事，必先利其器”。作图之前需将铅笔按照不同线型的要求削、磨好；圆规的铅芯按同样要求磨好并调整好两脚的长度；图板、丁字尺和三角板等用干净的布或软纸擦拭干净；各种用具放在固定的位置，不用的物品不要放在图板上。

2. 选择图纸幅面和比例

根据所绘图形的多少、大小及复杂程度，选择合适的图纸幅面和比例，选取时必须遵守国家标准中的有关规定。

3. 固定图纸

丁字尺尺头紧靠图板左边，图纸的水平边框与丁字尺的工作边对齐后，用胶纸条固定在图板上。注意使图纸下边与图板下边之间保留 1～2 个丁字尺尺身宽度的距离。绘制较小幅面图样时，图纸尽量靠左固定，以充分利用丁字尺根部，保证作图准确度。

4. 布图及绘制底稿

布图时，要计算图形的最大轮廓，注意各图形在图纸上要分布均匀、不可偏向一边。图形要留有标注尺寸的余地，不要紧靠拥挤，也不能相距甚远显得松散。按所设想好的布图方案先画出各图形的基准线，如中心线、对称线和物体主要平面（如机件底面）的线，再画各图形的主要轮廓线，最后绘制细节，如小孔、槽和圆角等。

绘制底稿时用 H 铅笔，画线要尽量细和轻淡以便于擦除和修改。

绘制底稿时要尽量利用投影关系，几个图形同时绘制，以提高绘图速度。

绘制底稿时，细点画线和细虚线均可用极淡的细实线代替以提高绘图速度和描黑后的图线质量。

绘制底稿的要领可用“轻、准、快”3 个字概括。

5. 校核、加深

底稿完成后进行校核，将图面掸扫干净。加深是指将粗实线描粗、描黑；将细实线、细点画线和细虚线等描黑、成形。要注意线条的均匀和光滑，线型要符合国家标准中的规定。

加深顺序是：先粗后细，先曲后直，自上而下，从左到右，先水平线，再垂直线，后斜线。

6. 标注尺寸

7. 书写其他文字、符号和填写标题栏

二、徒手绘图的方法

徒手绘图在工程测绘和设计思想交流时经常用到，是构思设计、创意设计、概念设计所必备的素质。根据目测估计物体各部分的尺寸比例，徒手绘制的图形，称为草图。一般在设计开始阶段表达设计方案以及在现场测绘时，常用这种方法。

徒手绘制草图仍应基本做到：图形正确，线型分明，比例匀称，字体工整，图面整洁。画徒手图一般先用 HB 或 B、2B 铅笔，常在印有线格纸上画图。徒手绘图时，手腕要悬空，小指接触纸面。一般图纸不固定，并且为了便于画图，还可以随时将图纸旋转适当的角度。

徒手绘图所使用的铅笔，铅芯磨成圆锥形。用于画中心线和尺寸线的铅芯要磨得较尖，如图 1-52a 所示；用于画可见轮廓线的铅芯要磨得较钝，如图 1-52b 所示。

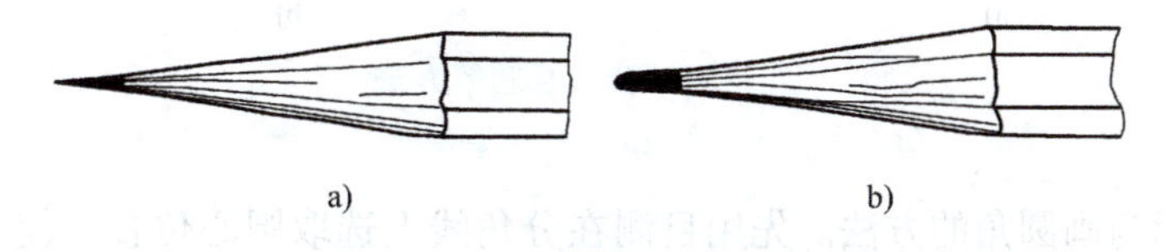

图 1-52　绘草图使用的铅笔
a）圆锥形较尖铅芯　b）较钝铅芯

一个物体的图形无论怎样复杂，总是由直线、圆、圆弧和曲线所组成。因此要画好草图，必须掌握徒手画各种线条的手法。

1. 直线的画法

徒手绘图时，手指应握在铅笔上离笔尖约 35mm 处。画直线时，手腕不要转动，使铅笔与所画的线始终保持约 90°，眼睛看着画线的终点，轻轻移动手腕和手臂，依笔尖向着要画的方向做近似的直线运动，如图 1-53 所示。

画长斜线时，为了运笔方便，可以将图纸旋转适当角度，使它转成水平线来画。

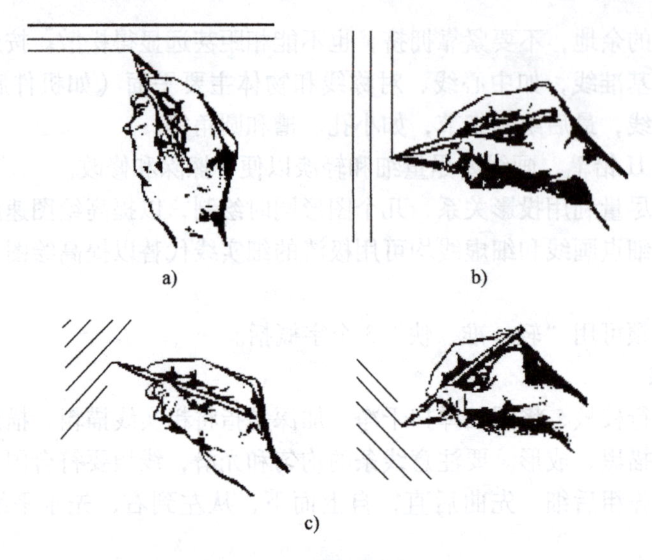

图 1-53　徒手画直线的方法

a）移动手腕自左向右画水平线　b）移动手腕自上向下画垂直线　c）倾斜线的两种画法

2. 圆及圆角的画法

徒手画小圆时，应先画出中心线以定出圆心，再用目测的方法，根据半径大小在中心线上定出 4 点，然后过这 4 点画圆，如图 1-54a 所示。当圆的直径较大时，可过圆心增添两条 45°的斜线，在线上再定出 4 点，然后过这 8 点画圆，如图 1-54b 所示。

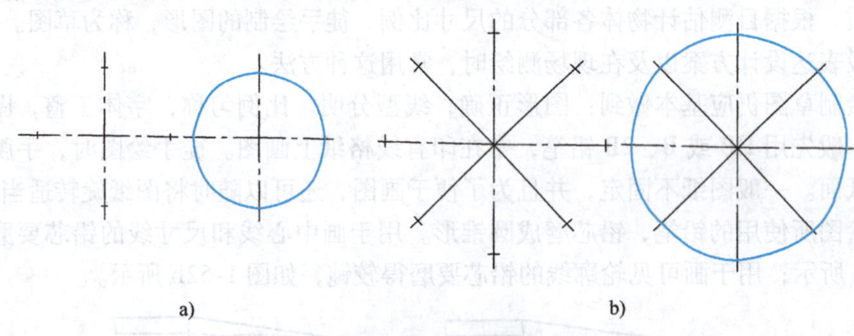

图 1-54　徒手画圆的方法

a）4 点画圆　b）8 点画圆

图 1-55 所示为画圆角的方法。先用目测在分角线上选取圆心位置，使它与角两边的距离等于圆角的半径大小。过圆心向两边引垂直线定出圆弧的起点和终点，并在分角线上也定出一圆周点，然后徒手作圆弧把这 3 点连接起来。

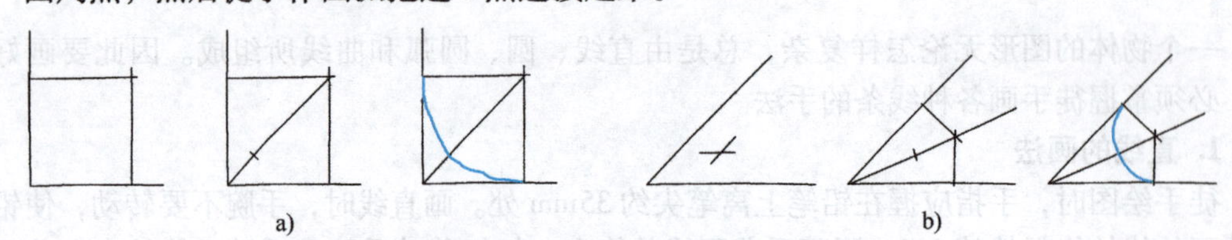

图 1-55　画圆角的方法

a）画 90°圆角　b）画任意角度圆角

三、椭圆的画法

如图 1-56 所示，先画出椭圆的长短轴，并用目测定出其端点位置，过这 4 点画一矩形。然后徒手作椭圆与此矩形相切。

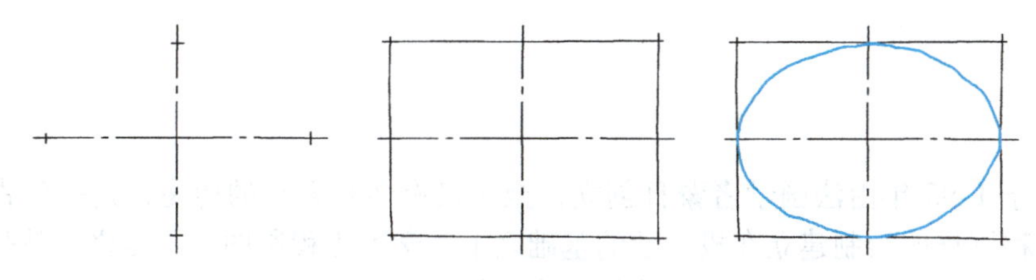

图 1-56　画椭圆的方法

如图 1-57 所示，先画出椭圆的外切平行四边形，然后分别用徒手方法作两钝角及两锐角的内切弧，即得所需椭圆。

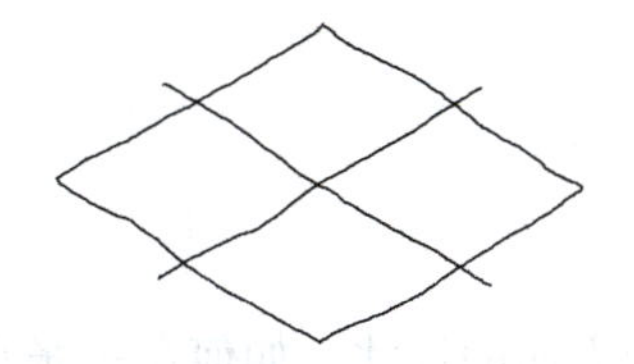
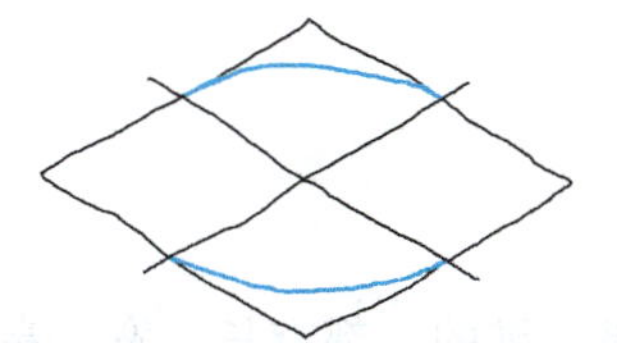
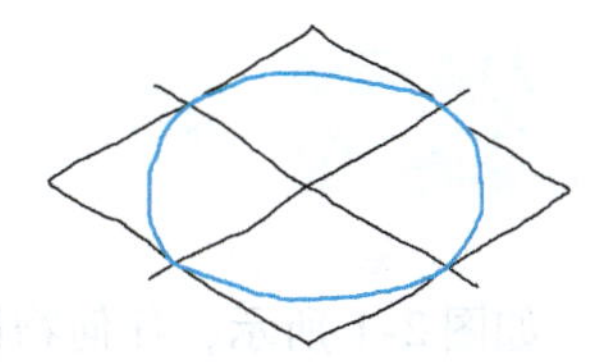

图 1-57　利用外切平行四边形画椭圆的方法

四、角度的画法

对 30°、45°、60°等常见角度，可根据两直角边的比例关系，定出两端点，然后连接两点即为所画的角度线；如画 10°、15°等角度线，可先画出 30°角后，再等分求得，如图 1-58 所示。

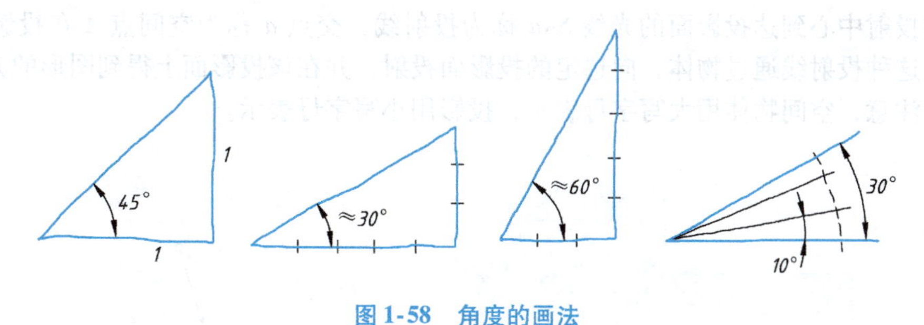

图 1-58　角度的画法

第二章　投影基础

投影学于1795年由法国学者蒙日创立，至今已有200多年的历史，是一门古老而成熟的学科。工程图样的绘制建立在投影学的基础之上。学习工程制图，重点之一就是要学好投影基础理论，为培养空间想象能力和分析解决空间问题的能力奠定基础。

本章主要介绍投影法基本知识、三视图的形成及其投影规律，重点讨论点、直线和平面在三面投影体系中的投影规律及其投影作图方法，并研究它们之间的相对位置关系，同时介绍换面法图解空间几何问题的思维方法。

第一节　投影法

如图2-1所示，任何物体都是三维的，都有长、宽、高3个方向的尺寸。如何在一张只有长、宽的二维图纸上准确而又全面地表达三维空间物体的形状和结构呢？这就是投影法要解决的问题。

一、投影的概念

物体在灯光或阳光的照射下，在墙上或地面上留下的影子就是投影。科学家将这一自然现象抽象概括以后，就得到了投影法。如图2-2所示，有一平面P和不在该平面内的一点S，空间有一点A，连接SA交平面P于点a。通常把平面P称为投影面，点S称为投射中心，经过投射中心到达投影面的光线SAa称为投射线，交点a称为空间点A在投影面P上的投影。这种投射线通过物体，向选定的投影面投射，并在该投影面上得到图形的方法称为投影法。注意，空间物体用大写字母表示，投影用小写字母表示。

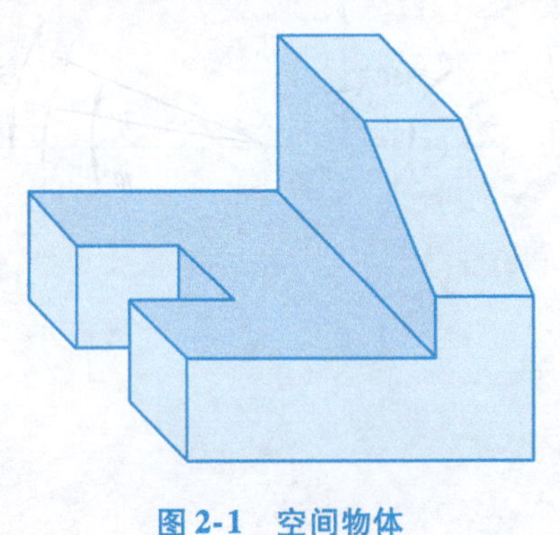

图2-1　空间物体

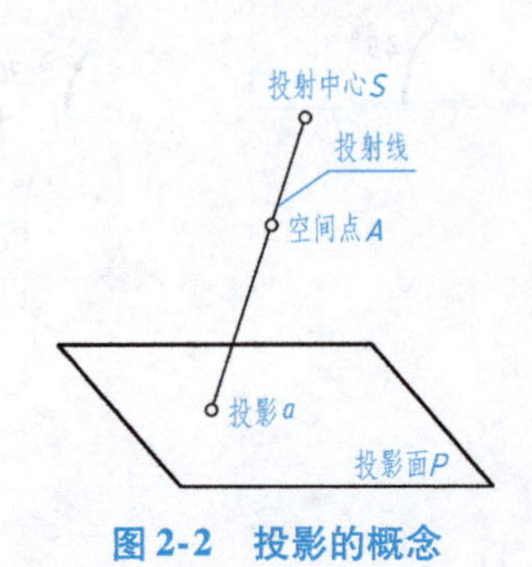

图2-2　投影的概念

二、投影法分类

根据投射线的性质（平行或相交）可将投影法分为两大类，即中心投影法和平行投影法。

1. 中心投影法

如图 2-3 所示，投射中心 S 在投影面 P 的有限远处，由空间 $\triangle ABC$ 各顶点引出的投射线都相交于投射中心 S。这种投射线都交汇于一点的投影方法称为中心投影法，用中心投影法所得到的投影称为中心投影。在中心投影法中，物体的投影大小与物体的位置有关。当物体平移靠近或远离投影面时，它的投影就会变大或变小，且一般不能反映物体的实际形状，作图比较复杂，所以中心投影法在机械制图中很少采用。

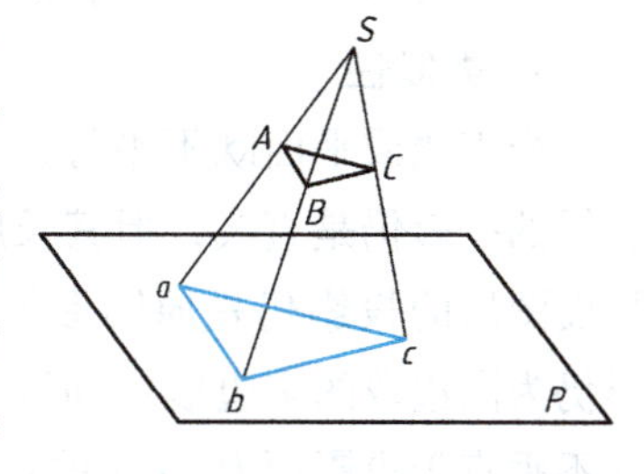

图 2-3　中心投影法

2. 平行投影法

当投射中心移至无穷远时，所有的投射线都相互平行，这种投射线相互平行的投影方法称为平行投影法，所得的投影称为平行投影。在平行投影法中，当空间物体相对投影面上下平移时，其投影的形状和大小都不会改变。根据投射线与投影面是否垂直，可将平行投影法分为两类，即斜投影法和正投影法。

（1）斜投影法　投射线与投影面倾斜的投影法，如图 2-4 所示。

（2）正投影法　投射线与投影面垂直的投影法，如图 2-5 所示。

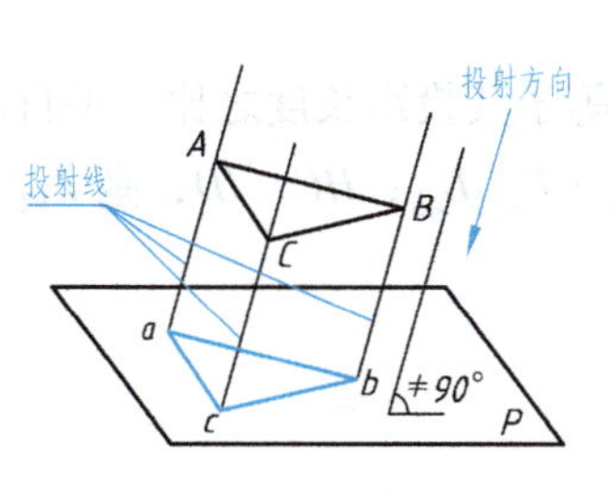

图 2-4　斜投影法

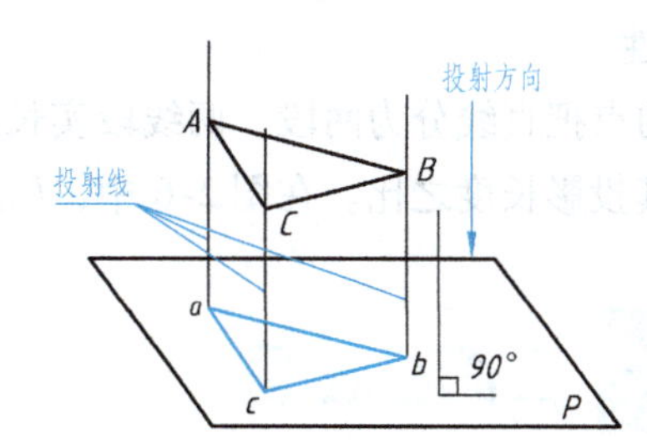

图 2-5　正投影法

在正投影法中，当空间平面平行于投影面时，它的投影反映该平面的真实形状和大小，作图比较简便。因此，机械制图中一般都采用正投影法。如无特殊说明，本书以后所指的投影法均为正投影法。

三、正投影的基本性质

1. 实形性

当空间直线或平面平行于投影面时，其投影反映该直线段的实长或该平面的实形。在图 2-6中，平面 M 平行于投影面 P，则其投影 m 反映平面 M 的真实形状和大小。直线 AB 平行于投影面 P，则其投影 ab 反映直线 AB 的实长，即 $L_{ab}=L_{AB}$。

2. 积聚性

当直线或平面与投影面垂直时，则直线的投影积聚成一点而平面的投影积聚成一条直线。在图2-6中，直线*AF*垂直投影面*P*，*AF*在投影面*P*上的投影积聚为一点*a*(*f*)；平面*ABCDEF*垂直投影面*P*，则该平面在投影面*P*上的投影积聚为一条直线*ad*。

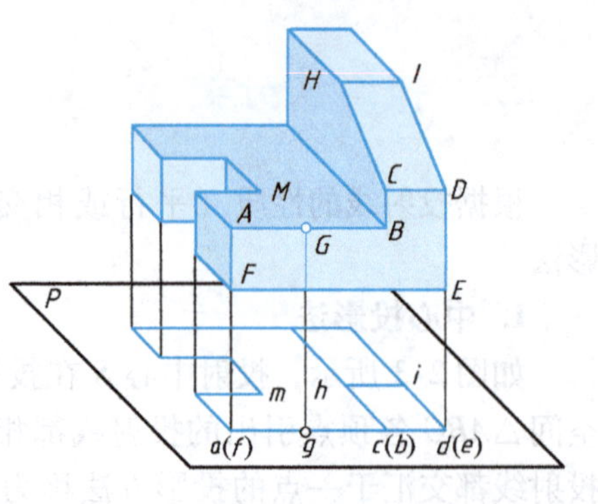

图2-6　正投影

3. 类似性

当直线或平面既不平行、又不垂直于投影面时，直线的投影仍是直线，但其长度小于该直线的实长，平面图形的投影仍是原图形的类似形（多边形的投影仍为同边数的多边形），但其面积小于原图形的面积。如图2-6所示，直线*CH*既不平行、又不垂直于投影面*P*，*CH*的投影*ch*仍为直线，但$L_{ch}<L_{CH}$；平行四边形*CDIH*既不平行、又不垂直于投影面*P*，则其投影*cdih*仍为平行四边形，但$S_{cdih}<S_{CDIH}$。

4. 平行性

若空间两直线相互平行，则其投影仍然相互平行。如图2-6所示，*HC*//*ID*，则*hc*//*id*。

5. 从属性

若点在直线上，则点的投影仍在该直线的投影上；若点或直线在平面上，则点或直线的投影仍在该平面的投影上。如图2-6所示，点*G*在直线*AB*上，其投影*g*也在直线*AB*的投影*ab*上。点*G*、直线*AG*在平面*M*上，则其投影*g*、*ag*也在平面*M*的投影*m*上。

6. 定比性

直线上的点把直线分为两段，两线段实长之比等于其投影长度之比；平行两线段实际长度之比等于其投影长度之比。在图2-6中，$L_{AG}:L_{GB}=L_{ag}:L_{gb}$；*HC*//*ID*，则$L_{HC}:L_{ID}=L_{hc}:L_{id}$。

第二节　三面投影图

一、三面投影体系

如图2-7所示，两个物体形状不同，但在同一投影面上的投影却是相同的。这说明仅用一个投影是不能准确表达空间物体形状的。为清楚地表达空间物体3个方向的空间形状，常把物体放在三面投影体系中，分别向3个投影面进行投影，如图2-8所示。

在三面投影体系中，3个投影面两两相互垂直，分别称为正立投影面（简称为正面，用*V*表示）、水平投影面（简称为水平面，用*H*表示）和侧立投影面（简称为侧面，用*W*表示）。3个投影面两两相交，*V*面与*H*面交于*OX*轴、*H*面与*W*面交于*OY*轴、*V*面与*W*面交于*OZ*轴，*OX*、*OY*、*OZ*称为投影轴，3个投影轴相互垂直且交于一点*O*，该点称为原点。物体在这3个投影面上的投影分别称为正面投影、水平投影和侧面投影。

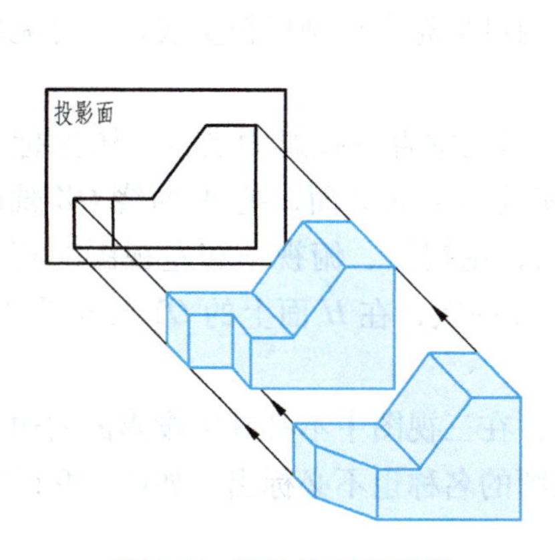

图 2-7　物体的单面投影

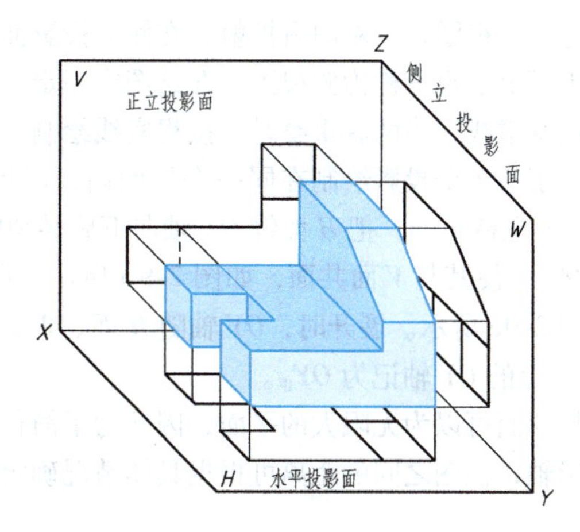

图 2-8　物体的三面投影

二、三视图的形成

在机械制图中，通常把相互平行的投射线当作人的视线，根据有关标准和规定，用正投影法绘制的物体图形称为视图。

如图 2-9a 所示，将物体置于观察者和投影面之间，由前向后投射，在正立投影面上的

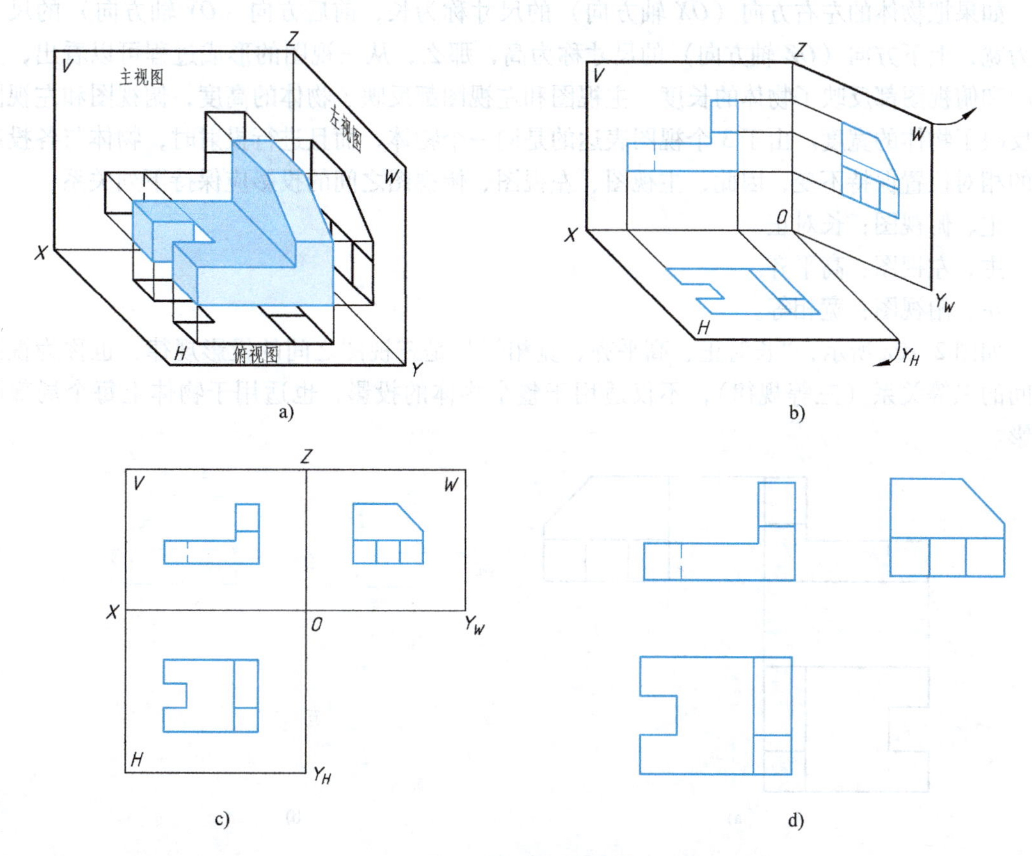

图 2-9　三视图的形成

投影称为主视图；由左向右投射，在侧立投影面上的投影称为左视图；由上向下投射，在水平投影面上的投影称为俯视图。在绘图中规定，物体的可见轮廓线画成粗实线，不可见轮廓线画成细虚线，当两者重叠时，按粗实线绘制。

为了使3个投影绘制在同一个平面内，需将3个相互垂直的投影面展开。国家标准规定：V面保持不动，把H面绕OX轴向下旋转90°，使其与V面共面，把W面绕OZ轴向右旋转90°，使其与V面共面，如图2-9b所示。展开后，主视图、俯视图和左视图的相对位置如图2-9c所示。展开时，OY轴随H面、W面各展开一次，在H面上的OY轴记为OY_H，在W面上的OY轴记为OY_W。

投影面可以为无限大的平面，因此为了简化作图，在三视图中不必画出投影面的边框线和投影轴，视图之间的距离可根据具体情况确定，视图的名称也不必标出，如图2-9d所示。

三、三视图的投影规律

1. 三视图的位置关系

由投影面的展开过程可以看出，三视图之间的位置关系是：以主视图为准，俯视图在主视图的正下方，左视图在主视图的正右方。

2. 三视图之间的投影关系

如果把物体的左右方向（OX轴方向）的尺寸称为长，前后方向（OY轴方向）的尺寸称为宽，上下方向（OZ轴方向）的尺寸称为高，那么，从三视图的形成过程可以看出，主视图和俯视图都反映了物体的长度，主视图和左视图都反映了物体的高度，俯视图和左视图都反映了物体的宽度。由于3个视图表达的是同一个物体，而且进行投射时，物体与各投影面的相对位置保持不变，因此，主视图、左视图、俯视图之间的投影应保持下列关系：

主、俯视图：长对正。

主、左视图：高平齐。

左、俯视图：宽相等。

如图2-10a所示，“长对正、高平齐、宽相等”是三视图之间的投影规律，也称为视图之间的三等关系（三等规律），不仅适用于整个物体的投影，也适用于物体上每个局部的投影。

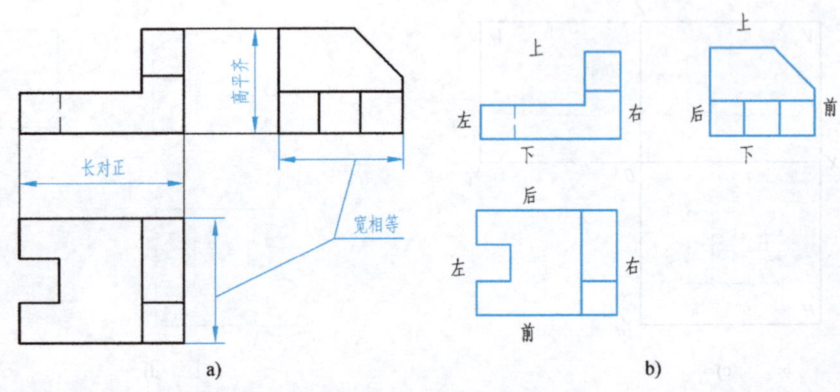

图2-10　三视图的关系

3. 视图与物体的方位关系

如图 2-10b 所示：

主视图反映了物体的上、下和左、右位置关系。

俯视图反映了物体的前、后和左、右位置关系。

左视图反映了物体的前、后和上、下位置关系。

在应用投影规律画图和看图时，必须注意物体的前后位置在视图上的反映，在俯视图和左视图中都反映了物体的前后位置，以主视图为准，靠近主视图的一边表示物体的后边，远离主视图的一边表示物体的前边。因此，在根据“宽相等”作图时，不但要注意量取尺寸的起点，而且要注意量取的方向。

四、立体的三视图画法

下面举例说明立体的三视图画法。

【例 2-1】 画出图 2-1 所示立体的三视图。

形体分析：此立体可以看成是由两个被截切后的长方体组成。下底板长方体左端被切去了一个长方体，上面立板长方体被切去了一个角。

画图：画立体三视图的步骤，一般是先画各基本体的投影，然后根据截切位置画出切口的投影。画图时，一般先画大的形体，后画小的形体。具体的画图步骤如下。

1）画底板的三视图（图 2-11a）。根据长、宽、高和三视图的投影规律，画出底板长方体的三视图。

2）画左端方槽的三视图（图 2-11b）。由于构成方槽的 3 个平面的水平投影都积聚成直线，反映了方槽的形状特征，所以先画出其水平投影，然后根据“长对正，宽相等”画出其他两个投影。

3）画立板的三视图（图 2-11c）。因左视图反映立板的形状特征，先从左视图画起，然后根据“高平齐，宽相等”画出其他两个视图。

4）检查加深（图 2-11d）。检查所画是否正确，擦去多余的图线，检查无误后加深图线。

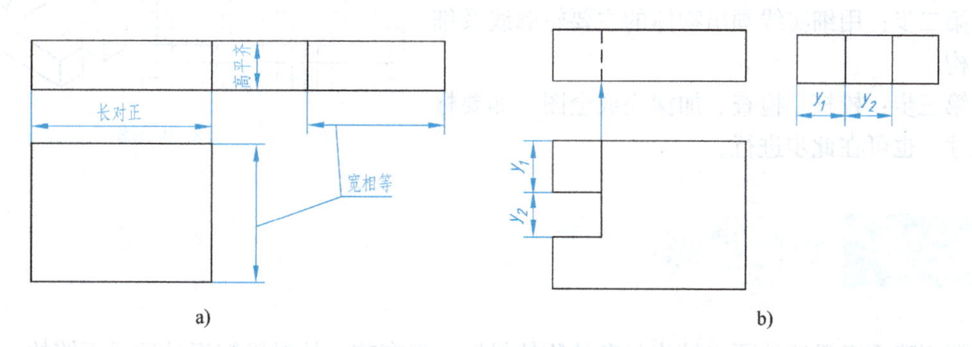

图 2-11　三视图的画法

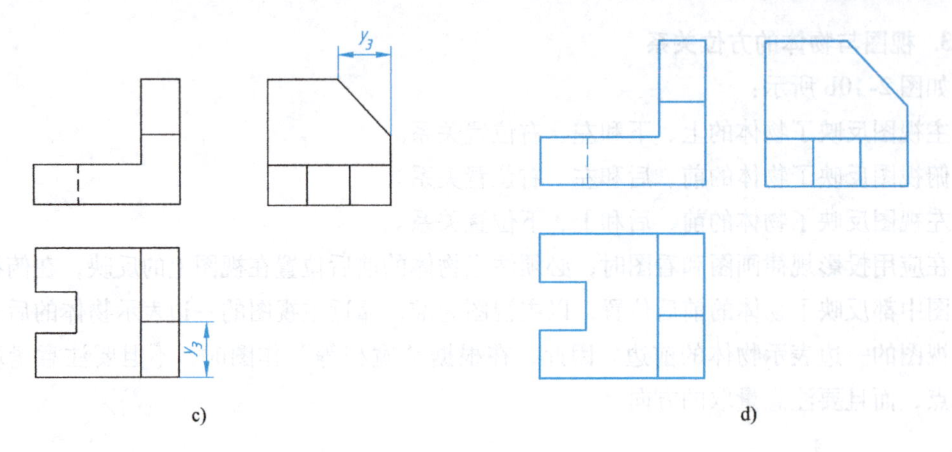

图 2-11　三视图的画法（续）

五、徒手画立体三视图

1. 徒手画三视图的方法

1）根据目测估计立体各部分的尺寸比例，估算出各视图应占的幅面，据此安排各视图的具体位置，同时各视图之间应留有适当的距离，以便于标注尺寸。

2）画出各视图的基准线和局部结构的中心线。为了便于控制各部分的比例及投影关系，画图时要先主体后细节，既要注意图形总体尺寸的比例，又要注意图形的整体与细节的比例。开始练习画草图时，可先在方格纸上进行，这样较容易控制图形的大小比例。尽量让图形中的直线与方格线重合，以保证所画图线的平直。

3）先用细实线画出立体的主要外形轮廓，然后再画立体的内部及细节结构。徒手画三视图的具体步骤与画立体三视图的步骤相同，见例 2-1。

2. 画三视图草图举例（图 2-12）

第一步：在方格线上定出各视图基准线的位置。

第二步：用细实线画出物体的主要轮廓线及细节结构。

第三步：校核、检查、加深完成全图，如要标注尺寸，也可在此步进行。

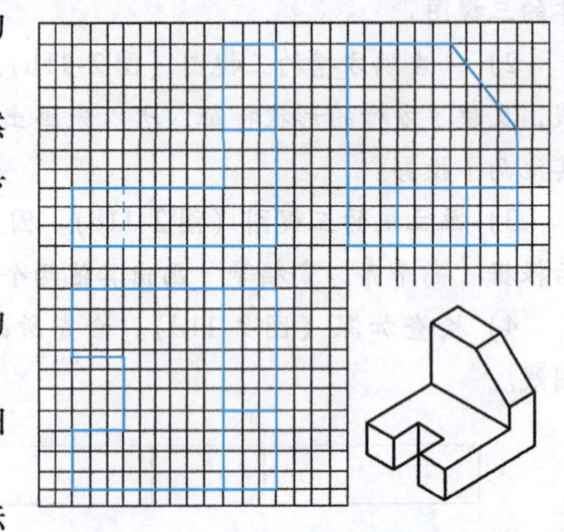

图 2-12　三视图草图的画法

第三节　点的投影

要正确而又迅速地画出较为复杂的物体投影，仅有前面的投影知识是远远不够的，必须学习一些构成空间物体最基本的几何元素（点、线、面）的投影规律。点是构成一切形体的最基本元素，研究点的投影规律是掌握其他几何要素投影规律的基础。本节先从点的投影规律开始介绍。

一、点的投影规律

将空间点 A 置于三面投影体系之中，如图 2-13a 所示。过点 A 分别向 3 个投影面作投射线（垂线），投射线与投影面的交点即为点 A 在 3 个投影面上的投影。为了区分点 A 在不同投影面上的投影，将点 A 在 H 面上的投影记为 a，在 V 面上的投影记为 a'，在 W 面上的投影记为 a''。移去空间点 A，将图 2-13a 按三视图展开的方法展开，得到如图 2-13b 所示的投影图。投影面可根据需要无限扩大，所以可不画出投影面的边界，如图 2-13c 所示。

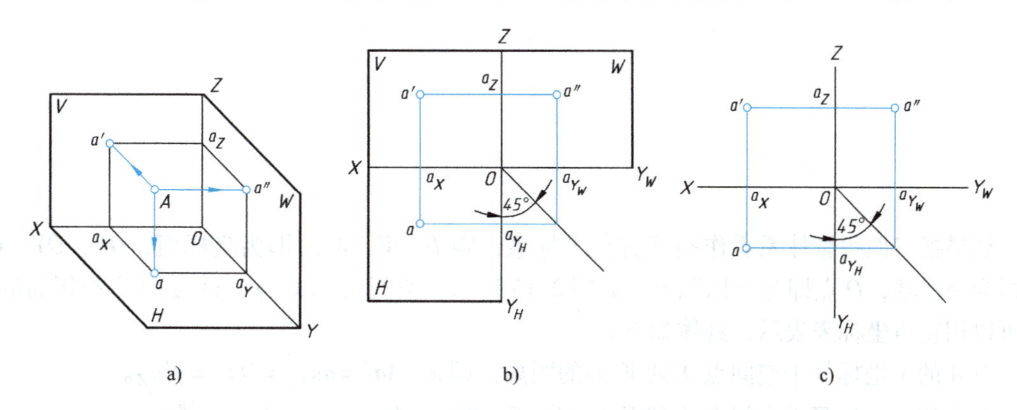

图 2-13　点的投影

点的投影规律如下。

1）点的正面投影与水平投影的投影连线垂直于 OX 轴，即 $aa' \perp OX$。

证明：在图 2-13a 中，过相交直线 Aa' 和 Aa 作一平面，该平面与 OX 轴交于点 a_X。因为 $Aa' \perp V$ 面，所以 $OX \perp Aa'$，同理 $OX \perp Aa$，所以 $OX \perp$ 平面 $Aa'a_Xa$，那么有 $OX \perp a'a_X$，$OX \perp aa_X$ 成立。当 V 面不动，H 面向下旋转到与 V 共面时，仍有 $OX \perp a'a_X$，$OX \perp aa_X$ 成立。由于在同一平面内，过一点只能作一条直线与已知直线垂直，所以 $a'a_X$ 与 aa_X 共线，且同时垂直于 OX 轴，即 $aa' \perp OX$。

2）点的正面投影与侧面投影的投影连线垂直于 OZ 轴，即 $a'a'' \perp OZ$。（证明方法同上）

3）水平投影到 X 轴的距离等于侧面投影到 Z 轴的距离，即 $aa_X = a''a_Z$。

证明：由上面的证明可以看出，平面 $Aa'a_Xa$ 为矩形，所以有 $aa_X = Aa'$；同理 $a''a_Z = Aa'$，所以 $aa_X = a''a_Z$。

如图 2-13a 所示，点的两个投影即可确定空间点的位置，因此可根据点的两个投影作第 3 个投影。作图时，常用 $\angle Y_HOY_W$ 的角平分线来辅助作图，如图 2-13c 所示。

【例 2-2】 如图 2-14a 所示，根据点 A 和点 B 的两个投影求第 3 个投影。

作图：根据点的投影规律，$a'a'' \perp OZ$，故点 a'' 必在过 a' 所作 OZ 轴的垂线上；又因 $aa_X = a''a_Z$，过 a 作 OY_H 的垂线与 45°辅助线相交，过交点作 OY_W 的垂线与过 a' 的水平线相交，交点即为 a''，作图过程如图 2-14b 所示。点 B 的作图过程如图 2-14b 所示。

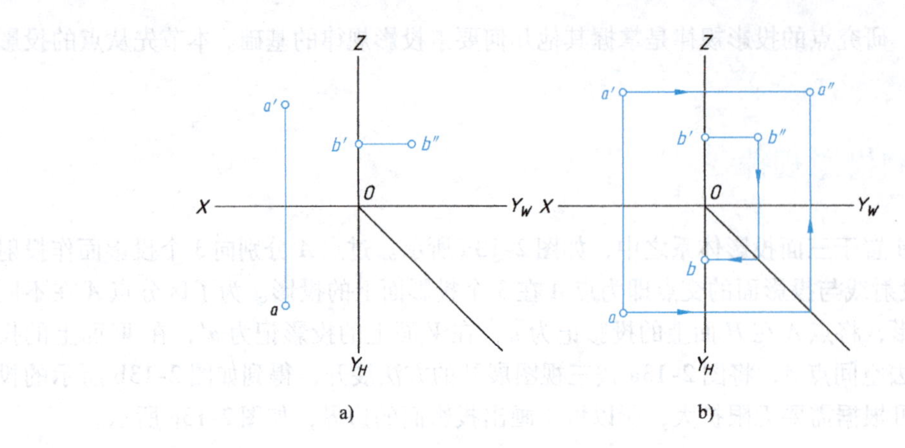

图 2-14　根据点的两个投影求第3个投影

二、点的三面投影与直角坐标的关系

如果把三面投影体系看作空间直角坐标系，则 H、V、W 面即为坐标面，OX、OY、OZ 轴即为坐标轴，O 点即为坐标原点。如图2-15 所示，空间点 $A(x、y、z)$ 到3个投影面的距离可以用直角坐标来表示，具体如下。

点 A 的 x 坐标等于空间点 A 到 W 面的距离，即 $x=Aa''=aa_{Y_H}=Oa_X=a'a_Z$。

点 A 的 y 坐标等于空间点 A 到 V 面的距离，即 $y=Aa'=aa_X=Oa_Y=a''a_Z$。

点 A 的 z 坐标等于空间点 A 到 H 面的距离，即 $z=Aa=a''a_{Y_W}=Oa_Z=a'a_X$。

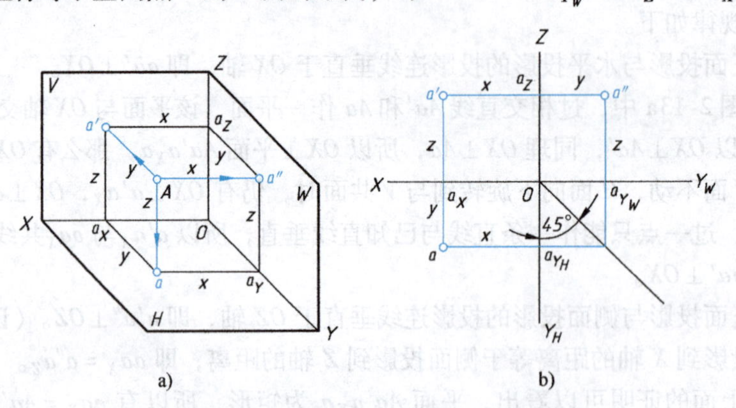

图 2-15　点的投影与直角坐标的关系

由此可见，若已知空间点的3个坐标，即可作点的三面投影。

【例 2-3】　已知点 $A(10,15,20)$，求作点 A 的三面投影。

作图：如图2-16 所示，从点 O 向左沿 OX 轴量取10mm 作垂线，然后在垂线上，从 OX 轴开始向上和向下分别量取20mm 和15mm，求得 a'和 a；过 a'作 OZ 轴的垂线，在垂线上，从 OZ 轴开始向右量取15mm，即得 a''，也可利用45°辅助线，根据点的投影规律求得 a''。

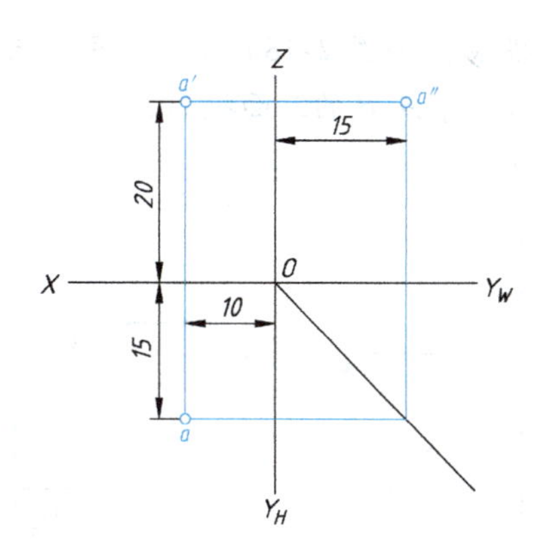

图 2-16　根据点坐标求点的投影

三、两点的相对位置

空间两点的相对位置是指两点的上下、左右、前后位置关系，可以通过两点的投影图来判断，也可通过两点的坐标来判断。*V* 面投影反映两点上下、左右位置关系；*H* 面投影反映两点左右、前后位置关系；*W* 面投影反映两点上下、前后位置关系。*x* 坐标越大，点越靠左；*y* 坐标越大，点越靠前；*z* 坐标越大，点越靠上。

在图 2-17 中，根据空间两点 *A*、*B* 的投影图，判断其相对位置：比较 *V* 面上的投影 *a′* 和 *b′*，可知点 *A* 在点 *B* 的左、下方；比较 *H* 面上的投影 *a* 和 *b*，可知点 *A* 在点 *B* 的后方，综合起来得出空间点 *A* 在点 *B* 的左、后、下方，如图 2-17a 所示。

如果利用两点的坐标，判别相对位置，也可以看出：$x_A > x_B$，点 *A* 在点 *B* 的左方；$y_A < y_B$，点 *A* 在点 *B* 的后方；$z_A < z_B$，点 *A* 在点 *B* 的下方。综合得出，点 *A* 在点 *B* 的左、后、下方。

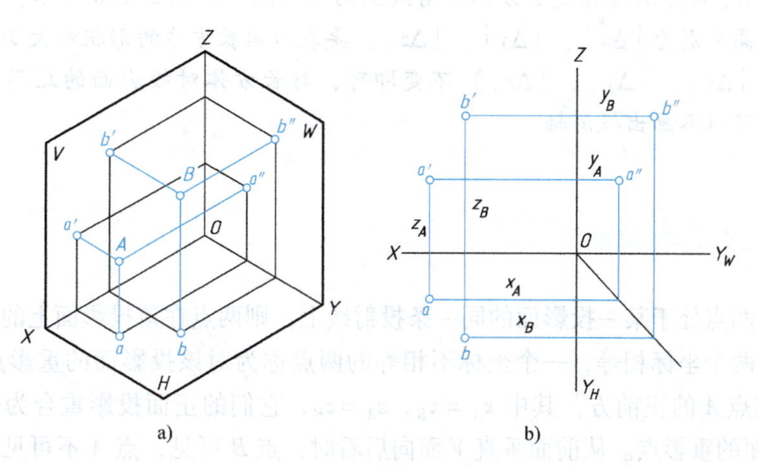

图 2-17　两点的相对位置

【例2-4】 已知点A的三面投影，如图2-18a所示，另一点B对点A的相对坐标$\Delta x=-4\text{mm}$、$\Delta y=2\text{mm}$、$\Delta z=-2\text{mm}$，求点B的三面投影。

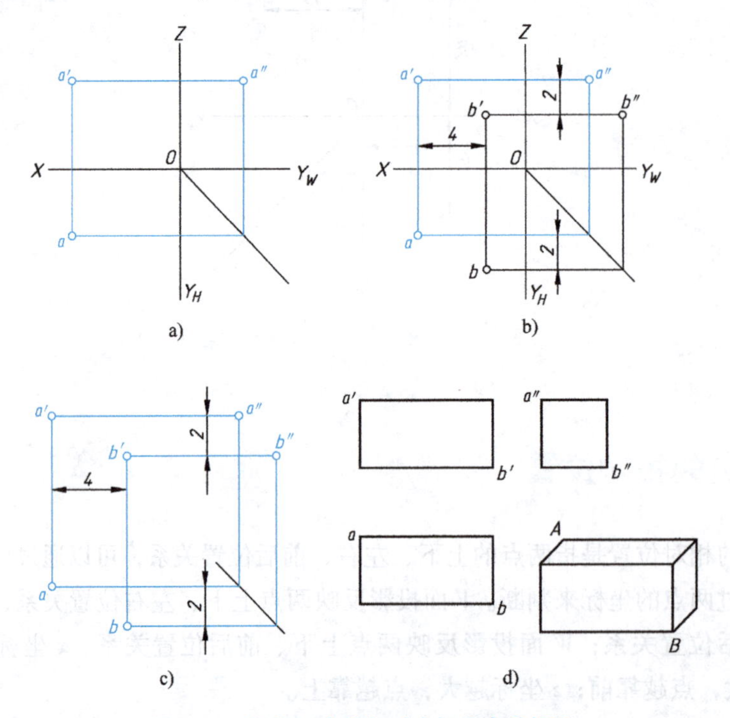

图2-18　根据两点的相对坐标求点的投影

作图：以点A为基准点，由两点的相对坐标及点的坐标与投影的关系可作点B的3个投影，如图2-18b所示。

只要保持两点同面投影的坐标差不变，两点与投影面距离的变化并不能影响两点的相对位置。因此，画两个及以上点的投影图时就可以不画出投影轴，如图2-18c所示。

如果把点A、B分别看作是长方体对角线上的两个点，如图2-18d所示，那么这个长方体的长、宽、高分别为$|\Delta x|$、$|\Delta y|$、$|\Delta z|$。要表示该长方体的形状和大小，只要保证其长、宽、高（$|\Delta x|$、$|\Delta y|$、$|\Delta z|$）不变即可，与长方体对投影面的距离无关。因此画立体投影时就可以不画出投影轴。

四、重影点的投影

如果空间两点处于某一投影面的同一条投射线上，则两点在该投影面上的投影就重合为一点。这种有两个坐标相等、一个坐标不相等的两点称为对该投影面的重影点。如图2-19所示，点B在点A的正前方，其中$x_A=x_B$，$z_A=z_B$，它们的正面投影重合为一点，则两点A、B是对V面的重影点。从前面垂直V面向后看时，点B可见，点A不可见，通常规定把该投影面上不可见的点的投影加上括号，而该点在其他面的投影不加括号。同理，若一点在另一点的正下方或正上方，则这两点是对水平投影面的重影点。若一点在另一点的正左方或正右方，则这两点是对侧立投影面的重影点。

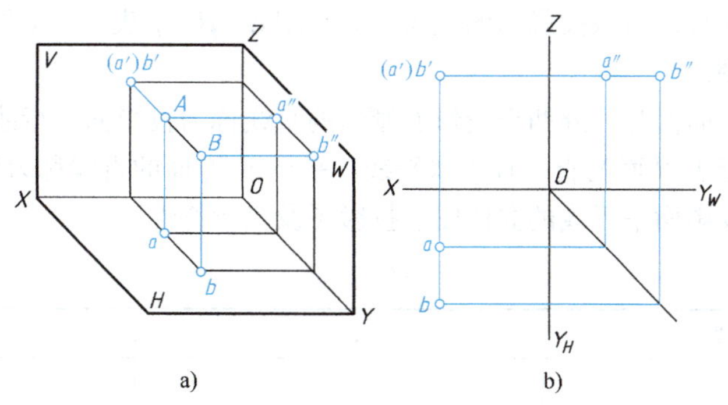

图 2-19　重影点的投影

重影点可见性的判别方法：重影点有两个坐标相同，一个坐标不相同，比较两点不相同的那个坐标，其中坐标大的点可见。例如，在图 2-19b 中，两点 A、B 的 x 和 z 坐标相同，y 坐标不等，因 $y_B > y_A$，因此，b'可见，a'不可见（加括号即表示不可见）。

由此可见，对正立投影面、水平投影面、侧立投影面的重影点，它们的可见性应分别由前遮后、上遮下、左遮右的方法判别。

第四节　直线的投影

两点确定一条直线，两点确定的直线是无限延伸的，但在工程上研究无限长的直线往往是没有意义的，本书中通常所说的直线是指直线段。因此作空间直线的投影只需要作直线上两点（通常取线段两个端点）的投影，然后连接同面投影即可。如图 2-20 所示，求作直线 AB 的投影时，首先作两端点 A、B 的三面投影 a、a'、a''和 b、b'、b''，然后连接 a、b 即可得到 AB 的水平投影 ab，同理可得到 $a'b'$、$a''b''$。一般情况下直线的投影仍为直线，特殊情况下积聚为一点。

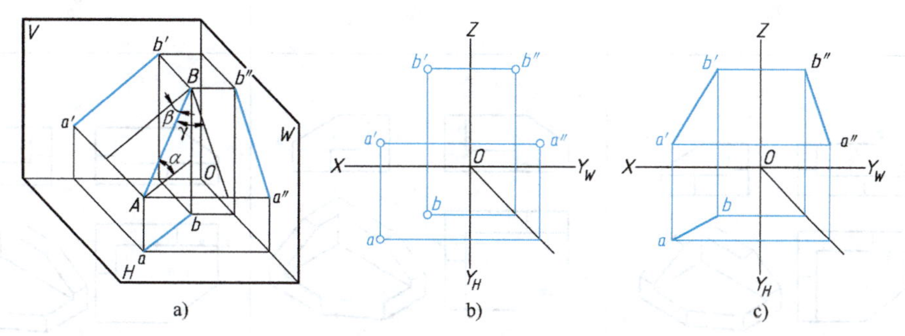

图 2-20　直线的投影

一、各类直线的投影特性

根据直线在三面投影体系中的位置可将直线分为 3 类，即投影面平行线、投影面垂直线和一般位置直线。前两类直线又称为特殊位置直线。直线与水平投影面、正立投影面、侧立投影面的夹角，称为直线对该投影面的倾角，分别用 α、β、γ 表示，如图 2-20a 所示。

1. 投影面平行线

平行于一个投影面而与另外两个投影面倾斜的直线称为投影面平行线。平行于 V 面的直线称为正平线；平行于 H 面的直线称为水平线；平行于 W 面的直线称为侧平线。

表 2-1 列出了投影面平行线的立体图、投影图及投影特性。

表 2-1　投影面平行线的立体图、投影图及投影特性

名称	正平线	水平线	侧平线
立体图	Z, b', b'', B, V, W, γ, O, a'', a', α, A, b, X, a, Y, H	Z, d', c'', V, W, c', d'', β, γ, C, D, O, X, c, d, Y, H	Z, e'', e', E, W, V, β, f', O, f'', α, F, X, e, Y, H, f
投影图	b', Z, b'', γ, a', α, a'', X, O, Y_W, a, b, Y_H	Z, c', d', c'', d'', X, O, Y_W, c, β, γ, d, Y_H	e', Z, e'', β, f', α, f'', O, X, Y_W, e, f, Y_H
举例	b', a', b'', a'', a, b, A, B	d', c', c'', d'', c, d, C, D	e', f', e'', f'', e, f, E, F
投影特性	$a'b' = AB$ V 面投影反映倾角 α、γ $ab // OX$、$ab < AB$ $a''b'' // OZ$、$a''b'' < AB$	$cd = CD$ H 面投影反映倾角 β、γ $c'd' // OX$、$c'd' < CD$ $c''d'' // OY_W$、$c''d'' < CD$	$e''f'' = EF$ W 面投影反映倾角 α、β $ef // OY_H$、$ef < EF$ $e'f' // OZ$、$e'f' < EF$

投影面平行线的投影特性如下。

1）直线在与其平行的投影面上的投影为与投影轴倾斜的直线，反映该线段的实长和与其他两个投影面的倾角。

2）直线在其他两个投影面上的投影分别平行于相应的投影轴，且比线段的实长短。

2. 投影面垂直线

垂直于一个投影面而与另外两个投影面都平行的直线称为投影面垂直线。垂直于 V 面的直线称为正垂线，垂直于 H 面的直线称为铅垂线，垂直于 W 面的直线称为侧垂线。表 2-2 列出了投影面垂直线的立体图、投影图及投影特性。

表 2-2　投影面垂直线的立体图、投影图及投影特性

名称	正垂线	铅垂线	侧垂线
立体图	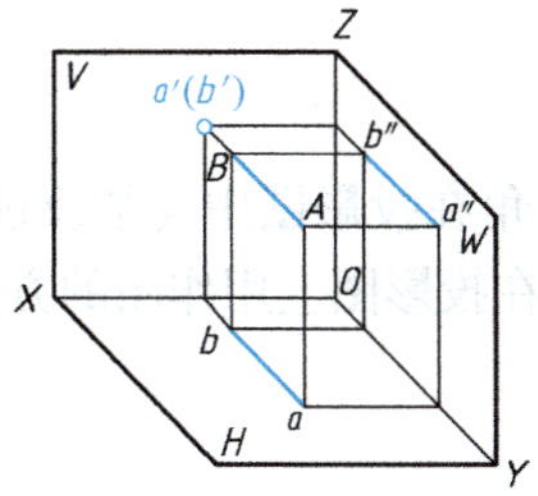	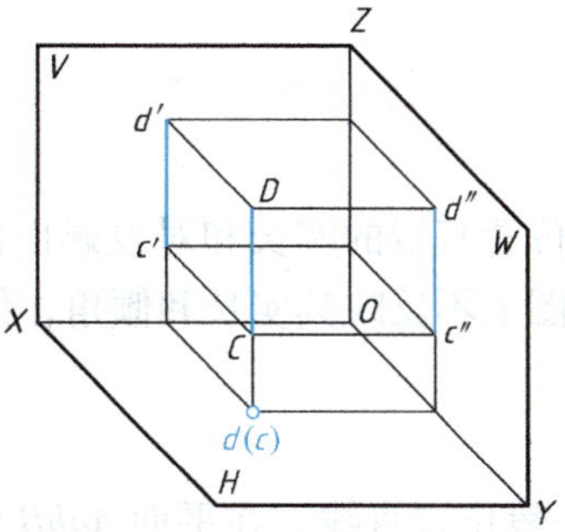	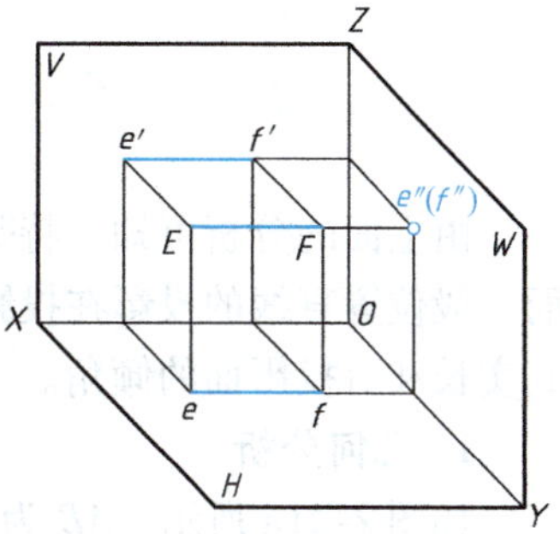
投影图	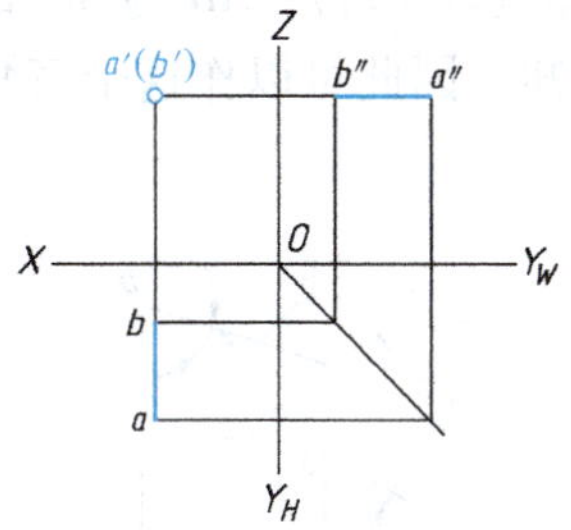	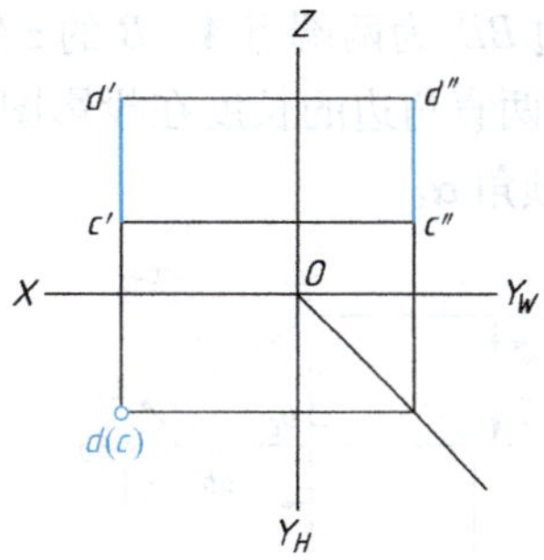	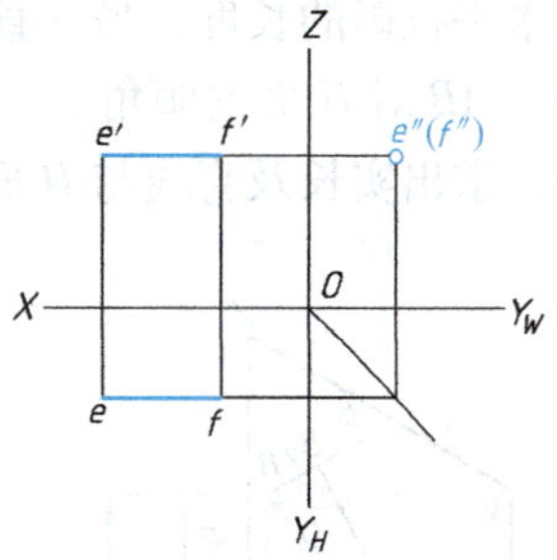
举例	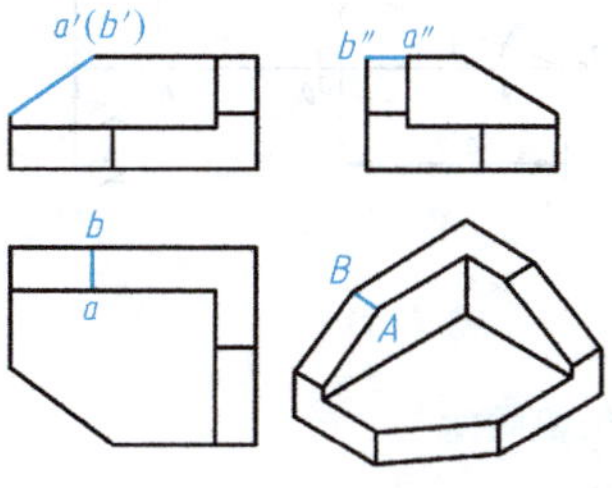	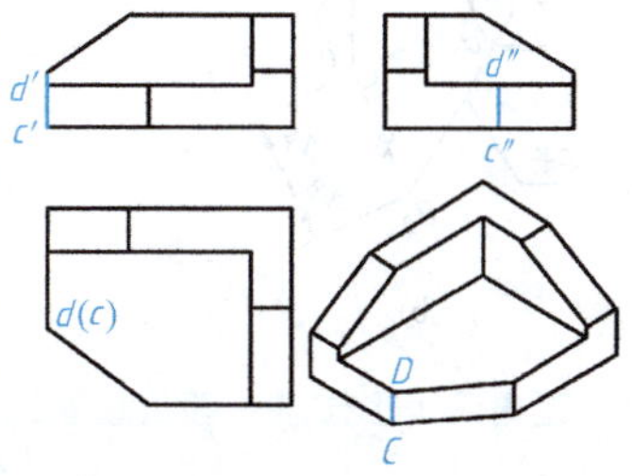	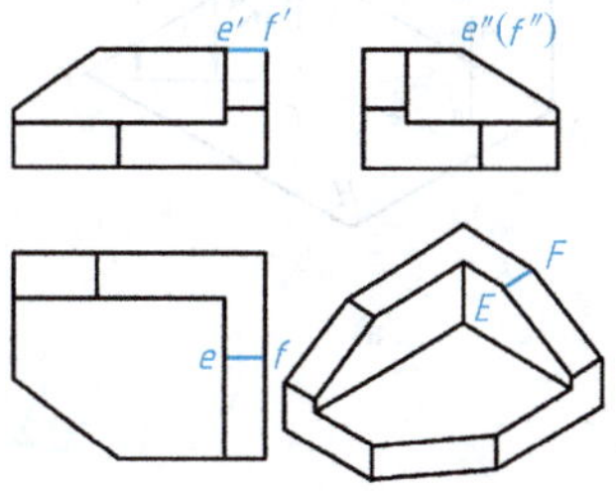
投影特性	正面投影重影为一点 $a'(b')$ $ab \perp OX$、$a''b'' \perp OZ$ $ab = a''b'' = AB$	水平投影重影为一点 $d(c)$ $c'd' \perp OX$、$c''d'' \perp OY_W$ $c'd' = c''d'' = CD$	侧面投影重影为一点 $e''(f'')$ $ef \perp OY_H$、$e'f' \perp OZ$ $ef = e'f' = EF$

投影面垂直线的投影特性如下。

1）直线在与其所垂直的投影面上的投影积聚成一点。

2）在另外两个投影面上的投影分别垂直于相应的投影轴，且反映实长。

3. 一般位置直线

与3个投影面都倾斜的直线称为一般位置直线，如图2-21a所示。一般位置直线的实长、投影长度和倾角之间的关系为：$ab = AB\cos\alpha$；$a'b' = AB\cos\beta$；$a''b'' = AB\cos\gamma$。

一般位置直线的α、β、γ都大于0°小于90°，因此其3个投影长（ab、$a'b'$、$a''b''$）均小于实长。

一般位置直线的投影特性如下。

1）3个投影都与投影轴倾斜，长度都小于实长。

2）直线的3个投影与投影轴的夹角都不反映直线对投影面的倾角。

二、直线的实长和对投影面的倾角

由上面的分析可知，特殊位置直线的实长和对投影面的倾角在投影图中均能反映出来，而一般位置直线的投影在投影图上不反映其实长和倾角，但可在投影图上用作图的方法求出其实长和对投影面的倾角。

1. 几何分析

如图2-21a所示，AB为一般位置直线，在平面$AabB$内，过点A作水平投影ab的平行线AB_1交Bb于点B_1，即得直角三角形ABB_1。该直角三角形的一条直角边$AB_1 = ab$，为该直线水平投影的长度，另一直角边BB_1为两端点A、B的z坐标差（$z_B - z_A$），AB与AB_1的夹角即为AB对H面的倾角α。由于两直角边的长度在投影图中已知，因此可以作这个直角三角形，求出实长及直线与H面的倾角α。

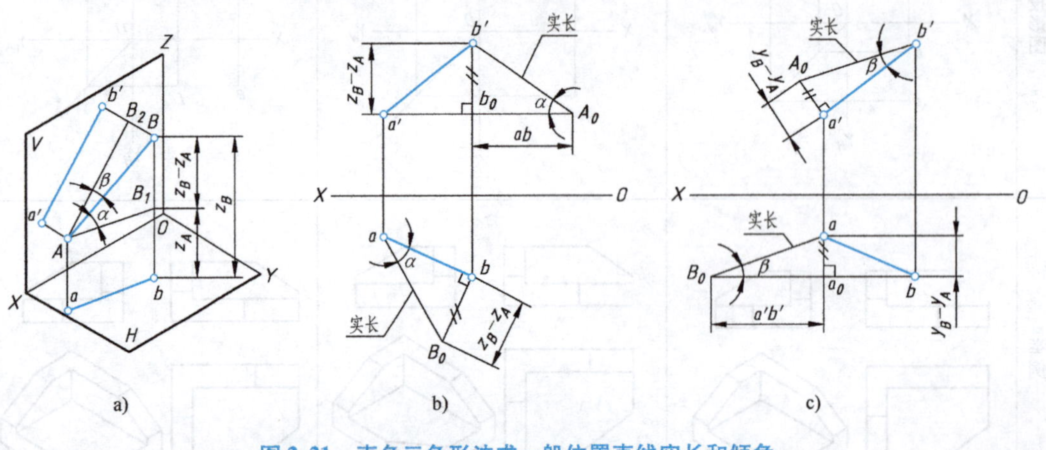

图2-21 直角三角形法求一般位置直线实长和倾角

同理，过A作$AB_2 /\!/ a'b'$，可得另一直角三角形ABB_2，它的斜边AB是直线的实长，$AB_2 = a'b'$，是正面投影的长度，BB_2为两端点A、B的y坐标差（$y_B - y_A$），AB、AB_2的夹角为AB对V面的倾角β。因此，只要求出直角三角形ABB_2，即可得到AB的实长和对投影面V的倾角β。同理也可求得AB对W面的倾角γ。

这种利用一般位置直线的投影求作其实长和倾角的方法称为直角三角形法。

2. 作图方法

求直线 AB 的实长和倾角 α 的作图过程如图 2-21b 所示。

1）过 a 或 b（图 2-21b 所示为过 b）作 ab 的垂线，在此垂线上量取 $bB_0=|z_B-z_A|$，bB_0 即为另一直角边。连接 a、B_0，aB_0 即为所求的直线 AB 的实长，$\angle B_0ab$ 即为倾角 α。

2）过 a' 作 OX 轴的平行线，与 $b'b$ 相交于 b_0，$b'b_0=|z_B-z_A|$，在该平行线上量取 $b_0A_0=ab$，则 $b'A_0$ 也是所求直线的实长，$\angle b'A_0b_0$ 也是 α 角。

同理也可求出 AB 对 V 面的倾角 β，如图 2-21c 所示。以 $a'b'$ 为直角边，另一直角边 $A_0a'=|y_B-y_A|$，则斜边 $b'A_0$ 反映 AB 的实长，而 $b'A_0$ 与 $a'b'$ 的夹角即为 AB 对 V 面的倾角 β。类似做法，使 $B_0a_0=a'b'$，则 $aB_0=AB$，$\angle aB_0a_0=\beta$。

用直角三角形求直线实长和倾角的方法可以归纳为：以直线在某一投影面上的投影长为一直角边，直线两端点与这个投影面的距离差为另一直角边，形成的直角三角形的斜边是直线的实长，投影长与斜边的夹角就是直线对这个投影面的倾角。

【例 2-5】 已知直线 AB 的实长及点 A 的投影，如图 2-22a 所示，并知其 $\alpha=30°$、$\beta=45°$，完成其正面投影及水平投影。

分析：已知 AB 实长及倾角 α、β，可分别作以 AB 实长为一斜边、α 或 β 为一顶角的两个直角三角形，通过两个直角三角形，可分别求出 AB 的水平投影 ab 的长度和两端点 A、B 的 z 坐标差及 AB 的正面投影 $a'b'$ 的长度和两端点 A、B 的 y 坐标差，进而求出点 B 的两个投影。

作图：如图 2-22b 所示，以 AB 为斜边作一直角三角形 ABB_1，使 $\angle B_1AB=\alpha=30°$，则直角边 AB_1 为 AB 的水平投影 ab 的长度，另一直角边为 A、B 的 z 坐标差；以 AB 为斜边作一直角三角形 ABB_2，使 $\angle B_2AB=\beta=45°$，则直角边 AB_2 为 AB 的正面投影 $a'b'$ 的长度，另一直角边为两端点 A、B 的 y 坐标差。

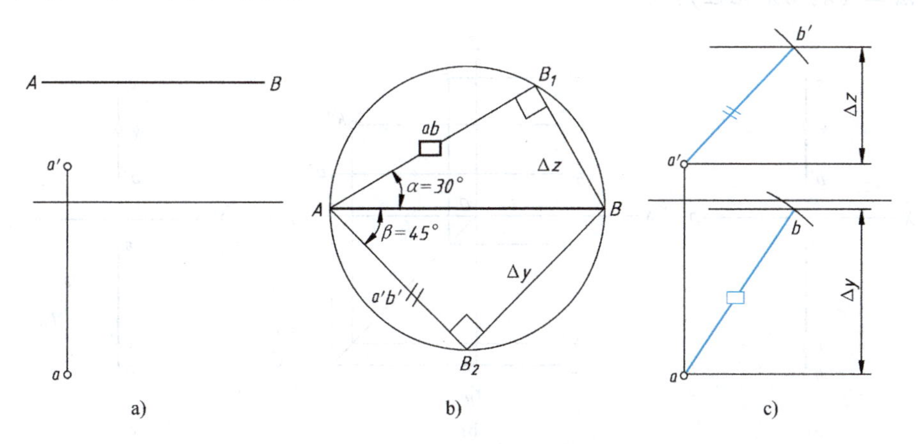

图 2-22　用直角三角形法完成直线的投影

利用两端点的 y 坐标差及 AB 的水平投影长度，求出点 B 的水平投影，如图 2-22c 所示，同理可求出点 B 的正面投影。由于并未指明 A、B 两点的高低、前后位置，因此本题有多解，图 2-22c 所示为其中一解，其他各解请读者自行分析。

三、直线上的点

1. 从属性

点在直线上，则点的各个投影必在该直线的同面投影上，反之，如果点的各个投影都在直线的同面投影上，则该点一定在直线上。如图2-23所示，点C位于直线AB上，则点C的三面投影c、c'、c''分别在直线的同面投影ab、$a'b'$、$a''b''$上。在图2-23b中，点C的3个投影分别在直线AB的同面投影上，因此可以断定，空间点C在直线AB上。若点不在直线上，则点的投影至少有一个不在直线的同面投影上。

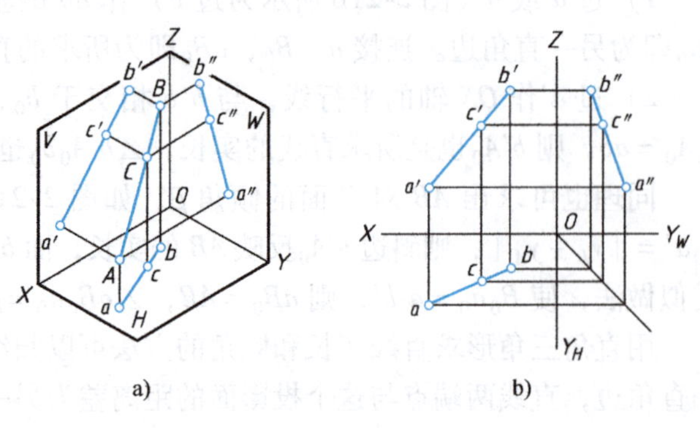

图2-23　直线上的点

2. 定比性

若点在直线上，则点分直线所得的两线段长度之比等于其投影长度之比。如点C在直线AB上，则它把AB分成AC和CB两段。根据正投影的基本特性，线段及其投影关系为：$AC:CB = ac:cb = a'c':c'b' = a''c'':c''b''$。

【例2-6】　如图2-24a所示，判断点K是否在直线AB上。

方法一（利用从属性）：

作直线AB和点K的侧面投影，在侧面投影中，如果k''在$a''b''$上，则点K在直线AB上，否则点K不在直线AB上。从图2-24b中可知，k''不在$a''b''$上，所以点K不在直线AB上。

方法二（利用定比性）：

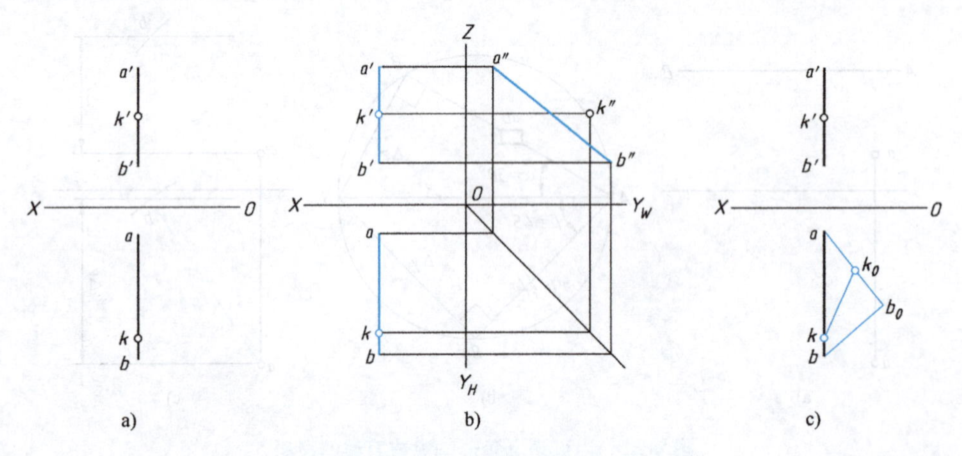

图2-24　判断点K是否在直线AB上

如不求侧面投影，用定比关系也可判定，作图方法如图2-24c所示。

1）过点a引一射线，并在射线上取点k_0和b_0，使$ak_0 = a'k'$、$k_0b_0 = k'b'$。

2）连接 k、k_0 和 b、b_0，如果直线 $kk_0 /\!/ bb_0$，则满足定比性，点 K 在直线 AB 上，反之点 K 不在直线 AB 上。

3）由于 kk_0 不平行于 bb_0，说明：$a'k':k'b' \neq ak:kb$，则点 K 不在直线 AB 上。

四、两直线的相对位置

两直线的相对位置有三种，即平行、相交、交叉。其中平行、相交的两直线又可称为共面直线，交叉两直线又可称为异面直线。

1. 两直线平行

若空间两直线相互平行，则它们的同面投影也一定互相平行（或者重合），并且两平行直线长度之比等于其同面投影长度之比。反之，若两直线的三面投影相互平行，则空间两直线也相互平行，如图 2-25 所示。空间两直线 $AB /\!/ CD$，则 $ab /\!/ cd$、$a'b' /\!/ c'd'$、$a''b'' /\!/ c''d''$（图 2-25a 中未示出）；$AB:CD = ab:cd = a'b':c'd' = a''b'':c''d''$。

对于一般位置直线，若有两组同面投影相互平行，就可判定空间两直线相互平行。若直线为投影面的平行线，则需要根据直线所平行的投影面上的投影是否平行来断定它们在空间是否相互平行。

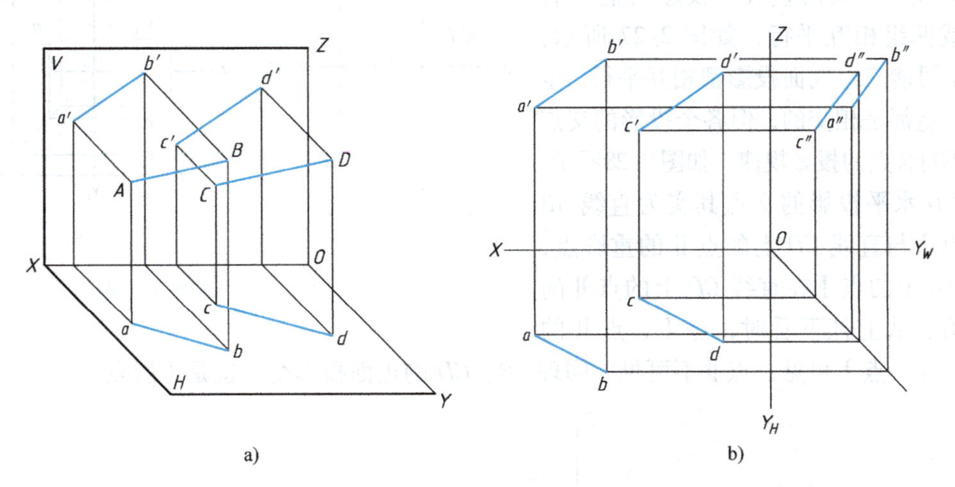

图 2-25　两直线平行

2. 两直线相交

若空间两直线相交，则它们的各同面投影必定相交（或重合），且各投影的交点符合点的投影规律。

如图 2-26 所示，AB 与 BC 相交于点 B，B 是 AB、BC 的共有点，故点 B 的 3 个投影 b、b'、b'' 分别是 ab 与 bc、$a'b'$ 与 $b'c'$、$a''b''$ 与 $b''c''$ 的交点，由于 b、b'、b'' 是空间同一点 B 的三面投影，所以它们符合点的投影规律。反之，若两直线在投影面上的各组同面投影都相交，且各组投影的交点符合点的投影规律，则两直线在空间必定相交。

在一般情况下，若直线两组同面投影都相交，且两投影交点符合点的投影规律，则空间

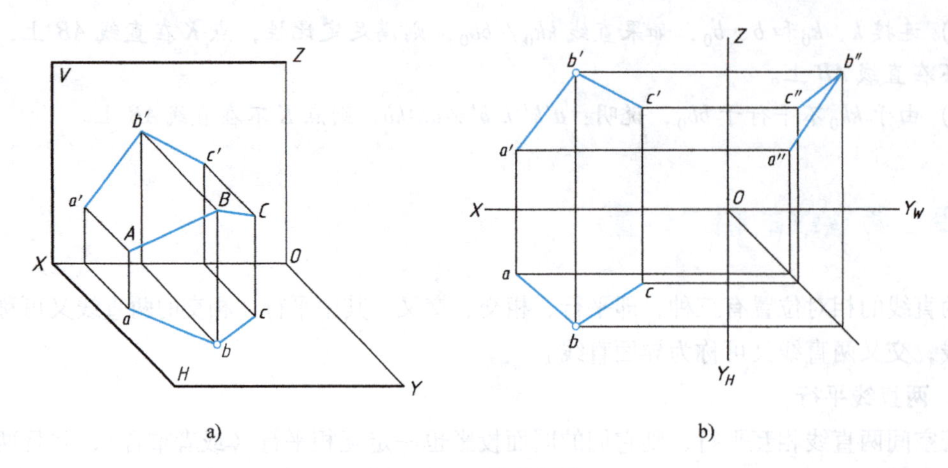

图 2-26　两直线相交

两直线相交。但若两直线中有一直线为投影面平行线时，则要根据直线所平行的投影面上的投影来断定它们是否相交。

3. 两直线交叉

既不平行又不相交的两直线称为交叉两直线。交叉两直线的投影可能会有一组或两组相互平行，如图 2-27 所示，但绝不可能三组同面投影都相互平行；也可能三组都是相交的，但各个投影的交点一定不符合点的投影规律。如图 2-28所示，*AB*、*CD* 水平投影的交点其实为直线 *AB* 上的点Ⅰ与直线 *CD* 上的点Ⅱ的重影点，直线 *AB* 上的点Ⅰ在直线 *CD* 上的点Ⅱ的正上方，从上往下看时，点Ⅰ、点Ⅱ的投影重合，点Ⅰ可见、点Ⅱ不可见。同理 *AB*、*CD* 的正面投影交点也是重影点。

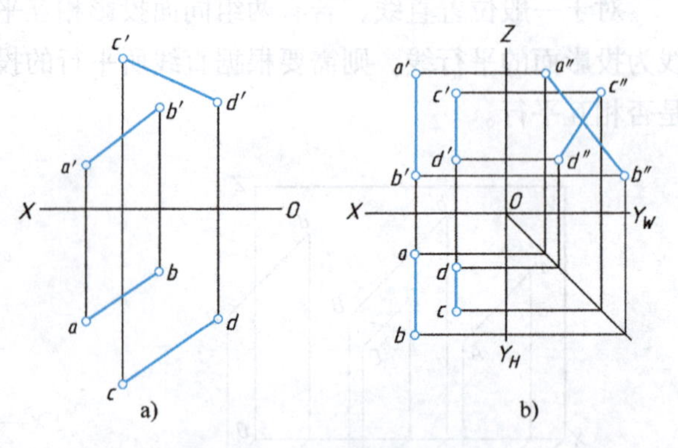

图 2-27　交叉两直线的投影

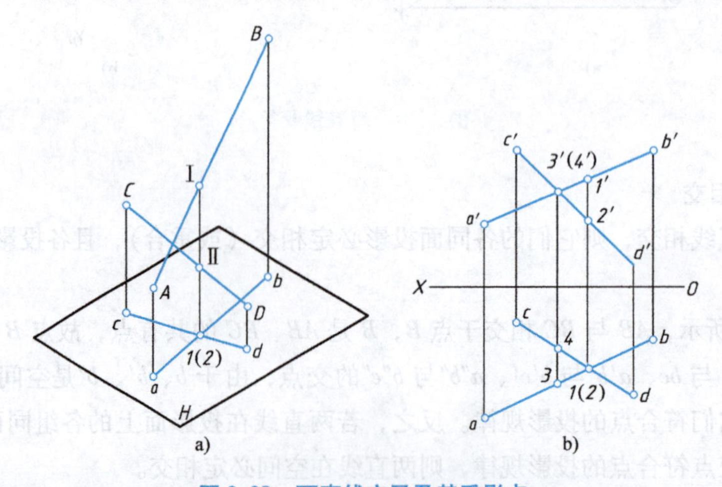

图 2-28　两直线交叉及其重影点

【例 2-7】 直线 AB、CD 的投影如图 2-29a 所示，判断直线 AB、CD 的相对位置。

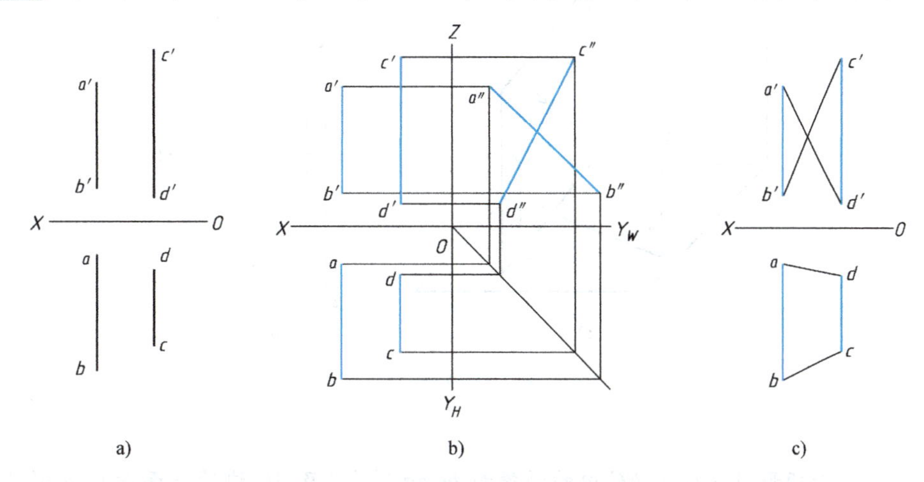

图 2-29 判断两直线的相对位置

分析：由 AB、CD 的两个投影可知，AB、CD 均为侧平线，因此，不能因为它们的两个投影平行，就直接断定 AB、CD 为平行的两直线。

方法一（图 2-29b）：

根据 AB、CD 在 V 面、H 面上的投影作其 W 面投影，若 a″b″//c″d″，则 AB//CD；反之，则 AB 和 CD 交叉。按作图结果可判断 AB、CD 为交叉直线。

方法二（图 2-29c）：

由投影可知 AB、CD 一定不是相交的直线，它们要么平行，要么交叉。分别连接 A 和 D、B 和 C，若 AD、BC 为相交两直线，则 A、B、C、D 这 4 点共面，则 AB//CD；反之，若 AD、BC 交叉，则 A、B、C、D 这 4 点不共面，则 AB 和 CD 交叉。按作图结果可判断 AB、CD 为交叉直线。

五、直角投影定理

空间垂直（相交或交叉）的两直线，若其中一直线为投影面的平行线，则两直线在该投影面上的投影相互垂直。此投影特性称为直角投影定理。以两直线垂直相交，其中一直线是水平线为例，证明如下（图 2-30）。

已知：$AB \perp CD$、AB//H 面，证明 $ab \perp cd$。

证明：因 $Bb \perp H$ 面、AB//H 面，所以 $AB \perp Bb$；又知 $AB \perp CD$，则 $AB \perp$ 平面 CcdD，因 ab//AB，所以 $ab \perp$ 平面 CcdD，因此，$ab \perp cd$。

如图 2-30a 所示，当直线 CD 不动，水平线 AB 平行上移时，ab 与 cb 仍相互垂直。因此，此投影特性也适用于交叉垂直的两直线。

直角投影定理的逆定理仍成立。如果两直线在某一投影面上的投影相互垂直，若其中有一直线为该投影面的平行线，那么这两条直线空间相互垂直。

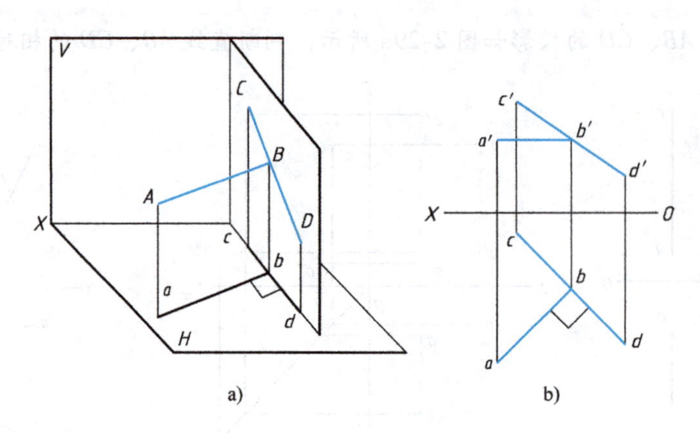

a)　　b)

图 2-30　直角投影定理

【例 2-8】 已知矩形 *ABCD* 中 *BC* 边的两投影 *bc* 和 *b'c'* 以及 *AB* 边的正面投影 *a'b'* （*a'b'* // *OX* 轴），求作矩形的两面投影（图 2-31a）。

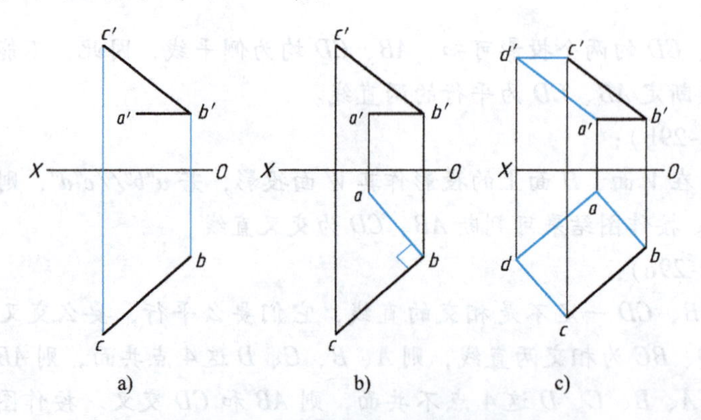

a)　　b)　　c)

图 2-31　根据条件作矩形的投影

分析：由于 *a'b'* // *OX* 轴，所以 *AB* 平行于水平面，又因为 *ABCD* 为矩形，其邻边相互垂直，因此 *AB* 与 *BC* 在水平面上的投影也成直角，即 *ab*⊥*bc*。

作图步骤如下。

1）过点 *b* 作 *bc* 的垂直线，并根据点的投影规律作 *a*（图 2-31b）。

2）根据正投影的投影特性，空间相互平行的两直线，其投影仍然相互平行。*ABCD* 为矩形所以对边相互平行，即 *AB* // *CD*、*BC* // *AD*，则其投影 *ab* // *cd*、*bc* // *ad*。作图过程如图 2-31c所示。正面投影作图过程类似。

第五节　平面的投影

平面是物体表面的重要组成部分，平面的投影一般仍为平面，特殊情况下积聚为直线。

一、平面的表示方法

1. 用一组几何元素的投影表示表面

平面通常用确定该平面的点、直线或平面图形等几何元素的投影表示，如图 2-32 所示。

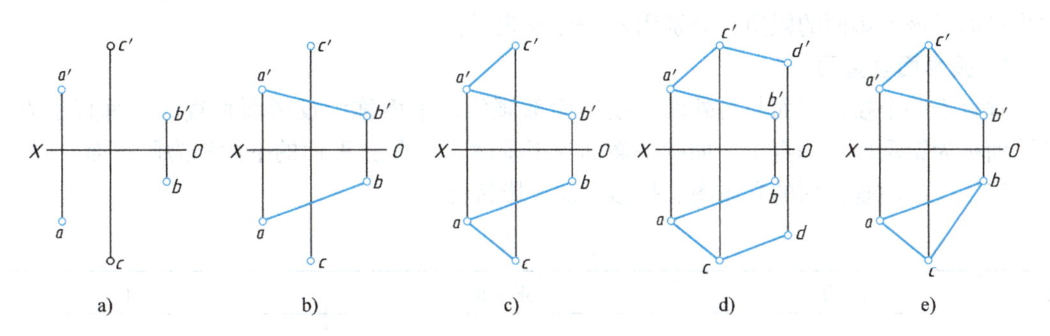

图 2-32　平面的表示方法

a）不在同一直线上的 3 点　b）一直线和该直线外一点　c）相交两直线　d）平行两直线　e）任意平面图形

各组几何元素是可以相互转换的。从图 2-32 中可以看出，不在同一直线上的 3 个点是决定平面位置的基本几何元素组。

2. 用平面的迹线表示平面

平面与投影面的交线称为平面的迹线，也可以用来表示平面。如图 2-33 所示，平面 P 与 H 面的交线称为水平迹线，用 P_H 表示；与 V 面的交线称为正面迹线，用 P_V 表示；与 W 面的交线称为侧面迹线，用 P_W 表示。P_H、P_V、P_W 两两相交的交点 P_X、P_Y、P_Z 称为迹线集合点。

由于迹线既在平面内又在投影面内，所以迹线的一个投影与其本身重合，另外两个投影与相应的投影轴重合。用迹线表示平面时，只画出并标注出与迹线本身重合的投影，而省略与投影轴重合的迹线投影，如图 2-33b 所示。

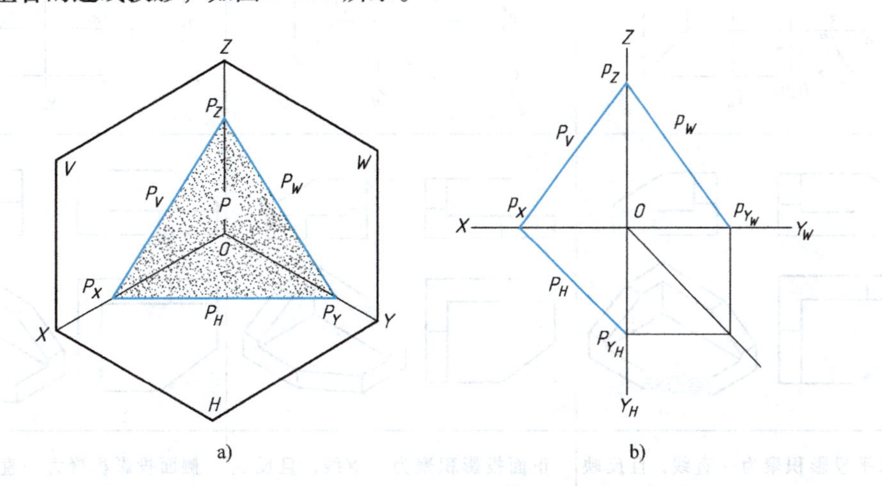

图 2-33　平面的迹线表示法

二、各种位置平面的投影特性

根据平面在三面投影体系中的位置可将平面分为3类，即投影面垂直面、投影面平行面和一般位置平面。其中前两类称为特殊位置平面。平面与投影面 H、V、W 的两面角，分别称为平面对该投影面的倾角，分别用 α、β、γ 表示。

1. 投影面垂直面

垂直于一个投影面而与另外两个投影面都倾斜的平面称为投影面垂直面。垂直于 H 面的平面称为铅垂面；垂直于 V 面的平面称为正垂面；垂直于 W 面的平面称为侧垂面。表2-3中列出了投影面垂直面的立体图、投影图及投影特性。

表2-3　投影面垂直面的立体图、投影图及投影特性

名称	铅垂面	正垂面	侧垂面
立体图	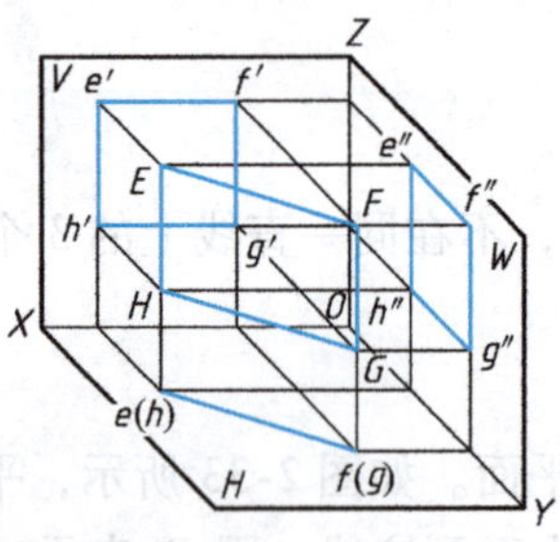	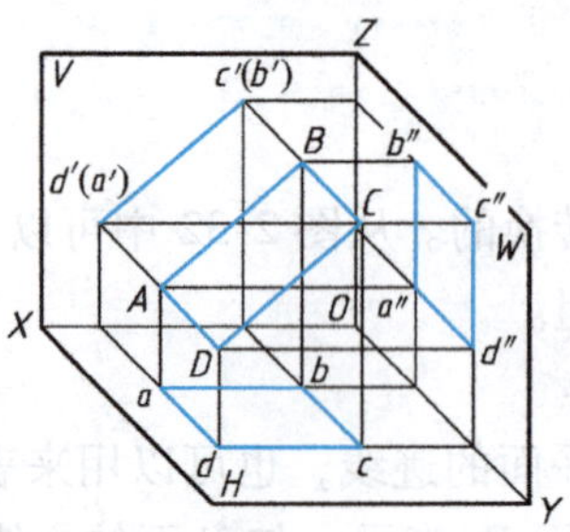	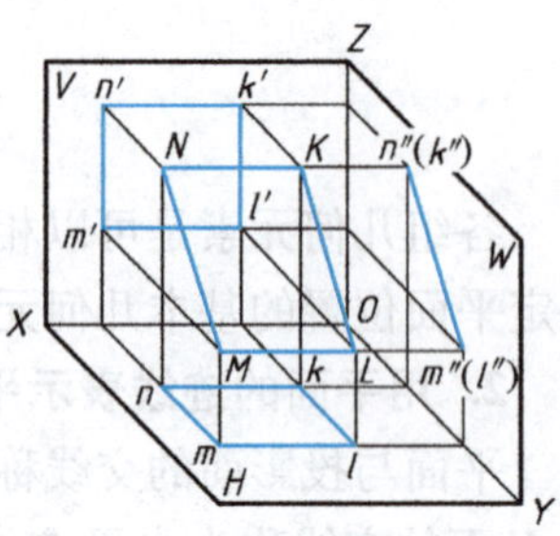
投影图	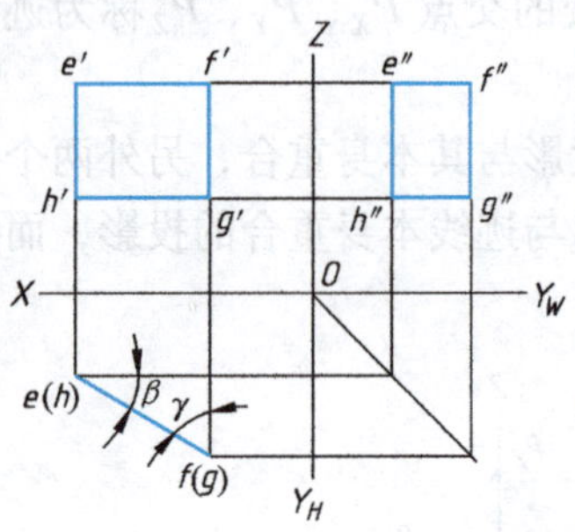	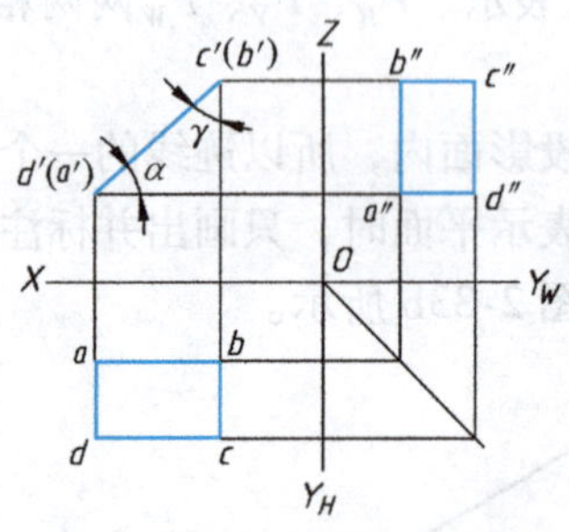	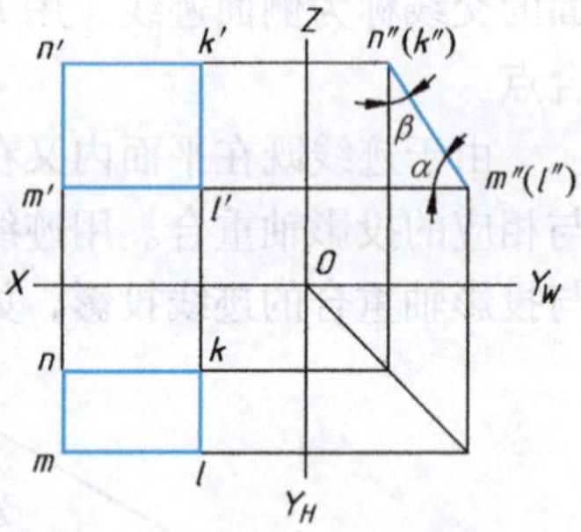
举例	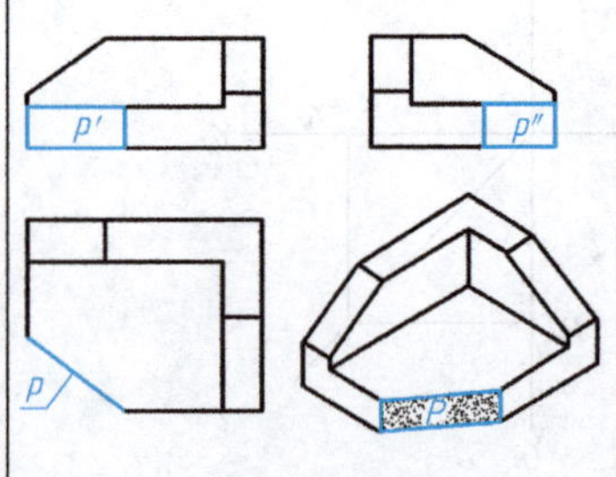	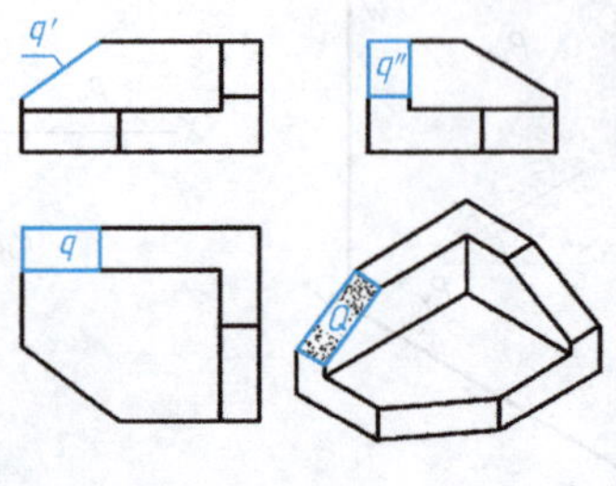	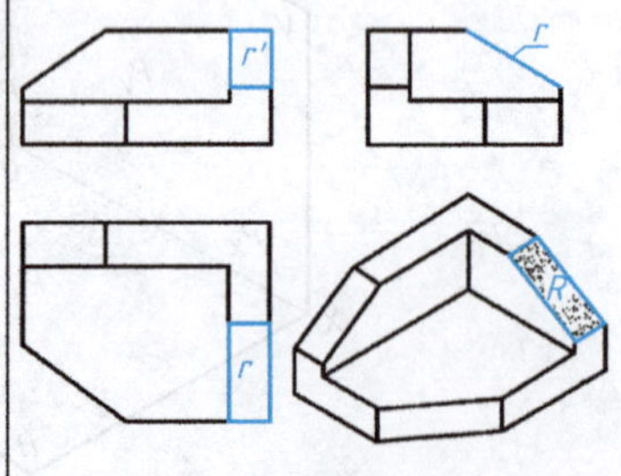
投影特性	水平投影积聚为一直线，且反映 β、γ 正面投影、侧面投影为类似形	正面投影积聚为一直线，且反映 α、γ 水平投影、侧面投影为类似形	侧面投影积聚为一直线，且反映 α、β 正面投影、水平投影为类似形

投影面垂直面的投影特性如下。

1）平面在与其所垂直的投影面上的投影积聚成与投影轴倾斜的直线，并反映该平面与其他两个投影面的倾角。

2）平面的其他两个投影都是面积小于原平面图形的类似形。

2. 投影面平行面

平行于一个投影面而与另外两个投影面垂直的平面称为投影面平行面。平行于 H 面的平面称为水平面；平行于 V 面的平面称为正平面；平行于 W 面的平面称为侧平面。在表 2-4 中列出了投影面平行面的立体图、投影图及投影特性。

表 2-4　投影面平行面的立体图、投影图及投影特性

名称	水平面	正平面	侧平面
立体图	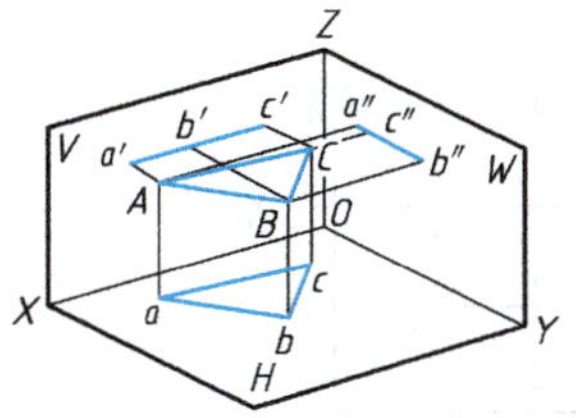	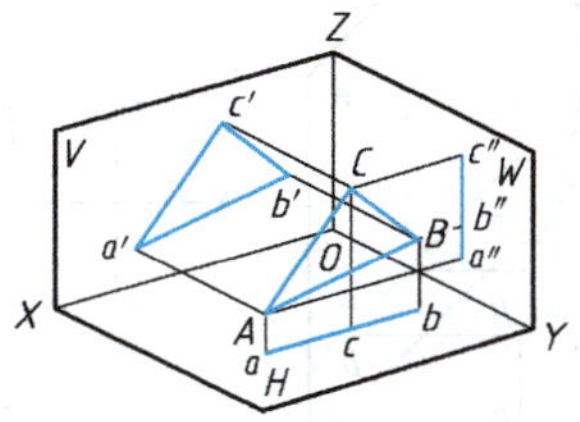	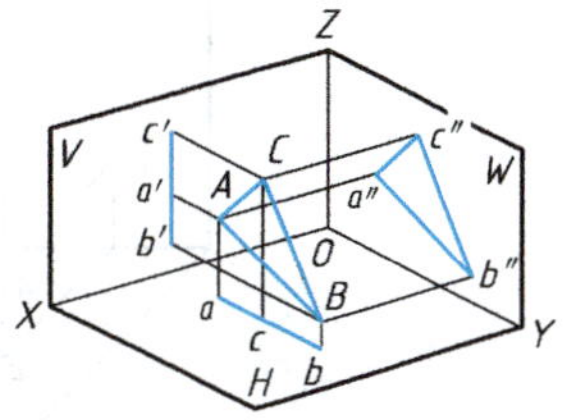
投影图	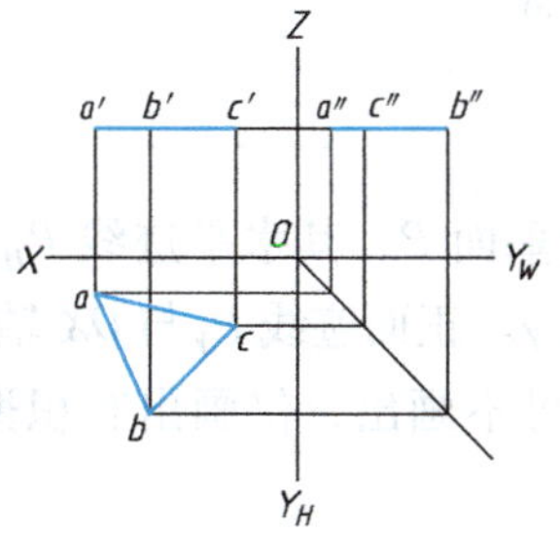	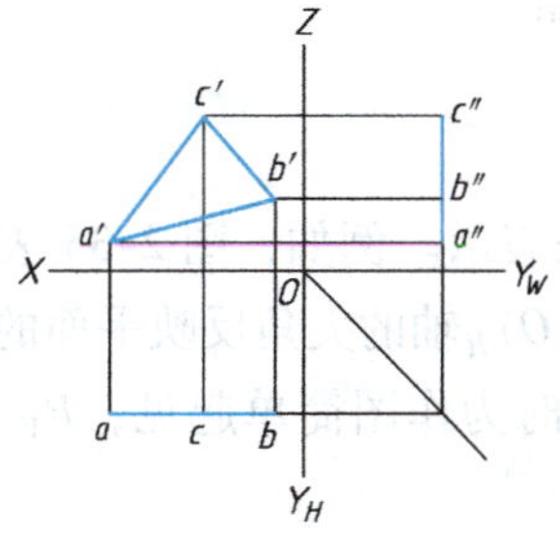	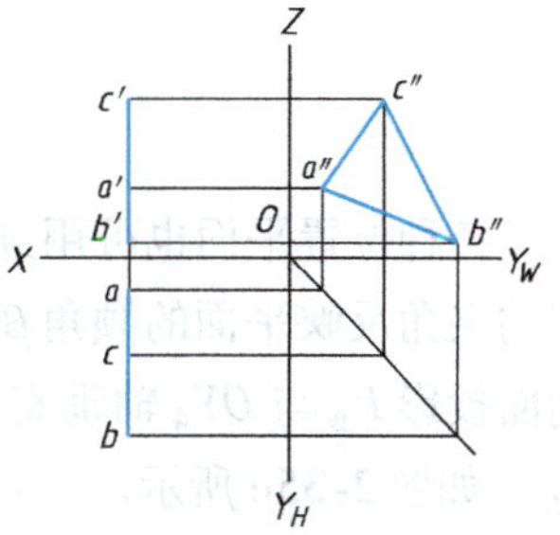
举例	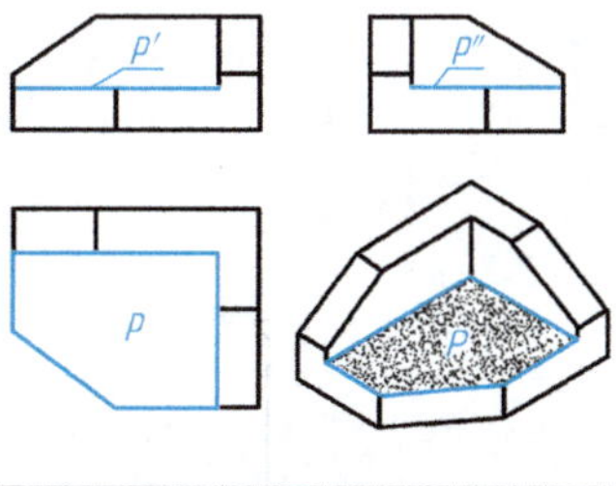	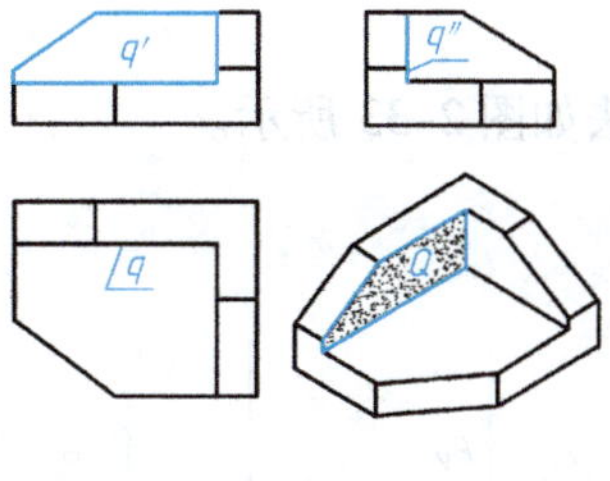	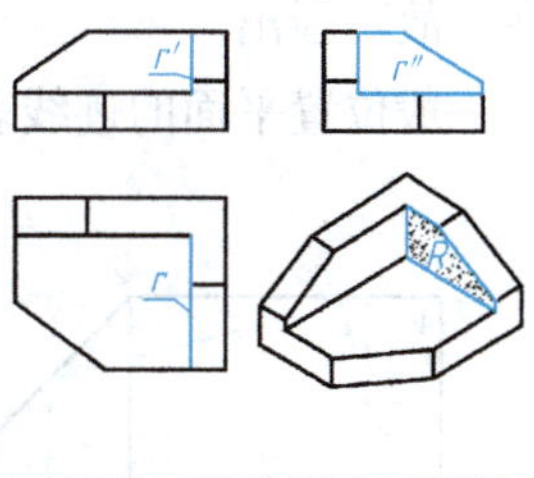
投影特性	水平投影反映平面实形 正面投影积聚为直线，与 OX 轴平行 侧面投影积聚为直线，与 OY_W 轴平行	正面投影反映平面实形 水平投影积聚为直线，与 OX 轴平行 侧面投影积聚为直线，与 OZ 轴平行	侧面投影反映平面实形 正面投影积聚为直线，与 OZ 轴平行 水平投影积聚为直线，与 OY_H 轴平行

投影面平行面的投影特性如下。

1）平面在与其平行的投影面上的投影反映该平面图形的实形。

2）平面在其他两个投影面上的投影均积聚成平行于相应投影轴的直线。

3. 一般位置平面

与3个投影面都倾斜的平面称为一般位置平面。如图2-34所示，$\triangle ABC$与3个投影面都倾斜，因此它的3个投影$\triangle abc$、$\triangle a'b'c'$、$\triangle a''b''c''$均为类似形，不反映实形，也不反映该平面与投影面的倾角α、β、γ。

一般位置平面的投影特性如下。

1）它的3个投影均为类似形，而且面积比原平面图形小。

2）投影图上不直接反映平面对投影面的倾角。

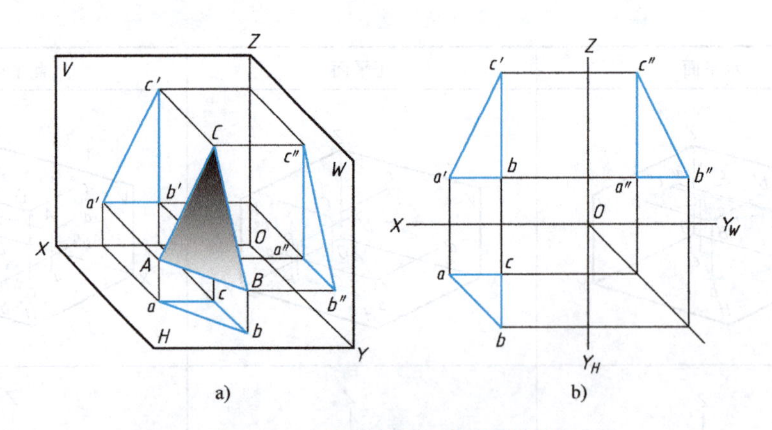

图2-34　一般位置平面的投影特性

各种位置平面也可用迹线来表示。例如，图2-35表示铅垂面P，其水平迹线P_H与OX轴的夹角反映平面的倾角β，与OY_H轴的夹角反映平面的倾角γ。正面迹线P_V与OX轴垂直，侧面投影P_W与OY_W轴垂直。有时为作图简单起见，P_V、P_W可不画出，仅画出有积聚性的P_H，如图2-35c所示。

图2-36表示水平面P，其正面迹线P_V//OX轴，侧面迹线P_W//OY轴，水平迹线P_H不存在，故不画出。

一般位置平面的迹线表示法如图2-33所示。

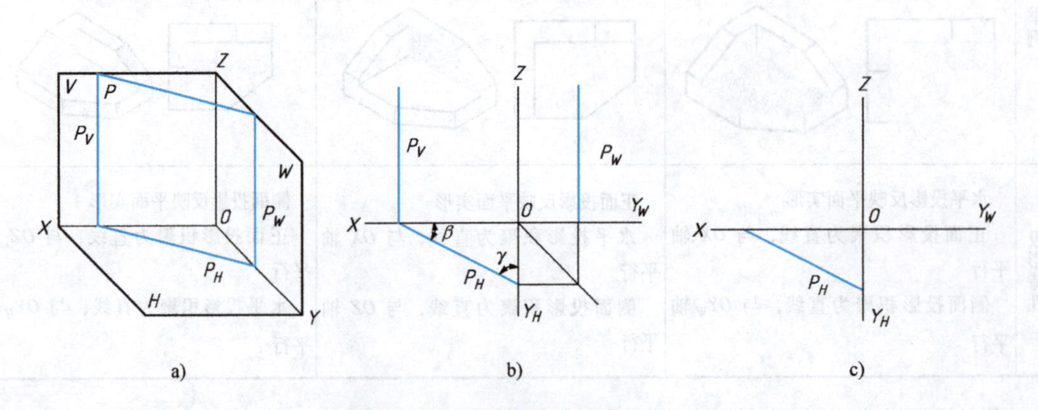

图2-35　铅垂面的迹线表示法

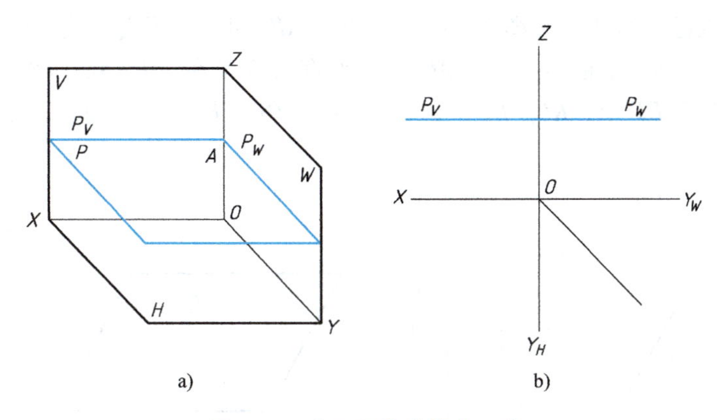

图 2-36　水平面的迹线表示法

第六节　直线与平面、平面与平面之间的相对位置

直线与平面、平面与平面之间的相对位置包括直线在平面上、直线与平面平行或相交以及平面与平面重合、平行或相交。其中垂直是相交的特殊情况。本节着重研究当直线或平面至少一个投影具有积聚性时的投影表示及作图方法。

一、点、直线在平面上

1. 点在平面上

点在平面上的几何条件是：点在平面内的一条直线上。在平面内取点，除在平面内已知直线上直接取点外，一般需在平面内先取一直线作为辅助线，然后在该直线上取点。在图 2-37中，△*ABC* 确定一平面 *P*，两点 *M*、*N* 分别在平面 *P* 内的直线 *AB*、*AC* 上，则两点 *M*、*N* 在平面 *P* 上。

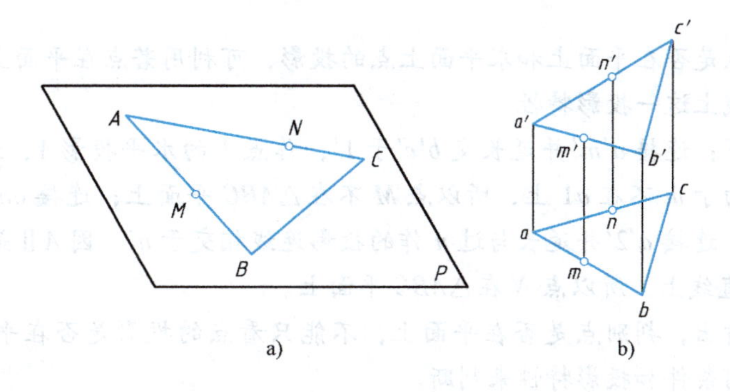

图 2-37　点在平面上

2. 直线在平面上

直线在平面上的几何条件是：通过平面上的两个已知点或通过平面上的一个已知点并平

行于平面上的一条已知直线。在图2-38a中，直线*AB*、*AC*为相交直线，则*AB*、*AC*确定一个平面，两点*M*、*N*分别在直线*AB*、*AC*上，则直线*MN*在*AB*、*AC*所确定的平面内。在图2-38b中，点*K*在*EF*上，*KL*//*DE*，则直线*KL*在*DE*、*EF*所确定的平面内。

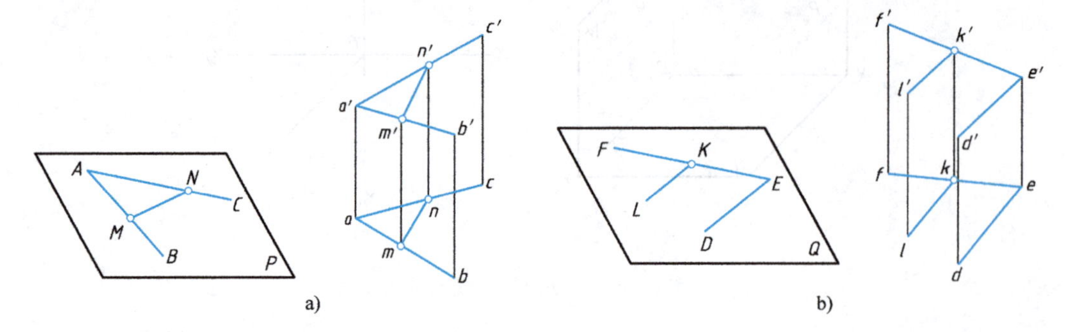

图2-38 直线在平面上

a）通过平面内的两点 b）通过平面内一点且平行于平面内的一直线

【例2-9】 判别点*M*是否在平面*ABC*上，并作△*ABC*平面上点*N*的正面投影（图2-39a）。

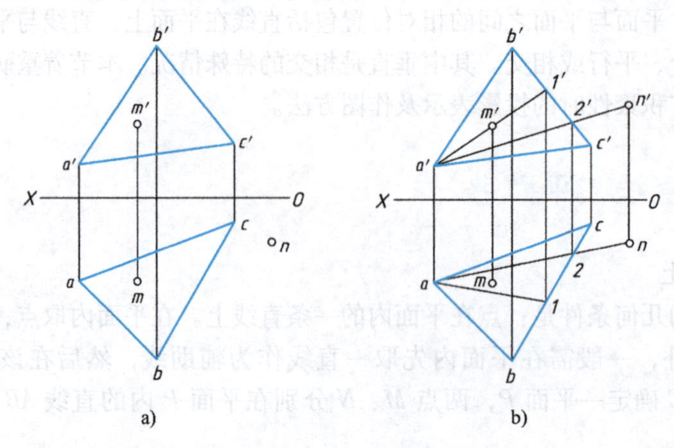

图2-39 平面上的点

分析：判别点是否在平面上和求平面上点的投影，可利用若点在平面上，那么点一定在平面内的一条直线上这一投影特性。

作图步骤如下：连接$a'm'$并延长交$b'c'$于1′，作点Ⅰ的水平投影1，这样*A*Ⅰ为△*ABC*平面内的直线，由于*m*不在*a*1上，所以点*M*不在△*ABC*平面上；连接*an*交*bc*于2，作点Ⅱ的正面投影2′，连接*a*′2′并延长与过*n*作的投影连线相交于*n*′。因*A*Ⅱ是△*ABC*平面上的直线，点*N*在此直线上，所以点*N*在△*ABC*平面上。

从本例可以看出，判别点是否在平面上，不能只看点的投影是否在平面的投影轮廓线内，一定要用几何条件和投影特性来判断。

【例2-10】 在平面*ABC*上作一条距*H*面为20mm的水平线（图2-40a）。

分析：水平线的正面投影与*OX*轴平行，水平投影与*OX*轴倾斜；距*H*面为20mm的水平线，即线上所有点的 z 坐标为20mm，只需要在正面投影中作一条与 OX 轴平行、距 OX 轴为20mm的直线即可。

作图步骤如下。

1）作 $m'n'/\!/OX$，且距离 OX 轴为20mm，m'、n' 分别落在 $a'b'$、$a'c'$ 上，如图2-40b所示。

2）根据点的投影规律，找到 MN 的水平投影，点 M、点 N 的水平投影也应该分别落在 ab、ac 上。

3）加深直线 MN 的两个投影。

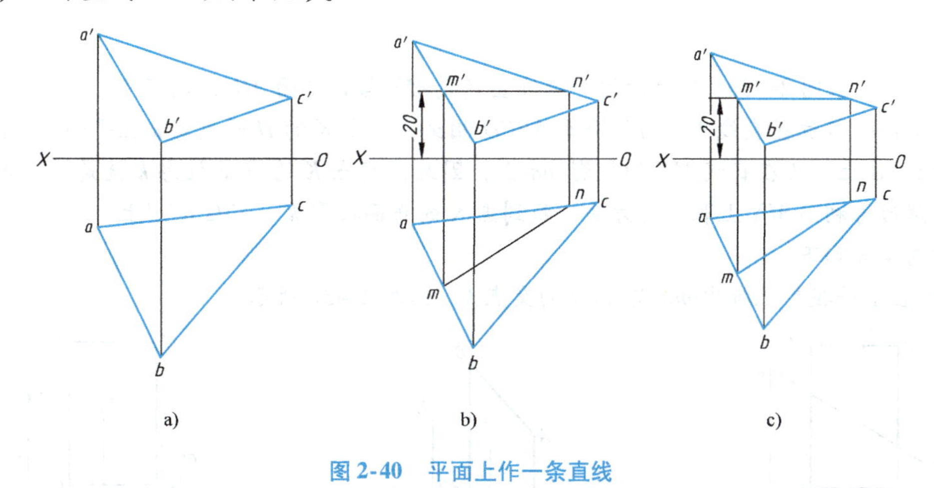

图2-40　平面上作一条直线

二、直线与平面的相对位置

1. 直线与平面平行

直线与平面平行的几何条件是：直线平行于平面内的任一直线。当直线与垂直投影面的平面相平行时，则平面的积聚性投影与该直线的同面投影平行，或直线、平面在同一投影面上的投影都有积聚性。如图2-41所示，AB 平行于平面 P 内的一条直线 CD，则 AB 平行于平面 P。平面 P 为铅垂面，它的积聚性水平投影与 AB 的水平投影平行，MN 也平行于平面 P，MN 的水平投影有积聚性。

应用示例：如图2-42所示，$BC/\!/AD$，所以 $BC/\!/$平面 $ADHE$，平面 $ADHE$ 垂直于 H 面，它们的水平投影 $a(e)d(h)/\!/bc$。

2. 直线与平面相交

直线与平面若不平行，则一定相交。直线与平面的交点是直线与平面的共有点，该交点是唯一的，同时交点又是直线与平面投影重合部分可见与不可见的分界点。

（1）一般位置直线与特殊位置平面相交　特殊位置平面一定与某一投影面垂直，其在该投影面上的投影有积聚性。交点的投影必定在平面有积聚性的投影上，同时，它又要在直线的同面投影上，两者的交点就是交点的一个投影，然后再根据点在直线上的投影特性，求出另外的投影。在作图时，除了求出交点的投影以外，还要判别直线的可见性。

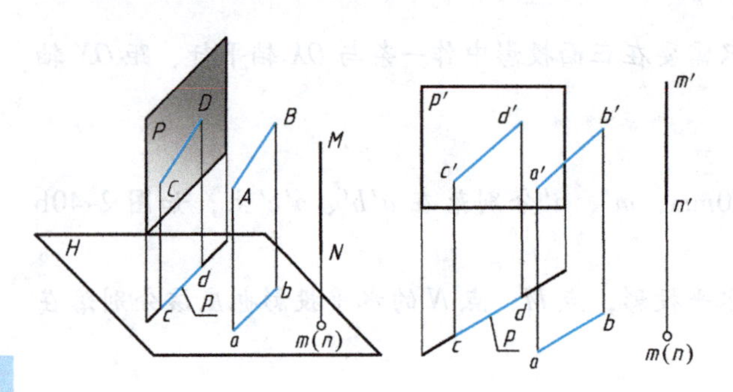

图2-41　直线与平面平行

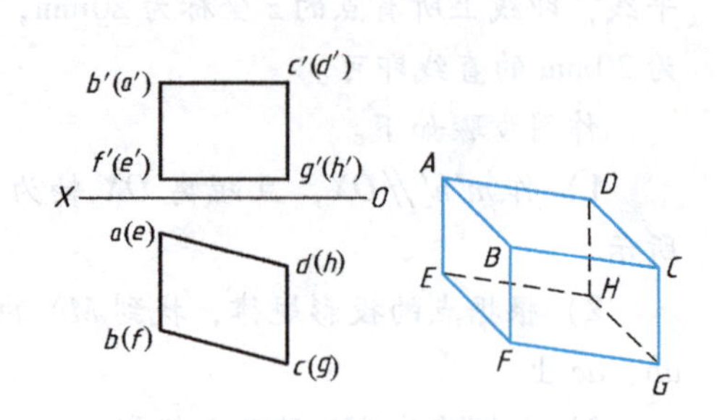

图2-42　应用示例

62

【例2-11】 求图2-43a、b所示的一般位置直线*MN*与铅垂面*ABCD*的交点。

分析：一般位置直线*MN*与铅垂面*ABCD*相交，交点*K*的*H*面投影*k*在平面*ABCD*的积聚性投影*ad*上，又在直线*MN*的投影*mn*上，因此，交点*K*的*H*面投影*k*就是*mn*与*ad*的交点；然后再利用*MN*上取点的方法，找到点*K*的正面投影*k'*，*k'*在*m'n'*上。

作图步骤如下。

1）在水平投影上标出*mn*与*abcd*的交点*k*，如图2-43c所示。

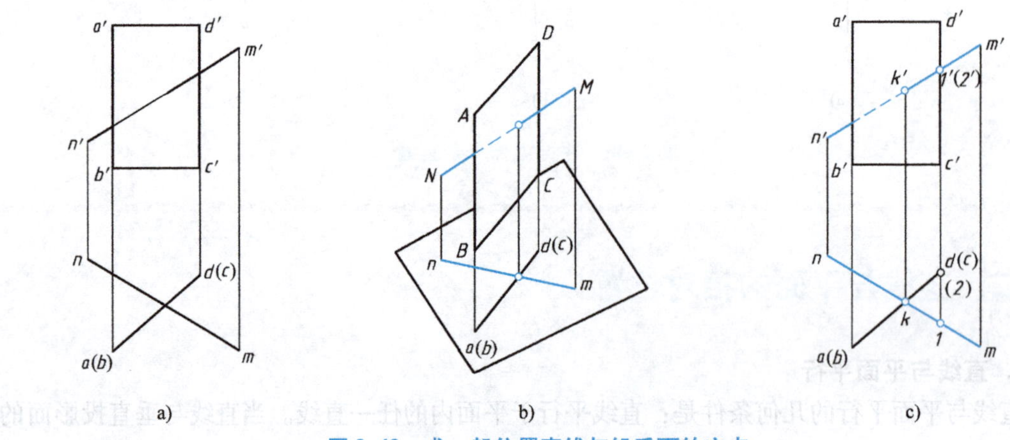

图2-43　求一般位置直线与铅垂面的交点

2）再利用点的投影规律，在*m'n'*上找到*k'*。

3）可见性判别。交点*K*是直线*MN*与平面*ABCD*投影重合部分可见与不可见的分界点，同时，直线与平面相交，交点是唯一的，因此在正面投影中*m'n'*与*d'c'*的交点是一重影点，根据*H*面投影可知，*MN*上的点Ⅰ在前，*DC*上的点Ⅱ在后，因此1'*k'*可见，画成粗实线，另一部分被平面遮挡，不可见，应画成细虚线，如图2-43c所示。

也可利用投影图直接判别直线的可见性。从水平投影中很容易看出，交点*K*的右边，直线*MN*在平面*ABCD*的前方，因此在正面投影中，交点*K*的右边直线是可见的，反之，交点*K*的左边与平面投影重合的部分是不可见的。

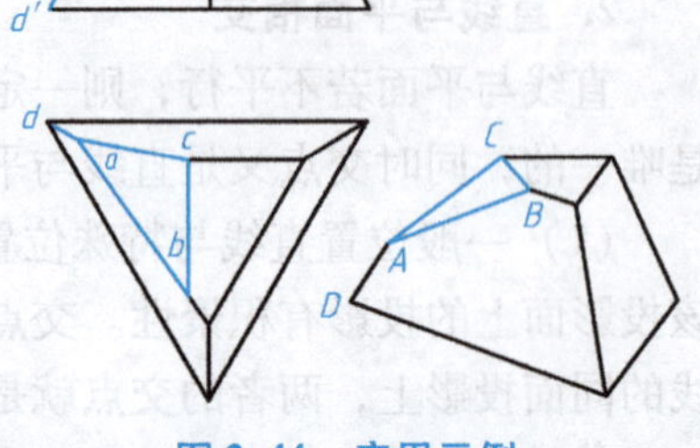

图2-44　应用示例

应用示例：如图2-44所示，平面*ABC*为正垂面，直线*AD*为一般位置直线，它们的交点*A*的正面投影*a'*为直

线 AD 的正面投影 $a'd'$ 与平面 ABC 的积聚性正面投影 $a'b'c'$ 的交点。

（2）投影面垂直线与一般位置平面相交　投影面垂直线的某一投影具有积聚性，交点在该直线上，那么交点的一个投影一定与该直线的积聚性投影重合，然后利用在面上取点的方法，找到交点的其他投影。

【例 2-12】 如图 2-45 所示，求正垂线 AB 与一般位置平面 $\triangle CDE$ 的交点，并判别可见性。

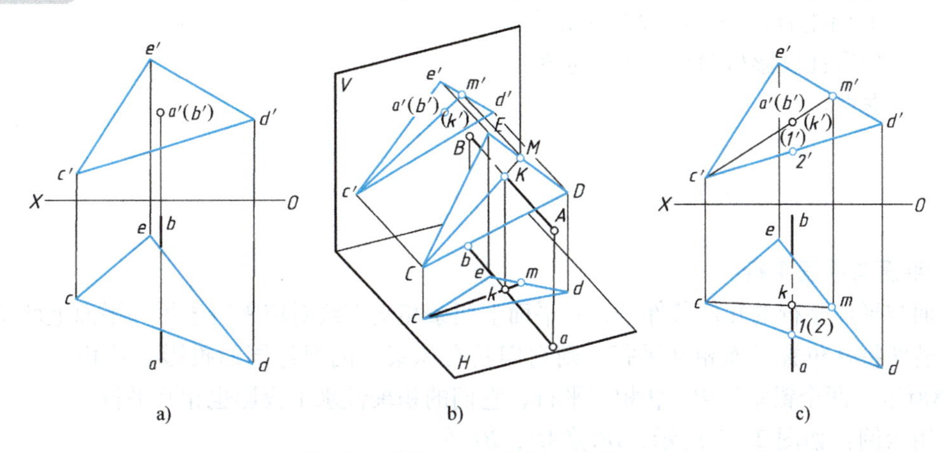

图 2-45　求正垂线与平面相交的交点

分析：由于直线 AB 是正垂线，其正面投影具有积聚性，交点 K 是直线 AB 上的一个点，所以点 K 的正面投影（k'）和 $a'(b')$ 重合；又因交点 K 也在三角形平面上，故可利用平面上取点的方法，作交点 K 的水平投影 k。

作图步骤如下。

1）连接 $c'(k')$ 并延长至与 $d'e'$ 相交于 m'。

2）求出直线 CM 的水平投影 cm 与 ab 的交点即为交点 K 的水平投影 k（图 2-45c）。

3）可见性判别。如图 2-45c 所示，直线 AB 和 $\triangle CDE$ 的三条边都交叉，取交叉直线 AB 和 CD 水平投影中的重影点（直线 AB 上的点Ⅰ和直线 CD 上的点Ⅱ），从正面投影中可以看出（1′）在 2′的上面，所以在水平投影中点Ⅰ可见而点Ⅱ不可见。因此，直线 AB 上的 KⅠ线段位于平面上方是可见的，其水平投影画成粗实线，相反交点 K 另一侧位于平面下方是不可见的，其水平投影画成细虚线。正面投影中 AB 积聚为一点，不需要判别可见性。

应用示例：如图 2-46 所示，直线 AF 为正垂线，平面 $ABCDE$ 为一般位置平面，它们的交点 A 的正面投影 a' 在 AF 的积聚性投影 $a'(f')$ 上。

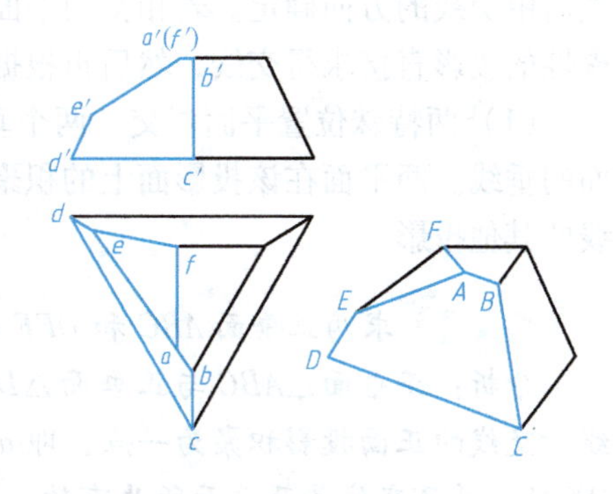

图 2-46　应用示例

3. 直线与平面垂直

如果一条直线垂直于一个平面上的任意两条相交直线，则该直线垂直于该平面，且直线垂直于平面上的所有直线。当直线与特殊位置平面垂直时，直线一定平行于该平面所垂直的投影面，而且平面有积聚性的投影一定与直线的同面投影相垂直。如图2-47所示，直线 AB 垂直于铅垂面 $CDEF$，则 AB 是水平线，且 $ab \perp c(d)(e)f$。

应用示例：如图2-42所示，$BF \perp BC$，$BF \perp AB$，所以 $BF \perp$ 平面 $ABCD$，平面 $ABCD$ 与 V 面垂直，在正面投影中，平面 $ABCD$ 的积聚性投影 $(a')b'c'(d')$ 与 BF 的投影 $b'f'$ 垂直。

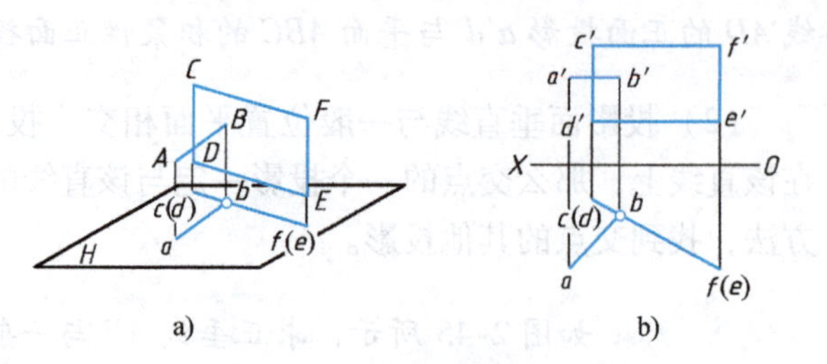

图2-47 水平线与铅垂面垂直

三、平面与平面的相对位置

1. 平面与平面平行

平面与平面平行的几何条件是：一平面上两条相交直线对应平行于另一平面上两条相交直线。若两特殊位置平面相互平行，则它们具有积聚性的那组同面投影必然相互平行。如图2-48所示，两个铅垂面 P、Q 相互平行，它们的积聚性水平投影也相互平行。

应用示例：如图2-42所示，$BC // AD$，$BF // AE$，所以平面 $ADHE //$ 平面 $BCGF$；平面 $ADHE$ 与平面 $BCGF$ 均为铅垂面，它们有积聚性的水平投影平行。

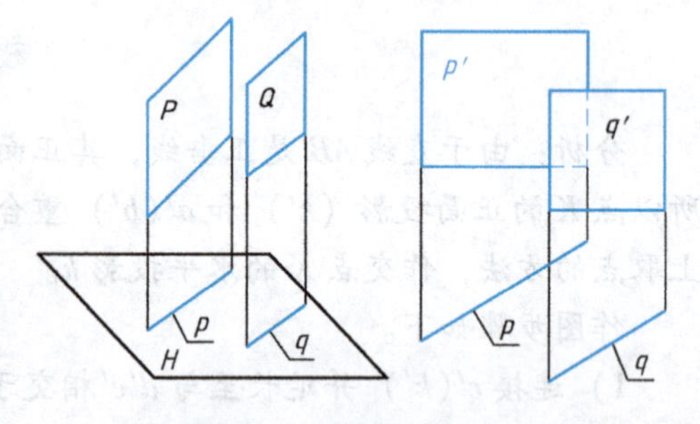

图2-48 平面与平面平行

2. 平面与平面相交

两平面相交的交线为一直线，交线为两平面共有，交线唯一且又是平面与平面投影重合部分可见与不可见的分界线。求交线的方法可以是求出交线上任意两点并连接，也可以求出其中一点，然后由交线的方向确定。若相交两平面之一，有一个平面与投影面垂直，可利用该平面有积聚性的投影直接求得交线，然后再根据交线是两平面所共有的，求出交线的其他投影。

（1）两特殊位置平面相交 两个垂直于同一投影面的平面相交，交线一定是这个投影面的垂线。两平面在该投影面上的积聚性投影的交点，就是交线有积聚性的投影，进而作交线的其他投影。

【例2-13】 求两正垂面 ABC 和 DEF 的交线（图2-49）。

分析：正垂面 $\triangle ABC$ 与正垂面 $\triangle DEF$ 同时垂直于 V 面，因此，它们的交线 MN 是正垂线，交线的正面投影积聚为一点，即 $a'b'c'$ 和 $d'e'f'$ 的交点；正垂线 MN 的水平投影垂直于 OX 轴，并且交线是两平面所共有的，因此，MN 的水平投影应该位于两平面投影重合的公共部分。

作图步骤如下。

1）$a'b'c'$ 和 $d'e'f'$ 的交点即是交线 MN 的积聚性投影 $m'(n')$。

2）由 $m'(n')$ 引投影连线，在两个三角形的水平投影相重合范围内作 mn，就得到交线

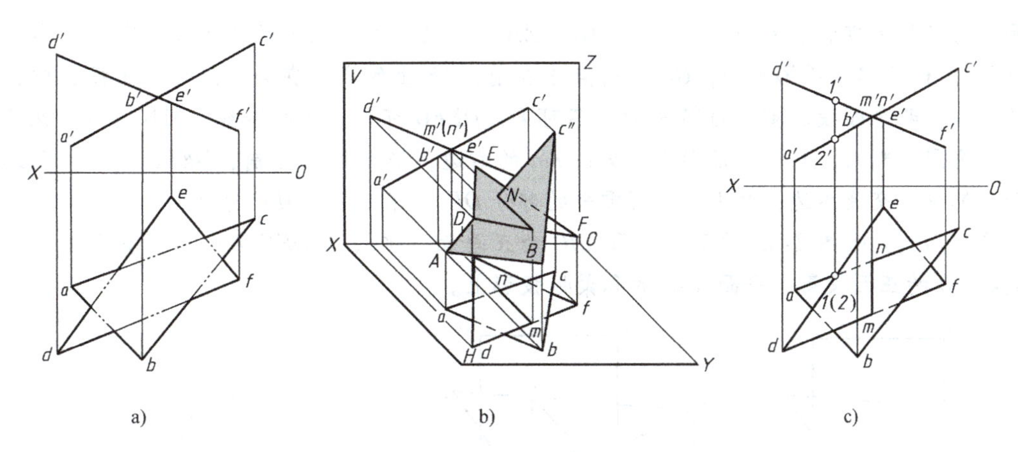

图 2-49　两正垂面相交

MN 的两面投影，如图 2-49c 所示。

3）可见性判别。正面投影不重合，所以正面投影不需要判别可见性；水平投影有一部分重合，需要判别可见性。交线 *MN* 为可见与不可见的分界线。从正面投影中可以看出：在交线 *MN* 的左侧 △*DEF* 在 △*ABC* 的上方，故 △*def* 在 *mn* 的左侧可见，画粗实线，而 △*abc* 在 *mn* 的左侧与 △*def* 重合的部分不可见，画细虚线；而右侧可见性正好相反。也可以利用重影点进行判别，如图 2-49c 所示。

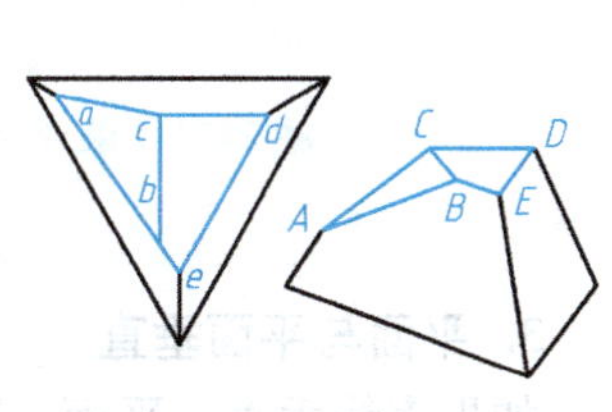

图 2-50　应用示例

应用示例：如图 2-50 所示，平面 *ABC* 与平面 *CDEB* 都与 *V* 面垂直，它们的交线 *BC* 也一定与 *V* 面垂直；在正面投影中，*BC* 的积聚性投影 $b'(c')$ 为平面 *ABC* 的积聚性投影 $a'b'(c')$ 与平面 *CDEB* 的积聚性投影 $(c')d'e'b'$ 的交点。

（2）特殊位置平面与一般位置平面相交　特殊位置平面的一个投影有积聚性，交线在该平面上，那么交线的一个投影一定在该平面的积聚性投影上，由此可得到交线的一个投影，然后利用在一般位置平面上取点，找到交线的其他投影。

【例 2-14】 求铅垂面 *DEFG* 与一般位置平面 *ABC* 的交线（图 2-51）。

分析：因为铅垂面 *DEFG* 的水平投影有积聚性，交线 *MN* 在平面 *DEFG* 上，因此，交线 *MN* 的水平投影 *mn* 必在 *DEFG* 的水平投影 *gd* 上；又因为 *MN* 在平面 *ABC* 上，利用在面 *ABC* 上取点的方法，找到 *MN* 的正面投影。

作图步骤如下。

1）在水平投影中，*DEFG* 有积聚性的投影与平面 *ABC* 的投影重合的部分，即为交线 *MN* 的水平投影，如图 2-51b 所示。

2）*MN* 又在平面 *ABC* 上，点 *M* 在边 *AB* 上，点 *N* 在边 *AC* 上，利用投影规律，求得 $m'n'$。

3）判别可见性。平面 *DEFG* 的水平投影具有积聚性，所以水平投影不需要判断可见性。

正面投影可利用重影点来判别可见性。*GF*、*AB* 为交叉直线，它们的正面投影有一重影点 1′ 和（2′）。根据水平投影可知，*GF* 上的点Ⅰ在前，*AB* 上的点Ⅱ在后，因此正面投影中在交线的左边，两平面投影重合的部分 *ABC* 不可见，*DEFG* 可见，结果如图 2-51b 所示。也可直接从投影图中判断，在水平投影中，交线 *mn* 的右边，平面 *ABC* 在前，*DEFG* 在后，因此在正面投影中，交线右边，两平面投影重合的部分 *DEFG* 不可见，*ABC* 可见。

应用示例：如图 2-52 所示，平面 *ABC* 为正垂面，平面 *ABDEF* 为一般位置平面，两者的交线 *AB* 的正面投影在平面 *ABC* 的积聚性投影上。

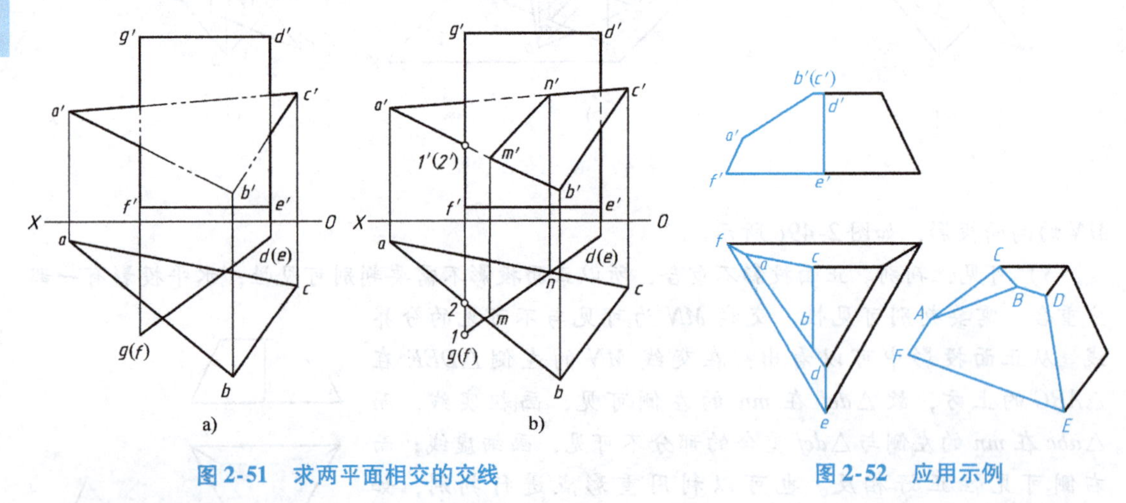

图 2-51　求两平面相交的交线　　　图 2-52　应用示例

3. 平面与平面垂直

如果直线垂直一平面，则包含这条直线的一切平面都垂直于该平面。反之，如两平面相互垂直，则从第一平面上的任意一点向第二平面所作的垂线，必定在第一平面内。

当两个相互垂直的平面同垂直于一个投影面时，两平面有积聚性的同面投影垂直，交线是该投影面的垂直线。

如图 2-53 所示，两铅垂面 *ABDC*、*CDEF* 相互垂直，它们在 *H* 面上有积聚性的投影垂直相交，交点是两平面交线（铅垂线）的积聚性投影。

应用示例：如图 2-42 所示，平面 *ABCD* 与平面 *ABFE* 垂直，且它们同时垂直于 *V* 面，则它们在 *V* 面上的积聚性投影垂直。

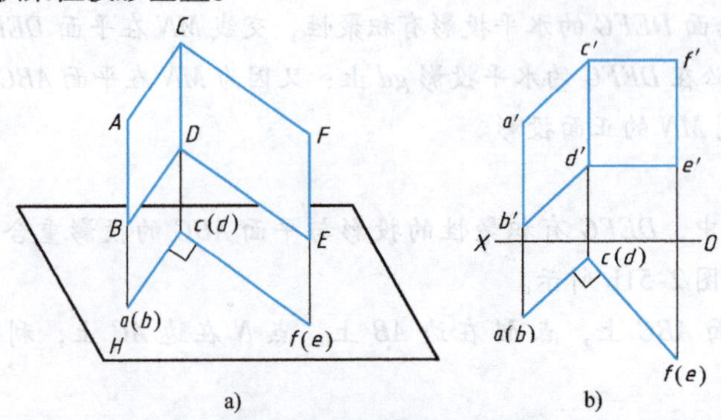

图 2-53　平面与平面垂直

第七节　变换投影面法

从前面直线和平面的投影分析可知，当直线或平面相对于投影面处于特殊位置（平行或垂直）时，其投影可反映实长、实形、两直线间的距离以及直线与平面、平面与平面的交点、交线，如图 2-54 所示。要解决一般位置几何元素的定位和度量问题，可以设法把它们与投影面的相对位置由一般位置变为特殊位置，使之处于有利于解题的位置。

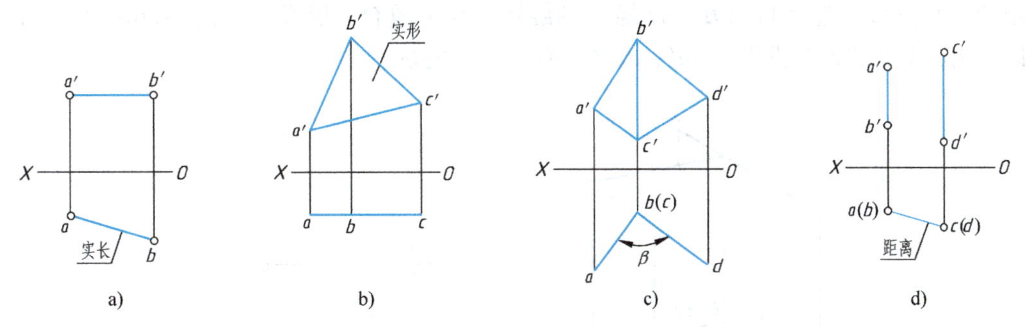

图 2-54　几何元素处于有利于解题位置

空间几何元素的位置保持不变，用新的投影面代替原来的投影面，使空间几何元素相对于新的投影面处于有利于解题的位置，这种方法称为变换投影面法，简称为换面法。如图 2-55 所示为一处于铅垂位置的三角形平面，该平面在 V/H 体系中不反映实形，为了求其实形，现作一与 H 面垂直的新投影面 V_1 平行于三角形平面，用 V_1 代替 V 面，组成新的投影体系 V_1/H，再将三角形平面向 V_1 面投射，这时三角形平面在 V_1 面上的投影反映该平面的实形。

新投影面的选择应符合以下两个条件。

1）新投影面必须垂直于原来投影体系中某一保留投影面，形成一个新的两面投影体系。

2）新投影面相对于空间几何元素必须处于最有利于解题位置。

只有保证第一个条件才能应用两投影面体系中的正投影规律，而后一个条件是解题的需要。

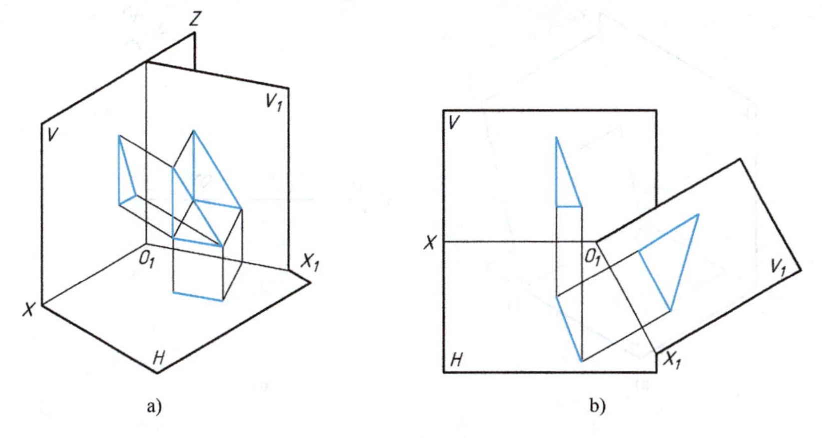

图 2-55　投影面变换的方法

一、换面法的基本投影规律

1. 点的一次变换

（1）点的一次变换规律　如图2-56a所示，水平投影面H保持不变，用一个与H面垂直的新投影面V_1代替V面，建立新的V_1/H体系，V_1面与H面的交线称为新的投影轴，用O_1X_1表示。水平投影a称为被保留的投影，点A在V_1面上的投影a_1'称为新投影，a和a_1'同样可以确定点A的空间位置。将V_1沿新轴按箭头方向旋转到与不变的投影面H重合，便构成新的两面投影，然后V_1和H一起绕X轴旋转到与V重合，展开后如图2-56b所示。由图可以看出，A点的各个投影a、a'、a_1'之间有如下的关系。

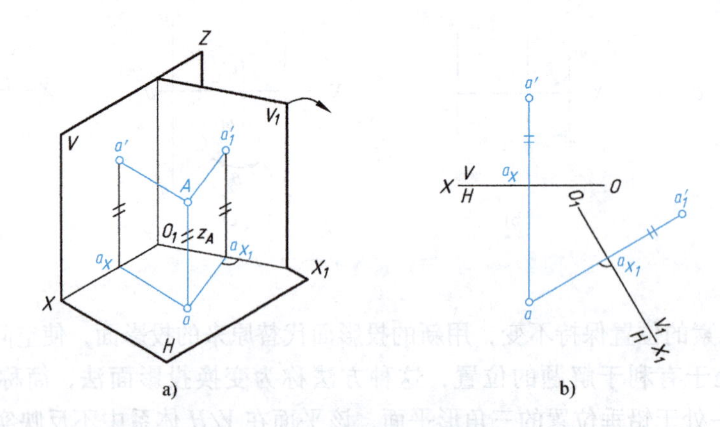

图2-56　点的一次变换（变换V面）

1）a和a_1'的连线垂直于新投影轴O_1X_1，即$aa_1' \perp O_1X_1$轴。

2）a_1'到O_1X_1轴的距离，等于空间点A到H面的距离，由于新旧两面投影体系具有同一水平面H，所以A点到H面的距离保持不变，即$a_1'a_{X_1}=a'a_X=Aa$。

同理，图2-57a所示的点B，用垂直于V面的投影面H_1来替代H面组成V/H_1投影体系，H_1面与V面的交线O_1X_1称为新投影轴。b、b'、b_1之间的关系为：$b'b_1 \perp O_1X_1$轴，$b_1b_{X_1}=bb_X=Bb'$。

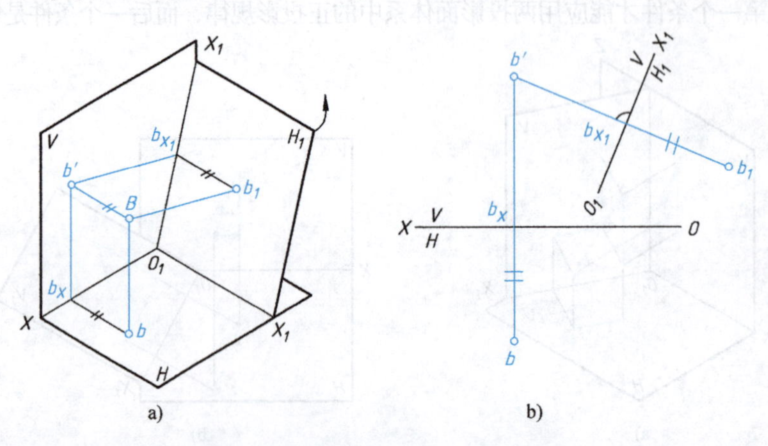

图2-57　点的一次变换（变换H面）

综上所述，点的换面法的基本规律可归纳为如下。

1）点的新投影和被保留投影的连线，垂直于新投影轴。

2）点的新投影到新投影轴的距离等于被代替的投影到旧投影轴的距离。

（2）点的一次变换的作图步骤 变换 V 面的做法（图 2-56b）如下。

1）作新投影轴 O_1X_1，以 V_1 面代替 V 面形成 V_1/H 体系。

2）过投影 a 作 O_1X_1 的垂线，交 O_1X_1 轴于 a_{X_1}。

3）在垂线 aa_{X_1} 的延长线上量取 $a_{X_1}a_1'=a'a_X$，即得点 A 的新投影 a_1'。

点 B 变换 H 面的投影图的做法与点 A 相类似，如图 2-57b 所示。

2. 点的二次变换

在运用换面法解决实际问题时，有时经一次换面后还不能解决问题，必须变换两次或多次才能达到解题的目的。二次变换是在一次变换的基础上进行的，变换一个投影面后，在新的两面投影体系中再变换另一个还未被代替的投影面。类似地，可以进行多次变换。应当指出：新投影面的选择除必须符合前述两个条件，不能连续两次更换同一个投影面，而必须是交替地进行更换。

如图 2-58 所示，顺次变换两次投影面求点的新投影的方法，其原理和作图方法与一次变换完全相同，其作图步骤如下。

1）先变换一次，以 V_1 面代替 V 面，组成新体系 V_1/H，作新投影 a_1'。

2）在 V_1/H 的基础上，再变换一次，这时如果仍变换 V_1 面就没有实际意义，因此第二次变换应变换前一次还未被替换的投影面，即以 H_2 面来代替 H 面组成第二个新体系 V_1/H_2，这时 $a_1'a_2\perp O_2X_2$ 轴、$a_2a_{X_2}=aa_{X_1}$，由此作新投影 a_2。

二次变换投影面时，也可先变换 H 面，再变换 V 面。变换投影面的先后次序按实际需要而定。

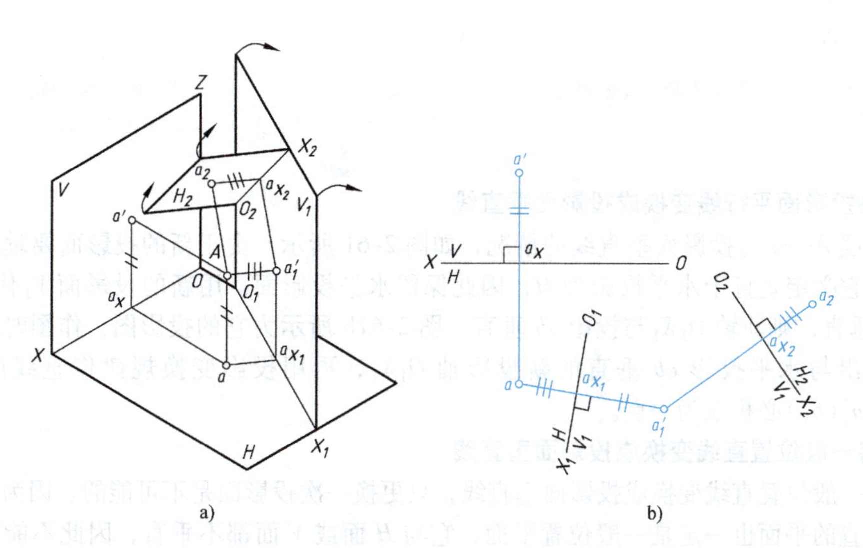

图 2-58 点的二次变换

二、换面法中的6个基本问题

1. 将一般位置直线变换成投影面平行线

选择一个与已知直线平行，而与原来某一个投影面垂直的新投影面，经过一次换面就可将一般位置直线变换成新投影面平行线，如图2-59所示。在这里变换V面，使新投影面V_1平行于直线AB，则新轴$O_1X_1 /\!/ ab$，具体作图步骤如下（图2-59b）。

1）作新投影轴$O_1X_1 /\!/ ab$。

2）分别过投影a、b作O_1X_1轴的垂线，与O_1X_1轴交于a_{X_1}、b_{X_1}，然后在垂线上量取$a_1'a_{X_1}=a'a_X$、$b_1'b_{X_1}=b'b_X$，得到新投影a_1'、b_1'。

3）连接a_1'、b_1'得投影$a_1'b_1'$，它反映直线AB的实长，与O_1X_1轴的夹角反映直线AB对H面的倾角α，如图2-59b所示。

如果要求出直线对V面的倾角β，则要替换H面，使新投影面H_1平行于已知直线，作图时O_1X_1轴$/\!/ a'b'$，如图2-60所示。

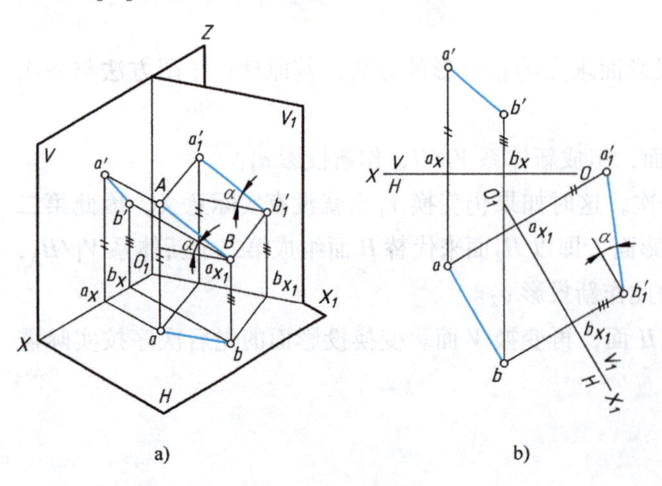

图2-59　将一般位置直线变换成投影面平行线（求α角）

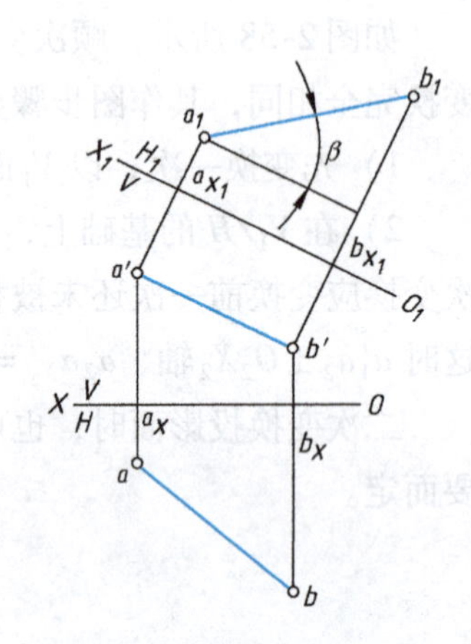

图2-60　将一般位置直线变换成水平线（求β角）

2. 将投影面平行线变换成投影面垂直线

水平线AB变为投影面垂直线的情况，如图2-61所示。由于新的投影面要垂直于水平线，因此它必定垂直于水平投影面H，因此保留水平投影面，用新的投影面V_1代替V面，V_1与AB垂直，则新轴O_1X_1与投影ab垂直。图2-61b所示为它的投影图，作图时，先在适当位置画出与水平投影ab垂直的新投影轴O_1X_1，再用投影变换规律作直线的新投影$a_1'(b_1')$，$a_1'(b_1')$必积聚为一点。

3. 将一般位置直线变换成投影面垂直线

要将一般位置直线变换成投影面垂直线，只更换一次投影面是不可能的。因为与一般位置直线垂直的平面也一定是一般位置平面，它与H面或V面都不垂直，因此不能与原有投影面中的任何一个构成相互垂直的新投影面体系。

为了解决这个问题，需要经过两次投影变换，第一次将一般位置直线变换成投影面平行

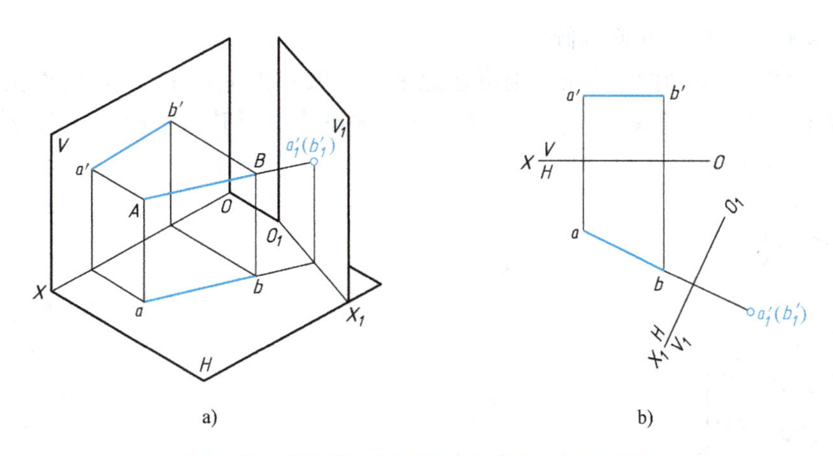

a)　　　　b)

图 2-61　将投影面平行线变换成投影面垂直线

线，第二次将投影面平行线变换成投影面垂直线。如图 2-62 所示，直线 AB 为一般位置直线，如先变换 V 面，使 V_1 面 $/\!/ AB$，则 AB 在 V_1/H 体系中为 V_1 面的平行线，再变换 H 面，作 H_2 面 $\perp AB$，则 AB 在 V_1/H_2 体系中为 H_2 面垂直线，其具体作图步骤如下（图 2-62b）。

1）先作 O_1X_1 轴 $/\!/ ab$，求得 AB 在 V_1 面上的新投影 $a_1'b_1'$。

2）再作 O_2X_2 轴 $\perp a_1'b_1'$，求出 AB 在 H_2 面上投影 b_2（a_2），这时 a_2 与 b_2 重影为一点。

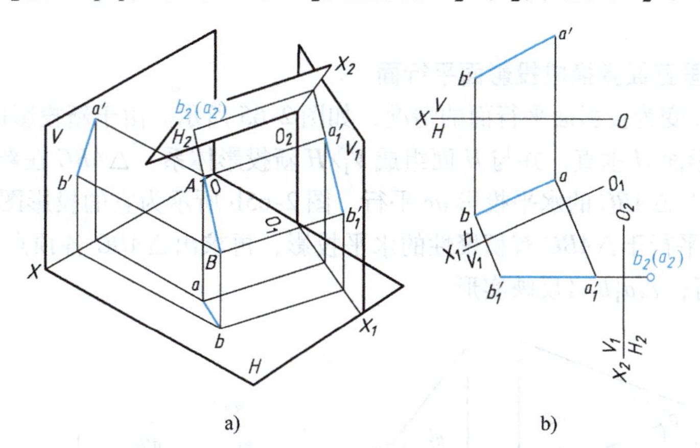

a)　　　　b)

图 2-62　将一般位置直线变换成投影面垂直线

4. 将一般位置平面变换成投影面垂直面

如果将一般位置平面内的任一直线变为新投影面垂直线，则该平面即变为新投影面垂直面。如图 2-63 所示，将一般位置平面△ABC 变换为投影面垂直面，为了能使△ABC 成为投影面垂直面，新投影面应当垂直于△ABC 内的某一条直线。但因将一般位置直线变换成投影面垂直线必须经过两次变换，而把投影面平行线变换成投影面垂直线只需经过一次变换，所以可先在△ABC 平面内取一投影面平行线，图 2-63 中先作△ABC 中的一水平线，然后作 V_1 面与该水平线垂直，其作图步骤如下（图 2-63b）。

1）在△ABC 上作水平线 CD，其中 $c'd' /\!/ OX$ 轴。

2）作 O_1X_1 轴 $\perp cd$。

3）作△ABC 在 V_1 面上的新投影 $a_1'b_1'(c_1')$，而 $a_1'b_1'(c_1')$ 必定积聚为一直线，它与 O_1X_1

轴的夹角即反映△*ABC* 对 *H* 面的倾角 α。

如要求△*ABC* 对 *V* 面的倾角 β，则可在此平面上取一正平线 *AE*，作 H_1 面垂直 *AE*，则△*ABC* 在 H_1 面上的投影积聚为一直线，它与 O_1X_1 轴的夹角反映该平面对 *V* 面的倾角 β，具体作图如图 2-64 所示。

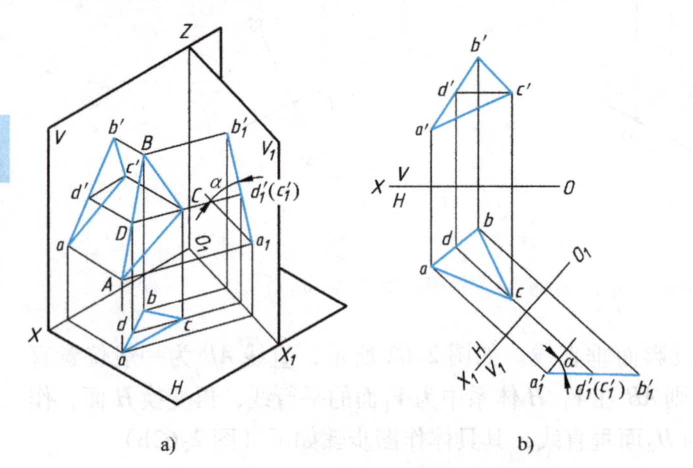

图 2-63　将一般位置平面变换成投影面垂直面（求 α 角）

图 2-64　将一般位置平面变换成投影面垂直面（求 β 角）

5. 将投影面垂直面变换成投影面平行面

垂直面△*ABC* 变为投影面平行面的情况，如图 2-65 所示。由于新投影面与△*ABC* 平行，因此它必定与投影面 *H* 垂直，并与 *H* 面组成 V_1/H 新投影体系，△*ABC* 在新投影体系中是正平面，新轴 O_1X_1 与△*ABC* 的水平投影 *ac* 平行。图 2-65b 所示为它的投影图，作图时，先画出新投影轴 O_1X_1 平行于△*ABC* 有积聚性的水平投影，再求出△*ABC* 各顶点的新投影 a_1'、b_1'、c_1'，然后连接即可，$\triangle a_1'b_1'c_1'$ 反映实形。

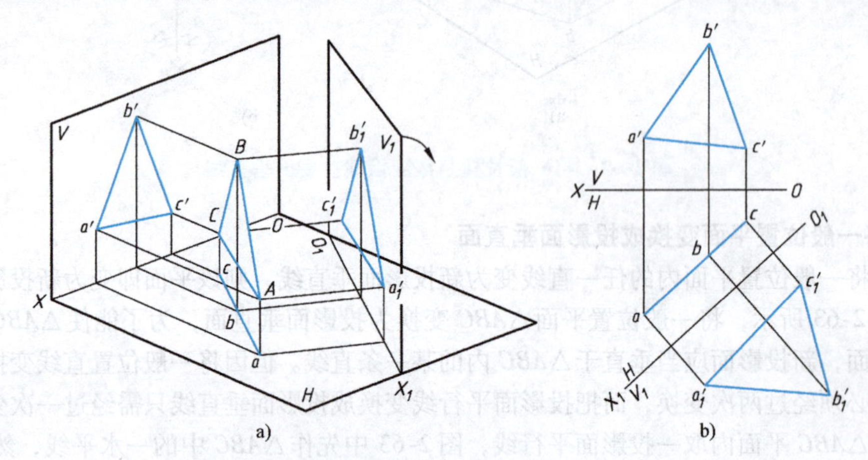

图 2-65　将投影面垂直面变换成投影面平行面

6. 将一般位置平面变换成投影面平行面

新投影面若与一般位置平面相平行，则新投影面必定是一般位置平面，它和原体系的投影面都不垂直，所以它不符合新投影面应具备的条件。因此一般位置平面变换成投影面平行面，只经过一次换面是不行的。可先进行一次变换将一般位置平面变换成投影面垂直面，然后再将投影面垂直面变换成投影面平行面。如图2-66所示，先以H_1面替换H面，将$\triangle ABC$变换成与H_1面垂直的垂直面，再以V_2面替换V面，使其平行于$\triangle ABC$，具体作图步骤如下。

1）在$\triangle ABC$上取正平线AD，作O_1X_1轴$\perp a'd'$，然后作$\triangle ABC$在H_1面上的新投影$a_1b_1c_1$，它积聚成一直线。

2）作O_2X_2轴$/\!/ a_1b_1c_1$，然后作$\triangle ABC$在V_2面上的新投影$\triangle a_2'b_2'c_2'$。$\triangle a_2'b_2'c_2'$反映$\triangle ABC$的实形。

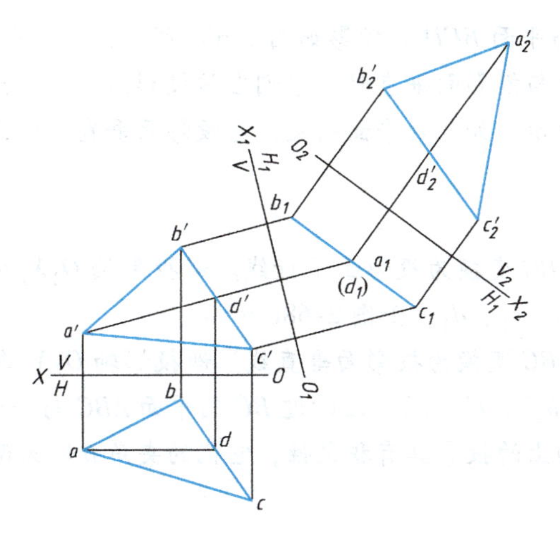

图2-66　将一般位置平面变换成投影面平行面

三、换面法的应用举例

【例2-15】 求图2-67a所示立体上正垂面P的实形。

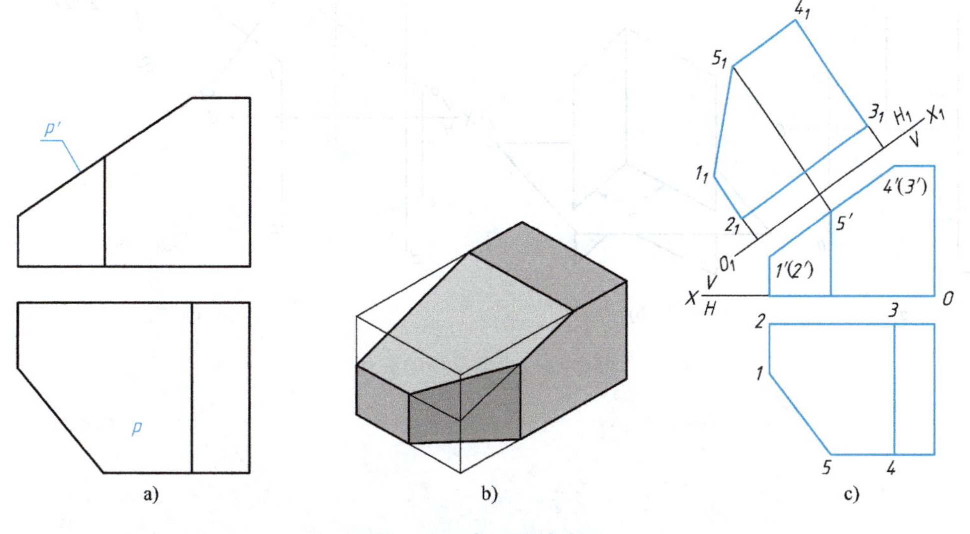

a)　b)　c)

图2-67　求平面的实形

分析：该立体的形状如图2-67b所示。正垂面P为五边形，要求出它的实形，必须更换水平投影面，新投影面与平面P平行，即新投影轴应与其正面投影p'平行。

作图步骤如下。

1）建立投影轴。将旧投影轴OX建立在立体的下底面，新投影轴O_1X_1与正面投影p'平行，如图2-67c所示。

2）画出新投影。根据点的投影变换规律，求出1_1、2_1、3_1、4_1、5_1，即得正垂面P的实形。

【例2-16】平面ABC与平面BCD的投影如图2-68a所示，求两平面的夹角。

分析：当两平面同时与投影面垂直时，它们在该投影面上的积聚性投影的夹角即为两平面的夹角，如图2-68b所示。如果两平面的交线与投影面垂直，那么这两个平面就同时与投影面垂直。

作图步骤如下。

1）将两平面的交线BC变换为投影面平行线。新投影轴O_1X_1平行于$b'c'$，根据点的投影变换规律，求出a_1、b_1、c_1、d_1，如图2-68c所示。

2）第二次变换，将BC变换为投影面垂直线。新投影轴O_2X_2垂直于b_1c_1，根据点的投影变换规律，求出a_2'、(b_2')、c_2'、d_2'。此时过BC的平面ABC与平面BCD均与新投影面V_2垂直，两平面在新投影面上的投影具有积聚性，它们的夹角θ即为两平面的夹角。

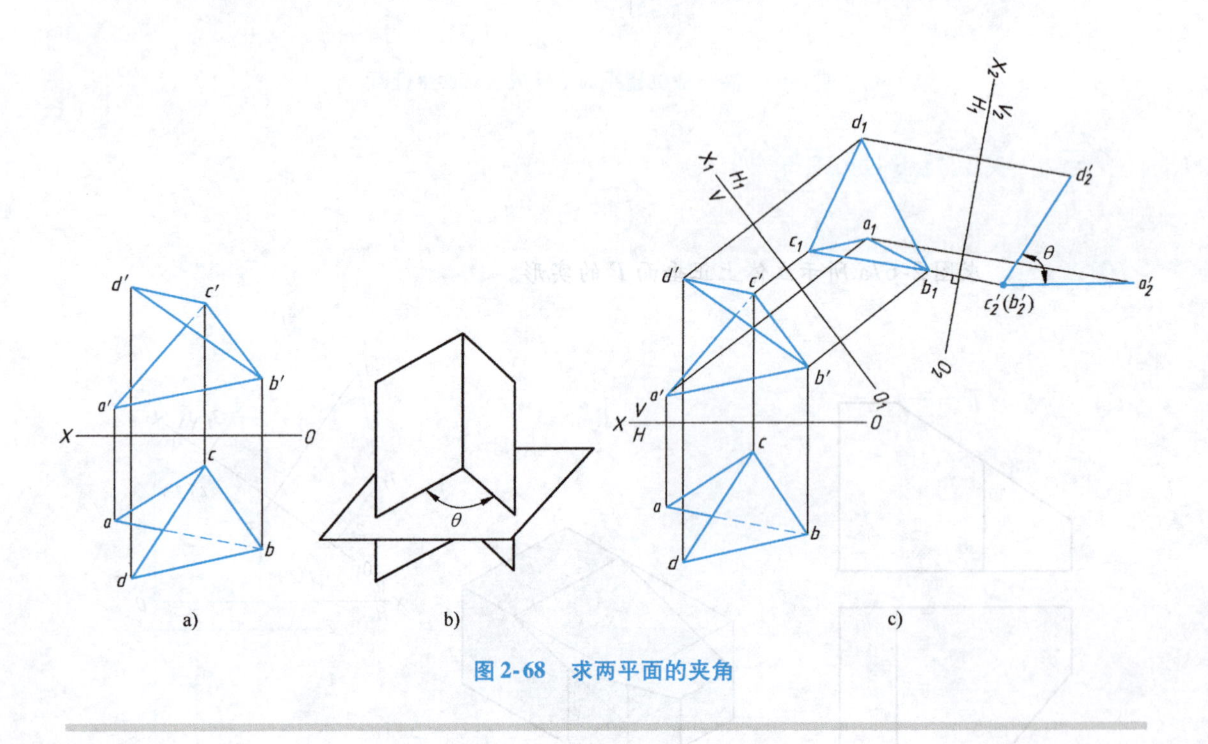

图2-68　求两平面的夹角

第三章 立体及其表面交线

基本体是构成工程形体的最小单元体，是由若干表面围成的形状简单的几何体。依表面性质不同，基本体有平面立体和曲面立体之分。表面全是平面的基本体称为平面立体；表面全是曲面或既有曲面又有平面的基本体称为曲面立体。工程应用中极少使用单纯的基本体，通常是根据需要将基本体切割、开槽、穿孔后形成一类简单几何体，本书中称此类几何体为截断体。另外，将两种或多种基本体相交构成的几何体称为相贯体。为区别于组合体，将上述基本体、截断体和相贯体统称为简单立体。本章将依次介绍简单立体及其表达，重点讨论基本体上的表面取点以及截断体和相贯体的表面交线作图方法。

第一节 平面立体及其投影

平面立体是由若干平面围成的多面体，立体表面上不同面的交线称为棱线，棱线与棱线的交点称为顶点。用投影图表示平面立体，就是要画出围成立体各个平面和各条棱线的投影。画图时，假定立体的表面是不透明的，将可见轮廓线画成粗实线，不可见轮廓线画成细虚线。

工程上常见的平面立体分为棱柱体和棱锥体两大类。

本书指的棱柱体均为棱线垂直于棱柱顶（底）面的正棱柱。棱柱体平行于顶（底）面的各截断面均相同，整个立体可以看作是平面正多边形沿其法线方向拉伸而形成的，如图 3-1a所示。

棱锥体均指正棱锥，其棱面为等腰三角形，底面为边数大于等于 3 的正多边形，各棱线汇交于锥顶。棱锥体平行于底面的各截断面均为形状渐变的类似形，整个立体可以看作是平面正多边形沿其法线方向、按一定角度拉伸而形成的。图 3-1b 所示为七边形沿垂直于水平面方向、按 30°角拉伸而形成的棱锥体。

一、棱柱体及其投影

以六棱柱为例介绍棱柱体的投影。

1. 形体分析

正六棱柱由 2 个端面和 6 个侧面所组成。顶面和底面为正六边形，6 个侧面均为矩形，6 条侧棱线相互平行。

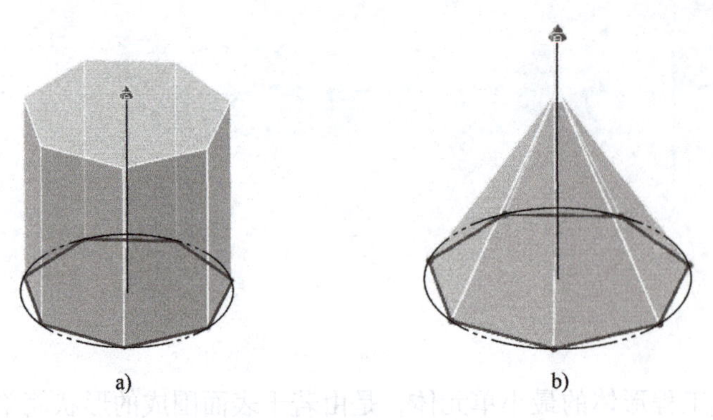

图 3-1　平面立体的形成

a）棱柱体　b）棱锥体

2. 安放位置

为便于画图和看图，在绘制平面立体的三面投影图时，应尽可能地将它的一些棱面或棱线放置于与投影面平行或垂直的位置。本例将六棱柱的顶面和底面置为水平面，前后侧面置为正平面，其余 4 个侧面置为铅垂面，6 条侧棱线均为铅垂线。

3. 投影的形成与分析

按上述将六棱柱置于三面投影体系内，由前向后投射，在 *V* 面上得到六棱柱的正面投影；由左向右投射，在 *W* 面上得到六棱柱的侧面投影；由上向下投射，在 *H* 面上得到六棱柱的水平投影。按图 3-2 所示展开得到六棱柱的三面投影图。

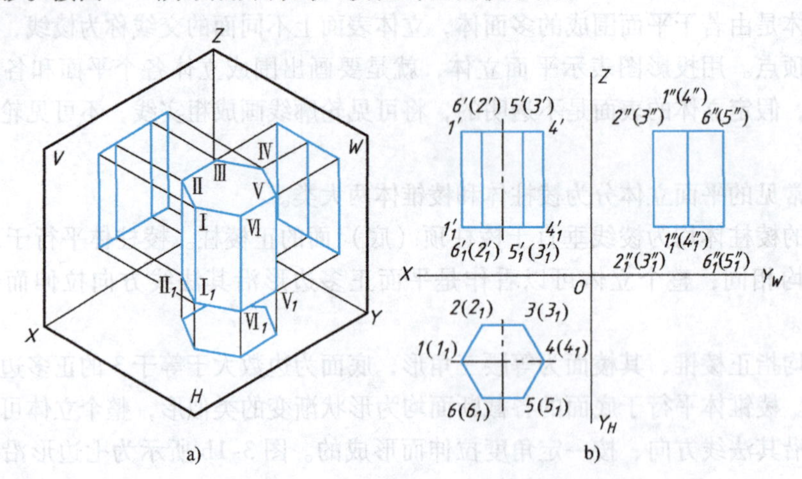

图 3-2　正六棱柱的投影形成过程

如图 3-2 所示，正六棱柱的顶、底面均为水平面，它们的水平投影反映实形并且重合在一起。在 6 个棱面中，前后两个为正平面，其正面投影反映实形且重合；其余 4 个为铅垂面，其水平投影积聚为直线段。

4. 作图

作投影图时，先画顶、底面的投影：水平投影反映实形且投影重合；正面、侧面投影都积聚成直线段。再画 6 条棱线：六棱柱的各棱线均为铅垂线，水平投影积聚在六边形的 6 个顶点上；正面和侧面投影均反映实长。

由图 3-2 看到，各投影图之间的距离只影响立体距投影面的距离而不影响各投影图的形状以及它们之间的相互关系。为使作图简便、图形清晰，今后可省去投影轴不画。正六棱柱的三面投影图，如图 3-3 所示。

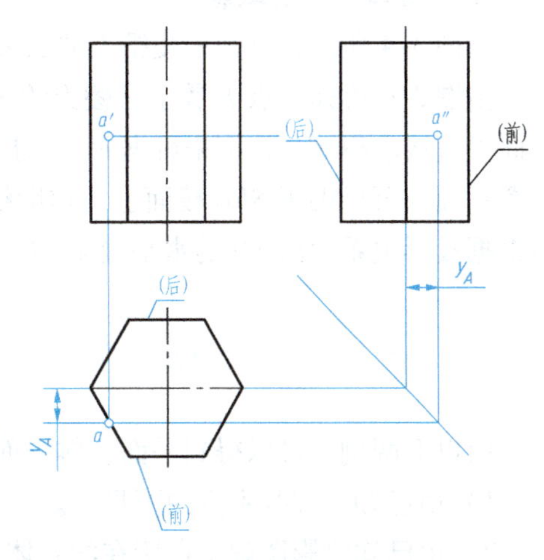

图 3-3 正六棱柱的三面投影图

取消投影轴后，立体的各个投影之间仍要保持正确的投影关系。立体沿 X、Y、Z 这 3 个方向的尺寸分别称为立体的长、宽、高。显然，立体的三面投影之间应有如下关系：“长对正，高平齐，宽相等”。要特别注意水平投影与侧面投影之间必须符合宽度相等和前后对应的关系，作图时可直接用分规量取距离，也可用添加 45°辅助线的方法作图，如图 3-3 所示。

5. 棱柱体表面上取点

棱柱体表面上取点是指已知立体表面上点的一面投影，求该点的其余两面投影，其原理和方法与平面上取点相同，需要先确定点所在的平面并分析平面的投影特性。

如图 3-3 所示，已知正六棱柱表面上点 *A* 的正面投影 *a*′，求点 *A* 的水平投影 *a* 和侧面投影 *a*″。

因为 *a*′是可见的，故点 *A* 应属于六棱柱的左前棱面。此棱面是铅垂面，水平投影有积聚性，可由 *a*′直接得 *a*。接下来可根据 *a*′、*a* 求得 *a*″。

为保证 *a* 与 *a*″间正确的投影关系，作图时，可将六棱柱的前后对称中心线作为宽度方向定位基准。由于点 *A* 所在棱面的侧面投影可见，故 *a*″可见。

二、棱锥体及其投影

以三棱锥为例介绍棱锥体的投影。

1. 投影分析

图 3-4 所示为正三棱锥的投影图，锥顶为 *S*，其底面为△*ABC*，是水平面，水平投影 *abc* 反映实形。左、右棱面为一般位置平面，它们的各个投影为类似形，后棱面为侧垂面。

2. 作图

先画出底面△*ABC* 的各个投影，再作锥顶的各个投影，然后连接各棱线即得正三棱锥的三面投影。可以看出：3 个棱面的水平投影都可见，底面的水平投影不可见；左、右棱面的正面投影可见，后棱面的正面投影不可见；左棱面的侧面投影可见，右棱面的侧面投影不可见。

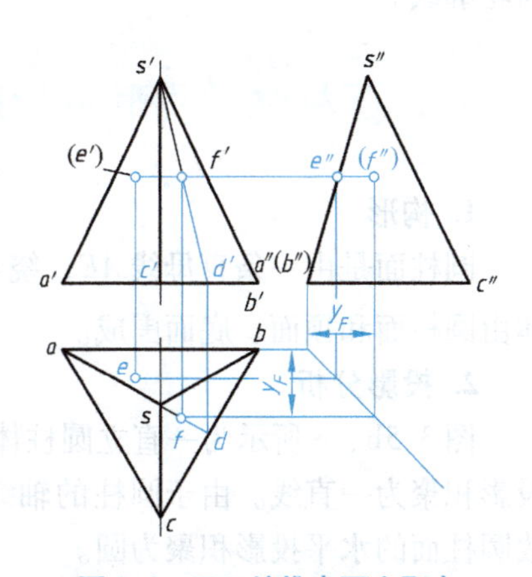

图 3-4 正三棱锥表面上取点

3. 棱锥体表面上取点

如图3-4所示，已知三棱锥上的点E和点F的正面投影（e'）、f'，求其水平投影e、f。

由图3-4可知，点E属于三棱锥的SAB棱面，此棱面是侧垂面，侧面投影具有积聚性，因此可直接求得e''，接下来可据e'、e''求得e。点F属于三棱锥的SBC棱面，此棱面是一般位置平面，可借助于SBC棱面上的辅助线SD。为此先过s'及f'画出SD的正面投影$s'd'$，然后根据投影关系找出SD的水平投影sd，进而求得f，然后根据f、f'求得f''。

三、平面立体表面上取点的方法

由以上两例，可以得到平面立体表面上取点的作图步骤。

1）由已知条件判别点的可见性。

2）由已知投影图确定点所在的立体表面。

3）凡属于特殊位置表面上的点，可利用投影的积聚性直接求得其投影（积聚性法）；属于一般位置表面上的点可通过平面取点的方法，作辅助线（平行线法、任意直线法等）间接求出点的其他投影（辅助线法）。

第二节　曲面立体及其投影

曲面立体由曲面或曲面和平面所围成。曲面立体的投影就是它的所有曲面表面或曲面表面与平面表面的投影。

回转曲面是工程上常用的曲面，可以看作由一动线（直线、圆弧或其他曲线）绕一定线（直线）回转一周后形成的曲面。这条运动的线称为母线，而曲面上任意位置的母线称为素线。母线上任意一点绕轴线旋转时，形成的垂直于轴线的轨迹称为纬圆。

回转曲面的形状取决于母线的形状及母线与轴线的相对位置。由于回转体的侧面是光滑曲面，因此，画投影图时，仅画曲面上可见面和不可见面分界线的投影，这种分界线称为转向轮廓线。

一、圆柱体的构形及投影

1. 构形

圆柱面是由一条直母线AE，绕与它平行的轴线OO_1旋转形成的，如图3-5a所示。圆柱体由圆柱面和顶面、底面围成。

2. 投影分析

图3-5b、c所示为一直立圆柱体的三面投影。圆柱的顶面、底面是水平面，正面和侧面投影积聚为一直线。由于圆柱的轴线垂直于H面，所以圆柱面上所有素线都垂直于H面，故圆柱面的水平投影积聚为圆。

在圆柱的正面投影中，前、后两半圆柱面的投影重合为一矩形，矩形的两条竖线分别是圆柱的最左、最右素线的投影，也是前、后两半圆柱面分界的转向轮廓线的投影。在圆柱的侧面投影中，左、右两半圆柱面的投影重合为一矩形，矩形的两条竖线分别是圆柱最前、最后素线的投影，也是左、右两半圆柱面分界的转向轮廓线的投影。矩形的上、下两条水平线则分别是圆柱顶面和底面的积聚性投影。

3. 圆柱体表面上取点

如图3-5d所示，圆柱面上有两点 M 和 N，已知正面投影 m' 和 n'，且为可见，求两点的另外两投影。

由于点 N 在圆柱的转向轮廓线上，其另外两投影可直接求出；而点 M 可利用圆柱面有积聚性的投影，先求出点 M 的水平投影 m，再由 m 和 m' 求出 m''。点 M 在圆柱面的右半部分，故其侧面投影 m'' 不可见。

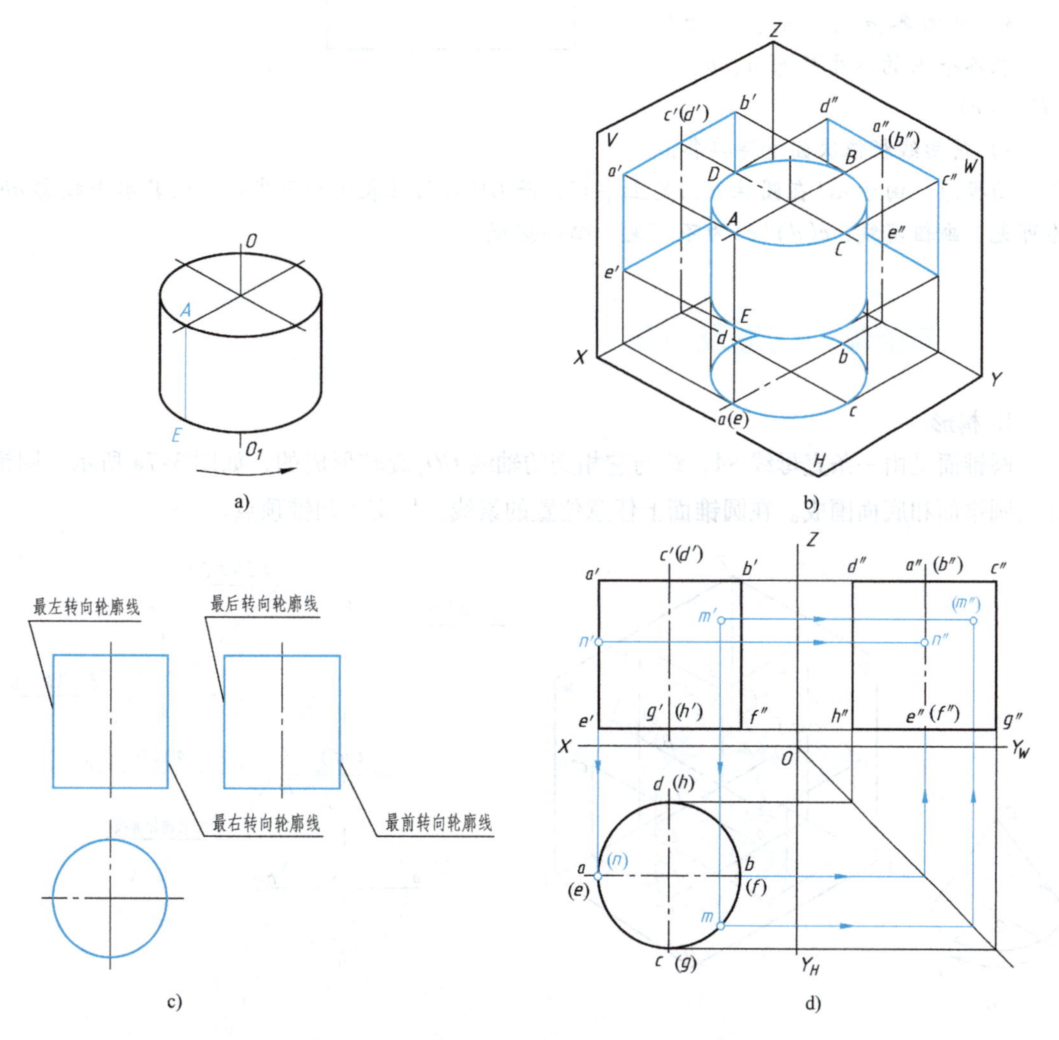

图3-5　圆柱体的投影及表面上取点

【例3-1】　已知圆柱体表面上曲线 AE 的正面投影直线 $a'e'$，求其另外两投影（图3-6）。

曲线可以看作由一系列点所组成。求作曲线的投影，可先在曲线上选择其中若干点，求出其投影后，再顺序连接这些点的同面投影，即得曲线的投影。因为转向轮廓线上点的投影是曲线投影的可见性分界点，所以必须求出转向轮廓线上点的投影。

作图步骤如下。

1）在 $a'e'$ 上选取若干点，如 a'、b'、c'、d'、e'。

2）利用积聚性，先求各个点的侧面投影 a''、b''、c''、d''、e''。

3）再由各点的正面、侧面投影，求各个点的水平投影 a、b、c、(d)、(e)。

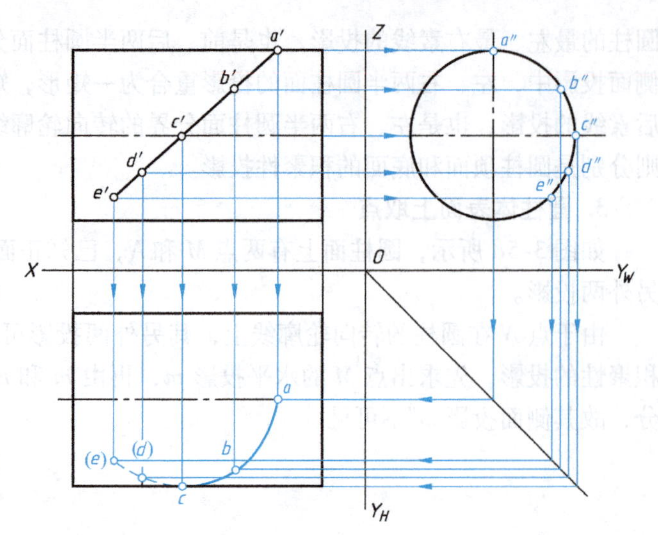

图3-6　圆柱体表面曲线的投影

4）用曲线板依次圆滑连接各点的同面投影。由于 AC 在圆柱表面的上半部，而 CE 在圆柱表面的下半部，故其水平投影 abc 为可见，画粗实线；$c(d)(e)$ 为不可见，画细虚线。

二、圆锥体的构形及投影

1. 构形

圆锥面是由一条直母线 SA，绕与它相交的轴线 OO_1 旋转形成的，如图3-7a 所示。圆锥体由圆锥面和底面围成。在圆锥面上任意位置的素线，均交于圆锥顶点。

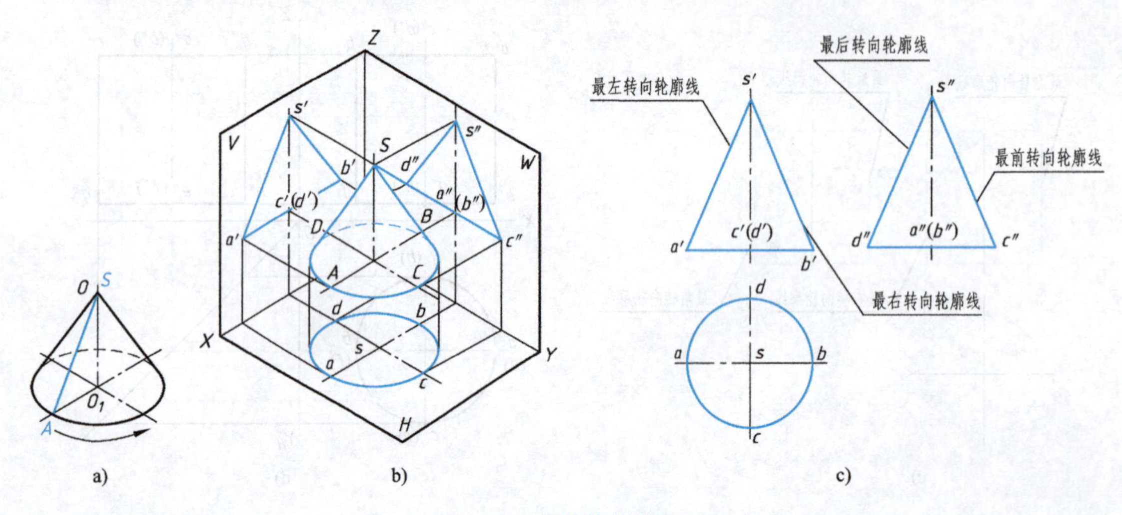

a)　b)　c)

图3-7　圆锥体的投影

2. 投影分析

图3-7 所示一直立圆锥，它的正面和侧面投影为同样大小的等腰三角形。等腰三角形的

两腰 $s'a'$ 和 $s'b'$ 分别是圆锥面的最左和最右素线的投影，也是圆锥面对正面的转向轮廓线的投影，其侧面投影与轴线重合不应画出，它们把圆锥面分为前、后两半圆锥面；侧面投影的两腰 $s''c''$ 和 $s''d''$ 分别是圆锥面最前和最后素线的投影，也是圆锥面对侧面的转向轮廓线的投影，其正面投影与轴线重合，它们把圆锥面分为左、右两半圆锥面。

圆锥面的水平投影为圆，它与圆锥底圆的投影重合。最左和最右素线 SA、SB 为正平线，其水平投影与圆的水平对称中心线重合；最前和最后素线 SC、SD 为侧平线，其水平投影与圆的垂直对称中心线重合。

3. 三面投影画法

1）画回转轴线的三面投影。

2）画底圆的水平投影、正面投影和侧面投影。

3）画正面投影中前后两部分圆锥面转向轮廓线的投影，画侧面投影中左右两部分圆锥面转向轮廓线的投影。

4. 圆锥体表面上取点

如图 3-8 所示，已知圆锥体表面上点 M 的正面投影 m'，求作其水平投影 m 和侧面投影 m''。

因为圆锥面在 3 个投影面上的投影都没有积聚性，所以必须用作辅助线的方法实现在圆锥体表面上取点。作辅助线的方法有以下两种。

【方法一】素线法。如图 3-8a 所示，过锥顶 S 与点 M 作一辅助素线交底面圆周于点 A，因为 m' 可见，所以素线 SA 位于前半圆锥面上，点 A 也位于前半底圆上。求出 SA 各个投影后便可按直线上点的投影规律，求出点 M 的水平投影和侧面投影，其作图过程如下（图 3-8a）。

1）连接 s' 和 m'，延长 $s'm'$ 与底圆的正面投影相交于 a'。由 a' 在前半底圆的水平投影上作 a，再作 a''。分别连接 sa、$s''a''$。

2）由 m、m'' 分别在 sa、$s''a''$ 上作 m、m''。由于圆锥面的水平投影是可见的，所以 m 可见，又因点 M 在左半圆锥面上，所以 m'' 也可见。

【方法二】纬圆法。如图 3-8b 所示，过点 M 在圆锥面上作一个平行于底面的圆，这个圆就是点 M 绕轴线旋转所形成的纬圆，然后再在圆上取点 M，其作图过程如下（图 3-8b）。

1）通过 m' 作垂直于轴线的纬圆的正面投影，其长度就是纬圆直径的实长，它与轴线正面投影的交点就是圆心的正面投影，而圆心的水平投影重合于轴线的水平投影上，即重合于 s，于是可画出这个圆反映实形的水平投影。

2）因为 m' 可见，所以点 M 应在前半圆锥面上，于是可由 m' 作 m。

3）由 m'、m 作 m''。可见性的判别方法同上。

三、圆球的构形及投影

1. 构形

圆球由一圆绕其直径旋转而成。圆在旋转过程中，在任意位置上留下的轨迹为球面圆素线，这无数条圆素线的集合就构成了圆球的表面，即球面。

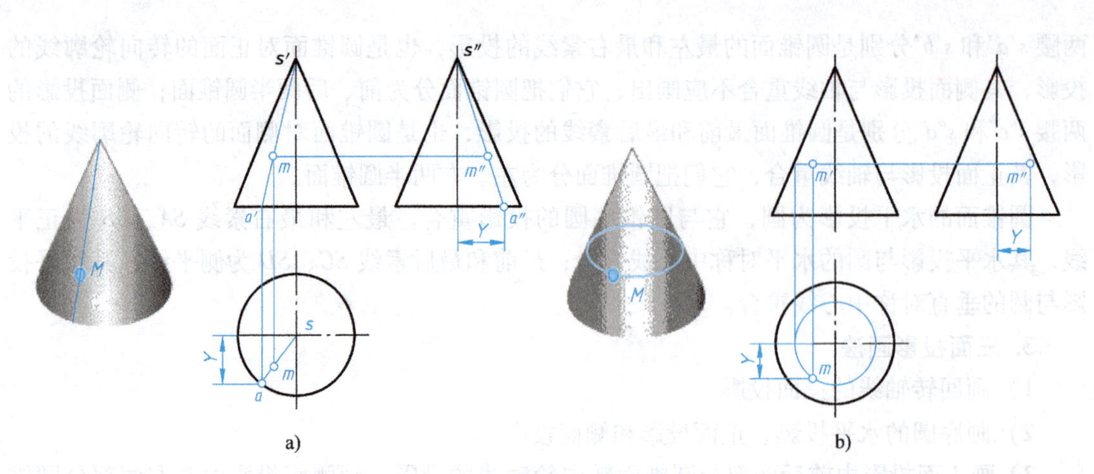

图 3-8　圆锥体表面上取点

a）素线法　b）纬圆法

2. 投影分析

如图 3-9a 所示，圆球的三面投影均为与其直径相等的圆。3 个投影面上的圆分别是球面上的最大正平圆 A、最大水平圆 B 和最大侧平圆 C，这 3 个圆也分别是球面对 3 个投影面的转向轮廓线的投影。从图 3-9b 中可以看出：球的正面投影转向轮廓线 a'是球面上前后两部分可见与不可见的分界线，其对应投影 a 和 a''与相应投影面上的中心线重合而不必画出。轮廓线 B、C 的对应投影和可见性，请读者自己分析。

画圆球的投影时，应先画出三面投影中圆的对称中心线，对称中心线的交点为球心，然后再分别画出三面投影的转向轮廓线。球面的投影没有积聚性，球面上画不出直线，如图 3-9 所示。

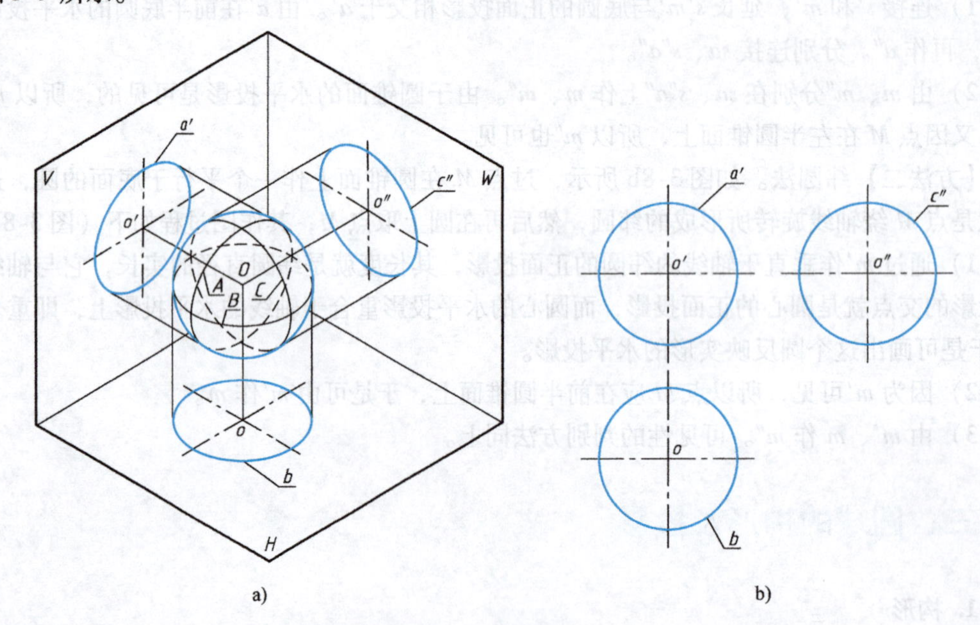

图 3-9　圆球的投影

3. 圆球表面上取点

由于球面上不存在直线，表面投影又无积聚性，故表面取点可用在球面上作平行于投影面的辅助圆的方法。辅助圆可选用正平圆、水平圆或侧平圆。

如图 3-10 所示，已知球面上点 M、N 的正面投影 m'和（n'），求作其水平投影和侧面投影。

可用辅助圆的方法，作图过程如下。

1）过 m'以 o'为圆心作正平圆，其正面投影反映该圆的实形。

2）正平圆的水平投影和侧面投影都积聚为一条直线，并反映正平圆直径的实长。因 m'为可见，故点 M 在前半球面上，由此确定正平圆的水平投影和侧面投影。

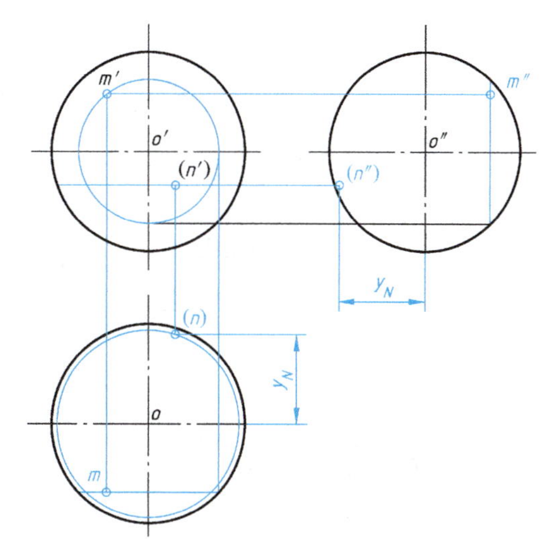

图 3-10　圆球表面上取点

3）在正平圆的水平投影和侧面投影上分别取 m、m''，而且由 m'的位置决定了点 M 在左、前、上方 1/8 球面上，故 m、m''均可见。

同理过（n'）作一水平圆的正面投影，即过（n'）的一条积聚性直线段等于水平圆直径，其水平投影为圆心为 o 的圆，根据投影规律求出点 N 的其余两个投影（n）、（n''），由于点 N 位于球体的右、后、下方 1/8 球面上，故（n）、（n''）均不可见。

第三节　平面与立体表面的交线

一、截交线及其性质

1. 截交线的形成

基本体被一假想平面体截切后剩余的部分称为截断体，此假想的起截切作用的平面立体称为切割体，切割体上与基本体相截切的平面称为截平面。

截平面与立体表面的交线称为截交线，截交线围成的平面图形称为截断面，如图 3-11 所示。

2. 截交线的性质

截交线的形状与基本体表面性质及截平面的位置有关，具有下列 3 个基本性质。

1）截交线是截平面和平面立体表面的共有线，截交线上的点也是它们的共有点。

2）截交线形状取决于被截切基本体的性质，基本体不同，截交线的形状不同。

3）截交线形状还取决于截平面和立体表面的相对位置，两者相对位置不同，截交线的形状、大小不同。

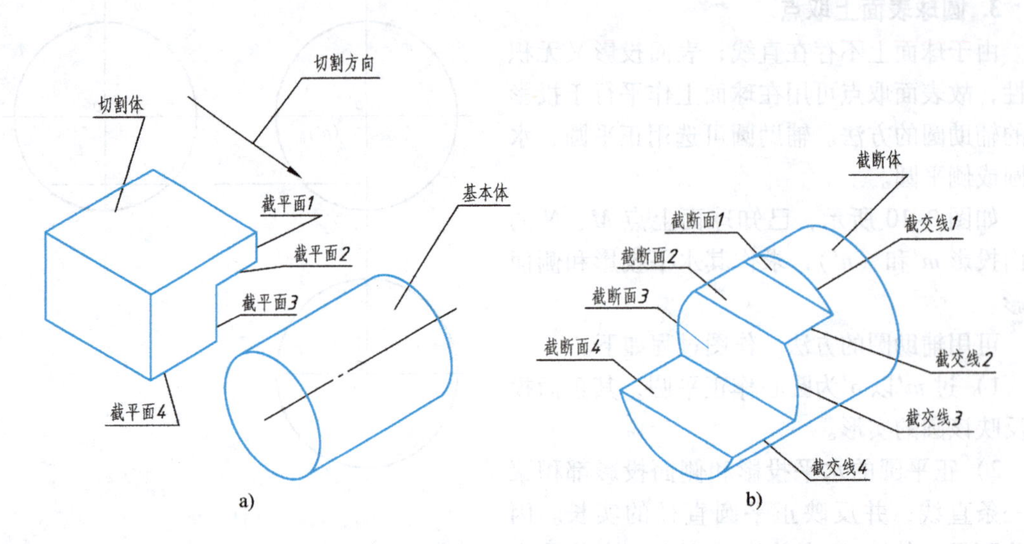

图3-11　截交线的形成

a）截切过程　b）截交线

3. 求作截交线的方法

根据截交线的基本性质，在投影图中求解平面与立体截交线的过程，本质就是求解截平面与立体表面共有点的过程。截交线的求解过程转化为立体表面取点的过程，不同之处在于截交线上点的第一面投影需要经过分析确定。

如图3-12所示，同一圆锥体上截平面平行于圆锥轴线，其截交线1为双曲线；截平面垂直于圆锥轴线其截交线2为圆弧，两相邻截断面交线为直线。

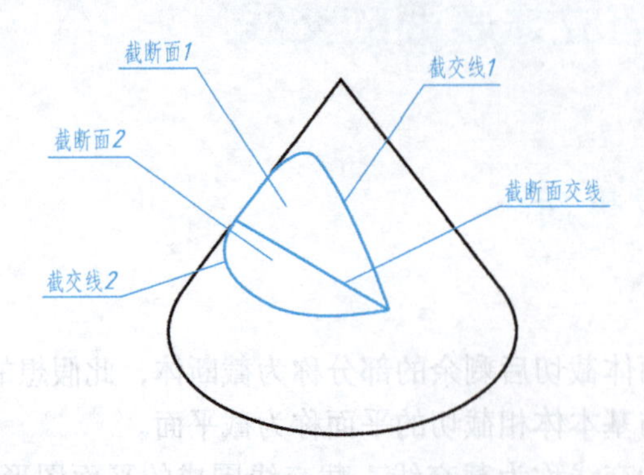

图3-12　截断体的表达分析

求解截交线的具体方法和步骤如下。

（1）形体分析

1）分析截交线的空间形状。截交线是一个或几个封闭的平面图形。一般情况下，它是一条平面曲线（图3-12所示的截交线1）。特殊情况下，它是由直线或圆弧组成的平面图形（图3-12所示的截交线2）

2）分析截交线的投影情况。截交线的投影与平面投影性质一样，有积聚性、实形性、类似性等。利用投影的积聚性，可以确定截交线的一面投影；利用投影的实形性，可以简化作图（例如，截交线为平行于投影面的圆）；利用截交线的类似性可以检查截交线投影的正误，也可以简化作图（例如，截交线的形状对称，其投影也一定对称，可以只作截交线的一半，另一半利用对称性求解）。

（2）作图步骤

1）求截交线上特殊位置的点。截交线上特殊位置的点包括：棱线上的点，它是被截切棱线和保留棱线的分界点，往往也是截交线转折处的折点；转向轮廓线上的点，它是被截切转向轮廓线和保留转向轮廓线的分界点；极限位置上的点，截交线上最前、最后、最左、最右、最上和最下点，它不但控制截交线的范围，往往还是改变截交线走向的点。

2）求截交线上一般位置的点。如果截交线是平面曲线，为保证作图精度，还应该在截交线上作若干个除特殊点之外的一般点，具体的作图方法和求解特殊位置点相同。

3）判别可见性，并光滑连接。判别截交线在各面投影图中的可见性，然后将所求各点的投影依次光滑连接，形成截交线的投影。

4）修补题给棱线、转向轮廓线的投影。将被截切去的棱线、转向轮廓线的投影擦至分界点，将保留的棱线、转向轮廓线的投影加深至分界点。还要注意补全显露出来的细虚线，并擦去所有的作图辅助线。

二、平面与平面立体相交

平面与平面立体相交，截交线形状是由直线段组成的封闭多边形，多边形的顶点是平面立体的棱线与截平面的交点，多边形的边是截平面与立体表面的交线。

【例3-2】 已知五棱柱被正垂面 P 截切，求作被截切后的三面投影。

（1）形体分析和投影分析　由图3-13a看出，截平面与五棱柱的4个侧棱面和顶面相交，截交线为五边形。五边形的3个顶点 F、G、J 为棱线 AA_0、BB_0、EE_0 与截平面 P 的交点，另外两个顶点 H、I 为五棱柱的顶面两边 BC、DE 与截平面 P 的交点。因为截平面为正垂面，所以截交线的正面投影具有积聚性，水平投影和侧面投影为类似形，即已知截交线的正面投影，可以求出截交线的水平投影和侧面投影。

（2）作图方法和步骤

1）求特殊点。如图3-13b所示，在截交线的正面投影中，标注出截平面 P 与棱线的交点 F、G、J 的正面投影 f'、g'、j' 以及截平面 P 与顶面两边的交点 H、I 的正面投影 h'、(i')。利用五棱柱在水平投影上的积聚性，通过正面投影作投影连线，可以得到截交线各点的水平投影 f、g、j、h、i。再利用“三等关系”，求出各点的侧面投影 f''、g''、j''、h''、i''。

2）判别可见性并连线。根据截切位置和遮挡关系判断，截交线的水平投影和侧面投影都可见，用粗实线依次连接各点的水平投影和侧面投影，得到截交线的三面投影。

3）修补题给棱线。在五棱柱的侧面投影中，各棱线保留部分加粗，被截去的部分擦除。棱线 CC_0 没有被截切，但是其侧面投影与 AA_0 的投影重合，因此 f'' 以上部分为细虚线。

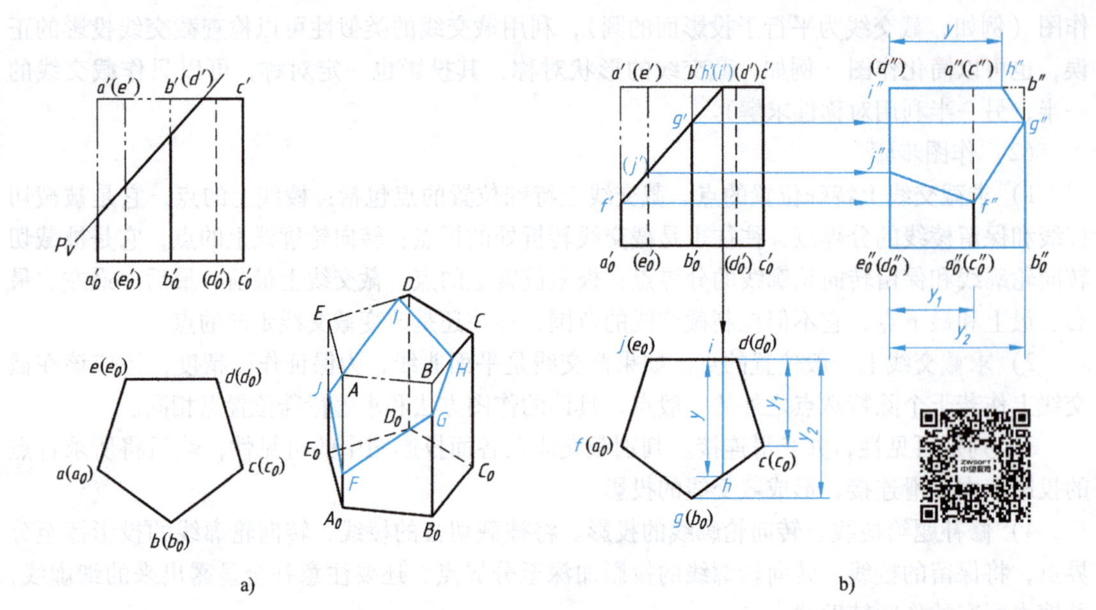

图 3-13 平面截切五棱柱

a）已知条件 b）作图过程

【例 3-3】 已知四棱锥被正垂面 P 截切，求作被截切后的三面投影。

（1）形体分析和投影分析 由图 3-14a 看出，截平面与四棱锥的四个侧棱面相交，截交线为四边形。四边形的四个顶点 A、B、C、D 为四棱锥的四条棱线与截平面 P 的交点。截平面为正垂面，所以截交线的正面投影具有积聚性，水平投影和侧面投影都为类似形。

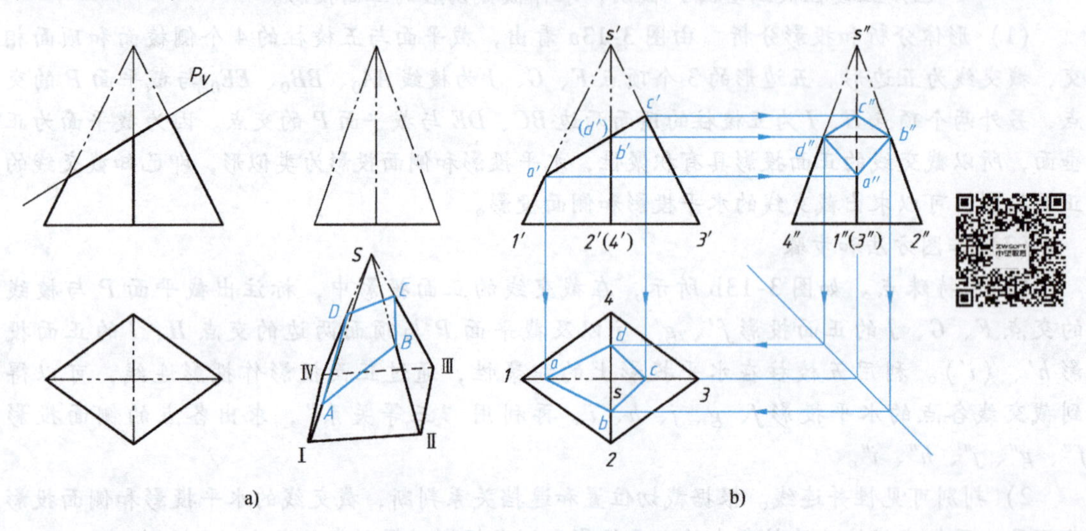

图 3-14 平面截切四棱锥

a）已知条件 b）作图过程

（2）作图方法和步骤

1）求特殊点。如图 3-14b 所示，在截交线的正面投影中，标注出截平面 P 与棱线的交

点 A、B、C、D 的正面投影 a'、b'、c'、（d'）。过 a'、b'、c'、（d'）向侧面投影作投影连线，得到侧面投影 a''、b''、c''、d''。再利用"三等关系"，求出各点的水平投影 a、b、c、d。

2）判别可见性并连线。根据截切位置和遮挡关系判断，截交线的水平投影和侧面投影都可见，用粗实线依次连接各点的水平投影和侧面投影，得到截交线的三面投影。

3）修补题给棱线。四条棱线的水平投影 $1a$、$2b$、$3c$、$4d$ 应分别加深为粗实线。在侧面投影中，将 $1''a''$、$2''b''$、$4''d''$ 加深为粗实线，$a''c''$ 为棱线 SⅢ的一部分，侧面投影不可见，加深为细虚线。

三、平面与曲面立体相交

平面与回转体表面相交，截交线的形状是封闭的平面图形。一般情况下，为一条封闭的平面曲线，特殊情况下可能是平面多边形或圆。当截平面与投影面平行时，其截交线的投影反映实形。

1. 平面与圆柱体相交

平面截切圆柱体时，由于截平面与圆柱体轴线相对位置不同，形成的截断体及其截交线有 3 种情况，见表 3-1。

表 3-1　平面与圆柱面的截交线

截平面位置	与轴线平行	与轴线垂直	与轴线倾斜
立体图	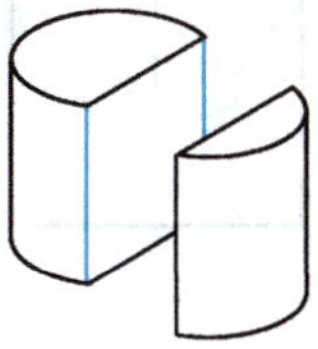	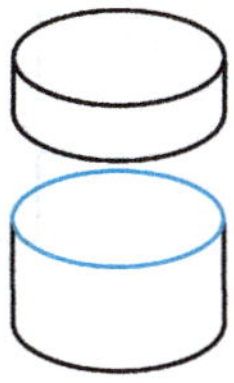	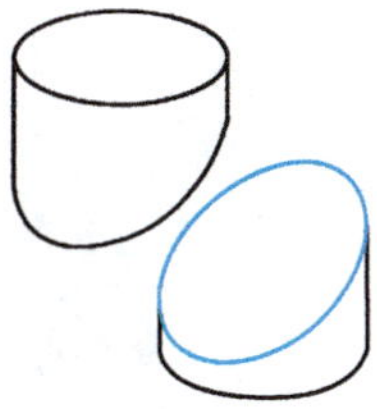
投影图	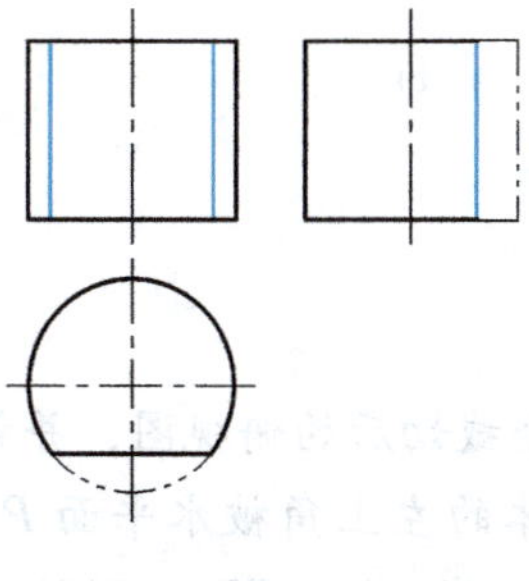	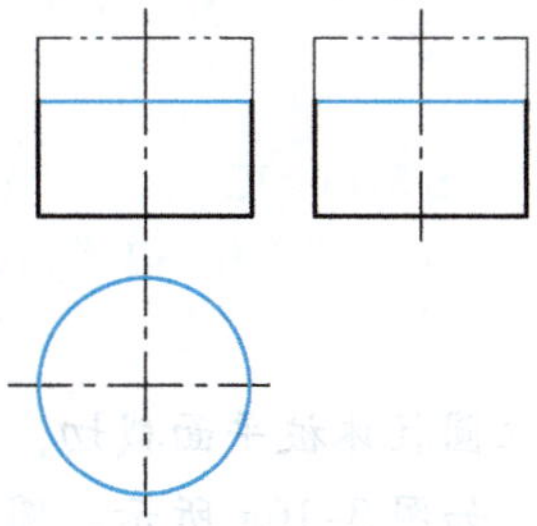	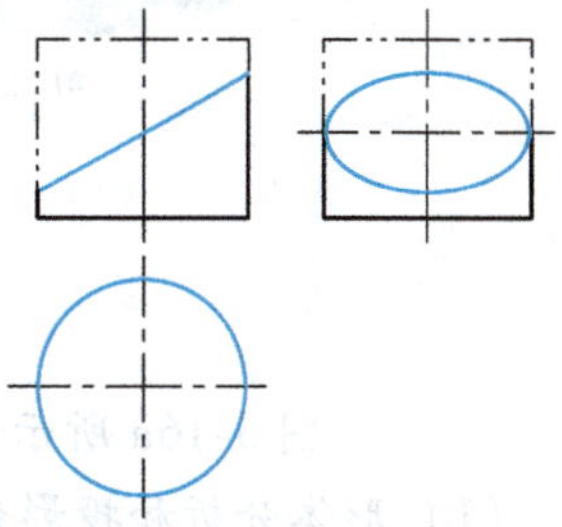
截交线形状	平行于轴线的直线	圆	椭圆

【例3-4】　已知竖直圆柱体被一正垂面所截，求作截断体的投影。

（1）形体分析和投影分析　由图3-15a看出，截平面与圆柱体轴线倾斜，两者的交线是一段椭圆弧，同时，截平面又与圆柱顶面相交，其交线为正垂线，因此，截断面的空间形状由一段椭圆弧加一段正垂线段围成。该椭圆弧的正面投影积聚，水平投影与圆柱面的积聚圆重合，故只需要求作截交线的侧面投影。我们可利用圆柱面上取点的方法，作截交线上一系列点的侧面投影，然后将这些点连成光滑的曲线。

（2）作图方法和步骤

1）求特殊点。如图3-15b所示，点A为最低点同时兼最左点，C、F两点为最前、最后点，也是转向轮廓线上的点，D、E两点是截平面与圆柱体顶面相交的两点。分别作它们的侧面投影a''、c''、d''、e''、f''。

2）求一般点。如果特殊点间隔比较稀疏，为了使曲线连得光滑，可适当拾取若干个一般点，如B、G两点，先由已知的正面投影找出它们的水平面投影b、g，再定出它们的侧面投影b''、g''。

3）判别可见性并连线。截平面的位置决定了截交线是可见的，将侧面投影上得到的各点用粗实线依次光滑连接成椭圆。

4）修补轮廓线。圆柱体的侧面投影转向轮廓线在点C、F以上被截去，所以该轮廓线仅画到c''、f''处。

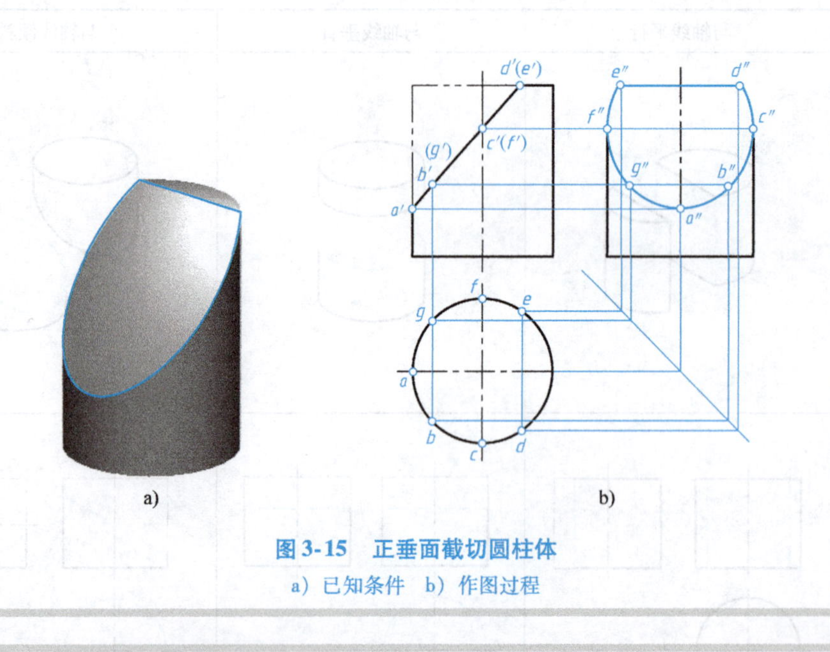

图3-15　正垂面截切圆柱体

a）已知条件　b）作图过程

【例3-5】　图3-16a所示为直立圆柱体被平面截切，补全截切后的俯视图，并补画左视图。

（1）形体分析和投影分析　如图3-16a所示，圆柱体的左上角被水平面P和侧平面R所截，平面P截圆柱面为圆弧AB，平面R截圆柱面是两直线AA_1、BB_1。圆弧AB的正面投影$a'b'$与P_V重合，水平投影圆弧ab与圆柱面投影重合，侧面投影$a''b''$积聚为一条直线；两直线AA_1、BB_1的正面投影$a'a_1'$、$b'b_1'$与R_V重合，水平投影为点且积聚在圆周上，侧面投影

$a''a_1''$、$b''b_1''$为两条直线；两截平面的交线AB为正垂线，正面投影$a'b'$在P_V和R_V的交点处，水平投影和侧面投影为等长且垂直于对应投影轴的直线。下端的缺口由3个平面截切得到，其空间形状和投影特性，读者可以自行分析。

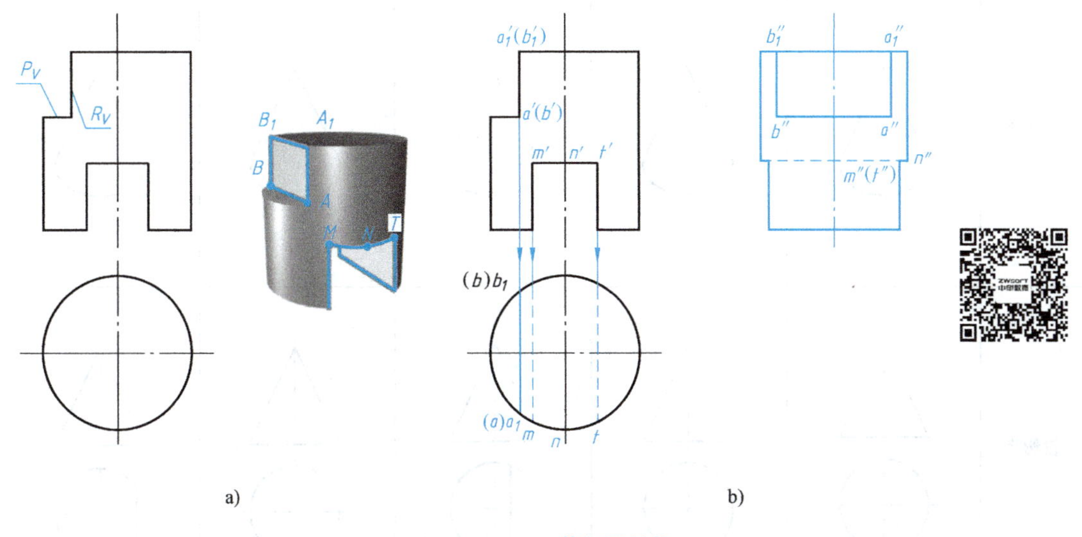

图3-16　平面截切圆柱体

a）已知条件　b）作图过程

（2）作图方法和步骤

1）根据投影关系，作未被截切前圆柱体的左视图。

2）在正面投影标出$a'a_1'$、(b') (b_1')，向水平投影面作投影连线，在水平投影的圆周上得到$(a)a_1$、$(b)b_1$。用直线连接圆周上（a）、（b）两点，得到两截平面交线的投影(a) (b)，根据投影关系，该交线的水平投影可见，所以画为粗实线。

3）利用水平投影和侧面投影y相等的关系，得到侧面投影a''、a_1''、b''、b_1''，根据投影关系，在侧面投影中，AA_1、BB_1和圆弧AB都可见，用粗实线连接各点的侧面投影，得到平面截切左上角的投影图。

4）圆柱体下方的缺口可以看作是两个侧平面和一个水平面截切圆柱体而形成的，作图方法与左上角缺口类似。水平面截切后得到前后两段圆弧，以前面圆弧MNT为例，点N位于圆柱最前素线上，n''是侧面转向轮廓线上的点，侧面投影m''和（t''）重合，圆柱体侧面的转向轮廓线点N以下部分被截走。在水平投影面上，两个侧平面和一个水平面的水平投影不可见，画细虚线。在侧面投影上，交线的侧面投影被圆柱面遮挡部分不可见，画细虚线。以n''为分界点，补全侧面投影，其结果如图3-16b所示。

2. 平面与圆锥体相交

平面截切圆锥体时，由于截平面与圆锥轴线相对位置不同，形成的截断体及其截交线有5种情况，见表3-2。

表3-2　平面与圆锥面的截交线

截平面位置	垂直于轴线	倾斜于轴线且 $\alpha>\varphi$	倾斜于轴线且 $\alpha=\varphi$	平行于轴线（$\alpha=0°$）	通过锥顶
立体图	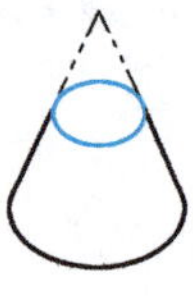		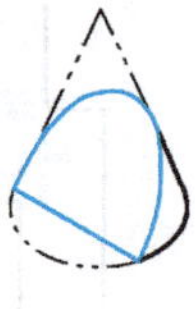		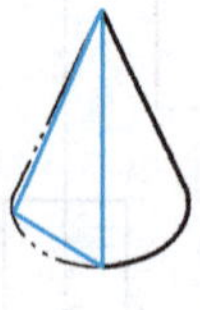
投影图	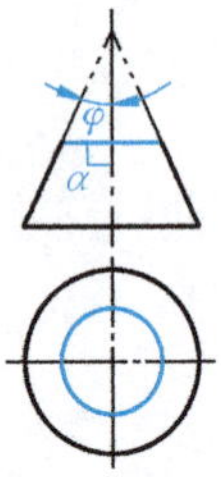	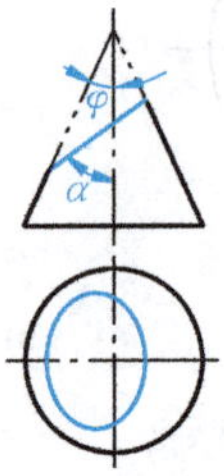	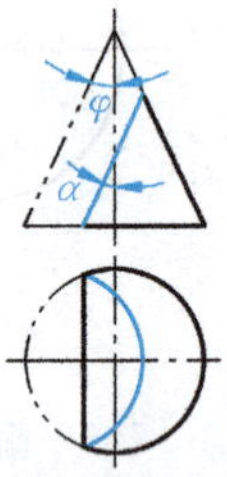	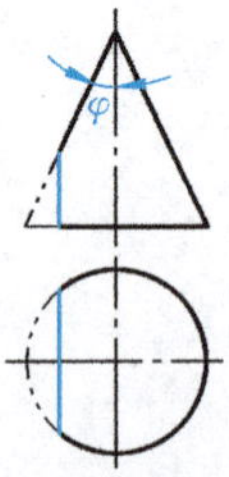	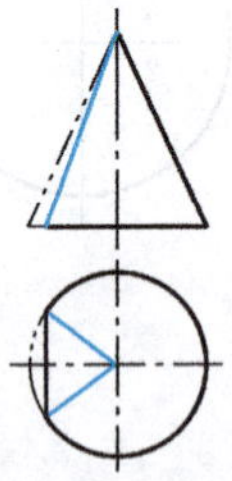
截交线形状	圆	椭圆	抛物线	双曲线	两条相交直线

【例3-6】　图3-17所示为圆锥体被正垂面截切，求作截断体的投影。

(1) 形体分析和投影分析　如图3-17所示，一直立圆锥体被正垂面截切，截交线为一椭圆。由于圆锥体前后对称，所以此椭圆也一定前后对称，椭圆的长轴就是截平面与圆锥体前后对称面的交线（正平线），其端点在最左、最右素线上而短轴则是通过长轴中点的正垂线。截交线的正面投影积聚为一直线，其水平投影和侧面投影通常为一椭圆。

(2) 作图方法和步骤

1) 求特殊点。最低点Ⅰ、最高点Ⅱ是椭圆长轴的端点，也是截平面与圆锥体最左、最右素线的交点，可由正面投影1′、2′作水平投影1、2和侧面投影1″、2″。圆锥体的最前、最后素线与截平面的交点Ⅴ、Ⅵ，其正面投影5′、(6′) 为截平面与轴线正面投影的交点，根据5′、(6′) 作点5″、6″，再由5′、(6′) 和5″、6″求得5、6。

椭圆短轴的端点Ⅲ、Ⅳ在正面上的投影3′、(4′) 应在1′2′的中点处。水平投影3、4可利用纬圆法求得。再根据3′、(4′) 和3、4求得3″、4″。

2) 求一般点。为了准确作图，在特殊点之间作适当数量的一般点，如Ⅶ、Ⅷ两点，可用辅助纬圆法作其各面投影。

3) 判别可见性并连线。截平面的位置决定了截交线是可见的，将水平投影和侧面投影上得到的各点用粗实线依次光滑连接成椭圆。

4) 修补轮廓线。圆锥体的侧面投影转向轮廓线在点Ⅴ、Ⅵ以上被截去，所以该轮廓线仅画到5″、6″处。

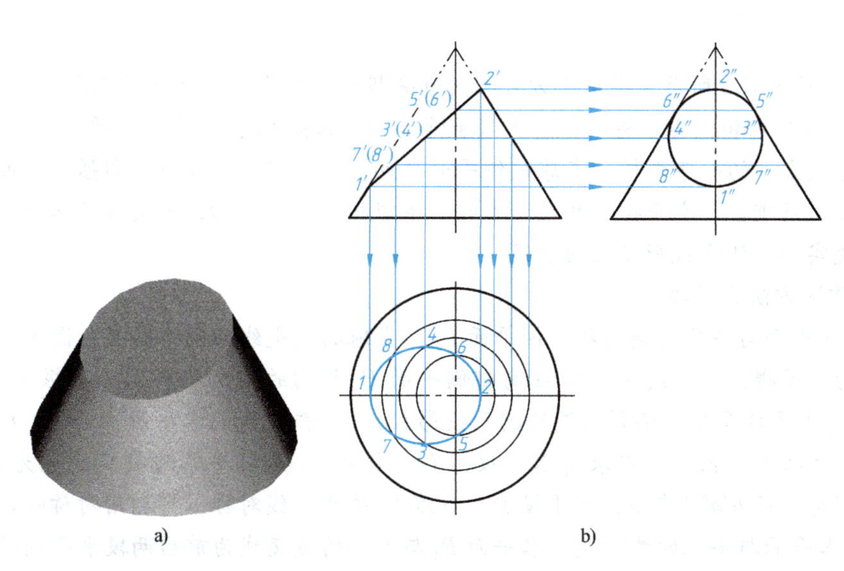

图 3-17　圆锥体被正垂面截切

3. 平面与圆球相交

平面截切圆球时，其截交线为圆，由于截平面与投影面相对位置不同，形成的截交线的投影主要有两种情况，见表 3-3。

表 3-3　平面与圆球的截交线

截平面的性质	投影面平行面	投影面垂直面
立体图		
投影图		

【例 3-7】 图3-18a所示为半球上方开槽的部分投影，补全该截断体的三面投影。

（1）形体分析和投影分析 如图3-18a所示，半球被P_V、Q_V两个侧平面和R_V一个水平面截切，形成上方的一字型槽。半球被侧平面截切，截交线为两段侧平圆弧，侧面投影反映实形，并且相互重合，水平投影积聚为直线。半球被水平面截切，截交线为水平圆弧，其水平投影反映实形，侧面投影积聚为直线。

（2）作图方法和步骤

1）求侧平面与半球的截交线。侧平面P_V与半球的截交线为侧平圆弧，圆弧的半径可以从正面投影测量得到，先绘制半球被完整侧平面P_V截切的截交线半圆，再根据截切范围，取水平面R_V上方的圆弧，得到圆弧的侧面投影$b''a''c''$。截交线的水平投影为B、C两点之间的直线，利用投影关系，可以求得水平投影bc。侧平面Q_V与半球的截交线也为侧平圆弧，其侧面投影与圆弧$b''a''c''$重合，水平投影与直线bc关于轴线对称，可利用对称性求得。

2）求水平面与半球的截交线。水平面R_V与半球的截交线为前后两段水平圆弧，圆弧的半径用纬圆法在正面投影测量得到，可以先绘制半球被完整水平面截切的截交线圆，再根据截切范围，取侧平面P_V和Q_V中间的两段圆弧。截交线的侧面投影积聚成直线，利用投影关系绘制得到。

3）判别可见性并连线。水平圆弧和侧平圆弧在水平、侧面投影中可见，画粗实线；侧面投影中b''、c''两点中间的直线不可见，画细虚线，b''、d''两点（及对称点）间的直线可见，画粗实线。

4）修补轮廓线。半球的侧面投影转向轮廓线在R_V以上被截去，所以该轮廓线仅画出d''下边的部分，上边部分擦去不画。

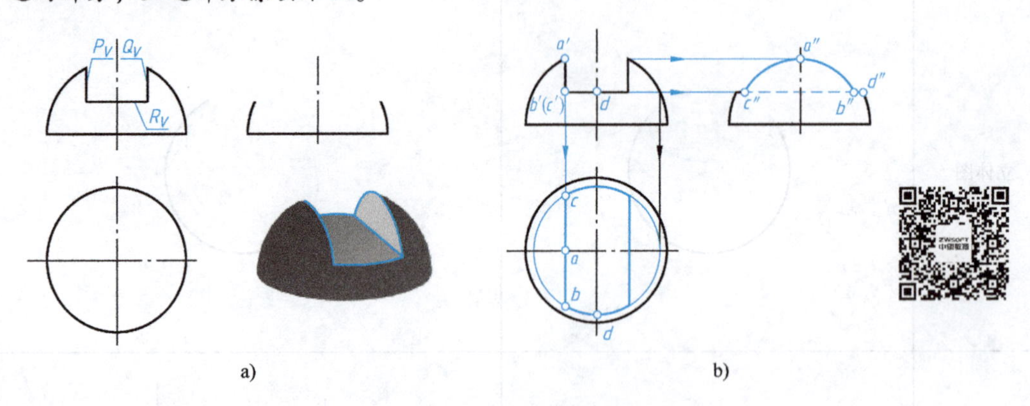

图3-18 半球上方开槽
a）已知条件 b）作图过程

四、平面与组合立体相交

多个基本体组合而成的立体被平面截切，截交线由各基本体表面的截交线组成。将各基本体的截交线分别求出即可，需要分析各基本体间的分界线。

【例 3-8】 如图 3-19a 所示，补全连杆头的主视图。

（1）形体分析和投影分析　如图 3-19a 所示，此连杆头由同轴的小圆柱体、圆锥台、大圆柱体和半球组合而成，连杆头前后被两个平行于轴线的对称正平面所截，连杆头前后产生的截交线包括：

1）平面截切圆锥台面的交线为双曲线。

2）平面截切大圆柱面的交线为两平行直线。

3）平面截切半球面的交线为半圆。

应分析各基本体之间分界线，分别求出截交线，注意大圆柱体和半球光滑过渡，没有分界线。由于两个截平面前后对称，都为正平面，因此前后截平面的截交线正面投影重合，只需作前面截平面与各基本体的交线，截交线的侧面投影与截平面有积聚性的侧面投影重合。

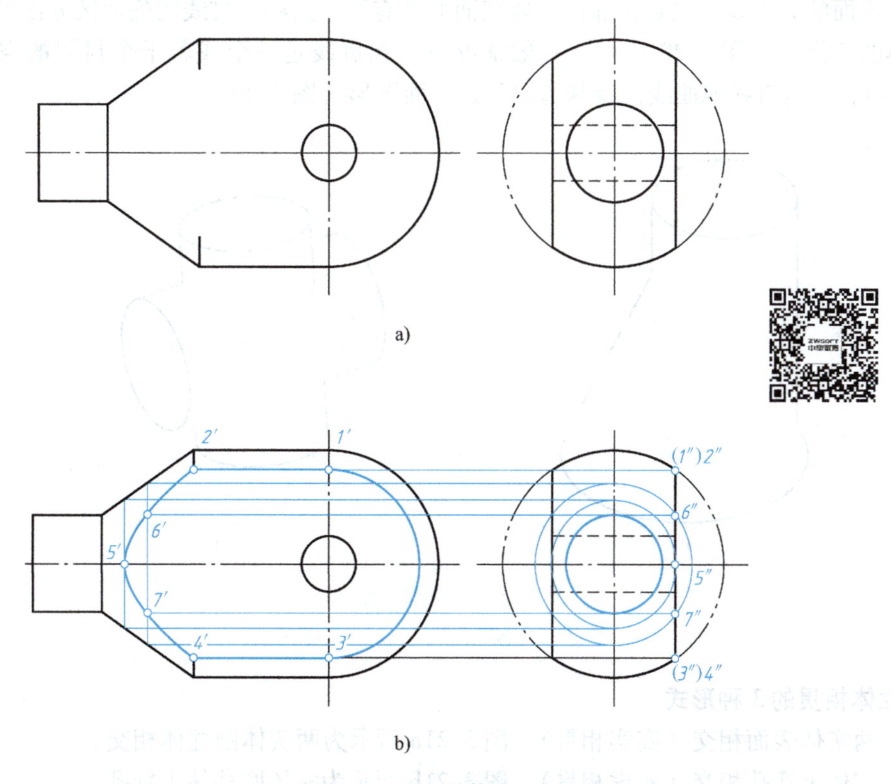

图 3-19　正平面截切组合立体

a）已知条件　b）作图过程

（2）作图方法和步骤

1）截平面与大圆柱面的交线为垂直于侧面的两条直线，侧面投影为（1″）2″、（3″）4″，过这些点作投影连线，可作正面投影 1′2′、3′4′。

2）截平面与球面的交线为半圆，其直径为侧面投影（1″）（3″）的长度，正面投影反映实形。

3）截平面与圆锥面的交线为双曲线。在侧面投影标出最左点的投影 5″、一般位置点的投影 6″、7″，利用纬圆法求圆锥台表面上点的投影，可得这些点的正面投影 5′、6′、7′，光滑连接2′、6′、5′、7′、4′，即得截交线的正面投影。

第四节　立体与立体表面的交线

一、相贯线及其性质

1. 相贯线的形成

两个或两个以上基本体相交构成的形体称为相贯体，其表面交线称为相贯线，其是相交各个立体表面的分界线，也是相邻两立体表面的共有线。这些相贯线明确地区分出参与相交的各立体的范围，如图3-20所示。一般情况下，相贯线是一个或若干个封闭的空间图形（图3-20a），包含直线或曲线，特殊情况下是平面图形（图3-20b）。

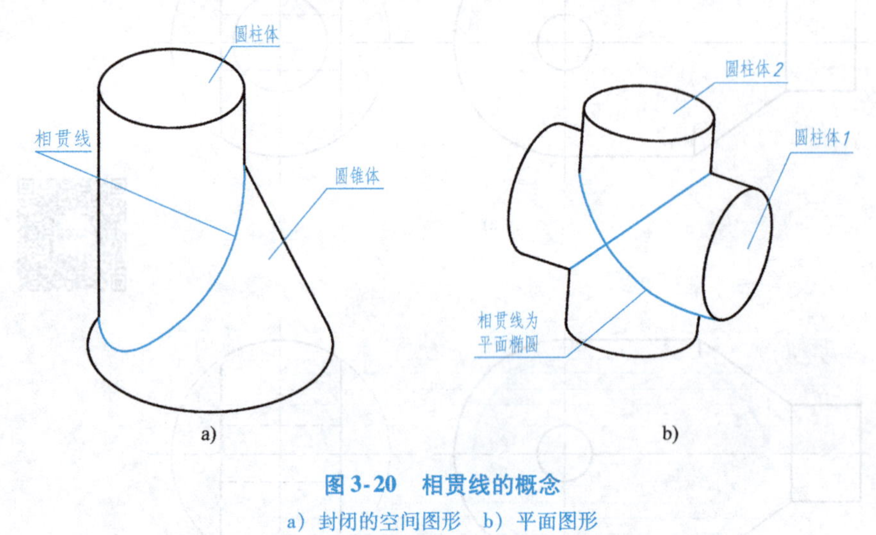

图3-20　相贯线的概念

a）封闭的空间图形　b）平面图形

2. 立体相贯的3种形式

（1）两实体表面相交（实实相贯）　图3-21a所示为两实体圆柱体相交。

（2）实体上穿孔相交（实虚相贯）　图3-21b所示为实体圆柱体上穿孔。

（3）实体中两孔相交（虚虚相贯）　图3-21c所示为长方体内水平和竖直两方向穿孔。

由图3-21看出，虽然立体相贯的形式不同，但其交线作图原理和方法是相同的。

3. 影响相贯线形状的因素

（1）两相贯立体的性质不同引起相贯线形状的变化　如图3-22所示，同一直径的半圆柱体分别与圆柱体、圆锥合体相交形成的两相贯体。相贯线1与相贯线2相比较，两者在形状、大小两方面存在很大的差别。

（2）两相贯立体的大小不同引起相贯线形状和位置的变化　如图3-23所示，相交两圆柱体直径的变化，不仅引起相贯线形状变化，而且位置也发生了变化。

由图3-23a看出，圆柱体1直径 < 圆柱体2的直径时，相贯线位于圆柱体2的左右两

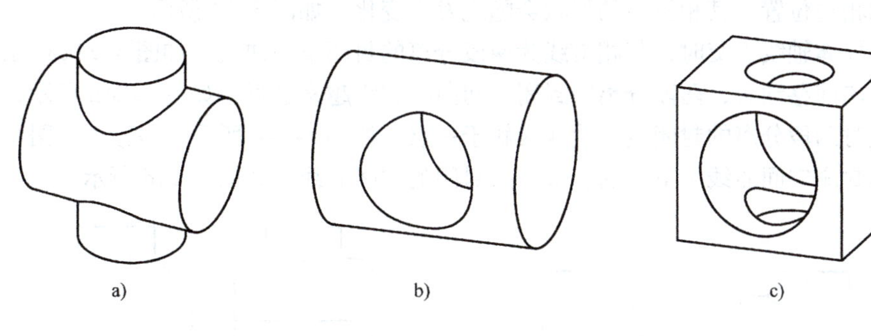

图 3-21　立体相贯的 3 种形式

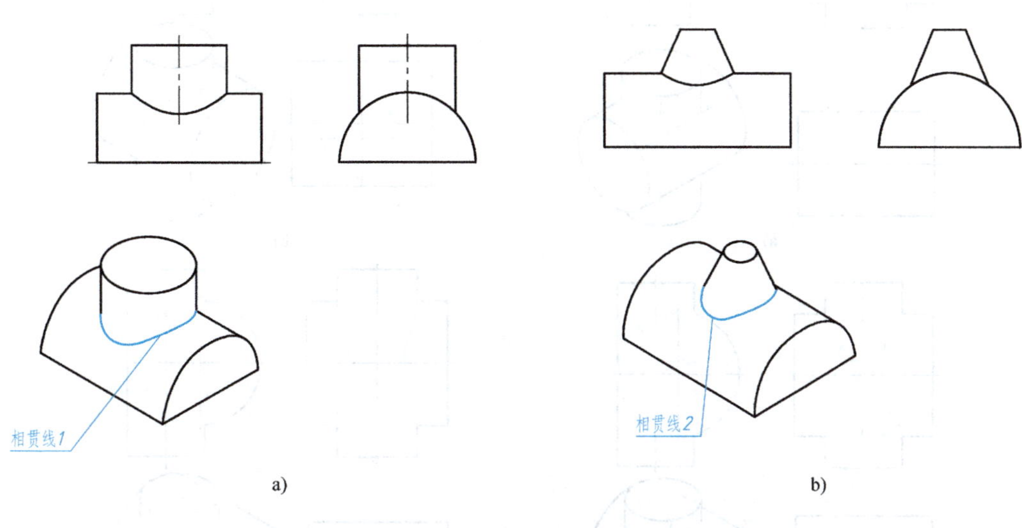

图 3-22　两相贯立体的性质不同引起相贯线形状的变化

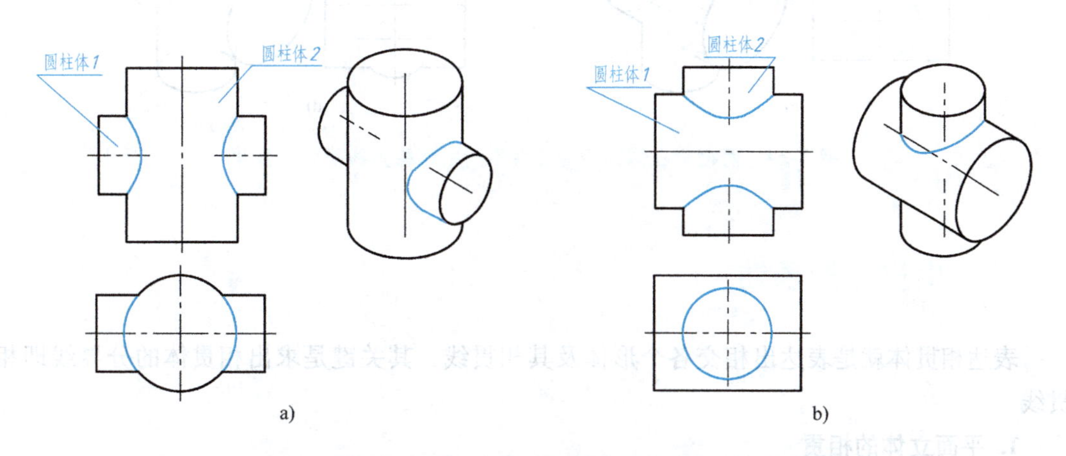

图 3-23　两相贯立体的大小不同引起相贯线形状和位置的变化

侧；而在图 3-23b 中，由于圆柱体 1 直径 > 圆柱体 2 的直径，相贯线位于圆柱体 1 的上下两侧。

（3）两相贯立体的相对位置不同引起相贯线形状的变化　如果相交两圆柱体直径不变，

改变两者的相对位置，其相贯线的形状会随之发生变化，如图3-24所示。

当两圆柱体轴线正交时，其相贯线为两段分离的封闭空间曲线，如图3-24a所示；当垂直的圆柱体向前移动时，两段分离的封闭空间曲线相距越来越近，如图3-24b所示；当移动至图示位置时两段分离的封闭空间曲线接触于一点，如图3-24c所示；当移动至图示位置时两段分离的封闭空间曲线上下联通合成一条封闭的空间曲线，如图3-24d所示。

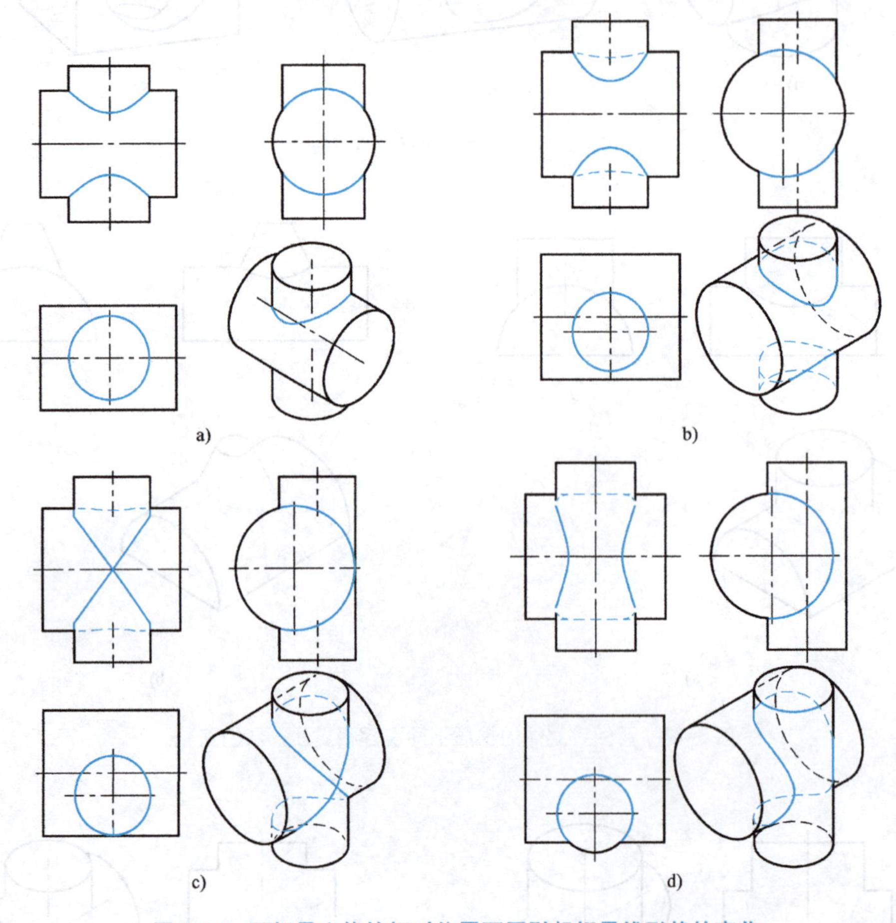

图3-24　两相贯立体的相对位置不同引起相贯线形状的变化

二、相贯体的表达

表达相贯体就是表达出相交各个形体及其相贯线，其关键是求出相贯体的分界线即相贯线。

1. 平面立体的相贯

平面立体相贯的相贯线由两平面立体中参与相交的棱面之间的交线构成，相贯线上的点是两立体表面的共有点。求平面立体的相贯线，就是将其相交的表面分解为两两相交的平面，分别求出各条交线，最后形成平面立体的相贯线。

图3-25a所示三棱柱与五棱柱的相贯体，三棱柱3个侧面均参与了相交，五棱柱的右边

4 个侧面参与相交，产生 10 条面面交线，分布在五棱柱的右边前后侧面上，构成两条空间折线即前后相贯线，空间折线的各个顶点为参与相交的棱线与参与平面的贯穿点。

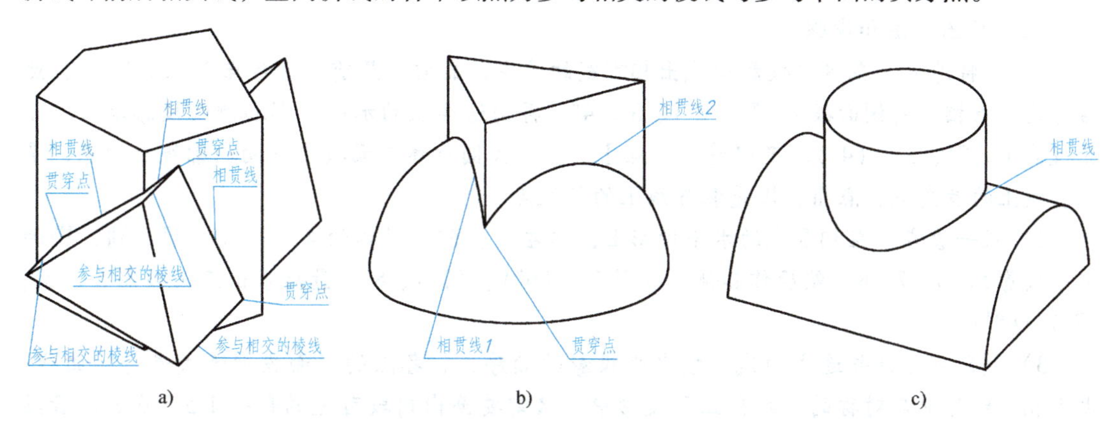

图 3-25　各类相贯体的相贯线

a）平面立体相贯的相贯线　b）平面立体与曲面立体相贯的相贯线　c）曲面立体相贯的相贯线

2. 平面立体与曲面立体的相贯

平面立体与曲面立体相贯的相贯线是由若干条平面曲线或平面曲线和直线组成，这些平面曲线实质是平面立体上参与相交的各个棱面与曲面立体表面的截交线，每两条截交线的交点成为结合点，其又是平面立体的棱线与曲面立体的贯穿点。图 3-25b 所示为三棱柱与半球相交的相贯体，三棱柱左侧面、右侧面与球面相交产生两条相贯线，两者的交点是棱线的贯穿点。

3. 曲面立体的相贯

曲面立体相贯的相贯线一般情况下为封闭的空间曲线，是两个曲面立体表面共有点的集合。图 3-25c 所示为水平半圆柱体与竖直圆柱体的相贯体，其相贯线为一条封闭的空间曲线。

三、求相贯线的常用方法

无论哪类立体相贯，求解相贯线的问题实质都是求两立体表面一系列共有点的问题，其作图方法和步骤与截交线的求解方法基本相同。

通常，求作相贯线上点的作图方法有以下两种。

1. 表面取点法

两个立体中有一个为轴线垂直于投影面的柱体时，该柱体在该投影面上的投影有积聚性，即已知相贯线的一面投影，可以先在相贯线有积聚性的投影图中标出相贯线上的点，再利用在另一立体表面取点的方法作这些点的其他投影（类似于截交线求法）。相贯线的这种求法称为表面取点法。

【例 3-9】 如图 3-26 所示，已知两正交圆柱体的三面投影，完成相贯线的投影。

（1）形体分析和投影分析　从图 3-26 中可以看出，大圆柱体轴线为侧垂线，小圆柱体轴线为铅垂线，两圆柱体轴线垂直相交。相贯线的水平投影和侧面投影都与圆柱体有积聚性的投影重影，于是问题归纳为已知相贯线的水平投影和侧面投影，求其正面投影。

（2）作图方法和步骤

1）求特殊点。在水平投影中找出相贯线的最左、最右、最前、最后点1、2、3、4，然后作这4点相应的侧面投影1″、(2″)、3″、4″，再由这4点的水平投影和侧面投影求出其正面投影1′、2′、3′、(4′)。可以看出：点Ⅰ、Ⅱ是大圆柱体正面投影转向轮廓线上的点，是相贯线上的最高点，点Ⅲ、Ⅳ是相贯线上的最低点。

2）求一般点。在相贯线的水平投影上，作左右、前后对称的4个点Ⅴ、Ⅵ、Ⅶ、Ⅷ的水平投影5、6、7、8，然后作其侧面投影5″、(6″)、(7″)、8″，最后求出正面投影5′、6′、(7′)、(8′)。

3）判别可见性并连成曲线。按水平投影的顺序，将各点的正面投影连成光滑的曲线。由于相贯线是前后对称的，故在正面投影中，只需要画出前段可见的部分1′5′3′6′2′，后段不可见的部分1′（8′）（4′）（7′）2′与之重影。

4）修补题给转向轮廓线。此题不需要修补，作图结果如图3-26所示。

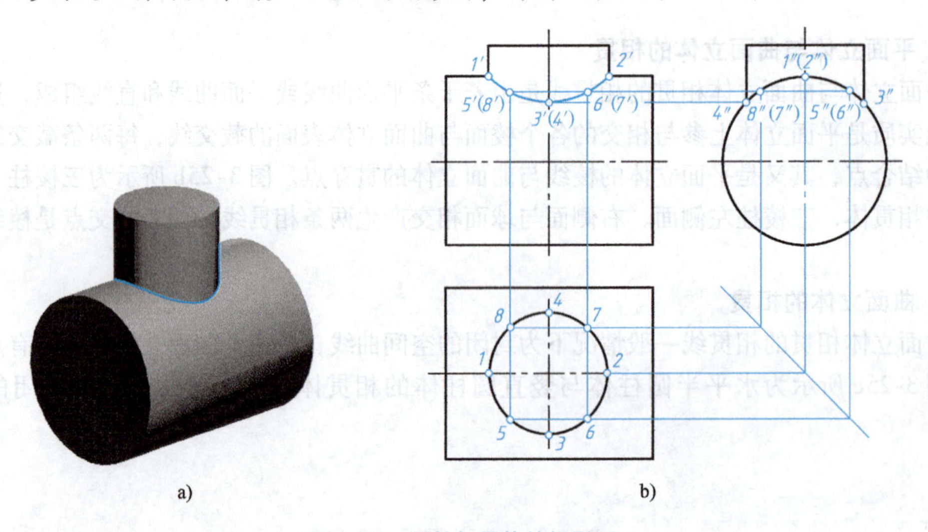

图3-26　圆柱相贯体的投影图

2. 辅助平面法

求两个相贯立体相贯线比较普遍的方法是辅助平面法，即将这两个相贯立体用与其都相交或相切的辅助平面进行截切，两组截交线的交点就是相贯线上的点。如图3-27所示，圆柱体与圆锥体相贯，选用不同的辅助平面同时截切两立体。在图3-27a中，截平面与圆柱体表面的交线为两条平行直线，与圆锥体表面的交线为圆，由图可知，两组截交线的交点即为相贯线上的点。在图3-27b中，截平面与圆柱体表面的交线为两条平行直线，与圆锥体表面的交线为两条过锥顶的相交直线，同样，两组截交线的交点即为相贯线上的点。

辅助平面法的作图步骤如图3-28所示。

1）设立辅助截平面。

2）分别作辅助截平面与两个已知曲面的截交线（辅助交线）。

3）求出两条辅助交线的交点（相贯线上的点）。

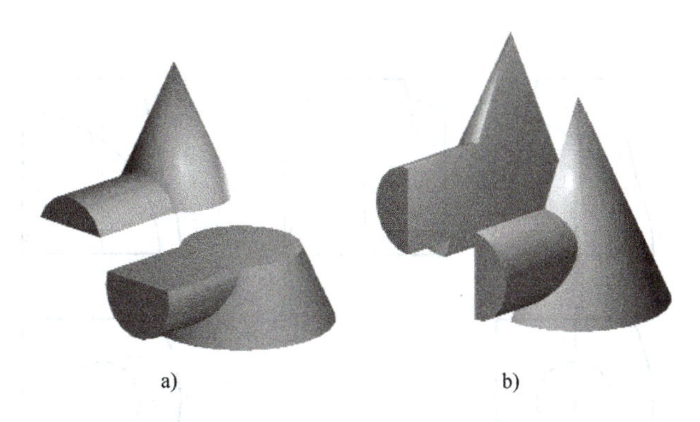

图 3-27　辅助平面法作图原理

选择辅助截平面的原则是辅助截平面与两个曲面相交的截交线（辅助交线）的投影都应是最简单易画的线（直线或圆），因此在实际应用中往往多采用投影面平行面。

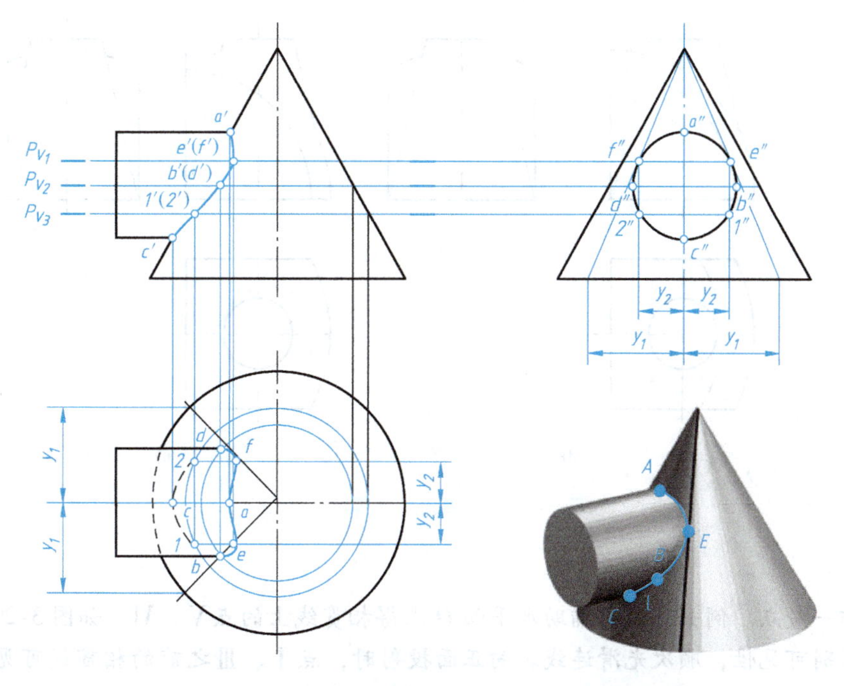

图 3-28　用辅助平面法求相贯线上点的投影

【例 3-10】 求作圆台与球的相贯线。

（1）形体分析和投影分析　从图 3-29a、b 可知，该球体仅 1/4，且前后被对称正平面截切，而圆台的轴线垂直于水平面且经过球体的对称面，但不过球心，所以相贯线为一条前后对称的封闭空间曲线。又由于圆台与球的三面投影都没有积聚性，所以不能用表面取点法作相贯线的投影，但可用辅助平面法求出。辅助平面除了应选过锥顶的正平面和侧平面外，还应选水平面。

（2）作图方法和步骤

1）作特殊点。利用过锥顶的正平面 R 求得相贯线上最左点Ⅰ和最右点Ⅲ（也是最低点、最高点）；过锥顶再作侧平面 P，求得圆台最前、最后素线上的点Ⅱ和Ⅳ，如图 3-29c

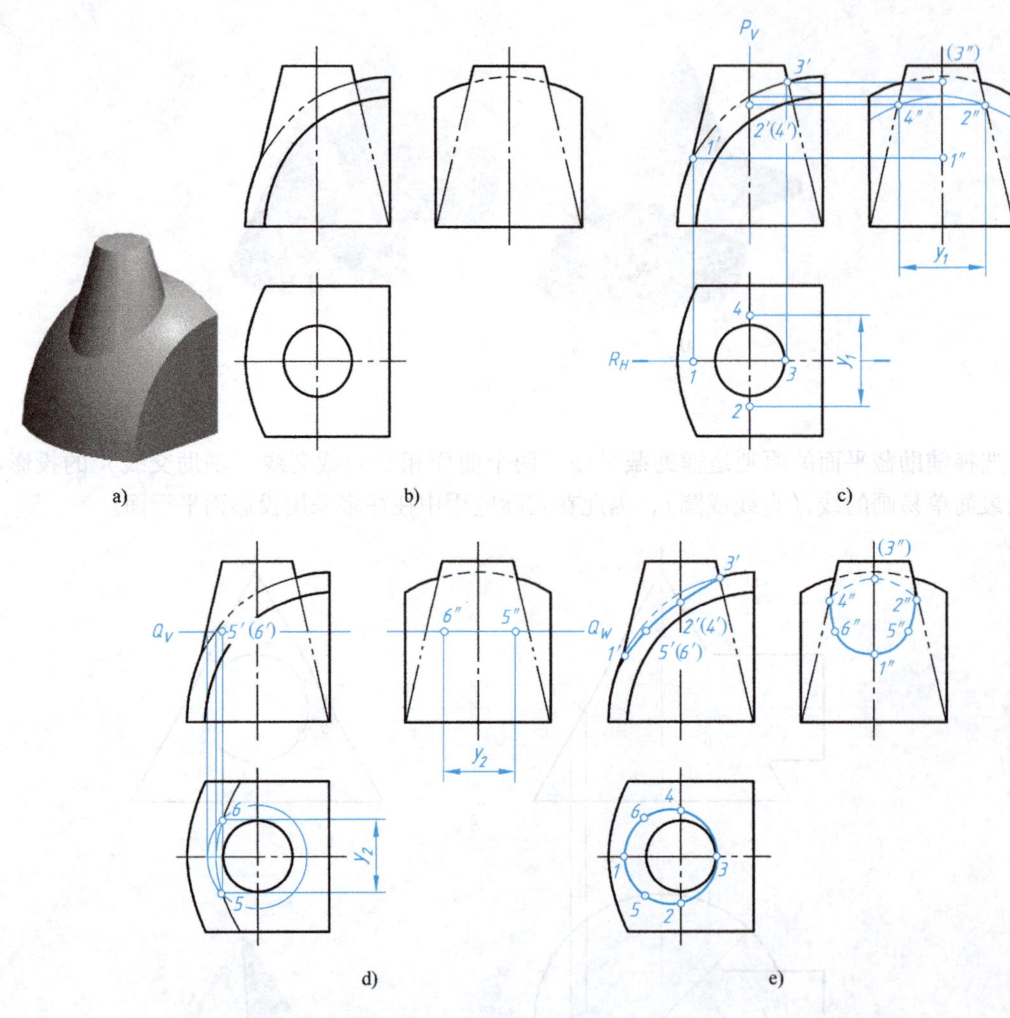

图3-29　求作圆台与球的相贯线

所示。

2）作一般点。例如，选用辅助水平面 Q 求得相贯线上的点Ⅴ、Ⅵ，如图3-29d所示。

3）判别可见性，顺次光滑连线。向正面投射时，点Ⅰ、Ⅲ之前的相贯线可见应以粗实线光滑相连，后半段相贯线不可见，但与前半段重影；向侧面投射时，点Ⅱ、Ⅳ之左的相贯线可见，4″、6″、1″、5″、2″连成粗实线，其余连成细虚线；向水平面投射时，相贯线上各点均可见，用粗实线光滑连接各点的水平投影；如图3-29e所示。

4）将两立体看成一整体，整理投影轮廓线。注意圆台最前、最后素线的侧面投影分别画到2″、4″。

四、特殊相贯的情况

在特殊情况下，立体的相贯线为平面曲线或直线，如图3-30和图3-31所示。对于此类相贯线，只需要求出若干特殊点，再根据具体情况直接作图即可，不需要求解一般点。

1. 相贯线为圆

如图 3-30a 所示，两同轴回转体的相贯线是垂直于轴线的圆。当轴线平行于投影面时，交线圆在该投影面上的投影积聚为直线；当轴线垂直于投影面时，交线圆在该投影面上的投影为圆。

2. 相贯线为直线

如图 3-30b 所示，轴线平行的两圆柱体相贯，其相贯线由两条平行的直线和一段圆弧构成；图 3-30c 所示共顶圆锥体相交，其相贯线为过锥顶的两条圆锥素线。

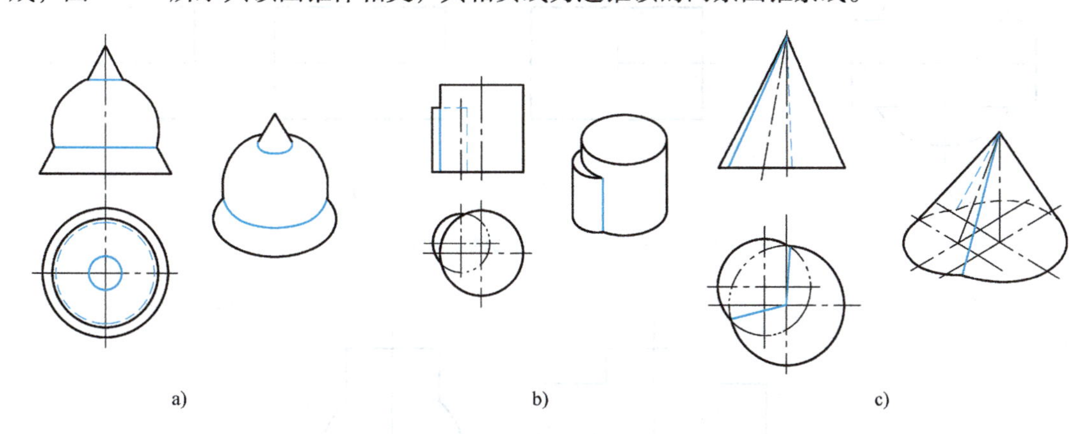

图 3-30 特殊相贯体的相贯线

a）同轴锥球相贯体 b）轴线平行的圆柱体相贯体 c）共顶圆锥体相贯体

3. 相贯线为椭圆

如图 3-31 所示，轴线相交且平行于同一投影面的两回转体，若它们能公切于一个球，则它们的相贯线是垂直于这个投影面的椭圆（平面曲线）。在图 3-31a 中，圆柱体与圆锥体相交，它们的轴线相交且平行于正投影面，并公切于一个球，它们的相贯线是垂直于正投影面的两个椭圆，正面投影积聚为两条相交直线。在图 3-31b 中，两直径相等的圆柱体相交（公切于一个球），相贯线有 3 种情况，正面投影都为直线段，水平投影重合在圆柱面有积聚性的圆周上。

五、相贯线的简化画法

如图 3-32 所示，两直径不等的圆柱体相贯，它们的轴线垂直相交，而且同时平行于某一投影面时，其相贯线为空间曲线。它在轴线所平行的投影面上的投影为一曲线，此时可用一段圆弧来代替该曲线，即为简化画法。作图过程如图 3-32 所示，首先，以大圆柱体和小圆柱体转向轮廓线的交点为圆心，大圆柱体半径 R 为半径，画圆弧与小圆柱体的轴线交于两点，由相贯线的弯曲方向取一点，然后以该点为圆心，大圆柱体半径为半径，在大圆柱体和小圆柱体转向轮廓线两个交点中间部分画圆弧，该段圆弧即为相贯线投影的替代圆弧。

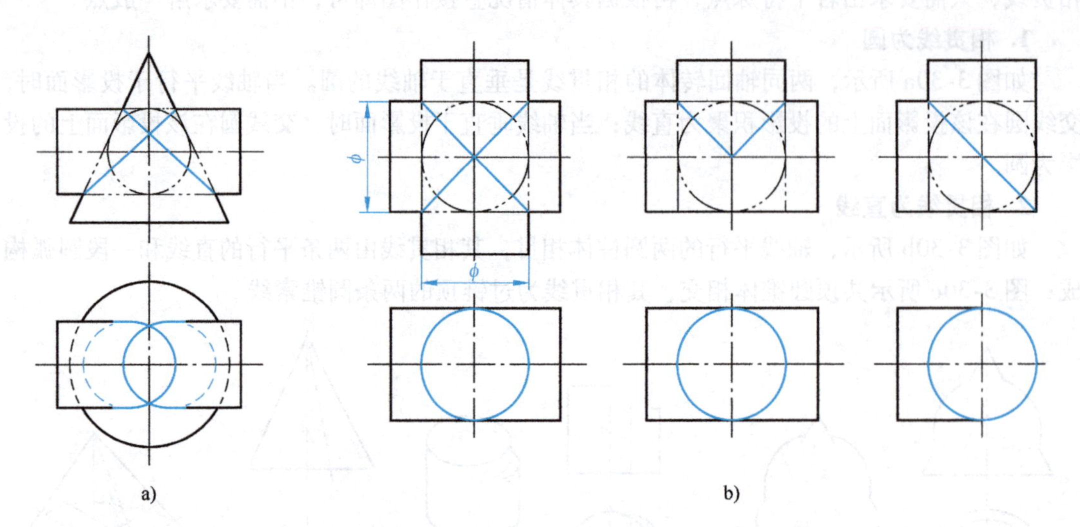

图3-31　具有公共内切球面的两回转体相交

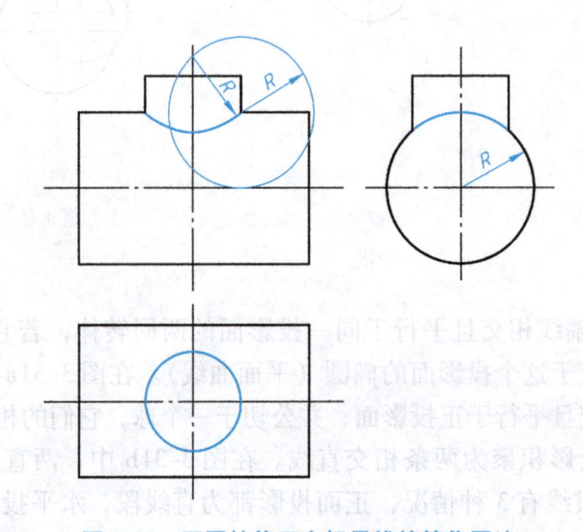

图3-32　两圆柱体正交相贯线的简化画法

六、组合相贯的情况

组合相贯是3个或3个以上基本体相交在表面形成交线的情况。作图时，先进行形体分析，弄清楚各个基本体的形状及相对位置，判断出各段相贯线的空间形状、位置、方向，再逐段求出相贯线的投影。两段相贯线的交点，必定是相贯体上3个表面的共有点。

【例3-11】　如图3-33a所示，求半球与两圆柱体的相贯线。

(1) 形体分析和投影分析　半球与大、小两圆柱体相交，3个立体有公共的前后对称面，组合相贯线也前后对称。小圆柱体轴线为侧垂线，其侧面投影有积聚性；大圆柱体轴线为铅垂线，其水平投影有积聚性。

（2）作图方法和步骤

1）半球与大圆柱体相切，由于相切是光滑过渡，没有交线，不必画出相切的圆。

2）半球与小圆柱体相交，可以看作有公共侧垂轴的同轴回转体，相贯线为垂直于这条轴线的半圆，相贯线的正面投影和水平投影都为直线，侧面投影重合在小圆柱体侧面投影圆的上半部分。

3）小圆柱体与大圆柱体相交，此段相贯线是一条空间曲线，因为小圆柱体侧面投影有积聚性，所以相贯线的侧面投影重合在小圆柱体侧面投影圆的下半部分；因为大圆柱体水平投影有积聚性，所以相贯线的水平投影重合在大圆柱体水平投影圆的部分圆弧上且不可见。由于该相贯线符合简化画法，可以用图3-32所示的简化画法画出其正面投影，结果如图3-33b所示。

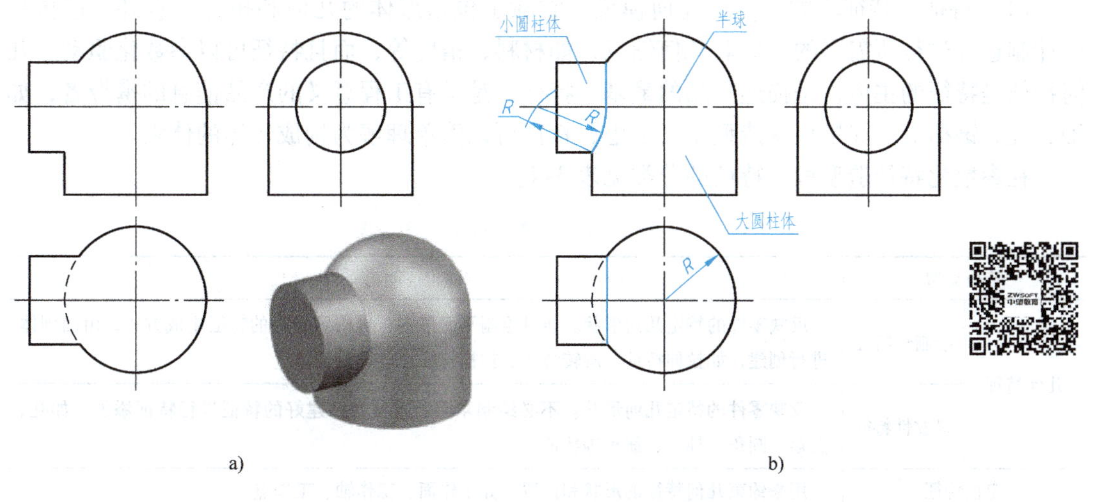

图3-33 半球和两圆柱体的相贯线

第五节 立体的常用创建方法

一、实体造型概述

实体造型是指用计算机及其图形系统来表示和构造物体，形成物体三维几何模型的过程，是CAD/CAM（Computer Aided Design，CAD；Computer Aided Manufacture，CAM）系统的核心技术，是实现CAD/CAM技术集成的基础。该模型是对原物体的确切数学描述或是对原物体某种状态的真实模拟，将为各种不同的后续应用提供信息。实体造型技术已广泛应用于机械产品的设计、制造、装配和工程分析等各个领域。

1. 参数化特征造型

特征造型技术是以实体造型为基础，用具有一定的设计或加工功能的特征作为造型的基本单元建立零部件的几何模型。参数化是特征造型的主要特点，其是指使用约束来定义和修改几何模型。约束主要包括尺寸约束、拓扑约束，分别对特征的大小、形状和位置加以约束。通过对图形标注尺寸（尺寸数字可以是常数也可以是代数表达式）实现尺寸约束，通过指定对称、垂直、平行、相切等关系实现拓扑约束。在造型过程中，可以通过改变约束，改变特征的几何形状、尺寸大小和相对位置，生成新的特征，而不需要重新造型。参数化特征模型包含完整的几何信息，可以方便地生成各种投影图。此外，参数化特征模型还可以通过工程约束增加工艺和加工信息，是符合数据交换规范的产品信息模型，可以实现CAD/CAM的真正集成。

目前，大部分三维CAD软件都采用了基于尺寸驱动的参数化特征造型技术。参数化特征造型系统由草图生成、约束、特征生成、特征编辑和工程图自动生成几部分构成。

2. 特征造型相关概念

（1）特征　特征不同于传统几何模型，它除了包括形体的几何和拓扑信息外，还包括设计制造等过程所需要的一些非几何信息，如材料、精度等，而且特征可以参数化驱动。几何特征是特征的主体，是描述产品的最基本特征，是具有工程意义的产品信息的携带者，如轴、孔、键槽等。如果仅从造型角度考虑，特征可以简单理解为构成形体的体素。

在参数化特征造型里，特征的分类见表3-4。

表3-4　特征的分类

特征类型		说　明
几何特征	绘制性特征	反映零件的特定几何形状。通过绘制平面草图，再按照指定的特征生成方式，由面到体进行创建，如拉伸特征、旋转特征、扫描特征、放样特征等
	置放性特征	反映零件的特定几何形状。不必绘制草图，直接对已建好的特征进行特征添加，如孔、倒角、圆角、抽壳、筋板等特征
定位特征		用来约束几何特征的形状和位置，如工作面、工作轴、工作点

（2）草图　草图绘制是三维造型的基础，有了草图，再按照一定的特征生成方式（如拉伸、旋转等方式）就可以创建不同的实体。草图一般是二维平面图形，也可以是三维曲线。图3-34所示为二维平面草图及其生成的实体特征。

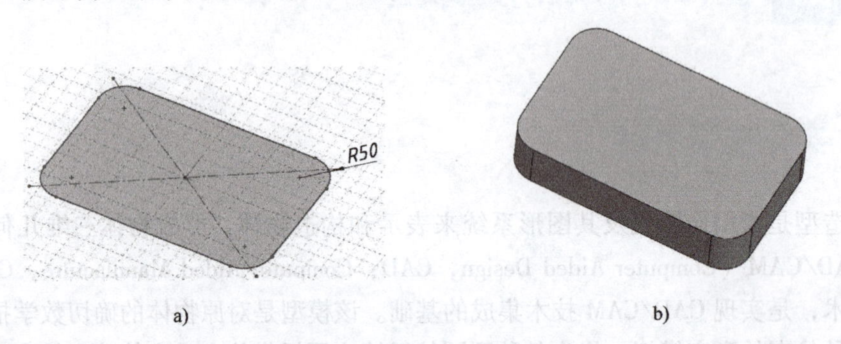

图3-34　二维平面草图及其生成的实体特征
a）二维平面草图　b）拉伸实体特征

（3）草图平面　绘制草图，首先应确定绘制草图的平面。草图平面可以是系统默认的坐标面、实体平面，以及借助“工作平面”“工作轴”和“工作点”工具创建的平面。

（4）特征创建方法　特征创建方法是从草图到特征的过程描述。特征生成方式主要有拉伸、旋转、扫描、放样等。特征生成时，需要进行参数的确定和运算方式的选择。运算方式包括并、差、交，并运算为“填料”，差运算为“除料”。并运算和差运算如图 3-35 所示。

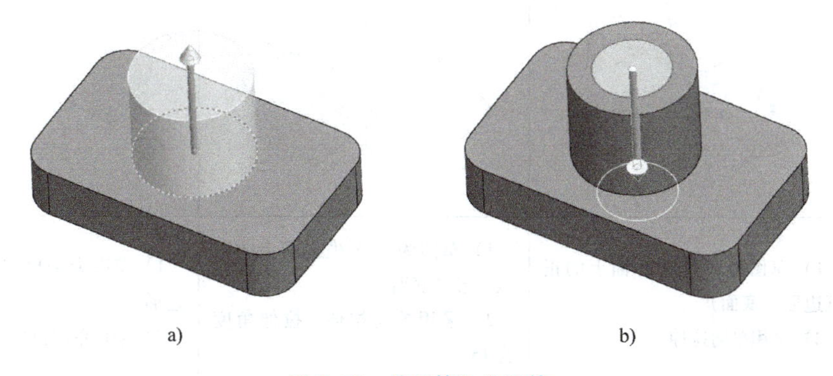

a)　　b)

图 3-35　并运算和差运算

a）并运算生成圆柱体　b）差运算生成圆柱孔

3. 三维实体特征造型的思路

三维实体特征造型按照以下步骤进行。

1）分析形体构成特点，确定草图和特征生成方式。

2）确定草图平面，绘制草图。

3）选择绘制性特征创建方法，设定必要的参数和运算方式（并、差、交）生成实体。

4）选择必要的置放性特征完成倒角、圆角等特征。

二、常见实体特征的创建方法

1. 拉伸特征的创建方法

拉伸特征是草图沿着与其垂直的一直线路径运动所生成的实体。先绘制反映特征的草图，然后选择拉伸，设定拉伸的长度和方式即可。拉伸过程可进行约束。通过设定角度对草图是否放大和缩小进行约束；通过设定拉伸尺寸、拉伸起止面等对形状进行约束。表 3-5 列出了拉伸特征的创建方法。

表 3-5　拉伸特征的创建方法

名称	正五棱柱	正六棱台	一般拉伸柱体
草图			

（续）

名称	正五棱柱	正六棱台	一般拉伸柱体
实体			
说明	1）草图为 *XOY* 坐标面上的正五边形（底面） 2）采用单向拉伸	1）草图为 *XOY* 坐标面上的正六边形（底面） 2）采用单向拉伸，拉伸角度为15°	1）草图为 *YOZ* 坐标面上的八边形 2）采用单向拉伸

2. 旋转特征的创建方法

旋转特征是草图沿着其草绘平面内的某一指定轴线旋转所生成的实体，用来创建回转体类实体。先绘制需要旋转的图形草图，然后选择旋转，设定旋转轴、旋转角度和方式即可。表3-6列出了旋转特征的创建方法。

表3-6 旋转特征的创建方法

名称	圆柱体	圆锥体	一般回转体
草图			
实体			
说明	1）草图为矩形 2）轴线为矩形的左边线	1）草图为三角形 2）轴线为竖直的直角边	1）草图为任意平面图形 2）轴线为草图的一条直线边

3. 放样特征的创建方法

放样特征通过拟合多个草图延伸形成实体，常用来构造棱锥体类或变截面实体特征。图 3-36 所示为放样特征的创建方法。

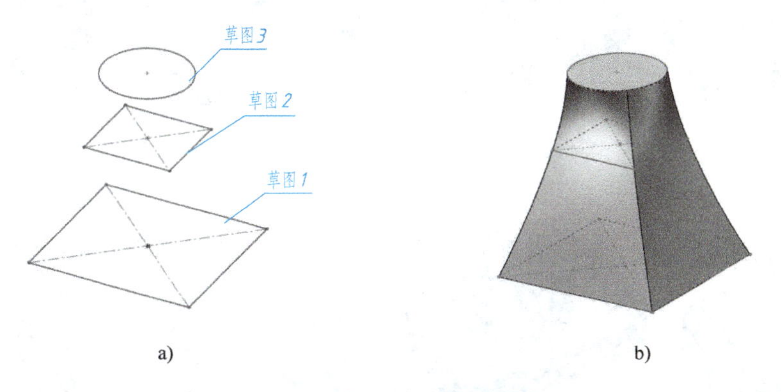

图 3-36 放样特征的创建方法
a）草图 b）放样特征

4. 扫描特征的创建方法

扫描特征是草图沿指定路径运动得到的实体特征。创建特征前必须先绘制草图和路径。路径可以是封闭的或非封闭的平面曲线或空间曲线。图 3-37a 所示为按照路径创建扫描特征，图 3-37b 所示为按照引导线和路径创建扫描特征。

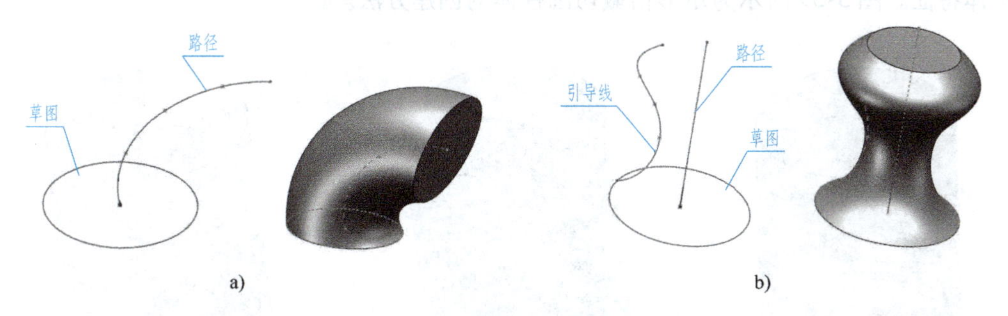

图 3-37 扫描特征的创建方法
a）按照路径创建扫描特征 b）按照引导线和路径创建扫描特征

5. 置放性特征的创建方法

常见的置放性特征有倒角、圆角、筋板、抽壳等。一般情况，置放性特征可通过上述 4 种特征创建方法创建，但利用置放性特征创建方法会更加快捷。图 3-38a 所示为倒角特征的创建方法，图 3-38b 所示为圆角特征的创建方法，图 3-38c 所示为筋板特征的创建方法，图 3-38d 所示为抽壳特征的创建方法。

三、截断体和相贯体的创建方法

1. 截断体的创建方法

截断体是基本体被一个或多个平面截切后得到的几何形体。平面截切各种基本体的创建

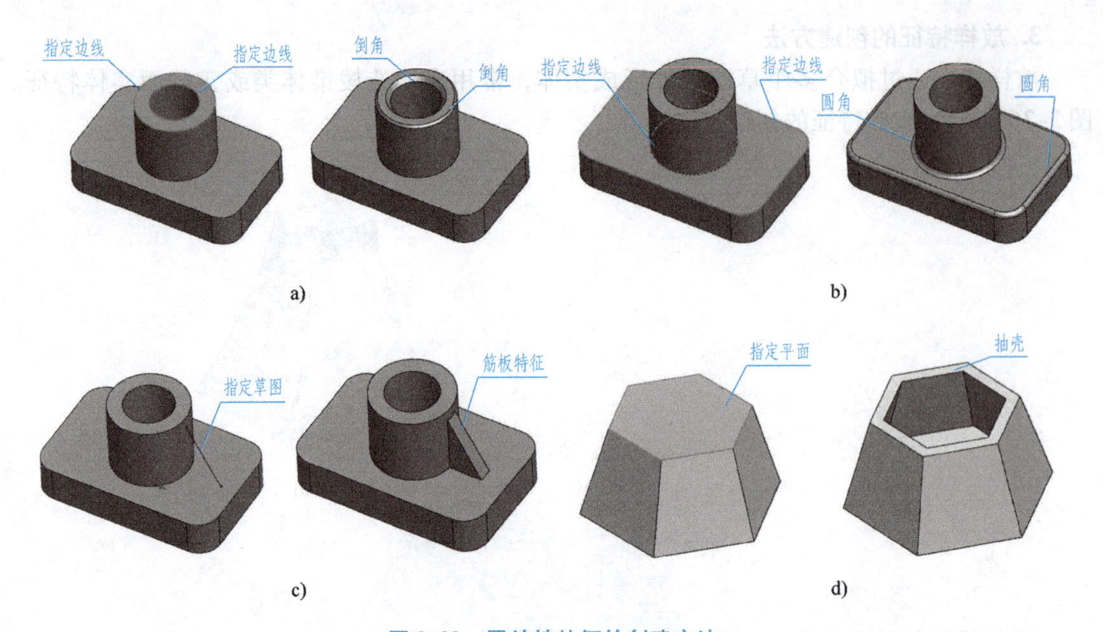

图 3-38　置放性特征的创建方法

a）倒角特征　b）圆角特征　c）筋板特征　d）抽壳特征

方法基本相同，通常先创建基本体的实体特征，再与被切除的形体进行差运算，得到截断体的实体特征。图 3-39 所示为矩形槽截切圆柱体的创建方法。

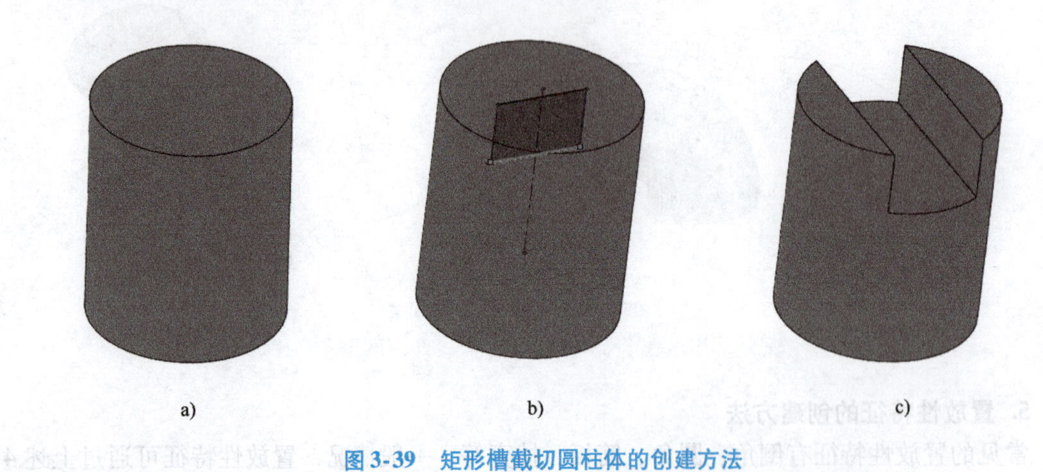

图 3-39　矩形槽截切圆柱体的创建方法

a）圆柱体　b）在过圆柱体轴线的平面上绘制草图　c）差运算双向拉伸切除

2. 相贯体的创建方法

相贯体是多个基本体相交后得到的几何形体，其三维实体特征创建的关键是相交基本体的特征和相对位置。多个基本体相贯的创建方法基本相同，通常先创建主要形体的实体特征，再根据基本体的相对位置确定草图平面，绘制依附形体的草图，选择特征创建方法，设定相应的参数后得到相贯体的实体特征。图 3-40 所示为小圆柱体和大圆柱体相贯的创建方法。图 3-41 所示为半球和圆柱内孔相贯的创建方法。

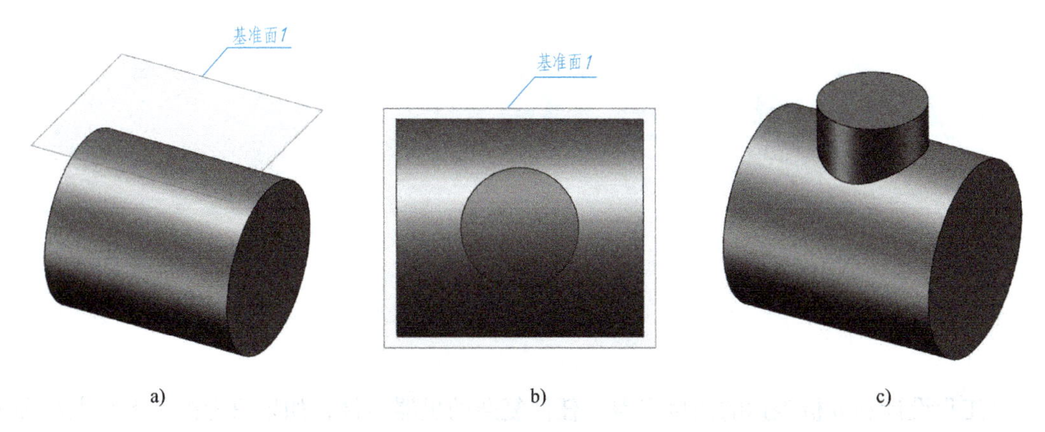

图 3-40　小圆柱体和大圆柱体相贯的创建方法

a）选择草绘平面　b）绘制圆形草图　c）并运算拉伸创建特征

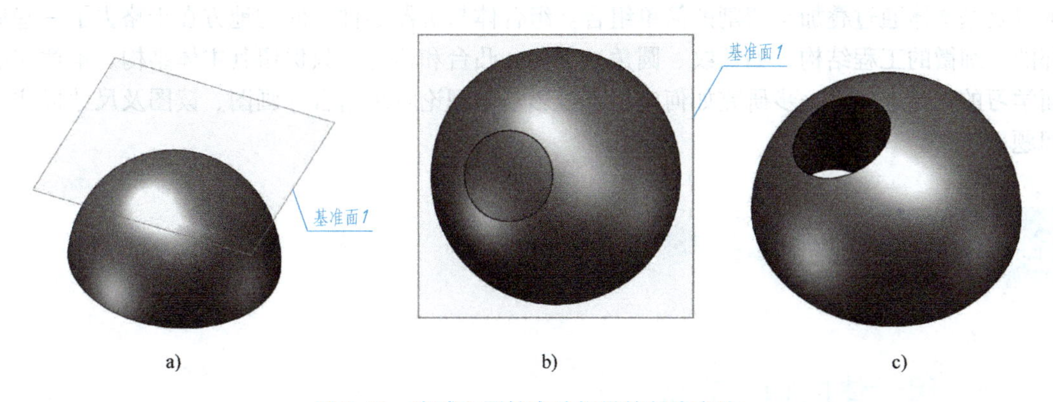

图 3-41　半球和圆柱内孔相贯的创建方法

a）选择草绘平面　b）绘制圆形草图　c）差运算拉伸切除创建特征

第四章 组 合 体

从工程设计和分析表达的角度来看，任何复杂的机器零件，如果只考虑其形状大小和表面相对位置，都可以抽象为由简单形体通过叠加与切割的方式组合而形成的复杂立体，称为组合体。这些简单形体可以是基本体（如棱柱体、棱锥体、圆柱体、圆锥体、圆球等），也可以是基本体通过叠加与切割的简单组合。组合体与机器零件不同的地方在于略去了一些局部的、细微的工程结构，如螺纹、圆角、倒角、凸台和槽等，只保留其主体结构。本章在前面学习的基础上，进一步研究如何应用正投影基本理论解决组合体画图、读图及尺寸标注等问题。

第一节 组合体的构成

一、组合体的构成方式

组合体按其构成方式，可分为叠加类、切割类和综合类 3 种。

1. 叠加类组合体

叠加类组合体是由若干个简单形体按照一定的要求叠加而成的组合体。图 4-1a 所示的组合体，可以认为是由Ⅰ、Ⅱ、Ⅲ、Ⅳ这 4 个简单形体叠加而成的，如图 4-1b 所示。但是一定要注意：组合体是一个完整的整体，只是我们在分析时把它想象成是几个简单立体的组合，这样是为了便于理解，便于想象组合体的空间形状。

另外，还要注意的是，同一个组合体的构成方式不是唯一的，可能有多种不同的分析过程，虽然分析过程不一样，但是最终结果是一样的。图 4-1c 所示的组合体，该组合体的上部可以看成由三棱柱和一个较宽的四棱柱叠加而成，如图 4-1d 所示；也可看成由一个梯形棱柱和一个较窄的四棱柱叠加而成，如图 4-1e 所示。

2. 切割类组合体

切割类组合体是由一个简单形体进行切割形成的组合体。图 4-2 所示的组合体，可以认为是从四棱柱上切去Ⅰ、Ⅱ、Ⅲ这 3 个简单形体而形成的。同样，切割类组合体和叠加类组合体一样，其构成方式也不是唯一的，读者可以思考一下，该组合体其他的构成方式。

3. 综合类组合体

一个组合体单纯地由叠加或切割的一种方式来构成是很少的，往往是由叠加和切割这两

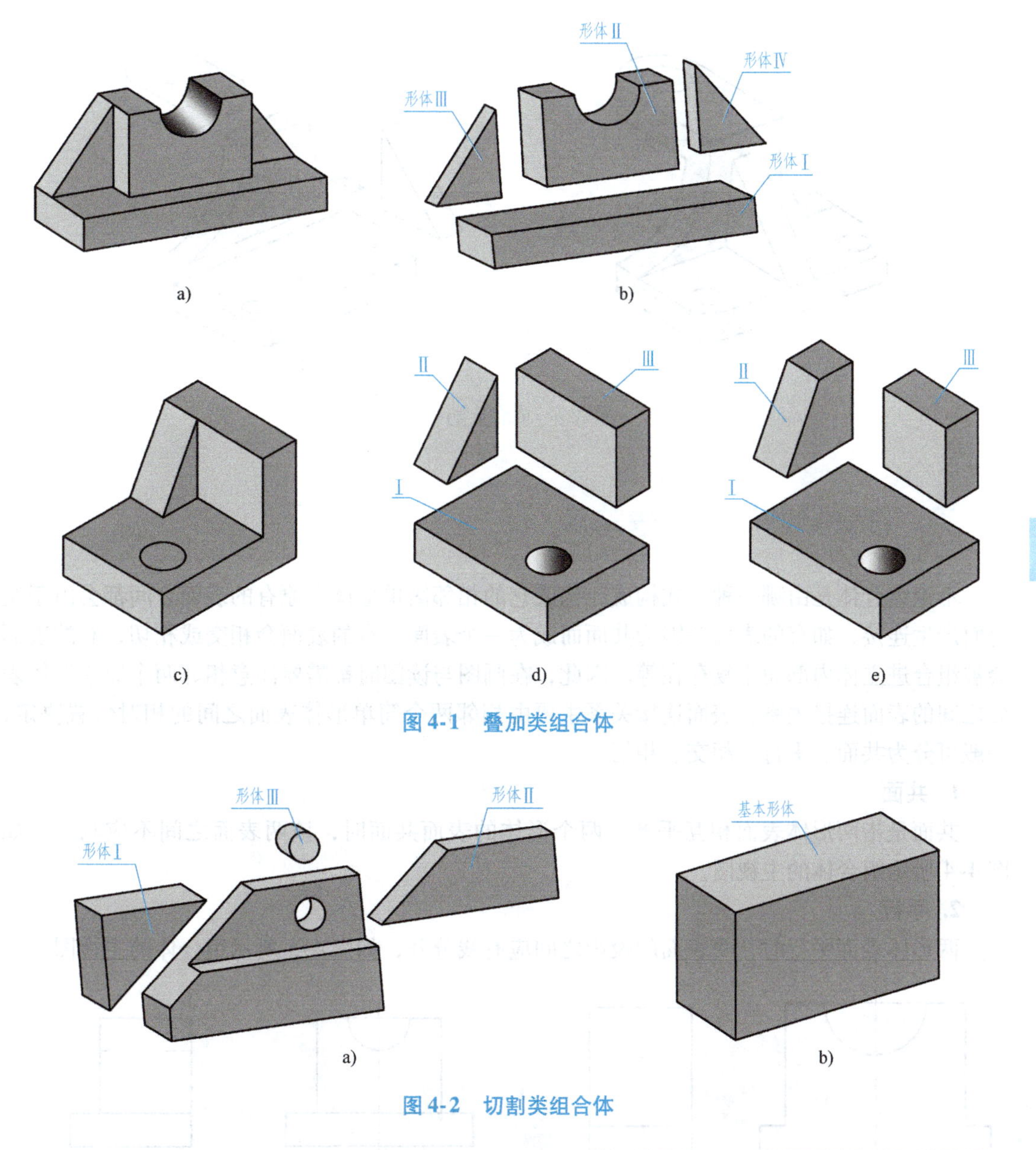

图 4-1　叠加类组合体

图 4-2　切割类组合体

种方式共同构成的。图 4-3 所示的组合体可以认为由Ⅰ、Ⅱ、Ⅲ、Ⅳ这 4 个简单形体叠加而成，在其中Ⅰ、Ⅳ两个形体上，又分别切去一个和两个内圆柱体。

对于以上不同类型的组合体，如果分解成若干简单形体的叠加与切割，分别构思出各个简单形体的形状，并明确其相对位置与组合方式，就可以想象出组合体的整体形状，这样的分析方法称为形体分析法。在组合体三视图的画图、读图和尺寸标注时，运用形体分析法就能化繁为简、化难为易。

形体分析时，不但要注意构成组合体的各个简单形体的形体特征，还需要注意各个简单形体之间相对高低、前后、左右以及同轴、对称等位置关系，如图 4-1a、b 所示的组合体，形体Ⅱ、Ⅲ、Ⅳ位于形体Ⅰ的上方，形体Ⅱ位于中间，形体Ⅲ与形体Ⅳ分别位于形体Ⅱ的左边与右边。

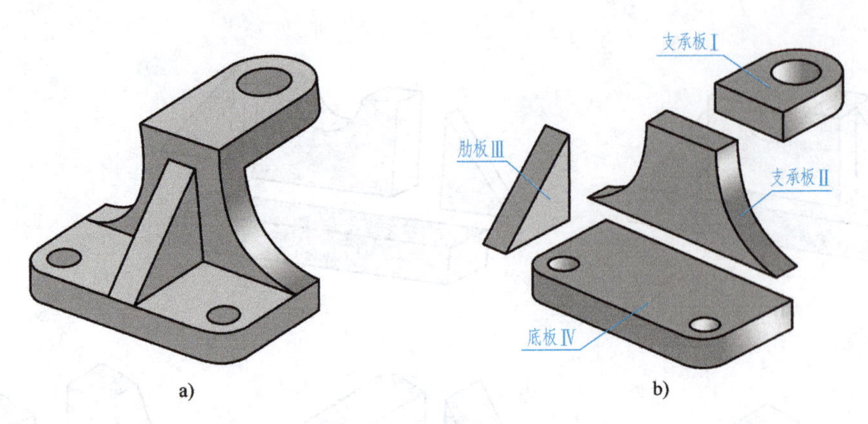

图4-3　综合类组合体

二、组合体的表面连接关系

不论组合体是由哪一种方式构成，构成它的相邻简单形体上原有的表面之间都会由于组合而产生连接，如有的表面会因为共面而成为一个表面，有的表面会相交或相切，有的表面会被组合进立体内部而不复存在等。因此，在画图与读图时都需要注意相邻两个简单形体表面之间的表面连接关系。表面连接关系主要由相邻两个简单形体表面之间的相对位置决定，一般可分为共面、平行、相交、相切。

1. 共面

共面是指两形体表面相互平齐。两个形体的表面共面时，该两表面之间不应画线，如图4-4所示组合体的主视图。

2. 平行

两形体表面平行时，两表面的投影之间应有线分开，如图4-5所示组合体的主视图。

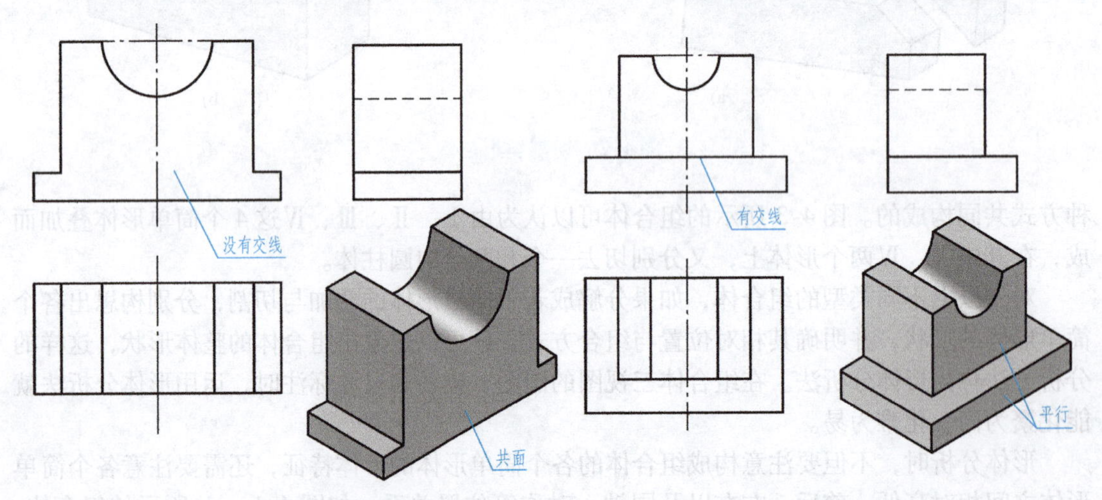

图4-4　两形体表面共面　　图4-5　两形体表面平行

3. 相交

相交是指两形体表面相交。当两个形体的表面相交时，在两形体表面交界处将产生交线，在视图中应该画出这些交线的投影，如图 4-6 所示。

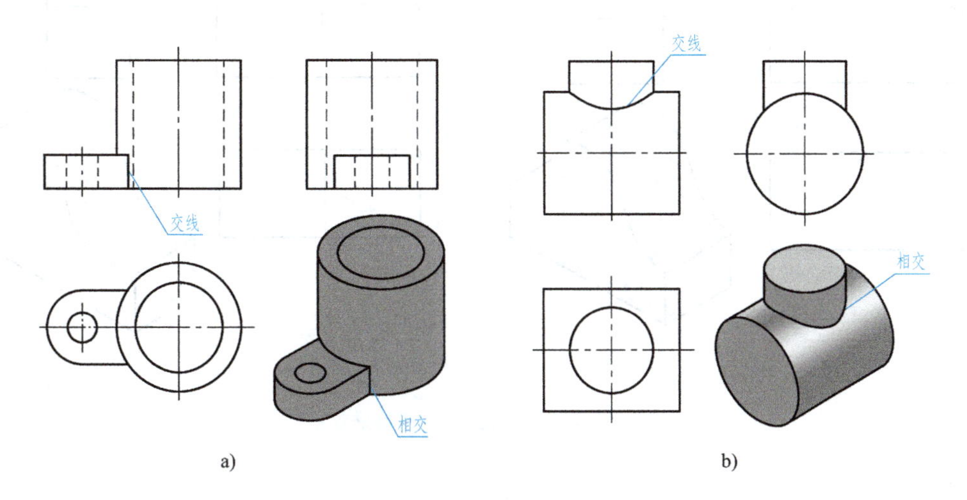

图 4-6　两形体表面相交

4. 相切

相切是指两形体表面（平面与曲面或曲面与曲面）光滑过渡。如图 4-7 所示，由于两形体表面相切的地方是光滑的，没有交线，因此在视图中一般不画分界线。

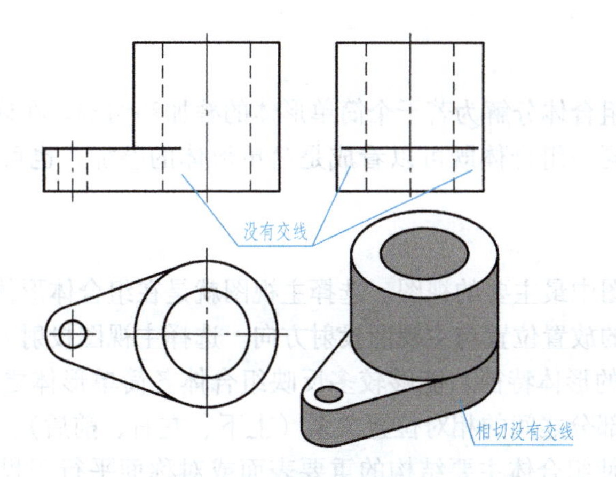

图 4-7　两形体表面相切

有一种特殊情况需要注意，如图 4-8 所示。当两圆柱面相切时，如果它们在相切处的公共切平面倾斜或平行于某投影面，则相切处在该投影面上的投影就没有交线，如图 4-8a 所示；如果它们在相切处的公共切平面垂直于某投影面，则相切处在该投影面上的投影就应该有线（该线为相对于该投影面的转向轮廓线的投影），如图 4-8b 所示。

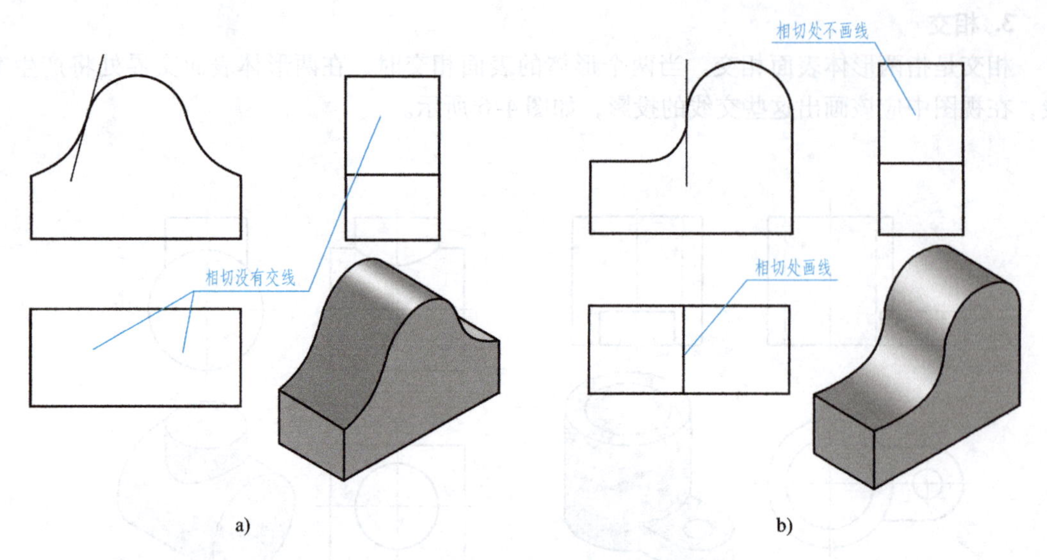

图4-8　两形体表面相切的特殊情况

第二节　组合体视图的画法

一、画组合体三视图的方法与步骤

1. 形体分析

用形体分析法将组合体分解为若干个简单形体的叠加和切割。在许多情况下，叠加和切割并无严格的界限，同一组合体既可以看成是简单形体的叠加，也可以看成是简单形体的切割。

2. 选主视图

主视图是3个视图中最主要的视图。选择主视图就是在组合体形体分析的基础上，选择组合体在投影体系中的放置位置与主视图投射方向。选择主视图投射方向时应尽量做到：

（1）反映组合体的形体特征　能够较多反映组合体各简单形体之间的组合关系（如叠加、切割等）以及各部分之间的相对位置关系（上下、左右、前后）。

（2）表达实形　使组合体主要结构的重要表面或对称面平行于投影面；使主要结构的轴线与投影面垂直。

（3）视图清晰　即主视图投射方向的选择可以使组合体其他视图中的细虚线数量较少。

3. 确定绘图比例、布图

依据组合体的尺寸，确定绘图比例；用主要的轮廓线或对称中心线，确定3个视图在图纸中的位置，以求布局合理。

4. 画底稿

在形体分析的基础上，依次逐个画出各个简单形体。每画上一个形体，都要分析它与相邻形体之间的表面连接关系（共面、平行、相交、相切），并按照可见性画出相应的交线；同时，也应注意组合体内部没有分界线，应及时擦除形体内部产生的分界线。

5. 清理图面，按国家标准要求加深图线

二、叠加类组合体的画法

1. 形体分析

以图4-9所示的组合体为例，该组合体名为轴承座，按照形体分析法，它可以看作是由凸台、圆柱、支承板、肋板和底板5部分组成。凸台与圆柱垂直相交，圆柱与支承板两侧相切，肋板与圆柱相交，底板与肋板、支承板叠加。

2. 选择主视图

选择主视图时，首先考虑形体的安放位置，一般应使其处于自然安放位置，通常使组合体的底板朝下，且主要平面与投影面平行，然后由四周对物体进行观察，如图4-9所示，选择最能反映组合体形体特征的方向作为主视图投射方向，同时要使其他视图中细虚线要少，图形清晰。如图4-10所示，轴承座安放位置确定后通过比较 *A*、*B*、*C*、*D* 4个方向的投影选择主视图。如果将 *D* 方向作为主视图投射方向，细虚线较多，显然没有 *B* 方向清楚；*C* 方向与 *A* 方向观察的视图都比较清楚，但是，当选 *C* 方向作为主视图投射方向时，它的左视图（*D* 方向视图）中的细虚线较多，因此，选 *A* 方向比 *C* 方向好。综上所述，*A*、*B* 方向视图都能反映形体的形状特征，都可以作为主视图投射方向。在这里选用 *B* 方向作为主视图投射方向，主视图一经选定，其他视图根据投影关系也就相应确定了。

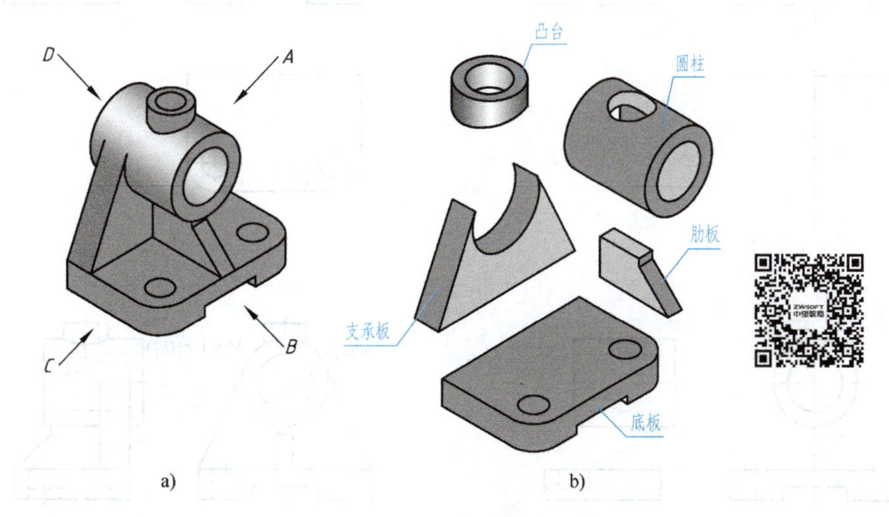

图4-9　轴承座

3. 布置视图，确定各视图的基准线

首先根据图纸大小以及组合体的尺寸选定合适的绘图比例，然后由绘图基准线确定各视图在图纸上的位置。各视图应有两个方向上的基准线，同时，还要考虑到各视图的最大轮廓尺寸和各视图间应留有适当的间隙，使视图在图纸上布置均匀，美观大方。可以作为基准线的一般是组合体的底面、重要的端面、对称平面和主要回转体轴线等的投影，如图4-11a所示。

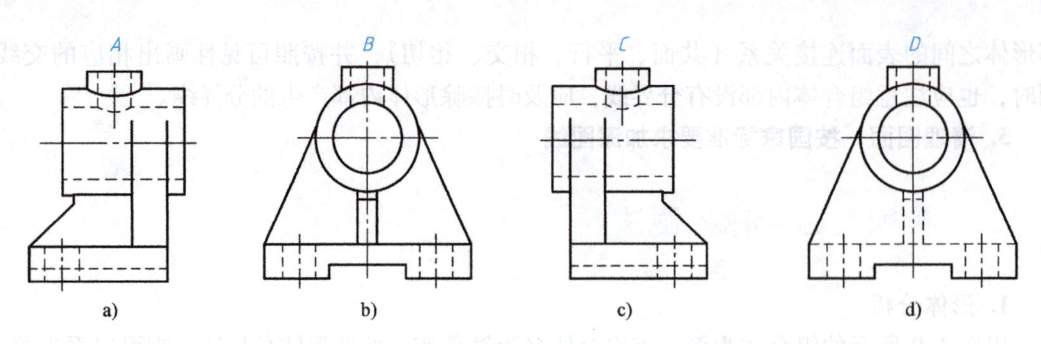

图4-10 轴承座的视图选择

4. 画底稿

在布置好视图位置的图幅上，用细实线绘制各视图的底稿，如图4-11b～e所示。画底稿时，应按形体分析的结果，先画出各简单形体的定位轴线、对称平面投影线、中心线或最大形体的轮廓线，然后由大形体到小形体、由主要形状到细节部分，逐个画出各简单形体的三视图。对每一个简单形体，应首先画具有形体特征的视图，再画另外两个视图，注意把3个视图联系起来画。在画底稿过程中应注意简单形体之间的相对位置，判断它们之间的可见性，还应注意分析相邻形体表面之间的连接关系，不断地擦去或补上一些线条。

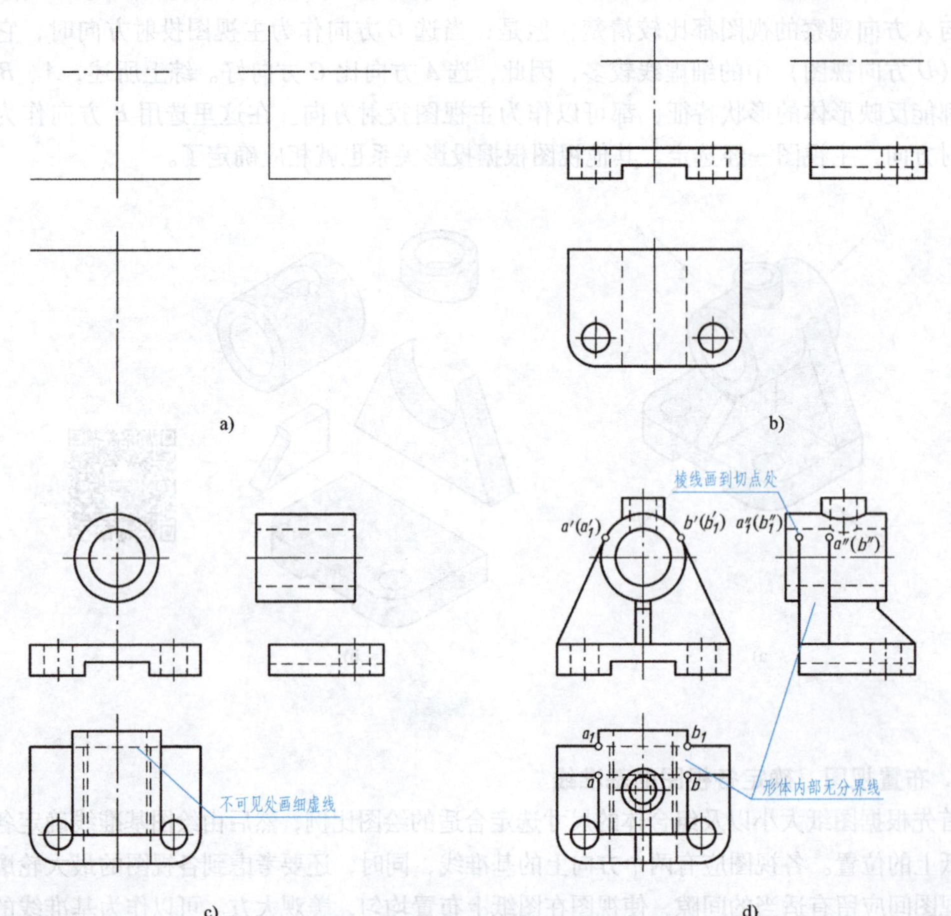

图4-11 轴承座三视图画图过程

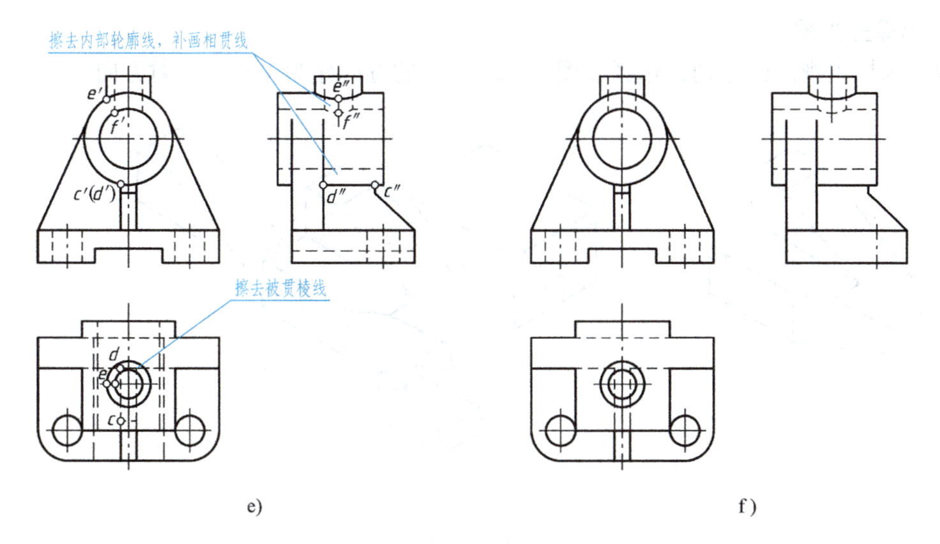

图 4-11　轴承座三视图画图过程（续）

5. 检查，按国家标准要求加深图线

底稿画完后，要仔细检查有无错误。检查时，应检查各形体的投影关系是否正确；相对位置是否无误；表面连接关系是否表达正确；是否漏掉线条和多画线条等问题，并予以改正。然后擦去作图辅助线，按规定线型加深（图 4-11f），并标注尺寸。工程图中还有其他一些内容，在本书零件图章节部分，对零件图内容有详细介绍。

画组合体视图时应注意以下几点。

1）画组合体视图时，不要画完一个视图后再画另一个视图，而是几个视图配合起来画，以便保证视图之间的对应关系，使作图既准又快。

2）对称图形和圆要画对称中心线，回转体要画轴线。

3）各形体之间的表面连接关系要表示正确。例如：支承板的斜面与圆柱相切，在相切处为光滑过渡，切线不应画出，如图 4-11d 所示；肋板与圆柱相交，所以应画出交线，如图 4-11e 所示；凸台与圆柱的内表面相交，应画交线，如图 4-11e 所示。

4）由于形体分析是假想将组合体分解为若干简单形体，而事实上组合体是一个不可分割的整体，因此画图时要注意组合体内部没有分界线，应及时擦除形体内部产生的分界线。

三、切割类组合体的画法

1. 形体分析

切割类组合体的形体分析，应首先确定简单形体，然后分析简单形体被哪些切割面切割，切割去了哪些简单形体，最后根据切割面的投影特性，分析该组合体表面的性质、形状和相对位置。

以图 4-12a 所示的组合体为例，该组合体可看作是一个四棱柱被切去形体Ⅰ、Ⅱ、Ⅲ而形成的，如图 4-12b 所示。

2. 选择主视图

根据选择主视图的原则，选择如图4-12b所示的方向作为主视图投射方向。

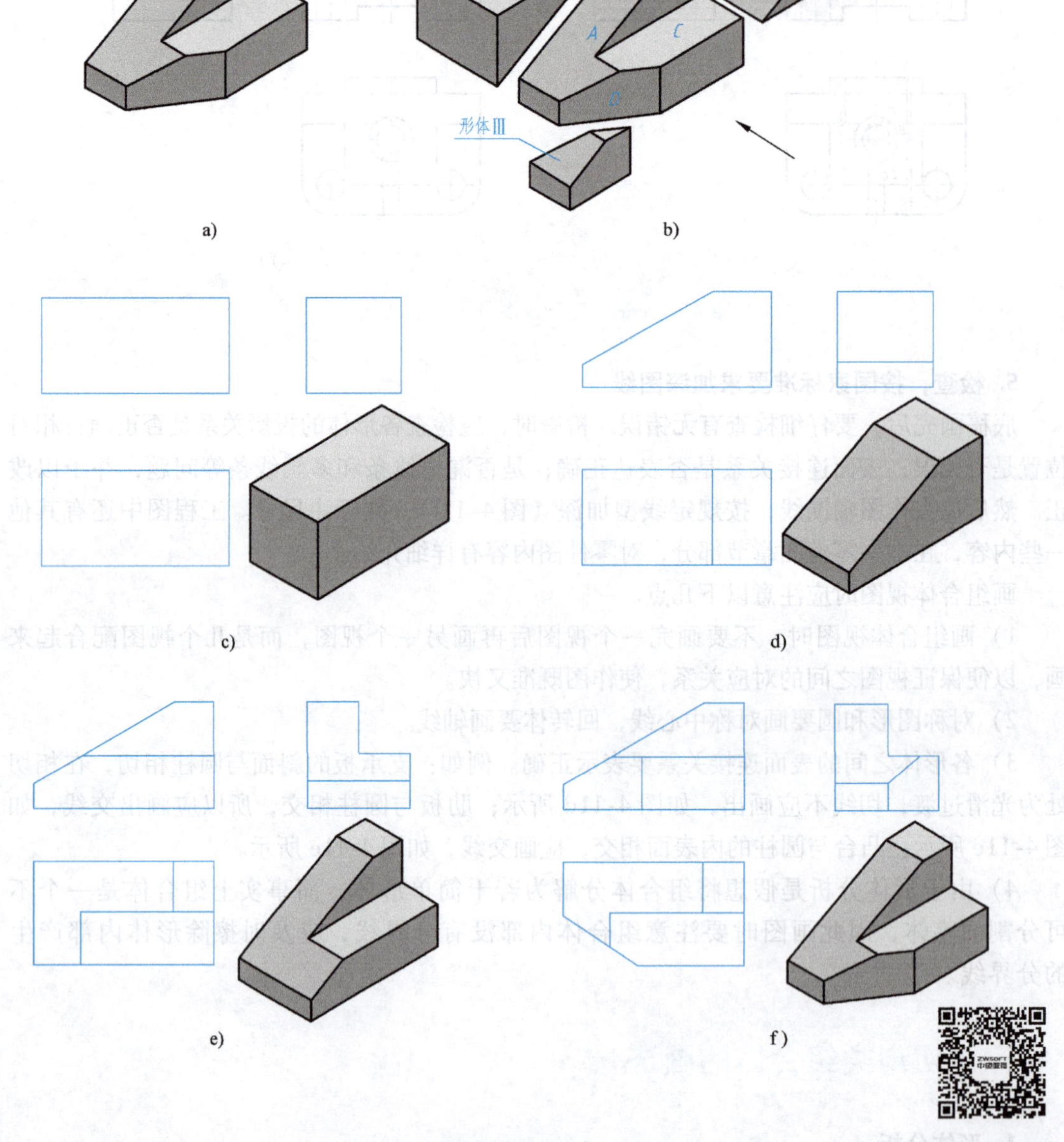

图4-12　画切割类组合体三视图的过程

3. 布置视图，确定各视图的基准线

4. 画底稿

1）画简单形体（简单形体由最大轮廓范围确定）四棱柱的视图，如图4-12c所示。

2）画四棱柱被正垂面*A*切去形体Ⅰ后的视图。正垂面*A*切割四棱柱，与上表面的交线为正垂线，与四棱柱左侧棱面的交线也为正垂线。先画主视图，再画其余视图，如图 4-12d 所示。

3）画四棱柱被正平面 B 和水平面 C 切去形体Ⅱ后的视图。画出正平面 B 和水平面 C 的投影，并画出它们之间的交线以及与其他面之间交线的投影，如图 4-12e 所示。

4）画铅垂面 D 切去形体Ⅲ后的视图。画出铅垂面 D 的投影，并画出与其他面交线的投影，如图 4-12f 所示。

5. 检查，按国家标准要求加深图线

画切割类组合体视图时应注意以下几点。

1）对于切口，应先画反映其形状特征的视图（在该视图上截平面的投影具有积聚性），后画其他视图。如图 4-12d 所示，切去形体Ⅰ形成的缺口，应先画其主视图，再画其余视图。又如图 4-12f 所示，切去形体Ⅲ形成的缺口，应先画其俯视图，再画其余视图。

2）画切割形成的组合体时，不一定都从最简单的形体开始，也可以从一个比较清晰且有一定复杂程度的组合体开始（复杂程度视初学者的画图水平而定）。例如，图 4-12a 所示的组合体也可以认为其简单形体是图 4-12d 所示的五棱柱，从五棱柱开始画起。

3）在画图过程中，应不断地擦去被截去的棱线，并补上产生的截交线。

第三节 组合体的尺寸标注

物体的形状、结构是由视图来表达的，而物体的真实大小及各部分的相对位置则是由图样上所标注的尺寸来确定的，加工时也是按照图样上的尺寸来制造的，它与绘图的比例和作图准确程度无关。因此，组合体尺寸标注要做到以下几点。

（1）正确　所标注尺寸应符合国家标准中有关尺寸注法的基本规定。

（2）完整　所注尺寸必须齐全，能完全确定物体的形状、大小和各组成部分的相对位置。尺寸既无遗漏，也不重复或多余，且每一个尺寸在图样中只标注一次。

（3）清晰　所注尺寸布局要整齐、清晰，便于看图。

（4）合理　尺寸标注既要符合设计要求，又要有利于加工、检测及装配等。

一、简单形体的尺寸标注

组合体是由若干简单形体按一定方式组合形成的，因此，要掌握组合体尺寸的标注方法，首先应掌握一些简单形体的尺寸标注方法。

标注简单形体的尺寸，除必须遵守国家标准的有关规定外，还应结合形体的形状特点，标注适当数量的尺寸。对于简单形体一般应标注出它的长、宽、高 3 个方向的尺寸，如图 4-13 所示。但并不是每一个形体都需要在形式上注全这 3 个方向的尺寸，如标注圆柱、圆锥尺寸时，在其投影为非圆的视图上注出直径尺寸“ϕ”后，即可确定形体的形状；在标注圆球尺寸时，只要在其直径代号前加注“S”，即可确定球体的形状和大小。

图 4-14 所示为常见板状形体的尺寸标注，此板状形体常用来作为底板、支承板、连接板等。这类结构的尺寸标注一般是在形状特征投影图上标注板面形状，而在另一个投影图上

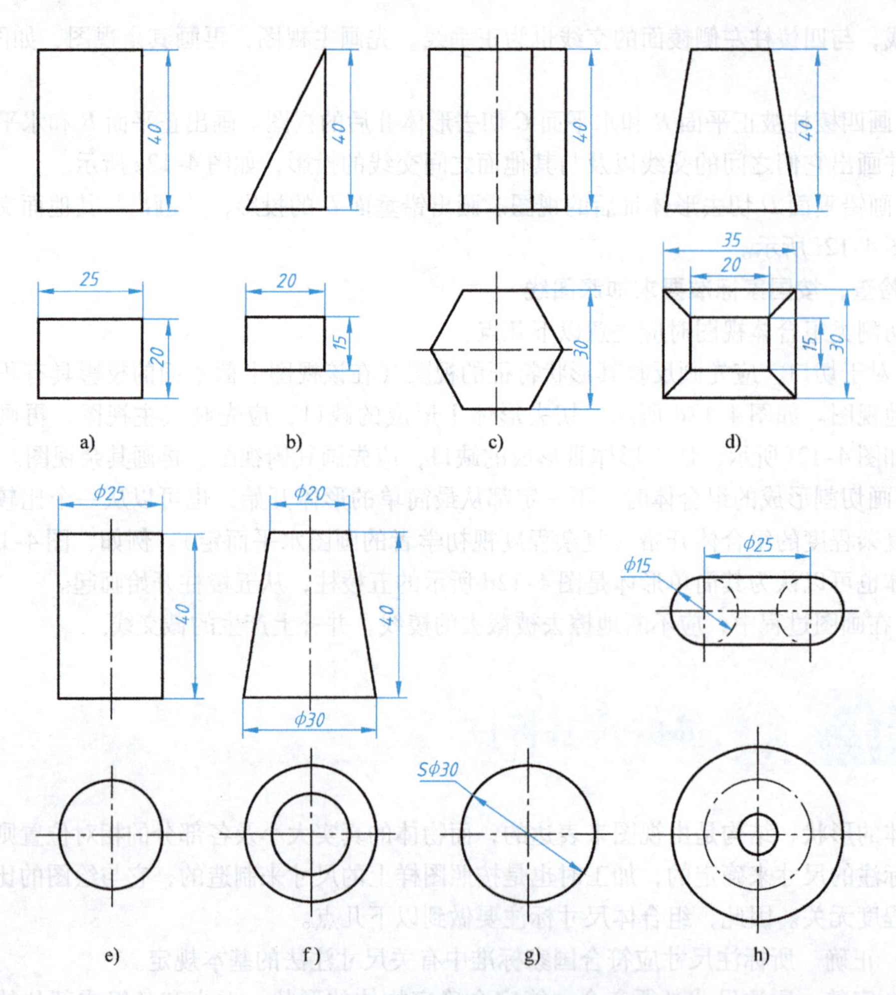

图 4-13　简单形体的尺寸标注

标注其厚度。

二、组合体尺寸标注的方法与步骤

一般情况下，组合体要标注下列3类尺寸。

定形尺寸——用于确定各简单形体的形状大小。

定位尺寸——用于确定各简单形体的相互位置。

总体尺寸——用于确定组合体的总长、总宽和总高。

组合体尺寸标注时一般可按下述方法与步骤进行。

1. 形体分析

分析该组合体由哪几部分组成，明确各简单形体的形状和需要标注的尺寸。

2. 标注定形尺寸

标注确定各简单形体形状大小的尺寸。

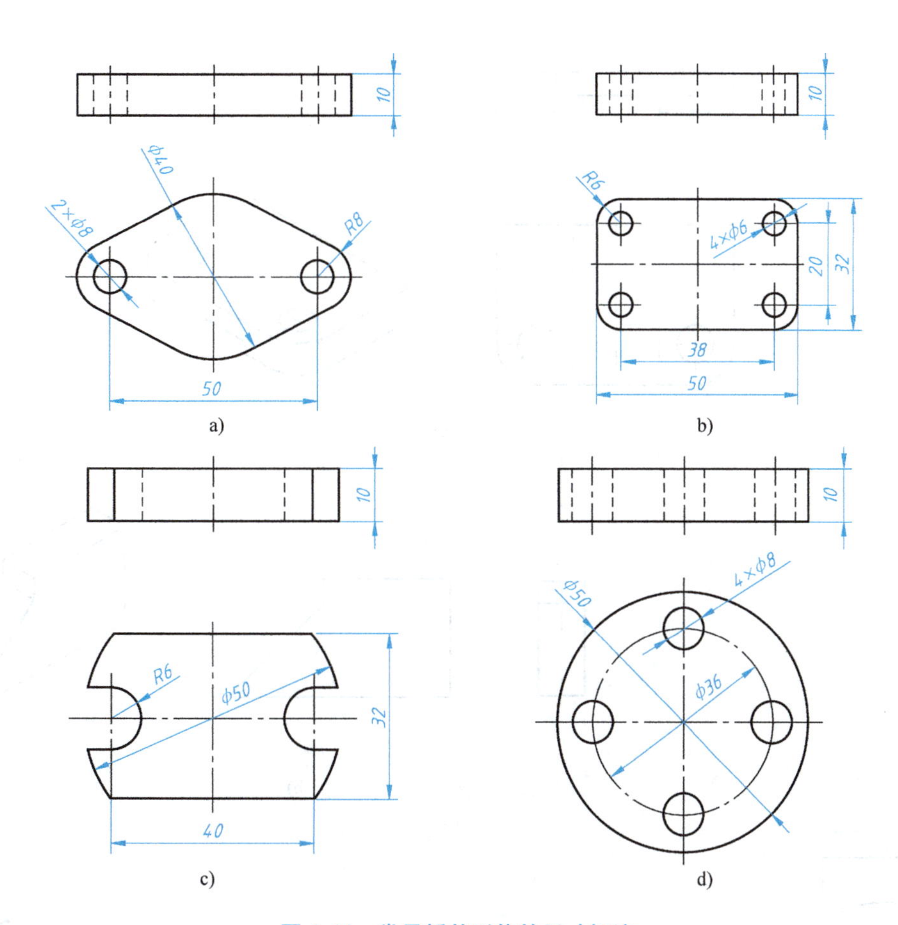

图 4-14　常见板状形体的尺寸标注

3. 标注定位尺寸

标注定位尺寸时，必须在长、宽、高 3 个方向分别确定主要的尺寸基准，以便确定各简单形体间的相对位置。尺寸基准即标注尺寸的起点，通常可选择组合体的底面、重要的端面、对称面以及回转体的轴线等作为主要的尺寸基准。

4. 标注总体尺寸并调整

为了表示组合体外形的总长、总宽、总高，一般应标注出相应的总体尺寸。应该指出的是，标注完定形、定位尺寸后，尺寸标注已达到完整的要求，若再加注总体尺寸，就会出现多余或重复尺寸，这时就要对已标注的尺寸进行适当的调整。

三、组合体的尺寸标注举例

下面以轴承座为例，说明组合体尺寸标注的方法和步骤。

1. 形体分析

由形体分析可知，轴承座由底板、支承板、圆柱、肋板和凸台 5 个部分组成。

2. 标注各简单形体的定形尺寸

将轴承座分为 5 个简单形体后，分别标注出其定形尺寸，如图 4-15 和图 4-16 所示。

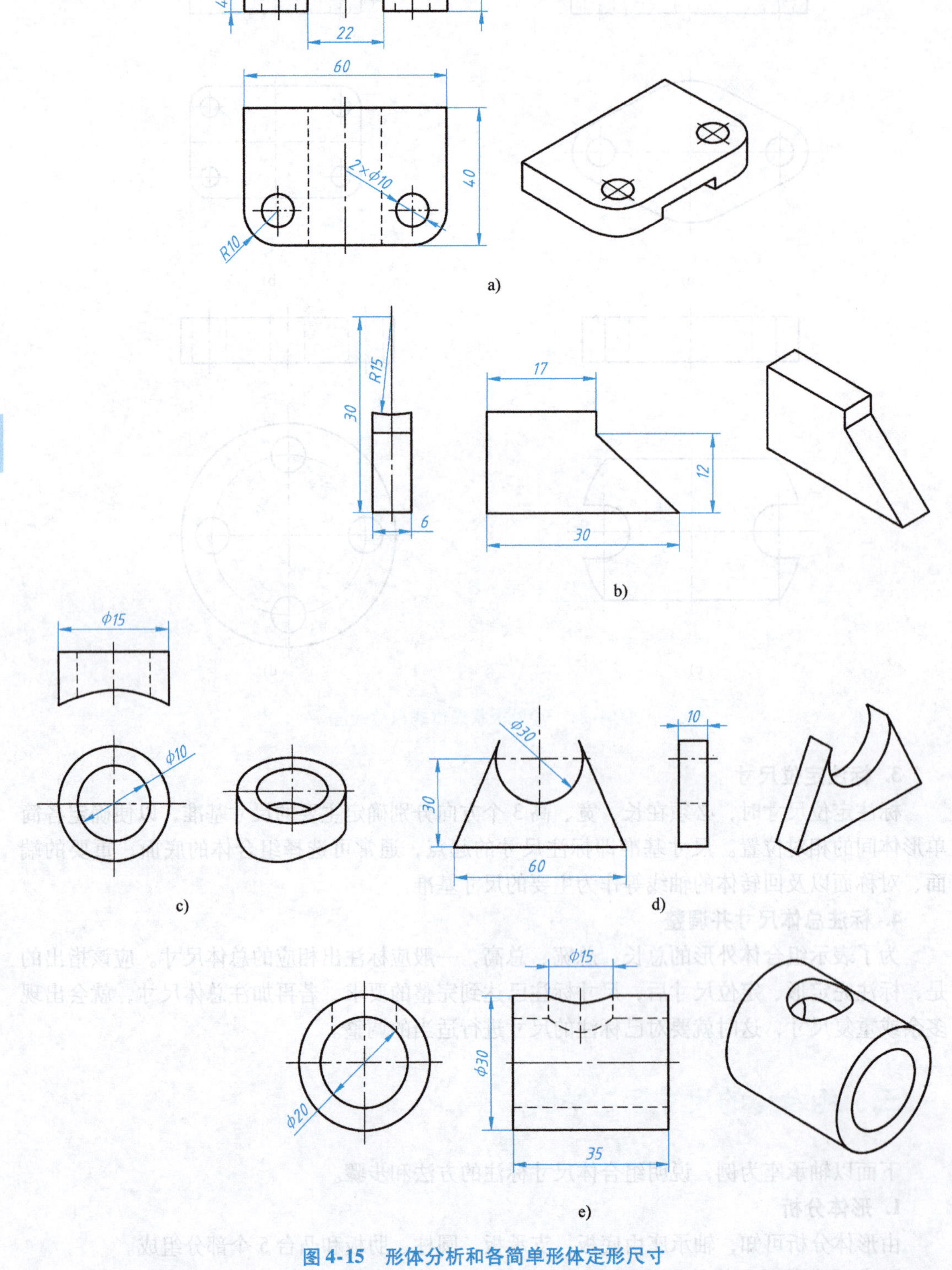

图 4-15　形体分析和各简单形体定形尺寸

a）底板定形尺寸　b）肋板定形尺寸　c）凸台定形尺寸　d）支承板定形尺寸　e）圆柱定形尺寸

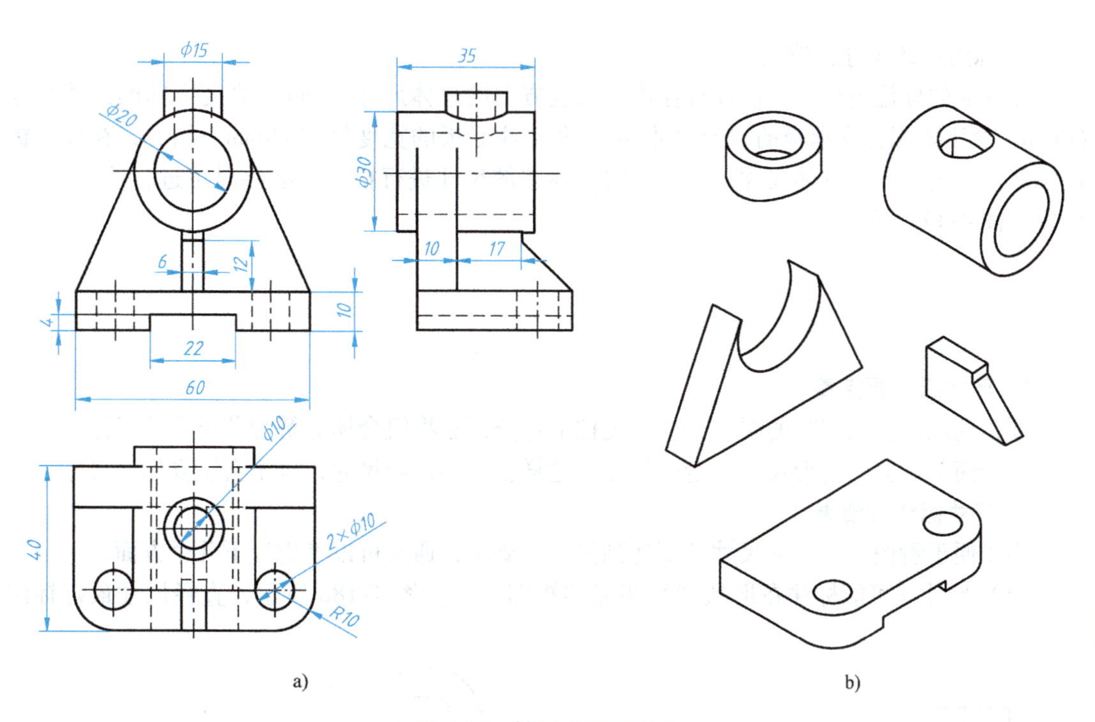

图 4-16　轴承座定形尺寸

3. 标注各简单形体的定位尺寸

标注定位尺寸首先要选择长、宽、高 3 个方向主要的尺寸基准。该轴承座左右对称，选择其左右对称面作为长度方向主要基准，底板底面作为高度方向主要基准，圆柱后端面作为宽度方向主要基准。基准选择后，逐个标注各简单形体的定位尺寸，如图 4-17 所示。

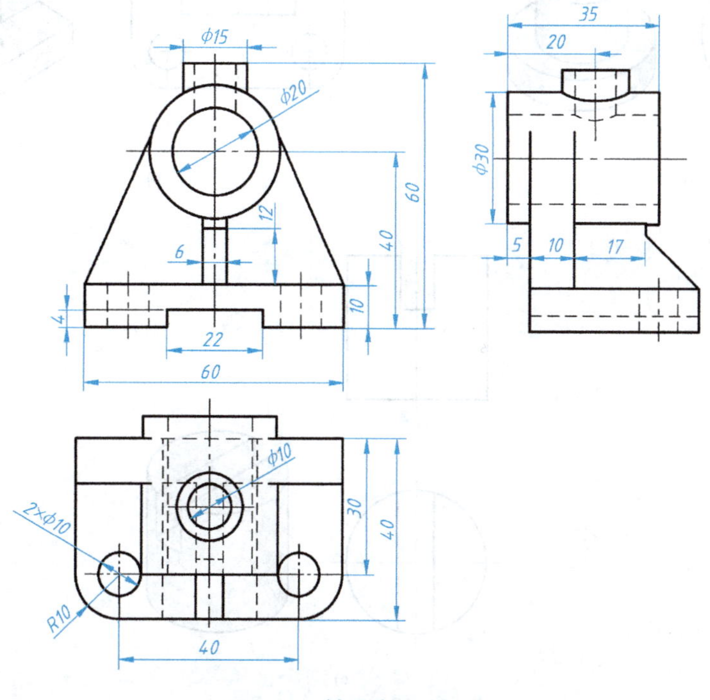

图 4-17　轴承座尺寸标注

4. 标注总体尺寸并调整

在前面的标注过程中，已经标注出了长度方向的总体尺寸60mm，高度方向的总体尺寸60mm。由于要保证支承板的定位尺寸5mm和标注底板的宽度尺寸40mm，因此，在此不标注轴承座宽度方向的总体尺寸。最后，对已标注的尺寸进行检查，必要时可进行适当调整，结果如图4-17所示。

四、尺寸标注的注意事项

1. 尺寸标注要完整

要达到尺寸标注完整的要求，应首先按形体分析法将组合体分解为若干简单形体，再标注出各个简单形体的定形尺寸与定位尺寸，这样就不会遗漏尺寸，也不会重复标注尺寸。

2. 尺寸标注要清晰

为了便于看图，标注的尺寸还要达到清晰的要求，通常可以考虑以下几个方面。

（1）尺寸尽可能标注在形状特征明显的视图上　如图4-18a所示，直径尺寸最好标注

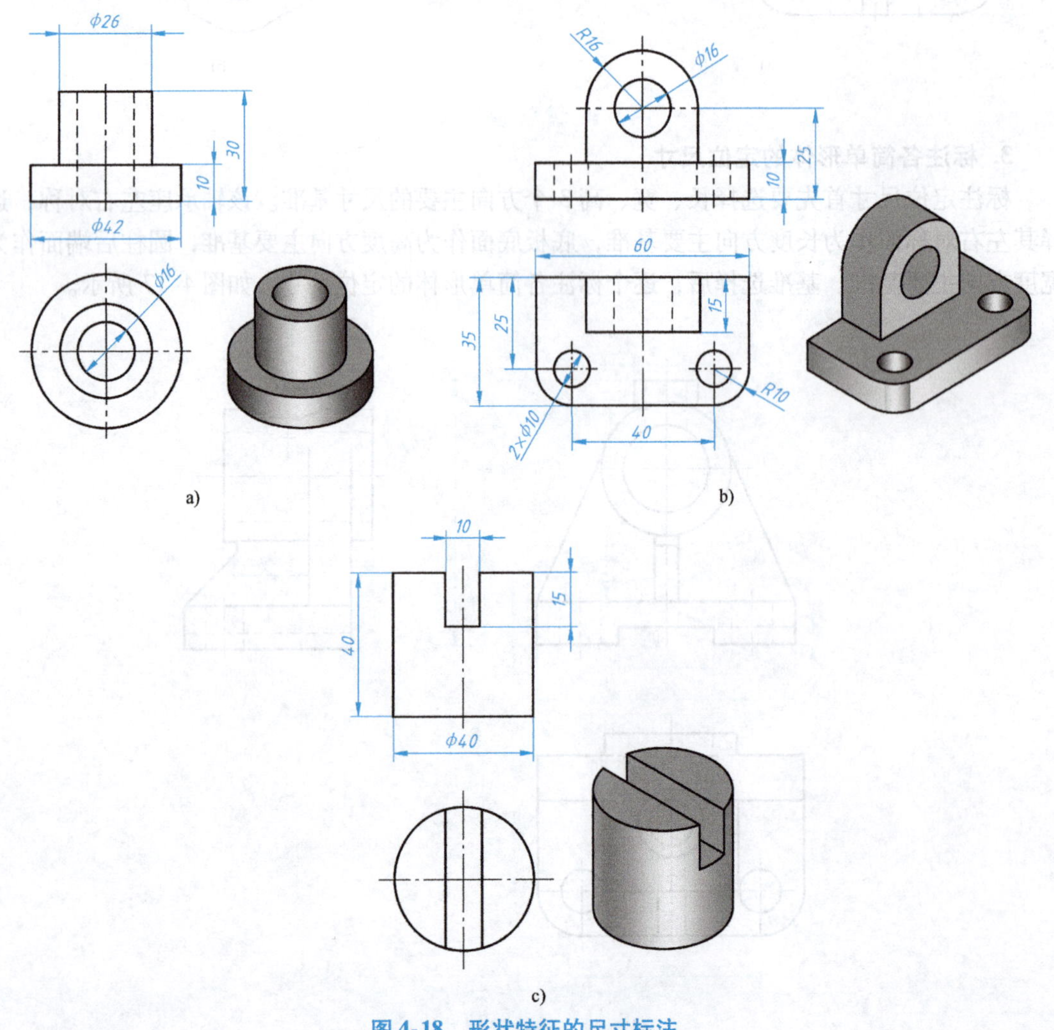

图4-18　形状特征的尺寸标注

在投影为非圆的视图上，同心轴的直径尺寸不宜集中标注在投影为圆的视图上；如图 4-18b 所示，大于半圆的标注直径，小于或等于半圆的标注半径，半径尺寸标注在投影为圆弧的视图上且指向圆心；而缺口的尺寸应标注在反映为实形的视图上，如图 4-18c 所示。

（2）同一简单形体尺寸应尽量集中标注　如图 4-19a 所示，底板的尺寸集中标注在俯视图上；立板的尺寸集中标注在主视图上。图 4-19b 所示圆柱与凸块的尺寸集中标注在主视图上。

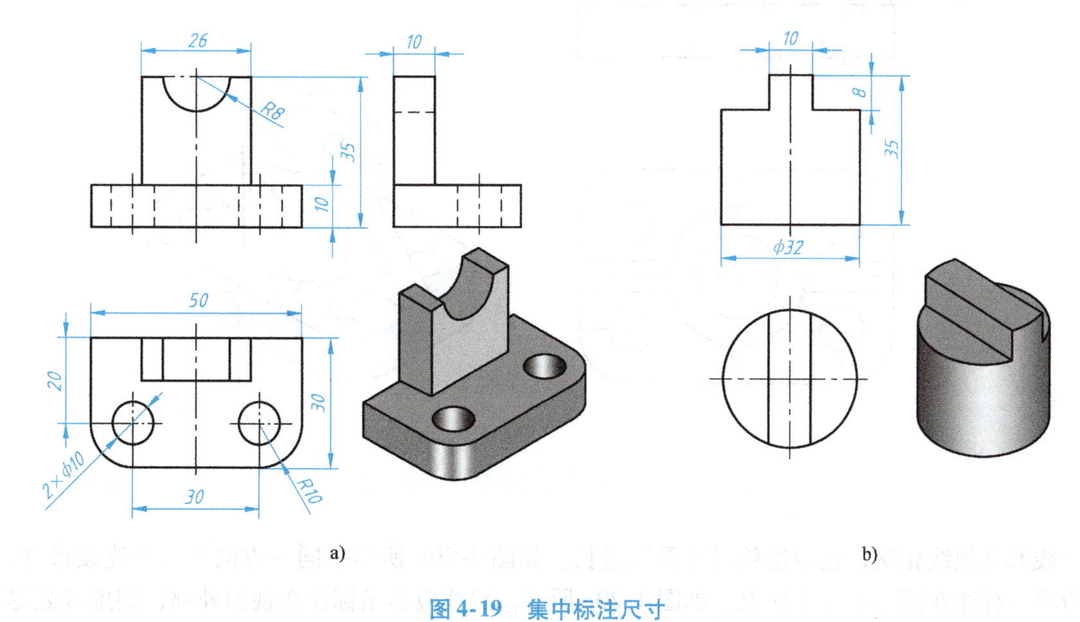

图 4-19　集中标注尺寸

（3）尺寸标注要排列清晰整齐　如图 4-20a 所示，同轴回转体的尺寸，最好集中标注在非圆视图上；相互平行的尺寸应尽量排列整齐，小的尺寸在内，大的尺寸在外，应避免尺

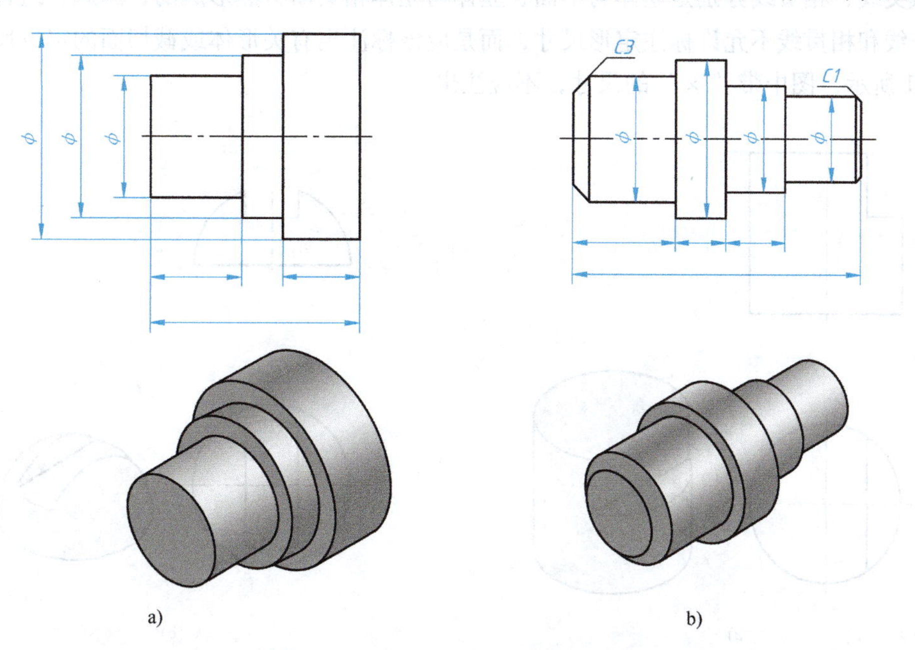

图 4-20　尺寸标注要排列清晰整齐

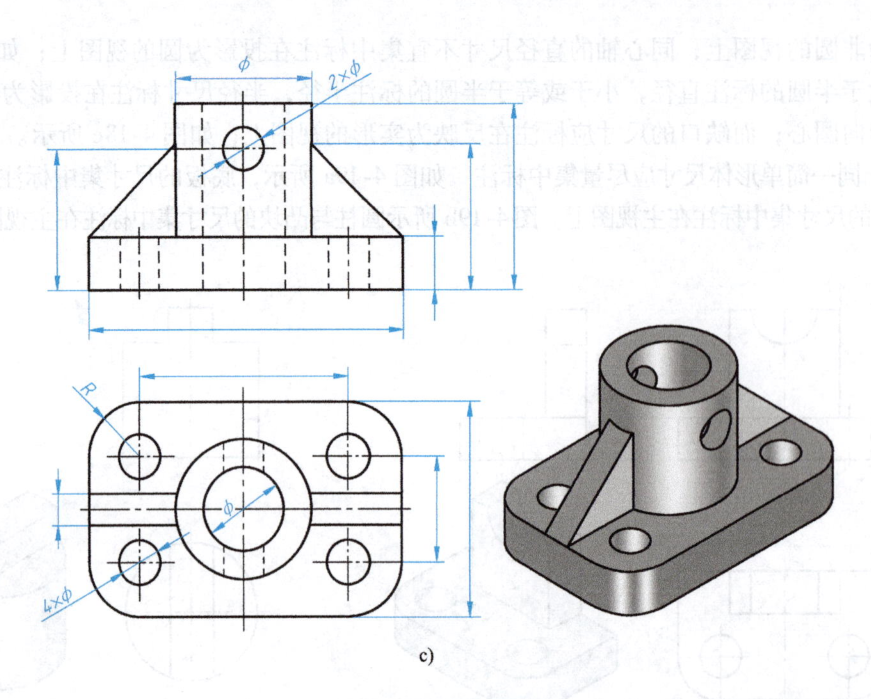

图4-20　尺寸标注要排列清晰整齐（续）

寸线和其他线相交，也应避免尺寸界线过长。如图4-20b所示，同一方向上几个连续尺寸，应尽量标注在同一条尺寸线上。如图4-20c所示，尺寸应尽量标注在视图外部，细虚线处尽量不要标注尺寸。

3. 尺寸标注要合理

截交线、相贯线分别是立体与平面、立体与立体相交而自然形成的，因此，组合体表面的截交线和相贯线不允许标注定形尺寸，而是应该标注出有关形体或截切面的定位尺寸，如图4-21所示，图中带“×”的尺寸，不应注出。

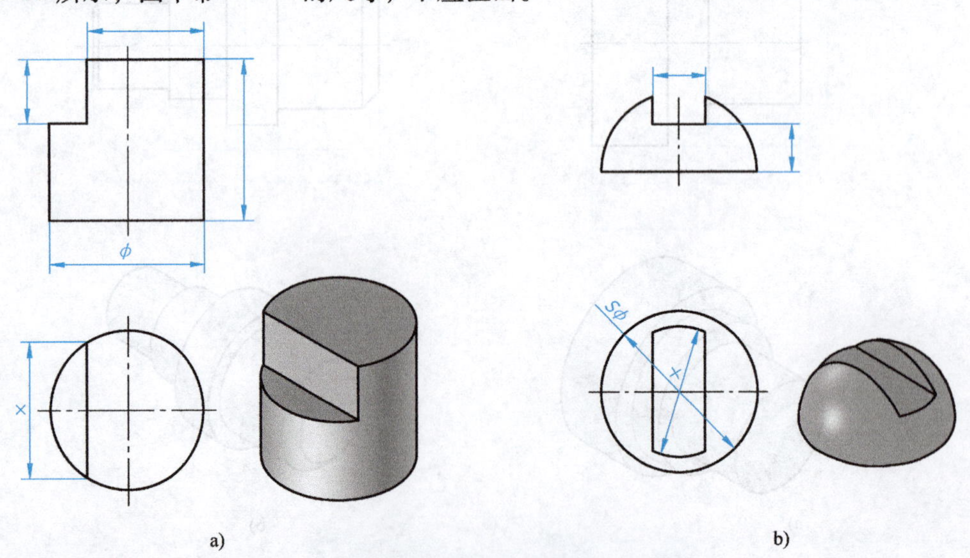

图4-21　截交线、相贯线的尺寸注法

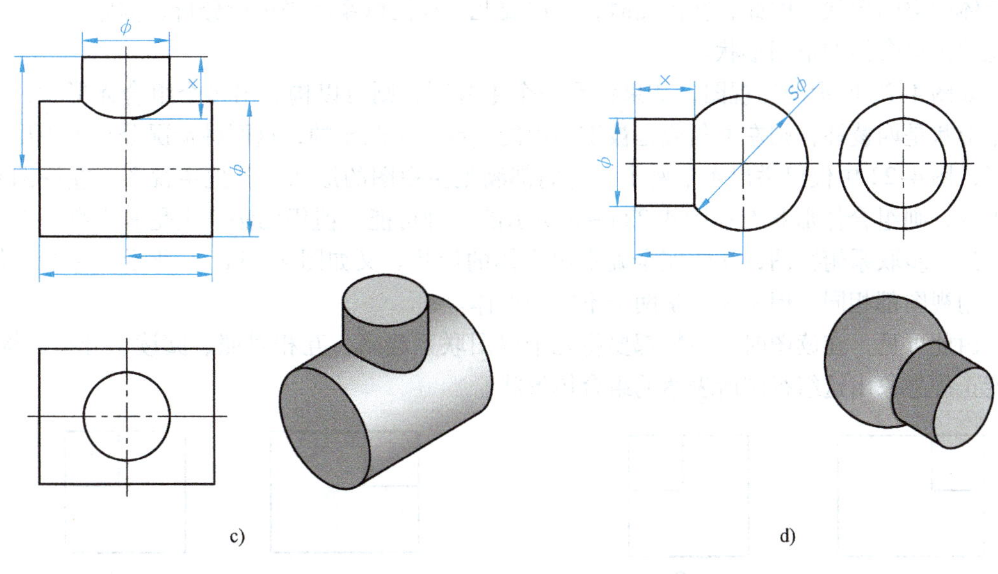

图 4-21　截交线、相贯线的尺寸注法（续）

在有圆弧的地方一定要标注出圆心的位置尺寸和圆弧的半径或直径尺寸，根据组合体的实际情况，有时就不需要标注总体尺寸，如图 4-18b 所示主视图中的尺寸 25mm、R16mm 标注后，就不需要标注总高。

4. 尺寸标注要正确

尺寸标注要正确，首先是指尺寸数字正确，再就是尺寸标注要符合国家标准要求。

第四节　组合体视图的读图方法

画组合体的视图是运用形体分析法，按照投影规律将空间三维物体表达为平面二维图形的由“物”到“图”的过程。本节读组合体的视图是根据已给出的组合体的视图，在投影分析的基础上想象出其空间形状，是从平面二维图形到空间三维形体的由“图”到“物”的过程。要正确、迅速地看懂视图，想象出物体的空间形状，必须掌握一定的读图方法。

读图的基本方法有形体分析法和线面分析法。形体分析法是从体的角度分析组合体的组成及结构，适用于叠加类组合体的读图；线面分析法是从组成组合体的各个表面的形状、相对位置进行分析，理解组合体的形状、结构，适用于切割类组合体的读图。组合体读图时，形体分析法和线面分析法相辅相成，通常以形体分析法为主，但当遇到组合体的某些部分投影关系复杂时，如形状复杂的斜面以及截交线和相贯线等情况，需要使用线面分析法。

一、读图的基本要领

1. 要将几个视图联系起来看

一个视图只反映组合体一个方向的形状，所以一个视图或两个视图通常不能准确地确定组合体的空间形状。因此，在读图时，一般要几个视图联系起来进行分析、构思，才能准确地想象出组合体的空间形状。

如图4-22所示的三视图，如果仅看一个主视图，则可以构思出多个组合体形状；假设原始形状是四棱柱，则左上角或是被挖切掉的，或者是凸出的，这两种情况分别可得出许多投影，图4-22中仅仅举出4个例子，它们都满足主视图的形状。若把主视图、左视图联系起来看，则组合体形状有如图4-22a～c所示的3种可能，但仍无法确定是其中哪一个，只有再进一步联系俯视图，才能完全确定组合体的形状。又如图4-23a、b所示，尽管它们的主、俯视图都相同，但实际上是两个不同的形体。

由此可见，在读图时，一般都要将几个视图联系起来，互相对照、阅读、分析、构思，才能正确想象出这组视图所表达的组合体形状。

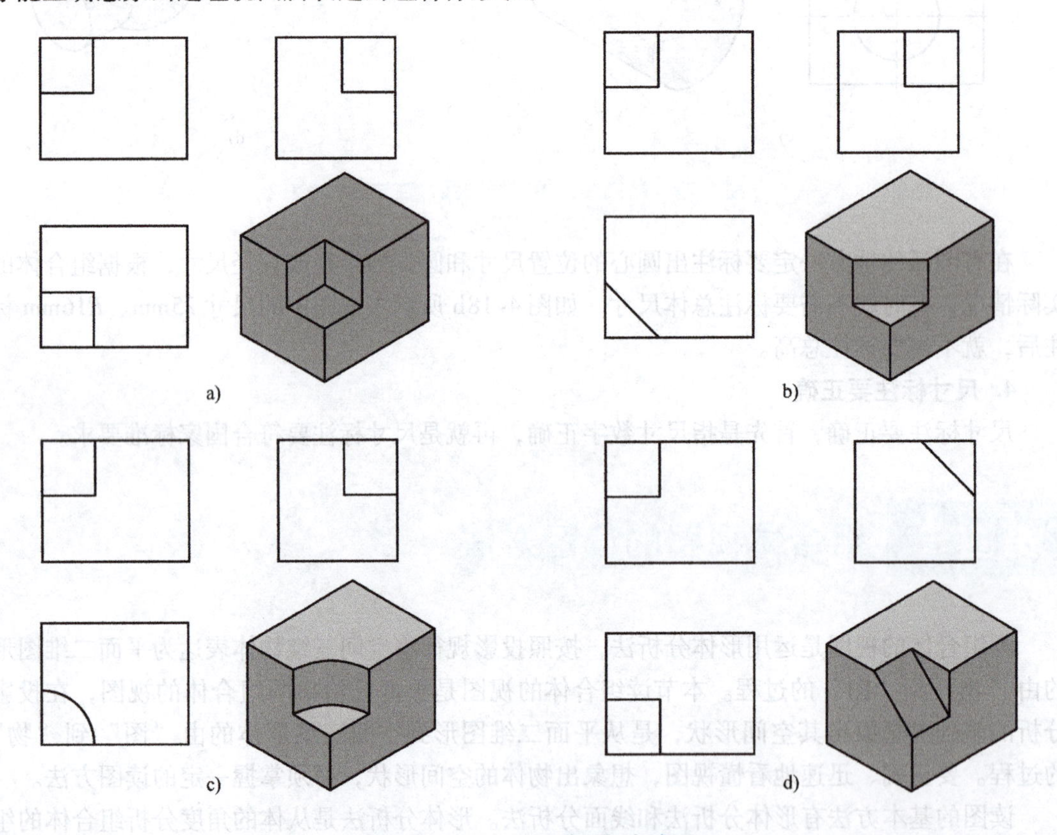

图4-22　几个视图联系起来读图

2. 明确视图中的线框和图线的含义

（1）视图中每个封闭线框，可能是下列情况中的一种

1）组合体中某一个简单形体的一个投影。图4-22a所示大矩形线框，表示简单形体是一个四棱柱。

2）组合体上一个表面的投影，所表示的面可能是平面或曲面，也可能是平面与曲面相切所组成的面，还可能是孔的投影。如图4-24所示，主视图中的封闭线框 a'、b'、c'、h'表示平面，封闭线框 e'表示曲面（圆孔）；俯视图中封闭线框 d、f 分别表示平面、平面与圆柱面相切的组合面。

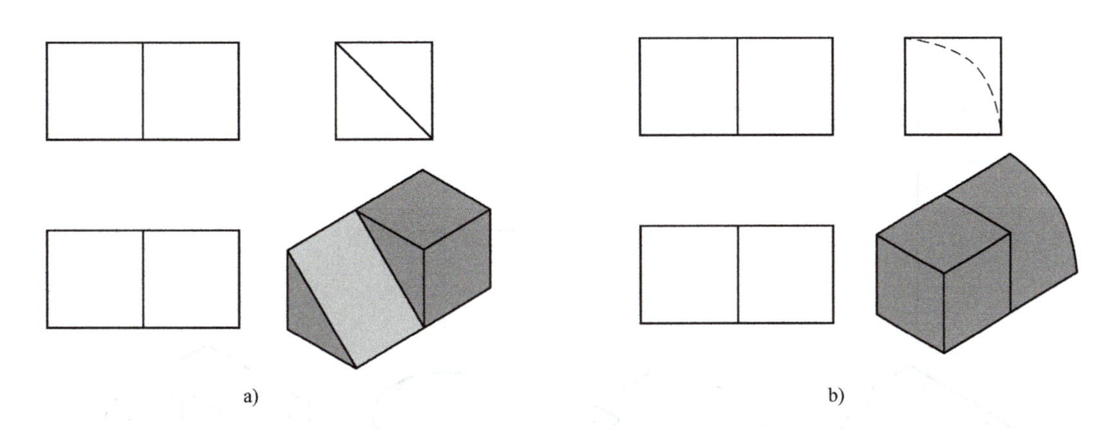

图 4-23　主、俯视图相同而形状不同

视图中任何相邻的封闭线框，可能是相交两个面的投影，也可能是不相交两个面的投影。图 4-24 所示主视图中的线框 a' 与 b' 相邻，它们是相交两个平面的投影；线框 h' 与 b' 相邻，它们是不相交两个平面的投影，且 B 面在 H 面之前。

（2）视图中的每一条图线，可能是下列情况中的一种

1）平面、曲面或曲面和其切平面的积聚性投影。图 4-24 所示俯视图中的线段 a、b、c、h 分别表示平面的水平投影；主视图中的圆弧线段 e' 表示曲面（圆孔）的正面投影，线段 f' 表示曲面及其切平面的正面投影。

2）两个面交线的投影。图 4-24 所示主视图中的线段 g' 表示两平面交线的正面投影。

3）转向轮廓线的投影。图 4-24 所示俯视图中线段 i，表示圆孔转向轮廓线的水平投影。

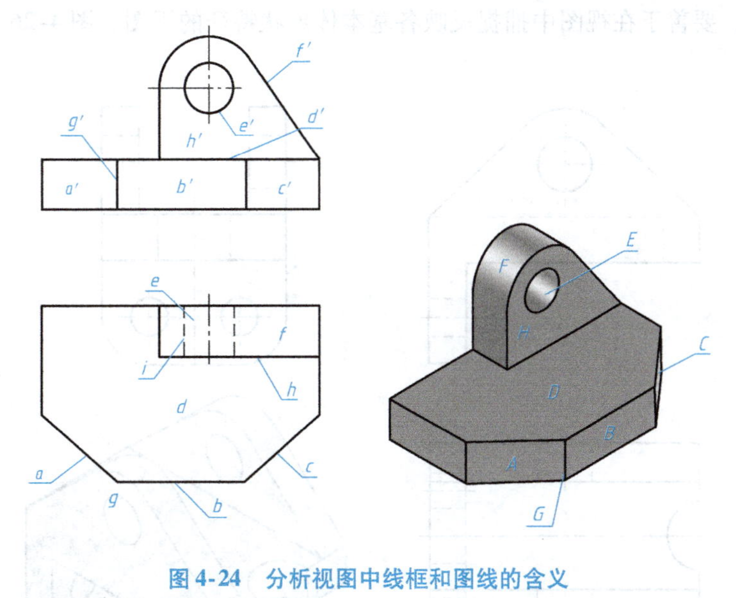

图 4-24　分析视图中线框和图线的含义

3. 要从反映物体特征的视图看起

读图时，要注意寻找特征视图。特征视图就是指反映物体形状特征最明显的那个视图，如图 4-25 所示的俯视图。找到特征视图，再结合其他视图就能更快、更准确地确定物体的形状。

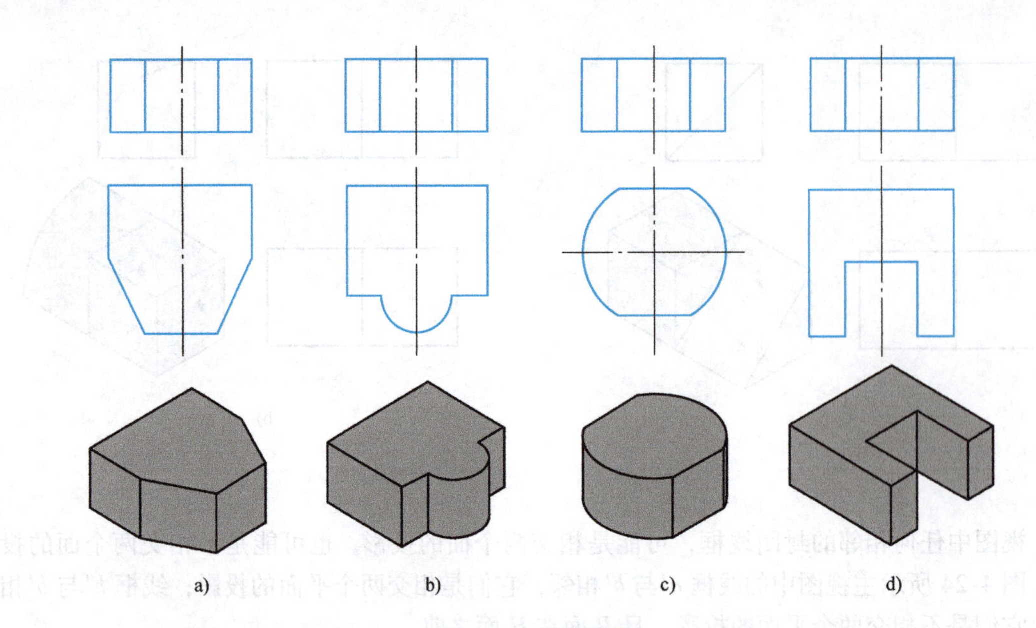

图4-25 特征视图

从组合体的画图过程可知：在3个视图中，主视图最能反映物体的形状特征和位置关系，所以读图时，一般情况下，从主视图看起，分析该组合体的形状特征，再对照其他视图，得出各简单形体的形状，然后再根据三视图的投影规律，判断出它们之间的上下、左右、前后位置关系，最终得出物体的正确形状。

由于组成组合体的各简单形体的特征不一定全集中在主视图上，因此，读图时应将3个视图对照来看，要善于在视图中捕捉反映各基本体形状特征的视图。图4-26所示的组合体，

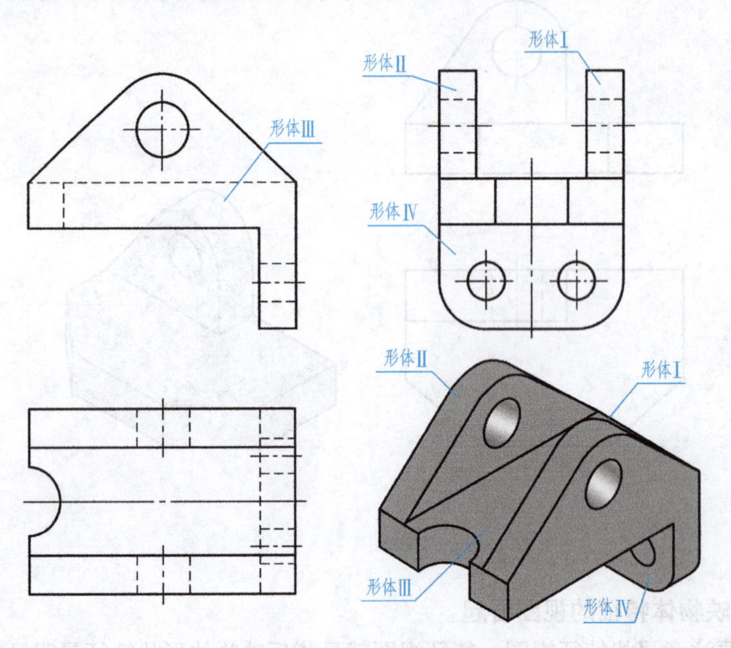

图4-26 物体的特征视图

是由形体Ⅰ、Ⅱ、Ⅲ、Ⅳ叠加而成，形体Ⅰ、Ⅱ的形状特征反映在主视图上，形体Ⅲ的形状特征反映在俯视图上，形体Ⅳ的形状特征反映在左视图上。

4. 先主体后细节，逐步分析

本着“先主体后细节”的原则，以形体分析为主，先构思出组合体的主体特征，并根据其特征图形，构思出立体形状的几种可能，对照其他视图，想象出立体的正确形状；再辅以线面分析法，构思出组合体的细部结构。

5. 利用线段的虚实、形状特征读图

根据视图中线段的虚、实可判断出两个简单形体的相对位置关系以及组合体的组合方式，对快速确定组合体的形状有很大的帮助。从如图 4-27 所示左视图中线段的虚、实可以判断出两个简单形体间的左右位置关系；由图 4-27 所示轮廓线的虚、实和交线的形状，可知图 4-27a 表示两圆柱体叠加，图 4-27b 表示一个圆柱中间挖去一个四棱柱；此外，利用视图中尺寸标注的符号，如 ϕ、□等，也可判断出立体的形状。

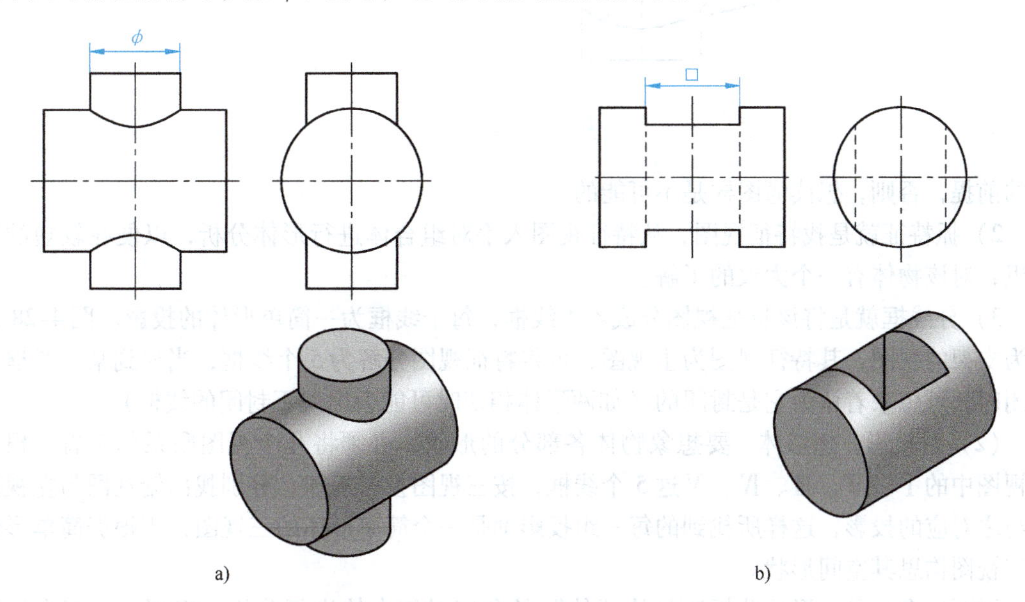

图 4-27　利用线段的虚实、形状特征读图

二、读图的基本方法与步骤

1. 形体分析法

组合体读图的主要方法是形体分析法，用形体分析法读图时，可将组合体的某一视图（一般选特征视图）分成若干线框，分别找出与这些线框对应的其他投影，联系线框的各投影进行分析，确定它们所表达的简单形体的形状，然后再按各简单形体的相对位置，联系所给的视图，综合起来想象组合体的形状。

下面以图 4-28 所示组合体的视图为例来说明形体分析法的读图方法与步骤。

（1）认识视图，抓特征，分线框

1）认识视图就是以主视图为主，弄清楚图样上各个视图的名称与投射方向。这是最基

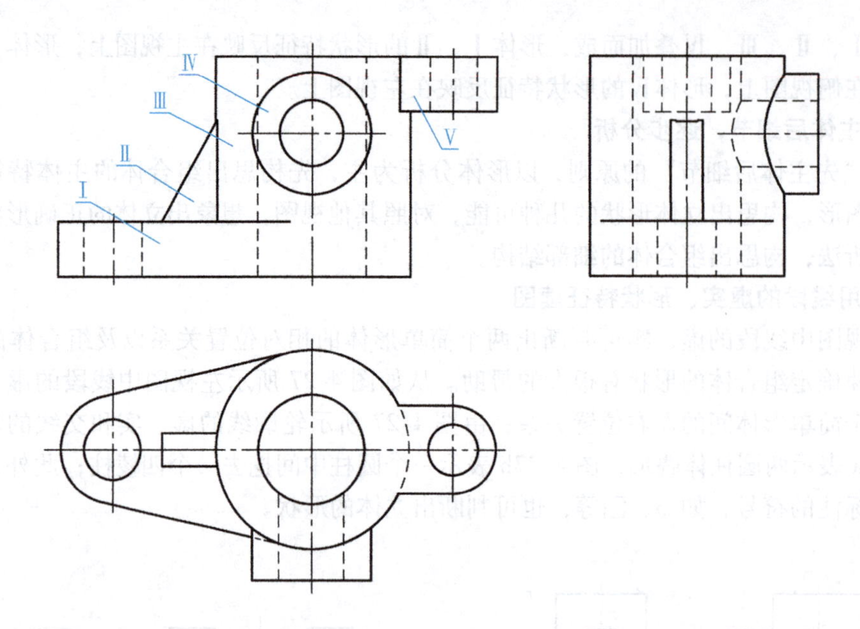

图4-28　读组合体的视图

本的前提，否则，想读懂图样是不可能的。

2）抓特征就是找特征视图，从特征视图入手对组合体进行形体分析，以便在较短的时间里，对该物体有一个大致的了解。

3）分线框就是将该特征视图分成若干线框，每个线框为一简单形体的投影。图4-28所示为支架的视图，其特征视图为主视图，可将特征视图分解为5个线框，当遇到某一线框不封闭时，可想象着认为它是封闭的（如两形体相切时可能会出现不封闭的线框）。

（2）对投影，想形体　要想象物体各部分的形状，必须将几个视图联系起来看。根据主视图中的Ⅰ、Ⅱ、Ⅲ、Ⅳ、Ⅴ这5个线框，按三视图投影规律，分别找出俯视图与左视图中与之对应的投影，这样所找到的每一组投影都是一个简单形体的三视图，再根据简单形体的三视图构思其空间形状。

需要注意的是，形体分析法是从“体”的角度对组合体进行分析，视图中的每个线框都是空间上一个简单形体的投影，而简单形体的每一个投影必定都是线框，因此采用形体分析法来“对投影，想形体”时，每个线框在另外的视图中与之对应的投影必定是线框。

根据投影规律，线框Ⅰ所对应的俯视图和左视图中的线框分别为类似三角形和矩形，再考虑主视图的形状，从其特征视图（俯视图）可以想象出该形体为一个类似三棱柱，其左方挖去一个圆柱体，如图4-29a所示。

线框Ⅱ所对应的俯视图和左视图中的投影都类似矩形，该形体为三棱柱，如图4-29b所示。线框Ⅲ所对应的俯视图和左视图中的投影分别为同心圆和由粗实线、细虚线组成的矩形线框，该形体为一个空心圆柱体，如图4-29c所示。

线框Ⅳ所对应的俯视图和左视图中的投影分别为由粗实线、细虚线组成的类似矩形线框，该形体为一个空心圆柱体，如图4-29d所示。

线框Ⅴ所对应的俯视图和左视图中的投影分别为左方右圆的类似矩形和细虚线矩形，该形体为右边是半圆柱，左边是四棱柱的类似柱体，且其右方挖去一个圆柱体，如图4-29e所示。

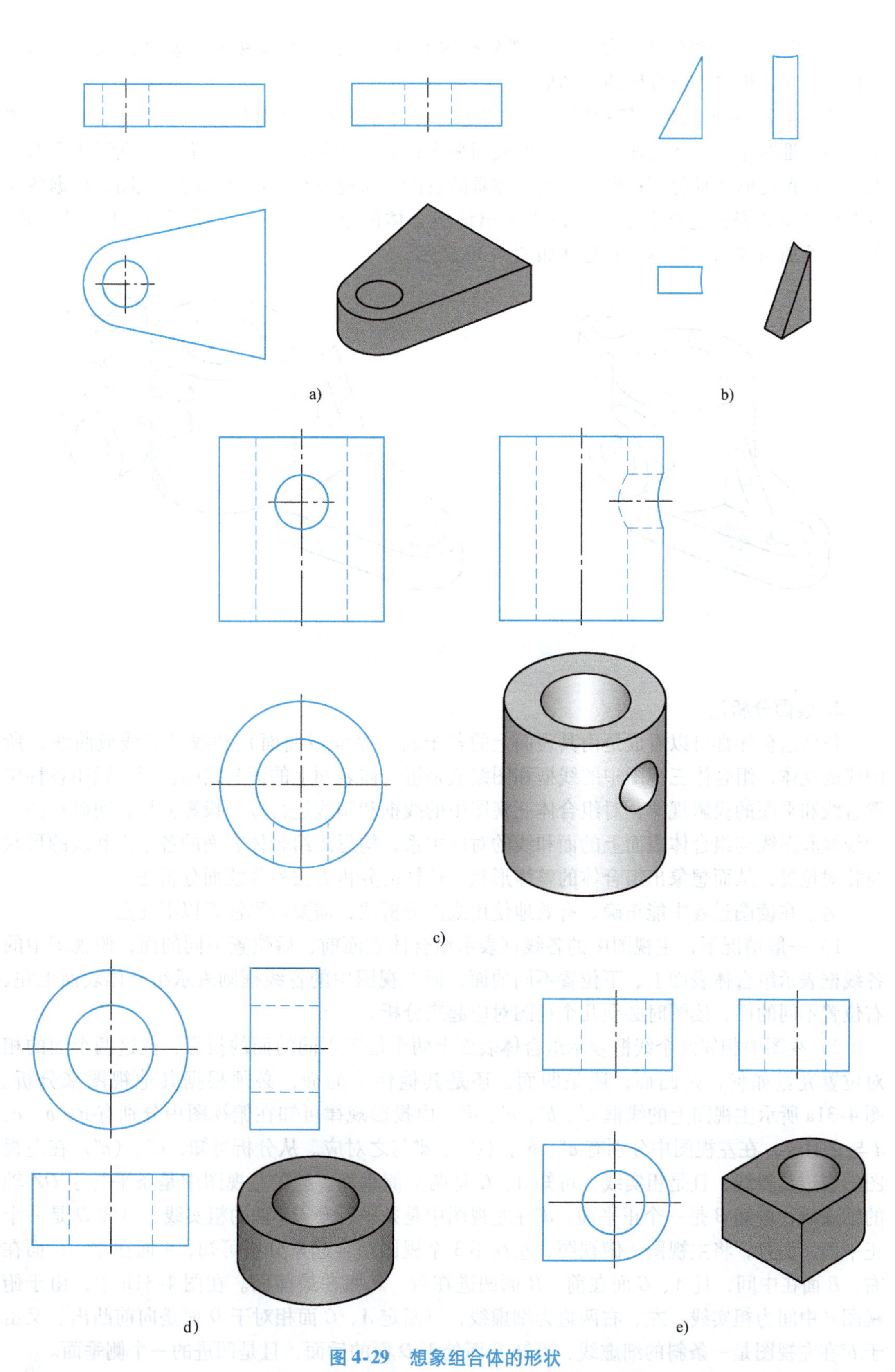

图 4-29　想象组合体的形状

（3）综合起来想整体　在读懂各部分形体的基础上，以特征视图为基础，综合各形体的相对位置，想象出组合体的整体形状。

从图4-28所示的主、俯视图上可以清楚地看出各形体的相对位置，形体Ⅲ居中；形体Ⅰ在形体Ⅲ的左面，其底面与形体Ⅲ的底面平齐；形体Ⅱ在形体Ⅲ的左面，且在形体Ⅰ的上面；形体Ⅳ在形体Ⅲ前面；形体Ⅴ在形体Ⅲ的右面。通过分析该组合体的三视图，根据各简单形体之间的表面连接关系，可以想象出该组合体的空间形状，其是由形体Ⅰ、Ⅱ、Ⅲ、Ⅳ、Ⅴ叠加而成的组合体，其形状如图4-30所示。

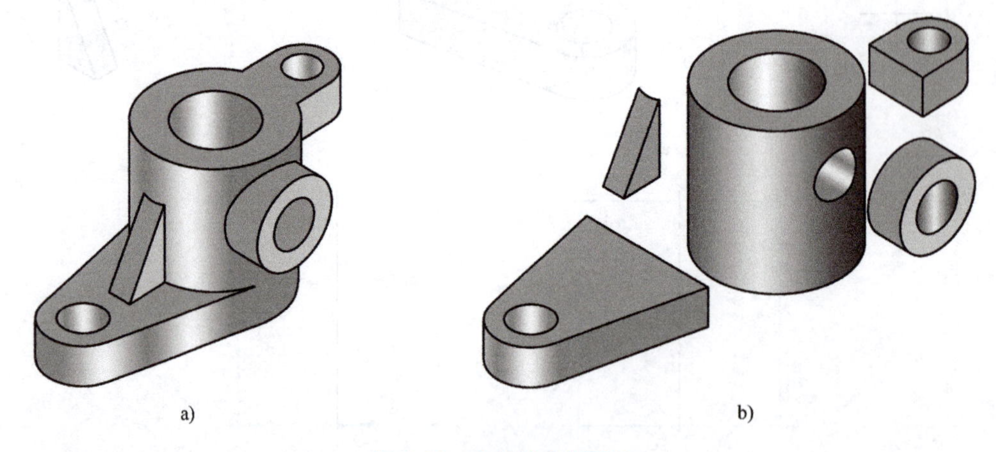

图4-30　支架的空间形状

2. 线面分析法

任何组合体都可以看成是由其表面上的若干面（平面或曲面）和线（直线或曲线）所围成的立体，组合体三视图中的线框和图线就是组合体表面上的面和线的投影。运用各种位置直线和平面的投影规律，对组合体三视图中的线框和图线进行逐一投影分析，明确视图中的线框和图线与组合体表面上的面和线的对应关系，构思出组合体表面的各个面和线的形状与相对位置，从而想象出组合体的整体形状，这样的分析方法称为线面分析法。

为了在读图过程中能正确、有效地使用线面分析法，需要特别注意以下几点。

1）一般情况下，主视图中的各线框表示组合体表面前、后位置不同的面，俯视图中的各线框表示组合体表面上、下位置不同的面，而左视图中的各线框则表示组合体表面上左、右位置不同的面，读图时必须几个视图对应起来分析。

2）视图中相邻两个线框表示组合体表面上两个位置不同的面的投影，但这两个面的相对位置究竟如何，是凸面，还是凹面，还是其他性质的面，必须根据其他视图来分析。图4-31a所示主视图上的线框 a'、b'、c'、d'，由投影规律可知在俯视图中分别有 a、b、c、d 与之对应，在左视图中分别有 a''、b''、(c'')、d'' 与之对应。从分析可知，a''、(c'') 在左视图的右边是斜线，且是粗实线，可知 A、C 是两个侧垂面。b'' 在左视图中是条平行于 OZ 轴的细虚线，可知 B 是一个正平面。d'' 在左视图中是条平行于 OZ 轴的粗实线，可知 D 是一个正平面。而且，将主视图、俯视图、左视图3个视图结合起来分析可知，A 面在左，C 面在右，B 面在中间，且 A、C 面在前，B 面凹进在后，D 面在最前面。在图4-31b中，由于俯视图 d 中间为粗实线，左、右两边为细虚线，可断定 A、C 面相对于 D 面是向前凸出。又由于 b'' 在左视图是一条斜的细虚线，可知 B 面处于 D 面的后面，且是凹进的一个侧垂面。

3）线面分析法是从“线、面”的角度对组合体进行分析，视图中的每个线框都是组合体表面上一个“面”的投影，而空间上一个面的投影要么是一个与其形状相类似的线框，要么是积聚成线，因此采用线面分析法读图时，每个线框在另外视图中与之对应的投影要么是一个与其类似的线框，要么是一条线，归纳为“若非类似形，必有积聚性”。分析投影时，优先考虑类似形，找不到类似形再考虑积聚性。在图4-31a中，主视图上矩形线框 a' 所对应的俯视图 a 是一个与其相类似的矩形线框，所对应的左视图 a'' 则是一条斜线；而主视图上矩形线框 b' 所对应的俯视图、左视图则分别为直线 b、b''。如图4-32所示，立体上一般位置平面 A 对应的三面投影均为四边形线框，都是类似形。

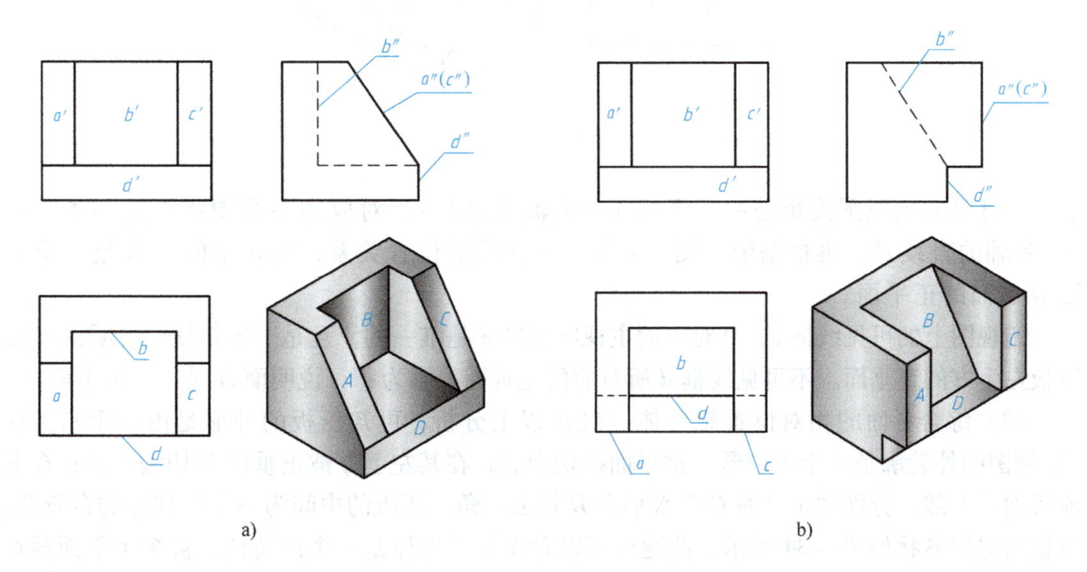

图4-31　组合体上面的投影

4）分析面与面的交线。当视图上出现较多面与面的交线时，会给读图带来一定的困难，这时要分析面与面之间产生的交线性质及其画法来读懂视图。如图4-32所示，该立体为一长方体被一个一般位置平面 A 和一个侧垂面 B 截切，平面 A 与平面 B 的交线为一般位置直线。

5）在投影图中，任何相邻的封闭线框必定是物体上相交的或平行的两个面的投影。但这两个平面的相对位置究竟如何，必须根据其他投影来分析。在图4-31a中，主视图中线框 b' 与线框 d' 为相邻的封闭线框，根据它们在俯视图与左视图中的投影可知，它们是物体上平行的两个平面。在图4-31b中，主视图中线框 b' 与线框 d' 为相邻的封闭线框，根据它们在俯视图与左视图中的投影可知，它们是物体上相交的两个平面。

下面以图4-33所示的压板视图为例来说明线面分析法的读图方法与步骤。

（1）阅读所给出的视图　该组合体是由基本体被多个平面截切而形成的，因此读图主要采用线面分析法。

（2）分线框，对投影　主视图上有3个可见的线框 a'、b'、c'，其中 a' 所对应的俯视图投影 a 是一条倾斜于投影轴的直线，所对应的左视图投影是线框 a''，说明面 A 是一个铅垂面；b' 所对应的俯视图投影 b 是一条位于俯视图最前面且平行于 OX 轴的直线，所对应的左视图投影是一条平行于 OZ 轴的直线 b''，说明面 B 是压板最前面的正平

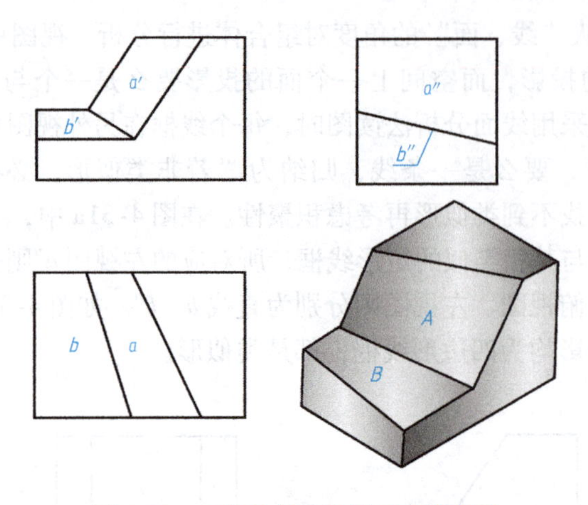

图 4-32　组合体斜面的投影为类似形

面；c'对应的俯视图投影是一条平行于 OX 轴的直线 c，对应的左视图投影是一条平行于OZ 轴的直线 c''，再根据俯视图中 c 与 b 所显示的位置关系，可知空间上 C 是一个在面 B 后面的正平面。

俯视图上的可见线框 e，其对应的主视图投影 e'是唯一的，且是一条斜线，说明面 E 是压板左上方的正垂面。不可见线框 d 所对应的主视图投影为 d'，说明面 D 是一个水平面。

(3) 综合各面的相对位置想整体　经过以上分析，可知压板的外形是由一个六棱柱（俯视图的外轮廓是一个六边形）被平面截切而成；在其左上方被正垂面 E 切去一角；在其前后面的下部，分别被正平面 C 和水平面 D 切去一角。压板的中间为一个圆柱形的台阶孔。压板的空间形状如图 4-34 所示。此题也可以看作简单形体是一个四棱柱，被多个平面截切而成，读者可以自己想象其形成过程。

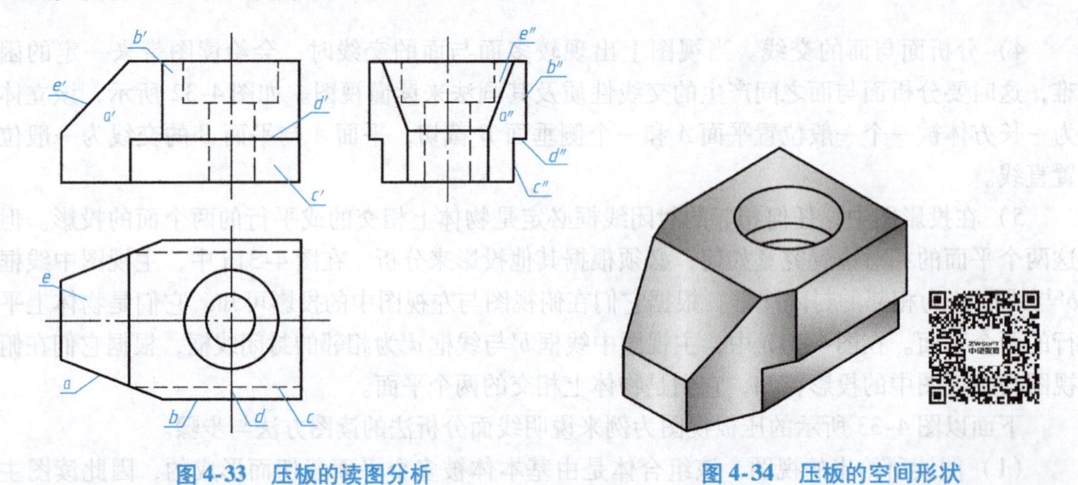

图 4-33　压板的读图分析　　图 4-34　压板的空间形状

3. 综合分析法

实际物体的形状往往是由叠加、切割综合形成的，表面较为复杂，因此单纯地采用形体分析法或线面分析法，可能理解起来并不方便。因此，读图的过程一般是首先利用形体分析法将视图进行分解，了解该物体是由哪些简单形体所组成，注意开始时不要分得太细，先从主体进行考虑，再去考虑细节；对于难以想象的线和面再采用线面分析法进行分析，根据线和面的投影特性（积聚性、实形性和类似性），结合投影规律，分析面的性质、形状和相对位置，了解该部分的结构，然后综合起来想象出组合体的空间形状。

下面以图 4-35 所示的导块视图为例来说明综合分析法的读图方法与步骤。

（1）概括了解　由图 4-35 可知，导块是一个综合类组合体，可以看作是由简单形体叠加又被切割所形成的。

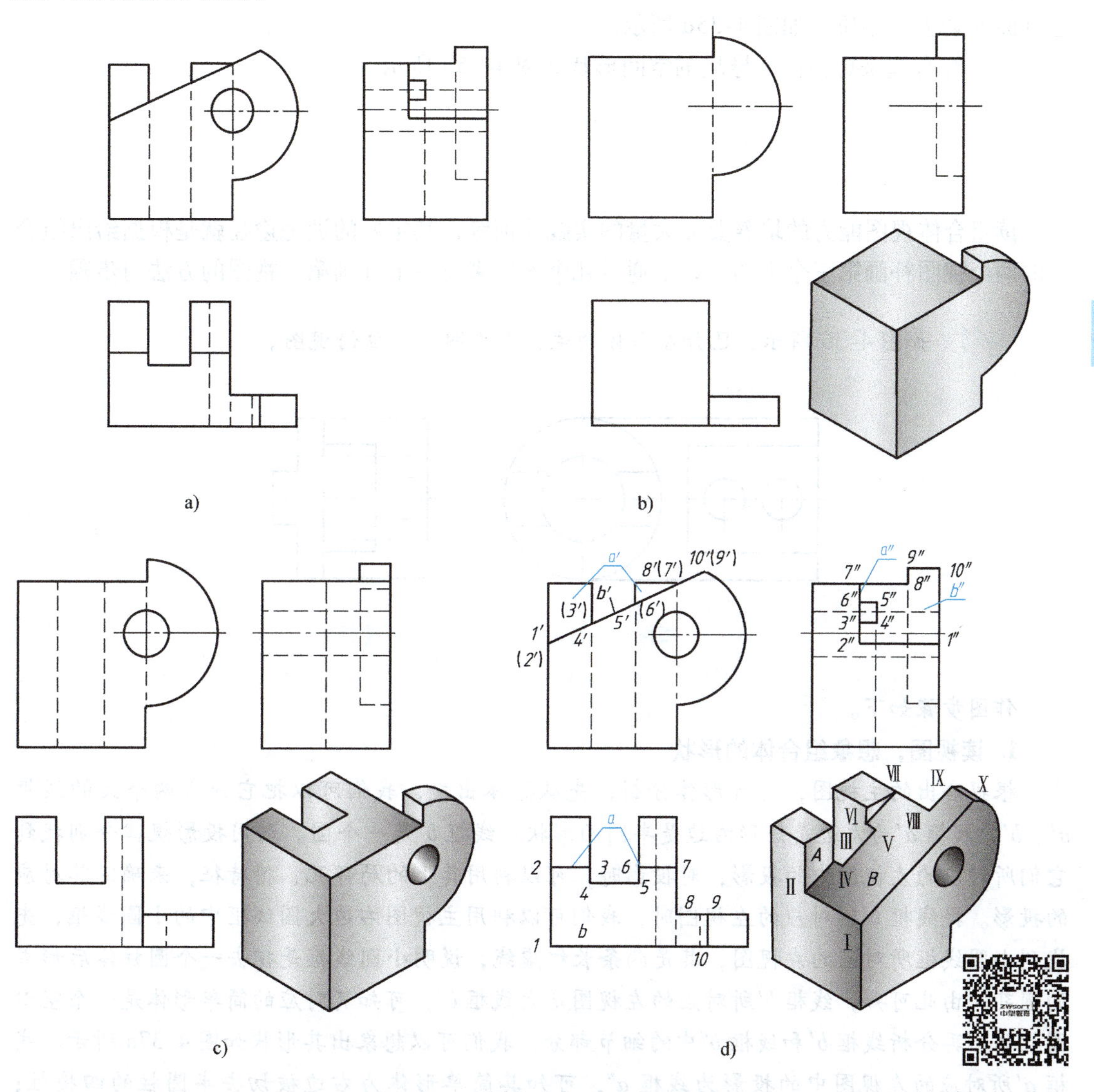

图 4-35　综合类组合体视图的分析

（2）形体分析　分析时，先根据视图的整体特征来考虑，从图 4-35a 所示的主视图和俯视图分析可知，导块可以看作是由左边的四棱柱和右边的半圆柱叠加形成的简单形体，且四棱柱和半圆柱的前表面共面，如图 4-35b 所示。从俯视图可以看出，四棱柱的后部切去一个四棱柱后形成槽；从主视图可以看出，在组合体的右边切去一个圆柱体后形成孔，如图 4-35c 所示。

(3) 线面分析 根据一个视图上的线框在其他视图上相对应的投影，或是积聚成线，或是一个与其形状相类似的图形，能够找出主视图上线框 a' 所对应的左视图中的投影 a'' 为一条平行于 OZ 轴的直线，利用投影规律，能够找出其所对应的俯视图中的投影 a 为一条平行于 OX 轴的直线，说明组合体上的面 A 为一个正平面。俯视图上 1，2，3，…，10 所围成的线框 b 所对应的主视图中的投影 b' 为一条倾斜于投影轴的直线，所对应的左视图中的投影为线框 b''，说明组合体上的面 B 为一个正垂面。由此可知，组合体的左上方被正平面 A 和正垂面 B 切去一小块，如图 4-35d 所示。

(4) 综合起来想整体 导块的空间形状如图 4-35d 所示。

三、由组合体两视图补画第三视图

读组合体视图能力的培养要靠大量的实践性训练，其主要的训练途径就是根据给出组合体的两个视图补画第三个视图，以下通过几个例题来看一下补画第三视图的方法与步骤。

【例 4-1】 如图 4-36 所示，已知组合体的主、左视图，补画俯视图。

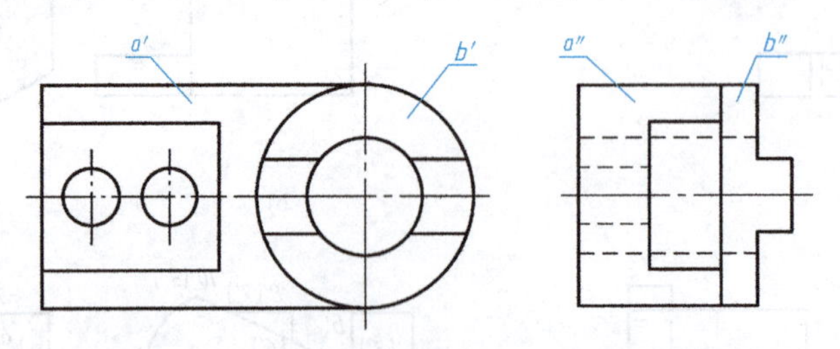

图 4-36 根据组合体的主、左视图补画俯视图

作图步骤如下。

1. 读视图，想象组合体的形状

根据给出的主视图，进行形体分析，先从整体出发，我们可以把它分成两个大的线框 a'、b'。线框 a' 为左边是矩形右边是半圆的形状；线框 b' 是一个圆。利用投影规律分别找到它们所对应的左视图中的投影，对投影时，可以利用其上的局部孔、槽特征，来确定其对应的投影。找线框 b' 所对应的左视图时，我们可以利用主视图右边大圆线框中的小圆线框，先找到小圆线框所对应的左视图，其是两条长细虚线，说明小圆线框是挖去一个圆柱体后形成的圆孔，由此可知，线框 b' 所对应的左视图是大线框 b''，可知其对应的简单形体是一个空心圆柱体；再分析线框 b' 和线框 b'' 中的细节部分，我们可以想象出其形状如图 4-37a 所示。线框 a' 所对应的左视图中的投影为线框 a''，可知其简单形体为右边被切去半圆柱的四棱柱；再分析其细节部分，线框 a' 左边的小矩形线框，左视图的投影也是一个小矩形线框，可知其左边又切去一个四棱柱；小矩形线框中的两个小圆，其对应的左视图投影是两条短细虚线，可知其左边又切去两个小圆柱体；分析可知，其空间形状如图 4-37b 所示。综合起来，可以想象出该组合体的整体形状，如图 4-37c 所示。

2. 根据组合体的空间形状，补画组合体的俯视图

逐个画出每个简单形体的俯视图投影，分析各简单形体间的表面连接关系，绘制交线、去掉多余的线，其画图步骤参看前面的内容，得到该组合体的俯视图如图 4-37c 所示。

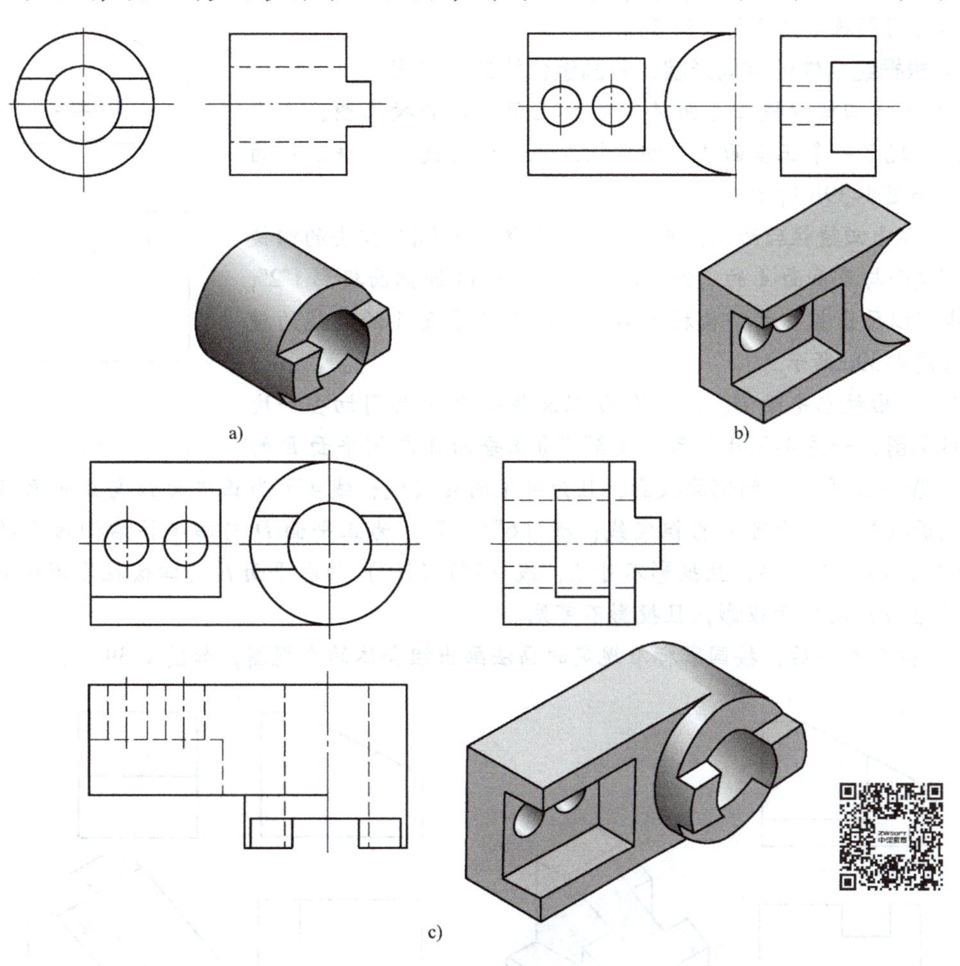

图 4-37　根据两视图补画俯视图

【例 4-2】 如图 4-38 所示，已知组合体的主、俯视图，补画左视图。

作图步骤如下。

1. 读视图，想象组合体的形状

这是一个典型的切割类组合体，从其主、俯视图整体特征出发，分析可知它的构成方式为一个四棱柱的切割。如图 4-39a 所示，将两个视图对应分析，俯视图上的线框 a、c 所对应的主视图投影分别为直线 a'、c'，a'是一条倾斜于投影轴的直线，可知面 A 是一个正垂面，c'是一条平行于 OX 轴的直线，可知面 C 是一个水平面（四棱柱上表面）；线框 b 所对应的主视图投影，利用线框所对应的投影要么积聚成线，要么是类似形的特性可知，其所对应的主视图投影 b'是一条平行于 OX 轴的线，说明面 B 是一个水平面；主视图上的线框 d'，其所对应的俯视图投影 d 是一条平行于 OX 轴的线，说明面 D 是一个正平面；主视图上的直线 e'所对应的俯视图投影为直线 e，说明面 E 是一个侧平面。另外，从组合体的俯视图可知，该组合体的后面挖去了一个四棱柱，形成了一个矩形槽。经过以上分析，可知该组合体是四棱柱被一个正垂面 A 在左上角切去一块，又在后面挖出了一个矩形槽，在前面又被水平

面 *B*、正平面 *D* 以及侧平面 *E* 共同切去一块，综合起来想象出组合体的空间形状如图 4-39a 所示。

2. 根据组合体的空间形状，补画组合体的左视图

1）画出四棱柱被正垂面 *A* 切去左上角以后的投影图，其左视图上出现了一条正垂面 *A* 与四棱柱左侧面的交线（正垂线）的投影，如图 4-39b 所示。

2）画出四棱柱后面挖去四棱柱的投影图，线ⅠⅡ为挖去的四棱柱左侧棱面与正垂面 *A* 的交线，相应地画出线ⅠⅡ的侧面投影 1″2″，同理也可以画出挖去的四棱柱的右侧棱面与正垂面 *A* 的交线的投影，如图 4-39c 所示。

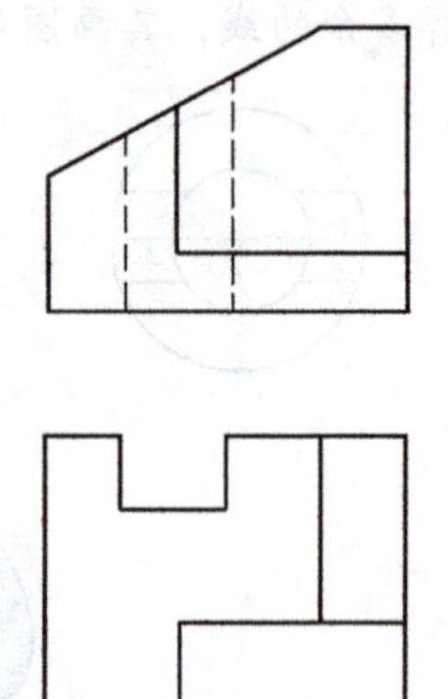

图 4-38　根据组合体的主、俯视图补画左视图

3）画出被水平面 *B*、正平面 *D* 以及侧平面 *E* 共同切去一块后的投影图，如图 4-39d 所示。线 3″4″为正垂面 *A* 与侧平面 *E* 的交线ⅢⅣ（正垂线）的侧面投影，且为可见的粗实线；线 4″5″为正平面 *D* 与正垂面 *A* 的交线的侧面投影，且为可见的粗实线；线（6″）（7″）为正平面 *D* 与四棱柱右侧棱面的交线（铅垂线）的侧面投影，且投影不可见；线（7″）（10″）为水平面 *B* 与四棱柱右侧棱面的交线（正垂线）的侧面投影，且投影不可见。

4）检查无误后，按国家标准规定的画法画出组合体的左视图，如图 4-39e 所示。

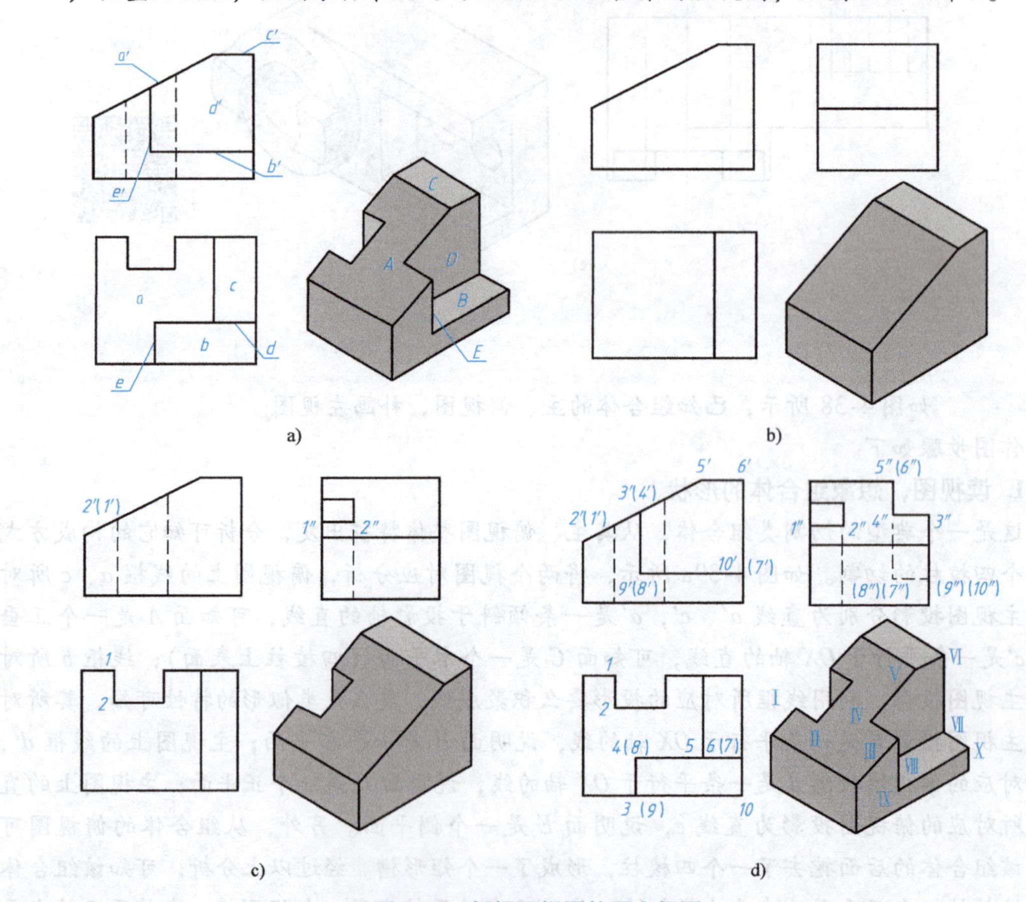

图 4-39　根据两视图补画左视图

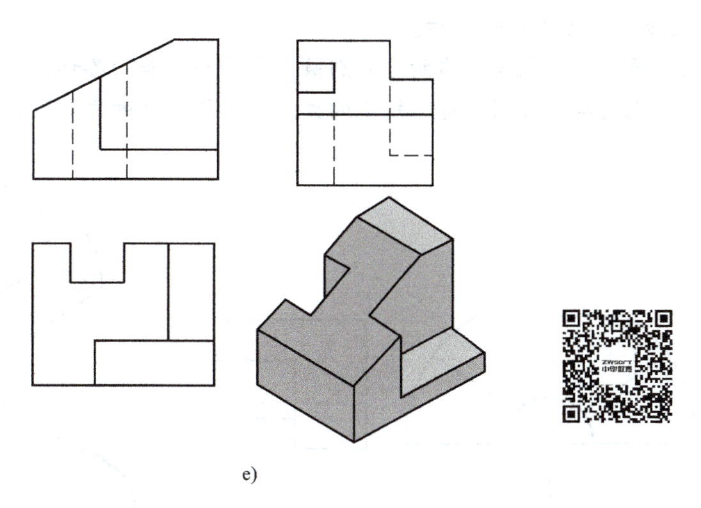

e)

图 4-39 根据两视图补画左视图（续）

【例 4-3】 如图 4-40a 所示，已知组合体的主、左视图，补画俯视图。

作图步骤如下。

1. 读视图，想象组合体的形状

形体分析：如图 4-40a 所示，主视图的主要轮廓线为两个同心的半圆，根据投影规律，左视图上与之对应的是两条相互平行的直线，所以该组合体的构成方式为一个半圆柱筒的切割。

线面分析：

主视图上的直线 f'，其左视图为直线 f''，根据水平面的投影特性知，面 F 为物体上的水平面，表明该组合体的上部被水平面 F 切掉。

主视图上的线框 a'，对应的左视图是最前面平行于 OZ 轴的直线 a''，根据正平面的投影特性可知，面 A 是物体上的一个正平面，线框 a' 反映面 A 的真实形状。

主视图上的线框 b'、c'，对应的左视图分别为平行于 OZ 轴的直线 b''、c''，根据正平面的投影特性可知，面 B、C 为两个正平面，线框 b'、c' 分别反映面 B、C 的真实形状。

从左视图可知，面 A 在前，B、C 两面在后。

左视图上的线框 e''，对应的主视图为倾斜于投影轴的直线 e'，说明物体上的面 E 为正垂面。

左视图上的线框 d''，在主视图上没有类似形与其对应，它所对应的投影只能是大圆弧，说明物体上面 D 是一个圆柱面。

左视图上的细虚线，对应主视图上的投影为小半圆弧，说明它是物体上的半圆柱孔。

经过以上分析可知，该组合体的构成方式为一个半圆柱筒的切割。半圆柱筒的左右两边分别被正平面 B、C 以及正垂面 E 各切掉一个扇形块，半圆柱筒的上部被水平面 F 切掉一块，综合起来想象出该组合体的整体形状，如图 4-40b 所示。

2. 根据组合体的空间形状，补画组合体的俯视图

1）首先画出半圆柱筒（简单形体）的投影视图，如图 4-40c 所示。

2）其次画出半圆柱筒被水平面 F 切去上面一块后的投影图。水平面 F 与半圆柱筒外圆柱面产生交线，如图4-40d所示。

3）然后画出半圆柱筒左右两边分别被正平面与正垂面各切掉一个扇形块后的投影图。

4）检查无误后，按国家标准规定的画法画出组合体的左视图，如图4-40e所示。

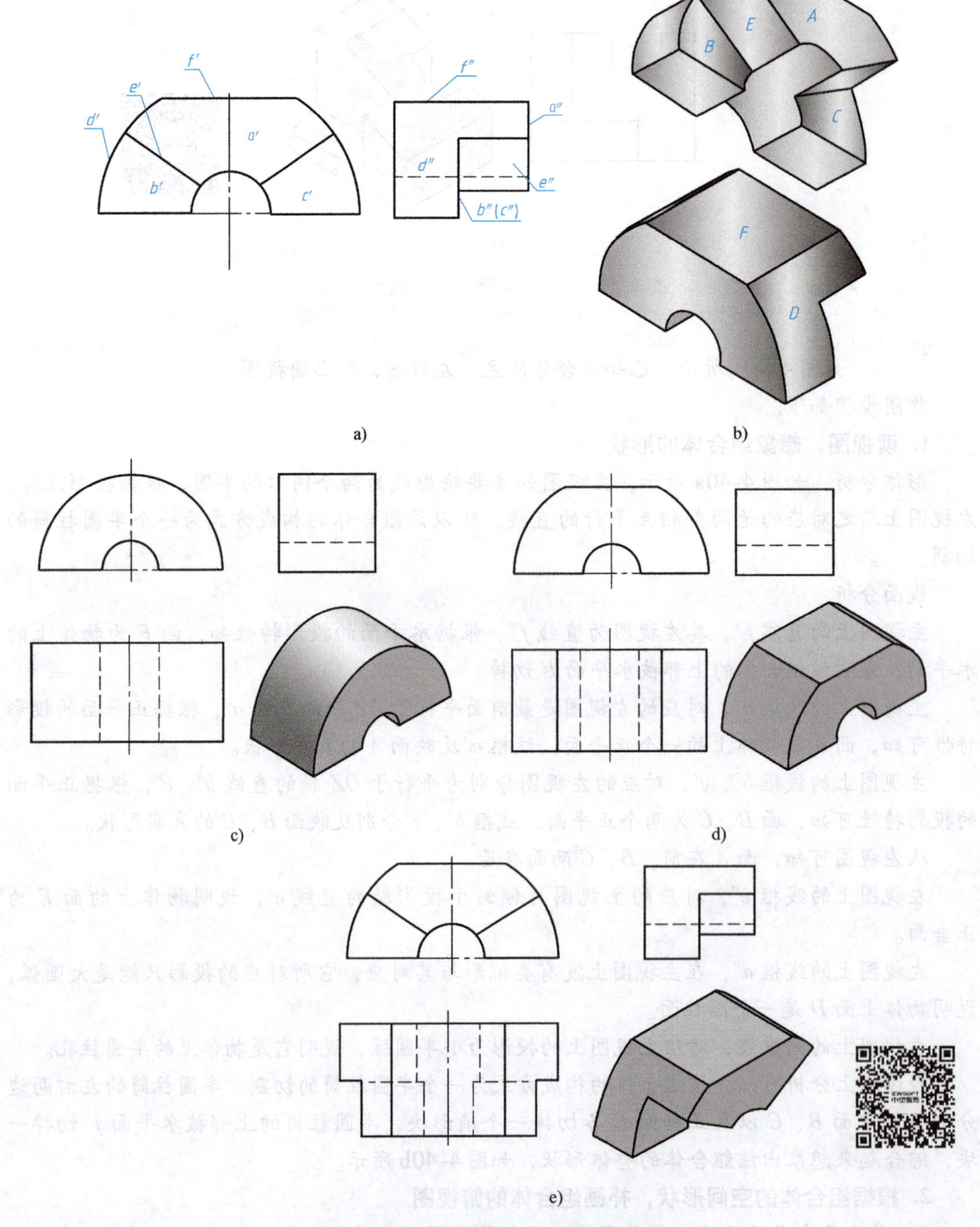

图4-40　根据两视图补画俯视图

第五节　组合体的构形设计

构形设计是指根据已知条件构思组合体的形状、大小并表达成图的过程。构形设计作为一种现代设计理念，是一种创造性活动。加强构形设计能力的培养，是培养创造和创新思维的重要手段。组合体的构形能把空间想象、构思形体和表达三者结合起来，不仅能促进画图、读图能力的提高，还能发展空间想象能力，有利于在构形过程中发挥构思者的创造性。在机械制图中，组合体的构形方法是通过形体的一个或两个视图构造形体的，并画出表达该形体所需的其他视图。任何机器或产品，不论形体多么复杂，都可以看作由简单立体叠加或切割而形成的，构形设计的实质就是确定构形方法构造形体，它是一种构思设计过程，更是挖掘思维潜力的创造过程，通过形体的叠加组合和形体切割等方法，充分发挥想象力，构造设计出符合要求的装备器件。

一、组合体构形的原则

组合体的构形需要遵循以下一些原则。

1. 以基本体构形为主

组合体构形一方面要求所设计的组合体尽可能体现工程产品或零部件的结构形状和功能，以培养观察、分析和综合能力；另一方面也不要求过分强调工程化，所设计的组合体也可以是凭自己的想象，以便于开拓思维空间，培养创造力和想象力，因此，所构思的组合体应由基本体组成。图 4-41 所示的组合体，表现了一辆货车的外形，但不是所有细节完全逼真。该组合体在构形过程中，用到了我们常见的四棱柱、五棱柱以及圆柱体等基本体。

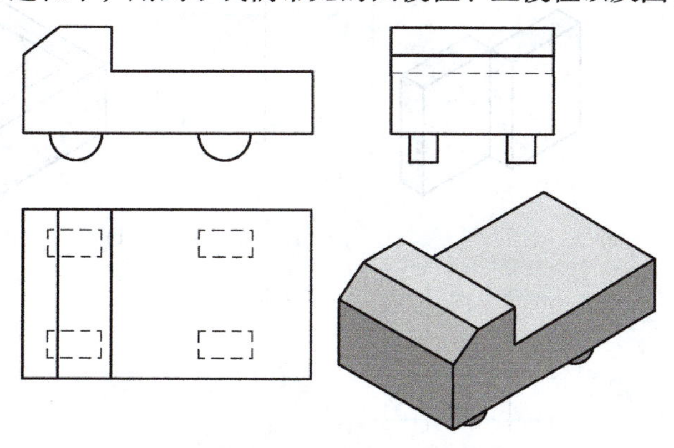

图 4-41　货车的外形

2. 连接牢固便于成形

1）组合体构形不要在两形体之间采用点或线连接，因为点、线连接都不能使两个形体构成一个实体。如图 4-42 ~ 图 4-44 所示，用点、线连接两形体的方法都是错误的。

2）组合体构形一般尽量采用平面或回转曲面，没有特殊需要不用其他曲面，这样绘图、标注尺寸和制作都比较方便。

3）在组合体构形过程中，封闭的空腔不便于加工制造，一般不要采用。

3. 稳定平衡

在组合体构形过程中，组合体的重心要落在支承面内，以使组合体稳定平衡，给人以稳定和平衡感，对称形体符合这种要求，如图4-45所示。不对称形体，应注意形体分布，以获得力学和视觉上的稳定和平衡感，如图4-46所示。

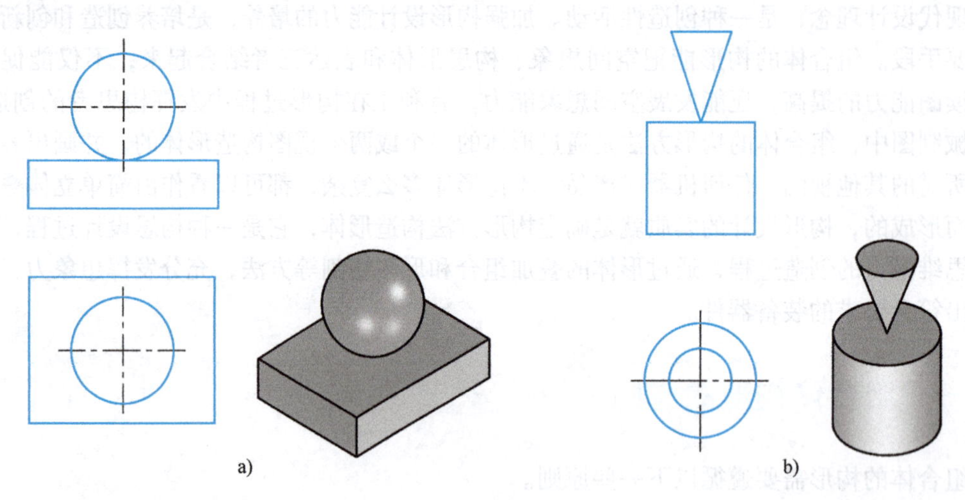

图4-42　两形体以点连接

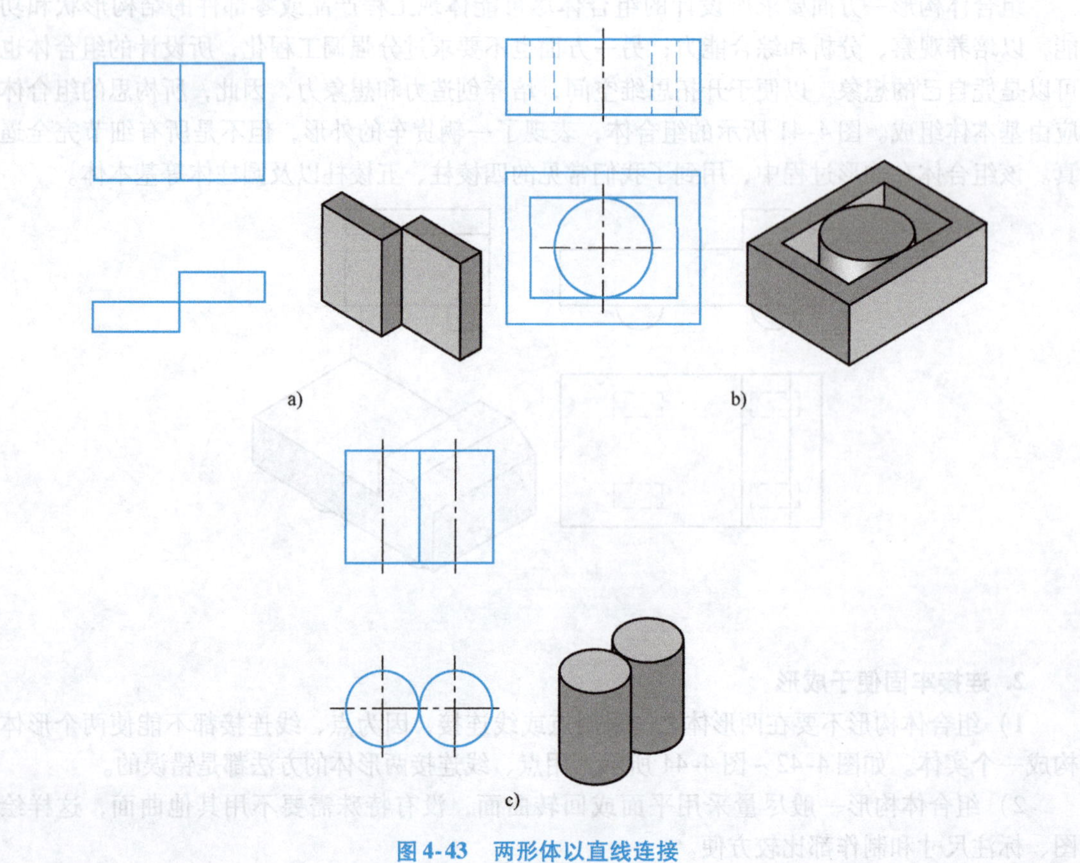

图4-43　两形体以直线连接

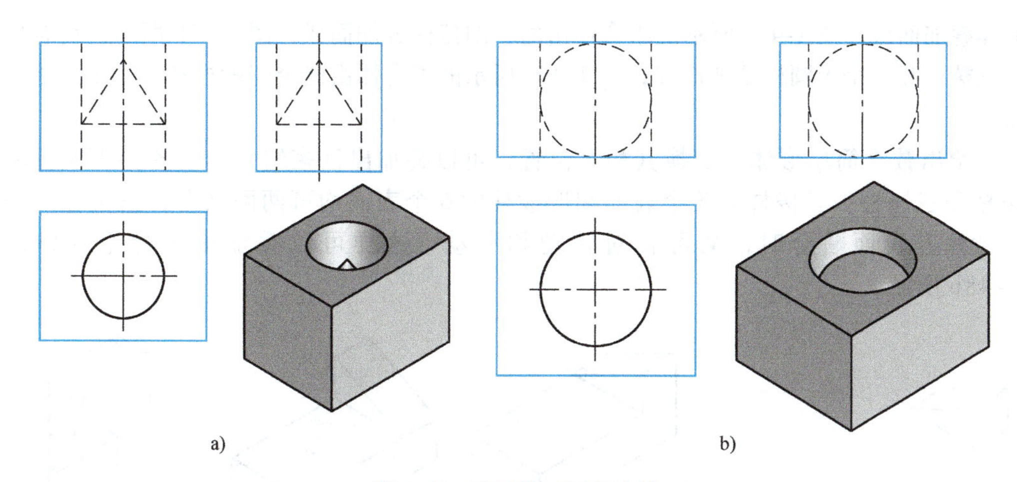

图 4-44　两形体以圆线连接

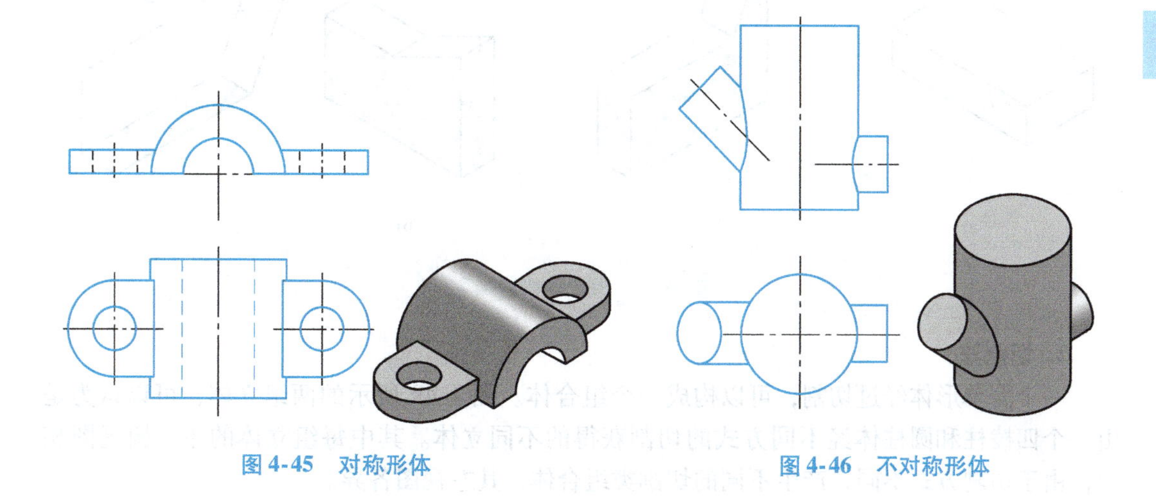

图 4-45　对称形体　　图 4-46　不对称形体

二、组合体构形的基本方法

1. 叠加法

组合体可看作由多个简单形体叠加而成。图 4-47 所示的组合体，可以认为是由数个简

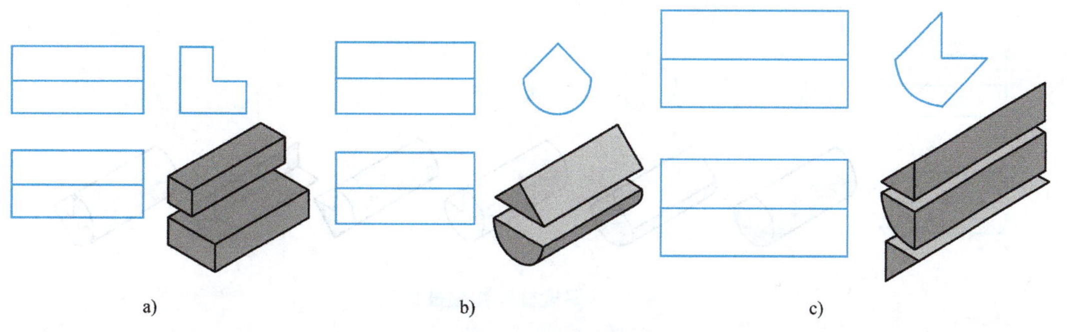

图 4-47　组合体的叠加 1

单形体叠加而成。图4-47a所示的组合体由两个四棱柱叠加而成，图4-47b所示的组合体由一个三棱柱和一个半圆柱叠加而成，图4-47c所示的组合体由两个三棱柱和一个1/4圆柱叠加而成。

若给出数个简单形体，变换其相对位置，可以叠加出许多组合体。图4-48a所示的四棱柱和三棱柱，三棱柱的5个表面和四棱柱的6个表面均可两两贴合，三棱柱下表面与四棱柱上表面贴合时，又可相对转动和移动，这样可以叠加出多种组合体，如图4-48b所示。

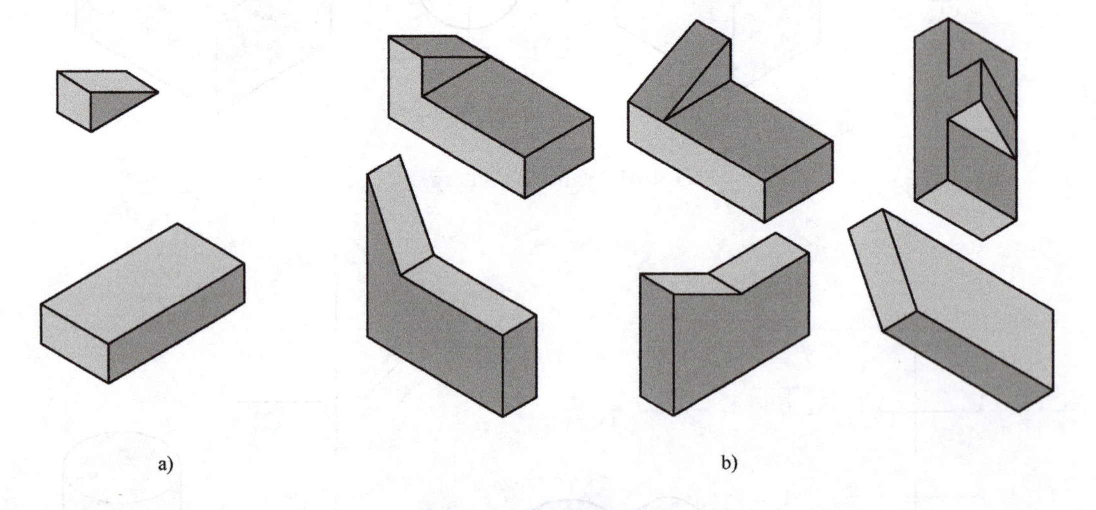

图4-48　组合体的叠加2

2. 切割法

一个简单形体经过切割，可以构成一个组合体。图4-49所示的两组立体，可以认为是由一个四棱柱和圆柱体经不同方式的切割获得的不同立体。其中每组立体的主、俯视图相同，由于切割方式不同，产生不同的切割类组合体，其左视图各异。

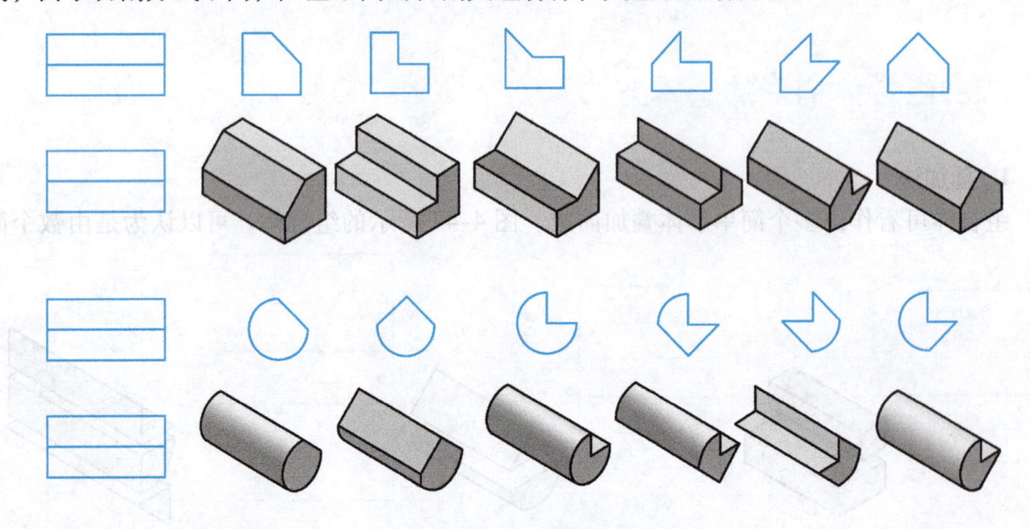

图4-49　四棱柱和圆柱被切割

将一个简单形体切割一次即得到一个新的表面，这个表面可以是平面、曲面、斜面，可凹、可凸等，变换切割方式和切割面间的相对关系，即可生成许多种组合体。图 4-50a 所示为一个圆柱，若将其顶面用不同的方式切割一次，可以得到如图 4-50b 所示的几种构形，其俯视图仍为圆，但其主视图各异。

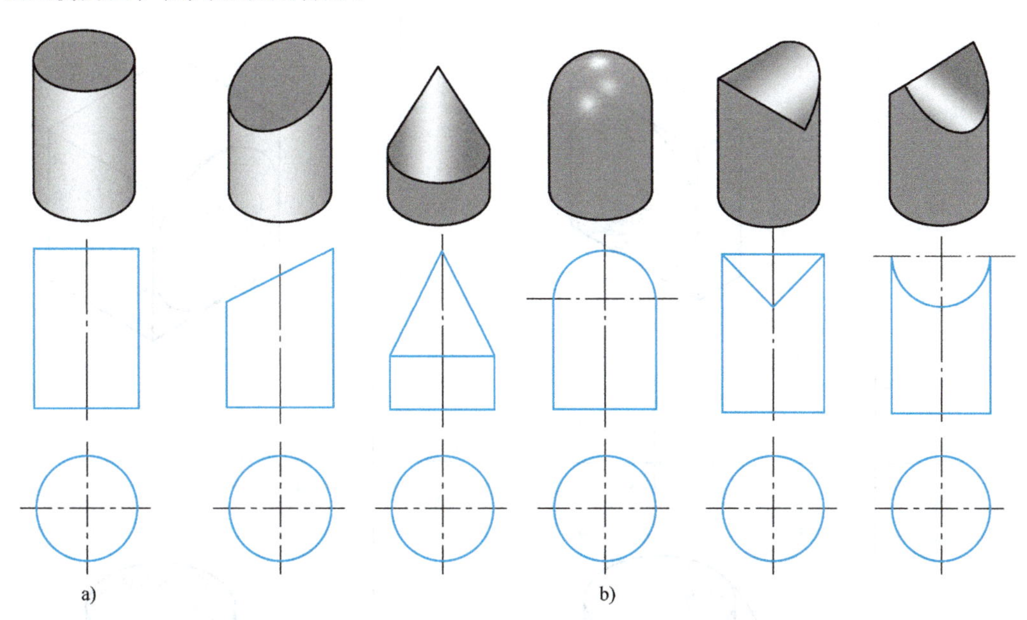

图 4-50　圆柱体被切割

3. 综合法

综合法就是同时运用叠加法和切割法进行组合体构形，这是构成组合体的一般方法。

构成一个组合体所使用的简单形体种类、组合方式和相对位置可能多种多样，根据所给出的组合体的一个视图或两个视图构思组合体，通常不止一个，读者应设法多构思出几种，这样不仅能锻炼自己组合体的画图和读图能力，还能逐步提高自己的空间想象能力。

下面举例说明构形设计，如图 4-51 所示，已知组合体的主视图，构思组合体并画出其俯、左视图。

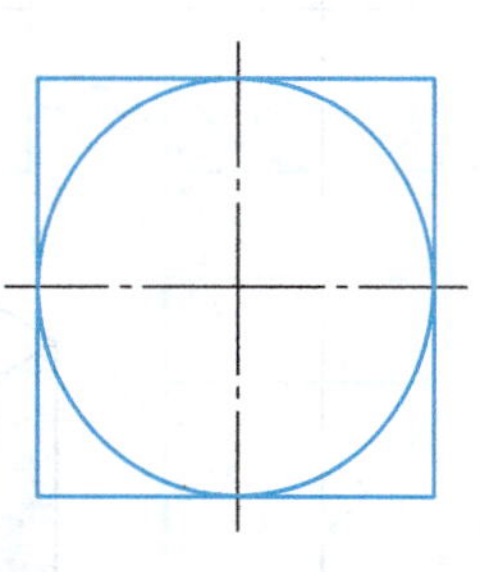

图 4-51　由一个视图构思组合体

1）根据所给出的主视图，把它认为是两个简单形体的简单叠加或切割，那么我们可构思出一些组合体，如图 4-52a、b 所示。

2）根据所给出的主视图，把它认为是两个回转体的叠加（侧表面相交），可以构思出一些组合体，如图 4-52c、d 所示，均为等直径的圆柱体相交。

3）根据所给出的主视图，把它认为是简单形体的切割可以构思出一些组合体。图 4-52e 所示为一个四棱柱前叠加一个被 45°倾斜的铅垂面切割的圆柱体；图 4-52f 所示为一个球体被 6 个投影面平行面切割。

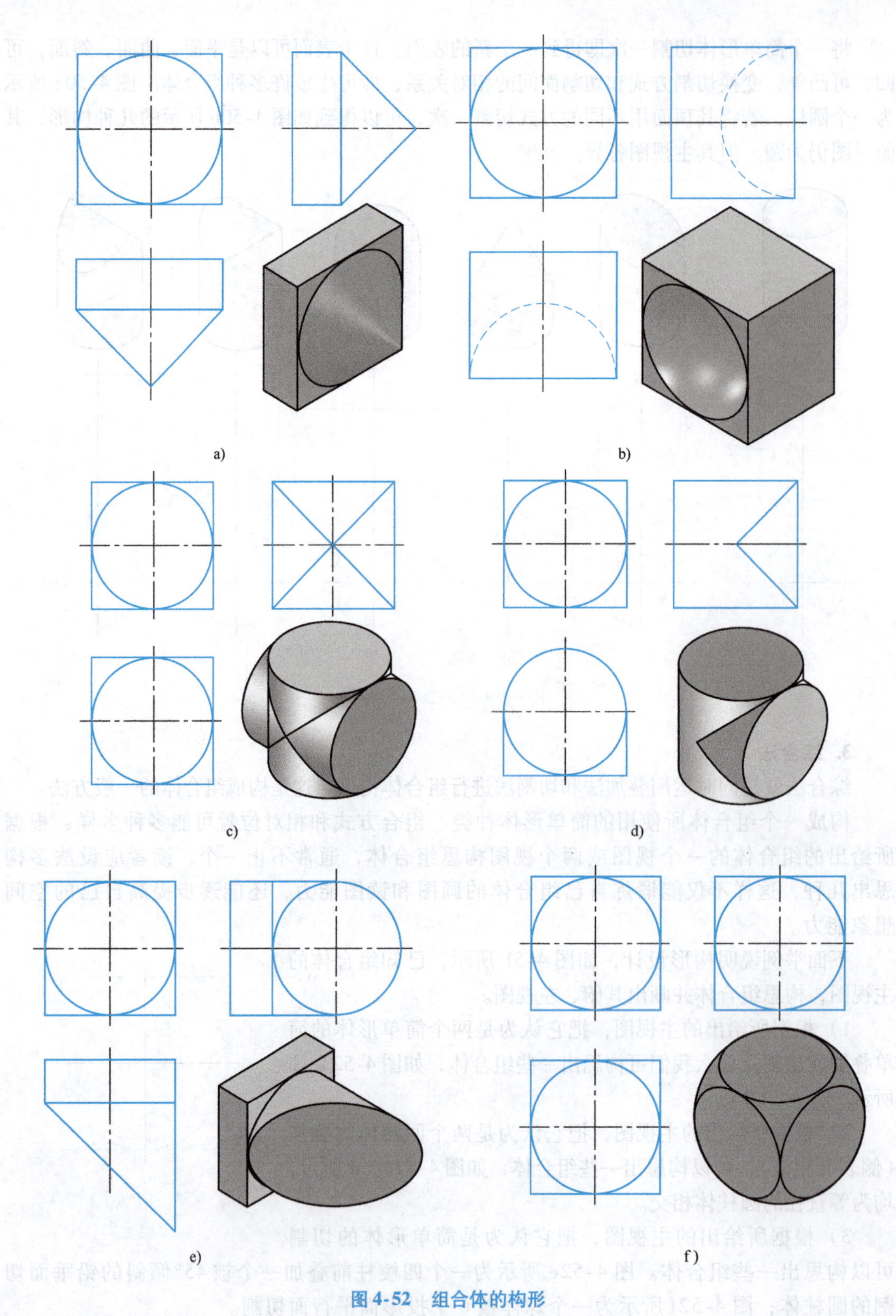

图 4-52　组合体的构形

第五章　轴　测　图

轴测图是一种单面投影图，能同时反映立体的正面、侧面和顶面（或底面）的形状，直观性强。但它不能同时反映上述各面的实形，度量性差，而且对形状比较复杂的立体不易表达清楚，作图又烦琐，因此一般在生产中作为辅助图样。本章利用轴测图辅助二维投影图表达同一工程形体，有助于读者快速认识、把握工程形体结构，提高读图速度。

第一节　轴测图的基本知识

一、轴测图的形成

如图5-1所示，假设将立体放置在一个空间直角坐标系 $O_0X_0Y_0Z_0$ 中，使立体的3条相互垂直的棱线 O_0A_0、O_0B_0、O_0C_0 与直角坐标系的3个坐标轴重合。选定一个合适的投影面 P，将立体连同确定其空间位置的直角坐标系，用平行投影法沿不平行于任何坐标面的方向，向选定的单一投影面进行投射，使所得的投影图能同时反映立体的长、宽、高3个方向的形状，这样的投影图称为轴测投影图，简称为轴测图。

二、轴测图的基本参数

如图5-1所示，投影面 P 称为轴测投射面；S 为轴测投射方向；空间点所在的直角坐标系中的坐标轴 O_0X_0、O_0Y_0、O_0Z_0 在轴测投影面上的投影 OX、OY、OZ，称为轴测投影轴（简称为轴测轴）。

（1）轴间角　两条轴测轴之间的夹角称为轴间角，记为 $\angle XOY$、$\angle XOZ$、$\angle YOZ$。

（2）轴向伸缩系数　沿轴测轴方向的线段长度（轴测投影长度）与空间立体上沿坐标轴方向的对应线段长度（真实长度）之比，称为轴向伸缩系数。

OX 轴的轴向伸缩系数：$p=\dfrac{OA}{O_0A_0}$。

OY 轴的轴向伸缩系数：$q=\dfrac{OB}{O_0B_0}$。

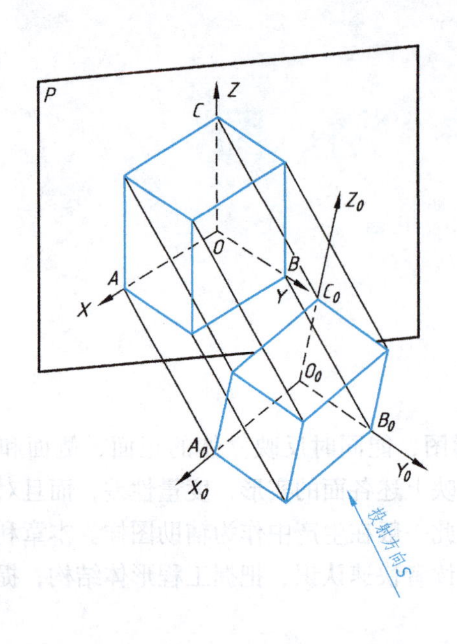

图 5-1 轴测图的形成

OZ 轴的轴向伸缩系数：$r=\dfrac{OC}{O_0C_0}$。

三、轴测图的投影特性

由于轴测图是用平行投影法绘制的，因而它具有平行投影的特性。

(1) 平行性 空间立体表面上相互平行的线段，它们的轴测投影也相互平行。因而，平行于某坐标轴的空间线段，其轴测投影仍平行于相应的轴测轴。

(2) 定比性 空间立体表面上相互平行的两线段长度之比，等于它们的轴测投影长度之比。因此，空间平行某坐标轴的线段，其伸缩系数与该坐标轴的伸缩系数相同，即空间平行于某坐标轴的线段，其轴测投影长度等于该坐标轴的轴向伸缩系数与线段真实长度的乘积。

(3) 实形性 立体上平行于轴测投影面的直线和平面，在轴测图上反映实长和实形。

画轴测图时，轴间角和轴向伸缩系数是已知的，立体表面上与坐标轴平行的线段，应按平行于相应轴测轴的方向画出，并可根据各坐标轴的轴向伸缩系数来测量其尺寸。“轴测”两字即由此而来，包含沿轴测量的意思。其他方向的线段可转换为沿轴测轴方向度量的问题。

四、轴测图的分类

根据投射方向与轴测投影面的相对位置，轴测图可分为正轴测图（投射方向垂直于轴测投影面）和斜轴测图（投射方向倾斜于轴测投影面）两大类。在各类轴测图中，根据选定不同的轴向伸缩系数，轴测图又可分为以下 3 种。

（1）正（或斜）等轴测图　轴向伸缩系数 $p=q=r$（如正等轴测图 $p=q=r\approx0.82$）。

（2）正（或斜）二轴测图　通常采用 $p=r\neq q$（如斜二轴测图 $p=r=1$ 及 $q=0.5$）。

（3）正（或斜）三轴测图　轴向伸缩系数 $p\neq q\neq r$。

其中，应用较多的轴测图为正等轴测图和斜二轴测图。

第二节　正等轴测图

一、正等轴测图的形成

如图 5-2 所示，将正方体连同其坐标系一起旋转，当 3 根空间坐标轴 O_0X_0、O_0Y_0、O_0Z_0 旋转到与轴测投影面的倾角都相等的位置，即正方体的对角线 A_0O_0 垂直于轴测投影面时，沿对角线 A_0O_0 方向向轴测投影面正投射，这样得到的投影图称为正等轴测图，简称为正等测。

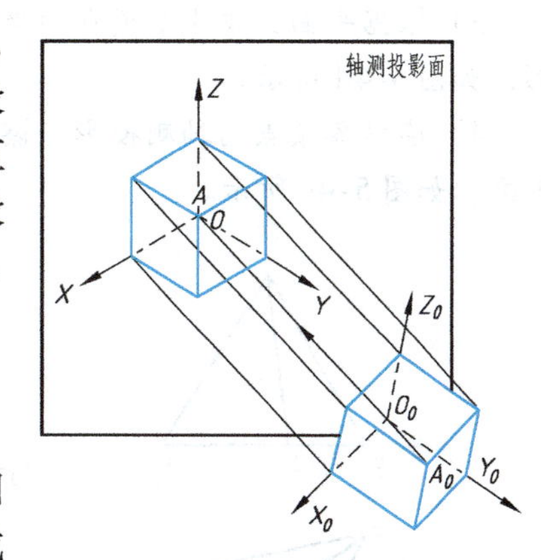

图 5-2　正等轴测图的形成

二、正等轴测图的基本参数

由于立体上的 3 个坐标轴与投影面的夹角相等，因此 3 个轴间角均为 120°。画轴测图时，轴测轴 OZ 画成铅垂方向。根据计算，3 个轴的轴向伸缩系数 $p=q=r\approx0.82$。在实际作图时，为了简化作图，常采用简化的轴向伸缩系数 $p=q=r=1$，这样画出的正等轴测图沿各轴向的长度都分别放大了 $1/0.82\approx1.22$ 倍，但不影响轴测图的立体感。本章均采用简化的轴向伸缩系数作正等轴测图，如图 5-3 所示。

三、正等轴测图的作图方法

根据物体的三视图绘制轴测图的方法和步骤如下。

1）对所画物体的三视图进行形体分析，弄清其形体特征，在三视图上确定坐标轴和原点的位置。一般选取物体的对称中心线、轴线、主要轮廓线为坐标轴。

2）由轴间角画出轴测轴，确定轴向伸缩系数。

3）选择合适的作图方法，逐步画出构成形体的各个几何元素的轴测图。轴测图中一般只画出可见部分，必要时才画出不可见部分。

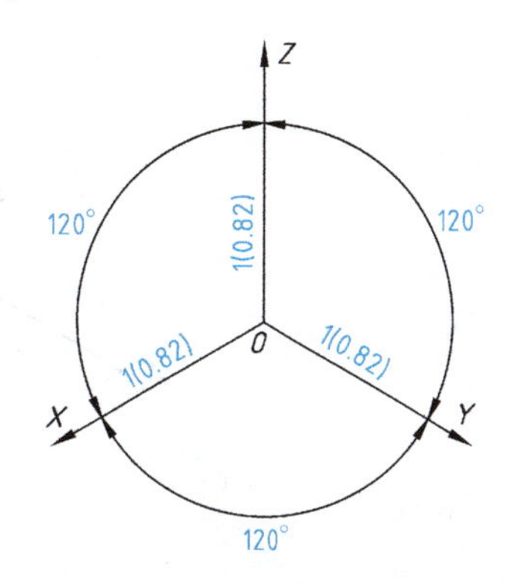

图 5-3　正等轴测图的基本参数

四、平面立体正等轴测图

绘制平面立体轴测图的基本方法是根据立体表面上各顶点的坐标，分别画出各顶点的轴测投影，然后按顺序连接各顶点的轴测投影，擦去不可见的线段，即完成平面立体的轴测图，这种方法称为坐标法，见例5-1。坐标法是画轴测图的基本方法，适用于绘制平面立体，也适用于绘制曲面立体。

【例5-1】 根据平面立体的三视图（图5-4a），画出它的正等轴测图。

作图步骤如下。

1）在三视图上标出坐标原点和坐标轴，如图5-4b所示。

2）根据轴间角画出轴测轴，如图5-4c所示。

3）根据平面立体4个顶点的坐标及轴向伸缩系数，作*A*、*B*、*C*、*S*这4个点的轴测投影，如图5-4d所示。

4）连接各顶点的轴测投影、擦去多余的辅助线并加深图形，看不见的细虚线一般省略不画，如图5-4e所示。

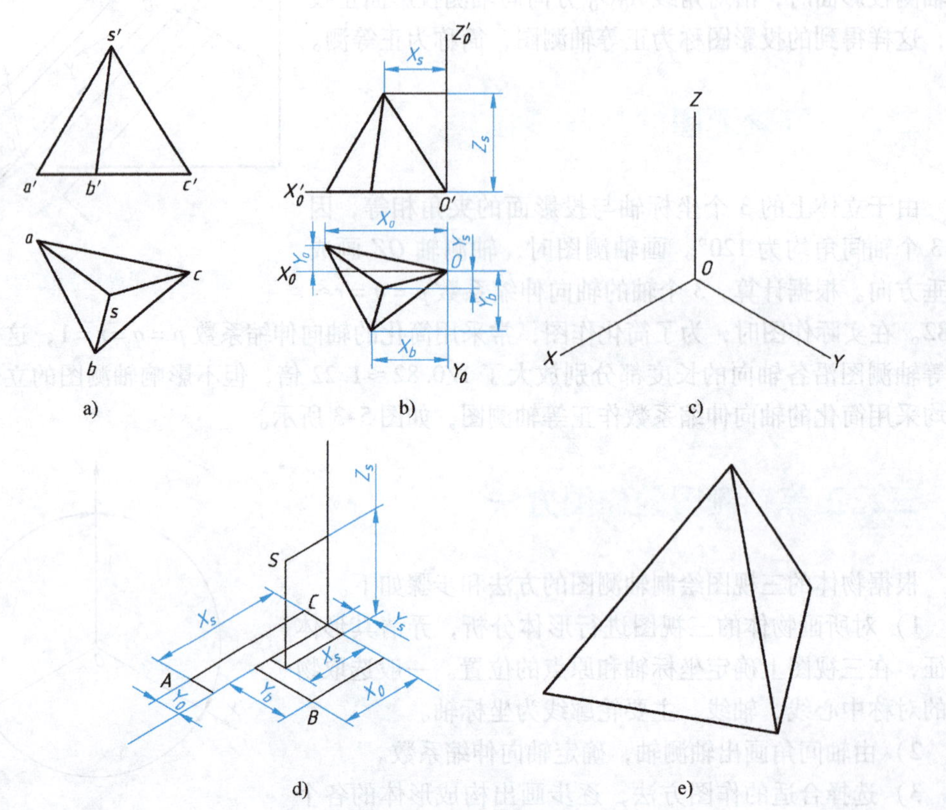

图5-4 坐标法绘制正等轴测图

画轴测图的基本方法是坐标法，但在实际作图时，还应根据物体的形状特点不同而灵活采用各种不同的作图方法。

【例 5-2】 平面立体的三视图如图 5-5a 所示，画出它的正等轴测图。

分析：该立体可以看成是由两个被截切后的长方体组成，下面底板长方体左端被切去了一个长方体，上面立板长方体被切去了一个角。

作图步骤如下。

1）在三视图上标出坐标原点和坐标轴，如图 5-5b 所示。

2）作底板长方体的轴测图，如图 5-5c 所示。

3）作立板长方体的轴测图，如图 5-5d 所示。

4）作各截平面的轴测图，如图 5-5e 所示。

5）擦去多余的线条，检查加深，如图 5-5f 所示。

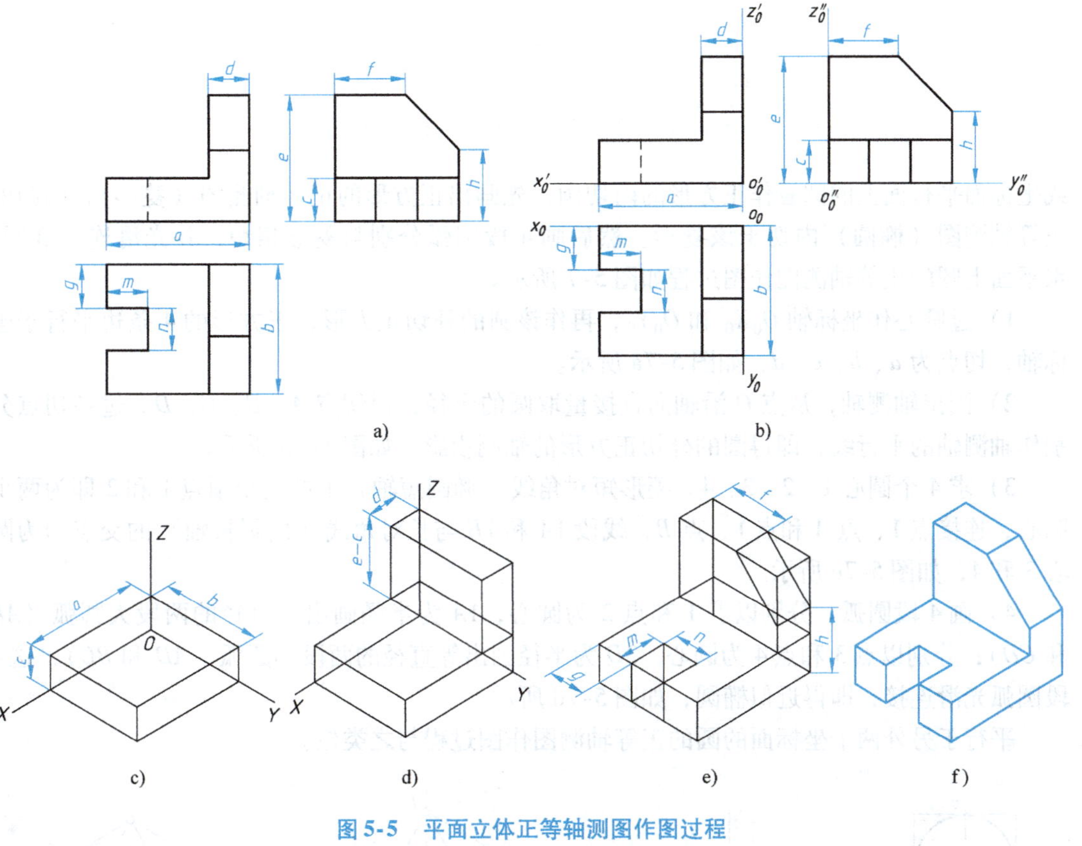

图 5-5 平面立体正等轴测图作图过程

五、曲面立体的正等轴测图

1. 平行于坐标面的圆的正等轴测图

在正等轴测图中，因空间 3 个坐标面都与轴测投影面倾斜且倾角相等，所以 3 个坐标面（或其平行面）上直径相等的圆，其轴测投影均为 3 个长短轴分别相等的椭圆，但长短轴方向不同，长轴与其所在坐标面相垂直的轴测轴垂直，短轴与该轴测轴平行，如图 5-6 所示。

为了作图简便，轴测投影中的椭圆通常采用四心圆法近似画出。作图时，可把坐标面上

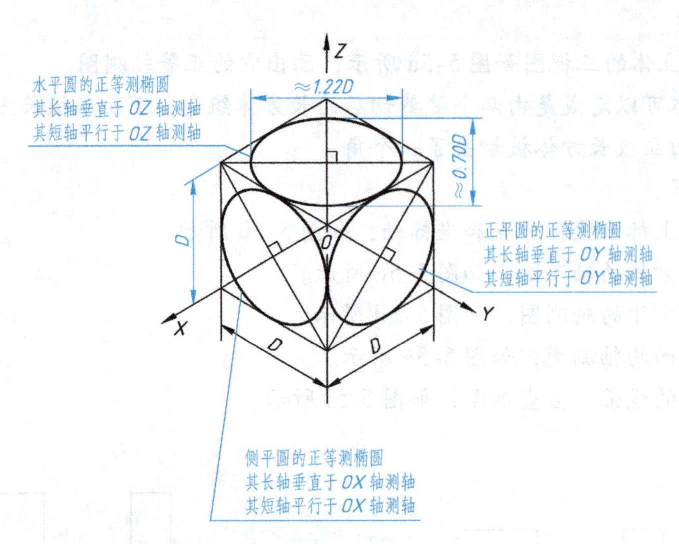

图5-6　平行于坐标面的圆的正等轴测图

或坐标面平行面上的圆看作正方形的内切圆，先画出正方形的正等轴测图（菱形），则圆的正等轴测图（椭圆）内切于该菱形。然后画4段圆弧分别与菱形相切，并光滑连成椭圆。水平面上圆的正等轴测图作图过程如图5-7所示。

1）过圆心作坐标轴 O_0X_0 和 O_0Y_0，再作该圆的外切正方形，正方形的4条边平行于坐标轴，切点为 *a*、*b*、*c*、*d*，如图5-7a所示。

2）画出轴测轴，从点 *O* 沿轴向直接量取圆的半径，得切点 *A*、*B*、*C*、*D*。过各切点分别作轴测轴的平行线，即得圆的外切正方形的轴测投影，如图5-7b所示。

3）求4个圆心1、2、3、4。菱形短对角线（椭圆短轴）上的两个顶点1和2即为两个圆心，连接点1、点 *A* 和点1、点 *B*，线段1*A* 和1*B* 与长对角线（椭圆长轴）的交点即为圆心3和4，如图5-7c所示。

4）画4段圆弧。分别以点1和点2为圆心，1*A* 为半径画出等直径的两段大圆弧（*AB* 和 *CD*）；分别以点3和点4为圆心，3*D* 为半径画出等直径的两段小圆弧（*AD* 和 *BC*），这4段圆弧光滑连接，即得近似椭圆，如图5-7d所示。

平行于另外两个坐标面的圆的正等轴测图作图过程与之类似。

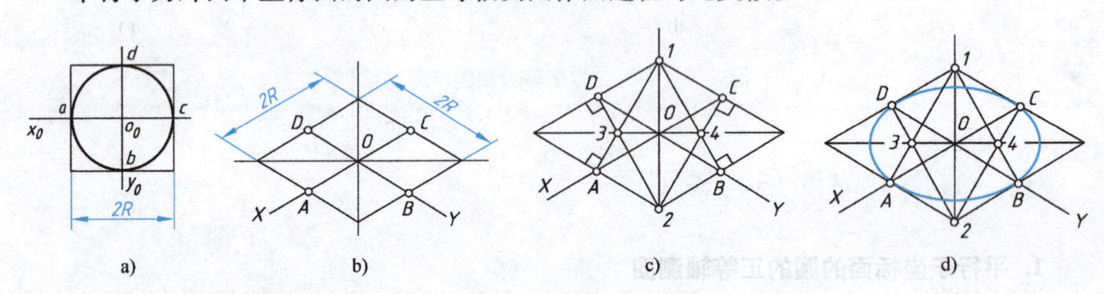

图5-7　水平面上圆的正等轴测图作图过程

2. 圆角的正等轴测图

圆角的轴测投影为椭圆弧，用圆弧来代替椭圆弧，是画圆角的简便方法。由图5-7d可知，菱形相邻两边中垂线的交点就是该圆弧的圆心，垂足即为切点也为圆弧的起点和终点。

【例 5-3】 已知带圆角底板的视图，如图 5-8a 所示，求作其正等轴测图。

作图步骤如下。

1）先作不带圆角底板（四棱柱）的正等轴测图。自四棱柱上表面（平行四边形）各顶点沿两边量取 R 得 A、B、C、D 等 8 点，过这 8 点分别作各边垂线，交得 4 个圆心（1、2、3、4），从而画出 AB 和 CD 等 4 段圆弧来拟合 4 段椭圆弧，这 4 段圆弧即为底板上表面的 4 个圆角的正等轴测图，如图 5-8b 所示。

2）自点 1、3、4 沿 OZ 轴方向向下量取 h，得点 5、6、7，以这 3 点为圆心分别画出 3 段圆弧来拟合三段椭圆弧，这三段圆弧即为底板下表面前、左、右 3 个圆角的正等轴测图，再作圆弧的外公切线 EF 与 MN，得到底板左、右圆角正等轴测图的转向轮廓线，如图 5-8c 所示。

3）整理、加深，完成带圆角底板的正等轴测图，如图 5-8d 所示。

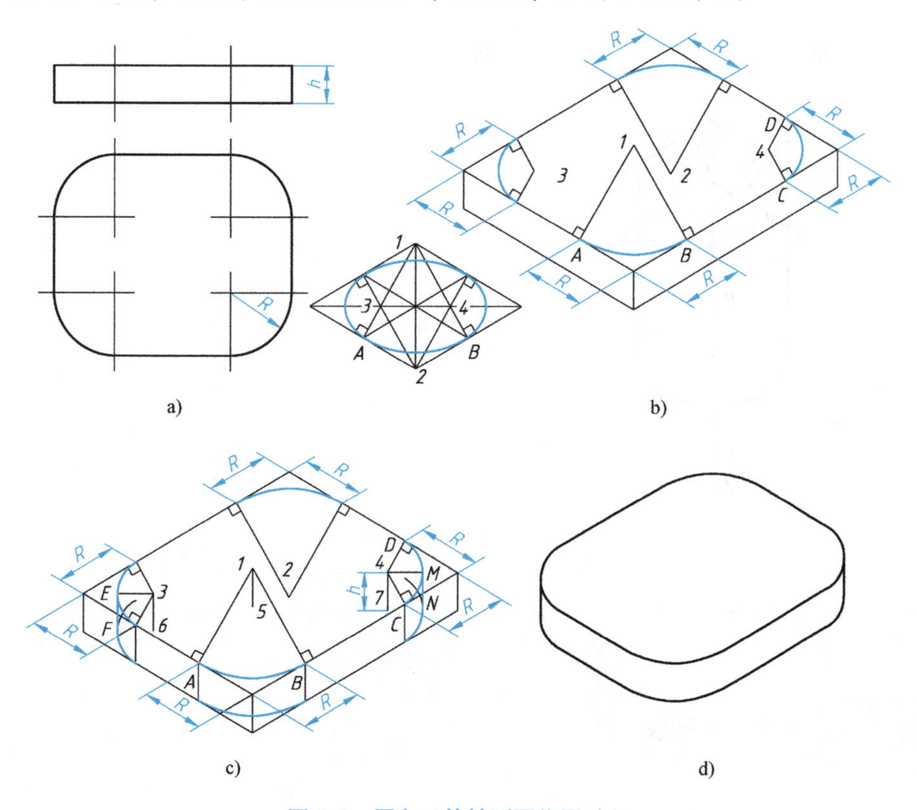

图 5-8　圆角正等轴测图作图过程

【例 5-4】 如图 5-9a 所示，已知圆柱体的主视图与俯视图，求作其正等轴测图。

作图要点：为了减少作图辅助线，在设立坐标轴时，将坐标圆点建立在上底面上。先做出上底面圆的正等轴测图，画法如图 5-7 所示，再将 4 个圆心 1、2、3、4 沿 OZ 轴方向下移圆柱高度 h 得点 A、B、C、D（移心法），做出下底面圆的正等轴测图，为保证作图质量，可将 4 段圆弧的切点也下移 h，得到底面 4 段圆弧的切点；再做两椭圆的外公切线（轴测投影面P的转向轮廓线）；最后完成铅垂圆柱体的正等轴测图，作图过程如图5-9所示。

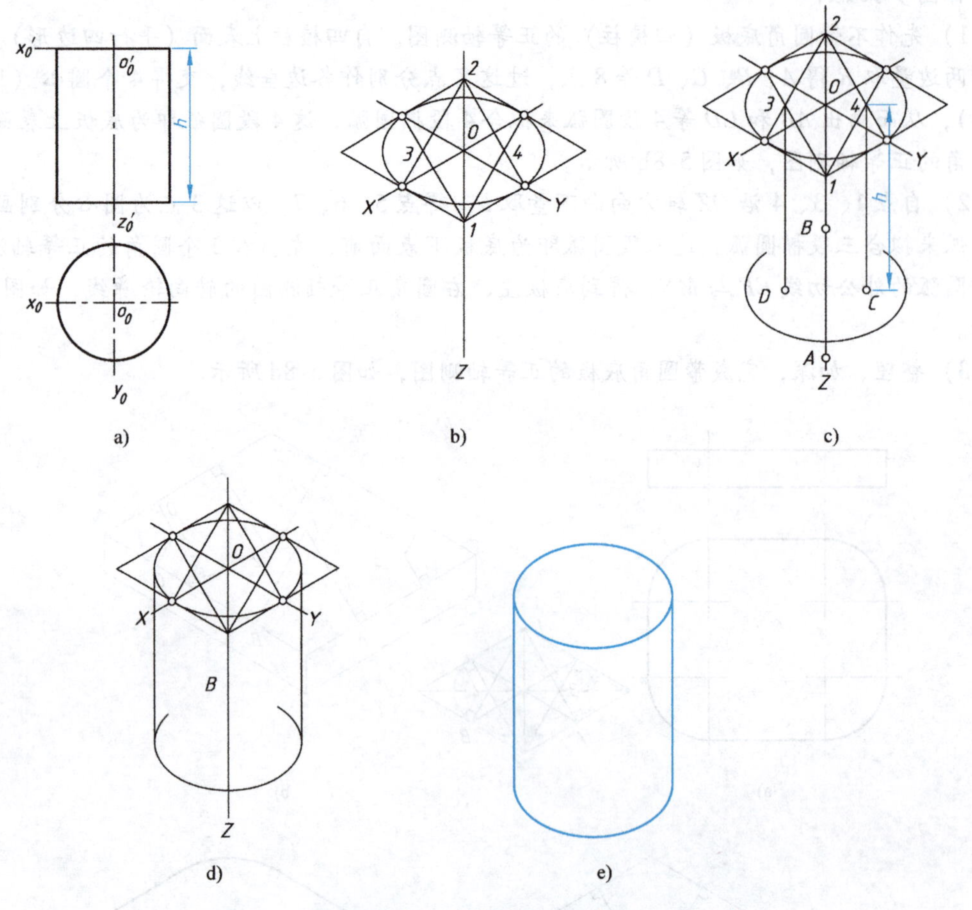

图5-9　铅垂圆柱体正等轴测图作图过程——移心法

a）设立坐标轴　b）作上底面圆的正等轴测图　c）作下底面圆的正等轴测图（移心法）
d）作两椭圆的公切线——转向轮廓线　e）整理图线，完成圆柱体的正等轴测图

第三节　斜二轴测图

一、斜二轴测图的形成

如果使立体的一个坐标面（如$X_0O_0Z_0$坐标面）平行于轴测投影面P，投射方向倾斜于轴测投影面，这样得到的具有立体感的轴测图称为斜轴测图。在绘制斜轴测图时，一般采用斜二轴测图，本节仅讨论斜二轴测图的画法，如图5-10所示。

二、斜二轴测图的基本参数

从图 5-10 中可以看出，在形成斜二轴测图时，坐标面 $X_0O_0Z_0$ 平行于轴测投影面，那么这个坐标面的轴测投影反映实形，所以 X、Z 方向的轴向伸缩系数为 $p=r=1$，$\angle XOZ$ 为 $90°$。轴测轴 OY 的位置及其轴向伸缩系数随投射方向的改变而改变，但为了作图简便，常选用$\angle XOY=\angle YOZ=135°$，$OY$ 轴的轴向伸缩系数为 $q=0.5$，如图 5-11 所示。这种斜轴测图称为斜二轴测图，简称为斜二测。

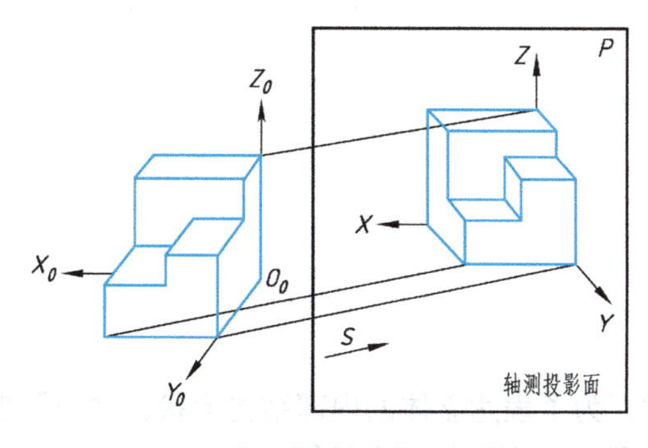

图 5-10　斜二轴测图的形成

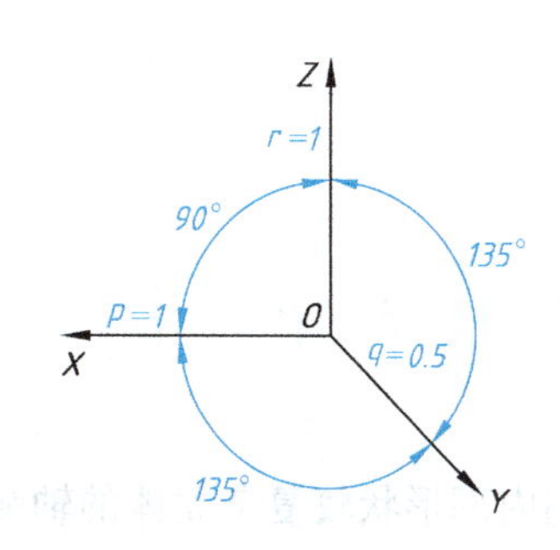

图 5-11　斜二轴测图的基本参数

三、平行于坐标面的圆的斜二轴测图

正立方体表面上 3 个内切圆（分别平行于 3 个坐标面）的斜二轴测图，如图 5-12 所示。由于坐标面 $X_0O_0Z_0$ 平行于轴测投影面，所以，平行于该坐标面的圆的斜二轴测图反映该圆的实形，而立体上平行于坐标面 $X_0O_0Y_0$ 和坐标面 $Y_0O_0Z_0$ 的圆不平行于轴测投影面，因此，平行于这两个坐标面的圆的斜二测投影都是椭圆。由于这种椭圆作图复杂，所以斜二轴测图一般用来表达只有一个方向上有圆或圆弧的立体，而对于两个或两个以上方向都有圆的立体，则用正等轴测图表达。

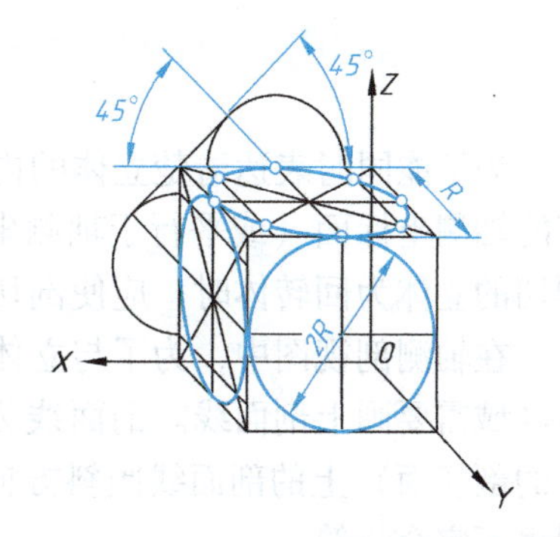

图 5-12　平行于坐标面的圆的斜二轴测图

四、立体的斜二轴测图画法举例

【例 5-5】　画出如图 5-13a 所示端盖的斜二轴测图。

由投影可知，端盖的形状特点是在一个方向上有相互平行的圆，其他方向没有圆，所以应用斜二轴测图，选择圆所在的平面平行于坐标面 XOZ，作图过程如图 5-13 所示。

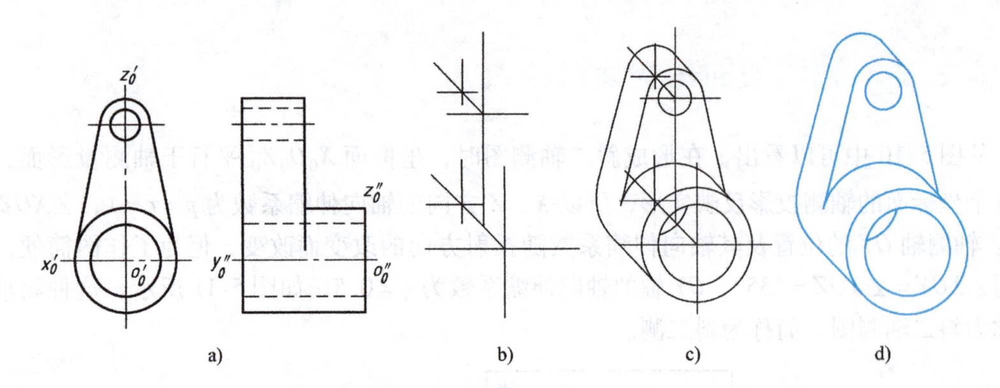

图 5-13　端盖的斜二轴测图作图过程

a）选定坐标轴　b）画轴测轴　c）画圆柱及后板　d）整理、加深

第四节　轴测图的剖切画法

当绘制内部形状较复杂立体的轴测图时，为了表达立体的内部结构形状，常用假想的剖切平面将立体的一部分剖去，画成轴测剖视图（剖视图的概念见第六章）。

一、轴测图的剖切方法

为了能同时表达清楚立体的内外部形状，轴测剖视图的剖切平面通常要通过两个相互垂直的轴测坐标面（或平行于轴测坐标面的剖切面）进行剖切，即假想将立体切掉1/4。当所剖切的立体为回转体时，应使剖切平面通过其轴线。

在轴测剖视图中，为了与立体上未剖到的区域相区别，用剖切平面剖切立体所得到的剖面区域需要画上剖面线。剖面线为等距且平行的细实线，不同坐标面（或平行于不同坐标面的剖切面）上的剖面线倾斜方向不同，不同坐标面上剖面线的间隔由于轴向伸缩系数不同也不完全相等。

正等测剖面线方向应按图 5-14a 所示的规定来画，XOY 坐标面（或平行于该坐标面的剖切面）上的剖面线与水平线平行，其他两个坐标面（或平行于这两个坐标面）上的剖面线与水平线成60°，并分别向左、右两个不同方向倾斜，但是3个坐标面上剖面线的间隔是相等的。

斜二测剖面线应按图 5-14b 所示的规定来画，XOZ 坐标面（或平行于该坐标面的剖切面）上的剖面线相互平行且与水平方向成45°。根据斜二测轴向伸缩系数的特点，沿轴测轴 OY 上所取分点距离为沿轴测轴 OX 和轴测轴 OZ 上所取分点距离的一半，将这些分点连成等腰三角形，这些等腰三角形的每一条边即表示相应坐标面上剖面线的方向。

二、轴测剖视图的画法

轴测剖视图的画法有两种：第一种画法是先画整体外形轮廓，然后画剖面和内部看得见

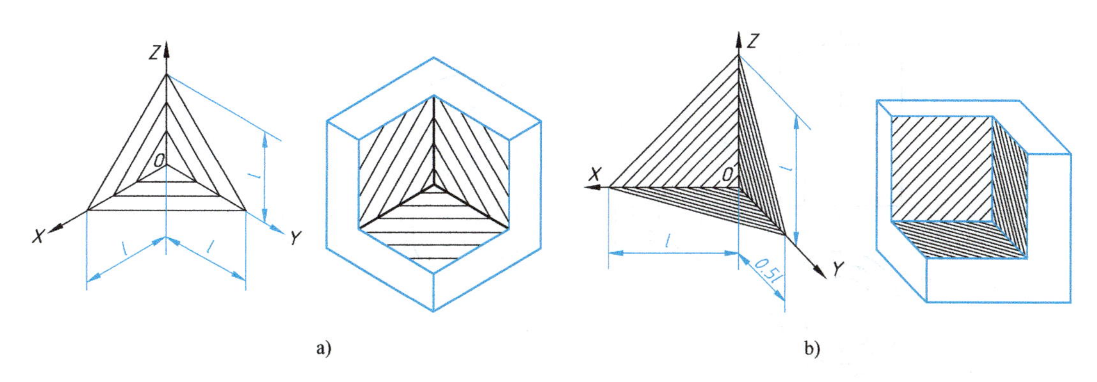

图 5-14　轴测图中的剖面线方向和间距

的结构；第二种画法是先画剖面形状，然后再画外面和内部看得见的结构。

1. 第一种画法（先画整体外形轮廓，然后画剖面和内部看得见的结构）

图 5-15a 所示空心圆柱的轴测剖视图作图步骤如下。

1）用细实线画出空心圆柱的轴测投影，如图 5-15b 所示。

2）按照选定的剖切位置（通过 *XOZ* 面和 *YOZ* 面），用细实线画出剖面区域，再补画内部可见部分的轴测投影，并擦去被切除部分的轮廓线，如图 5-15c 所示。

3）在剖面区域画出剖面线，清理图面，加深图线，完成全图，如图 5-15d 所示。

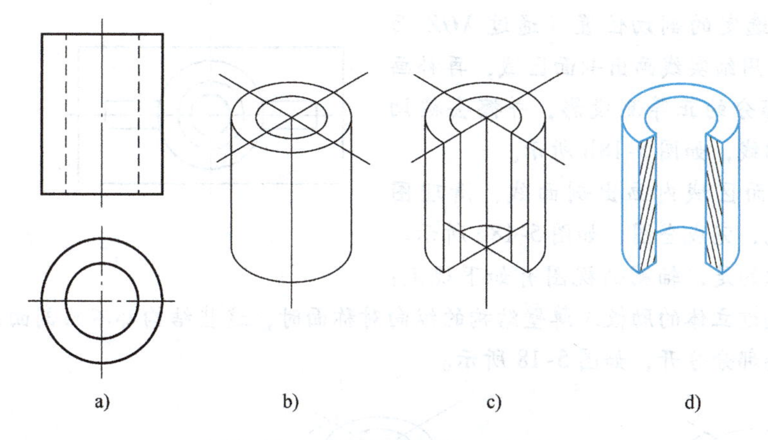

图 5-15　轴测剖视图的第一种画法

2. 第二种画法（先画剖面形状，然后再画外部和内部看得见的结构）

该画法可省略那些被剖切部分的轮廓线，有助于保持图面整洁。

图 5-16a 所示圆柱套筒的轴测剖视图作图步骤如下。

1）按照选定的剖切位置（通过 *XOZ* 面和 *YOZ* 面），用细实线画出剖面区域的轴测投影，如图 5-16b 所示。

2）再用细实线补画出外形和内部可见结构的轴测投影，如图 5-16c 所示。

3）在剖面区域内画出剖面线，清理图面，加深图线，完成全图，结果如图 5-16d

所示。

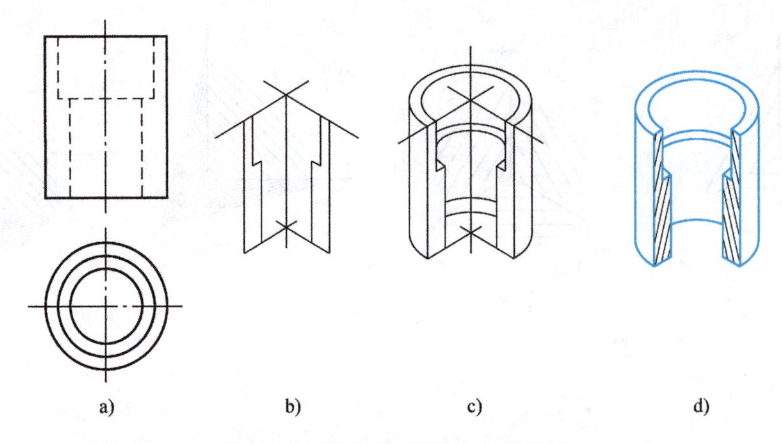

图5-16　轴测剖视图的第二种画法

【例5-6】 根据图5-17所示立体的三视图，用第一种方法画出立体的正等轴测剖视图，用第二种方法画出立体的斜二轴测剖视图。

第一种画法如图5-18所示，作图步骤如下。

1）用细实线画出立体的正等测投影，如图5-18a所示。

2）按照选定的剖切位置（通过*XOZ*面和*YOZ*面），用细实线画出剖面区域，再补画出内部可见部分的正等测投影，并擦去被切除部分的轮廓线，如图5-18b所示。

3）在剖面区域内画出剖面线，清理图面，加深图线，完成全图，如图5-18c所示。

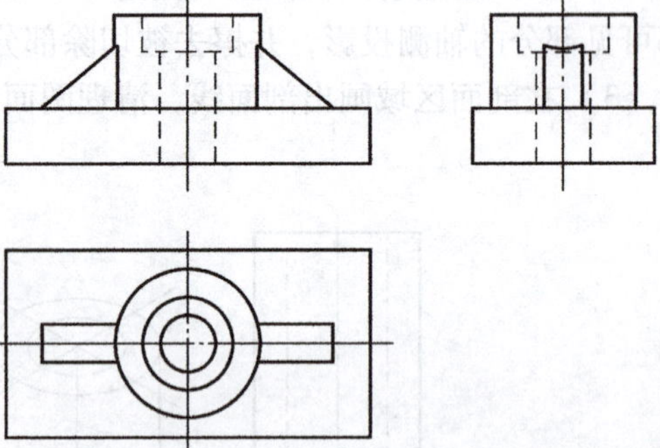

图5-17　立体的三视图

需要注意的是，轴测剖视图有如下规定：当剖切平面通过立体的肋板或薄壁结构的纵向对称面时，这些结构都不画剖面线，而用粗实线将它与邻接部分分开，如图5-18所示。

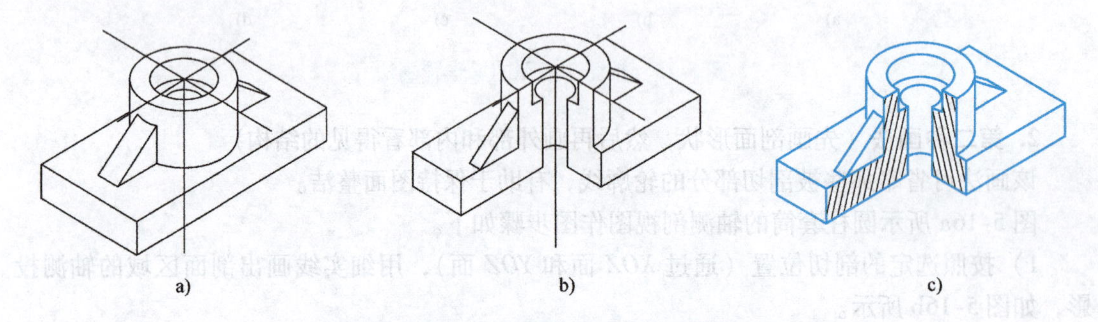

图5-18　第一种画法画立体的正等轴测剖视图

第二种画法如图5-19所示，作图步骤如下。

1）按照选定的剖切位置（通过 *XOY* 面和 *YOZ* 面），用细实线画出剖面区域的斜二测投影，如图 5-19a 所示。

2）再用细实线补画出外部和内部可见结构的斜二测投影，如图 5-19b 所示。

3）在剖面区域内画出剖面线，清理图面，加深图线，完成全图，如图 5-19c 所示。

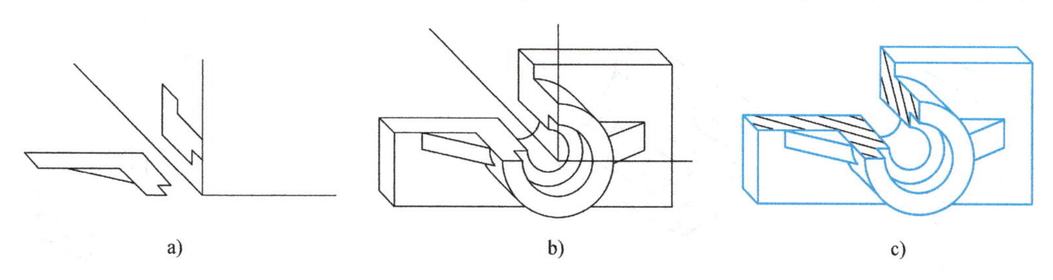

图 5-19　第二种画法画立体的斜二轴测剖视图

第五节　轴测图的徒手画法

徒手绘制的轴测图称为轴测草图，是不借助任何绘图仪器、工具，用目测、徒手绘制的轴测图。由于尺规绘制轴测图较烦琐，所以徒手绘制轴测草图常被采用。轴测草图是表达设计思想、记录先进设备、指导工程施工很有用的工具。设计人员画出初步构思草图后，可边画边修改，逐步完善，最后定形。在机器测绘中，常用它来记录零件的相对位置或总体布置。在很多交流信息的场合，也要求迅速地向没有阅读多面正投影图能力者做产品介绍、施工说明，此时使用轴测草图最为方便。

在绘制轴测草图时，除了要熟练掌握第一章介绍的绘制草图技巧外，还要注意以下几点。

1）绘制轴测轴时应使轴间角尽量准确。由于是徒手、目测作图，可以用如图 5-20 所示的两种方法绘制正等轴测轴和斜二轴测轴。

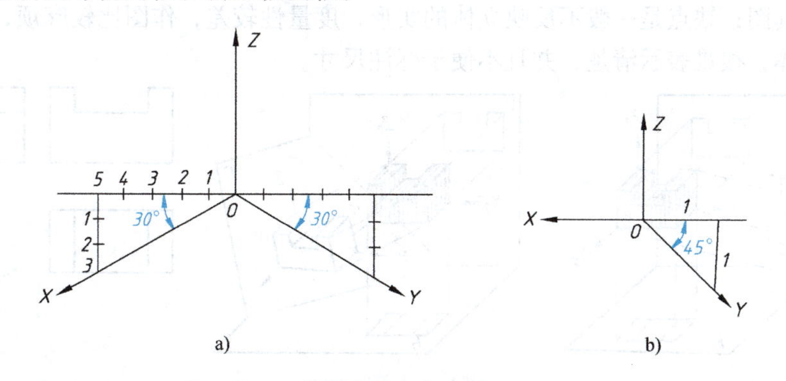

图 5-20　正等轴测轴和斜二轴测轴的画法

2）画图中要熟练运用轴测投影的基本特性，如定比性、平行性等，它们是准确绘制轴测草图的重要依据，同时又可提高画图速度。

3）绘制轴测草图时，常常采用方箱法，即先画出基本形体的包容长方体，再绘出其准确形状的方法。图5-21所示为徒手绘制平面立体的过程。如图5-22所示，画圆柱体时可先画出圆柱体前端面中圆的轴测投影椭圆的外切菱形，再按圆柱体长度 H 画出其包容长方体，最后画出相应椭圆和投影转向轮廓线，完成圆柱体的轴测草图。

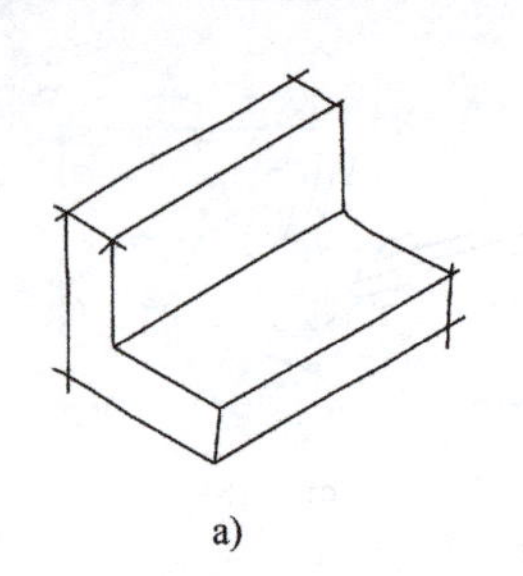
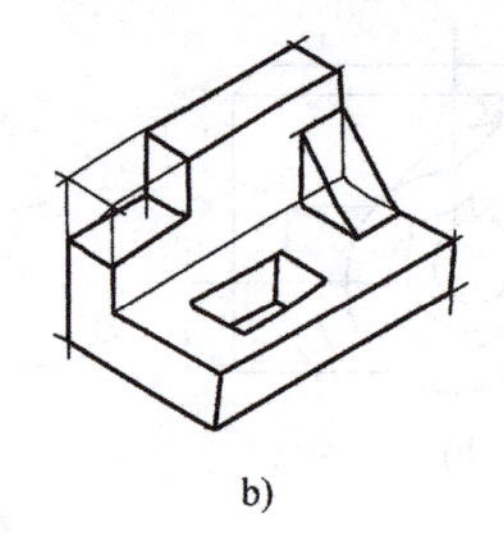
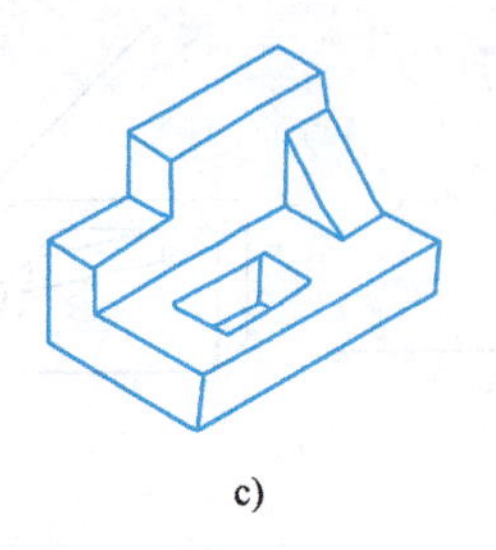

图5-21 徒手绘制平面立体的过程
a）绘制包容长方体 b）绘出准确形状 c）绘制完成

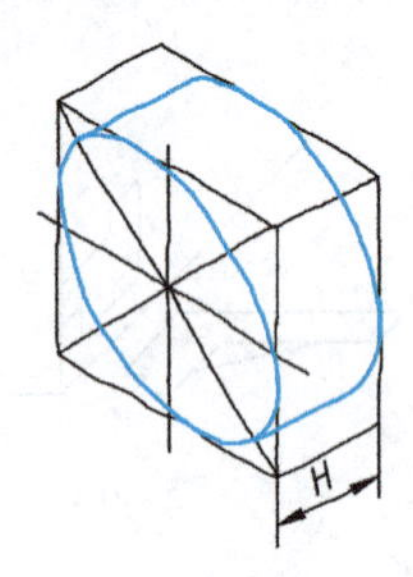

图5-22 方箱法画圆柱体

第六节 立体的异维图示

一、立体的多面投影图和轴测图比较

如图5-23所示，立体的多面投影图是立体向多个投影面投射，为了作图简便，通常将立体正着放，使立体的主要表面与投影面平行或垂直，这样立体表面的投影便会反映实形或积聚。多面投影图的优点是能确切地表达立体的空间形状，度量性好，作图简便，便于标注尺寸；缺点是立体感比较差，读图比较困难。

如图5-23所示，轴测图是立体向单一投影面投射，为了在一个投影图中同时表达立体的长、宽、高3个方向的形状，就要求投射线不能与立体的表面平行。轴测图的优点是立体感强，容易读图；缺点是一般不反映立体的实形，度量性较差，作图比较麻烦，对于形体比较复杂的立体，很难表示清楚，并且不便于标注尺寸。

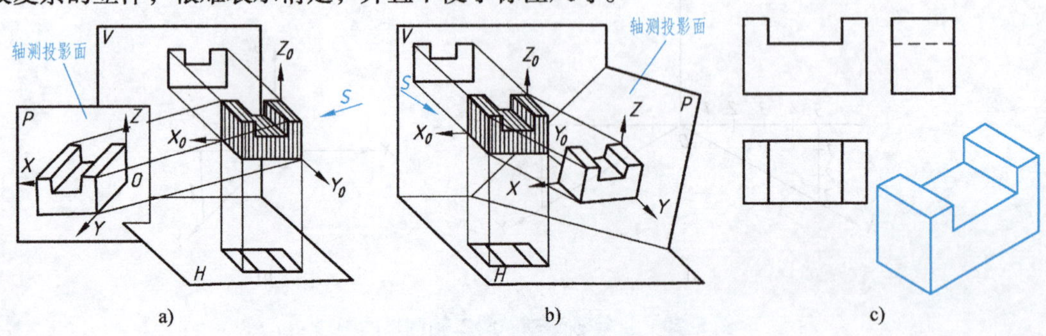

图5-23 多面正投影图和轴测图的形成和比较
a）多面正投影图与斜轴测图的形成 b）多面正投影图与正轴测图的形成 c）多面正投影图与轴测图的比较

对比立体的多面投影图与轴测图，它们各有所长，可以互为补充。

二、立体的异维图示

工程上通常用多面正投影图表达立体的空间形状，但其缺乏立体感，给读图带来一定困难，而轴测图正好可以弥补这方面的不足。如果同时用多面正投影图和轴测图一起表达立体，则可以同时发挥两种投影图的优点，有效提高读图效率。

如图5-24～图5-26所示，分别在同一张图样上同时采用多面正投影图和轴测图表达截断体、相贯体、组合体的形状和结构。本书将在同一张图样上用二维投影图和三维立体图融为一体，表达同一几何形体的方法称为异维图示。通过异维图示法绘制的工程图称为异维图。

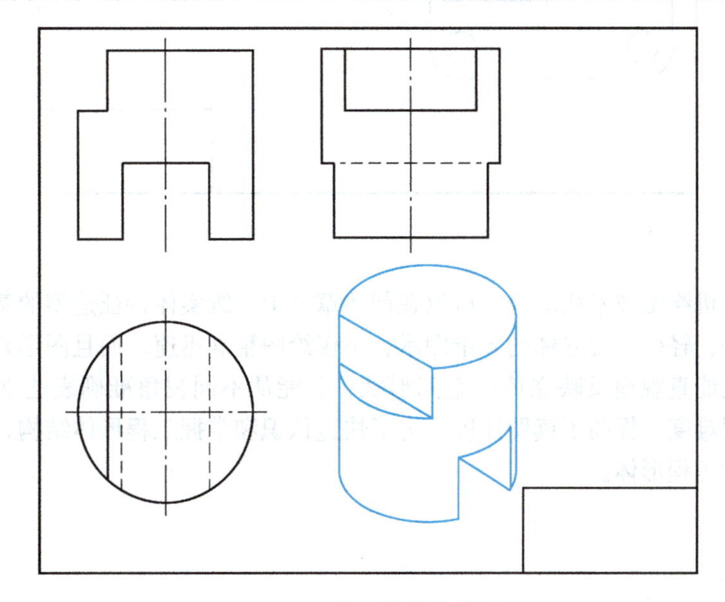

图5-24　截断体的异维图

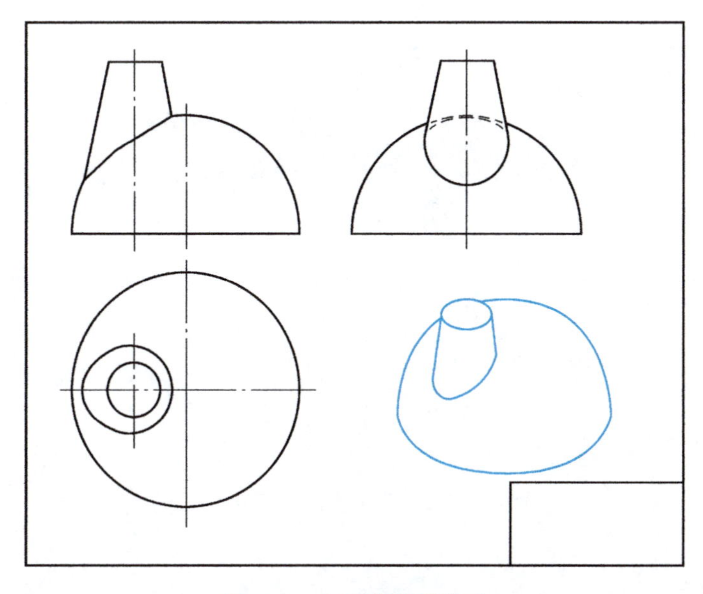

图5-25　相贯体的异维图

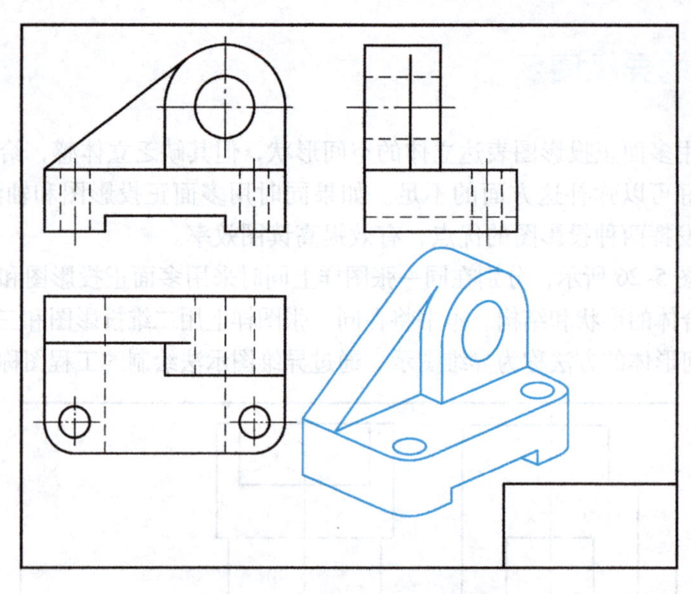

图 5-26　组合体的异维图

如果与计算机绘图技术相结合，可以在前述章节中三维实体特征造型的基础上，通过生成工程图的方法，轻松实现立体的异维图示，不仅绘图精确迅速，而且图形直观易懂。不难看出，异维图既能直观地反映立体的空间形状，又能从不同视角准确表达立体的形状和尺寸，降低了读图难度，提高了读图速度。为了快速认识和掌握工程形体结构，后续章节均采用此类方法表达工程形体。

第六章 机件的常用表达方法

机件是对机械产品中零件、部件和机器的统称。在生产实际中，机件的内外结构和形状多种多样，为了完整、清晰、简便地表达它们的结构，《技术制图》系列标准和《机械制图》系列标准中规定了机件的各种表达方法。本章将重点介绍视图、剖视图、断面图、简化画法和其他表达方法。

第一节 视图

视图是根据有关国家标准按正投影法所绘制的图形。在机械图样中，视图主要用来表达机件的外部结构和形状，一般只画出机件的可见部分，必要时才用细虚线表达其不可见部分。为了使画出的图样清晰易懂，而且制图简便，应尽量选用较少的视图。视图的种类通常有基本视图、向视图、局部视图和斜视图。

图 6-1 所示的斜轴承座，它和轴承盖的结合面倾斜于底板。以主视图为主，其他视图（向视图、局部视图和斜视图）为辅。其他视图弥补了主视图的不足，清晰地表达了机件内外结构形状。以下介绍这些不同视图的形成过程及其各自的画法、配置以及标注。

一、基本视图

为了清楚地表达机件的上、下、左、右、前、后 6 个方向的结构形状，在原来 3 个投影面的基础上，再增加 3 个投影面，构成了一个正六面体。六面体的 6 个面即为 6 个基本投影面。

将机件放置其中，分别向各基本投影面投射所得到的视图，称为基本视图，即得到 6 个基本视图，如图 6-2 所示。

除已学过的主视图、俯视图、左视图外，还有：从右向左投射得到的右视图、从下向上投射得到的仰视图、从后向前投射得到的后视图。

基本视图的展开，仍然保持正立投影面不动，其他各投影图按如图 6-2 所示展开。展开后各视图的配置位置如图 6-3 所示。

应用基本视图时应注意如下问题。

1）当各视图按如图 6-3 所示配置时，称为基本配置位置，一律不标注视图的名称。

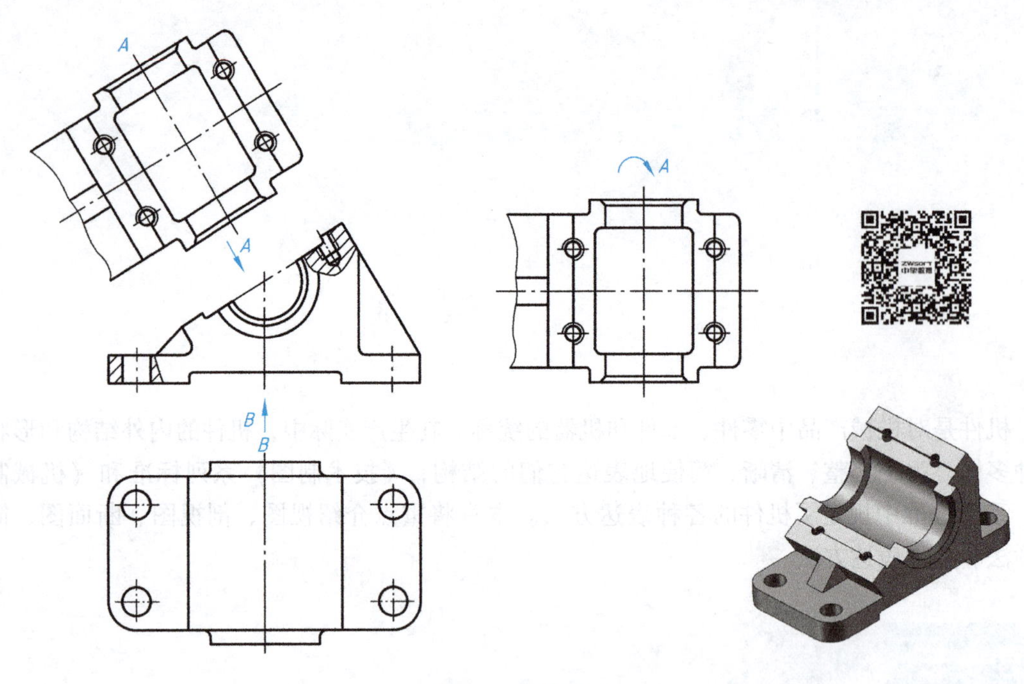

图6-1 斜轴承座

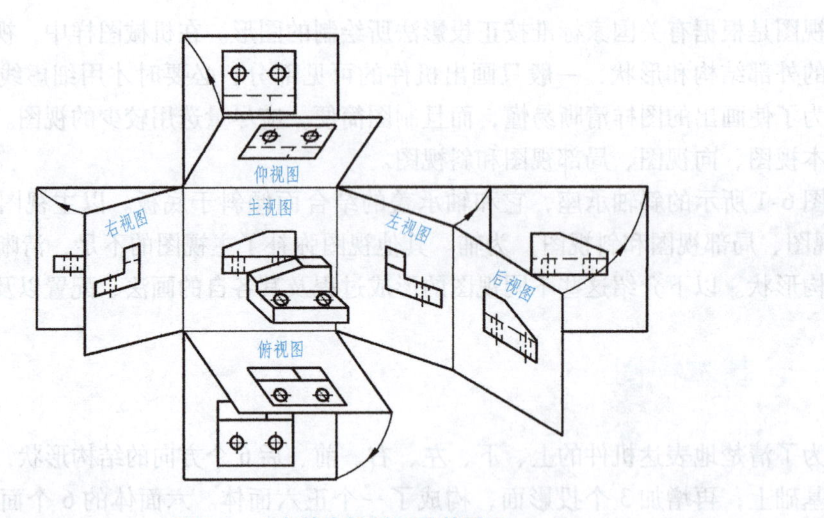

图6-2 6个基本投影面及其展开

2）6个基本视图之间仍符合“长对正、高平齐、宽相等”的投影规律。例如：主视图与俯视图和仰视图长对正，与左、右视图和后视图高平齐；左、右视图与俯、仰视图宽相等。

3）以主视图为准，除后视图外，各视图靠近主视图的一边，均表示机件的后面，远离主视图的一边表示机件的前面，即“里后外前”。

4）对称性。由图6-3看出，6个基本视图其实对应3组视图，主、后视图和左、右视图分别在垂直方向对称，俯、仰视图在水平方向对称。

5）实际应用时，并非要将6个基本视图都画出来，而是根据机件形状的复杂程度和结

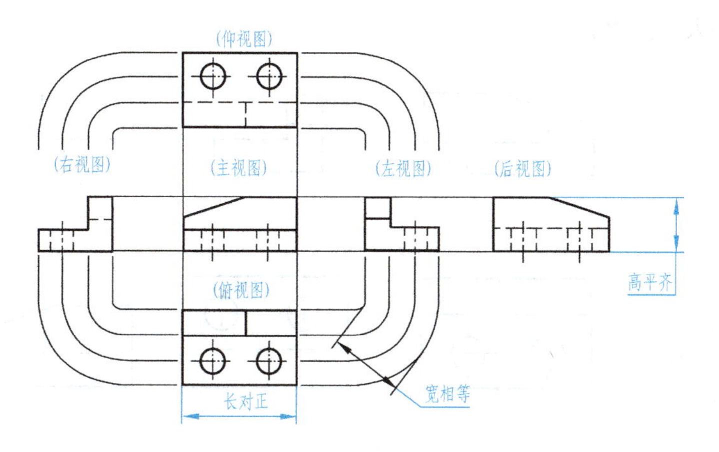

图 6-3　展开后各视图的配置位置

构特点，在将机件表达清楚的前提下，选择必要的基本视图，尽量减少视图的数量，并尽可能避免画出不可见轮廓线。一般优先选用主、俯、左 3 个视图。例如，图 6-4 所示阀体，为了表达清楚其左右端面的不同形状，在主、俯、左 3 个视图的基础上增加了右视图，并在左、右视图中省略了一些不必要的细虚线。但为表达阀体内腔结构和各处孔的情况，主视图仍需要画出细虚线。

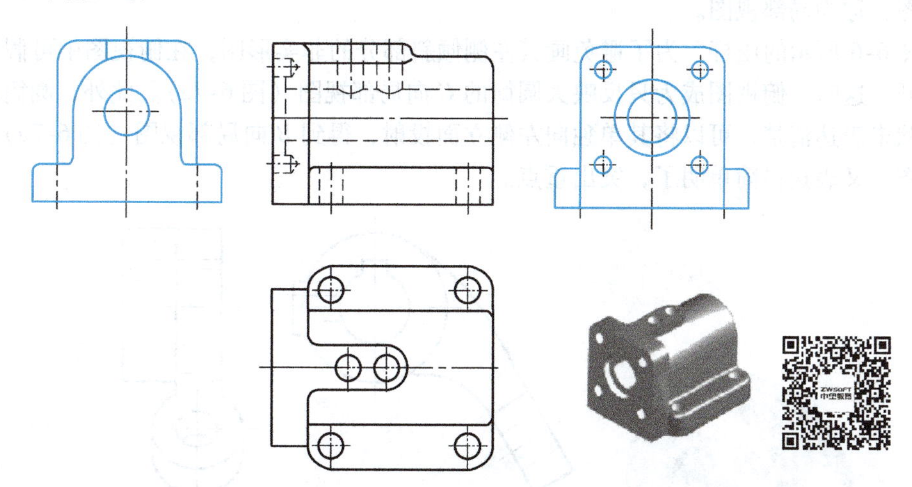

图 6-4　阀体视图中细虚线的处理

二、向视图

在实际设计绘图中，有时为了合理地利用图纸幅面，基本视图可以不按规定的位置配置。可以自由配置的基本视图称为向视图。此时，必须在该视图上方用大写拉丁字母（如 *A*、*B* 等）标出该视图的名称，并在相应视图附近用箭头指明投射方向，并注上相同的字母，如图 6-5 所示。

图 6-1 所示斜轴承座的视图表达中不用俯视图而用 *B* 向视图，既反映出底板的结构，又

避免了画斜面的失真投影。

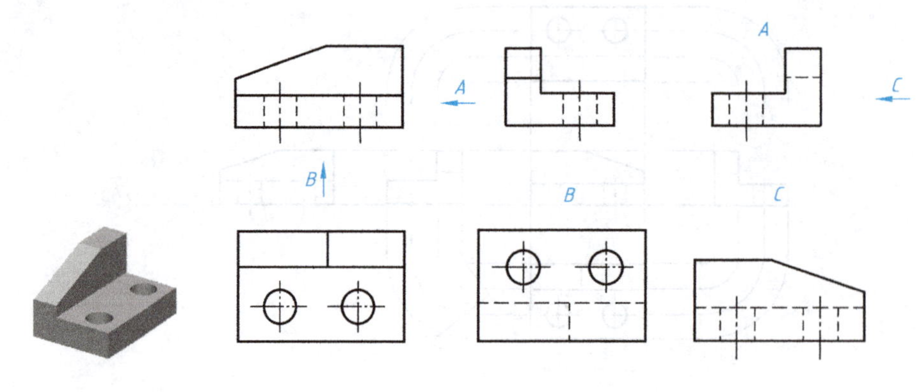

图 6-5 向视图

三、局部视图

当机件的主要形状已经表达清楚，只需要对局部结构进行表达时，为了简化作图，不必再增加一个完整的基本视图，即可采用局部视图。将机件的某一部分向基本投影面投射所得到的视图，称为局部视图。

如图 6-6 所示的压杆，为了避免画其左侧倾斜部分的非实形图，在俯视图中可假想用波浪线断开，这时，俯视图成为只反映大圆筒的 *C* 向局部视图（图 6-7a）。此外，圆筒右侧的凸台形状未表达清楚，可以将其单独向左侧立面投射，得到 *B* 向局部视图（图 6-7a），既简化了作图，又表达得简单明了，突出重点。

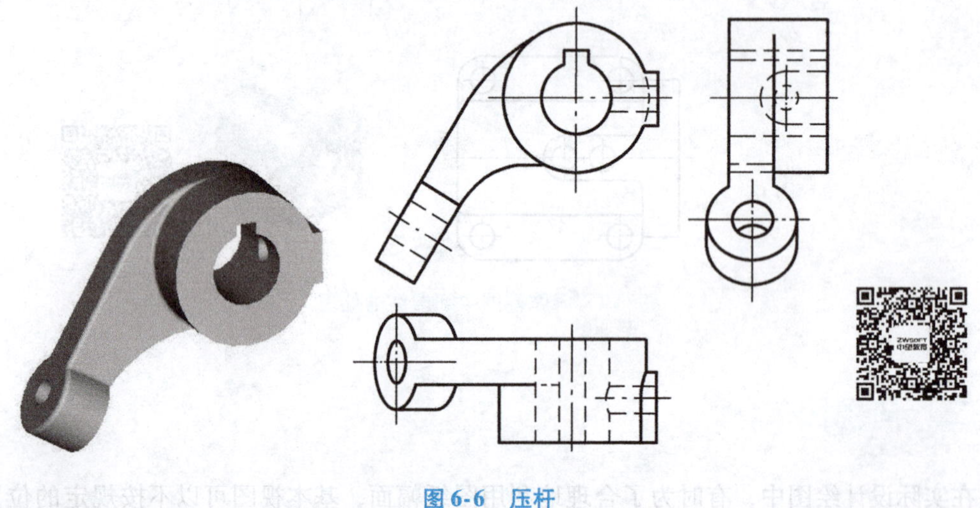

图 6-6 压杆

画局部视图要注意以下几点。

1）局部视图的断裂边界以波浪线（或双折线）表示，波浪线不应超出断裂机件的轮廓线，如图 6-7a 所示 *C* 向局部视图。

2）所表达的局部结构是完整的，且外形轮廓线封闭，又与机件其他部分分开时，则可

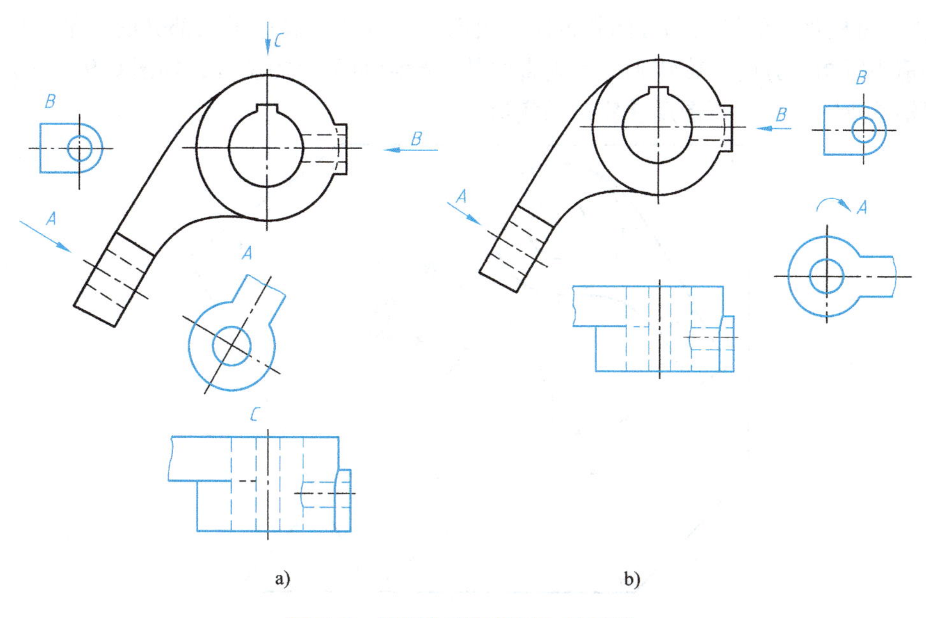

图 6-7　压杆的局部视图和斜视图

省略表示断裂边界的波浪线，如图 6-7a 所示 *B* 向局部视图。

3）可按基本视图的形式配置，如图 6-7a 所示 *B* 向局部视图。当局部视图按投影关系配置且中间又没有其他视图隔开时，可省略标注，如图 6-7b 所示 *C* 向局部视图。

4）可按向视图的配置形式配置，如图 6-7b 所示 *B* 向局部视图。

5）用波浪线作为断裂线时，波浪线可看作是机件上断裂面的投影，应画在机件的实体上，不可画在中空处，也不可画在轮廓线的延长线上。图 6-8 用正误对比说明了波浪线的正确画法。

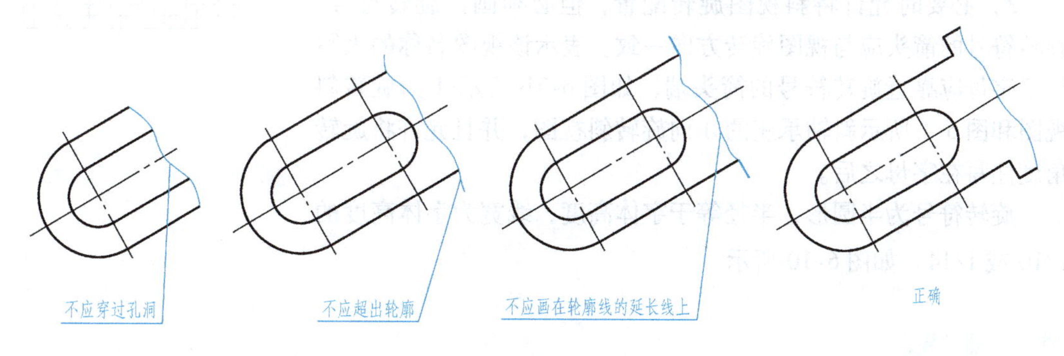

图 6-8　波浪线画法的正误对比

四、斜视图

将机件向不平行于任何基本投影面的投影面投射所得到的视图称为斜视图。斜视图用来表达机件上倾斜结构的真实形状。例如图 6-6 所示压杆，其倾斜结构在俯视图和左视图上均不反映实形。这时可选择一个新投影面，使它与该倾斜部分平行（且垂直于某一基本投影面），然后将机件上的倾斜部分向新投影面投射，所得视图表达了该部分的实形，再将新投影面按箭头所指的方向，旋转到与其垂直的基本投影面重合的位置，如图 6-9 所示。图 6-1 所示斜轴承座的 *A* 向斜视图反映座口的实形。

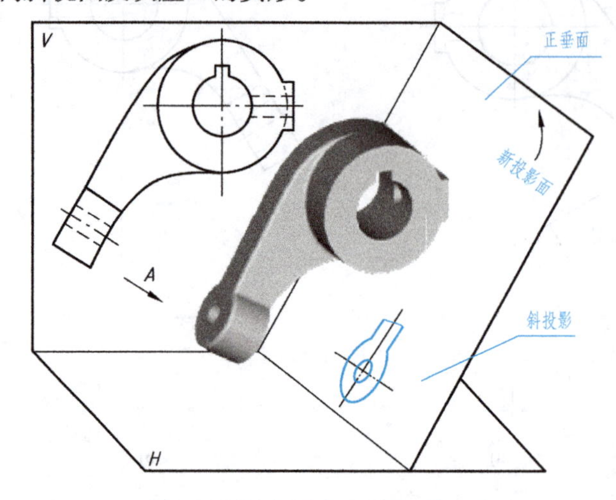

图 6-9　压杆倾斜结构斜视图的形成

画斜视图要注意以下几点。

1）斜视图只表达机件倾斜结构的真实形状，其余部分省略不画，所以用波浪线或双折线断开，如图 6-7 所示 *A* 向斜视图和图 6-1 所示斜轴承座的 *A* 向斜视图。

2）斜视图必须标注。斜视图一般按向视图的配置形式配置，在斜视图的上方用字母标注出视图的名称，在相应的视图附近用箭头指明投射方向，并注上同样的字母，字母应水平注写，如图 6-7a 所示 *A* 向斜视图和图 6-1 所示斜轴承座的 *A* 向斜视图。

3）必要时允许将斜视图旋转配置，但必须画出旋转符号。旋转符号的箭头应与视图旋转方向一致。表示该视图名称的大写拉丁字母应靠近旋转符号的箭头端，如图 6-7b 所示 *A* 向旋转斜视图和图 6-1 所示斜轴承座的 *A* 向旋转斜视图，并且允许将旋转角度注写在字母之后。

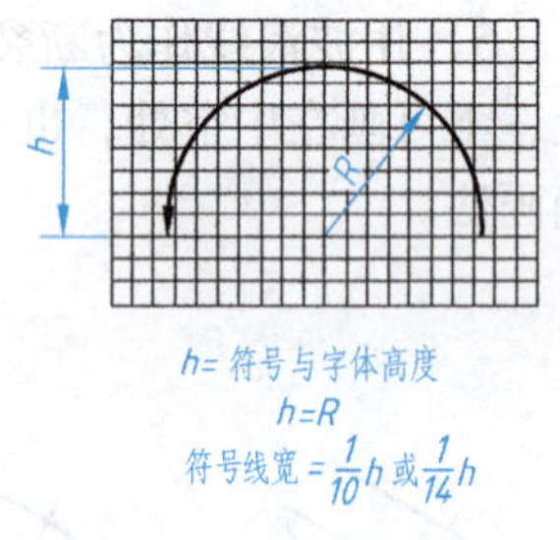

图 6-10　旋转符号的画法

旋转符号为半圆形，半径等于字体高度，线宽为字体高度的 1/10 或 1/14，如图 6-10 所示。

第二节　剖视图

当机件的内部结构比较复杂时，视图中的细虚线较多，这些细虚线往往与实线或细虚线相互交错重叠，既影响图形的清晰度，也不便于读图和标注尺寸，如图 6-11a 所示。为了将视图中不可见的部分变为可见的，从而使细虚线变为粗实线，GB/T 17452—1998《技术制图　图样画法　剖视图和断面图》和 GB/T 4458. 6—2002《机械制图　图样画法　剖视图和断面图》中规定了用剖视图来表达机件内部结构的方法。

一、剖视图的概念和画法

1. 剖视图的概念

如图6-11b所示，假想用剖切面（常用平面或柱面）剖开物体，将处在观察者和剖切面之间的部分移去，而将其余的部分向投影面投射，并在剖面区域内加上剖面符号所得到的图形，称为剖视图，简称为剖视。如图6-11c所示，原来不可见的孔都变成可见的了，比没有剖开的视图，层次分明，清晰易懂。

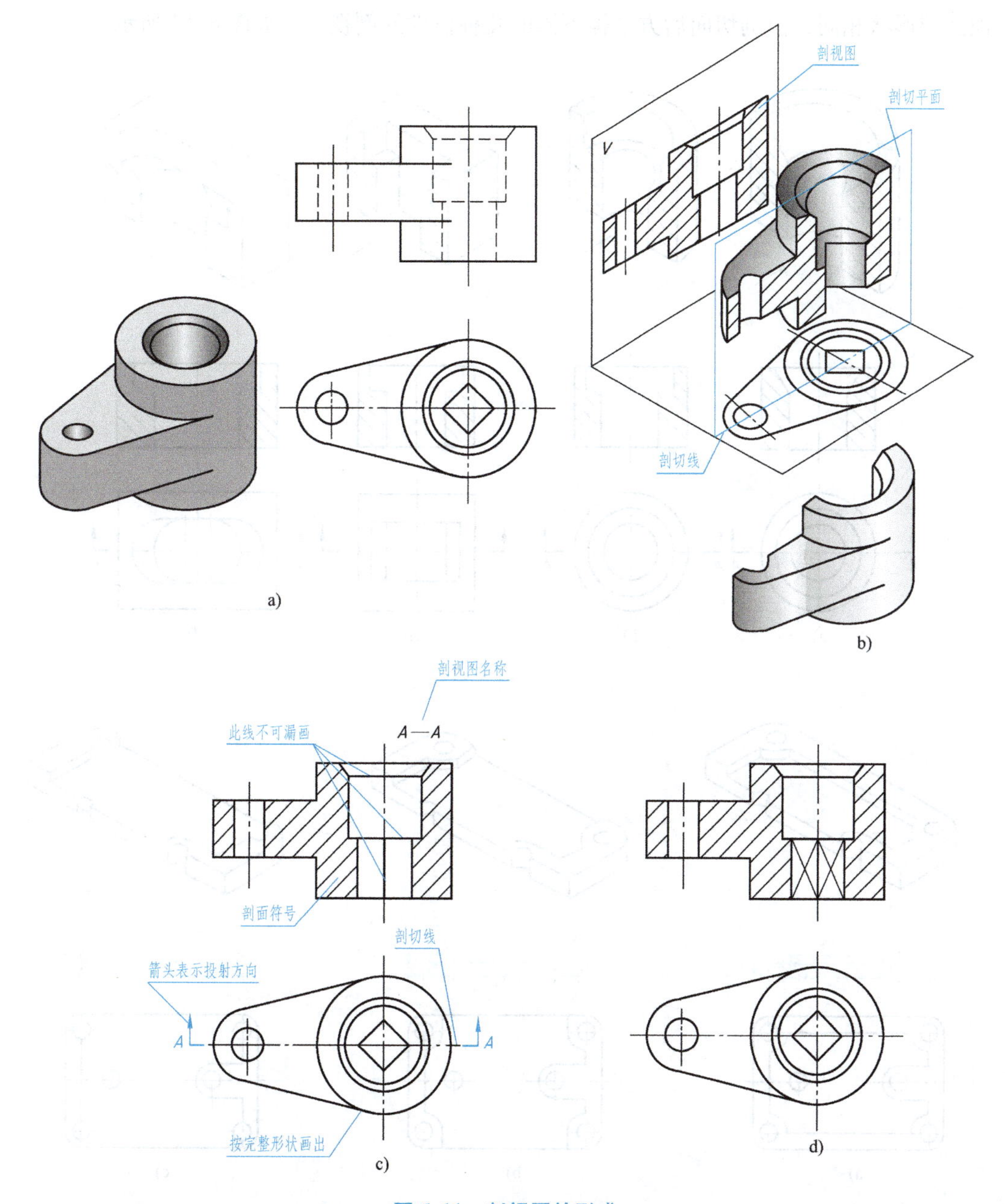

图6-11　剖视图的形成

2. 剖视图中应注意的问题

（1）剖切的目的性　剖切的目的是表达机件的内部结构。

（2）剖切的假想性　剖切面是假想的，因此，当机件的某一个视图画成剖视之后，其他视图仍按完整结构画出，如图6-11c所示。

（3）剖切面的位置　为充分表达机件内部孔、槽等的真实结构、形状，剖切面应通过回转面的轴线、槽的对称面，这样被剖切到的实体的投影反映实形。

（4）剖切面后方的处理　剖切面后方的可见轮廓线应全部画出，不应遗漏，如图6-11c和图6-12所示。仔细分析剖切面后方实物的结构形状及有关视图的投影特点，以免画错。剖面区域形状相同，但剖切面后方结构不同的几种机件的剖视图，如图6-13所示。

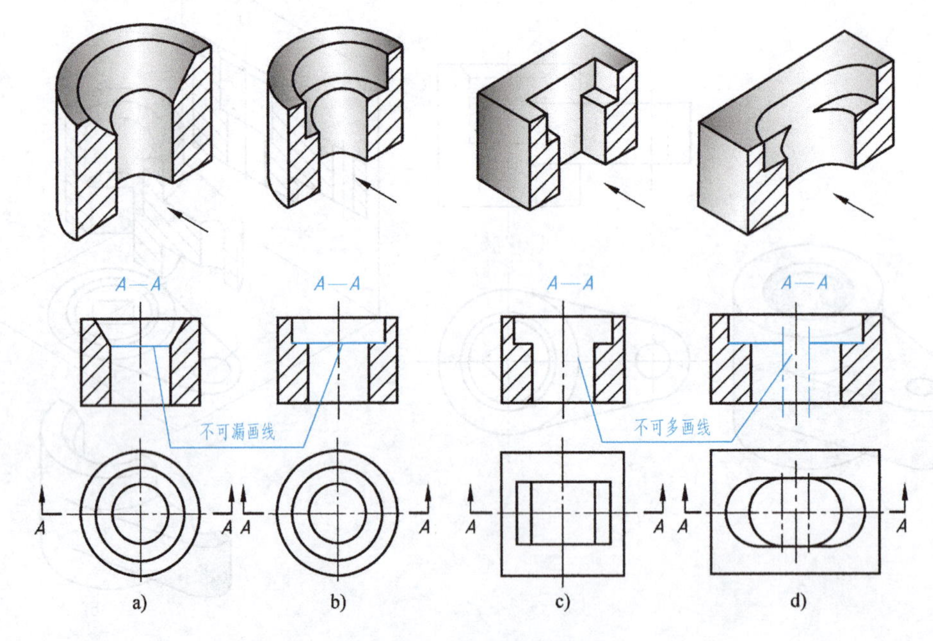

图6-12　几种孔的剖视图

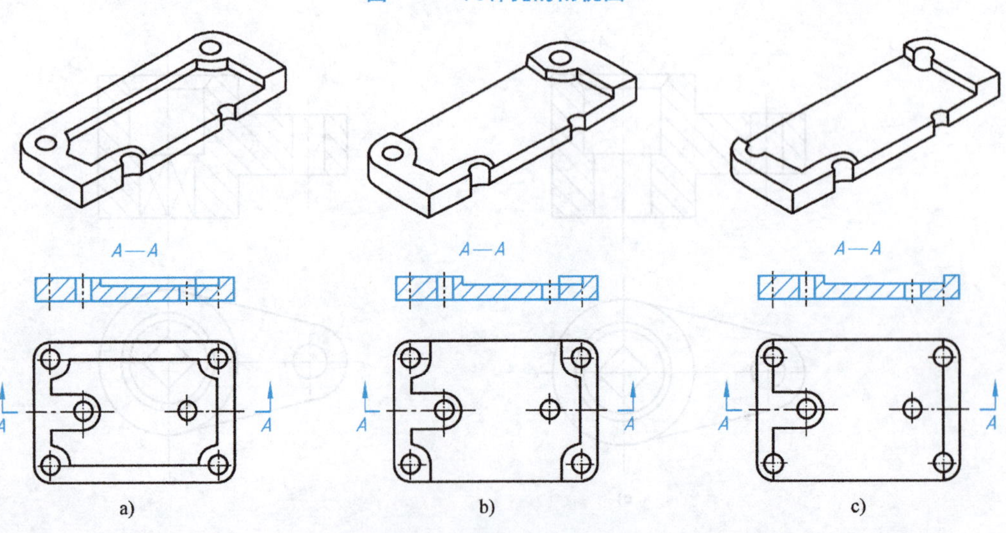

图6-13　几种机件的剖视图

（5）剖视图中细虚线的处理　不可见轮廓或其他结构，在其他视图已表达清楚的情况下，细虚线省略不画，如图 6-14a 所示。对没有表达清楚的结构，在不影响剖视图清晰度而又可以减少视图数量的情况下，可以画少量细虚线，如图 6-14b 所示。

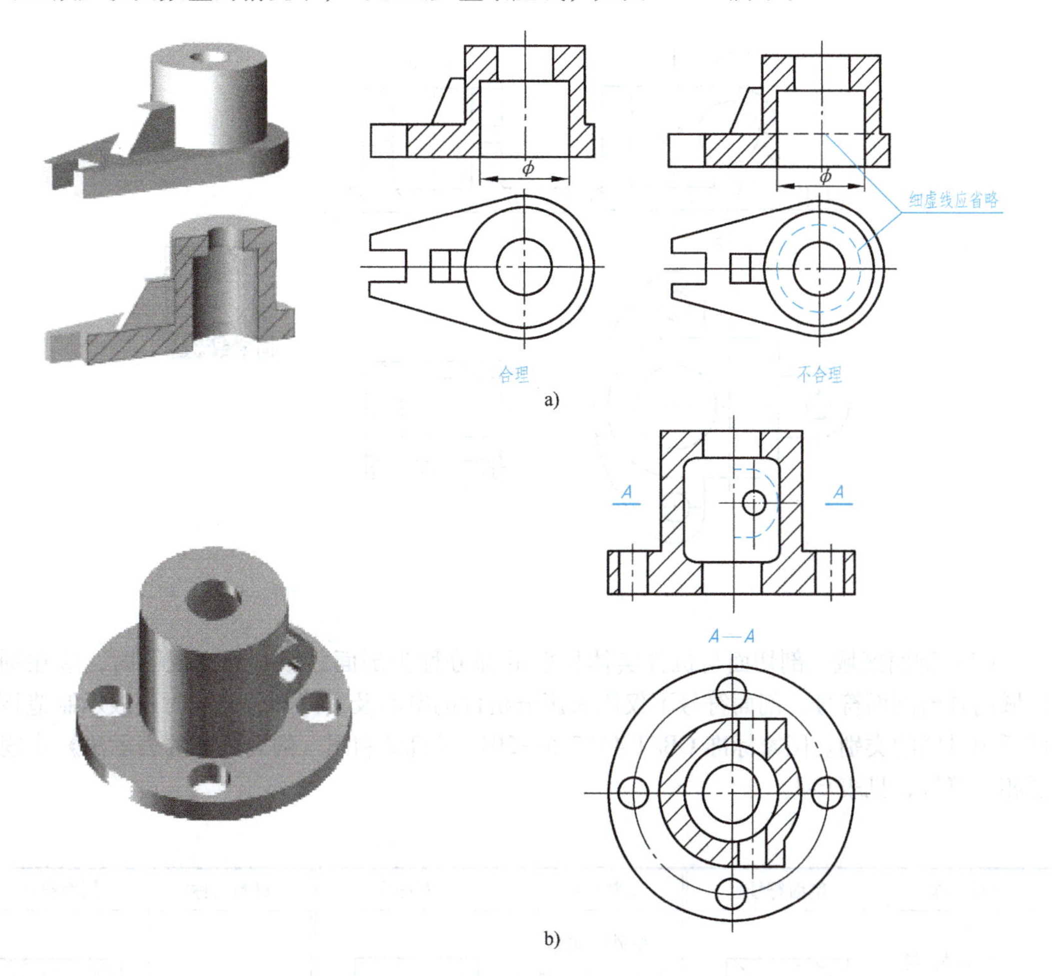

图 6-14　剖视图中细虚线的处理

a）剖视图中不应画细虚线的情况　b）剖视图中应画细虚线的情况

（6）剖视图的标注　剖视图的标注内容如下。

1）剖切线。剖切线指示剖切面的位置（细点画线），一般情况下可省略。

2）剖切符号。剖切符号由粗短画和箭头组成，表示剖切面起、迄和转折位置及投射方向。粗短画表示出剖切位置，用断开的粗实线表示，线宽为 $1d \sim 1.5d$（d 为粗实线线宽），线长为 5 ~ 7mm，作图时应尽可能不与图形的轮廓线相交。箭头（画在粗短画的外端，并与粗短画垂直）表示投射方向。

3）剖视图的名称。在剖切符号附近要注写大写拉丁字母"×"，并在剖视图的正上方用相同的字母注写剖视图名称"×—×"，如图 6-11c 所示。

下列情况可省略标注（图 6-15）。

1）剖视图按投影关系配置，中间又没有其他图形隔开时，可省略箭头。

2）当单一剖切面通过机件的对称（或基本对称）平面，且剖视图按投影关系配置，中间又没有其他图形隔开时，可省略标注。

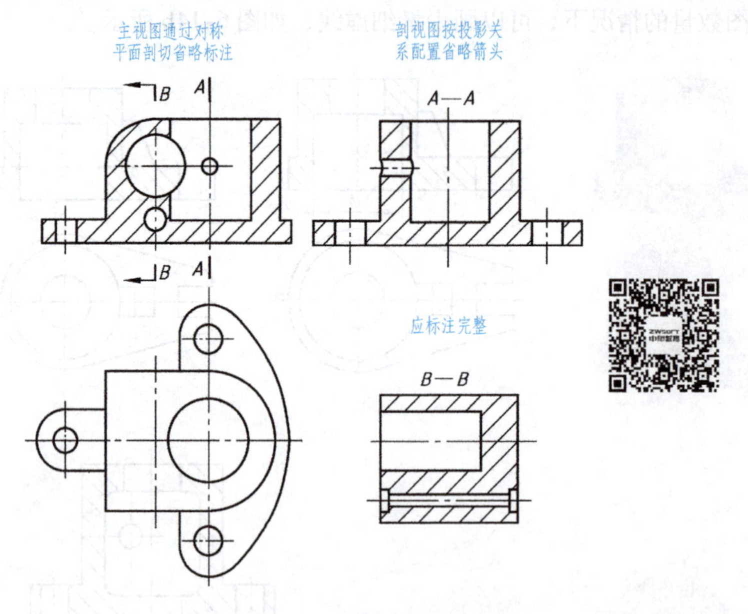

图6-15 剖视图的标注

（7）剖面区域 剖切面与机件实体接触的部分称为剖面区域。画剖视图时，应在剖面区域内画出剖面符号，剖面符号不仅用来区分机件的空心及实体部分，同时还表示制造该机件所用材料的类别。国家标准 GB/T 4457.5—2013《机械制图 剖面区域的表示法》中规定了相应符号，见表6-1。

表6-1 部分材料的剖面符号

材料名称	剖面符号	材料名称	剖面符号	材料名称	剖面符号
金属材料（已有规定剖面符号者除外）		型砂、填砂、粉末冶金、砂轮、硬质合金刀片等		混凝土	
非金属材料（已有规定剖面符号者除外）		玻璃及供观察用的其他透明材料		钢筋混凝土	
线圈绕组元件		木材 纵剖面		砖	
转子、电枢、变压器和电抗器等的叠钢片		木材 横剖面		液体	

在工程图样中，金属材料常用的剖面符号是剖面线，剖面线应画成与主要轮廓线或剖面区域的对称线成45°的一组平行细实线，如图6-16所示。剖面线之间的距离视剖面区域的大小而异，通常可取2～4mm。同一机件在不同的视图中，剖面线倾斜方向、间距要一致。

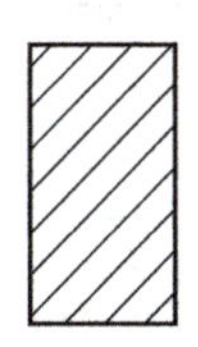
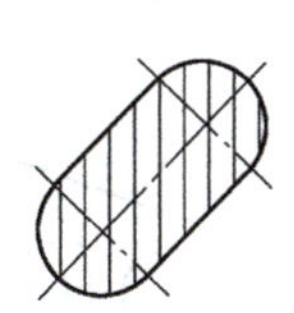
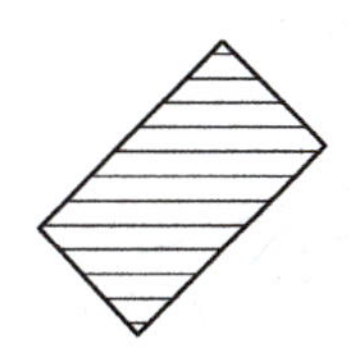
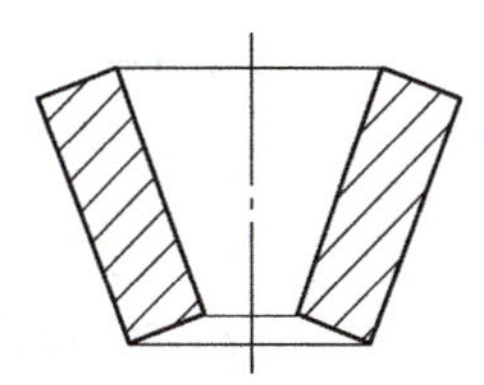
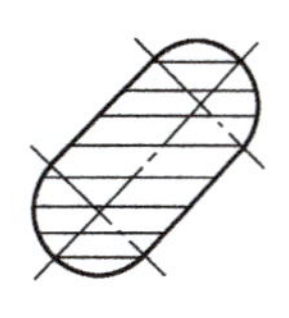

图6-16　金属材料剖面线的画法

当画出的剖面线与图形的主要轮廓线或剖面区域的轴线平行时，该图形的剖面线应画成与水平成30°或60°角，但其倾斜方向与其他图形的剖面线一致，如图6-17所示。

3. 剖视图的画法

图6-18所示填料压盖的剖视图画法如下。

1）画出机件的视图。

2）确定剖切面的位置，画出剖面区域、剖切面后所有可见部分的投影，在剖面区域内画剖面符号。

3）标注剖切位置、投射方向、剖视图的名称。

注意依照国家标准规定正确省略标注。

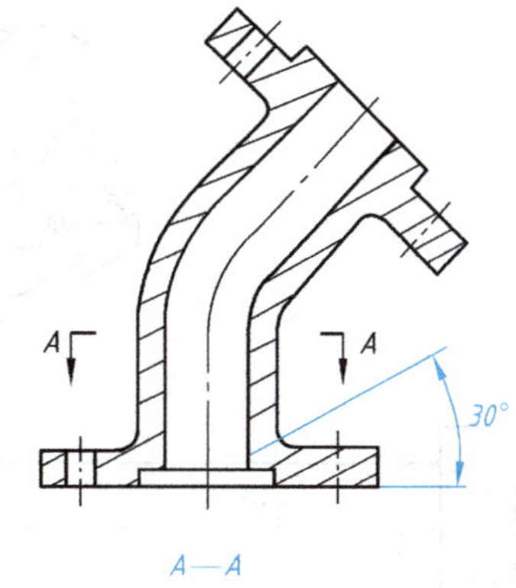

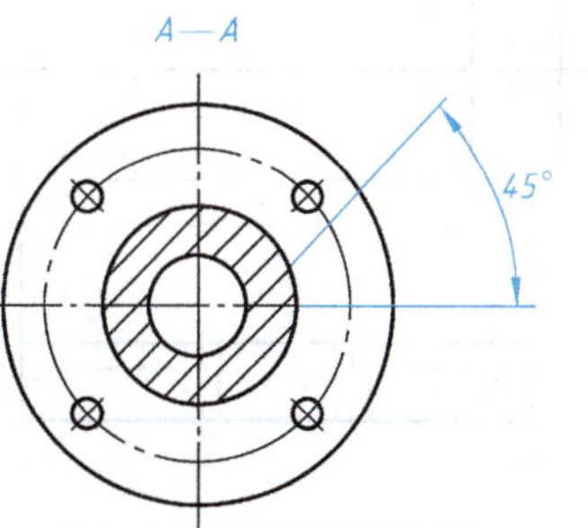

图6-17　主要轮廓线与水平线成45°时剖面线的画法

二、剖视图的种类

画剖视图时，既可以在某一个视图上采用剖视，也可以根据需要同时在几个视图上采用剖视，它们之间相互独立，彼此不受影响。按机件被剖切的范围不同，剖视图可以分为全剖视图、半剖视图和局部剖视图3种。

图6-19所示支架，由圆筒、底板、连接板3部分组成，其外形相对简单，内部结构较复杂。若采用基本视图，图线虚实交错，表达不清晰，所以，在原有3个视图的基础上，采用不同的表达方法搭配（图6-20），主视图采用全剖视，左视图采用半剖视、局部剖视，俯视图为外形图（主要反映底板形状和安装孔、销孔的位置）。每个视图都有表达的重点，目的明确，相互配合补充。

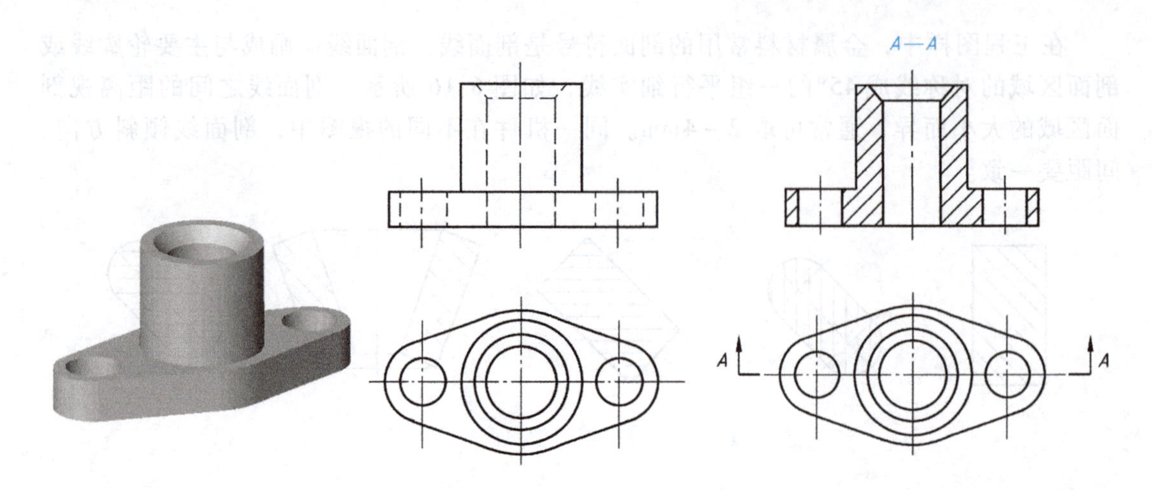

图6-18　填料压盖的剖视图

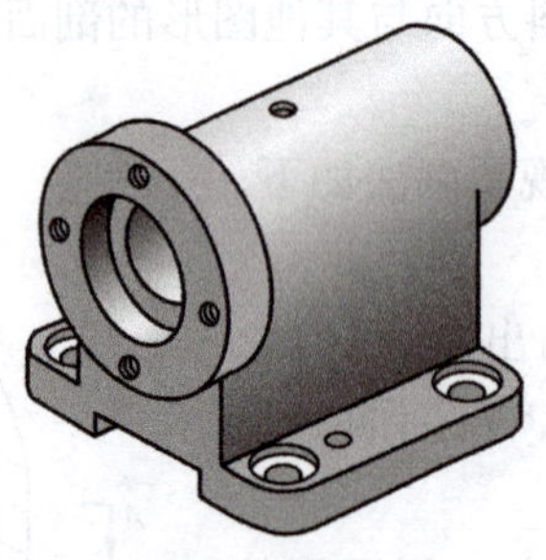

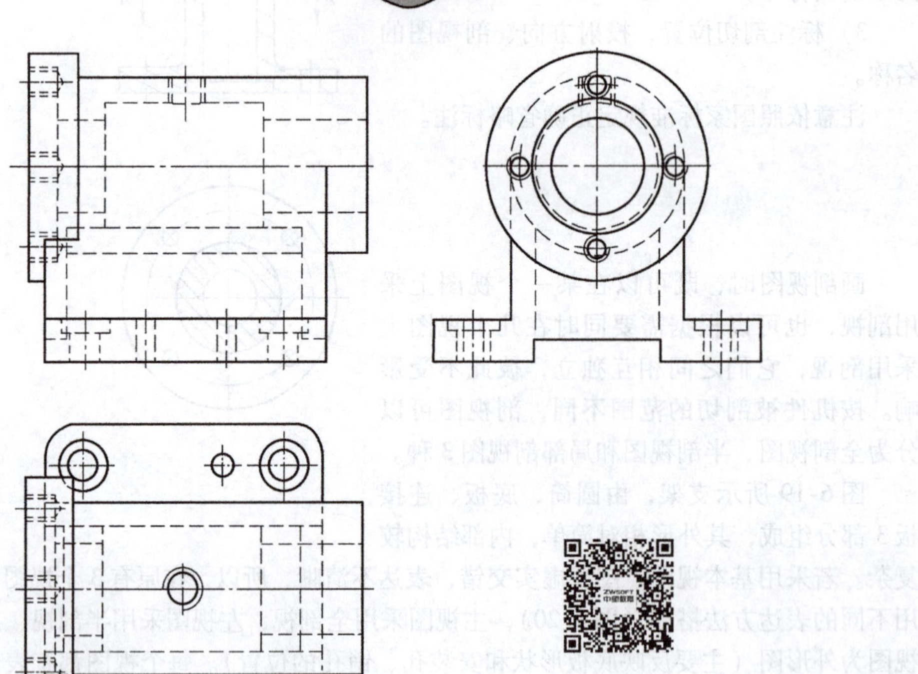

图6-19　支架及其视图

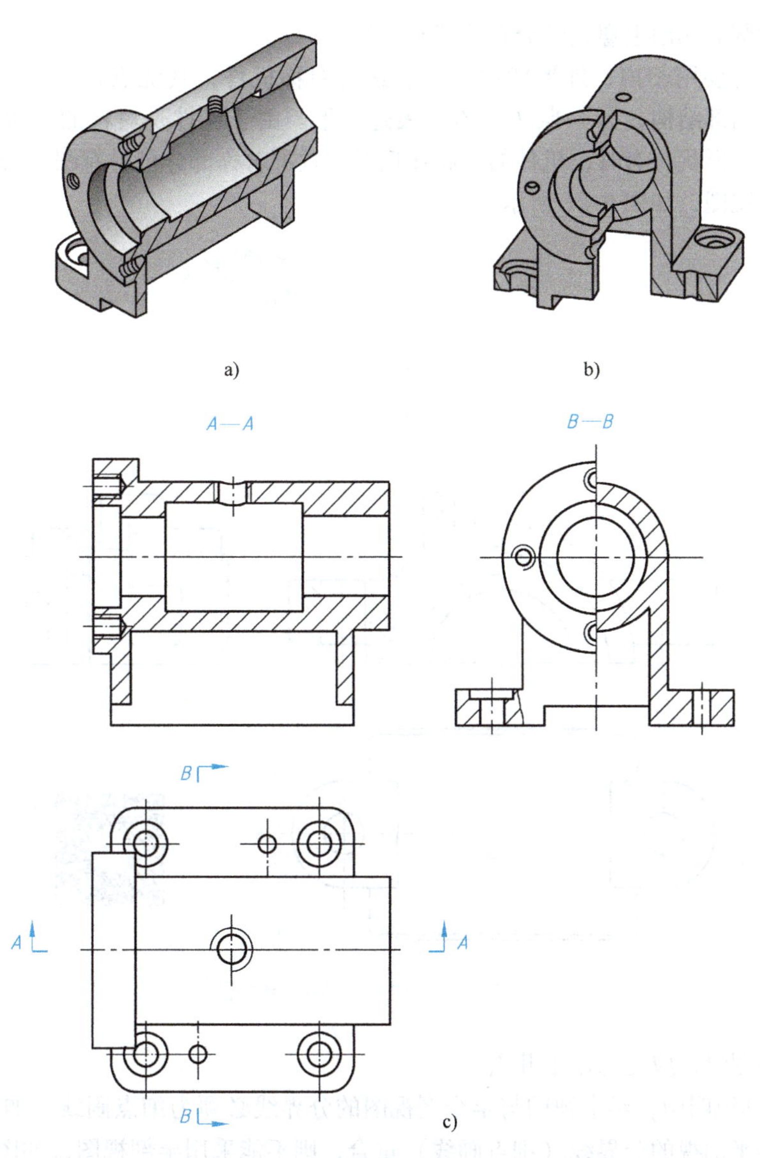

图 6-20　支架的表达

a）主视图全剖　b）左视图半剖、局部剖　c）剖视图

1. 全剖视图

用剖切面将机件完全剖开所得到的剖视图，称为全剖视图。如图 6-20a、c 所示，支架主视图采用全剖视，剖切面 *A—A* 通过支架轴孔的前后基本对称面，主要表达支架内部的主要结构。全剖视图主要用于外形简单、内部形状复杂的不对称机件。

2. 半剖视图

当机件具有对称（或基本对称）平面时，向垂直于对称平面的投影面投射所得到的图形，应以对称中心线为界，一半画成剖视图，另一半画成视图，这样获得的图形称为半剖视图。

如图 6-20b、c 所示，支架左视图利用支架前后对称的特点，从 *B—B* 位置剖切采用半剖视，剖视部分反映了圆筒、底板、连接板的连接情况以及底板上销孔的穿通情况，视图部分则主要表达圆筒端面上螺孔的分布位置和数量。

半剖视图主要用于内、外形状都需要表达的对称机件，其优点在于，一半（剖视图）能表达机件的内部结构，另一半（视图）表达外形。由于机件是对称的，能够容易想象出机件的整体结构形状。有时，机件的形状接近对称且不对称部分已另有图形表达清楚时，也可以画成半剖视图，如图6-21所示。

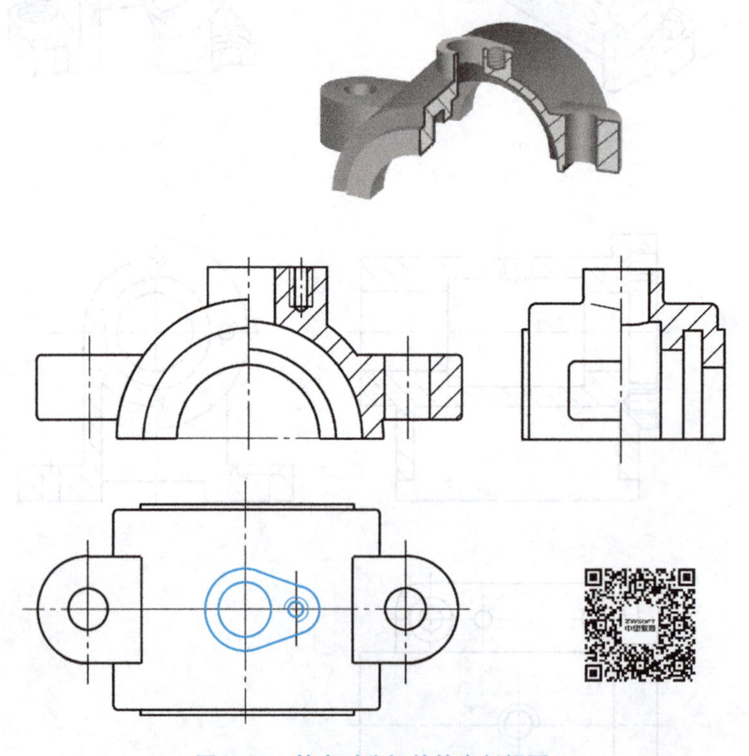

图6-21　基本对称机件的半剖视图

画半剖视图时，应注意以下几点。

1）在半剖视图中，半个视图与半个剖视图的分界线必须为细点画线。如果对称机件视图的轮廓线与半剖视的分界线（细点画线）重合，则不能采用半剖视图，如图6-22所示。

2）由于半剖视图可同时兼顾机件的内、外形状的表达，所以在表达外形的那一半视图中，一般不必再画出表达内形的细虚线。标注机件结构对称方向的尺寸时，只能在表示该结构的那一半视图上画出尺寸界线和箭头，尺寸线应略超过对称中心线，如图6-23所示的尺寸ϕ16mm和18mm。

3）半剖视图的标注与全剖视图的标注规则相同。如图6-23所示，配置在主视图位置的半剖视图，配置在左视图位置的半剖视图，均符合省略标注的条件，所以不加标注；而俯视图位置的半剖视图，剖切平面不通过机件的对称平面，所以应加标注“*A—A*”。

半剖视图画法的正误对比如图6-24所示。

3. 局部剖视图

用剖切面局部地剖开机件所得到的剖视图，称为局部剖视图。如图6-20b、c所示，支架左视图采用局部剖视反映底板上的安装孔。

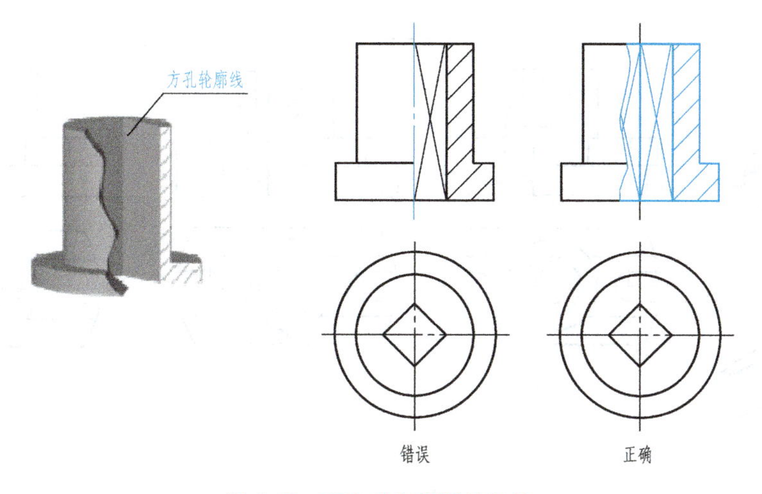

图 6-22　不宜半剖视图的机件

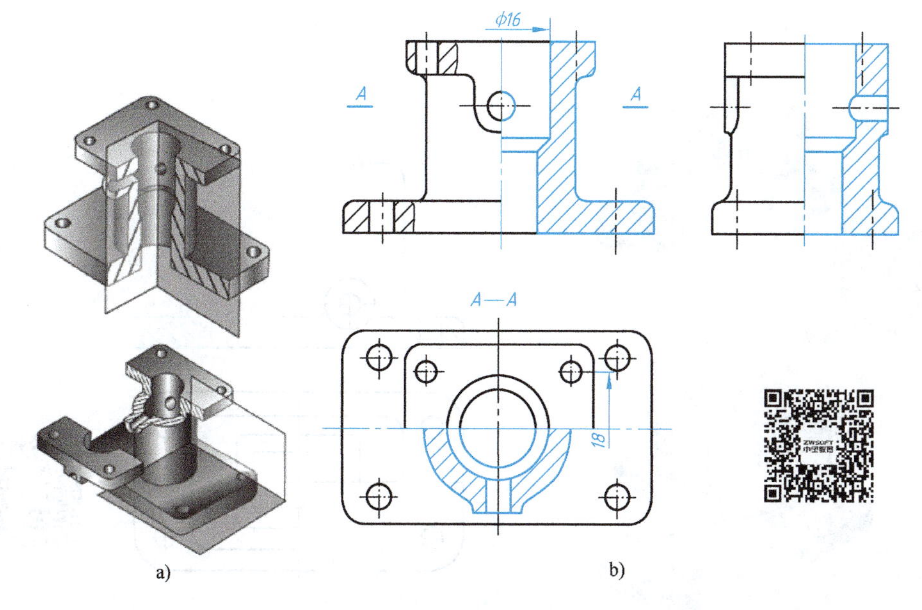

图 6-23　半剖视图

（1）局部剖视图的应用情况　局部剖视图具有同时表达机件内、外结构的优点，且不受机件是否对称条件的限制。在什么位置剖切、剖切范围的大小，均可根据实际需要确定，所以应用比较广泛，局部剖视图常用于下列情况。

1）当机件只有局部的内部结构需要表达，或因需要保留部分外部形状而不宜采用全剖视图时，可采用局部剖视图，如图 6-25 所示。

2）某些纵向剖切时按不剖绘制的实心杆件，如轴、手柄等，需要表达某处的内部结构形状时，可采用局部剖视图，如图 6-26 所示。

3）当机件的棱线与对称中心线重合，不宜采用半剖视图时，可采用局部剖视图，如图 6-27 所示。

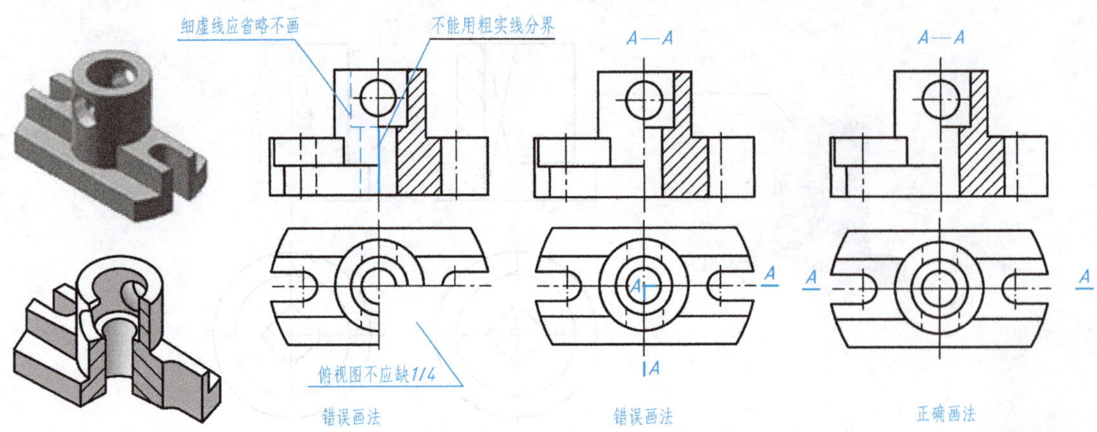

图 6-24　半剖视图画法的正误对比

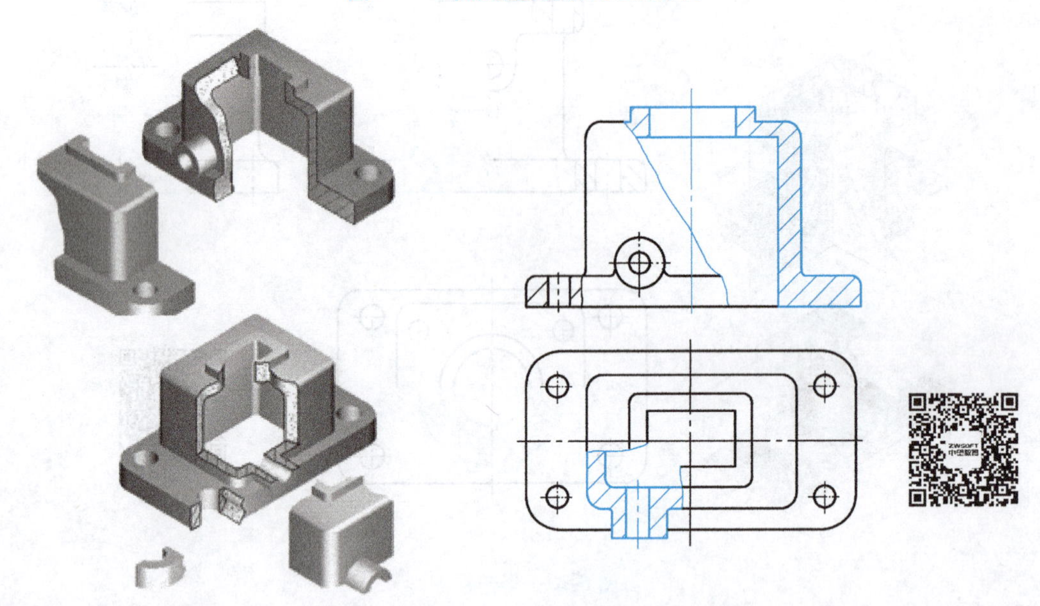

图 6-25　局部剖视图

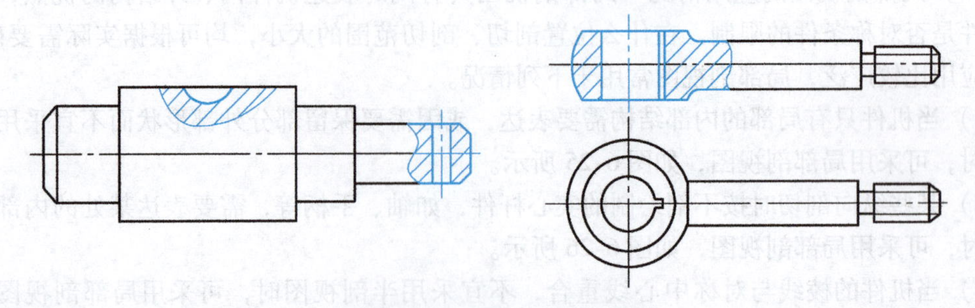

图 6-26　局部剖视图应用示例

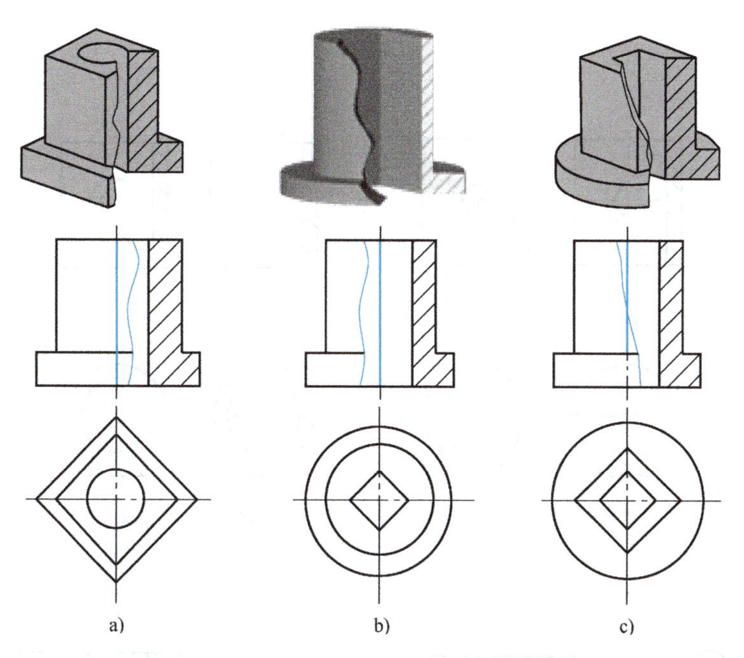

图 6-27　机件棱线与对称中心线重合时的局部剖视图画法
a）保留外棱线　b）显示内棱线　c）兼顾内外棱线

（2）局部剖视图绘制时的注意事项　画局部剖视图时，应注意以下几点。

1）局部剖视图存在一个被剖部分与未剖部分的分界线，国家标准规定这个分界线用波浪线表示；为了计算机绘图方便，也可采用双折线表示（图 6-28）。

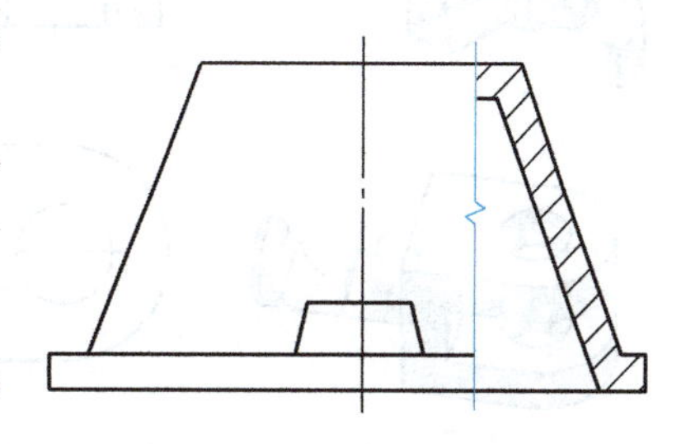

图 6-28　双折线作为分界线

2）波浪线、双折线的画法。如图 6-29 所示，波浪线可以看作机件断裂面的投影，因此，波浪线不能超出视图的轮廓线，不能穿过中空处，也不允许波浪线与图样上其他图线重合。双折线应超出视图的轮廓线（图 6-28）。当被剖切结构为回转体时，允许将该结构的中心线作为局部剖视图与视图的分界线（即以中心线代替波浪线），如图 6-30 所示。

3）局部剖视图是一种比较灵活的表达方法，但在一个视图中，局部剖的数量不宜过多，否则图形过于零碎，不利于读图，如图 6-31a、b 所示。

4）对局部剖开结构的尺寸标注同半剖视图，如图 6-31b 所示。

5）局部剖视图的标注方法与全剖视图的标注方法基本相同；若为单一剖切平面，且剖切位置明显时，可以省略标注，如图 6-25 和图 6-26 所示局部剖视图。

三、剖切面的种类

国家标准规定剖视图常用的剖切面有 3 种，即单一剖切平面、几个平行的剖切平面、几个相交的剖切平面。

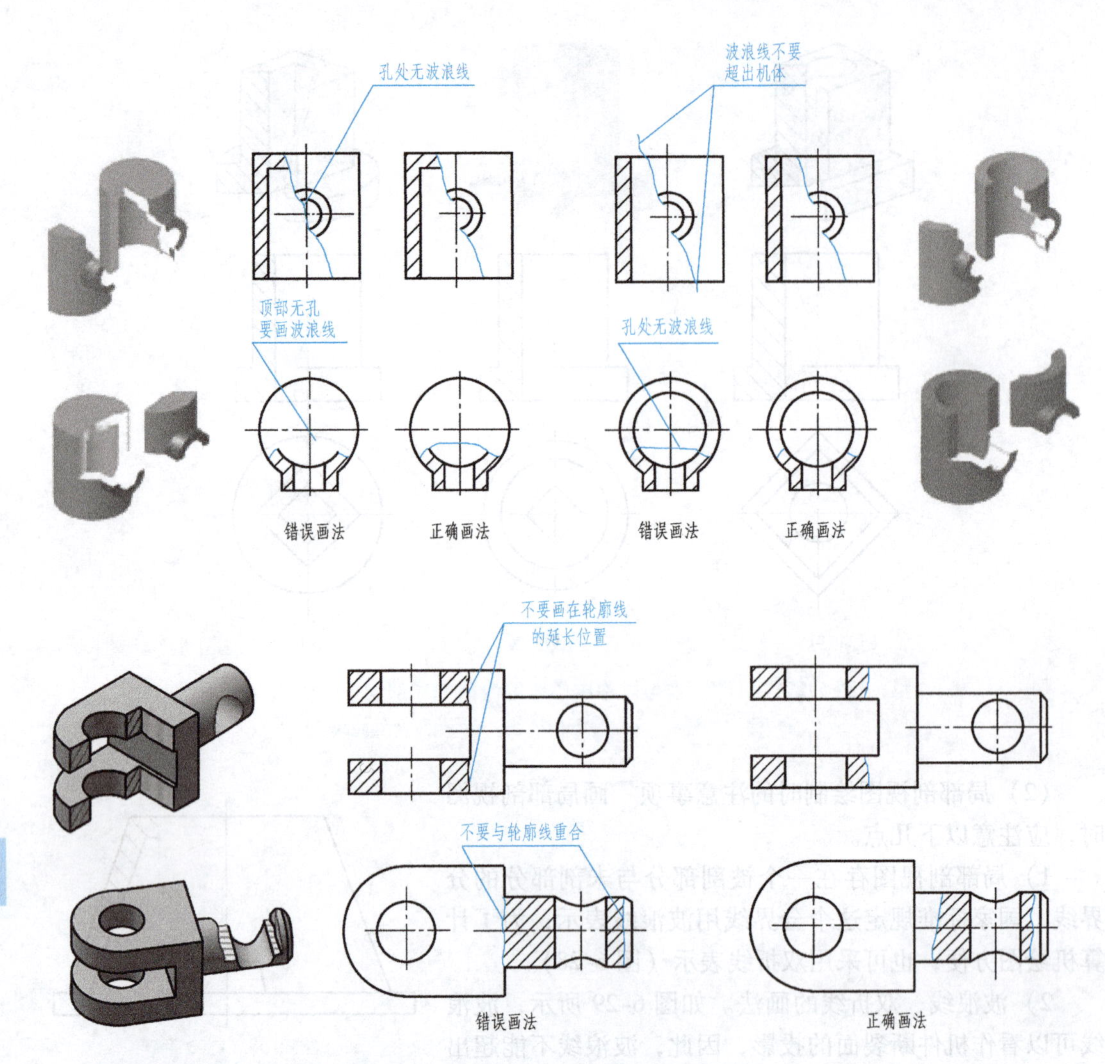

图 6-29　局部剖视图波浪线画法正误对比

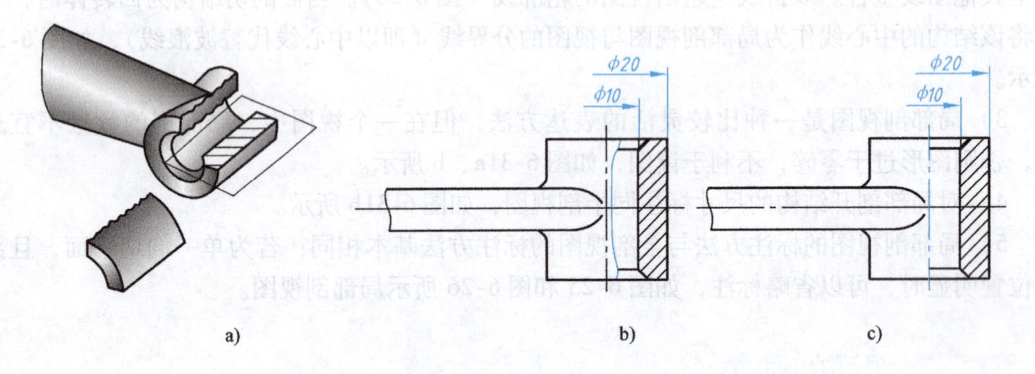

图 6-30　被剖切结构为回转体时的局部剖视图

a）立体　b）一般画法　c）允许画法

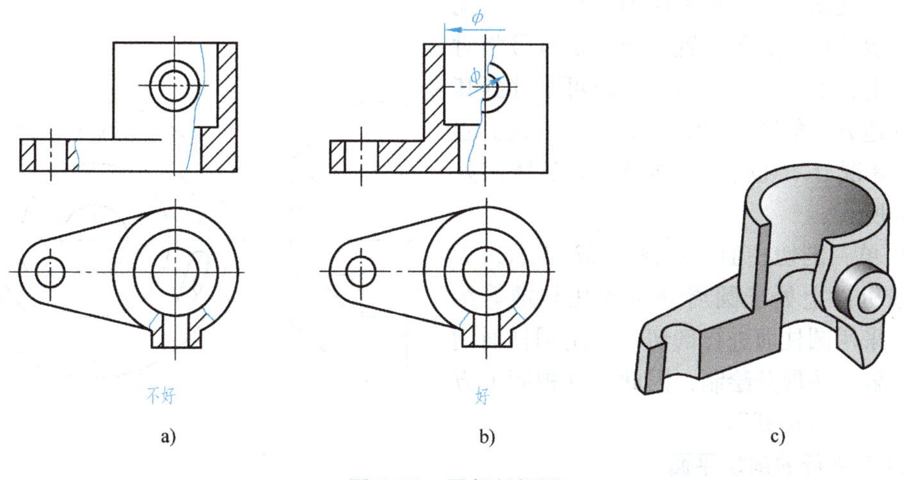

图 6-31　局部剖视图

用 3 种剖切面均可剖得全剖视图、半剖视图、局部剖视图，使机件的结构形状表达得更充分、更突出。

1. 单一剖切平面

（1）单一平行剖切平面　用一个平行于基本投影面的平面剖开机件，如图 6-11、图 6-18 和图 6-20 所示。

（2）单一斜剖切平面　图 6-32a 为机油尺管连管，其结构特点是基本轴线是正平线，和底板不垂直。为清晰表达管端的螺孔和槽的结构，必须剖切。如果用投影面平行面剖切，管壁的剖面是椭圆，不宜采用。如图 6-32b 所示，如果用一个与倾斜部分平行且垂直于管轴的正垂面 *A—A* 作为剖切平面剖开连管，再将剖切平面后面的部分向与剖切平面平行的投影面投射，就能得到满意的剖视图。这种假想用一个不平行于任何基本投影面的剖切平面剖开机件的方法，称为斜剖视，常用来表达机件倾斜部分的内部结构。

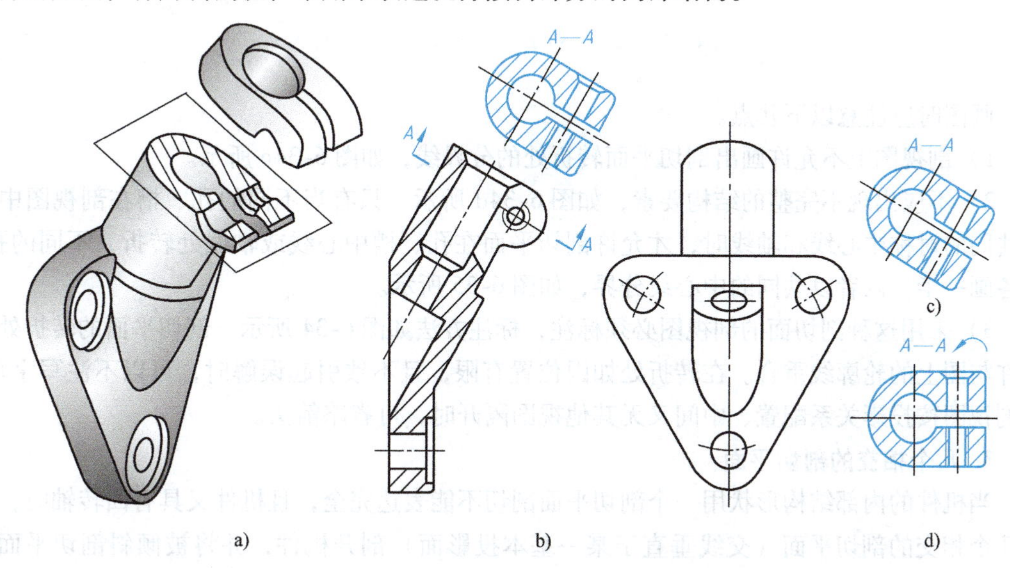

图 6-32　单一斜剖切平面剖切

画斜剖视图时，可按斜视图的配置方式配置，即一般按投影关系配置在与剖切符号相对应的位置上，如图 6-32b 所示；也可平移到其他适当的地方，如图 6-32c 所示；在不致引起误解的情况下，也允许将图形旋转，如图 6-32d 所示。

（3）单一剖切柱面　如图 6-33 所示，为了表达该机件上处于圆周分布的孔与槽等结构，可以采用圆柱面进行剖切。采用圆柱面剖切时，一般应按展开绘制，因此在剖视图上方应标出“×—×展开”。

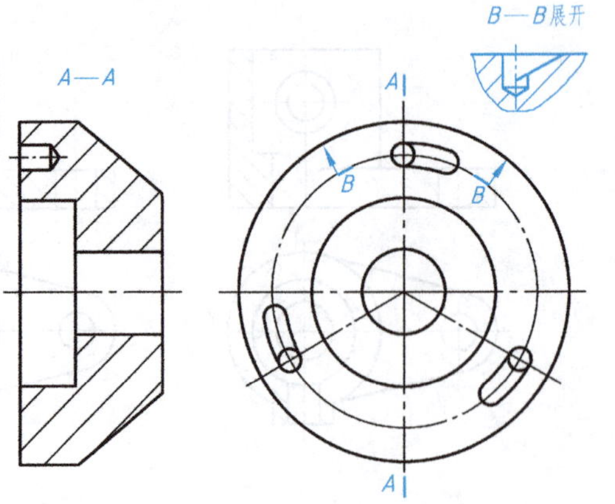

图 6-33　单一剖切柱面剖切

2. 几个平行的剖切平面

用几个相互平行的剖切平面剖开机件的方法，主要适用于机件内部有一系列不在同一平面上的孔、槽等结构，如图 6-34a、b 所示。

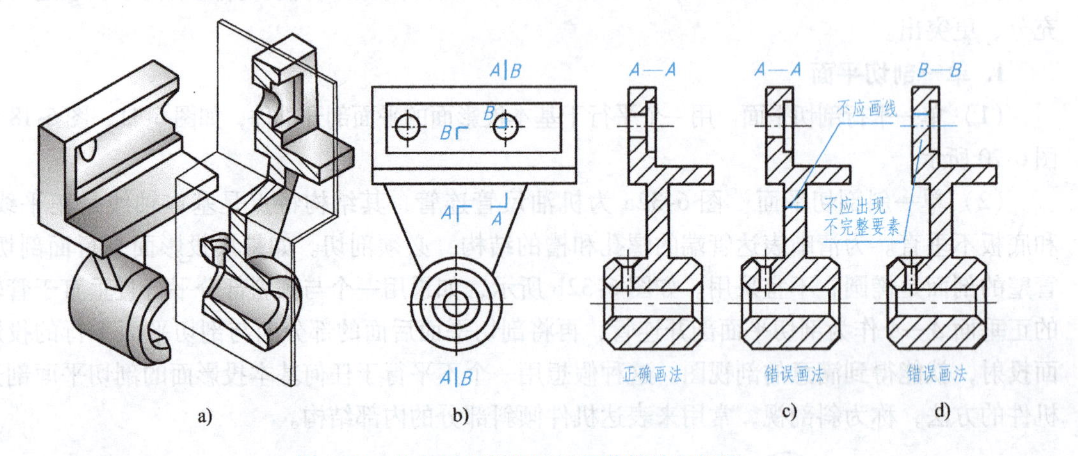

图 6-34　几个平行的剖切平面获得的剖视图

画图时应注意以下几点。

1）剖视图上不允许画出剖切平面转折处的分界线，如图 6-34c 所示。

2）不应出现不完整的结构要素，如图 6-34d 所示。只有当不同的孔、槽在剖视图中具有共同的对称中心线和轴线时，才允许剖切平面在孔、槽中心线或轴线处转折，不同的孔、槽各画一半，两者以共同的中心线分界，如图 6-35 所示。

3）采用这种剖切面的剖视图必须标注，标注方法如图 6-34 所示。剖切平面的转折处不允许与图上的轮廓线重合。在转折处如因位置有限，且不致引起误解时，可以不注写字母。当剖视图按投影关系配置、中间又无其他视图隔开时，可省略箭头。

3. 几个相交的剖切平面

当机件的内部结构形状用一个剖切平面剖切不能表达完全，且机件又具有回转轴时，可用几个相交的剖切平面（交线垂直于某一基本投影面）剖开机件，并将被倾斜剖切平面剖开的结构及其“有关部分”绕交线旋转到与选定的投影面平行后再投射，如图 6-36 所示。

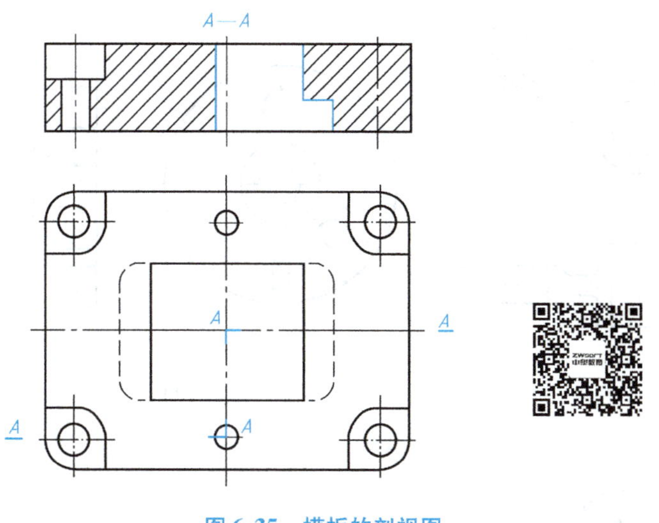

图 6-35　模板的剖视图

该方法主要用于表达孔、槽等内部结构不在同一剖切平面内，但又具有公共回转轴线的机件，如盘盖类及摇杆、拨叉等应表达内结构的机件。

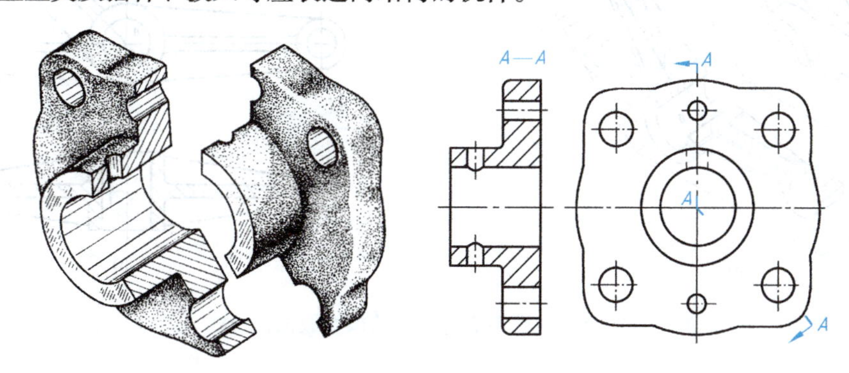

图 6-36　用两个相交的剖切平面获得的剖视图

画图时应注意以下几点。

1）采用几个相交剖切平面的这种“先剖切后旋转”的方法绘制的剖视图往往有些部分图形会伸长，如图 6-37 所示。“有些部分”是指与所要表达的被剖切结构有直接联系且密切相关的部分，或不一起旋转难以表达的部分，如图 6-37a 所示的螺孔和图 6-37b 所示的肋板。

2）采用几个相交剖切平面的方法绘制剖视图时，在剖切平面后的其他结构一般仍按原来的位置投影。这里提到的“其他结构”是指处在剖切平面后与所表达的结构关系不甚密切的结构，或一起旋转容易引起误解的结构，如图 6-38 所示摇杆上油孔的投影和图 6-37b 所示矩形凸台的投影。

3）当剖切后产生不完整要素时，应将此部分按不剖绘制，如图 6-39 所示臂板的画法。

4）该方法获得的剖视图必须进行标注。但当剖视图按投影关系配置，中间又无其他图形隔开时，允许省略箭头，如图 6-37 所示。

5）用两个以上相交的剖切平面剖切时，剖视图可以用展开画法，图名应标注“×—×展开”，如图 6-40 所示。

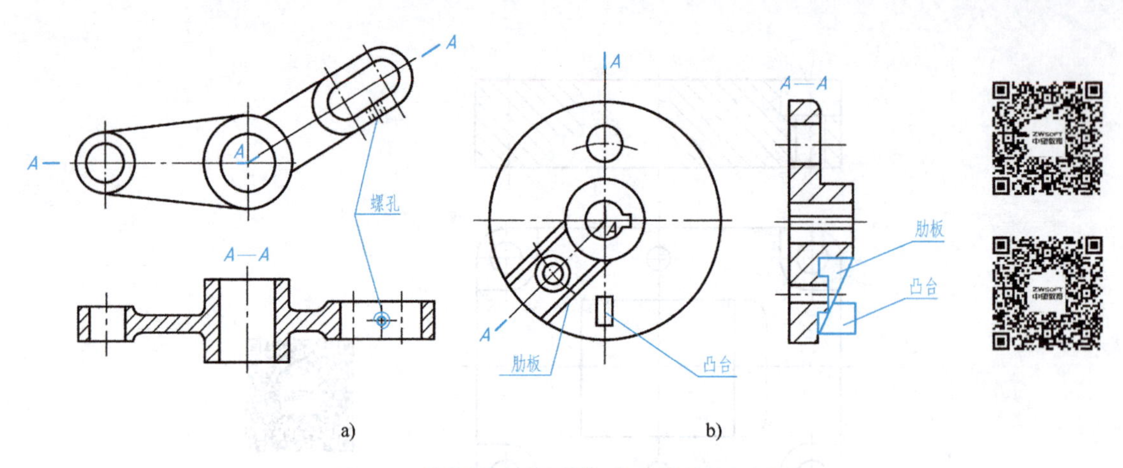

图 6-37　“先剖切后旋转”方法绘制的剖视图

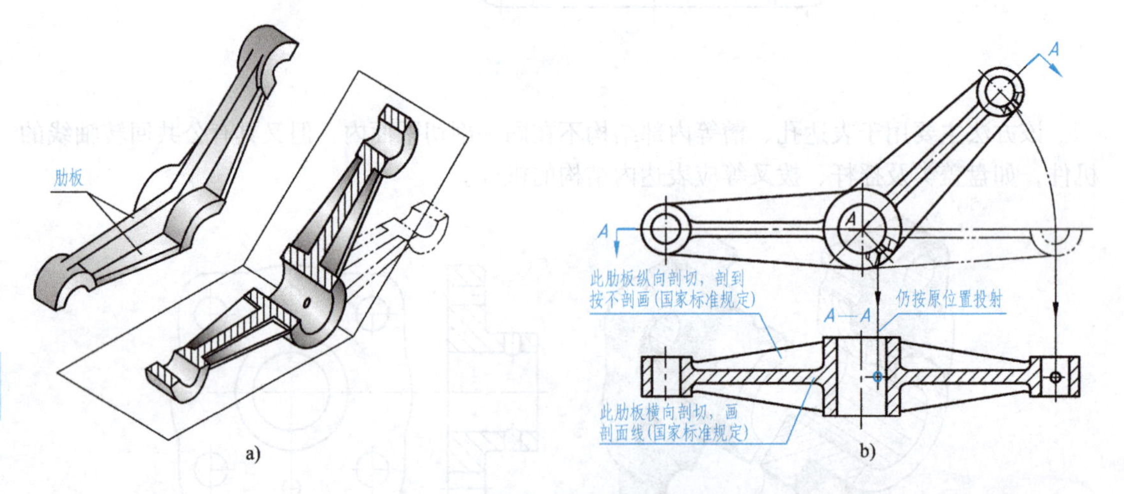

图 6-38　剖切平面之后的结构按原位置投射

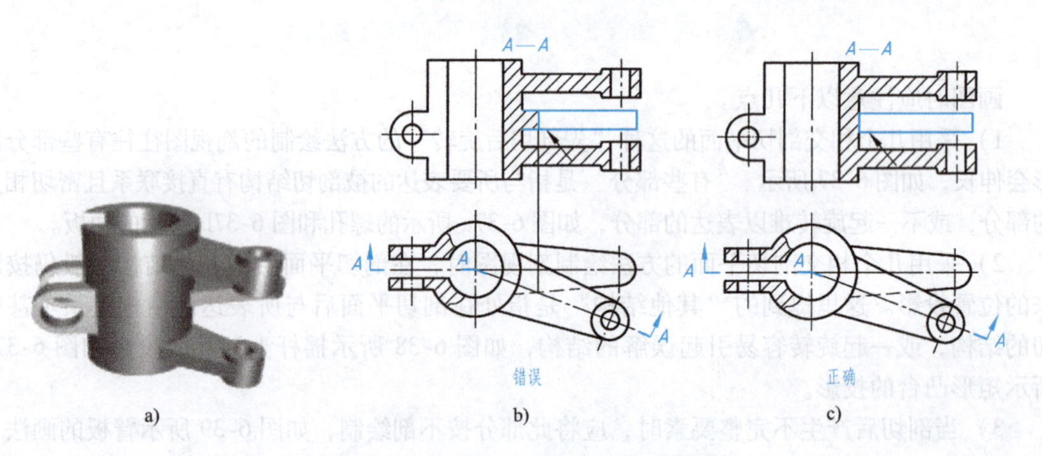

图 6-39　剖切后产生不完整要素时的画法

上述各种剖切面可单独使用，也可组合使用，用组合剖切平面剖开机件的方法常称为复合剖。

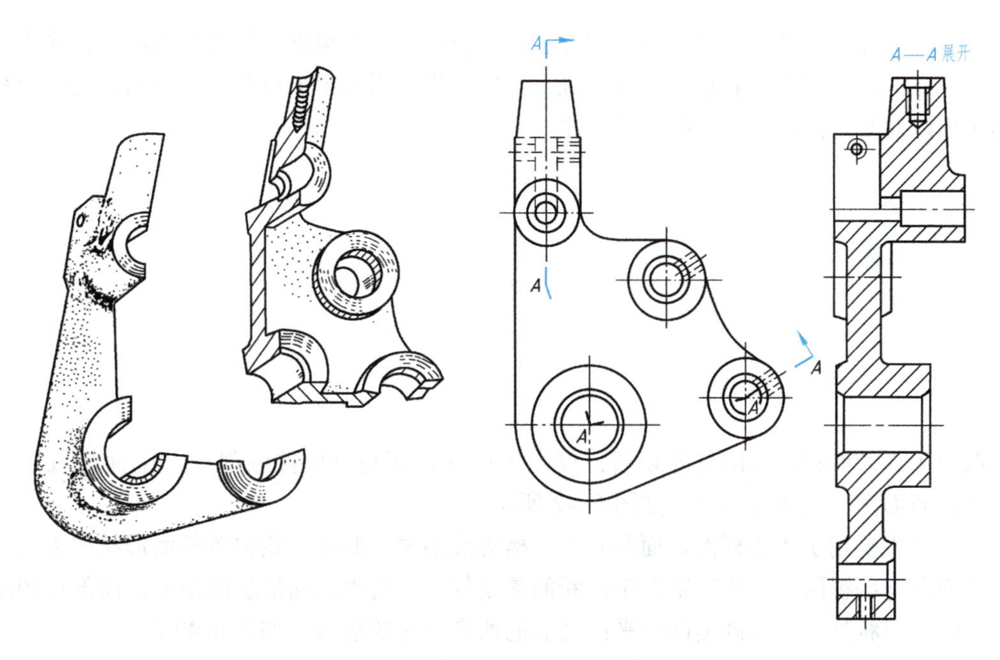

图 6-40　用两个以上相交的剖切平面获得的剖视图

复合剖的画法和标注与两个以上相交的剖切平面获得的剖视图相同，如图 6-41 所示。

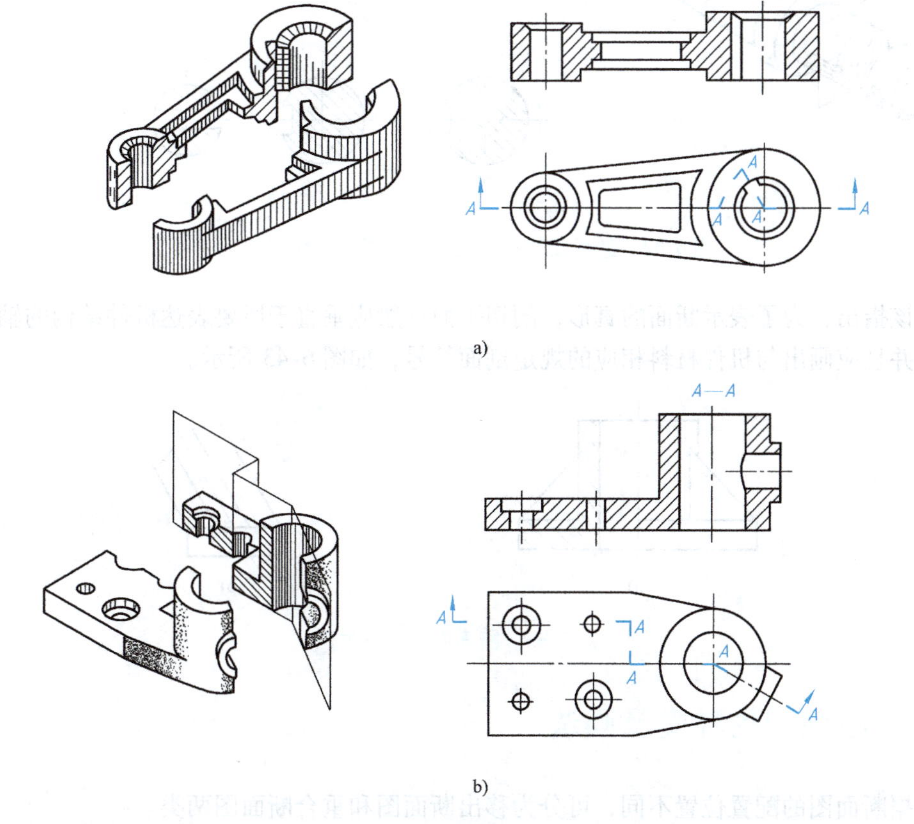

图 6-41　复合剖

综合以上介绍的各种剖视图及剖切方法，在应用时，应根据机件的结构特点，采用最适当的表达方法。为了明确表示剖切面位置，其中，当采用几个平行的剖切平面、几个相交的剖切平面以及复合剖时，剖视图必须标注。

第三节 断面图

一、断面图的形成

假想用剖切面将物体的某处切断，仅画出该剖切面与物体接触部分（剖面区域）的图形，称为断面图，简称为断面，如图6-42所示。

断面图主要用于实心杆件表面开有孔、槽等及型材、肋板、轮辐等断面形状的表达。

断面图与剖视图的主要区别在于：断面图是仅画出机件断面形状的图形；而剖视图除要画出其断面形状外，还要画出剖切平面之后的所有可见轮廓线，如图6-42所示。

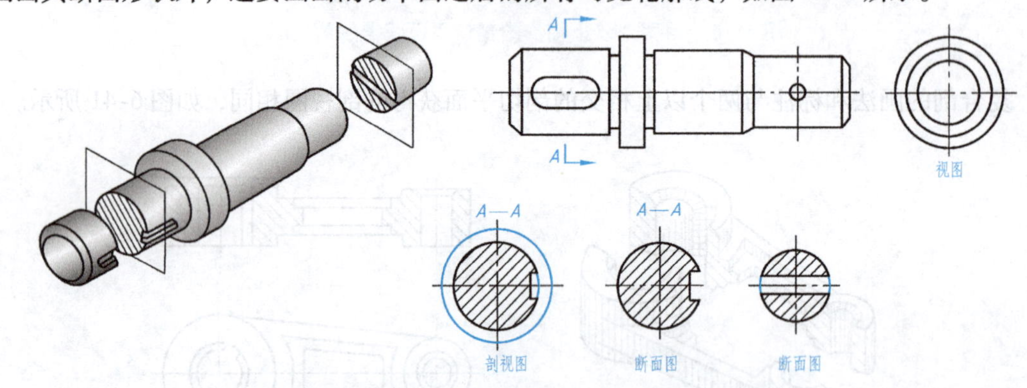

图6-42 断面图的形成及其与视图、剖视图的比较

应该指出，为了表示断面的真形，剖切平面一般应垂直于所要表达机件结构的轴线或轮廓线，并且应画出与机件材料相应的规定剖面符号，如图6-43所示。

图6-43 断面图的剖切方法

二、断面图的种类及画法

根据断面图的配置位置不同，可分为移出断面图和重合断面图两类。

1. 移出断面图的画法与标注

画在视图以外的断面图，称为移出断面图，如图 6-44 所示。

画移出断面图应注意以下问题。

1）移出断面图的轮廓线用粗实线绘制，并尽量画在剖切线或剖切符号的延长线上，如图 6-44 所示。必要时也可以将移出断面图配置在其他适当位置。

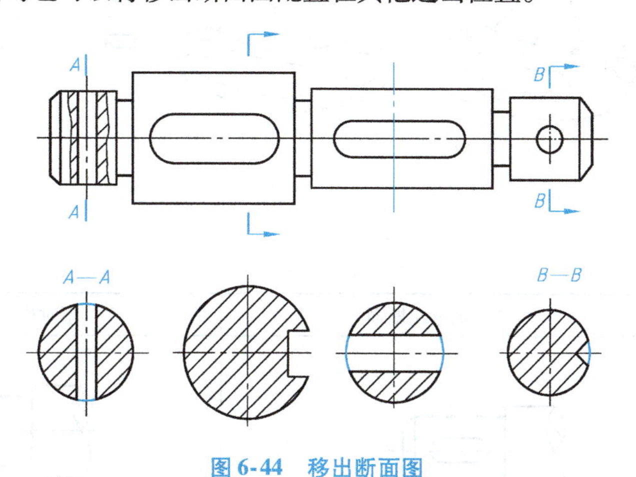

图 6-44　移出断面图

2）当剖切平面通过由回转面形成的孔或凹坑的轴线时，这些结构按剖视图绘制，如图 6-44 所示的 *A—A*、*B—B* 视图。

3）由两个或多个相交剖切平面剖切得出的移出断面图，中间一般应断开，如图 6-45 所示。

4）当断面图形对称时，可将移出断面图画在视图中断处，如图 6-46 所示。

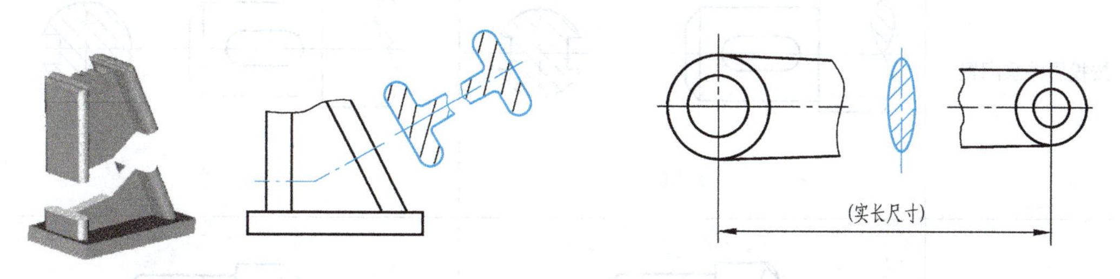

图 6-45　两个相交剖切平面剖切得出的移出断面图

图 6-46　移出断面图画在视图中断处

5）当剖切平面通过非圆孔，会导致出现完全分离的两个断面时，则这些结构也应按剖视图绘制，如图 6-47 所示。

6）移出断面图一般应用剖切符号表示剖切位置，箭头表示投射方向，并注上字母，在断面图上方标注出相应的名称“×—×”，如图 6-42 所示的“*A—A*”。

国家标准规定的移出断面图的配置与标注见表 6-2。

2. 重合断面图的画法与标注

剖开后绕剖切位置线旋转并重合在视图内的断面图，称为重合断面图，如图 6-48 所示。

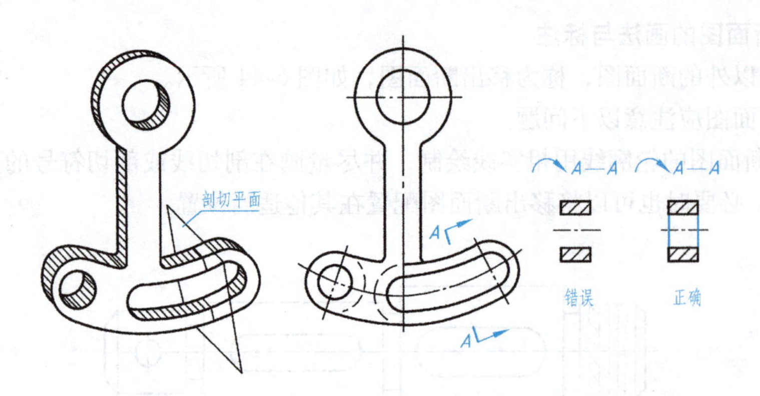

图6-47　移出断面分离两部分的画法

表6-2　国家标准规定的移出断面图的配置与标注

配置	对称的移出断面	不对称的移出断面
配置在剖切线或剖切符号延长线上	剖切线(细点画线) 不必标出字母和剖切符号	不必标注字母
按投影关系配置	A　A—A　A 不必标注箭头	A　A—A　A 不必标注箭头
配置在其他位置	A　A　A—A 不必标注箭头	A　A　A—A 应标注剖切符号（含箭头）和字母

1）重合断面图的轮廓线用细实线绘制，当与视图中的轮廓线重叠时，视图的轮廓线仍应连续画出，不可间断，如图6-48所示。

2）对称的重合断面图，不必标注，如图6-48a所示。

3）配置在剖切线上的不对称的重合断面图，可省略字母；在不致引起误解时，可省略标注，如图 6-48b 所示。

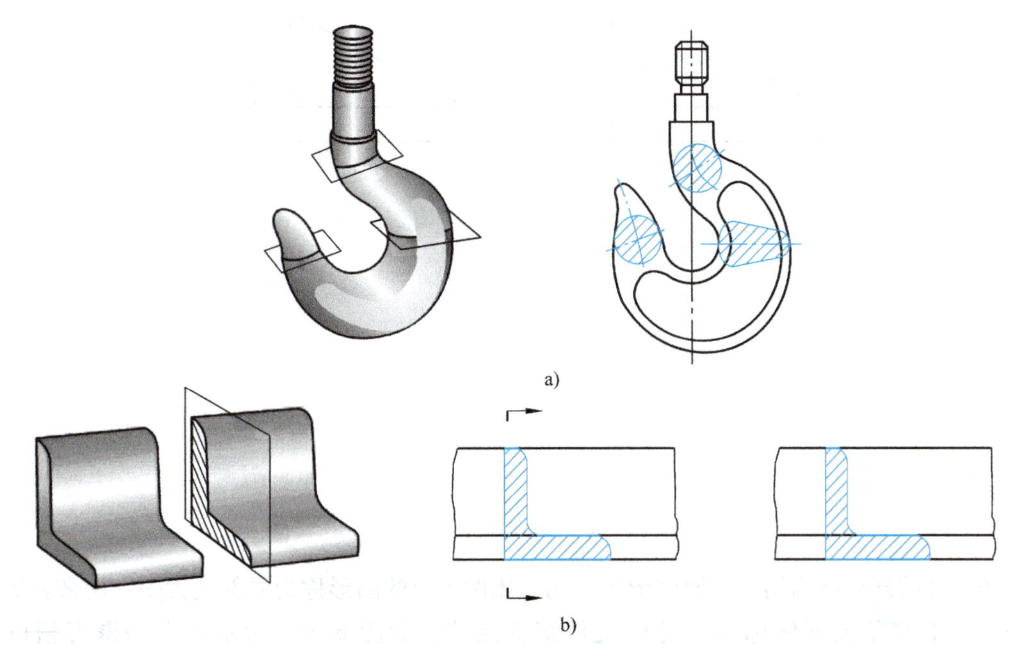

图 6-48　重合断面图

3. 两类断面图的对比

表达实际机件时，可根据具体情况，同时运用这两种断面图。图 6-49 所示的汽车前拖钩采用 4 个断面图来表达上部钩子断面形状的变化情况以及下部的肋和底板形状。

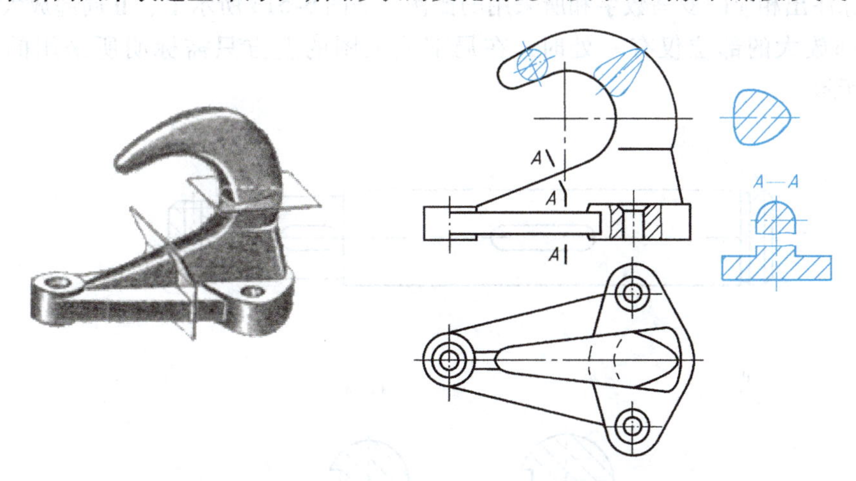

图 6-49　用几个断面图表达汽车前拖钩

两种断面图的基本画法相同，只是画在图上的位置不同，采用的线型不同。由于移出断面图清楚明了，故应用较多。但重合断面图部位清楚，实感性较好，主要适用于不影响图形清晰的场合。图 6-50 所示为肋板的移出断面图与重合断面图的不同画法。

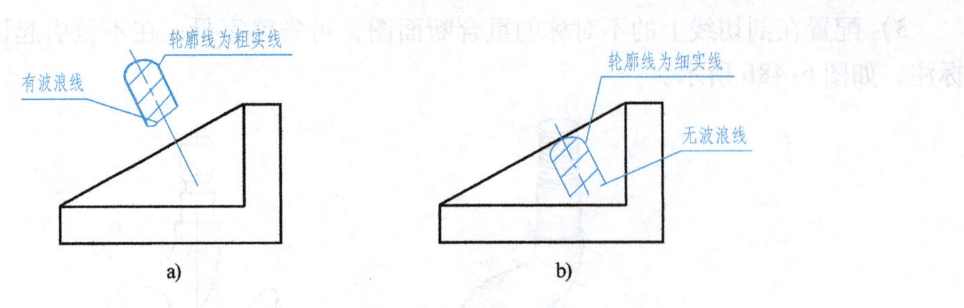

图 6-50　肋板的移出断面图与重合断面图的不同画法

第四节　局部放大图及常用简化画法

一、局部放大图

将机件的部分结构用大于原图形所采用的比例画出的图形称为局部放大图，用来表达视图中表示不清楚或不便标注尺寸的机件细部结构，如图 6-51a 所示轴上的退刀槽以及图 6-51b 所示端盖孔内的槽等。

画局部放大图应注意以下问题。

1）绘制局部放大图时，应用细实线圈出被放大的部位，并尽量配置在被放大部位的附近。当机件上有几个被放大的部位时，必须用罗马数字依次标明被放大的部位，并在局部放大图上方标注出相应的罗马数字和所采用的比例，如图 6-51a 所示Ⅰ、Ⅱ局部放大图。当机件上被局部放大的部位仅有一处时，在局部放大图的上方只需标明所采用的比例，如图 6-51b 所示。

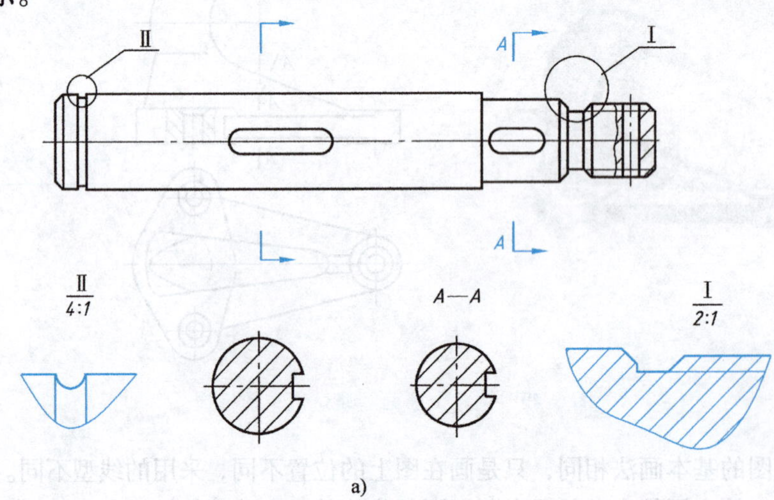

图 6-51　局部放大图（一）
a）轴的局部放大图

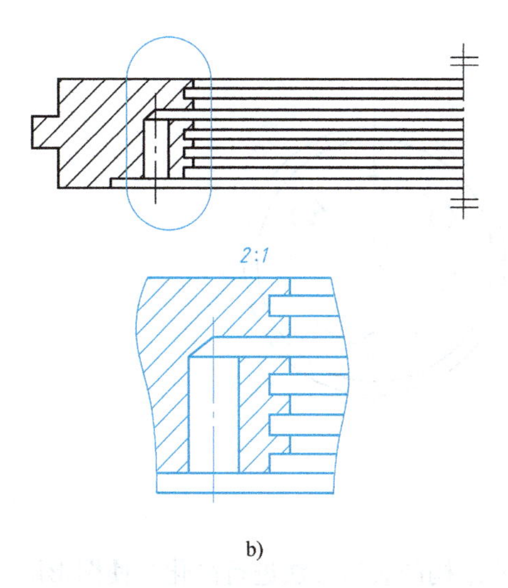

图 6-51　局部放大图（一）（续）
b）端盖的局部放大图

2）局部放大图可以画成视图、剖视图、断面图，它与被放大部分的表达方式无关。由于局部放大图通常画成局部视图、局部剖视图，所以被放大部分与机件整体的断裂处一般用波浪线表示，如图 6-51a 所示 Ⅰ 处采用局部剖视图表达，Ⅱ 处采用局部视图表达。

3）特别注意：局部放大图上标注的比例是指该图形与机件的实际大小之比，而不是与原图形之比。

4）必要时，可采用几个视图来表达同一个被放大的部位，如图 6-52 所示。

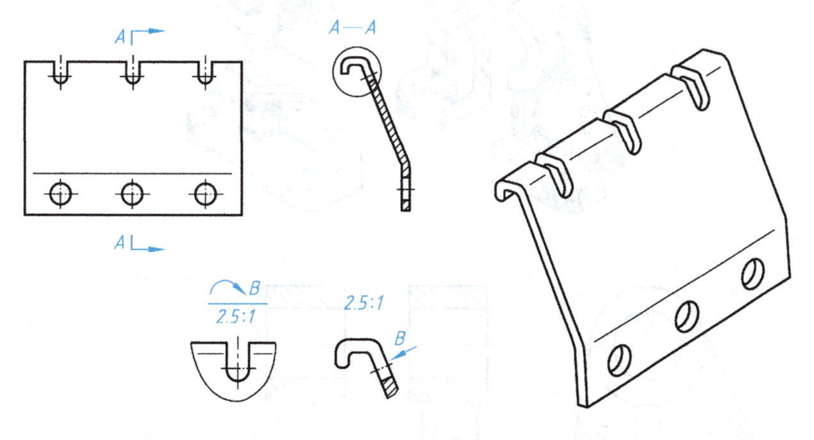

图 6-52　局部放大图（二）

二、常用简化画法

制图时，在不影响对机件表达完整和清晰的前提下，应力求制图简便。如图 6-53 所示，采用尺寸标注规定符号减少不必要的视图。国家标准规定了一些简化画法和其他表达方法，供绘图时选用，现将常用的介绍如下。

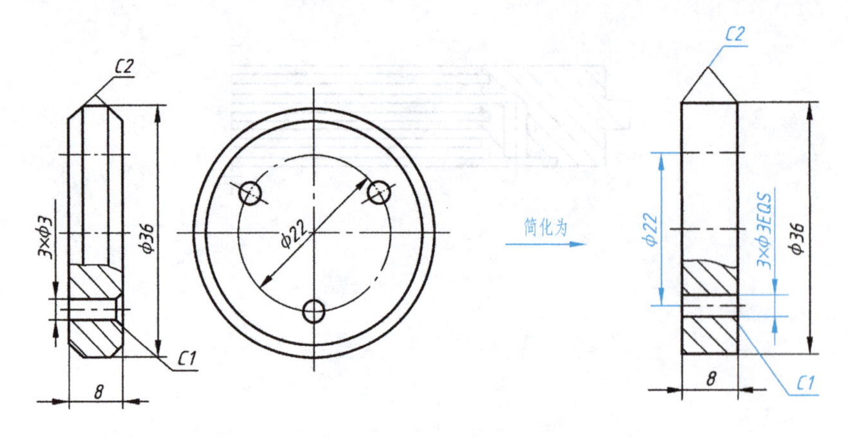

图6-53　采用尺寸标注规定符号减少不必要的视图

简化画法是对机件某些结构的表达方法进行简化，使图形既清晰又简单易画。

1. 肋板和轮辐剖切后的画法

机件上的肋板（也称为“筋”）起加强机件强度和刚度作用。对于机件上的肋板、轮辐及薄壁等结构，当剖切平面沿纵向剖切时，这些结构不画剖面符号，而用粗实线将它与其邻接部分分开，如图6-54所示*A—A*剖视图中肋板的简化画法和图6-55所示剖视图中轮辐的简化画法。需要特别注意的是，图6-54所示*A—A*剖视图中剖开部分的肋板轮廓线为圆柱体的转向轮廓线。

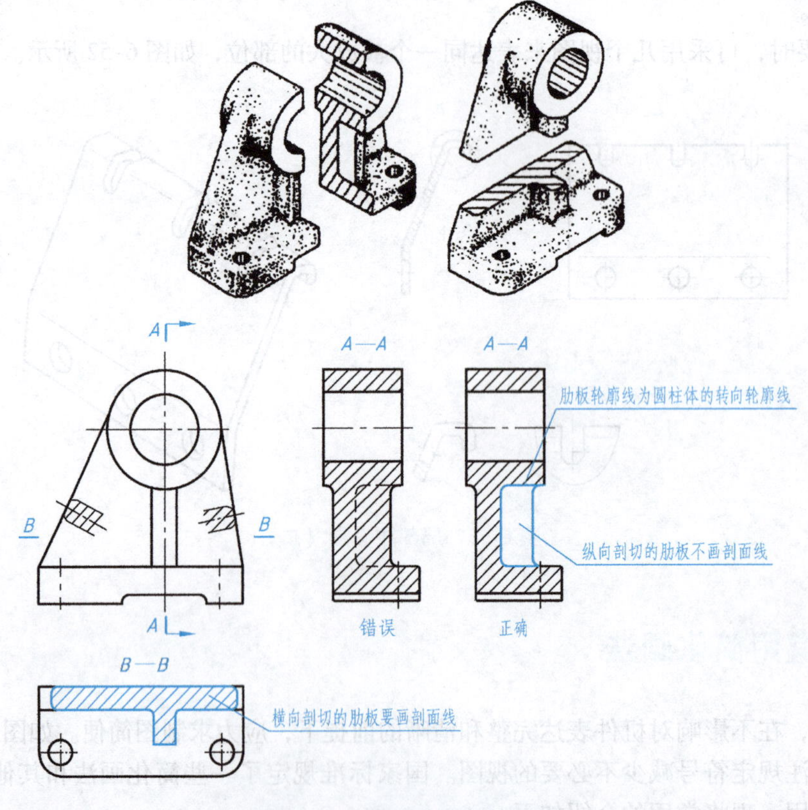

图6-54　剖视图中肋板的画法

当剖切平面垂直于肋板横向剖切时，则肋板的断面必须画出剖面线，如图 6-54 所示 *B*—*B* 剖视图。

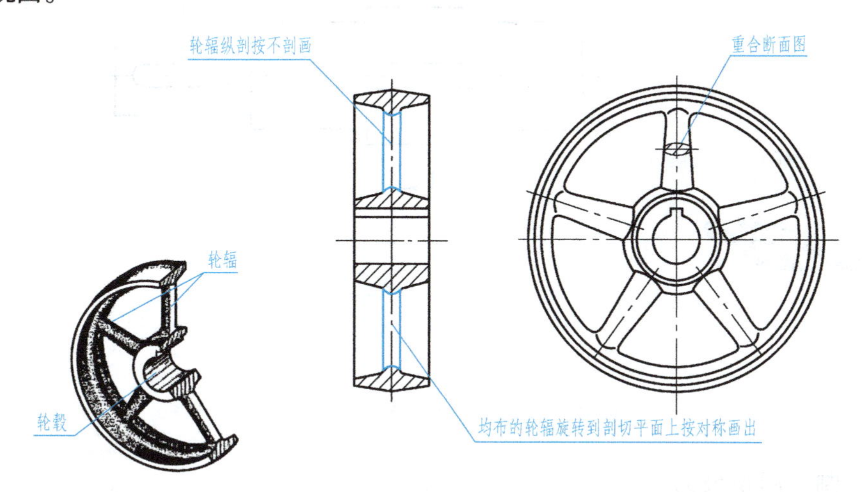

图 6-55　剖视图中轮辐的画法

2. 均匀分布的肋板及孔的画法

当回转体机件上均匀分布的肋板、孔等结构，不处于剖切平面上时，可将这些结构旋转到剖切平面上画出其剖视图，如图 6-55 所示的轮辐以及图 6-56a 所示的肋板和图 6-56b 所示的孔。

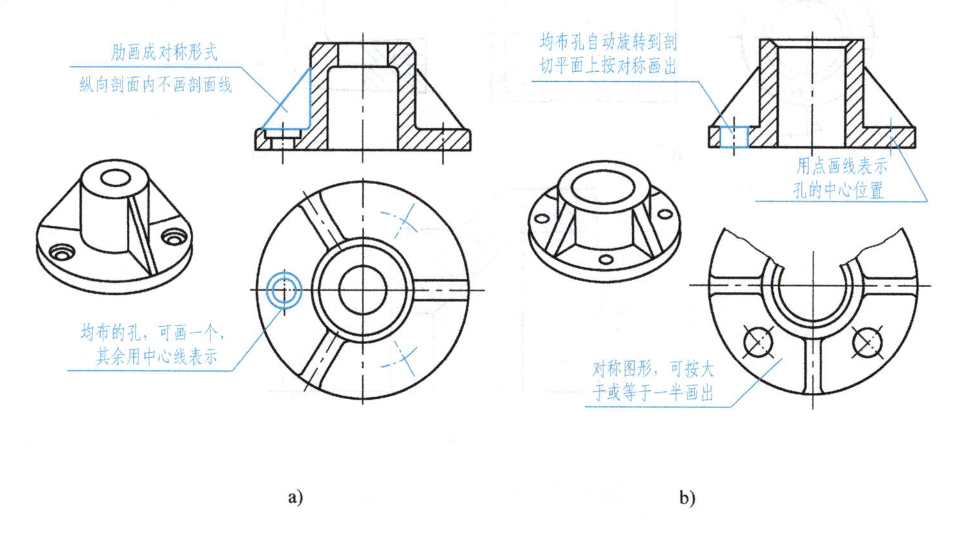

图 6-56　均匀分布的肋板、孔的简化画法

3. 移出断面图中的简化画法

在不致引起误解时，移出断面图允许省略剖面符号，如图 6-57 所示。但剖切位置和断面图的标注必须遵照本章第三节的规定。

4. 细双点画线的应用

1）在需要表示位于剖切平面前面的结构时，这些结构用假想投影的轮廓绘制，采用细

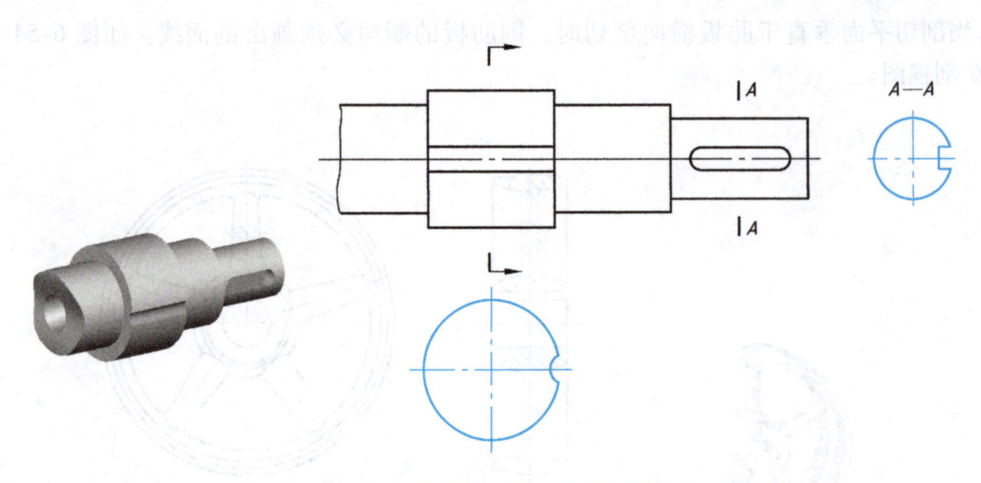

图6-57　不画剖面线的移出断面图的画法

双点画线绘制（图6-58a）。

2）在需要画出加工前机件的初始轮廓线时，初始轮廓线用细双点画线绘制（图6-58b）。

3）辅助用相邻机件，用细双点画线绘制，一般不应遮盖其后面的机件（图6-58c）。

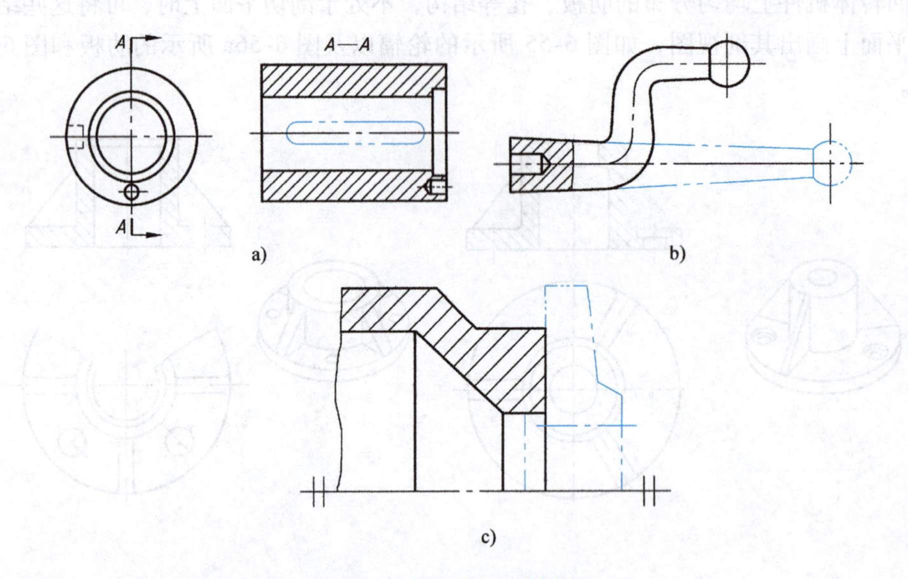

图6-58　细双点画线的应用

5. 相同结构要素的简化画法

1）当机件上具有若干相同结构（如齿、槽等），并按一定规律分布时，只要画出几个完整的结构，其余采用细实线连接，并在图上注明该结构的总数，如图6-59a所示。

2）圆柱形法兰和类似机件上均匀分布的直径相同的孔，可由机件外向该法兰端面方向投射画出，如图6-59b所示。

3）当机件上具有若干直径相同且成规律分布的孔（圆孔、沉孔等），可以仅画出一个或几个，其余只需要用点画线表示其中心位置，并在图上注明孔的总数，如图6-59c所示。

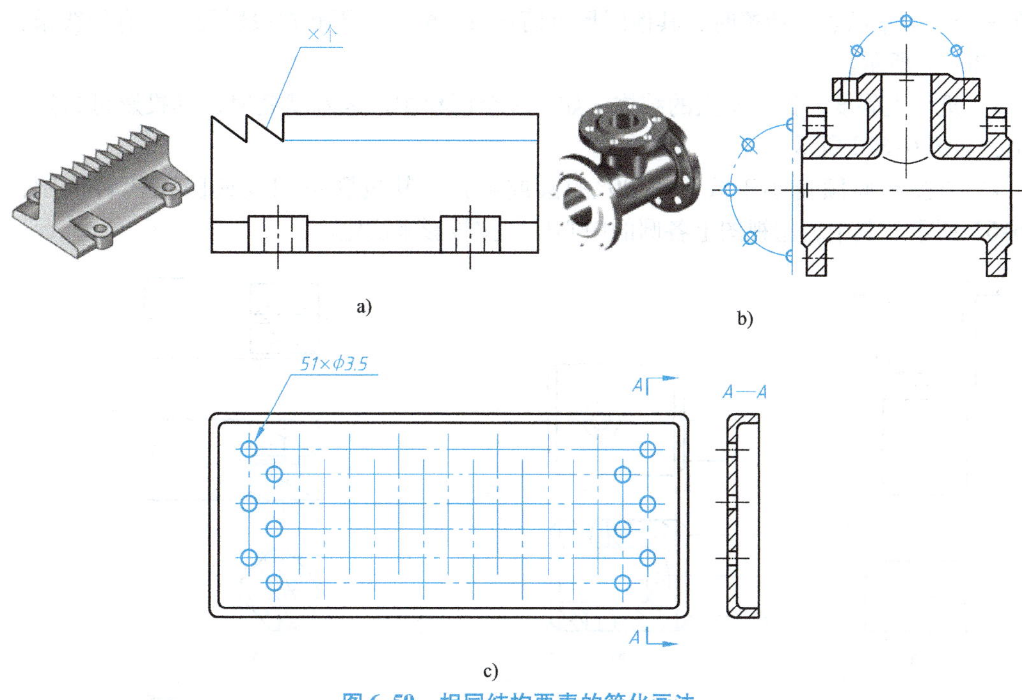

图 6-59　相同结构要素的简化画法

6. 对称画法

（1）对称结构的简化画法　机件上对称结构的局部视图，可按如图 6-60 所示方法绘制。

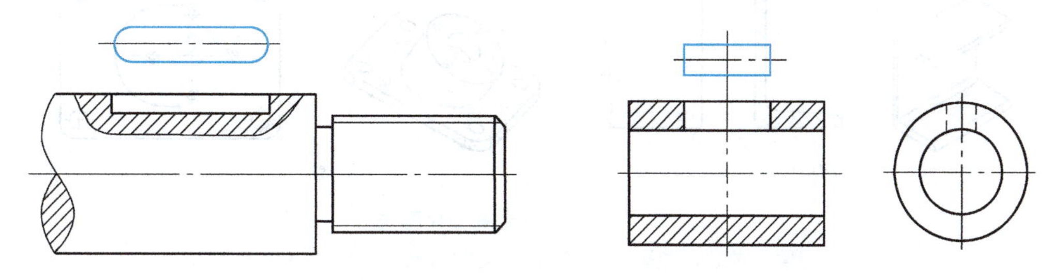

图 6-60　对称结构局部视图的画法

（2）对称件简化画法　在不致引起误解时，对称件的视图可只画一半（或 1/4），并在对称中心线的两端画出两条与其垂直的平行细实线，如图 6-61 所示。

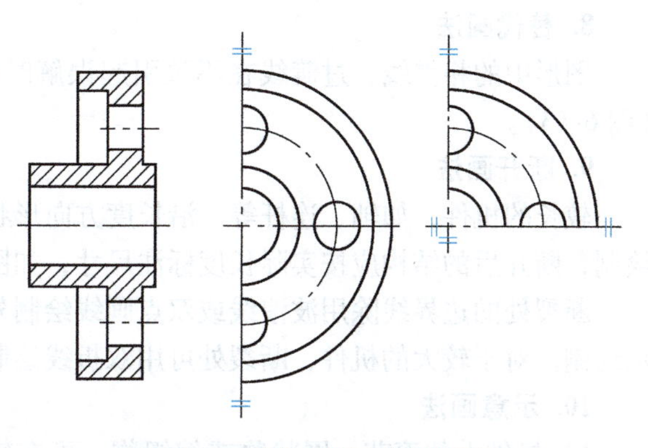

图 6-61　对称件视图的简化画法

7. 较小要素的简化画法

1）在不致引起误解时，零件图中的小圆角、锐边的小倒角或 45°小倒角允许省略不画，但必须注明尺寸或在技术要求中加以说明（图 6-62a）。

2）机件上较小结构所产生的交线，

如在一个图形中已表示清楚时，其他图形可简化或省略，即不必按投影画出所有的线条，如图6-62b、c所示。

3）机件上斜度、锥度不大的结构，如在一个图形中已表示清楚时，其投影可只按小端画出，如图6-62d所示。

4）与投影面倾角小于或等于30°的圆或圆弧，其投影可用圆或圆弧代替椭圆，如图6-62e所示。其中，俯视图上各圆的中心位置按投影来决定。

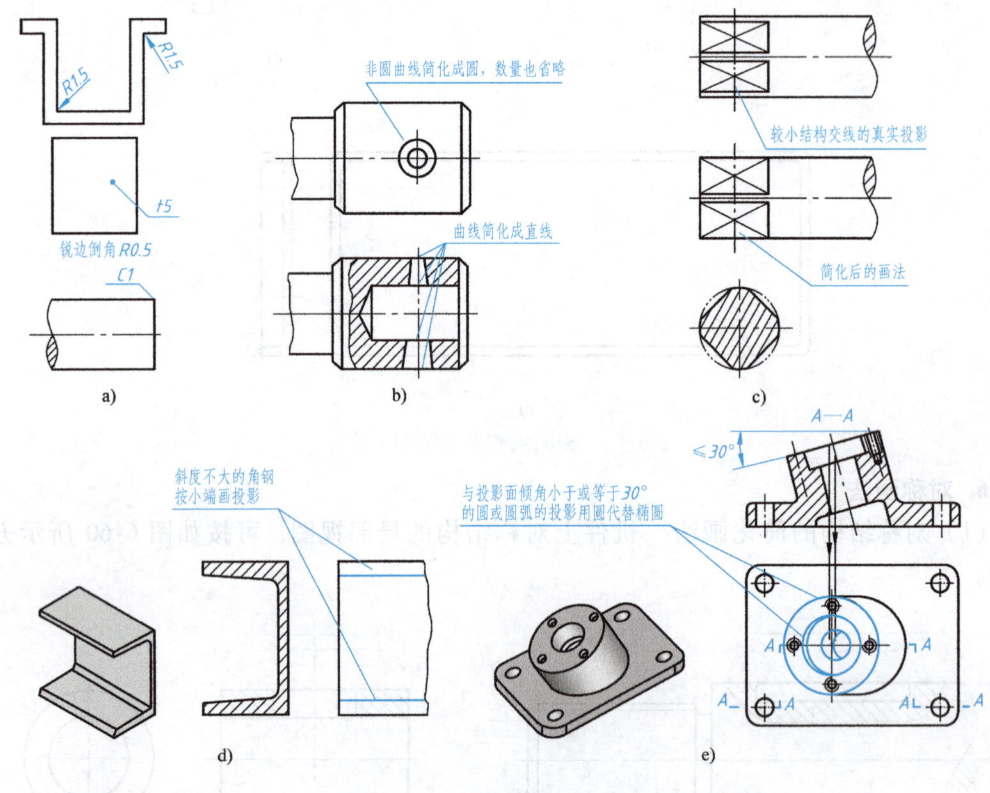

图6-62　较小要素的简化画法

a）小圆角及小倒角等的省略画法　b）较小结构交线的画法1　c）较小结构交线的画法2
d）较小斜度的画法　e）倾角不大的圆或圆弧的投影画法

8. 替代画法

图形中的相贯线、过渡线在不致引起误解时允许简化，如用圆弧或直线替代非圆曲线（图6-63）。

9. 断开画法

较长的机件，如轴、连杆等，沿长度方向形状一致或按一定规律变化时，可断开后缩短绘制，断开后的结构应按实际长度标注尺寸，如图6-64a、b所示。

断裂处的边界线除用波浪线或双点画线绘制外，对于实心和空心圆柱可按如图6-64c所示绘制。对于较大的机件，断裂处可用双折线绘制，如图6-64d所示。

10. 示意画法

1）机件上的滚花、网状物或编织物，可在轮廓线附近用粗实线局部示意画出一部分，

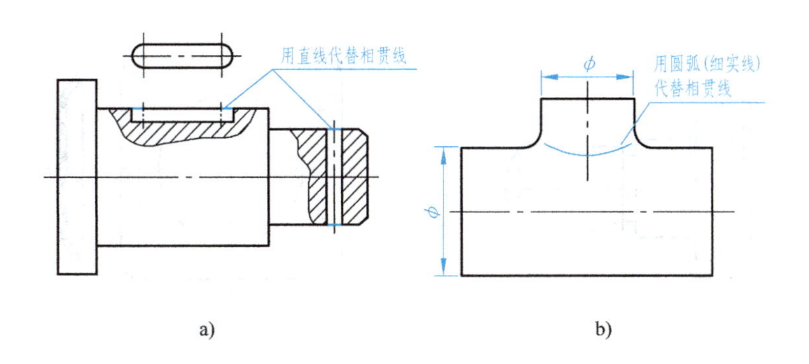

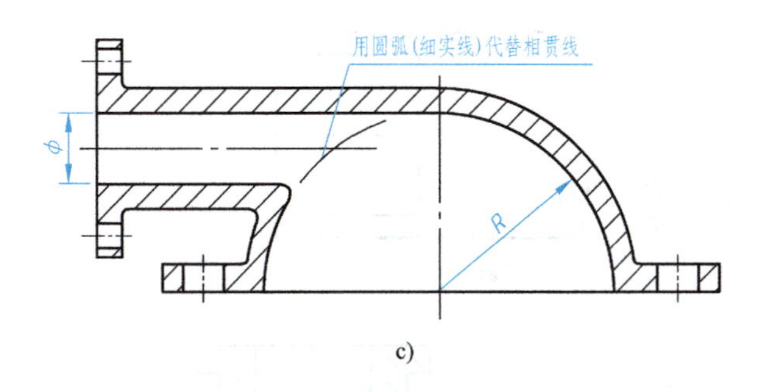

图 6-63　替代画法

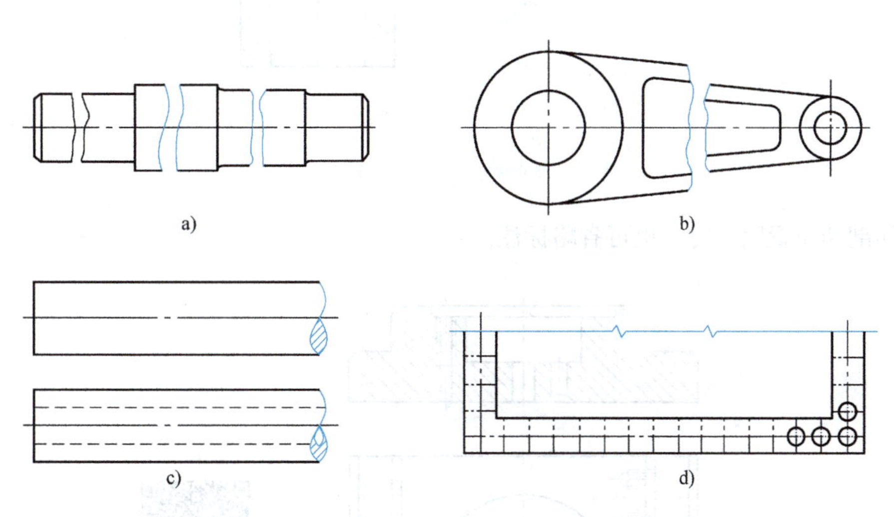

图 6-64　断开画法

并在机件图上注明其具体要求（图 6-65）。

2）当图形不能充分表达平面时，可用平面符号（相交的两条细实线）表示，如图 6-66 和图 6-11d 所示。如其他视图已经把这个平面表示清楚，则平面符号可以省略。

11. “剖中剖”的画法

必要时，允许在剖视图中再进行一次简单的局部剖。采用这种方法表达时，两个剖面的剖面线应同方向、同间隔，但要相互错开，并用引出线标注其名称，如图 6-67 所示的

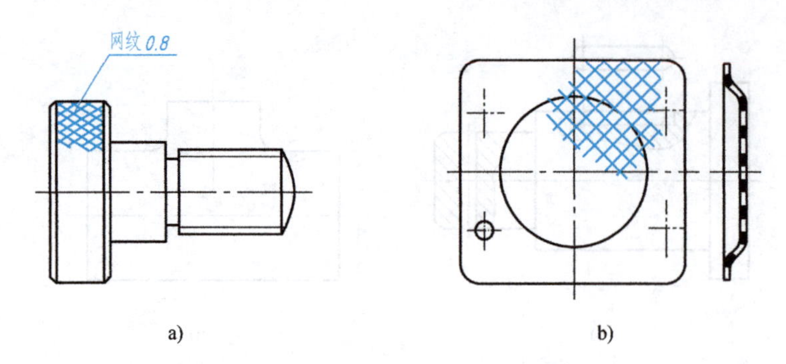

图6-65　滚花、网状物的简化画法

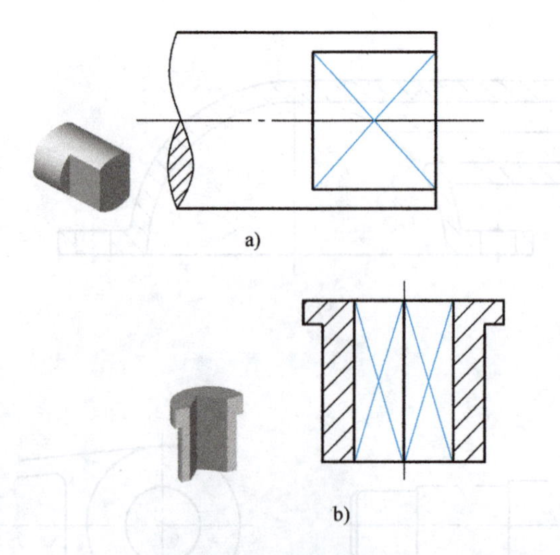

图6-66　平面表示法

B—B。如剖切位置明显时，也可省略标注。

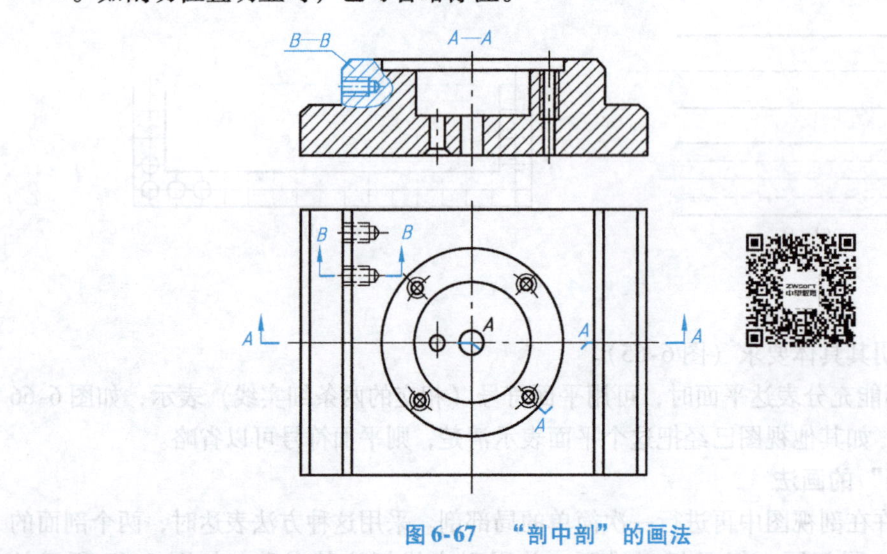

图6-67　“剖中剖”的画法

第五节　表达方法综合举例

在绘制机械图样时，应根据机件的结构形状，综合运用视图、剖视图和断面图等适当的表达方法，确保正确、完整、清晰、简便地表达机件。同时，在确定表达方案时，还应综合考虑尺寸标注等问题，以便于画图和读图。举例说明如下。

【例 6-1】 选用适当表达方法表达如图 6-68a 所示的支架。

1. 形体分析

支架主要由 3 部分组成，即圆柱筒、底板和肋板。

2. 选择主视图

按支架的安装位置，将支架上主要结构圆柱筒的轴线水平放置，主视图投射方向如图 6-68a所示箭头所指方向。主视图采用局部剖视，既表达圆柱筒和倾斜底板上孔的内部结构，又反映肋板与圆柱筒、底板的连接关系和相互位置。

3. 选择其他视图

如图 6-68b 所示，采用 *B* 向局部视图直观地表达圆柱筒与肋板前后方向的连接关系，采用旋转配置的 *A* 向斜视图表达倾斜底板的实形及其上通孔的分布情况，采用移出断面图表达十字肋板的断面实形。这样表达的支架既完整、清晰，又绘图简单、读图方便。

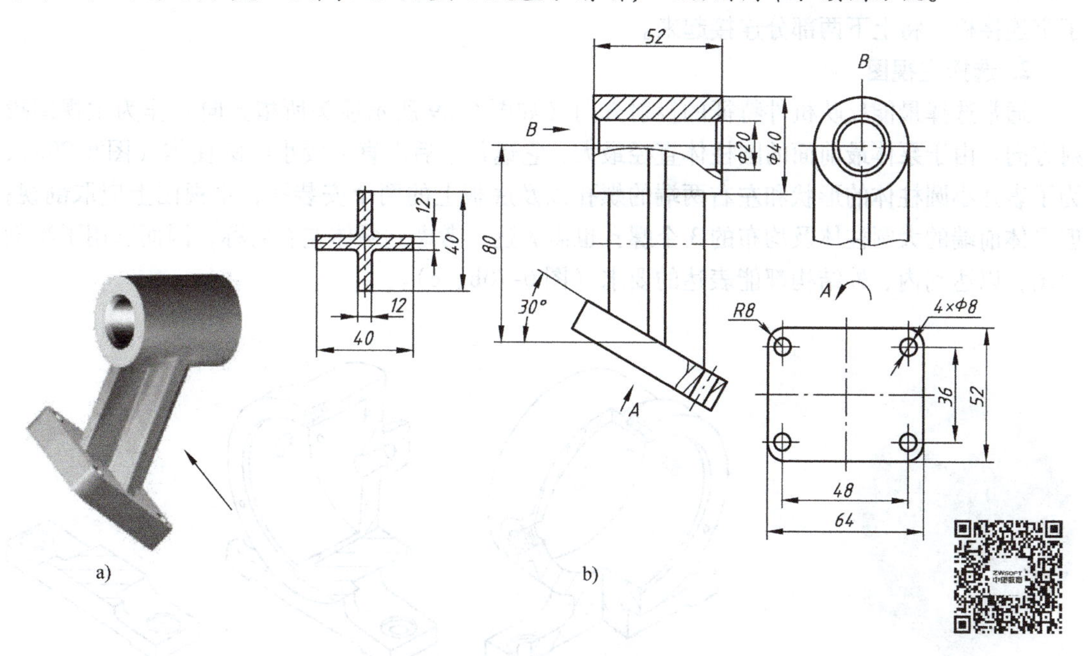

图 6-68　支架的表达方法

【例 6-2】 选用适当表达方法表达如图 6-69 所示的泵体。

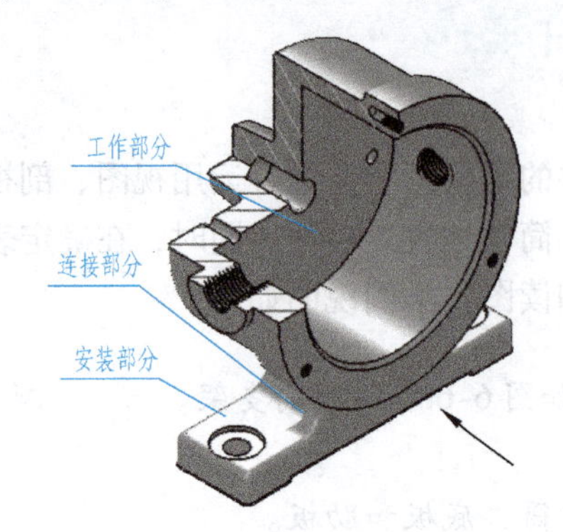

图 6-69 泵体

1. 形体分析

泵体主要由3部分组成，即工作部分、安装部分、连接部分。工作部分主要由直径不同的两个圆柱体、圆柱形内腔、左右两个凸台（进出油孔）以及背后的锥台等组成。其中，圆柱形内腔有向上2.5mm的偏心距，且底部有两个拆卸衬套用的工艺孔，左右进出油孔有管螺纹与油管相接，前端面有3个连接泵盖用的螺孔。安装部分是一个长方形底板，底板上有两个安装孔，并且在底面加工有一凹槽，以减少加工面和保证良好接触。连接部分为弧形丁字连接板，将上下两部分连接起来。

2. 选择主视图

通常选择最能反映机件特征的投射方向（如图 6-69 所示箭头所指方向）作为主视图投射方向。由于泵体最前面的圆柱体直径最大，它遮住了后面直径较小的圆柱体（图 6-70a），为了表达小圆柱体的形状和左右两端的螺孔以及底板上的两个安装孔，主视图上应取剖视；但泵体前端的大圆柱体及均布的3个螺孔也需表达，考虑到泵体左右对称，因而选用了半剖视图，以达到内、外结构都能表达的要求（图 6-70b、c）。

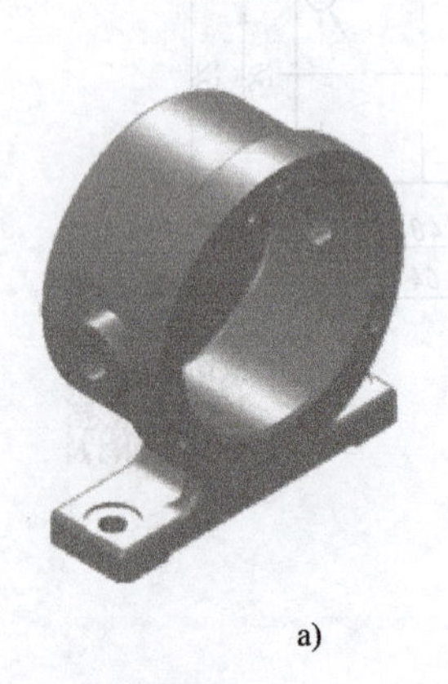

a)

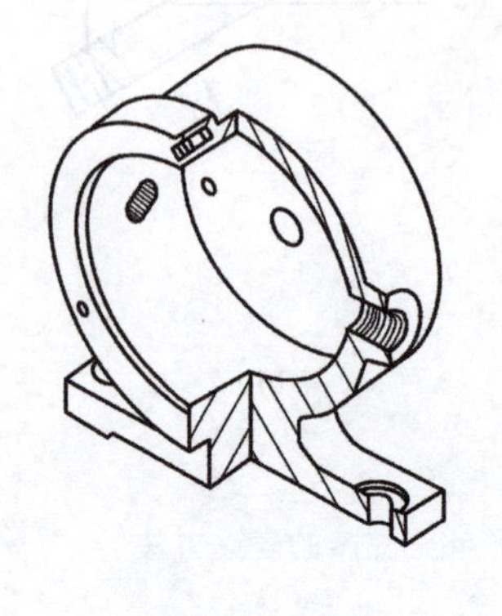

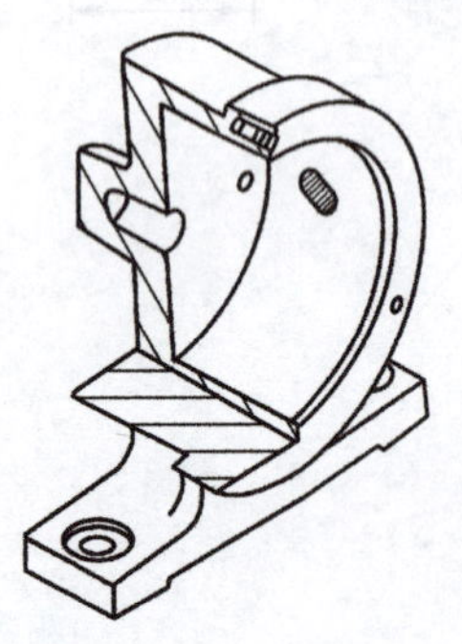

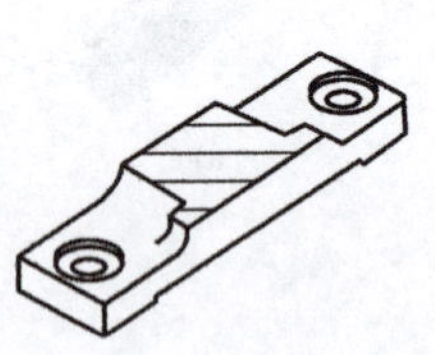

b)

图 6-70 泵体的表达方法

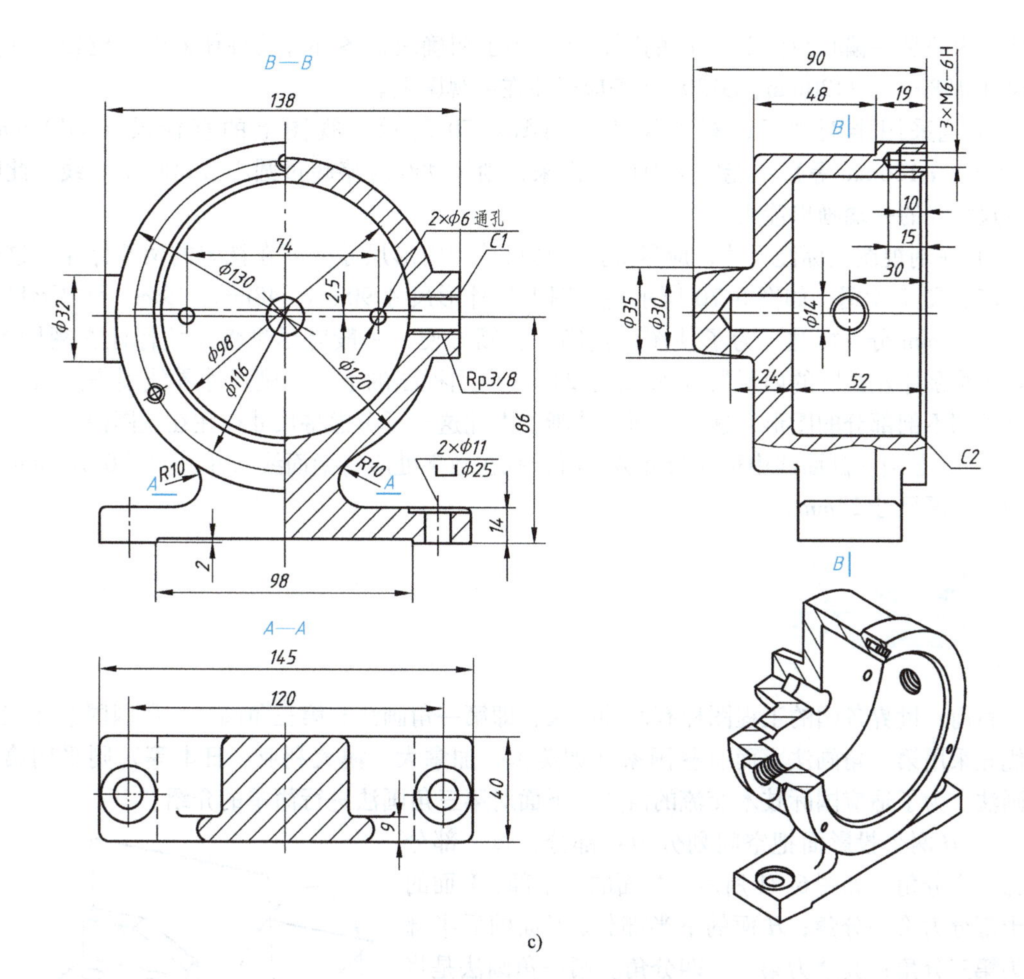

c)

图 6-70　泵体的表达方法（续）

3. 选择其他视图

选择左视图表达泵体上部沿轴线方向的结构。为了表达内腔形状应取剖视，但若是全剖视图，则由于下面部分都是实心体，没有必要全部剖切，因而采用局部剖视（图 6-70b、c），这样可保留一部分外形，便于读图。

底板及中间连接板可在俯视图上取全剖视表达，剖切位置选在图 6-70c 所示的 *A*—*A* 处较为合适。

4. 标注尺寸辅助表达形体

机件的某些细节结构，还可以利用所标注的尺寸来帮助表达。例如，泵体后的圆锥形凸台，在左视图上注上尺寸 ϕ35mm 及 ϕ30mm 后，在主视图上就不必再画细虚线；又如主视图上尺寸 2×ϕ6mm 后面加上“通孔”两字后，就不必另画视图表达这两孔了。

在前述章节中介绍了视图上的尺寸标注，这些标注方法同样适于剖视图。但在剖视图上标注尺寸时，还应注意以下几点。

1）在同一轴线上的圆柱体和圆锥体的直径尺寸，一般应尽量注在剖视图上，避免标注在投影为同心圆的视图上，如图 6-70 所示左视图上的尺寸 ϕ14mm、ϕ30mm、ϕ35mm 等。但在特殊情况下，当剖视图上标注直径尺寸有困难时，可以注在投影为圆的视图上。例如，泵体的内腔是一偏心距为2.5mm的圆柱体，为了明确表达各部分圆柱体的轴线位置，其直径尺寸ϕ98mm、ϕ120mm、ϕ130mm等应标注在主视图上。

2）当采用半剖视后，有些尺寸（如图6-70所示主视图上的直径尺寸ϕ120mm、ϕ130mm、ϕ116mm等）不能完整地标注出来，则尺寸线应略超过圆心或对称中心线，此时仅在尺寸线的一端画出箭头。

3）在剖视图上标注尺寸，应尽量把外形尺寸和内形尺寸分开在视图的两侧标注，这样既清晰又便于读图，如图6-70所示左视图上将外形尺寸90mm、48mm、19mm和内形尺寸52mm、24mm分开标注。为了使图面清晰、查阅方便，一般应尽量将尺寸标注在视图外。但如果将泵体左视图的内形尺寸52mm、24mm引到视图的下方，则尺寸界线引得过长，且穿过下部不剖部分的图形，这样反而不清晰，因此这时可考虑将尺寸标注在视图内。

4）如必须在剖面线中标注尺寸数字时，则在数字处应将剖面线断开，如图6-70所示左视图上孔深尺寸24mm。

第六节 第三角投影简介

目前，世界各国的工程图样有两种画法，即第一角画法和第三角画法。我国国家标准规定优先采用第一角画法，而有些国家（如美国、加拿大、澳大利亚、日本等）则采用第三角画法。为了适应国际技术交流的需要，下面对第三角画法进行简单的介绍。

V、*H*两个投影面把空间划分为4部分，每一部分称为一个分角。如图6-71所示，*H*面的上半部、*V*面的前半部分为第一分角；*H*面的下半部分、*V*面的后半部分为第三分角；其余为第二、四分角。第一角画法是将机件放在投影面和观察者之间，即保持“人→机件→投影面”的位置关系，用正投影法获得视图。第三角画法是将投影面放在观察者和机件之间（假设投影面是透明的），即保持“人→投影面→机件”的相对位置关系，用正投影法获得的视图，如图6-72所示。

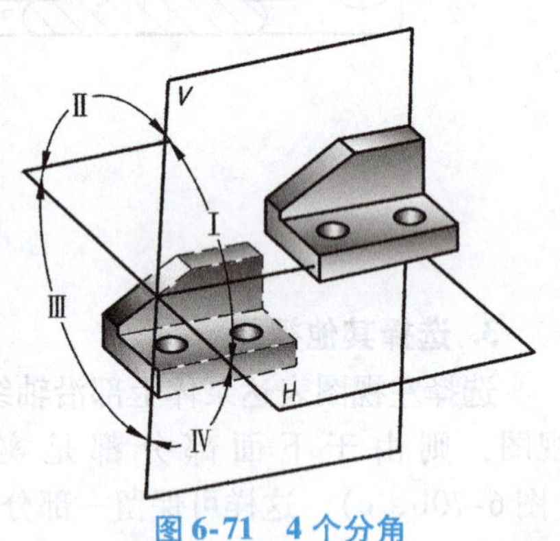

图6-71 4个分角

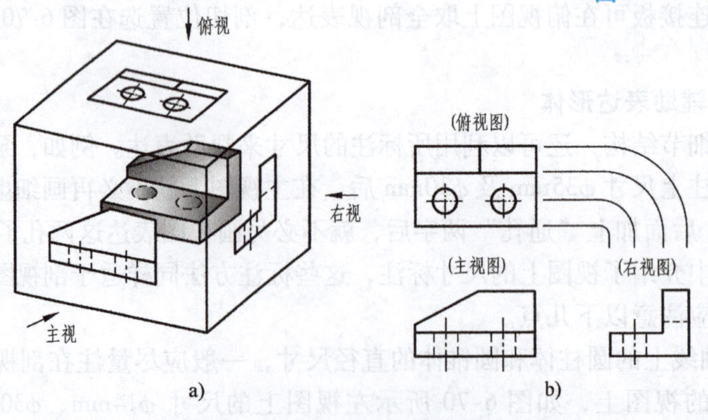

图6-72 第三角画法的三视图

一、第三角画法视图的名称

第三角画法所得到的视图分别为如下。
由前垂直向后观察，在前正立投影面上得到的视图称为主视图。
由上垂直向下观察，在上水平投影面上得到的视图称为俯视图。
由右垂直向左观察，在右侧立投影面上得到的视图称为右视图。
由下垂直向上观察，在下水平投影面上得到的视图称为仰视图。
由后垂直向前观察，在后正立投影面上得到的视图称为后视图。
由左垂直向右观察，在左侧立投影面上得到的视图称为左视图。

二、第三角画法视图的配置

第三角画法规定，投影面展开时，前正立投影面不动，上水平投影面、下水平投影面、两侧立投影面均按箭头所指向前旋转90°与前正立投影面展开在同一个投影面上（后正立投影面随左侧立投影面旋转180°），如图6-73所示。

第三角画法视图的配置如图6-74所示，依然保持“长对正，高平齐，宽相等”的投影规律。

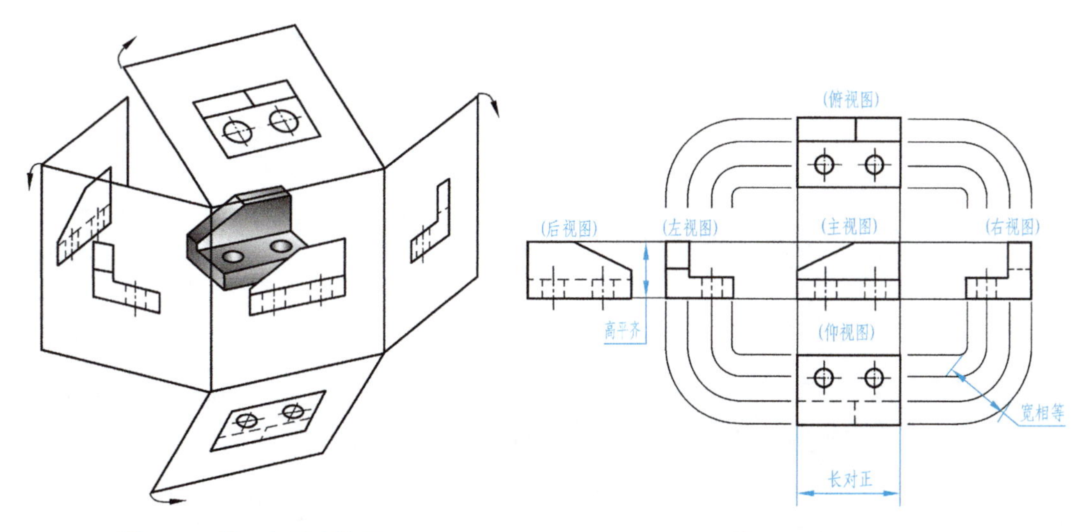

图6-73　第三角画法的展开　　图6-74　第三角画法视图的配置

第三角画法与第一角画法视图配置相比，主视图的配置一样，其他视图的配置一一对应相反。俯视图、仰视图、右视图、左视图，靠近主视图的一边（里边）均表示机件的前面；而远离主视图的一边（外边）均表示机件的后面，即“里前外后”。这与第一角画法的“里后外前”正好相反。此外，主视图不动，将主视图周围上和下、左和右的视图对调位置（包括后视图），即可将一种画法转化成另一种画法。

ISO国际标准中规定，第一角画法用如图6-75a所示的识别符号表示，第三角画法用如图6-75b所示的识别符号表示。

我国优先采用第一角画法。因此，采用第一角画法时，无须标注识别符号。当采用第三角画法时，必须在图样中（标题栏附近）画出第三角画法的识别符号。

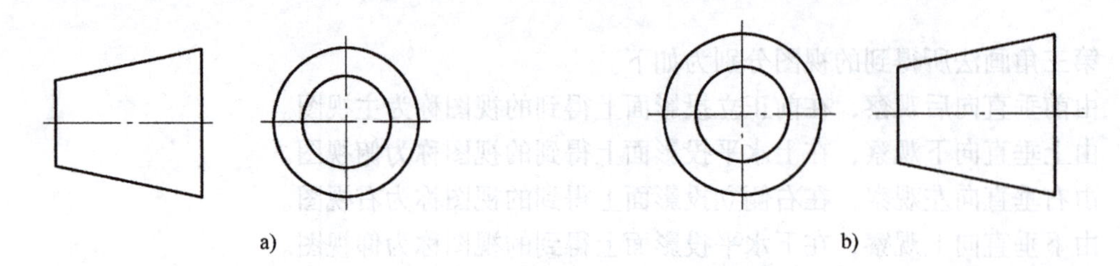

图 6-75　两种画法的识别符号

a）第一角画法的识别符号　b）第三角画法的识别符号

第七章　机械制造基础知识

在机械制造过程中，通常先将金属材料用铸造、锻压等方法制成与零件形状、尺寸接近的毛坯，再经切削加工获得具有一定尺寸精度和满足一定表面粗糙度要求的零件。为了改善材料和零件的性能，常在制造过程中穿插进行热处理。最后，将零件装配成机器。本章重点介绍零件的常用加工方法以及典型零件的制造过程。

第一节　零件的常用加工方法

根据零件制造工艺过程中原有材料与加工后材料在质量上有无变化以及变化的方向，传统零件加工方法可以分为以下两大类，即成形加工和切削加工。

一、成形加工

成形加工的特点是进入工艺过程的材料，其初始质量等于（或近似等于）加工后的最终质量。常用的成形方法有铸造、锻造、冲压、粉末冶金、注塑成型等。这些工艺方法使物料受控地改变其几何形状，多用于毛坯制造，也可直接成形零件。这里主要介绍铸造和锻造。

1. 铸造

将液体金属浇注到与零件形状相适应的铸型中，待其冷却凝固后，以获得零件或毛坯的方法，如图 7-1 所示。铸造技术可以生产出外形尺寸从几毫米到几十米，质量从几克到几百吨，外形结构从简单到复杂的各种铸件。铸造是生产金属零件毛坯的主要工艺方法之一，成本低，工艺灵活性大，可生产不同材料、形状和质量的铸件，并适合于批量生产。

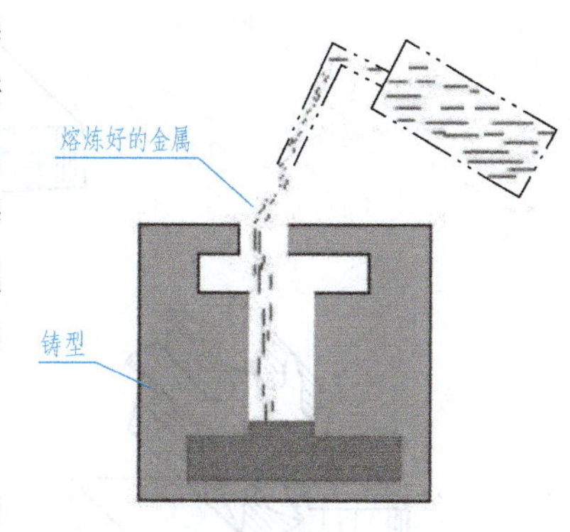

图 7-1　铸造原理

2. 锻造

锻造是金属零件的重要成形方法，其原理是利用冲击力或压力使金属在砧铁间或锻模中变形，从而获得所需形状和尺寸的锻件。这类工艺方法又分为自由锻和模锻，如图 7-2 所示。它能保证金属零件具有较好的力学性能，以满足使用要求。

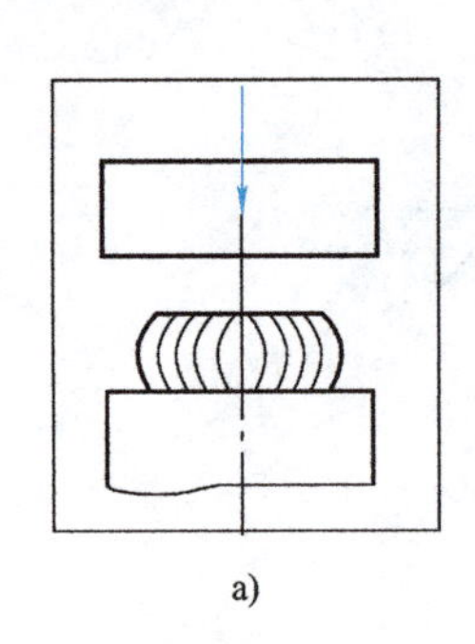

a)

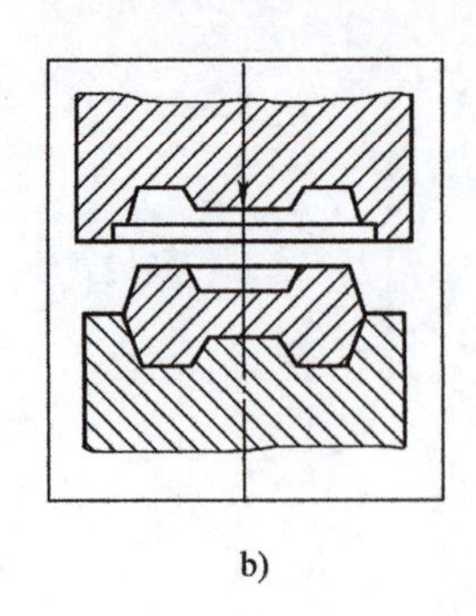

b)

图7-2 锻造原理
a）自由锻 b）模锻

二、切削加工

切削加工是用刀具从毛坯上切去多余的金属，使零件具有一定几何形状、尺寸和表面质量的方法。切削加工是依靠刀具相对工件的切削运动来实现的，可分为主运动和进给运动。主运动是使工件与刀具产生相对运动进行切削的最基本运动，速度最高，消耗功率最大且只有一个。进给运动是由机床或手动传递给刀具（车、钻、龙门刨床）或工件（铣、磨、镗、牛头刨床）的运动，一般速度较低，消耗功率较少，可由一个或多个运动组成，可以是连续的，也可以是间断的。

切削加工的基本方法如图7-3所示。它们分别在车床、钻床、刨床、铣床和磨床上进行切削加工。

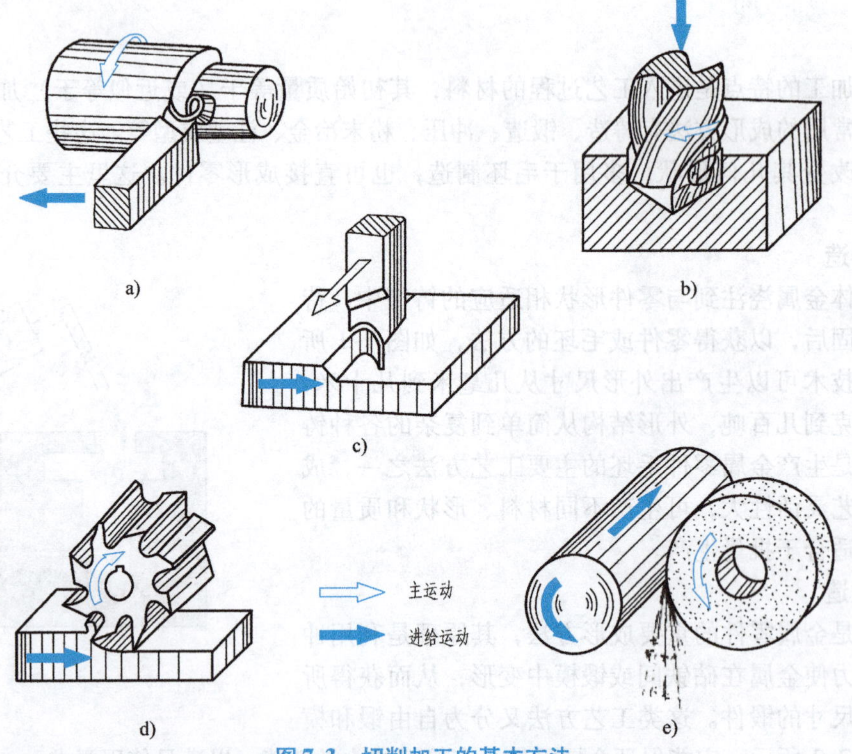

图7-3 切削加工的基本方法
a）车削 b）钻削 c）刨削 d）铣削 e）磨削

车削时（图 7-3a），工件的转动是主运动，车刀的直线移动是进给运动。

钻削时（图 7-3b），钻头（或工件）的转动是主运动，钻头的直线移动是进给运动。

在牛头刨床上刨平面时（图 7-3c），刨刀的往复直线移动是主运动，工件的间歇直线移动是进给运动；在龙门刨床上则相反，工件的往复直线移动是主运动，刨刀的间歇直线移动是进给运动。

铣削时（图 7-3d），铣刀的转动是主运动，工件的直线移动是进给运动。

磨削时（图 7-3e），砂轮的转动是主运动，工件的转动及直线移动都是进给运动。

切削加工在现代机械制造业中占有重要地位。精度要求较高的零件大多要切削加工。

1. 车削

车削是最常用的一种切削加工方法，在车床上完成，如图 7-4a 所示。工件通过主轴端部的卡盘和尾座装在车床上，车刀装在刀架上。车削时，主轴通过卡盘带动工件进行回转运动，刀架带动车刀做左右、前后方向进给运动，切除多余金属，如图 7-4b 所示。

车床上使用不同的车刀或其他刀具，可以加工各种回转表面，如内外圆柱面、内外圆锥面、螺纹、沟、槽、端面和成形面等，如图 7-5 所示。

图 7-4　车削
a）车床　b）车外圆

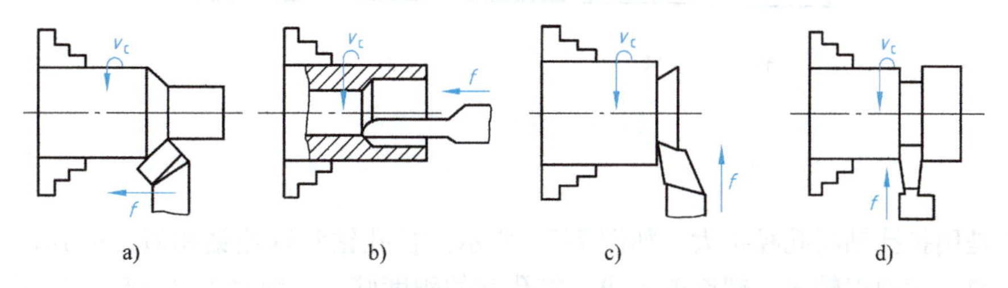

图 7-5　常见车削加工
a）车外圆　b）镗孔　c）车端面　d）切槽

车外圆一般分为粗车和精车两个步骤。粗车的目的是尽快地从工件上切去大部分的加工余量，使工件接近零件所要求的形状和尺寸。粗车后一般留有 0.5 ~ 1mm 的精车余量。精车的目的是获得零件所要求的尺寸公差和表面粗糙度，精车后的公差等级可达 IT7 ~ IT9 级，表面粗糙度值 Ra 为1.6 ~ 6.3μm。

车削螺纹时，应调整车床的传动系统，使工件每转一转，车刀移动一个螺距，车刀的剖面形状与螺纹轴向剖面形状相同。

2. 钻削

钻削是加工孔的一种粗加工方法，通常在钻床上进行，如图 7-6 所示；使用的刀具是麻花钻，如图 7-7a 所示。

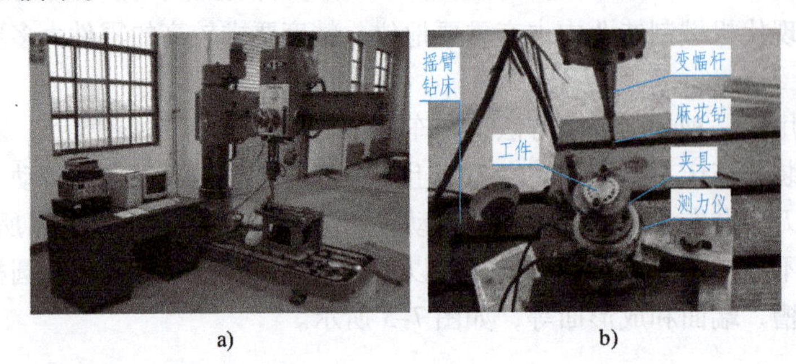

图 7-6　钻削

a）钻床　b）钻孔

钻孔时应先钻一个浅坑，以检查孔的中心是否在规定的位置，否则应校正后再钻。对于通孔，在临近钻通时，为避免振动和折断钻头，应减低进给速度。当孔径 $D \geqslant 30$mm 时，一般应分两次钻孔，先用小钻头（直径为孔径的 0.4 ~ 0.6 倍）钻孔，第二次再钻至所需的孔径。实践表明，分两次钻孔比用大钻头一次钻孔的生产率高。钻孔后公差等级可达 IT10 ~ IT12 级，表面粗糙度值 Ra 为 50 ~ 12.5μm。若要提高孔的加工精度，可在钻孔时留出精加工余量，再进行扩孔和铰孔。

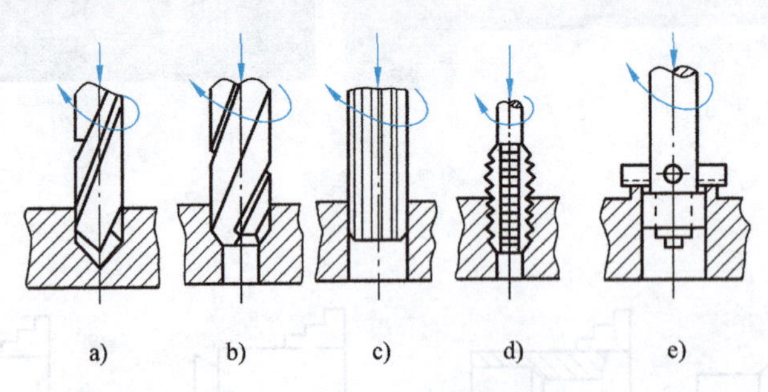

图 7-7　钻床的加工范围

a）钻孔　b）扩孔　c）铰孔　d）丝锥攻螺纹　e）锪钻加工凸台平面

扩孔是用扩孔钻将孔径扩大，如图 7-7b 所示。扩孔钻和麻花钻相似，但其切削部分的顶端是平的，切削刃较多，螺旋槽较浅。扩孔钻的刚度好，切削时不易变形，且因加工余量小，故可提高加工精度，公差等级可达 IT9 ~ IT10 级，表面粗糙度值 Ra 为 3.2 ~ 6.3μm。

铰孔是用铰刀对孔进行精加工，如图 7-7c 所示。孔径 $D \leqslant 25$mm 时，钻削后可直接铰孔；孔径 $D > 25$mm 时，应扩孔后再铰孔。铰刀比扩孔钻有更多的切削刃（6 ~ 12 个）。铰刀除有切削部分外，还有起导向和修光作用的修光部分，故铰孔后加工精度可进一步提高，公差等级可达 IT6 ~ IT8 级，表面粗糙度值 Ra 为 0.2 ~ 3.2μm。

钻床上除了能钻孔、扩孔、铰孔外，还可用丝锥加工内螺纹（图 7-7d）和用锪钻加工凸台平面（图 7-7e）等。

3. 刨削

刨削是加工平面的一种方法，可以加工平行面、垂直面、台阶、沟漕、斜面、曲面等，如图 7-8 所示。

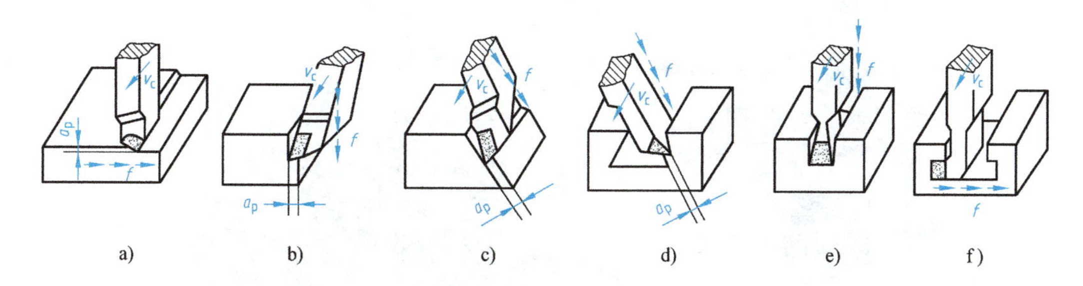

图 7-8　常见刨削加工

a）刨水平面　b）刨垂直面　c）刨外斜面　d）刨燕尾槽　e）刨直角槽　f）刨 T 形槽

刨床有牛头刨床和龙门刨床（图 7-9a、b）。牛头刨床主要用于加工长度不超过 1000mm 的中小型工件；龙门刨床主要用于加工大型工件或同时加工几个中小型工件。

刨削时，工件装在刨床工作台上，刨刀装在刀架上，如图 7-9c 所示。刨刀（或工件）做往复直线移动的主运动，工件（或刨刀）沿垂直于主运动方向做进给运动。由于刀具只在工作行程切削，空回行程中不切削，切入和离开工件的瞬时切削力有突变，将引起冲击和振动，限制了切削速度的提高，生产率低。但刨床和刨刀结构简单，使用方便，在单件小批生产和维修工作中应用较多。刨削的公差等级可达 IT7 ~ IT9 级，表面粗糙度值 Ra 为 1.6 ~ 6.3μm。

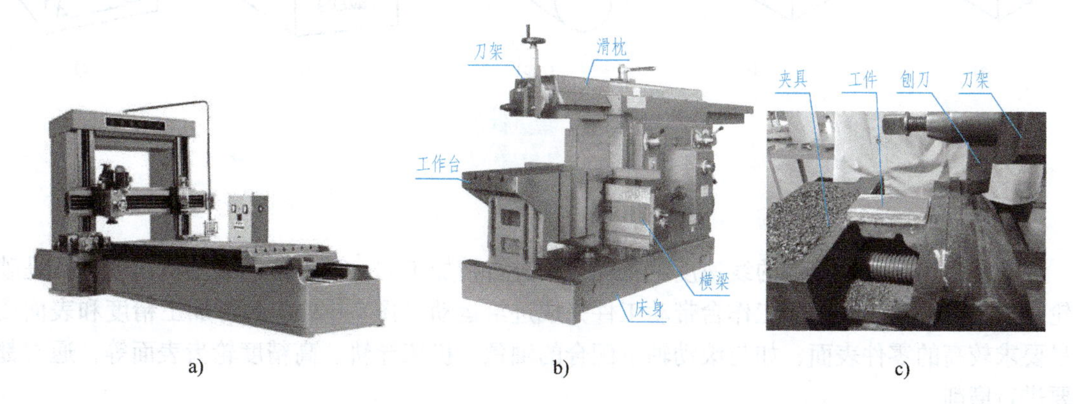

图 7-9　刨削

a）龙门刨床　b）牛头刨床　c）牛头刨床刨削平面

4. 铣削

铣削也是加工平面的一种方法。铣削时，铣刀安装在铣床主轴上，做旋转运动，夹具带动工件做进给运动，如图 7-10 所示。由于铣刀做转动，可以连续切削。铣刀是多齿刀具，由若干个切削刃共同切削工件，切削刃的散热条件较好，有利于提高切削速度，故铣削的生产率高于刨削。在大批量生产中，常用铣削代替刨削，铣削所能达到的尺寸公差和表面粗糙度值与刨削基本相同。

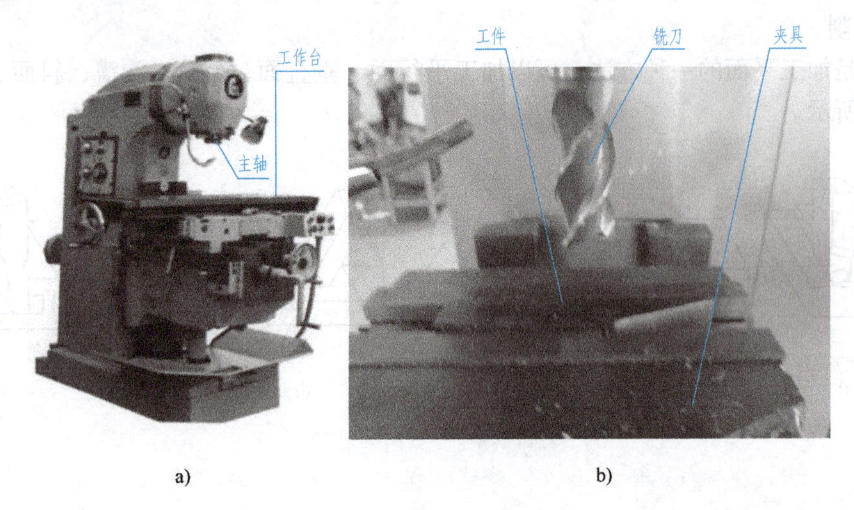

图7-10 铣削

a）铣床 b）铣平面

铣床的加工范围很广，除加工平面外，还可加工沟槽（键槽、T形槽、燕尾槽等）、多齿零件的齿槽（齿轮、链轮、棘轮、花键轴等）、螺纹表面及各种曲面，如图7-11所示。

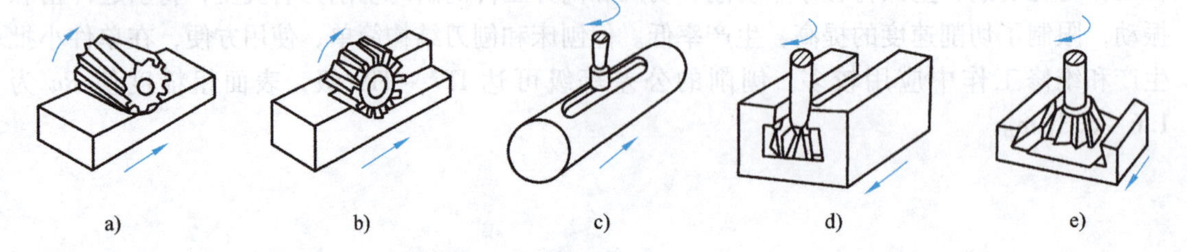

图7-11 常见铣削加工

a）铣平面 b）铣台阶面 c）铣键槽 d）铣T形槽 e）铣燕尾槽

5. 磨削

磨削是用磨具以较高的线速度对工件表面进行精加工的一种方法。磨削所用的刀具是砂轮。加工时，砂轮转动，工作台带动工件完成进给运动（图7-12）。凡对加工精度和表面质量要求较高的零件表面，如与滚动轴承配合的轴颈、机床导轨、高精度轮齿表面等，通常都要进行磨削。

砂轮上的磨料微粒相当于刀齿，以极高的速度磨削工件表面，切下极薄的金属层，因此能获得很高的加工精度和表面质量，公差等级可达IT5～IT7级，表面粗糙度值 Ra 为0.2～0.8μm。

磨削不仅能加工中等硬度的材料（如未淬火钢、灰铸铁等），而且还可加工硬质材料（如淬火钢、白口铸铁和硬质合金等）。工件在磨削前，一般应先进行粗加工及半精加工，

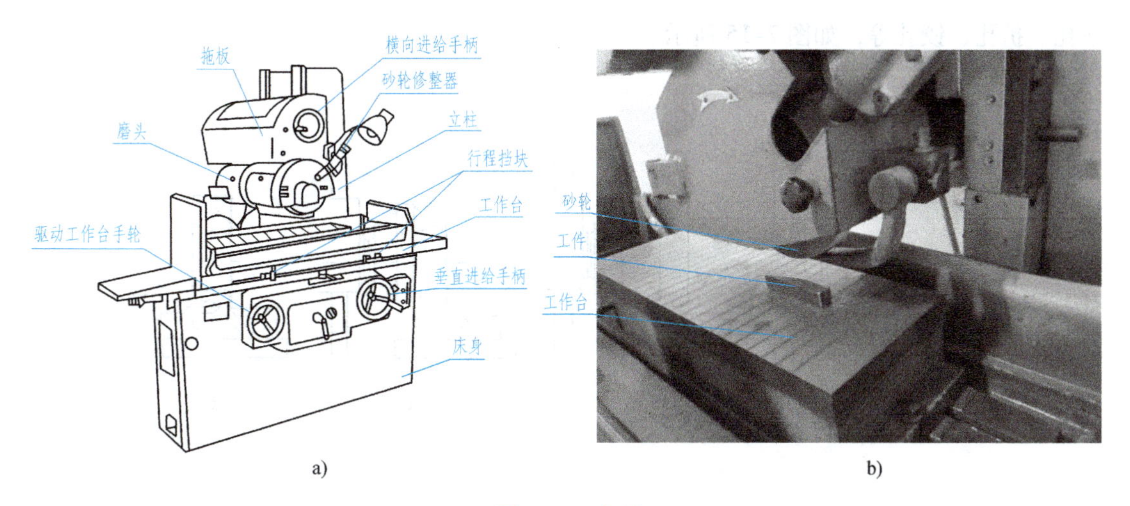

图 7-12　磨削

a）磨床　b）磨平面

仅留很薄的金属层作为磨削余量，以提高加工质量和生产率。

磨削主要可以加工外圆、内孔、平面、螺纹、齿轮、花键、导轨、成形面以及刃磨各种刀具等（图 7-13）。

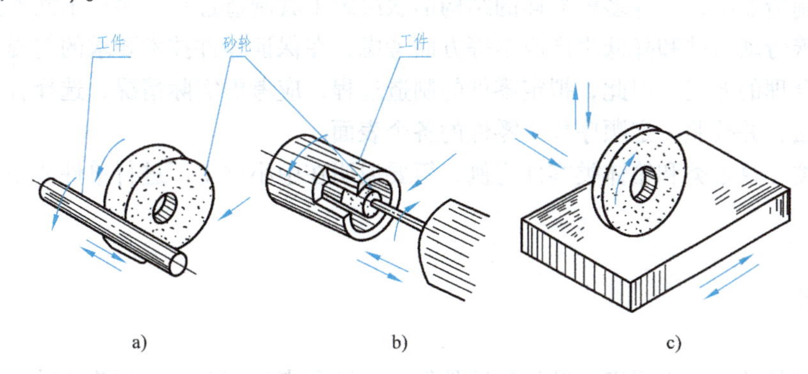

图 7-13　常见磨削加工

6. 镗削

镗床是一种主要用镗刀在工件上加工孔的机床，如图 7-14 所示。镗削时，镗刀安装在主轴上，工件装夹在工作台上，主轴带动镗刀做回转运动，工作台带动工件做进给运动，完成镗孔。镗削通常用于加工尺寸较大、精度要求较高的孔，特别是分布在不同表面上、孔距和位置精度要求较高的孔。镗孔的公差等级可达 IT7 ~ IT9 级，表面粗糙度值 Ra 为 0.8 ~ 6.3μm。另外，镗床还可以进行铣削、

图 7-14　卧式镗床

钻孔、扩孔、铰孔等，如图7-15所示。

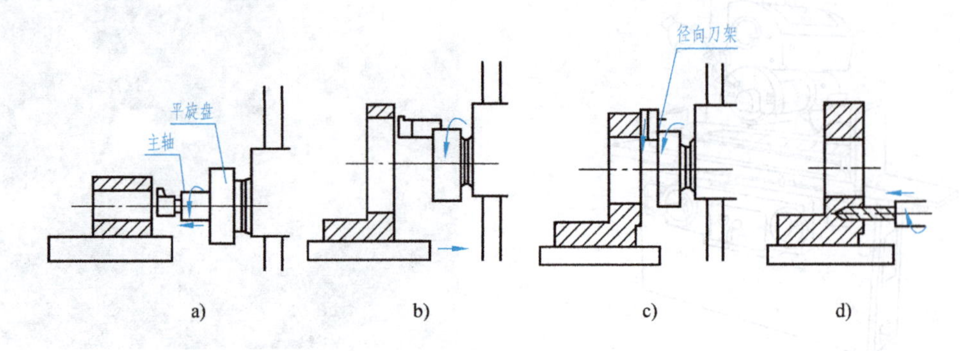

图7-15 卧式镗床主要加工方式

第二节 典型零件的制造过程

在机械制造业中，零件多种多样的结构形状决定了其制造过程有多种不同方案。从提高生产率、改善劳动条件和降低生产成本等方面考虑，在保证零件技术要求的前提下，可以找出一个比较合理的方案。因此，拟定零件的制造过程，应考虑实际情况，选择合适的毛坯和切削加工方法，并按照一定顺序加工零件的各个表面。

以轴套类、盘盖类和箱体类零件为例，简要说明在中小型工厂进行单件或小批量生产时的制造过程。

一、轴套类

轴套类零件的毛坯有圆钢、锻件和铸件等。光轴和直径相差不大的阶梯轴，用圆钢切削加工，较为经济；当轴的阶梯直径相差悬殊或对力学性能要求较高时，应采用锻件。

轴套类零件的主要加工位置是端面、中心孔、外圆、键槽及螺纹，通常在车床上进行切削加工。对于表面粗糙度值 Ra 为1.6~6.3μm的外圆面用车削即能达到，要求表面粗糙度值 Ra 为0.2~0.8μm时则应进行磨削，并应注意以下几点。

1）为保证各外圆面的同轴度要求，精车和磨削时应采用顶尖定位安装，故车削前要在轴的两端钻出中心孔。

2）轴上键槽等其他表面加工，一般都安排在精车外圆后进行，以免精车时因断续切削引起振动和损坏刀具；但应安排在精磨外圆面之前铣键槽，以防止铣键槽时破坏外圆面已经达到的尺寸公差和表面粗糙度值。

图7-16所示轴的材料为45钢，调质处理，硬度为210~230HBW，最大直径为 ϕ48mm，最小直径为 ϕ30mm，直径相差不大，故采用 ϕ55mm圆钢切削加工，其制造过程见表7-1。

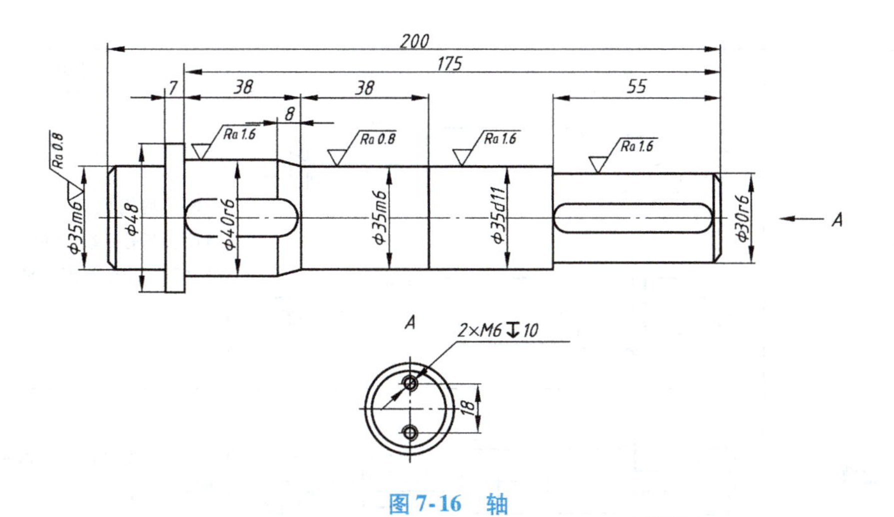

图 7-16 轴

表 7-1 轴的制造过程

序号	名称	简图	说明
1	下料		在 φ55mm 圆钢上截取长度 205mm
2	车端面和钻中心孔		卡盘 1 夹持一端，并用中心架 2 作为辅助支承，车端面和钻中心孔，再调头车另一端面和钻中心孔，并保持轴长度为 200mm
3	粗车		卡盘 1 夹持一端，另一端用顶尖 3 支承。车一端后，调头车另一端，应留精车余量
4	调质处理		硬度 210～230HBW

（续）

序号	名称	简图	说明
5	精车		两端均用顶尖支承。车一端后，再调头车另一端。在安装滚动轴承的轴颈上应留磨削余量
6	铣键槽	4	外圆面支承在V形铁4上，用键槽铣刀加工
7	钻孔和攻螺纹	图7-16	在轴端加工2×M6螺孔，深10mm
8	磨削	Ra 0.8　Ra 0.8	两端均用顶尖支承，磨削两个安装滚动轴承的轴颈

二、盘盖类

盘盖类零件的毛坯材料为铸钢、锻钢、铸铁或棒料等，以齿轮为例介绍盘盖类零件加工工艺。

齿坯的生产方法主要根据齿轮的工作条件和结构形状来选择。直径小于100mm、形状简单的低速轻载齿轮可用圆钢加工。直径较大、力学性能要求较高的齿轮用锻件：单件小批生产用自由锻件，大批量生产用模锻件。形状复杂的大型齿轮锻造困难，多用铸钢件或铸铁件。低噪声、高速轻载齿轮可用塑料或夹布胶木等制成。

锻造或铸造的齿坯，在切削加工前都要进行预备热处理，以减少内应力和改善切削加工性。锻件一般进行退火或正火，铸件一般进行去应力退火。

加工齿坯主要是加工孔、外圆面和端面，除要达到预定的尺寸公差、表面粗糙度值外，还应保证相互位置精度。例如，在车床上应在一次装夹中完成孔、外圆面和基准端面的加工。

加工齿形的方法有铣齿、滚齿、插齿和磨齿等。在单件小批生产中加工低精度齿轮可用铣齿；在批量生产中加工中等精度齿轮时可用滚齿或插齿；对高精度齿轮，尚须磨齿，以保证齿形精度。

图7-17所示齿轮的材料为35SiMn，调质处理，硬度为220～250HBW，齿顶圆直径为ϕ154.36mm，小批生产，采用自由锻件，故齿坯形状力求简单，其制造过程见表7-2。

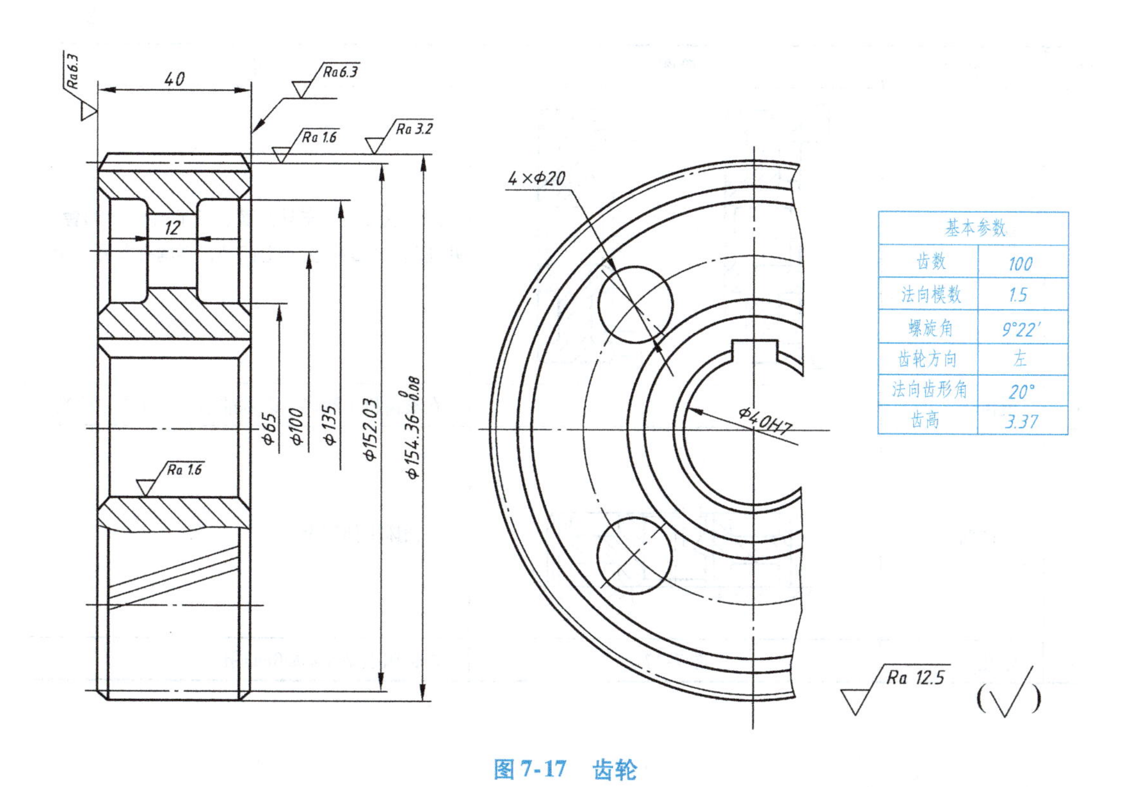

图 7-17　齿轮

表 7-2　齿轮的制造过程

序号	名称	简图	说明
1	锻造		自由锻造
2	退火		退火的目的是减小内应力和改善切削加工性
3	粗车	A	用卡盘夹持，车外圆面、基准端面 *A*、镗孔和切槽，再调头车另一端面和切槽
4	调质处理		硬度达到 220 ~ 250HBW

（续）

序号	名称	简图	说明
5	精车	A	用卡盘反夹，车外圆面、基准端面 *A* 和镗孔，并在基准端面 *A* 上做上记号，再调头车另一端面
6	滚齿		在滚齿机上滚齿，以基准端面和孔为定位基准
7	插键槽	A	在插床上插键槽
8	钻孔	图7-17	在钻床上钻 4 × ϕ20mm 孔

三、箱体类

箱体类零件的结构形状复杂，如减速器箱体常做成剖分式，用螺栓联接箱盖和箱座。此类零件毛坯通常用铸铁件，载荷大时可用铸钢件。在制造重型机械的箱体或单件生产时，也可用焊接件。

铸造或焊接的箱体毛坯应先进行去应力退火，再切削加工。对精度要求高的箱体，在加工过程中也要穿插进行去应力退火，以免加工后引起内应力重新分布而变形，破坏了原有的加工精度。

加工箱体的一般原则是先加工平面再加工孔。由于箱体的设计基准多是平面，故先加工平面，以平面作为定位基准再加工孔，使设计基准和定位基准重合，以免产生定位误差。此外，先加工平面还能为加工孔提供有利条件，如钻孔时不易偏斜，延长钻头寿命等。

在加工剖分式箱体时，对剖分面要求较高，其表面粗糙度值 *Ra* 为 1.6μm，以免减速器工作时润滑油从剖分面处渗漏。在单件小批生产时，因箱体毛坯的制造精度不高，加工前要先进行划线，合理分配箱体各表面的加工余量。然后在铣床或刨床上按划线加工剖分面，再将箱体翻转 180°，以剖分面作为定位基准，加工底面。

为保证箱座和箱盖具有正确的相对位置，用螺栓联接加工好剖分面的箱座和箱盖，钻、铰圆锥销孔，并安装好圆锥销定位，再加工轴承孔及其端面。加工轴承孔是箱体制造过程中的关键工序，应保证轴承孔的尺寸公差、表面粗糙度值、轴承孔轴线间的平行度，以及轴承孔轴线与端面的垂直度。

图 7-18 所示为减速器箱座简图，其材料为 HT200，制造过程见表 7-3。

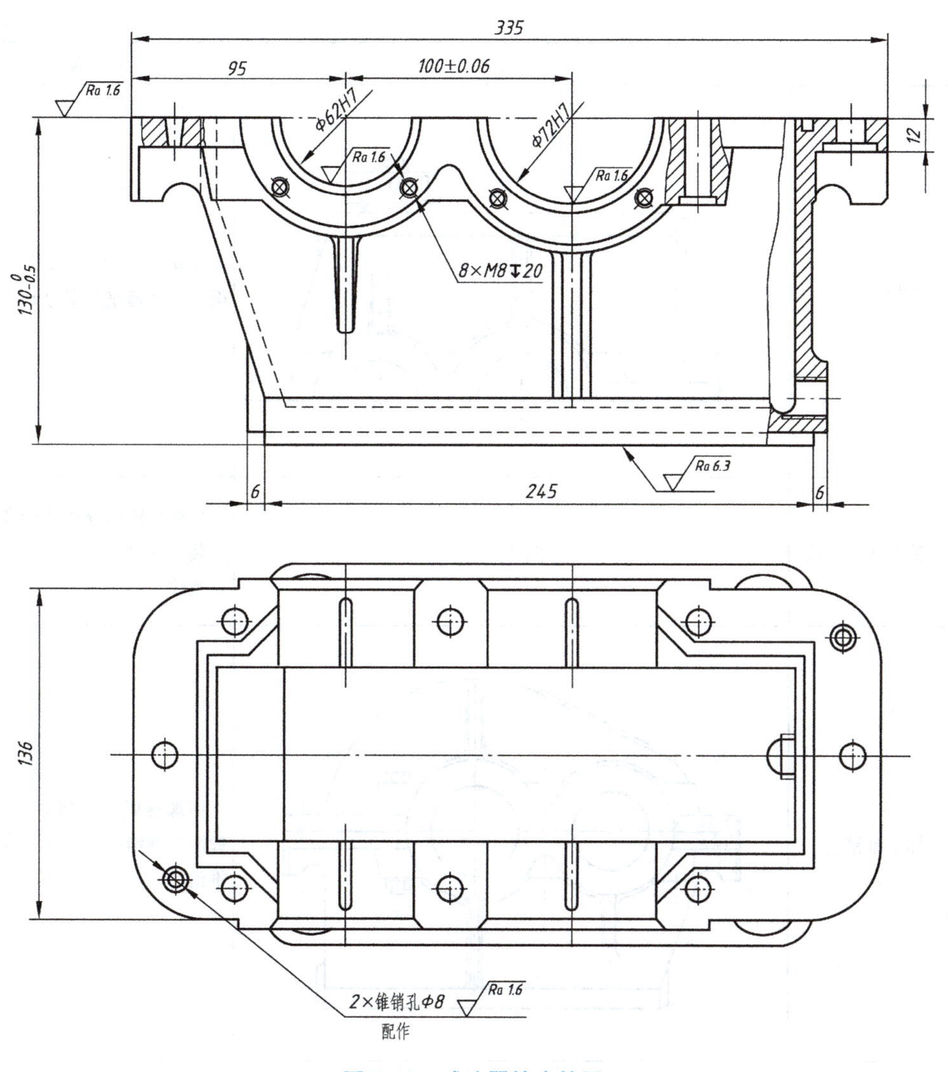

图 7-18　减速器箱座简图

表 7-3　减速器箱座的制造过程

序号	名称	简图	说明
1	铸造		砂型铸造
2	去应力退火		减小内应力
3	铣剖分面		根据 *A*、*B* 面的位置划剖分面 *C* 的加工线，然后在铣床上加工剖分面。保持剖分面凸缘厚度为 12mm

（续）

序号	名称	简图	说明
4	铣底面	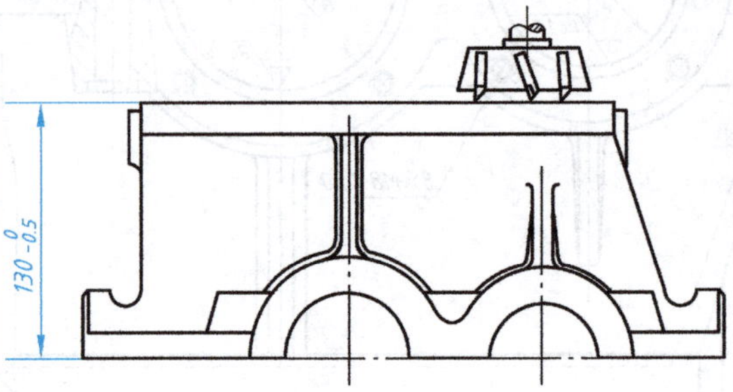 $130_{-0.5}^{0}$	以剖分面为定位基准，铣底面。保持箱座高度为 $130_{-0.5}^{0}$mm
5	钻孔和攻螺纹	图 7-18	划线后钻剖分面螺栓孔、底面安装孔和放油孔，并在放油孔上攻螺纹
6	加工锥销孔	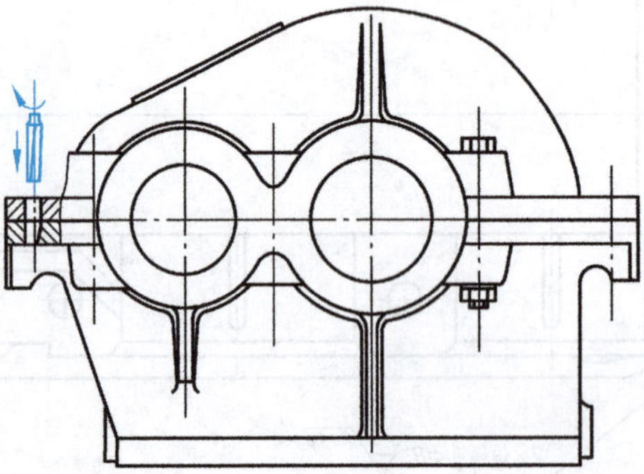	用螺栓联接箱座和箱盖，钻、铰两个锥销孔，并装入定位用圆锥销
7	铣端面	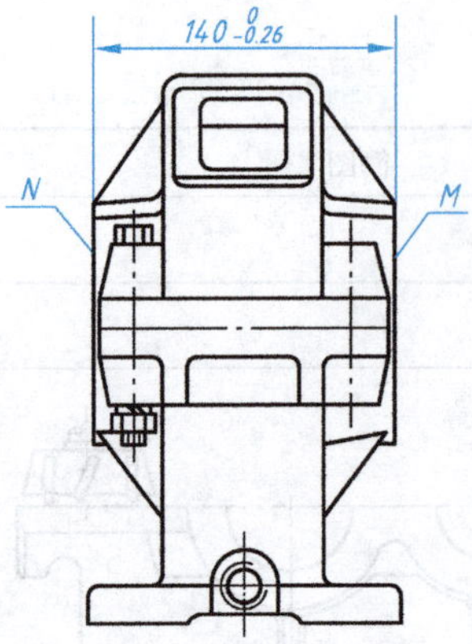 $140_{-0.26}^{0}$ N M	划线找正后铣端面 *N* 和 *M*，保持两端面距离 $140_{-0.26}^{0}$mm

（续）

序号	名称	简图	说明
8	镗轴承孔		划出轴承孔中心线后，在镗床上加工轴承孔
9	钻孔和攻螺纹	图7-18	端面上加工8×M8螺孔
10	铣油槽	图7-18	在铣床上铣油槽

第八章 标准件与常用件

机器的功能和使用环境不同，其组成零件的形状、种类和数量等都不同。针对一些使用频率高的零部件，国家和行业将其结构、尺寸、技术要求以及画法和标记均进行了标准化，如螺栓、螺柱、螺钉、螺母、垫圈、键、销、滚动轴承等，这些零部件称为标准件。有些零部件虽不属于标准件，但是在各种机器上有广泛大量应用，其多次重复出现的重要结构要素的几何参数也被标准化，并在制图标准中给出了规定画法，如齿轮、弹簧等，这些零部件称为常用件。

本章将介绍螺纹和螺纹紧固件、键、销、滚动轴承以及齿轮、弹簧等的规定画法、代号、标注及其标准结构要素的表示法。

第一节 螺纹

一、螺纹的形成、要素和结构

1. 螺纹的形成

螺纹是在圆柱或圆锥表面上沿着螺旋线所形成的、具有相同轴向剖面的连续凸起和沟槽。螺纹在螺钉、螺栓、螺母和丝杠等零件上起联接或传动作用。在圆柱或圆锥外表面上的螺纹称为外螺纹；在圆柱或圆锥内表面上的螺纹称为内螺纹。内、外螺纹一般成对使用。

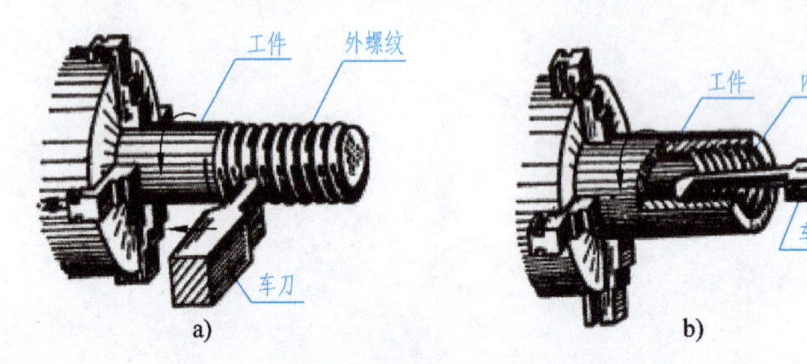

图 8-1 螺纹的加工方法

螺纹的加工方法很多，车削是最常见的加工方法。如图 8-1 所示，工件在车床上绕轴线做等速回转运动，车刀沿轴向做等速移动，使工件每转一转，车刀移动一个螺距，此时，车刀切入工件一定深度切制出螺纹。加工直径较小的内螺纹时，先钻孔，然后用丝锥攻螺纹，如图 8-2 所示。

2. 螺纹的要素

（1）螺纹的牙型　在通过螺纹轴线的剖面上，螺纹的轮廓形状称为螺纹牙型。常见的牙型有三角形、梯形、锯齿形、矩形等。不同牙型的螺纹有不同的用途，如三角形螺纹用于联接，梯形、锯齿形螺纹用于传动等。在螺纹牙型上，相邻两牙侧面之间的夹角 α 称为牙型角。

（2）直径　螺纹的直径有 3 个，即大径、小径和中径。与外螺纹牙顶或内螺纹牙底相重合的假想圆柱的直径 d 或 D 称为大径；与外螺纹牙底或内螺纹牙顶相重合的假想圆柱的直径 d_1 或 D_1 称为小径；母线通过牙型上沟槽和凸起宽度相等的地方的一个假想圆柱的直径 d_2 或 D_2 称为中径，如图 8-3 所示。

代表螺纹尺寸的直径称为公称直径，一般是指螺纹大径的基本尺寸。

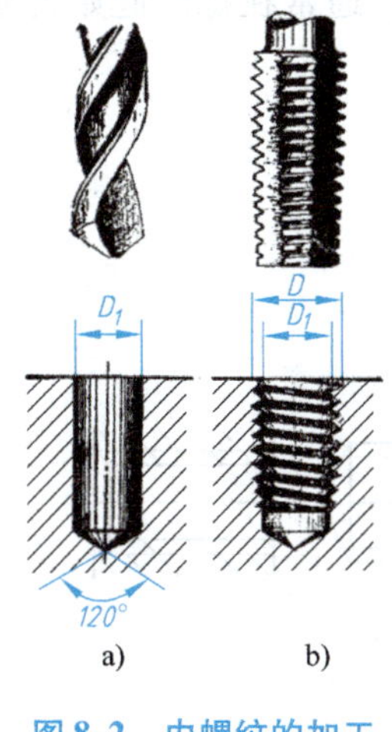

图 8-2　内螺纹的加工

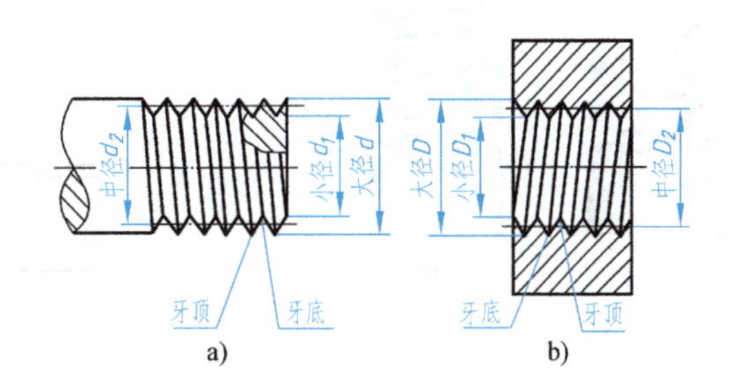

图 8-3　螺纹的直径

a）外螺纹　b）内螺纹

（3）线数 n　螺纹有单线和多线之分：沿一条螺旋线形成的螺纹为单线螺纹；沿两条或两条以上螺旋线形成的螺纹为多线螺纹。线数又称为头数，通常以 n 表示，如图 8-4 所示。

（4）螺距 P 和导程 P_h　螺纹相邻两牙在中径线上对应点之间的轴向距离称为螺距。同一条螺旋线上相邻两牙在中径线上对应点之间的轴向距离称为导程。单线螺纹的螺距等于导程。多线螺纹的螺距乘以线数等于导程，即 $P_h = nP$，如图 8-4 所示。

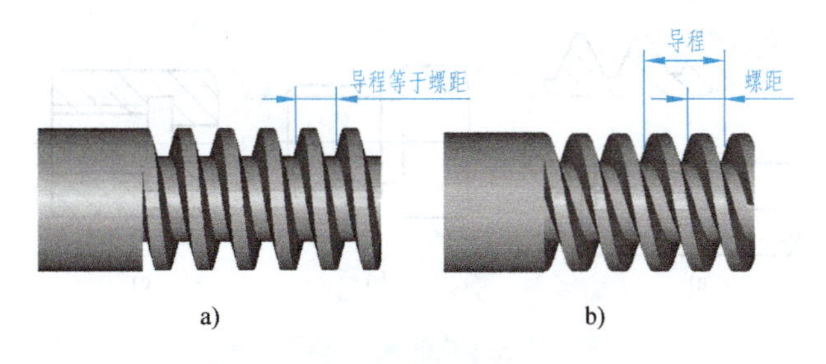

图 8-4　螺纹的线数、导程与螺距

a）单线螺纹　b）双线螺纹

（5）螺纹的旋向　螺纹有右旋和左旋之分。顺时针旋转时旋入的螺纹，称为右旋螺纹（俗称为正扣）。逆时针旋转时旋入的螺纹，称为左旋螺纹（俗称为反扣）。常用的螺纹是右旋螺纹。

将外螺纹轴线垂直放置，螺纹的可见部分是右高左低者为右旋螺纹，左高右低者为左旋螺纹，如图8-5所示。

内、外螺纹通常配合使用，只有上述5个要素完全相同时，内、外螺纹才能旋合在一起。

在螺纹的5个要素中，螺纹牙型、大径和螺距是决定螺纹最基本的要素，通常称为螺纹3要素。凡这3个要素都符合标准的螺纹称为标准螺纹。螺纹牙型符合标准，而大径、螺距不符合标准，称为特殊螺纹。若螺纹牙型不符合标准，则称为非标准螺纹。

3. 螺纹的结构

（1）螺纹的末端　为了防止螺纹的起始圈损坏和便于装配，通常在螺纹起始处做一定形式的末端，如倒角、倒圆等，如图8-6所示。

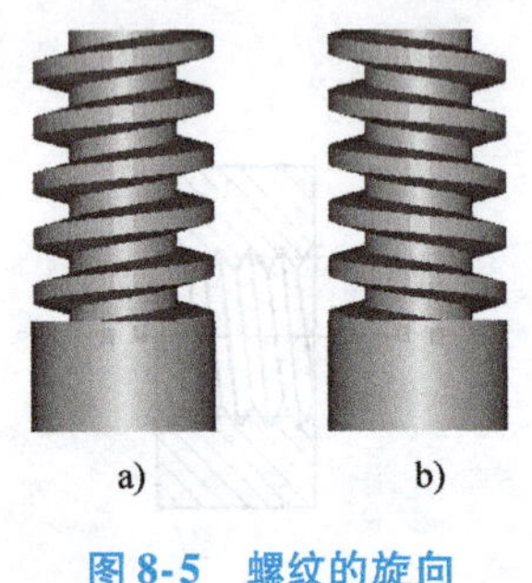

图8-5　螺纹的旋向
a）右旋　b）左旋

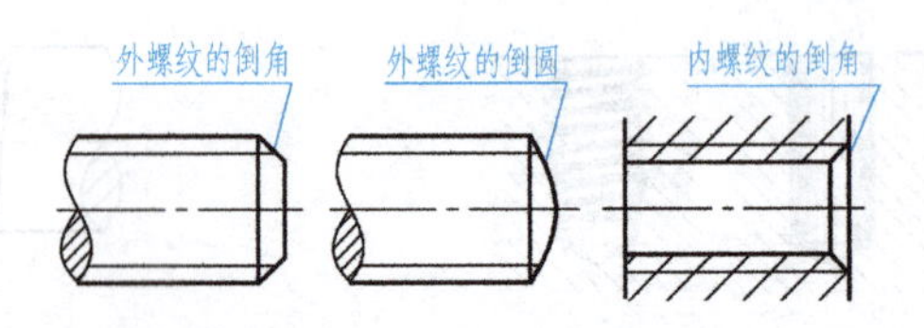

图8-6　螺纹的倒角和倒圆

（2）螺纹的螺尾和退刀槽　车削螺纹时，刀具接近螺纹末尾处要逐渐离开工件。因此，螺纹收尾部分的牙型是不完整的，螺纹的这一段不完整的收尾部分称为螺尾，如图8-7a所示。为了避免产生螺尾，可预先在螺纹末尾处加工出退刀槽，然后再车削螺纹，如图8-7b、c所示。

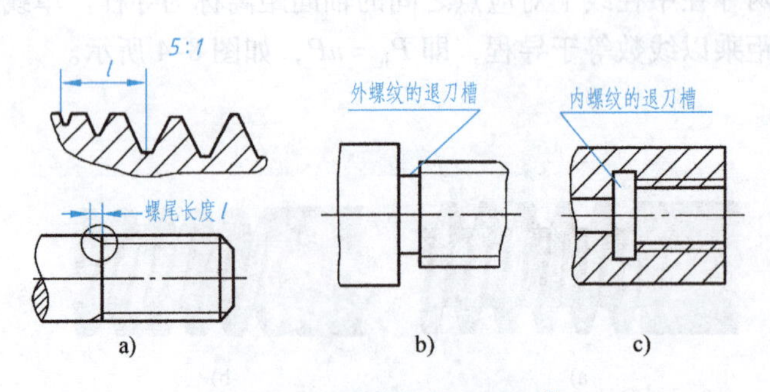

图8-7　螺纹的螺尾和退刀槽

二、螺纹的种类

1. 按螺纹要素是否标准

按螺纹要素是否标准可将螺纹分为标准螺纹、特殊螺纹和非标准螺纹3种。

（1）标准螺纹　牙型、大径和螺距均符合国家标准的螺纹称为标准螺纹。

（2）特殊螺纹　牙型符合标准、大径或螺距不符合标准的螺纹称为特殊螺纹。

（3）非标准螺纹　牙型不符合标准的螺纹称为非标准螺纹，如矩形螺纹。

2. 按螺纹的用途

按螺纹的用途可将螺纹分为联接螺纹和传动螺纹两大类。

（1）联接螺纹　联接螺纹的共同特点是牙型皆为三角形，其中普通螺纹的牙型角为60°，管螺纹的牙型角为55°。同一种大径的普通螺纹一般有几种螺距，螺距最大的一种称为粗牙普通螺纹，其余称为细牙普通螺纹。

细牙普通螺纹多用于细小的精密零件或薄壁件，或是承受冲击、振动载荷的零件；而管螺纹多用于水管、油管、煤气管等。

（2）传动螺纹　传动螺纹是用来传递动力和运动的，常用的是梯形螺纹，其牙型为等腰梯形；有时也用锯齿形螺纹，其牙型为不等腰梯形。

常用标准螺纹的分类、牙型及其特征代号见表8-1。

表8-1　常用标准螺纹的分类、牙型及其特征代号

分类			特征代号	内外螺纹旋合后牙型的放大图	说明
联接螺纹	普通螺纹	粗牙普通螺纹	M		普通螺纹是最常用的联接螺纹。细牙普通螺纹的螺距较粗牙小，切深较浅，用于细小精密零件或薄壁零件
		细牙普通螺纹			
	管螺纹	55°非密封管螺纹	G		本身无密封能力，常用于电线管等不需要密封的管路系统。55°非密封管螺纹如另加密封结构后，密封性能很可靠
		55°密封管螺纹	Rc Rp R		可以是圆锥内螺纹（代号为Rc，锥度1∶16）与圆锥外螺纹（代号为R_2）联接，也可以是圆柱内螺纹（代号为Rp）与圆锥外螺纹（代号为R_1）联接，其内外螺纹旋合后有密封能力

（续）

分类		特征代号	内外螺纹旋合后牙型的放大图	说明
传动螺纹	梯形螺纹	Tr		可双向传递运动及动力，常用于承受双向力的丝杠传动
	锯齿形螺纹	B		只能传递单向动力，如螺旋压力机的传动丝杠就采用这种螺纹

三、螺纹的规定画法

螺纹通常采用专用的刀具加工而成，且螺纹的真实投影比较复杂，为了简化作图，国家标准 GB/T 4459. 1—1995《机械制图　螺纹及螺纹紧固件表示法》对螺纹画法做出了具体规定。

1. 单个螺纹的规定画法

1）螺纹的牙顶用粗实线表示，其牙底用细实线表示（当外螺纹画出倒角或倒圆时，应将表示牙底的细实线画入倒角或倒圆部分）。在垂直于螺纹轴线的投影面的视图（投影为圆的视图）中，表示牙底细实线圆只画约 3/4 圈（空出约 1/4 圈的位置不做规定），此时，螺杆（外螺纹）或螺孔（内螺纹）上倒角的投影（即倒角圆）不应画出，如图 8-8 和图 8-9 所示。

2）有效螺纹的终止界线（简称为螺纹终止线）用粗实线表示。

3）在不可见的螺纹中，所有图线均按细虚线绘制，如图 8-10 所示。

4）螺尾部分一般不必画出，当需要表示螺尾时，螺尾部分的牙底用与轴线成 30°的细实线绘制，如图 8-11 所示。

5）无论是外螺纹还是内螺纹，在剖视图或断面图中，剖面线都必须画到粗实线，如图 8-11b所示。

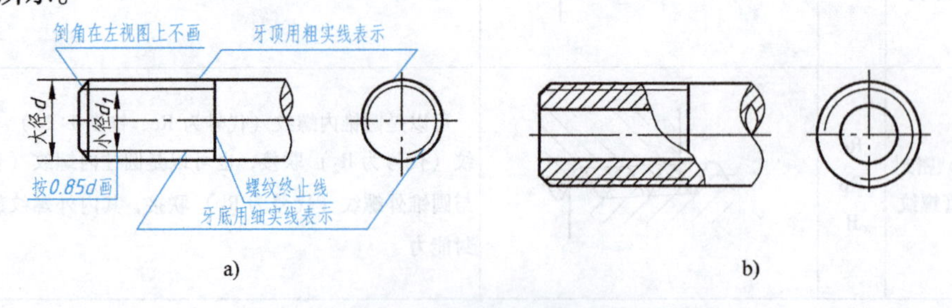

图 8-8　外螺纹的规定画法

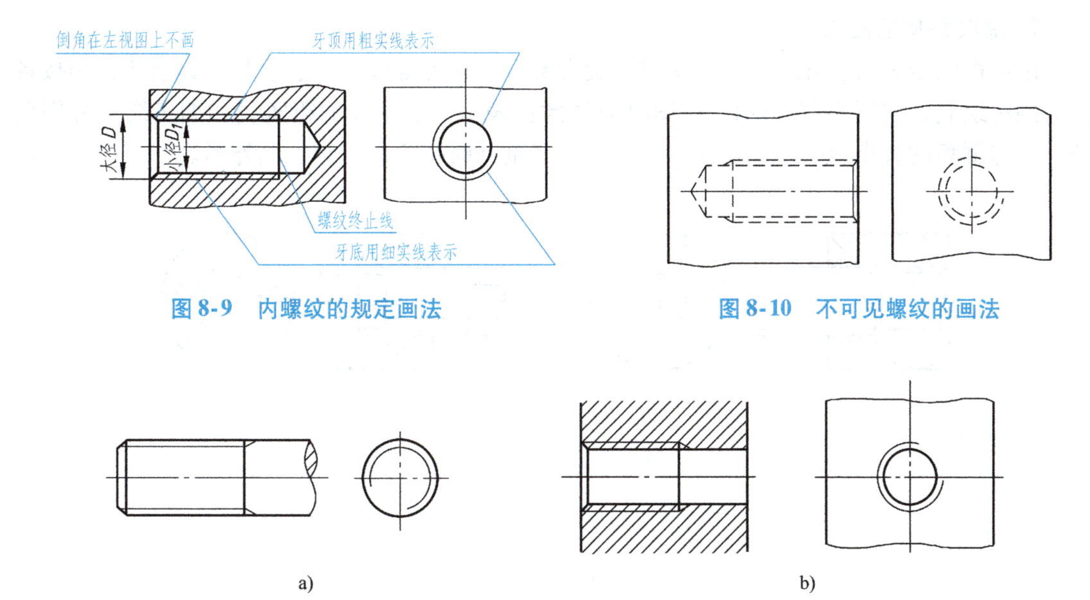

图 8-9　内螺纹的规定画法

图 8-10　不可见螺纹的画法

图 8-11　螺尾的表示法

6）绘制不穿通的螺孔时，一般钻孔深度比螺孔深度大 0.5*D*，其中 *D* 为螺孔的大径。钻孔底部圆锥孔的锥顶角应画成 120°，如图 8-12 所示。

7）当需要表示螺纹牙型时，可采用剖视图或局部放大图表示几个牙型的结构形式，如图 8-13 所示。

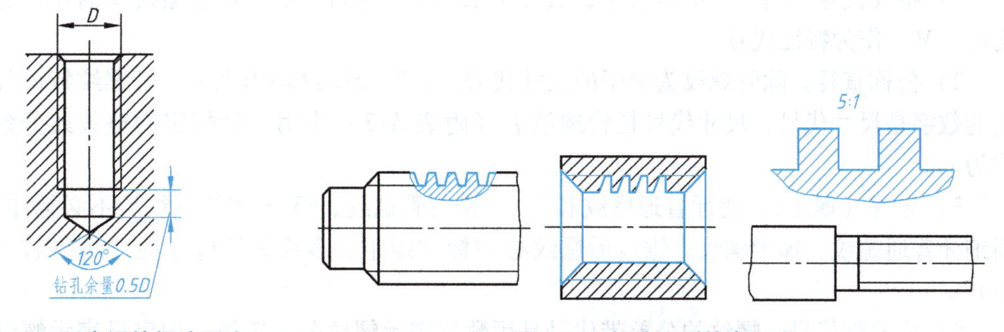

图 8-12　不穿通的螺孔画法

图 8-13　螺纹牙型的表示法

8）锥面上的螺纹画法如图 8-14 所示。

9）螺孔相交时，只画出钻孔的交线（用粗实线表示），如图 8-15 所示。

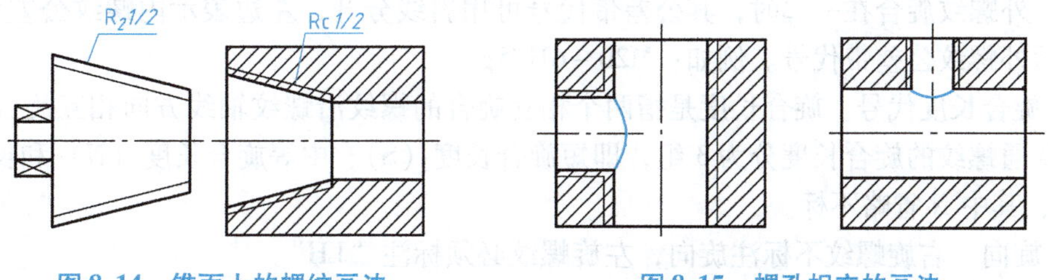

图 8-14　锥面上的螺纹画法

图 8-15　螺孔相交的画法

2. 螺纹联接的画法

以剖视图表示内、外螺纹的联接时，旋合部分应按外螺纹的画法绘制，其余部分仍按各自的画法绘制，如图8-16所示。画图时应注意：表示大、小径的粗实线和细实线应分别对齐，而与倒角的大小无关，通过实心杆件的轴线剖开时按不剖处理，画外形。

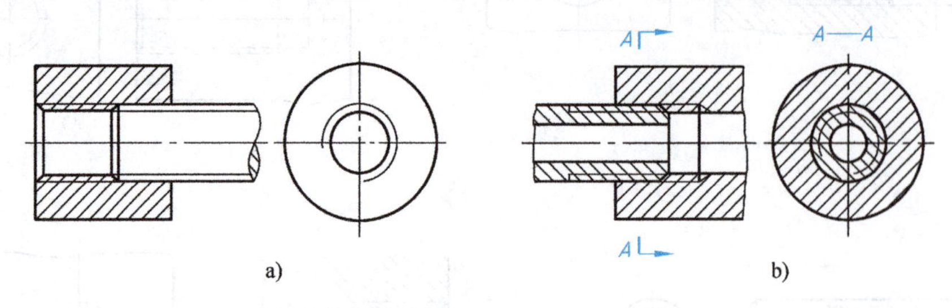

图8-16　螺纹联接的画法

四、螺纹的标注

由于各种螺纹的画法相同，为了区分不同螺纹，还必须在图上进行标注。

1. 标准螺纹的标注

(1) 标准螺纹的标注格式　螺纹完整的标注格式如下。

[特征代号][公称直径] × [P_h 导程（P 螺距）] – [公差带代号] – [旋合长度代号] – [旋向]

标注说明如下。

1）特征代号。用拉丁字母表示，具体见表8-1。例如，粗牙普通螺纹及细牙普通螺纹均用“M”作为特征代号。

2）公称直径。除管螺纹为管子的尺寸代号外，其余螺纹均为大径。管螺纹特征代号后边的数字是尺寸代号，尺寸代号是管螺纹表（附表A-3）中第一栏规定的整数或分数，单位为in。

3）导程（螺距）。粗牙普通螺纹和55°非密封管螺纹、55°密封管螺纹均不必标注螺距，而细牙普通螺纹、梯形螺纹、锯齿形螺纹必须标注螺距。多线螺纹应标注“P_h导程（P螺距）”。

4）公差带代号。螺纹的公差带代号是用数字表示螺纹公差等级，用字母表示螺纹公差的基本偏差；公差等级在前，基本偏差在后，小写字母是指外螺纹，大写字母是指内螺纹。中径公差带代号在前，顶径公差带代号在后，如果中径公差带代号与顶径公差带代号相同时，则只标注一个代号。

内、外螺纹旋合在一起时，其公差带代号可用斜线分开，左边表示内螺纹公差带代号，右边表示外螺纹公差带代号。例如：M20 – 6H/5g。

5）旋合长度代号。旋合长度是指两个相互旋合的螺纹沿螺纹轴线方向相互旋合部分的长度。普通螺纹的旋合长度分为3组，即短旋合长度（S）、中等旋合长度（N）和长旋合长度（L），其中N省略不标。

6）旋向。右旋螺纹不标注旋向，左旋螺纹必须标注“LH”。

(2) 标准螺纹标注示例　标准螺纹标注示例见表8-2。

普通螺纹、梯形螺纹和锯齿形螺纹在图上以尺寸方式标记，而管螺纹标记一律注在引出线上，引出线应由大径处引出。

对于55°非密封管螺纹要标注公差等级代号，外螺纹分A、B两级标记；内螺纹，则不标记。

表8-2　标准螺纹标注示例

分类		标注示例	说明
联接螺纹	粗牙普通螺纹	M10−6H	螺纹的公称直径为10mm，粗牙螺纹螺距不标注，右旋不标注，中径和顶径公差带代号相同，只标注一个代号6H
	细牙普通螺纹	M20×2−5g6g−S−LH	螺纹的公称直径为20mm，细牙螺纹螺距为2mm，左旋螺纹要标注"LH"，中径与顶径公差带代号不同，则分别标注5g与6g，短旋合长度标注"S"
	55°非密封管螺纹	G1A	55°非密封管螺纹，外管螺纹的尺寸代号为1，公差等级为A级，管螺纹为右旋
	55°密封管螺纹	Rc3/4LH	圆锥内螺纹的尺寸代号为3/4，左旋
传动螺纹	梯形螺纹	Tr40×14(P7)−7e	梯形螺纹的公称直径为40mm，导程为14mm，螺距为7mm，线数为2，右旋，中径公差带代号为7e，中等旋合长度
	锯齿形螺纹	B32×6−7e	锯齿形螺纹的公称直径为32mm，螺距为6mm，单线，右旋，中径公差带代号为7e，中等旋合长度

2. 特殊螺纹的标注

特殊螺纹的标注应在螺纹代号前加注"特"字，并注大径和螺距，如图8-17所示。

3. 非标准螺纹的标注

非标准螺纹应标出螺纹的大径、小径、螺距和牙型尺寸，如图8-18所示。

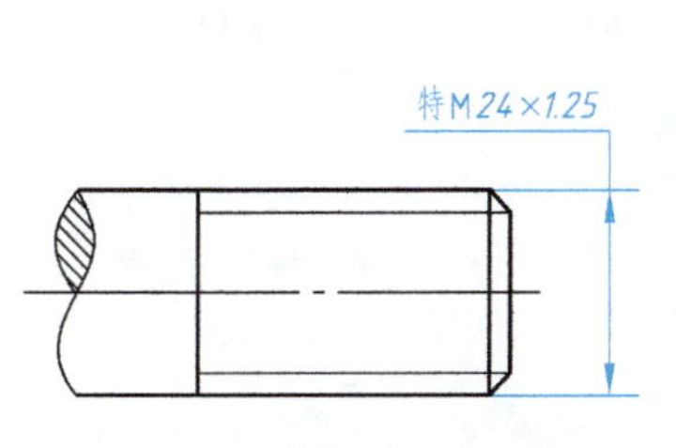

图8-17　特殊螺纹的标注

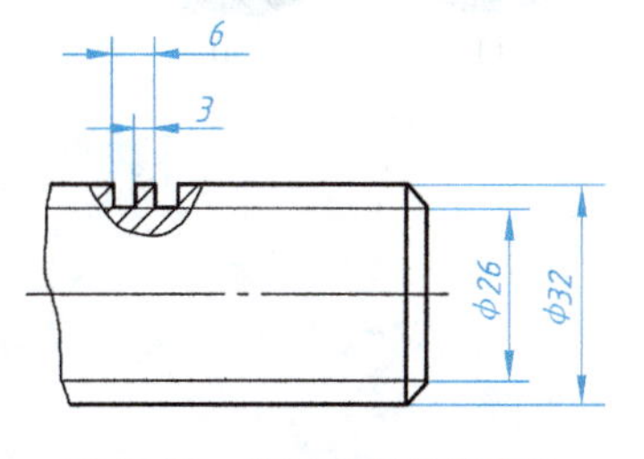

图8-18　非标准螺纹的标注

4. 螺纹副的标注

需要时，在装配图中应标注出螺纹副，其表示方法遵守相应螺纹标准的规定。

螺纹副的标注方法与螺纹相同。对米制螺纹，应直接标注在大径的尺寸线上或其引出线上，如图8-19所示；对管螺纹，应由配合部分的大径处引出标注，如图8-19所示。

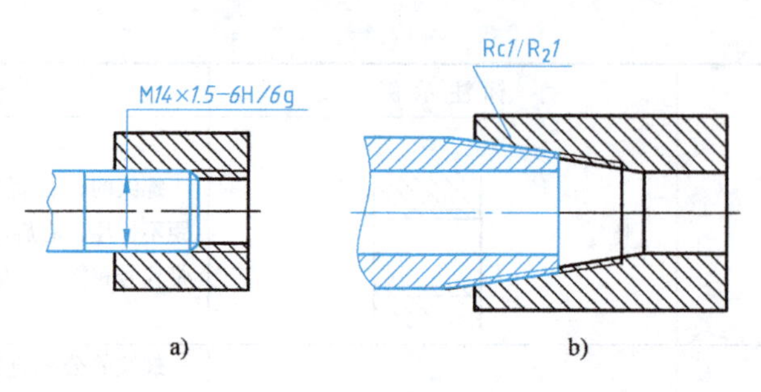

图8-19 螺纹副的标注

第二节 螺纹紧固件

螺纹紧固件是指通过一对内、外螺纹的旋合来联接和紧固零部件的零件。常用的螺纹紧固件有螺栓、双头螺柱、螺钉、螺母、垫圈等，均为标准件，如图8-20所示。螺纹紧固件一般由标准件厂生产，设计时无须画出它们的零件图，只要在装配图的明细栏内填写规定的标记即可。根据螺纹紧固件的规定标记，就能在相应的标准中查出其有关结构和尺寸。

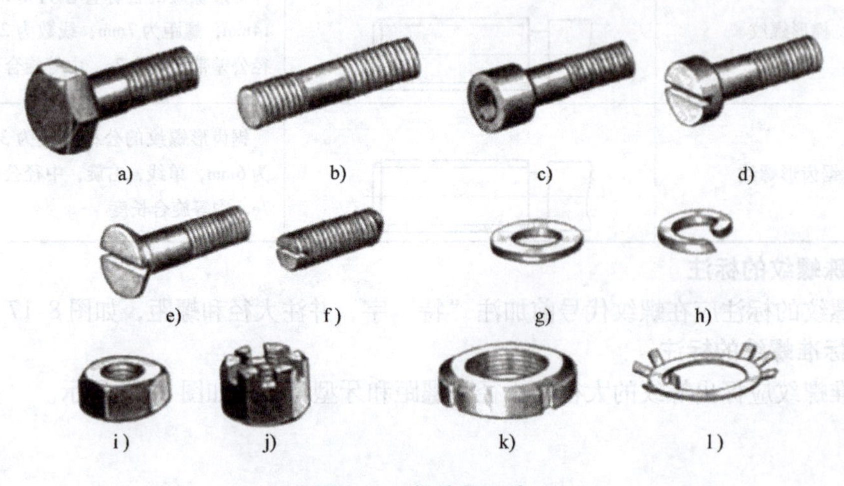

图8-20 螺纹紧固件

a）六角头螺栓 b）双头螺柱 c）内六角圆柱头螺钉 d）圆柱头螺钉
e）沉头螺钉 f）锥端紧定螺钉 g）平垫圈 h）弹簧垫圈
i）六角螺母 j）六角开槽螺母 k）圆螺母 l）圆螺母用止动垫圈

一、螺纹紧固件的标记（GB/T 1237—2000《紧固件标记方法》）

常用螺纹紧固件的规定标记有完整标记和简化标记两种。完整标记形式如下。

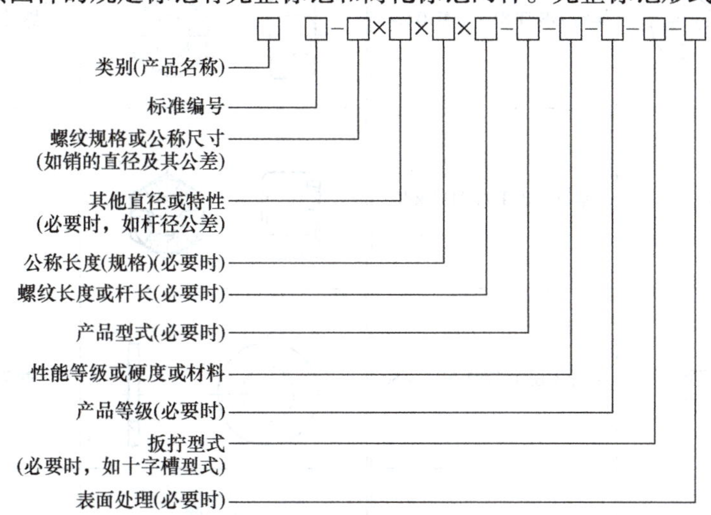

一般情况下，紧固件采用简化标记法，简化原则如下。

1）省略年代号的标准应以现行标准为准。

2）标记中的“－”允许全部或部分省略；标记中的“其他直径或特性”前面的“×”允许省略。但省略后不应导致对标记的误解，一般以空格代替。

3）当产品标准只规定一种产品型式、性能等级或硬度或材料、产品等级、扳拧型式及表面处理时，允许全部或部分省略。

4）当产品标准规定两种及其以上的产品型式、性能等级或硬度或材料、产品等级、扳拧型式及表面处理时，应规定可以省略其中的一种，并在产品标准的标记示例中给出省略后的简化标记。

常用紧固件的标记示例可查阅本书附录及有关产品标准。

例如，螺纹规格 d＝M12，公称长度 l＝80mm，性能等级为 8.8 级，表面氧化的 A 级六角头螺栓。

完整标记为：　　螺栓　GB/T 5782—2016－M12×80－8.8－A－O

简化标记为：　　螺栓　GB/T 5782 M12×80

表 8-3 列出了常用螺纹紧固件的简化标记示例。

表 8-3　常用螺纹紧固件的简化标记示例

名称及视图	简化标记示例	名称及视图	简化标记示例
开槽盘头螺钉（M10，45）	螺钉 GB/T 67 M10×45	内六角圆柱头螺钉（M16，40）	螺钉 GB/T 70.1 M16×40

（续）

名称及视图	简化标记示例	名称及视图	简化标记示例
十字槽沉头螺钉	螺钉 GB/T 819.1 M10×45	1型六角螺母	螺母 GB/T 6170 M16
开槽锥端紧定螺钉	螺钉 GB/T 71 M12×40	1型六角开槽螺母	螺母 GB/T 6178 M16
六角头螺栓	螺栓 GB/T 5782 M12×50	平垫圈	垫圈 GB/T 97.1 16
双头螺柱	螺柱 GB/T 899 M12×50	弹簧垫圈	垫圈 GB/T 93 20

二、常用螺纹紧固件的比例画法

螺纹紧固件各部分尺寸可以从相应国家标准中查出，但在绘图时为了提高效率，大多不必查表而是采用比例画法。

比例画法是当螺纹大径选定后，除了螺栓、螺柱、螺钉等紧固件的有效长度要根据被联接件的实际情况确定外，紧固件的其他各部分尺寸都取与紧固件的螺纹大径成一定比例的数值来作图的方法。

1. 六角螺母

六角螺母各部分尺寸及其表面上用几段圆弧表示的交线，都以螺纹大径 D 的比例关系画出，如图 8-21a 所示。

2. 六角头螺栓

六角头螺栓头部除厚度为 $0.7d$ 外，其余尺寸的比例关系和画法与六角螺母相同，其他部分与螺纹大径 d 的比例关系如图 8-21b 所示。

3. 垫圈

垫圈各部分尺寸按与它相配的螺纹紧固件大径 d 的比例关系画出，如图 8-21c 所示。

4. 双头螺柱

双头螺柱的外形以及各部分尺寸与大径 d 的比例关系，应按图 8-22 所示的画法绘制。

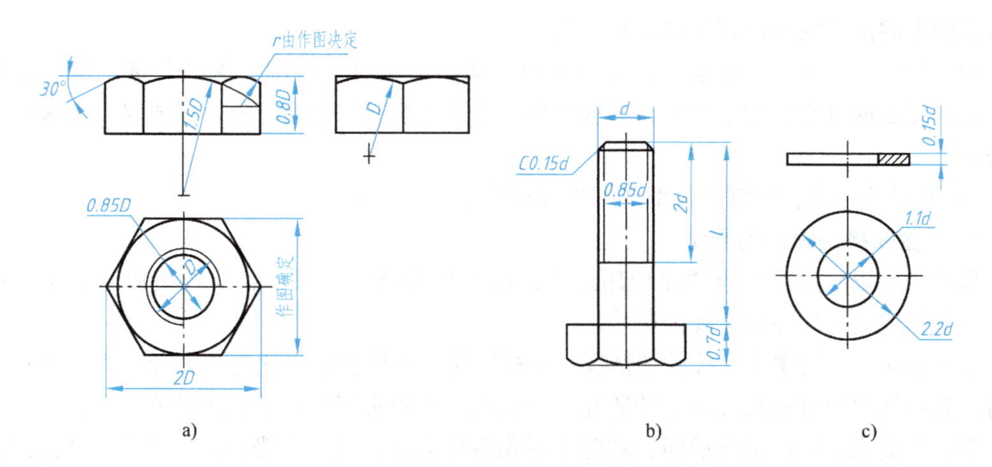

图 8-21　常用螺纹紧固件的比例画法

a）六角螺母　b）六角头螺栓　c）平垫圈

三、螺纹紧固件的装配画法

螺纹紧固件联接是一种广泛使用的可拆卸联接，具有结构简单、联接可靠、装拆方便等优点。

常见的螺纹紧固件联接形式有螺栓联接、双头螺柱联接和螺钉联接等，如图 8-23 所示。在画螺纹紧固件的装配图时，常采用比例画法或简化画法。

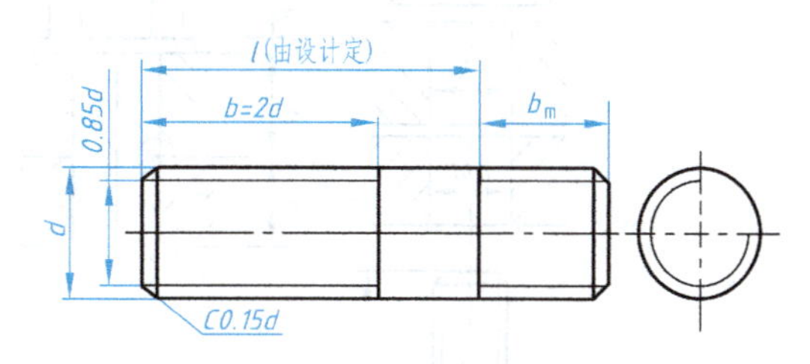

图 8-22　双头螺柱的比例画法

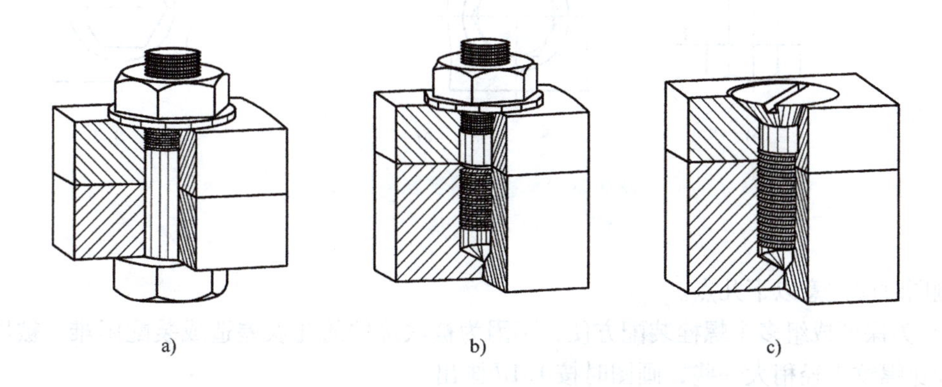

图 8-23　螺纹紧固件的联接形式

a）螺栓联接　b）双头螺柱联接　c）螺钉联接

画螺纹紧固件的装配图，应遵守以下基本规定。

1）两零件的接触表面画一条线，不接触表面画两条线。

2）两零件邻接时，不同零件的剖面线方向应相反，或方向相同而间隔不等。同一零件在各视图上的剖面线方向和间隔必须一致。

3）对于紧固件和实心零件，例如螺钉、螺栓、螺母、垫圈、螺柱、键、销、球及轴等，若剖切面通过它们的轴线时，则这些零件按不剖绘制，仍画外形，需要时，可采用局部剖视图。

4）常用的螺栓、螺钉的头部及螺母等可采用简化画法。

1. 螺栓联接装配图的画法

螺栓联接以六角头螺栓联接应用最广，由六角头螺栓、螺母、垫圈组成，多用于不太厚、并能钻成通孔的零件之间的联接。

图8-24a所示为螺栓联接前的情况，在被联接的零件上钻出比螺栓大径略大的通孔，联接时，先将螺栓穿过被联接件上的通孔，一般以螺栓的头部抵住被联接件的下端，然后在螺栓上部套上垫圈，以增加支承面积和防止损伤零件表面，最后拧紧螺母。螺栓联接装配图，一般根据大径 d 按比例关系画出。图8-24b所示为螺栓联接装配图的比例画法，也可采用如图8-24c所示的简化画法，简化画法在装配图中应用广泛。

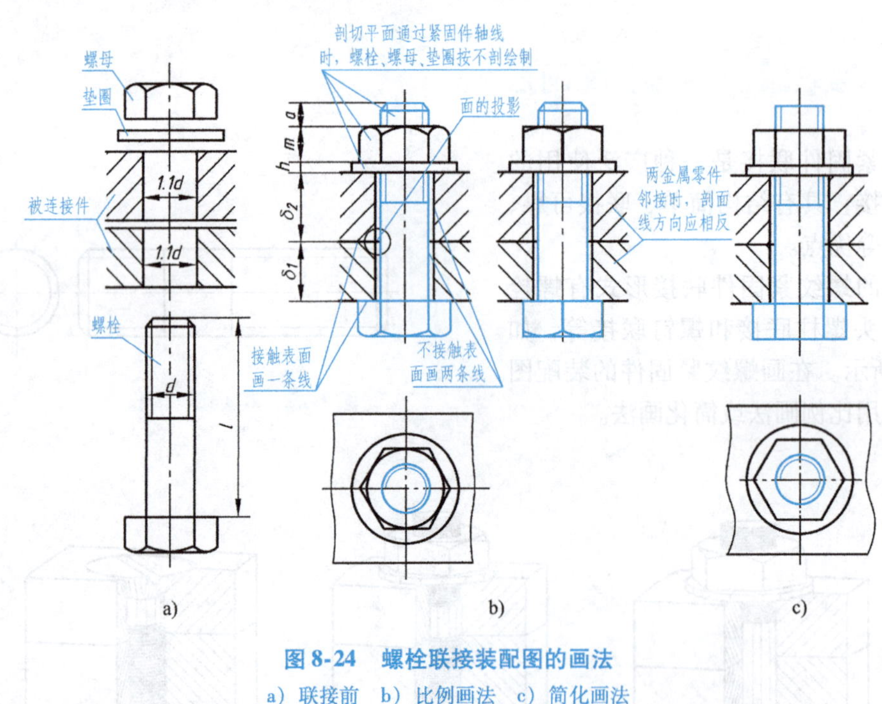

图8-24　螺栓联接装配图的画法

a）联接前　b）比例画法　c）简化画法

画图时应注意以下几点。

1）为保证成组多个螺栓装配方便，不因为被联接件的孔误差造成装配困难，被联接件的孔径比螺纹大径稍大一些，画图时按1.1d画出。

2）螺栓的螺纹终止线应低于通孔的顶面，以保证拧紧螺母时有足够的螺纹长度。

3）根据螺栓联接情况，完成装配所需要的螺栓最短长度为 $l_{计}$，可按以下方法计算，如图8-24b所示。

$$l_{计}=\delta_1+\delta_2+h+m+a$$

式中　δ_1、δ_2——被联接件厚度（mm）；

h——垫圈厚度（mm）；

m——螺母厚度（mm）；

a——螺栓顶端伸出螺母的高度（mm），一般可按 $0.2d \sim 0.3d$ 取值。

根据上式计算出螺栓长度 $l_{计}$，查国家标准（附表 A-4），在螺栓长度“l 系列”值中选取与 $l_{计}$ 最接近且大于或等于 $l_{计}$ 的值，作为螺栓的公称长度 l。

2. 双头螺柱联接装配图的画法

双头螺柱联接由双头螺柱、螺母、垫圈组成。联接时，将双头螺柱的旋入端完全旋入到一个较厚的被联接件螺孔里，另一端（紧固端）则穿过另一被联接件的通孔，然后套上垫圈，拧紧螺母。双头螺柱联接常用于两个联接件中有一个零件较厚，且经常拆卸、受力较大的情况或由于结构限制，不宜应用螺栓联接的场合。双头螺柱的两端都有螺纹，用于旋入被联接件螺孔的一端，称为旋入端；用来拧紧螺母的另一端称为紧固端。

双头螺柱联接装配图的画法如图 8-25 所示，画图时应注意以下几点。

1）双头螺柱旋入端的长度 b_m 由带螺孔的被联接件的材料而定，对于钢、青铜等硬材料零件取 $b_m = d$（GB 897—1988《双头螺柱　$b_m = 1d$》）；铸铁零件取 $b_m = 1.25d$（GB 898—1988《双头螺柱　$b_m = 1.25d$》）；材料强度介于铸铁和铝合金之间的零件取 $b_m = 1.5d$（GB 899—1988《双头螺柱　$b_m = 1.5d$》）；铝合金、非金属材料零件取 $b_m = 2d$（GB 900—1988《双头螺柱　$b_m = 2d$》）。

2）为了确保旋入端全部旋入，零件上的螺孔深度应大于旋入端的螺纹长度 b_m，螺孔深度取 $b_m + 0.5d$，钻孔深度取 $b_m + d$。画图时，注意双头螺柱旋入端的螺纹终止线应画成与被联接件的接触表面相重合，表示完全旋入。图 8-25c 所示为双头螺柱联接后错误画法。

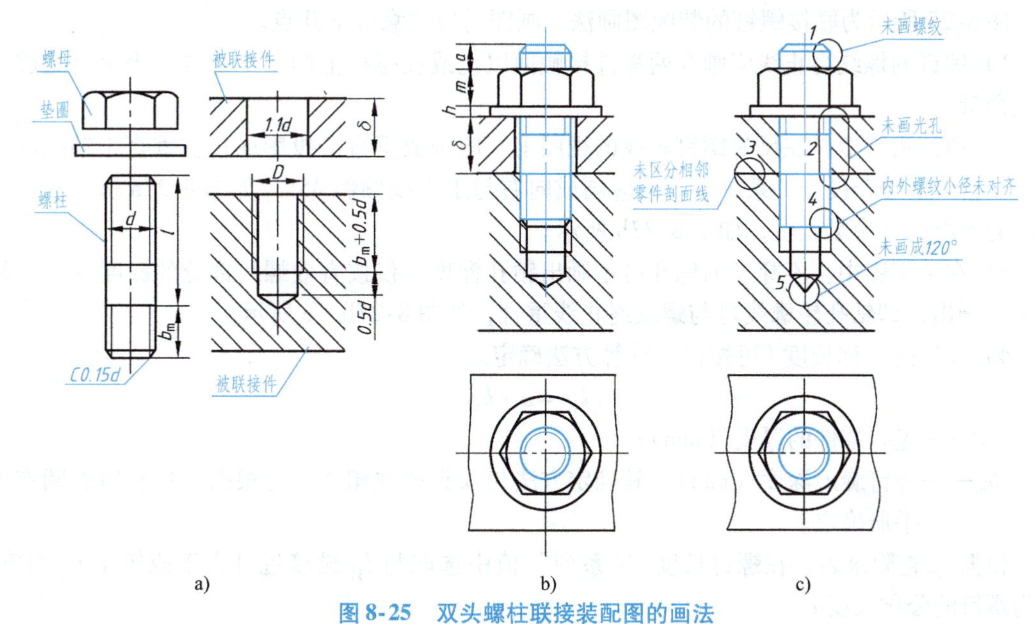

图 8-25　双头螺柱联接装配图的画法

a）联接前　b）联接后正确画法　c）联接后错误画法

3）双头螺柱的公称长度 l 确定方法与螺栓类似，公称长度 l 不包括旋入长度 b_m，可按以下方法计算。

$$l_{计}=\delta+h+m+a$$

式中 δ——被联接件厚度（mm）；

h——垫圈厚度（mm）；

m——螺母厚度（mm）；

a——双头螺柱末端伸出螺母的高度（mm），一般可按 $0.2d\sim0.3d$ 取值。

根据 $l_{计}$ 查国家标准（附表 A-5），在螺柱长度"l 系列"值中选取与 $l_{计}$ 最接近且大于或等于 $l_{计}$ 的值，作为双头螺柱的公称长度 l。

3. 螺钉联接装配图的画法

螺钉联接不用螺母，将螺钉穿过一较薄零件的通孔，直接拧入另一比较厚零件的螺孔，依靠其头部压紧被联接件。螺钉联接多用于不经常拆卸且受力不大、被联接件之一比较厚的情况。螺钉按用途可分为联接螺钉和紧定螺钉两种。前者主要用来联接零件，后者主要用于固定零件间的相对位置。

（1）联接螺钉 联接螺钉的一端为螺纹，另一端为头部。常见的联接螺钉有开槽圆柱头螺钉、开槽沉头螺钉、开槽盘头螺钉、内六角圆柱头螺钉等。螺钉的各部分尺寸可查阅附录A，其规格尺寸为螺纹直径 d 和螺钉长度 l。绘图时一般采用比例画法，开槽沉头螺钉和开槽圆柱头螺钉的头部比例画法，分别如图 8-26a、b 所示。

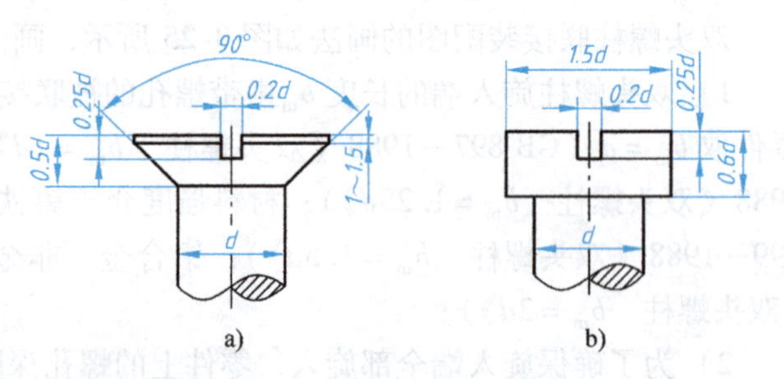

图 8-26 螺钉头部的比例画法

a）开槽沉头螺钉 b）开槽圆柱头螺钉

图 8-27 所示为联接螺钉的装配图画法。画图时应注意以下几点。

1）螺钉的螺纹终止线应画在两零件接触面以上或在螺杆上画出全螺纹，表示有足够的拧紧余量。

2）螺钉头部槽口在反映螺钉轴线的视图上，应画成垂直于投影面；在垂直于轴线的视图上，槽口不符合投影关系，按习惯应画成向右与水平线倾斜 45°，如图 8-27a 所示；螺钉槽口的投影也可涂黑表示，如图 8-27b 所示。

3）在装配图中，不穿通的螺孔可不画出钻孔深度，仅按有效螺纹部分的深度（不包括螺尾）画出，即钻孔轮廓线可与螺纹终止线重合，如图 8-27b、c 所示。

4）螺钉的公称长度 l 可按以下计算方法确定。

$$l_{计}=\delta+b_{m}$$

式中 δ——光孔零件的厚度（mm）；

b_{m}——螺钉旋入深度（mm），其确定方法与双头螺柱相似，可根据零件材料查阅有关手册确定。

根据 $l_{计}$ 查附录表，在螺钉长度"l 系列"值中选取与 $l_{计}$ 最接近且大于或等于 $l_{计}$ 的值，作为螺钉的公称长度 l。

（2）紧定螺钉 紧定螺钉联接是利用旋紧螺纹产生轴向压力压紧零件进行固定。图 8-28所示为紧定螺钉联接轴和齿轮的画法，用一个开槽锥端紧定螺钉旋入轮毂的螺孔，使螺钉端部的 90°锥顶角与轴上的 90°锥坑压紧，从而固定了轴和齿轮的轴向位置。

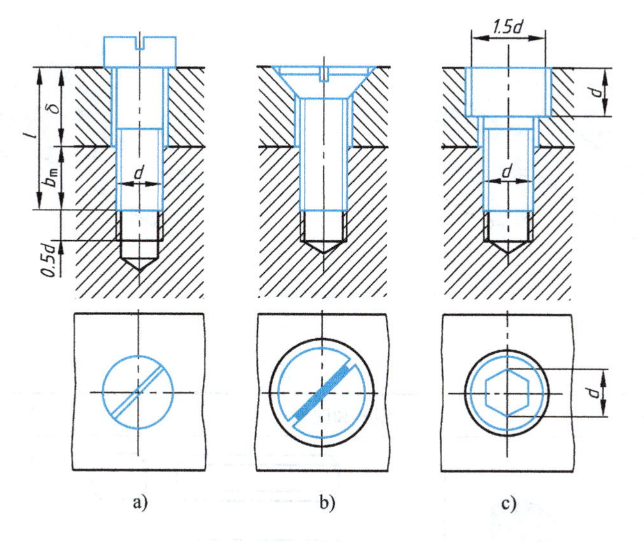

图 8-27　联接螺钉的装配图画法

a）开槽圆柱头螺钉　b）开槽沉头螺钉　c）内六角圆柱头螺钉

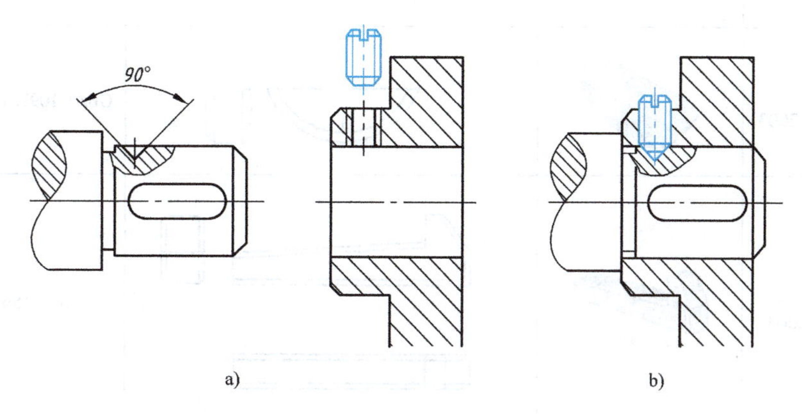

图 8-28　紧定螺钉联接轴和齿轮的画法

a）联接前　b）联接后

第三节　键和销

一、键

键通常在机械上联结轴与轴上的传动件（齿轮、带轮等），用于传递转矩。它的一部分安装在轴的键槽内，另一凸出部分则嵌入轮毂槽内，使两个零件一起转动，如图 8-29 所示。

键是标准件，种类有很多，常用的有普通平键、半圆键、钩头楔键等，其型式见表 8-4。

图 8-29　键联结

表 8-4　常用键的型式

名称和国家标准	型式和图例		规定标记
普通平键 GB/T 1096—2003			GB/T 1096　键 $b\times h\times L$
半圆键 GB/T 1099.1—2003			GB/T 1099.1　键 $b\times h\times D$
钩头楔键 GB/T 1565—2003			GB/T 1565　键 $b\times L$

普通平键应用最广，因为其结构简单，拆装方便，对中性好，适合高速、承受变载、冲击的场合。按形状的不同，普通平键可分为A型（圆头）、B型（方头）和C型（单圆头）3种，其形状如图8-30所示。在标记时，A型平键省略A字，而B型、C型应写出“B”或“C”字。

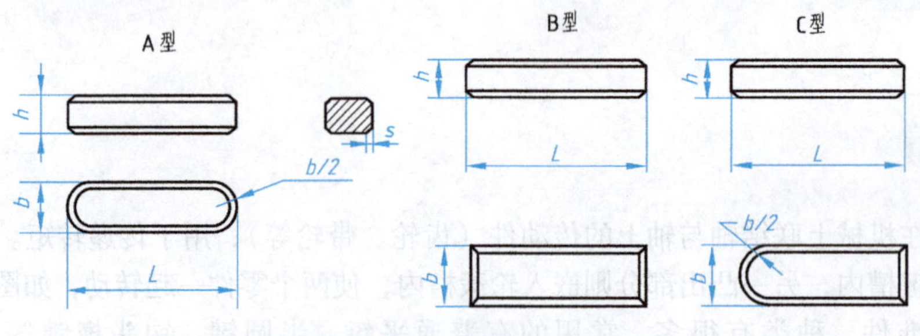

图 8-30　普通平键的型式和尺寸

例如，$b=18\text{mm}$、$h=11\text{mm}$、$L=100\text{mm}$ 的普通A型平键，则应标记如下。

GB/T 1096 键　18 × 11 × 100

常用普通平键的尺寸和键槽的剖面尺寸，可查阅附录。键槽的尺寸注法如图 8-31 所示。

图 8-32 所示为普通平键联结的画法。普通平键的两侧面是工作面，在装配图中，键的两侧面与轮毂、轴的键槽两侧面配合，键的底面与轴的键槽底面接触，所以画一条线；键的顶面为非工作表面，与轮毂上键槽的顶面之间不接触、有间隙，应画出两条线。按国家标准规定，当剖切平面沿纵向剖切键时，被剖切键不画剖面线；当剖切平面垂直于轴线剖切时，被剖切键应画出剖面线，如图 8-32 所示。

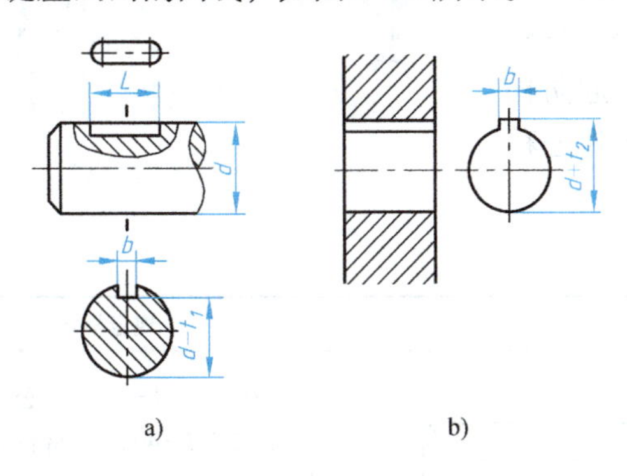

图 8-31　键槽的尺寸注法

a）轴上的键槽　b）轮毂上的键槽

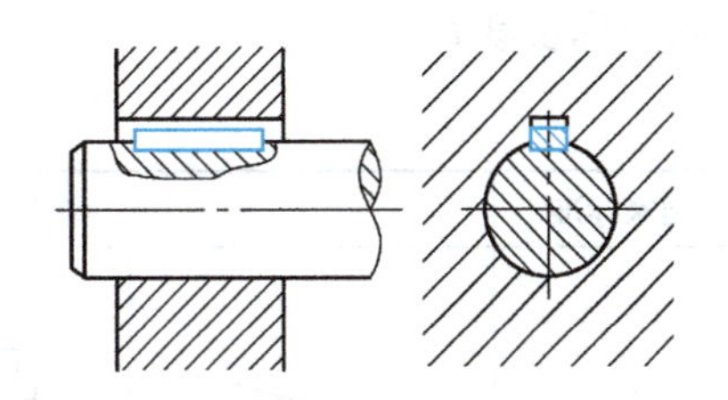

图 8-32　普通平键联结的画法

半圆键联结的画法和普通平键联结的画法类似，如图 8-33a 所示。由于半圆键形似半圆，可以在键槽中摆动，以适应键槽底面形状，所以常用于锥形轴端的联结，且联结工作载荷不大的场合，如图 8-33b 所示。

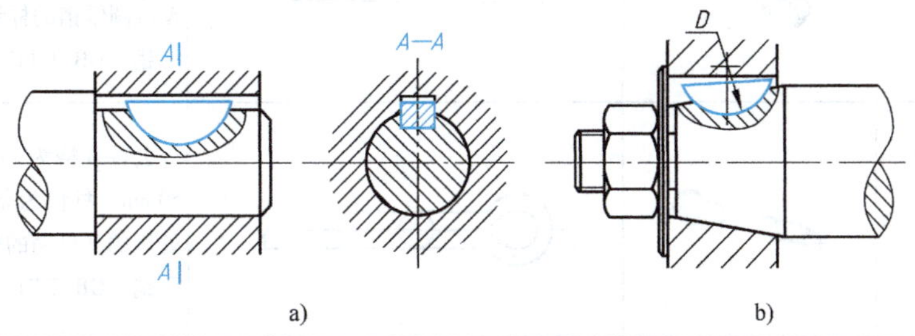

图 8-33　半圆键联结的画法

钩头楔键常用在对中性要求不高，不受冲击振动或变载荷的低速轴联结中，一般用于轴端。钩头楔键的顶面有 1:100 的斜度，装配时需打入键槽内。它依靠键的顶面和底面与键槽的挤压而工作，所以其顶面和底面与键槽接触，应画一条线；键的侧面为非工作表面，联结时与键槽的侧面不接触，应画出两条线，如图 8-34 所示。

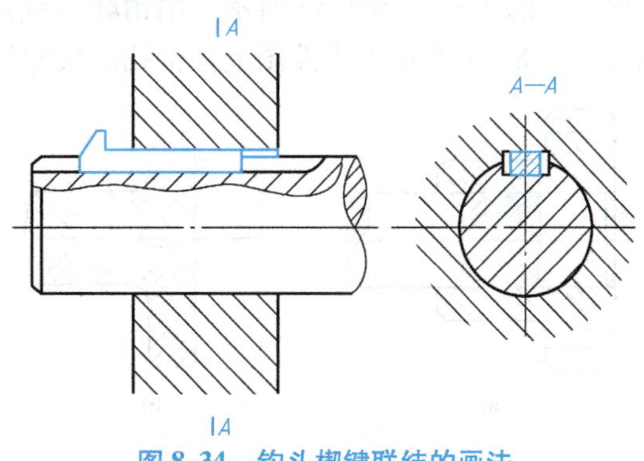

图 8-34　钩头楔键联结的画法

二、销

销通常用于零件间的定位或联接。如图 8-35 所示，减速器的上箱盖和下箱体之间采用圆锥销进行定位。

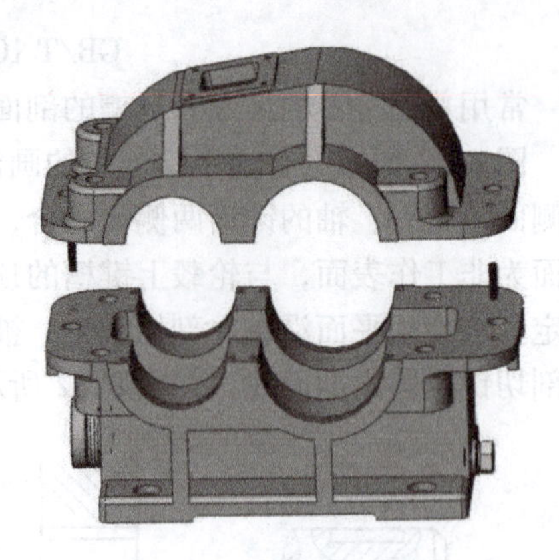
图 8-35　圆锥销定位

销是标准件，常用的销有圆柱销、圆锥销和开口销。其中开口销常与开槽螺母（GB 6178—1986《1 型六角开槽螺母 A 和 B 级》）配合使用，起防松作用。常用销的型式见表 8-5，其规格尺寸为公称直径 d 和公称长度 l。

表 8-5　常用销的型式

名称和国家标准	型式和图例		规定标记
圆柱销 GB/T 119.1—2000			公称直径 d = 10mm、公差为 m6、公称长度 l = 40mm、材料为钢，不经淬火、不经表面处理的圆柱销的标记为 销　GB/T 119.1　10 m6 × 40
圆柱销 GB/T 117—2000		A 型（磨削）、B 型（车削）	公称直径 d = 10mm、公称长度 l = 60mm、材料为 35 钢、热处理硬度为 28 – 38HRC、表面氧化处理的 A 型圆锥销的标记为 销　GB/T 117　10 × 60
开口销 GB/T 91—2000			公称规格为 5mm、公称长度 l = 50mm、材料为低碳钢、不经表面处理的开口销的标记为 销　GB/T 91　5 × 50

销联接的画法如图 8-36 所示。用销联接或定位的两个零件，它们的销孔应在装配时一起加工。图 8-37 所示为零件图上锥销孔的尺寸注法，其中 ϕ4mm 是所配圆锥销的公称直径。

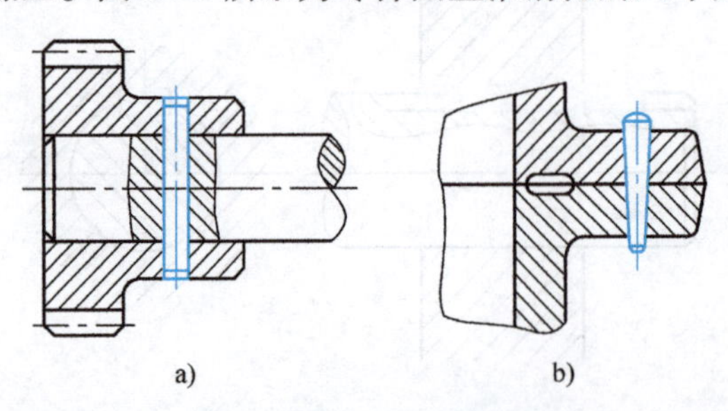

图 8-36　销联接的画法

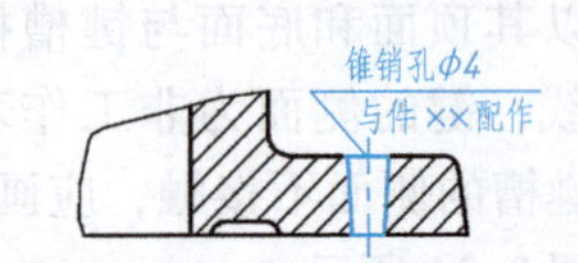

图 8-37　零件图上锥销孔的尺寸注法

第四节　滚动轴承

滚动轴承是用来支承轴的常用机械零件，具有摩擦阻力小、结构紧凑、拆装方便、动能损耗少和旋转精度高等特点，在各种机器、仪表等产品中应用广泛。

滚动轴承的种类很多，但其结构大致相同，通常由外圈、内圈、滚动体（安装在内、外圈的滚道中，如滚珠、滚子等）和隔离圈（又称为保持架）等零件组成，如图8-38所示。一般情况下，外圈的外表面与机座的孔相配合，固定不动，而内圈的内孔与轴颈相配合，随轴转动。

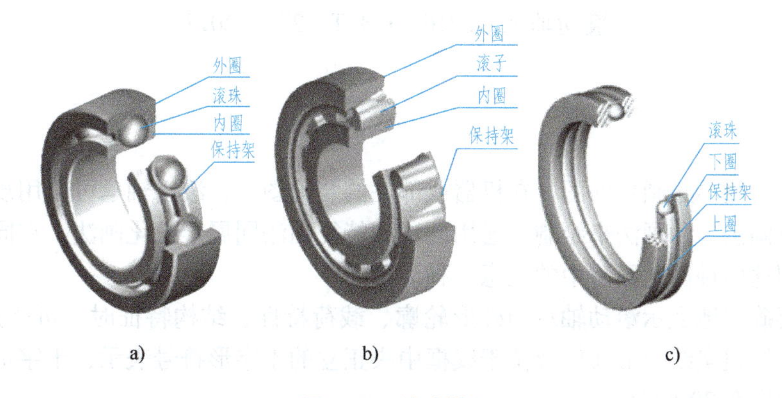

图8-38　滚动轴承

a）深沟球轴承　b）圆锥滚子轴承　c）推力球轴承

按承受载荷的性质，滚动轴承可分为以下3类。

1）向心轴承——主要承受径向载荷，如深沟球轴承。

2）推力轴承——只能承受轴向载荷，如推力球轴承。

3）向心推力轴承——同时承受径向及轴向载荷，如圆锥滚子轴承。

一、滚动轴承的代号及标记

国家标准规定，滚动轴承的代号由前置代号、基本代号和后置代号构成。前置、后置代号是轴承在结构形状、尺寸、公差和技术要求等有改变时，在其基本代号前、后添加的补充代号，要了解它们的编制规则和含义可查阅有关标准。

轴承的基本代号由类型代号、尺寸系列代号和内径代号组成。其中最左边的一位数字（或字母）为类型代号（表8-6）；中间是尺寸系列代号，由宽度（或高度）和直径系列代号组成；最后是内径代号，当轴承内径在20～480mm范围内，内径代号乘以5为轴承的公称内径尺寸。

例如，6210解释如下。

其中：

6——深沟球轴承的类型代号。

2——尺寸系列代号“02”，“0”为宽度系列代号（省略），“2”为直径系列代号。

10——内径代号，表示该轴承内径为 10×5mm＝50mm。

表 8-6　轴承的类型代号（GB/T 272—2017《滚动轴承　代号方法》）

类型代号	0	1	2	3	4	5	6	7	8	N	U	QJ
滚动轴承名称	双列角接触球轴承	调心球轴承	调心滚子轴承和推力调心滚子轴承	圆锥滚子轴承	双列深沟球轴承	推力球轴承	深沟球轴承	角接触球轴承	推力圆柱滚子轴承	圆柱滚子轴承	外球面球轴承	四点接触球轴承

滚动轴承的标记由名称、代号和标准编号3个部分组成，其标记示例如下。

滚动轴承　6210　GB/T　272—2017

二、滚动轴承的画法

滚动轴承一般不必画零件图，在机器或部件的装配图中，滚动轴承可以用规定画法、通用画法和特征画法3种画法来绘制，通用画法和特征画法同属于简化画法。在同一装配图样中只可以采用这两种简化画法中的任意一种。

如不需要确切地表示滚动轴承的外形轮廓、载荷特性、结构特征时，可采用通用画法，即在轴的两侧用粗实线矩形线框及位于线框中央正立的十字形符号表示，十字形符号不应与线框接触，如图 8-39 所示。

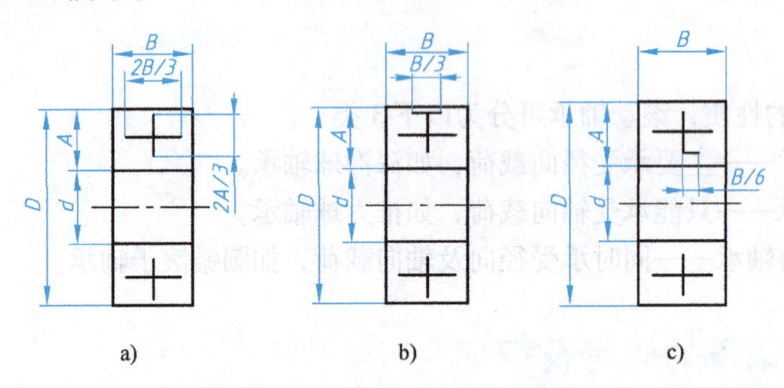

图 8-39　滚动轴承的通用画法

a）一般通用画法　b）外圈无挡边的通用画法　c）内圈有单挡边的通用画法

如需要较形象地表示滚动轴承的结构特征时，可采用特征画法（表 8-7）。

如需要较详细地表示滚动轴承的主要结构时，可采用规定画法（表 8-7）。此时，轴承的保持架及倒角省略不画，滚动体不画剖面线，各套圈的剖面线方向可画成一致，间隔相同。一般只在轴的一侧用规定画法表达轴承，在轴的另一侧仍然按通用画法表示。

无论采用哪一种画法，滚动轴承的轮廓应与其实际尺寸即外径 D、内径 d、宽度 B（或 T 或 T、B、C）一致，并与所属图样采用同一比例。在规定画法、通用画法和特征画法中的各种符号、矩形线框和轮廓线均用粗实线绘制。

表 8-7　常用滚动轴承的画法

轴承类型和代号	名称和标准编号	查表的主要数据	规定画法 通用画法	特征画法
 60000 型	深沟球轴承 GB/T 276—2013	D d B	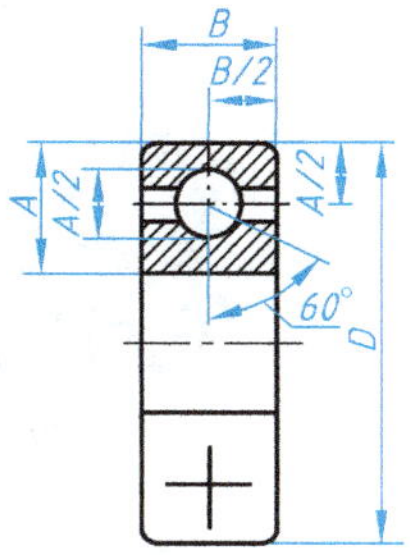	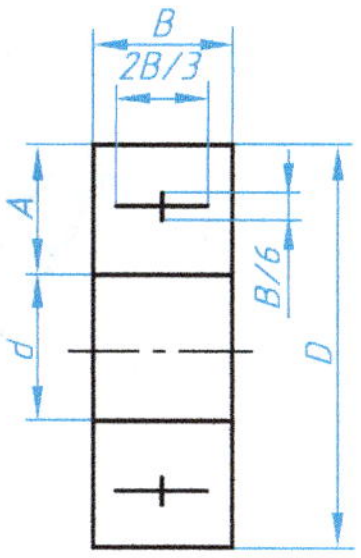
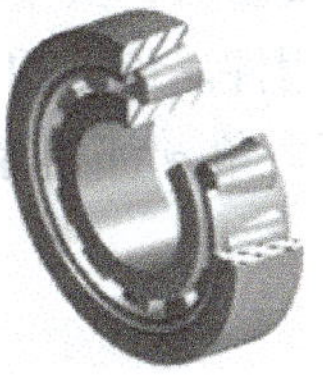 30000 型	圆锥滚子轴承 GB/T 297—2015	D d T C B	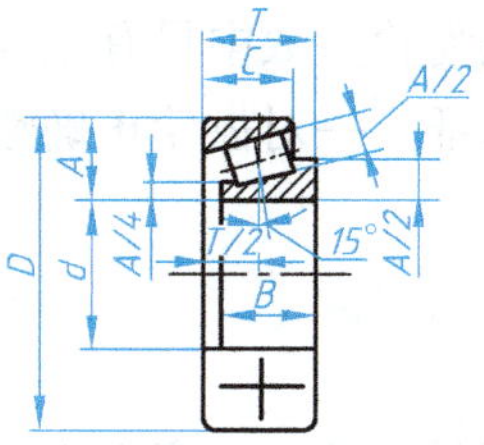	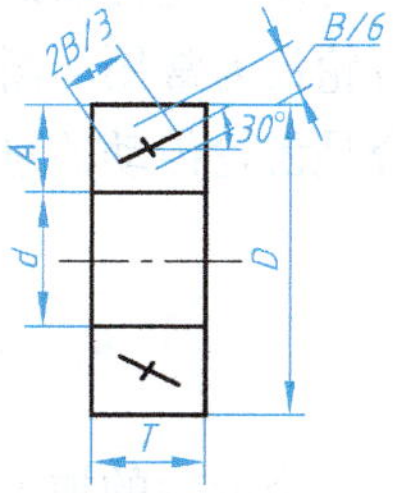
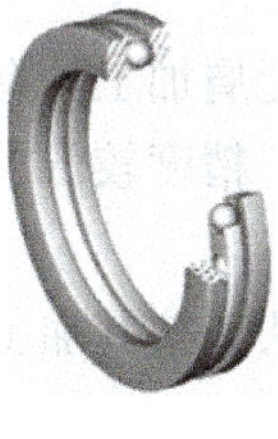 50000 型	推力球轴承 GB/T 28697—2012	D d T	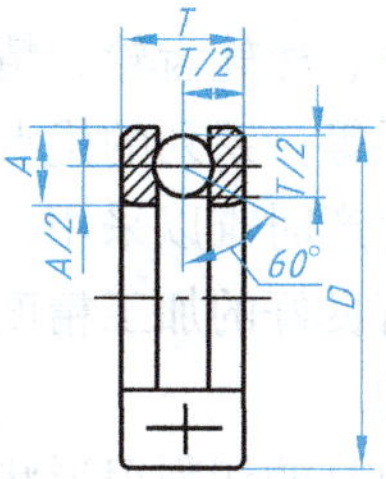	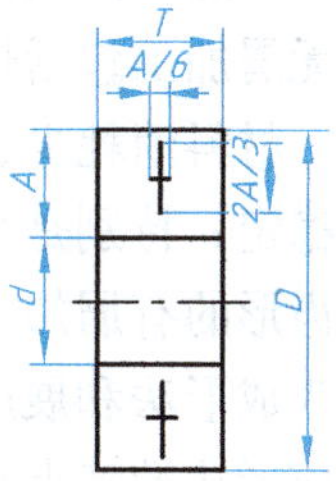

第五节　齿轮

一、齿轮的基本知识

齿轮是机械传动中应用最为广泛的传动件，除了用来传递动力外，还可以改变转动方向、转动速度和运动方式等。齿轮成对使用，依靠其轮齿间的啮合运动来实现动力传递。根据齿轮传动轴的相对位置不同，传动种类主要有以下 3 种，如图 8-40 所示。

圆柱齿轮传动——用于两平行轴之间的传动。

锥齿轮传动——用于两相交轴之间的传动。

蜗杆传动——用于两交叉轴之间的传动。

图 8-40　常见的齿轮传动

a）圆柱齿轮传动　b）锥齿轮传动　c）蜗杆传动

为使齿轮传动的运动平稳，齿轮轮齿的齿廓曲线加工成渐开线、摆线或圆弧，其中渐开线齿轮最为常用。渐开线齿轮参数中只有模数和压力角已标准化，属于常用件。齿轮的正确啮合是齿轮传动的重要保证。一对齿轮正确啮合的基本条件是模数 m 和压力角 α 都相等。

二、齿轮的加工方法

一个齿轮的加工过程是由若干工序组成的。为了获得符合精度要求的齿轮，整个加工过程都是围绕着齿形加工工序进行的。齿形加工方法很多，按加工中有无切屑，可分为无屑加工和有屑加工两大类。

无屑加工包括热轧齿轮、冷轧齿轮、精密锻造、粉末冶金等新工艺。无屑加工具有生产率高、材料消耗少、成本低等一系列的优点，目前已推广使用，但因其加工精度较低，工艺不够稳定，特别是小批量生产时难以采用，这些缺点限制了它的使用。

齿形的有屑加工，具有良好的加工精度，目前仍是齿形的主要加工方法。按其加工原理可分为成形法和展成法两种。

成形法的特点是所用刀具的切削刃形状与被切齿轮轮槽的形状相同。用成形原理加工齿形的方法有：用齿轮铣刀在铣床上铣齿、用成形砂轮磨齿、用齿轮拉刀拉齿等。这些方法由于存在分度误差及刀具的安装误差，加工精度较低，一般只能加工出 9 ~ 10 级精度的齿轮。此外，在加工过程中需要做多次不连续分齿，生产率也很低。因此，它主要用于单件小批量生产和修配工作中加工精度不高的齿轮。

展成法是应用齿轮啮合的原理来进行加工的，用这种方法加工出来的齿形轮廓是刀具切削刃运动轨迹的包络线。齿数不同的齿轮，只要模数和齿形角相同，都可以用同一把刀具来加工。用展成原理加工齿形的方法有滚齿、插齿、剃齿、珩齿和磨齿等。其中剃齿、珩齿和磨齿属于齿形的精加工方法。展成法的加工精度和生产率都较高，刀具通用性好，所以在生产中应用十分广泛。

三、圆柱齿轮

圆柱齿轮按轮齿方向的不同分为直齿、斜齿和人字齿。当圆柱齿轮的轮齿方向与圆柱轴线方向一致时，称为直齿圆柱齿轮。本节主要介绍直齿圆柱齿轮各部分的名称、代号、尺寸计算及规定画法。

1. 直齿圆柱齿轮轮齿的几何要素名称、代号及其尺寸

（1）齿轮轮齿的基本参数　直齿圆柱齿轮轮齿的几何要素如图 8-41 所示，主要参数有如下几个。

1）齿顶圆（直径 d_a）。通过轮齿顶部的圆。

2）齿根圆（直径 d_f）。通过轮齿根部的圆。

3）分度圆（直径 d）。在设计、加工齿轮时，进行尺寸计算和方便分齿而设定的一个基准圆。在两齿轮啮合时，齿轮的传动可假想为两个圆做无滑动的纯滚动，这两个圆称为齿轮的节圆。对于标准齿轮来说，节圆和分度圆是一致的。

4）齿高（h）。齿顶圆与齿根圆之间的径向距离。

5）齿顶高（h_a）。齿顶圆与分度圆之间的径向距离。

6）齿根高（h_f）。分度圆与齿根圆之间的径向距离。

7）分度圆齿距（p）。分度圆上相邻两齿廓对应点间的弧长。

8）分度圆齿厚（s）。分度圆上每个齿的弧长。

9）压力角（α）。在节点 P 处，两齿廓曲线的公法线与两节圆的内公切线（即节点 P 处的瞬时运动方向）所夹的锐角，称为压力角，又称为齿形角。我国采用的齿轮压力角一般为 20°。

10）模数（m）。由图 8-41 可知，分度圆周长 $=\pi d = pz$，z 为齿数，所以 $d = \frac{p}{\pi}z$。比值 $\frac{p}{\pi}$ 称为齿轮的模数，即 $m = \frac{p}{\pi}$，故 $d = mz$。

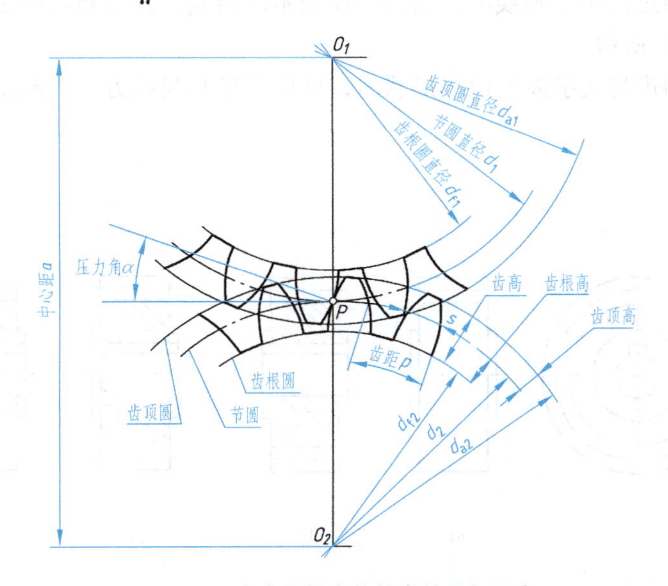

图 8-41　直齿圆柱齿轮轮齿的几何要素

两啮合齿轮模数 m 必须相等。为了便于齿轮的设计和加工，国家标准已将模数标准化，见表 8-8。选用时优先采用第一系列，其次是第二系列。

表 8-8　齿轮模数系列（GB/T 1357—2008《通用机械和重型机械用圆柱齿轮　模数》）

（单位：mm）

第一系列	1、1.25、1.5、2、2.5、3、4、5、6、8、10、12、16、20、25、32、40、50
第二系列	1.125、1.375、1.75、2.25、2.75、3.5、4.5、5.5、7、9、11、14、18、22、28、35、45

（2）齿轮轮齿各部分的尺寸计算公式　设计齿轮时，首先要选定模数和齿数，其他尺寸都可以由模数和齿数计算出来。标准直齿圆柱齿轮各部分的尺寸计算公式见表 8-9。

表 8-9　标准直齿圆柱齿轮各部分的尺寸计算公式

名称	代号	计算公式
模数	m	由设计确定
分度圆直径	d	$d=mz$
齿顶高	h_a	$h_a=m$
齿根高	h_f	$h_f=1.25m$
齿高	h	$h=h_a+h_f=2.25m$
齿顶圆直径	d_a	$d_a=d+2h_a=m(z+2)$
齿根圆直径	d_f	$d_f=d-2h_f=m(z-2.5)$
两啮合齿轮中心距	a	$a=(d_1+d_2)/2=m(z_1+z_2)/2$

2. 单个圆柱齿轮的画法

国家标准对单个直齿圆柱齿轮的画法做了统一规定。齿顶圆和齿顶线用粗实线绘制；分度圆和分度线用细点画线画出；齿根圆和齿根线用细实线画出，也可省略不画。在剖视图中，当剖切平面通过齿轮的轴线时，轮齿一律按不剖绘制，并用粗实线表示齿顶线和齿根线，如图 8-42a、b 所示。

当需要表示斜齿与人字齿的齿线形状时，可用三条与齿线方向一致的细实线表示，如图 8-42c、d 所示。

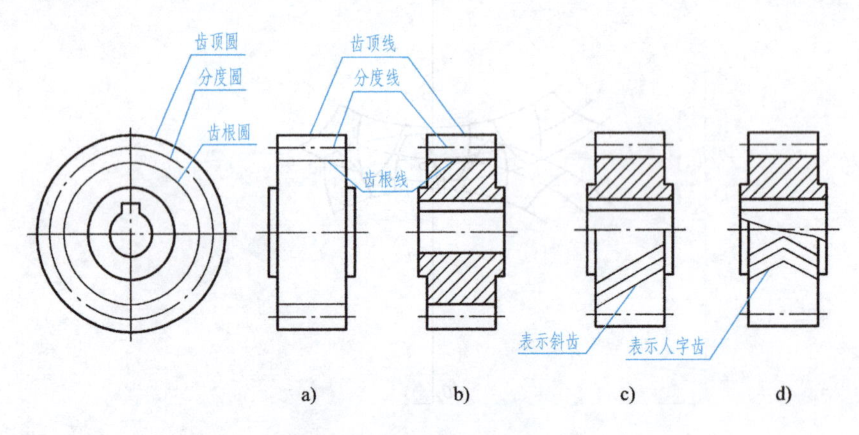

图 8-42　单个圆柱齿轮的画法

a）不剖画法　b）剖视图画法　c）斜齿画法　d）人字齿画法

单个直齿圆柱齿轮的零件图如图 8-43 所示。

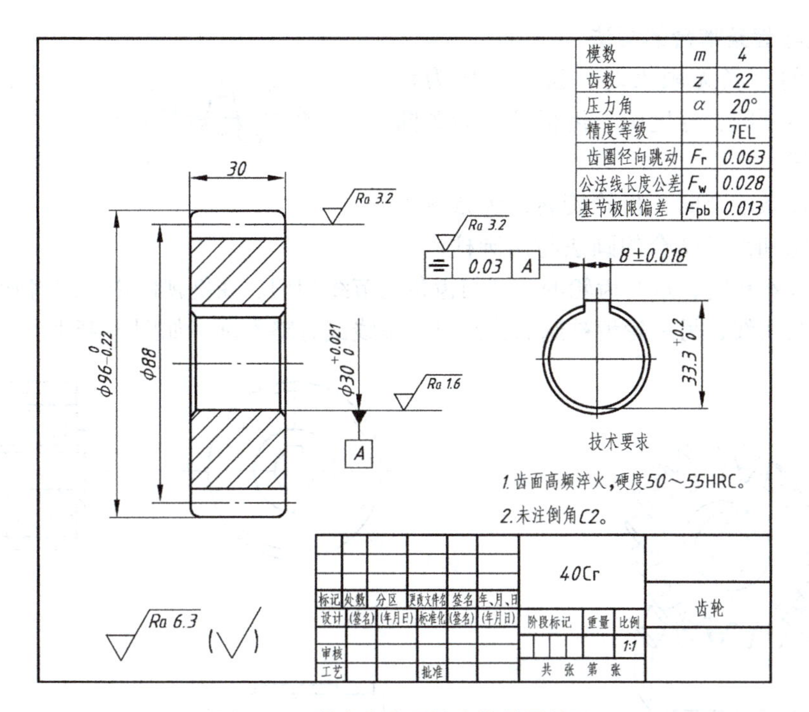

图 8-43　单个直齿圆柱齿轮的零件图

3. 圆柱齿轮啮合的画法

1）在投影为圆的视图中，两相啮合齿轮的节圆必须相切，啮合区内的齿顶圆仍用粗实线绘制（图 8-44a），也可以省略不画，如图 8-44b 所示。

2）在过轴线的剖视图中，两齿轮的节线重合。可设想两啮合轮齿中有一轮齿为可见，按轮齿不剖的规定，画成粗实线；而另一轮齿被遮挡部分则画成细虚线，如图 8-44a 所示。必须注意：两齿轮在啮合区存在 0.25m 的径向间隙，如图 8-45 所示。

3）在平行轴线的外形视图中，啮合区的齿顶线不需要画出，节线用粗实线绘制，如图 8-44c、d 所示。

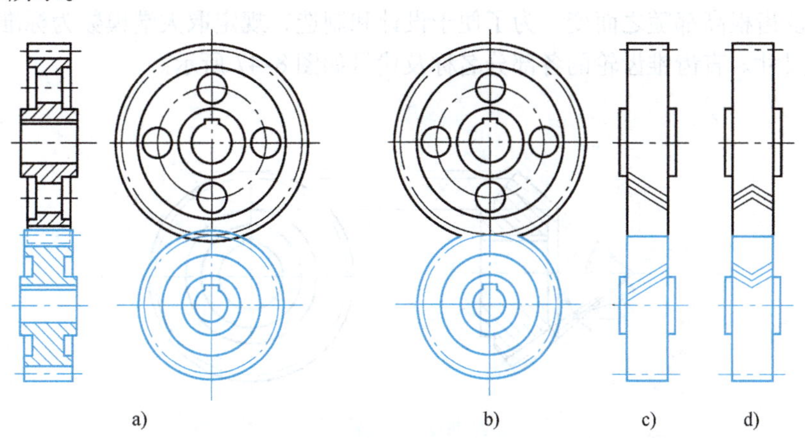

图 8-44　圆柱齿轮啮合的画法

4. 齿轮与齿条啮合的画法

当齿轮的直径无限大时，齿轮就成为齿条。此时，齿顶圆、分度圆、齿根圆和齿廓曲线都成为直线。

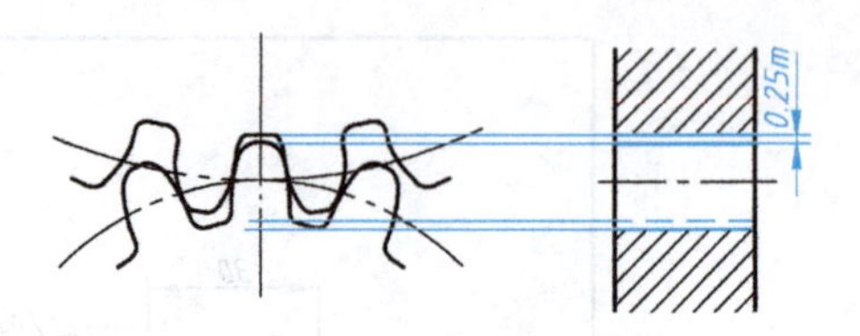

图 8-45　啮合区的规定画法

齿轮和齿条啮合时，齿轮旋转，齿条做直线运动。齿轮和齿条啮合的画法与两圆柱齿轮啮合的画法基本相同，这时齿轮的节圆与齿条的节线相切。在剖视图中，应将啮合区内一条齿顶线画成粗实线，另一轮齿被遮部分画成细虚线或省略不画，如图 8-46 所示。

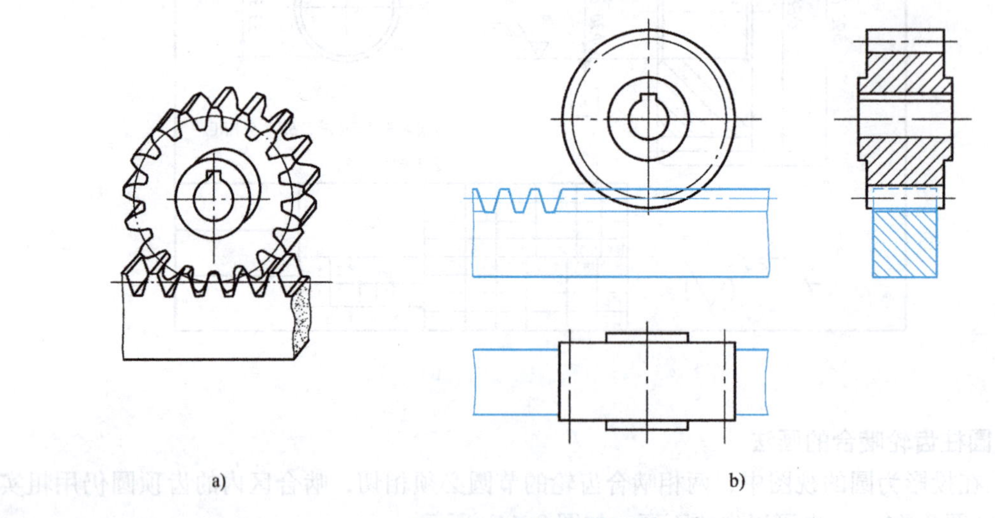

图 8-46　齿轮与齿条啮合

四、锥齿轮

锥齿轮的轮齿分布在圆锥面上，因此，齿厚从大端到小端逐步变小。模数、分度圆直径、齿顶高及齿根高都随之而变。为了便于设计和制造，规定取大端模数为标准值来计算轮齿的各部分尺寸。直齿锥齿轮的各部分名称及代号如图 8-47 所示。

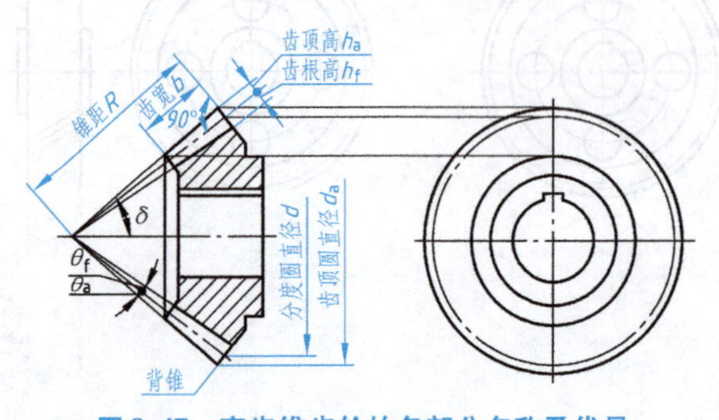

图 8-47　直齿锥齿轮的各部分名称及代号

1. 直齿锥齿轮的尺寸计算

轴线相交成 90°的直齿锥齿轮各部分的尺寸计算公式，见表 8-10，其主要参数为大端模

数 m、齿数 z、分锥角 δ。

表 8-10　直齿锥齿轮各部分的尺寸计算公式

名称	代号	计算公式
齿顶高	h_a	$h_a = m$
齿根高	h_f	$h_f = 1.2m$
分度圆直径	d	$d = mz$
齿顶圆直径	d_a	$d_a = d + 2h_a\cos\delta = m(z + 2\cos\delta)$
齿根圆直径	d_f	$d_f = d - 2h_f\cos\delta = m(z - 2.4\cos\delta)$
锥距	R	$R = (d/2) \times (1/\sin\delta) = mz/(2\sin\delta)$
齿顶角	θ_a	$\tan\theta_a = h_a/R = 2\sin\delta/z$
齿根角	θ_f	$\tan\theta_f = h_f/R = 2.4\sin\delta/z$
分锥角（图 8-48）	δ_1	$\tan\delta_1 = (d_1/2)/(d_2/2) = z_1/z_2$
	δ_2	$\tan\delta_2 = (d_2/2)/(d_1/2) = z_2/z_1$

2. 单个锥齿轮的画法

一般用主、左两个视图表示，主视图常采用全剖视图；在投影为圆的左视图中，用粗实线画出大端和小端的齿顶圆，用点画线画出大端分度圆，齿根圆及小端分度圆均不必画出，如图 8-47 所示。

3. 锥齿轮啮合的画法

主视图常用全剖视图，由于两齿轮的节圆锥面相切，因此，其节线重合，画成细点画线；在啮合区内，应将其中一个齿轮的齿顶线画成粗实线，而将另一个齿轮的齿顶线画成细虚线或省略不画；左视图常画成外形视图，两齿轮的节圆投影应相切，如图 8-48 所示。

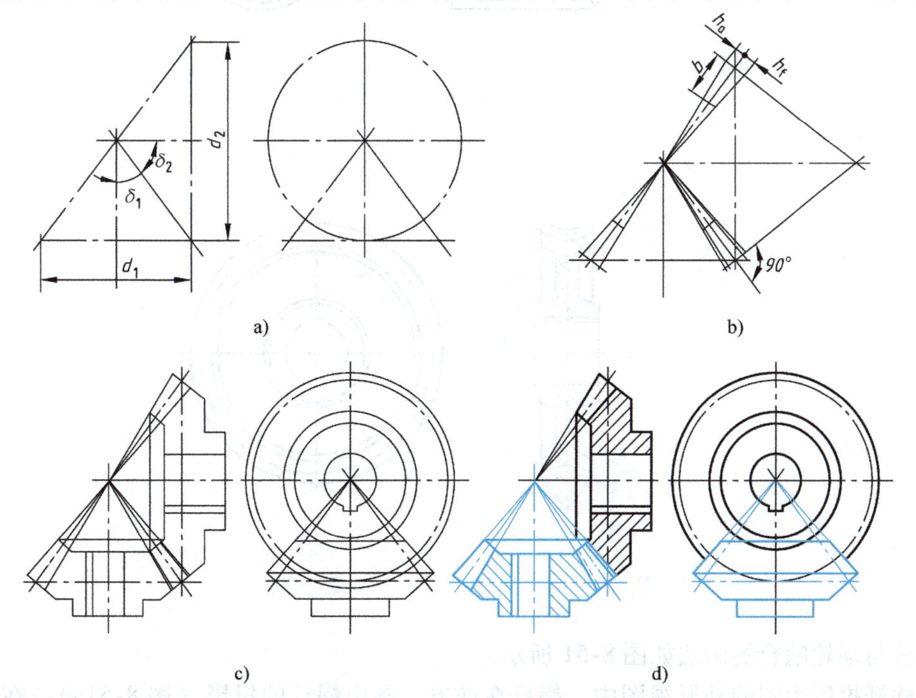

图 8-48　锥齿轮啮合的画法

五、蜗杆、蜗轮

蜗杆、蜗轮用于两交叉轴之间的传动，最常见的是两轴成直角交叉。一般蜗杆为主动件，蜗轮为从动件，常用于速比较大的减速装置及精密的分度装置，具有体积小、速比大的优点，其缺点是摩擦大、发热多、效率低。

蜗杆的齿数（即头数）z_1相当于螺杆上螺纹的线数。蜗杆常用单头和双头。在传动时，蜗杆转动一圈，蜗轮只转动一个齿或两个齿，因此，可得到很大的传动比（$i=z_2/z_1$，z_1为蜗杆头数，z_2为蜗轮齿数）。蜗杆和蜗轮的轮齿是螺旋形的，蜗轮实际上是斜齿的圆柱齿轮。为了增加它与蜗杆啮合时的接触面积，蜗轮的齿顶面和齿根面常制成圆环面。啮合的蜗轮和蜗杆模数相同，且蜗轮的螺旋角和蜗杆的导程角大小相等、方向相同。

蜗杆的画法与圆柱齿轮的画法相同。蜗杆的齿形一般用局部剖视图或移出断面图来表示，如图8-49所示。蜗轮的画法与圆柱齿轮的画法相似，其不同点在于，在投影为圆的视图中，只需要画出蜗轮最大外圆及其中间平面分度圆的投影，齿顶圆及齿根圆投影不需要画出，如图8-50所示。作图时，应注意先在蜗轮的中间平面上，根据中心距a定出蜗杆中心（即蜗轮齿顶及齿根圆弧的中心），再根据d_2、h_a、h_f及b_2，画出轮齿部分的投影。

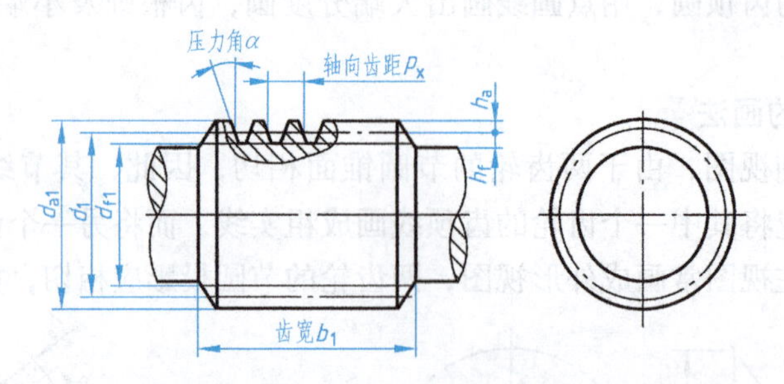

图8-49 蜗杆各部分的代号和规定画法

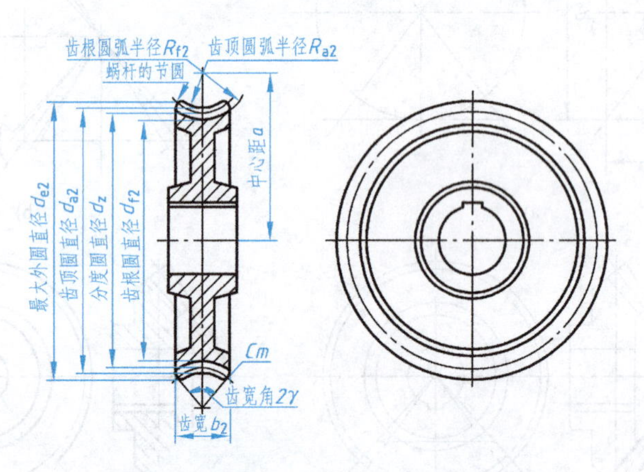

图8-50 蜗轮各部分的代号和规定画法

蜗杆与蜗轮啮合的画法如图8-51所示。

在蜗杆投影为圆的外形视图中，蜗杆在前方，画出蜗杆的投影（图8-51a）。在剖视图中，设想蜗杆的轮齿在前方为可见，而蜗轮的轮齿在啮合区被部分遮挡（图 8-51b）。

在蜗轮投影为圆的外形视图中，蜗轮的分度圆与蜗杆的分度线相切，啮合区内蜗杆齿顶线及蜗轮最大外圆都用粗实线表示。啮合区如用局部剖视图，应注意两轮齿都按不剖画出；并且蜗轮的最大外圆、中间平面齿顶圆和蜗杆齿顶线在啮合区内可以省略不画，如图 8-51b 所示。

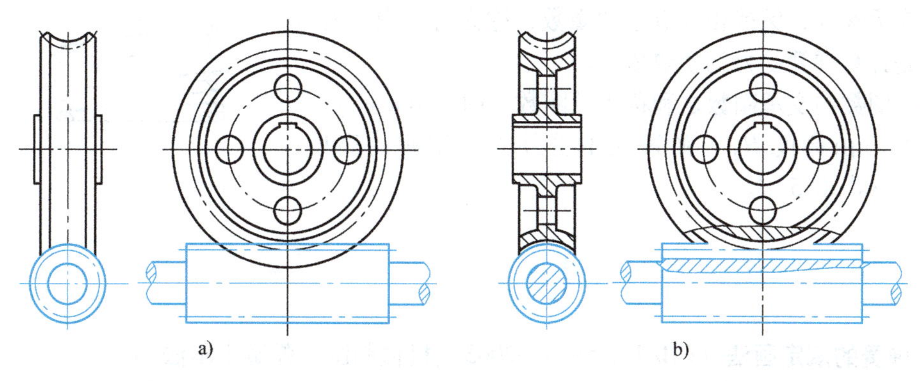

图 8-51　蜗杆与蜗轮啮合的画法

a）外形视图　b）剖视图

第六节　弹簧

弹簧是一种储能的零件，在机器和仪器中起减振、夹紧、测力、复位等作用，其特点是外力去除后能立即恢复原状。弹簧用途广泛，属于常用件。

弹簧的种类很多，其中圆柱螺旋弹簧应用最为广，国家标准对其型式、端部结构和技术要求等都做了规定。圆柱螺旋弹簧按其受力方向不同，分为压缩弹簧、拉伸弹簧、扭转弹簧，如图 8-52 所示。

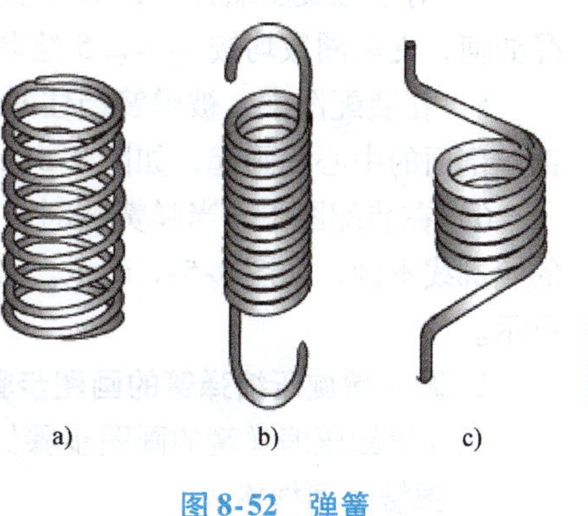

图 8-52　弹簧

a）压缩弹簧　b）拉伸弹簧

c）扭转弹簧

一、圆柱螺旋弹簧各部分的名称和尺寸

圆柱螺旋压缩弹簧（GB/T 2089—2009《普通圆柱螺旋压缩弹簧尺寸及参数（两端圈并紧磨平或制扁）》）如图 8-53 所示。

（1）材料直径 d　制造弹簧的钢丝直径。

（2）弹簧中径 D　弹簧的平均直径。

（3）弹簧内径 D_1　弹簧的最小直径。

（4）弹簧外径 D_2　弹簧的最大直径。

（5）节距 t　相邻两个有效圈在中径上对应点的轴向距离。

(6) 有效圈数 n、支承圈数 n_2 和总圈数 n_1 为了使螺旋压缩弹簧受力均匀，增加平稳性，弹簧的两端需并紧、磨平。使用时，弹簧两端并紧磨平的部分基本无弹性，只起支承作用，称为支承圈。支承圈数 n_2 有1.5圈、2圈、2.5圈，最常见的是2.5圈。

除支承圈外，保持相等节距的圈数，称为有效圈。有效圈数 n 是计算弹簧受力的主要依据。

有效圈数与支承圈数之和称为总圈数，即 $n_1=n+n_2$。

(7) 自由高度 H_0 弹簧在不受外力作用时的高度，$H_0=nt+(n_2-0.5)d$。

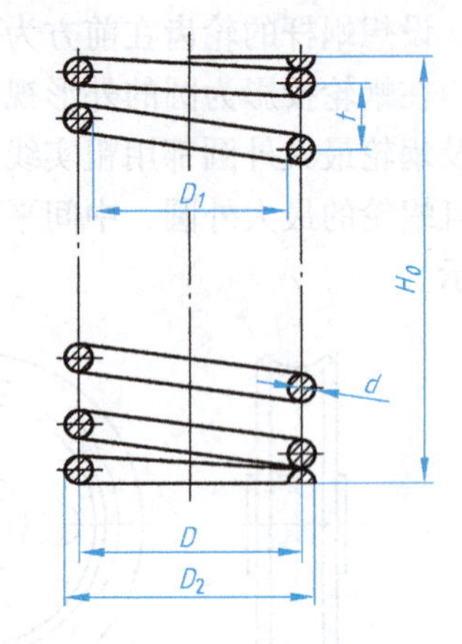

图 8-53 圆柱螺旋压缩弹簧

二、圆柱螺旋弹簧的画法

1. 弹簧的规定画法（GB/T 4459.4—2003《机械制图 弹簧表示法》）

1）在平行于螺旋弹簧轴线的投影面上的视图中，其各圈的轮廓应画成直线，如图8-53所示。

2）有效圈数在4圈以上的弹簧，中间各圈可以省略不画。当中间部分省略后，可适当缩短图形的长度。

3）在图样上，螺旋弹簧不论右旋与左旋，均可画成右旋，对必须保证的旋向要求应在“技术要求”中注出。

4）对于螺旋压缩弹簧，如要求两端并紧磨平时，无论支承圈的圈数多少和末端并紧情况如何，支承圈数均按 $n_2=2.5$ 绘制。

5）在装配图中，被弹簧挡住的结构一般不画出，可见部分应从弹簧的外廓线或从弹簧钢丝剖面的中心线画起，如图8-54a所示。

6）在装配图中，当弹簧被剖切，剖面直径等于或小于2mm时，可全部涂黑，表示弹簧的轮廓线不画，如图8-54b所示。若剖面直径小于1mm时，也允许用示意画法，如图8-54c所示。

2. 圆柱螺旋压缩弹簧的画图步骤

圆柱螺旋压缩弹簧的画图步骤如图8-55所示。

3. 弹簧的图样格式

GB/T 4459.4—2003《机械制图 弹簧表示法》国家标准提供了各种弹簧的图样格式，规定了弹簧图样中有关标注的几项要求，其中有以下两点。

1）弹簧的参数应直接标注在图形上，当直接标注有困难时可在“技术要求”中说明。

2）一般用图解方式表示弹簧的特性。圆柱螺旋压缩弹簧的力学性能曲线在主视图上方用粗实线画成斜直线，表示出载荷与弹簧变形量之间的关系。图8-56所示为圆柱螺旋压缩弹簧的一种图样形式。其中，P_1 为弹簧的预加载荷，P_2 为弹簧的工作载荷，P_j 为弹簧的允许极限载荷。

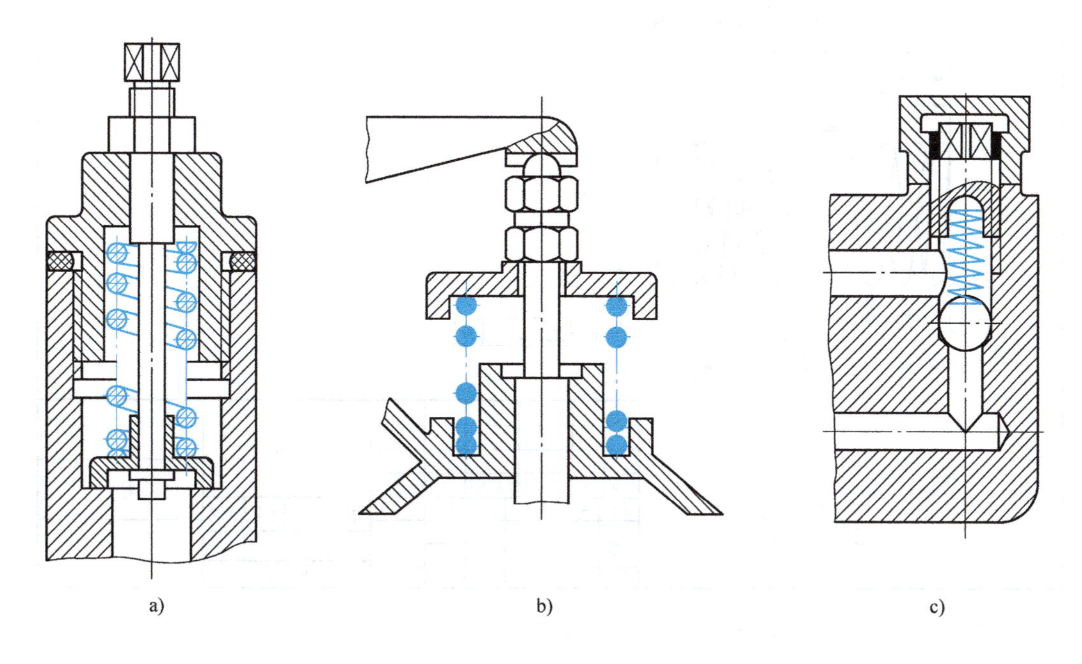

图 8-54　圆柱螺旋弹簧的装配图画法

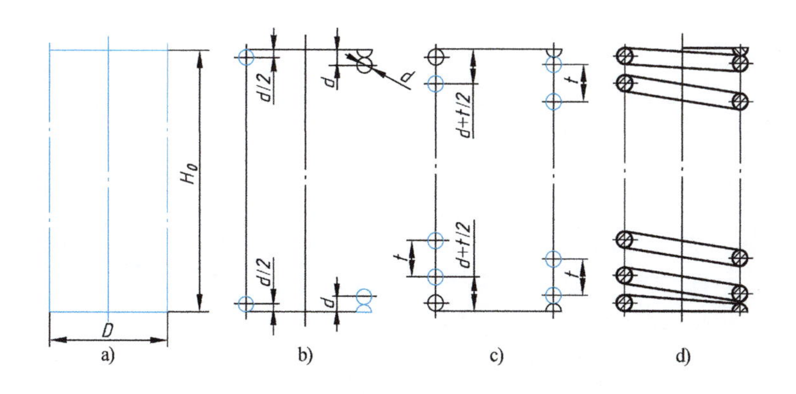

图 8-55　圆柱螺旋压缩弹簧的画图步骤

a）根据 D 画出左右两条中心线，根据 H_0 确定高度　b）根据 d 画出两端支承圈簧丝的小圆

c）根据节距 t 画出有效圈簧丝的小圆　d）按右旋画相应簧丝小圆的公切线，并画剖面线

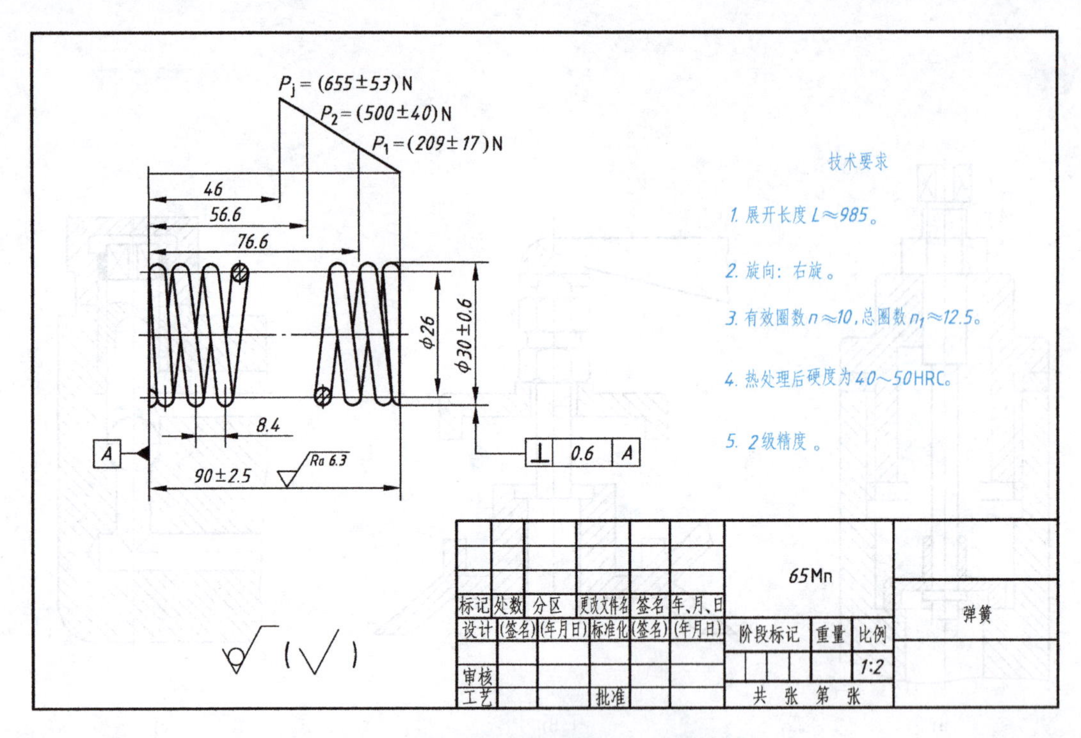

图 8-56 圆柱螺旋压缩弹簧的一种图样形式

第九章 零 件 图

一台机器（或部件）都是由一些部件和零件组合而成的，在制造机器时要根据零件工作图制造零件，然后根据装配工作图装配成部件，再由部件装配成机器。所以，图样是生产中的重要技术文件。

零件工作图（简称为零件图）是设计部门提交给生产部门的技术文件。它反映了设计者的意图，表达了机器（或部件）对该零件的要求，是制造和检验零件的依据。因此，具有一定的设计知识和工艺知识是画好零件图的基础。本章主要讨论零件图的内容及其画法，并介绍一些设计知识和工艺知识。

第一节 零件图的内容

零件的制造过程，一般是先经过铸造、锻造或轧制等方法制出毛坯，然后对毛坯进行一系列加工，最后成为产品。零件毛坯的制造，加工工艺的拟订，工装夹具、量具的设计都是以零件图为依据的。一张完整的零件图应具备以下内容。

1. 一组视图

一组视图包括视图、剖视图、断面图及按规定方法画出的图形等，能正确、完整、清晰地表达出零件的结构形状，如图 9-1 所示为轴零件图。

2. 完整尺寸

正确、完整、清晰、合理地标注零件各部分形状、结构的大小和相互位置，便于零件的制造和检验。

3. 技术要求

说明零件在制造和检验时应达到的技术指标，如零件的表面结构要求、尺寸公差、几何公差及材料热处理等，如图 9-1 所示轴零件图中的 20h11 等。

4. 标题栏

标题栏填写零件的名称、材料、数量、图号、比例和设计、制图、审核人员的姓名，以及日期、设计单位等。

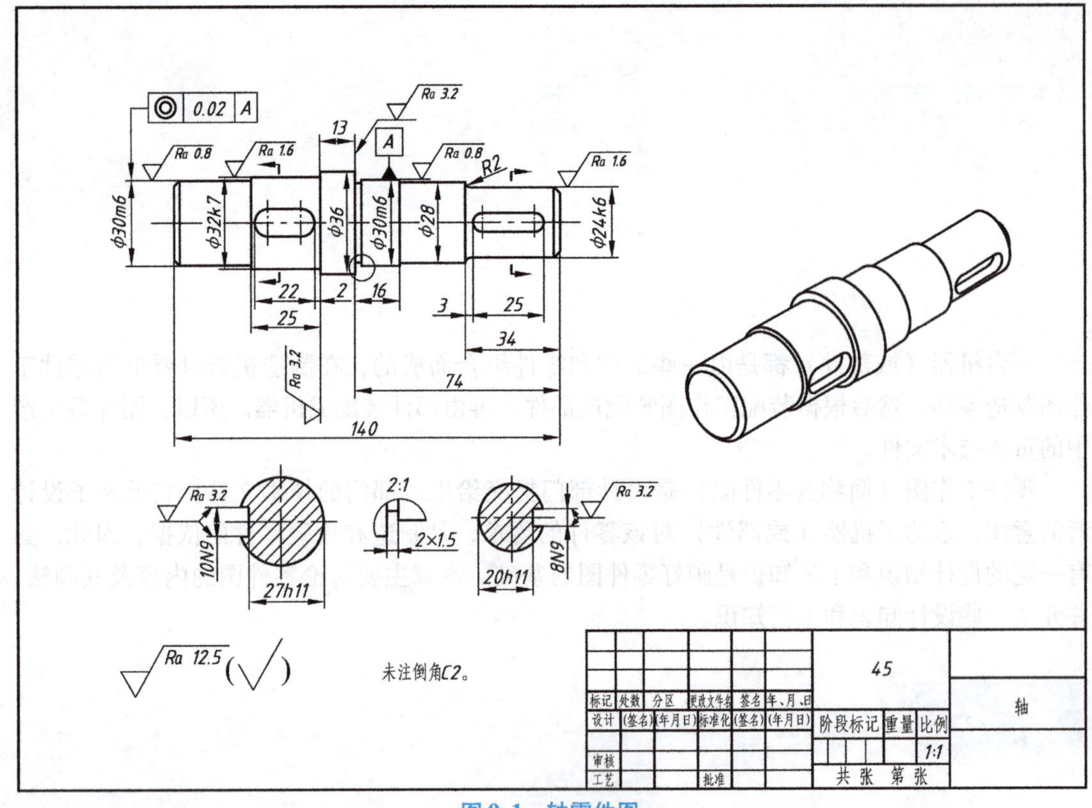

图 9-1 轴零件图

第二节 零件图的尺寸标注

视图只能表示零件的形状，零件的大小要由尺寸来决定。在生产中是按零件图的尺寸数值来制作零件的，图中若少注尺寸，零件就无法加工；若错写一个尺寸，整个零件可能成为废品，所以标注尺寸必须认真负责，一丝不苟。

零件图中的尺寸，除了要满足正确、完整和清晰的要求外，还应使尺寸标注合理。合理是指所注尺寸既要符合设计要求，保证机器的使用性能，又要满足加工工艺要求，以便于零件的加工、测量和检验。

一、尺寸基准的选择

为使尺寸标注符合以上要求，首先要选择恰当的尺寸基准。基准是确定尺寸起始位置的几何元素。按基准本身的几何形状可分为平面基准、直线基准和点基准。

根据基准的作用不同，基准又可分为设计基准和工艺基准。设计基准是按照零件的结构特点和设计要求所选定的基准。零件的重要尺寸应从设计基准出发标注。工艺基准是为了加工和测量所选定的基准，机械加工的尺寸应从工艺基准出发标注。如图 9-2 所示，支架底平面为设计基准，前端面为工艺基准。

由于每个零件都有长、宽、高3个方向的尺寸，因而每个方向至少有一个主要基准。选择基准时应根据零件在机器中的位置、作用及其在加工中的定位、测量等要求来选定，故每个方向还要有一些附加基准，即辅助基准。每个方向的主要基准和辅助基准之间要有一个联系尺寸。图9-2所示底平面为高度方向的主要基准，而支承轴的孔为确定孔径的辅助基准，支承轴孔的轴线和底平面在高度方向应有一个高度尺寸。

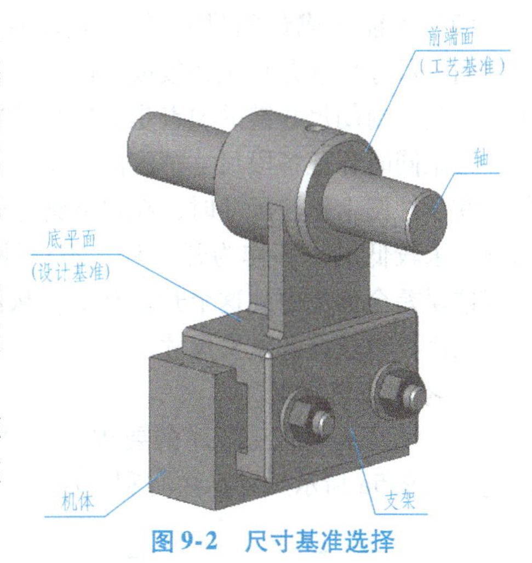

图9-2　尺寸基准选择

在设计工作中，尽量使设计基准和工艺基准相一致，这样可以减少尺寸误差，便于加工。在图9-2中，底平面既是设计基准，又是工艺基准，利用底平面进行高度方向的测量极为方便。

二、标注尺寸的一般原则

1. 考虑设计要求

（1）功能尺寸必须直接注出　功能尺寸是指那些直接影响产品性能、工作精度和互换性的重要尺寸。由于零件在加工制造时总会产生误差，为保证零件质量，避免制造误差，零件图中的功能尺寸必须直接注出，以保证其精度要求，满足产品的设计要求。

功能尺寸一般有下列3种情况。

1）确定零件在机器或部件中正确位置的尺寸。

2）确定零件间配合性质的尺寸。

3）零件间的连接关系尺寸。

如图9-3a所示，支架的功能尺寸是从设计基准出发直接标出的，而图9-3b所示的注法是不正确的。

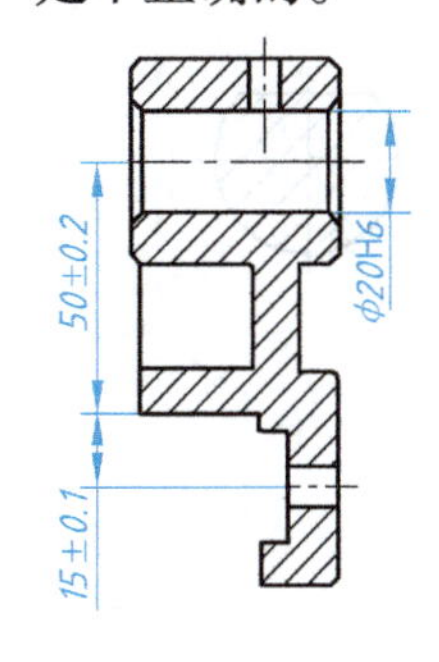

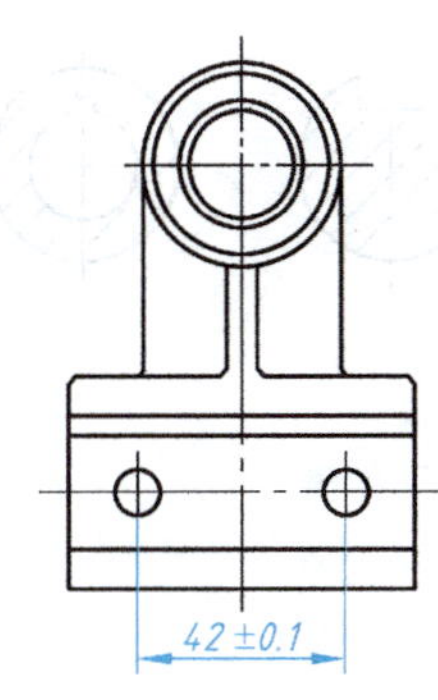

a)

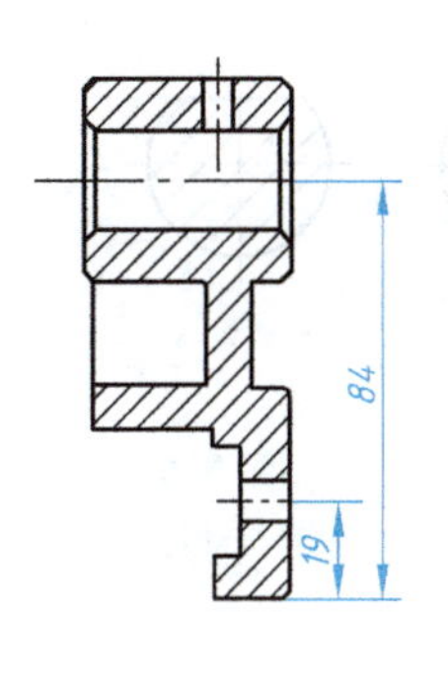

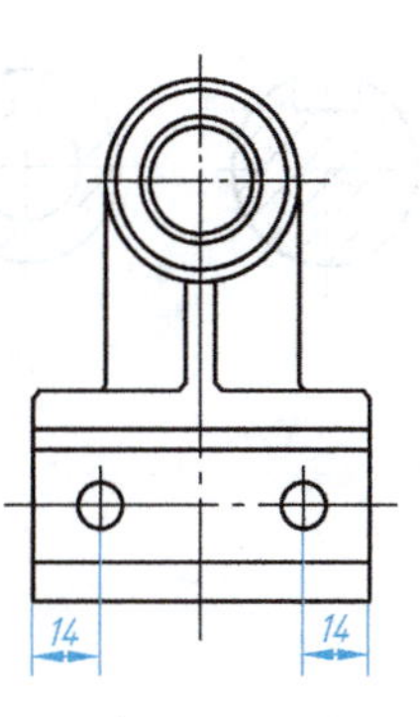

b)

图9-3　支架尺寸标注方案比较
a）正确　b）不正确

（2）不能注成封闭尺寸链　如图9-4所示，同一方向的尺寸串联并首尾相接成封闭的形式，称为封闭尺寸链。封闭尺寸链的缺点是各段尺寸精度相互影响，很难同时保证各段尺寸精度的要求。为解决此问题，在零件图上标注尺寸时，在尺寸链上选取一个对精度要求较低的一环作为开口环，不标注它的尺寸，使制造误差全部集中到这个开口环上，从而保证尺寸链上精度要求较高的重要尺寸。

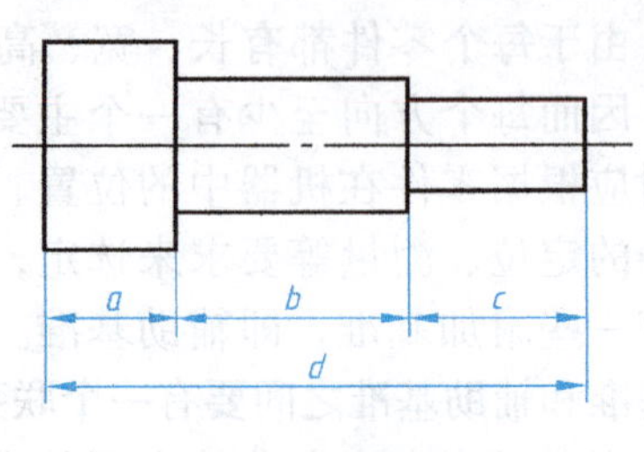

图9-4　封闭尺寸链

2. 考虑工艺要求

（1）考虑符合加工顺序的要求　工件的孔加工应考虑到孔加工顺序，如图9-5c所示。因此，图9-5a所示尺寸标注有利于加工，图9-5b所示尺寸标注不利于加工。

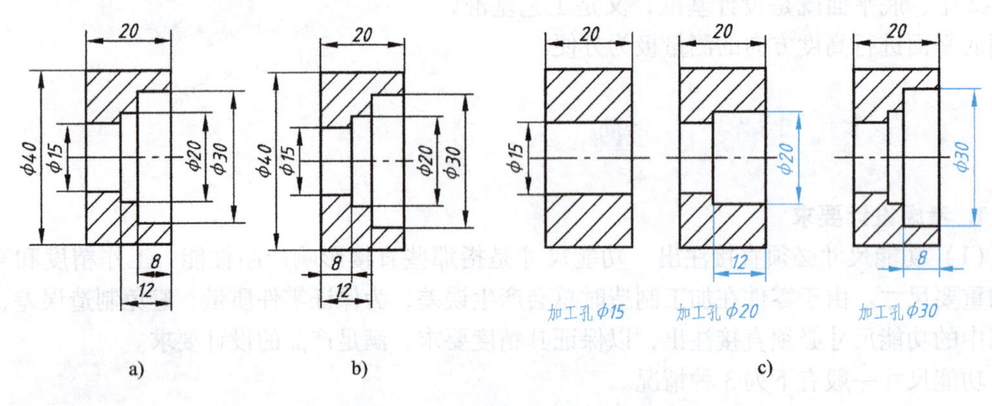

图9-5　标注尺寸有利于加工
a）正确　b）不正确　c）加工顺序

（2）考虑测量、检验方便的要求　如图9-6所示，尺寸标注要便于测量。

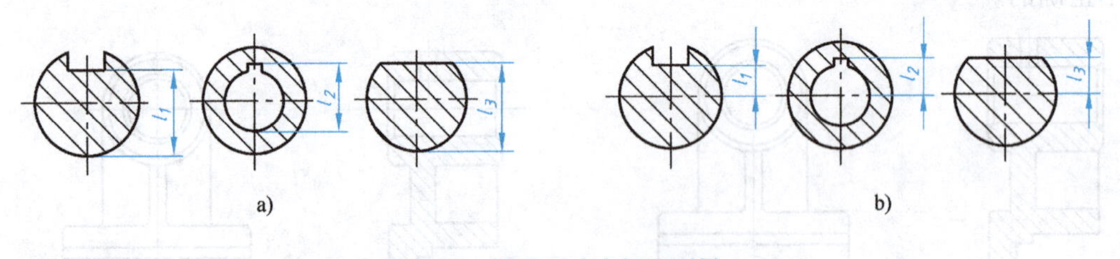

图9-6　标注尺寸应便于测量
a）标注的尺寸便于测量　b）标注的尺寸不便于测量

三、零件上常见孔结构及尺寸注法

孔是零件上的常见结构，起连接作用的孔一般成组出现，这些孔应尽可能采用简化注法，普通注法和简化注法见表9-1。

表 9-1　常见孔结构及其普通注法和简化注法

类型	普通注法	简化注法		说明
不通光孔	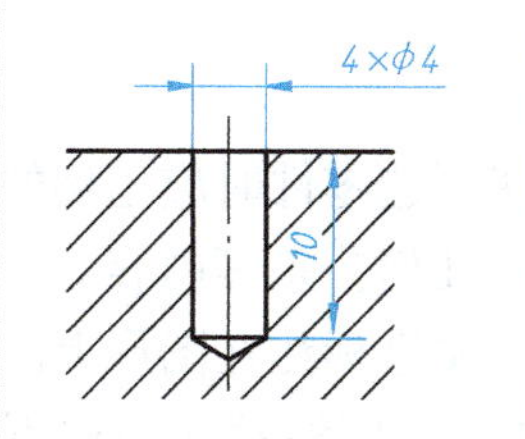 4×ϕ4；10	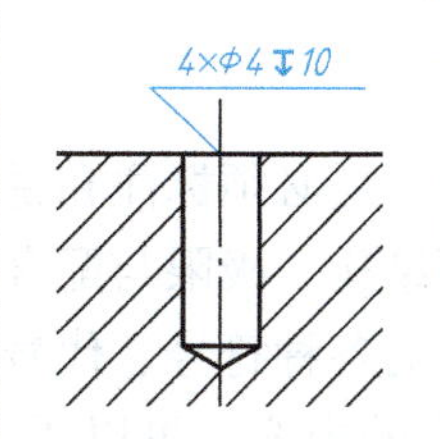 4×ϕ4↧10	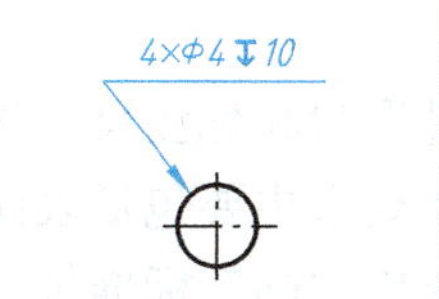 4×ϕ4↧10	“4”表示相同尺寸孔的数量；“↧”表示孔的深度
不通螺孔	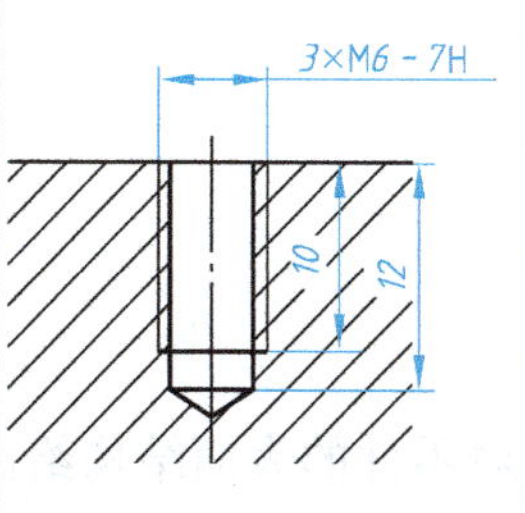 3×M6－7H；10；12	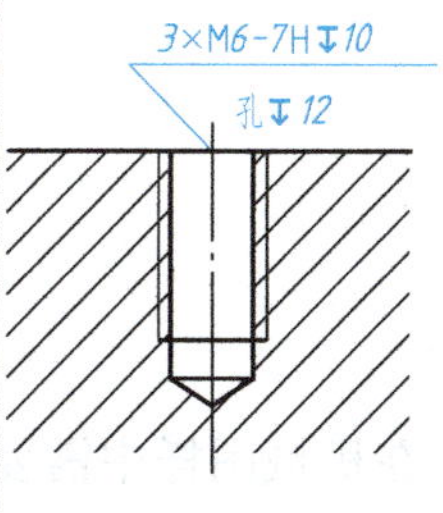 3×M6-7H↧10 孔↧12	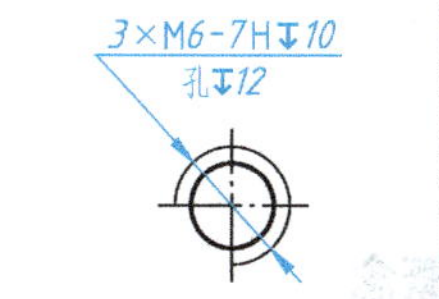 3×M6-7H↧10 孔↧12	3 个 M6－7H 螺纹不通孔，螺纹部分深 10mm，加工螺纹前钻孔深 12mm
锥销孔	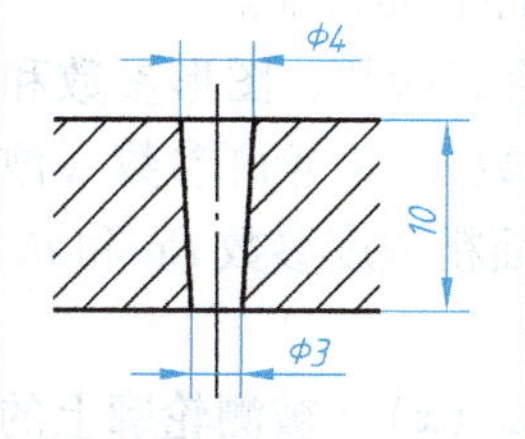 ϕ4；10；ϕ3	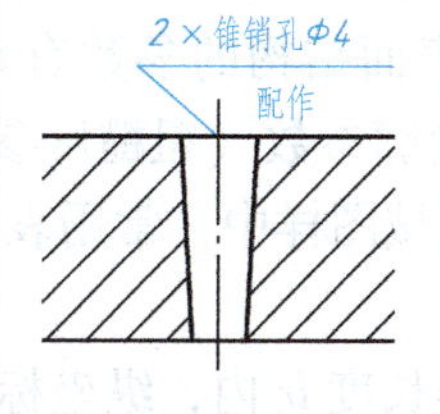 2×锥销孔ϕ4 配作	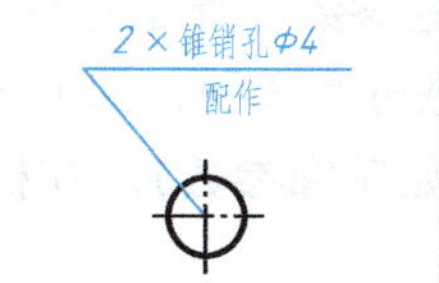 2×锥销孔ϕ4 配作	“ϕ4”为所配圆锥销的公称直径；“配作”表示与相配零件一起加工
沉孔	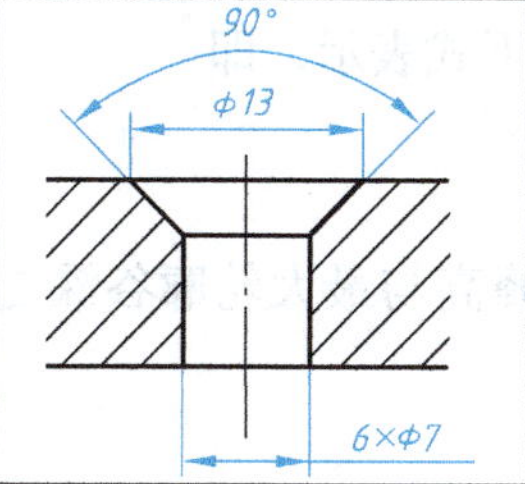 90°；ϕ13；6×ϕ7	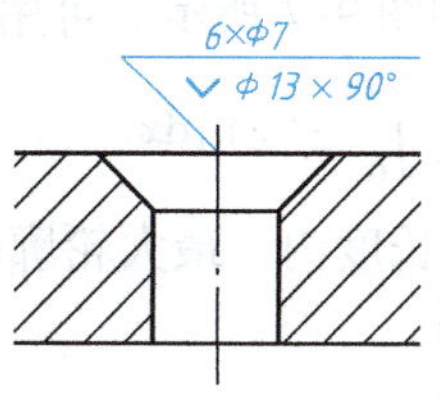 6×ϕ7 ⌵ϕ13×90°	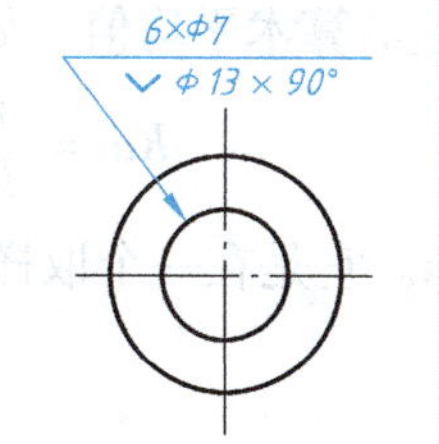 6×ϕ7 ⌵ϕ13×90°	“⌵”表示埋头孔（孔口画成倒圆锥坡的孔）
	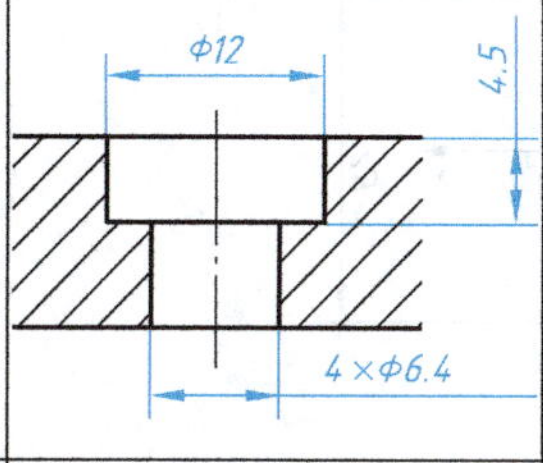 ϕ12；4.5；4×ϕ6.4	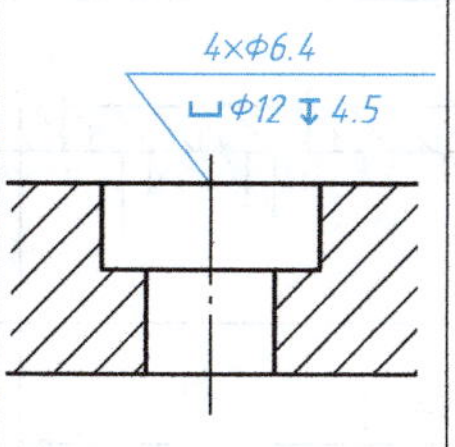 4×ϕ6.4 ⊔ϕ12↧4.5	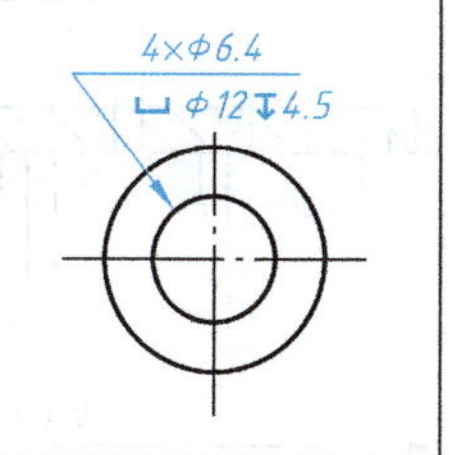 4×ϕ6.4 ⊔ϕ12↧4.5	“⊔”表示圆柱形沉孔
锪平孔	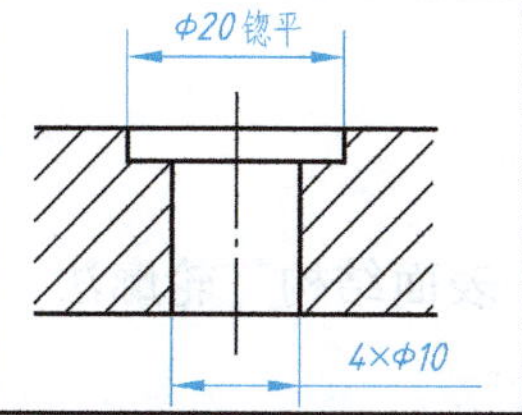 ϕ20锪平；4×ϕ10	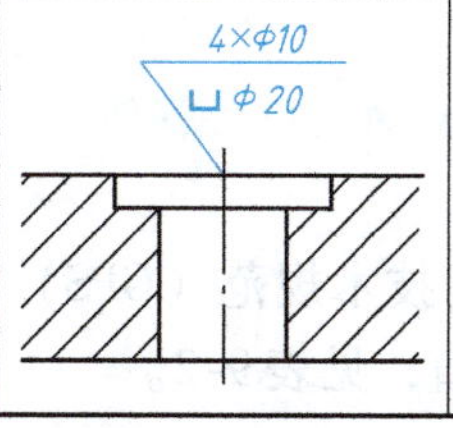 4×ϕ10 ⊔ϕ20	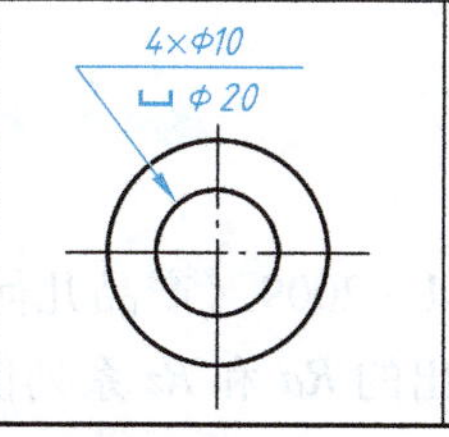 4×ϕ10 ⊔ϕ20	锪平深度可以不注，加工时由加工者掌握

注：简化注法中的符号高度与字体高度相同，笔画宽度为字体高度的 1/10，埋头孔符号角度为 90°，圆柱形沉孔符号长度为字体宽度的两倍。

第三节 零件图的技术要求

零件图除了表达零件形状和标注尺寸外，还必须标注和说明制造零件时应达到的一些技术要求。零件图上的技术要求主要包括表面结构、极限与配合、几何公差等内容。

零件图上的技术要求应按国家标准规定的各种符号、代号、文字标注在图形上。对于一些无法标注在图形上的内容或需要统一说明的内容，可以用文字分别注写在图样下方的空白处。

一、表面结构

1. 表面结构的基本概念

（1）概述　为了保证零件的使用性能，在机械图样中需要对零件的表面结构给出要求。表面结构就是由粗糙度轮廓、波纹度轮廓和原始轮廓构成的零件表面特征。

（2）表面结构的评定参数　评定零件表面结构的参数有轮廓参数、图形参数和支承率曲线参数。其中轮廓参数分为 3 种，即 *R* 轮廓参数（粗糙度参数）、*W* 轮廓参数（波纹度参数）和 *P* 轮廓参数（原始轮廓参数）。在机械图样中，常用表面粗糙度参数 *Ra* 和 *Rz* 作为评定表面结构的参数。

1）轮廓算术平均偏差 *Ra*。它是在取样长度 *lr* 内，纵坐标 $z(x)$（被测轮廓上的各点至基准线 x 的距离）绝对值的算术平均值，如图 9-7 所示。可用下式表示，即

$$Ra = \frac{1}{lr}\int_0^{lr} |z(x)|\mathrm{d}x$$

2）轮廓最大高度 *Rz*。它是在一个取样长度内，最大轮廓峰高与最大轮廓谷深之和，如图 9-7 所示。

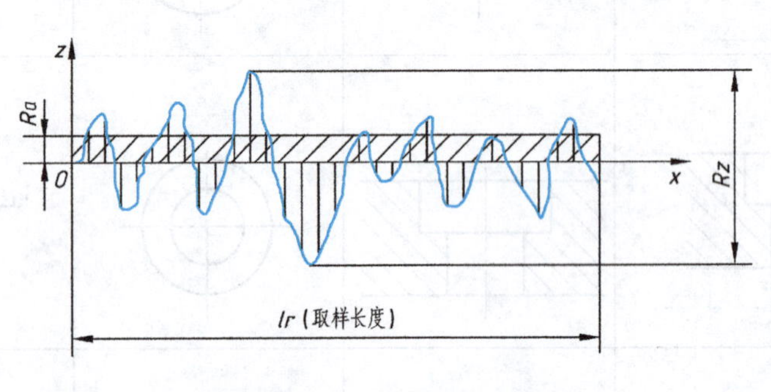

图 9-7　*Ra*、*Rz* 参数示意图

国家标准 GB/T 1031—2009《产品几何技术规范（GPS）　表面结构　轮廓法　表面粗糙度参数及其数值》给出的 *Ra* 和 *Rz* 系列值，见表 9-2。

表 9-2　*Ra*、*Rz* 系列值　　（单位：μm）

Ra	*Rz*	*Ra*	*Rz*
0.012	—	6.3	6.3
0.025	0.025	12.5	12.5
0.05	0.05	25	25
0.1	0.1	50	50
0.2	0.2	100	100
0.4	0.4	—	200
0.8	0.8	—	400
1.6	1.6	—	800
3.2	3.2	—	1600

2. 标注表面结构的图形符号

（1）图形符号及其含义　在图样中，可以用不同的图形符号来表示对零件表面结构的不同要求。标注表面结构的图形符号及其含义见表 9-3。

表 9-3　标注表面结构的图形符号及其含义

符号名称	符号样式	含义
基本图形符号		未指定工艺方法的表面；基本图形符号仅用于简化代号标注，当通过一个注释解释时可单独使用，没有补充说明时不能单独使用
扩展图形符号		用去除材料的方法获得表面，如通过车、铣、刨、磨等机械加工的表面；仅当其含义是“被加工表面”时可单独使用
		用不去除材料的方法获得表面，如铸、锻等；也可用于保持上道工序形成的表面，不管这种状况是通过去除材料或不去除材料形成的
完整图形符号		在基本图形符号或扩展图形符号的长边上加一横线，用于标注表面结构特征的补充信息
工件轮廓各表面图形符号		当在某个视图上组成封闭轮廓的各表面有相同的表面结构要求时，应在完整图形符号上加一圆圈，标注在图样中工件的封闭轮廓线上

（2）图形符号的画法及尺寸　图形符号的画法如图 9-8 所示，表 9-4 列出了图形符号的尺寸。

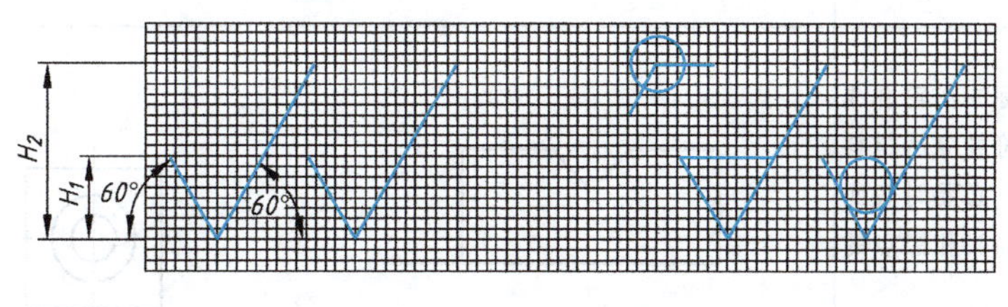

图 9-8　图形符号的画法

表 9-4　图形符号的尺寸　（单位：mm）

数字与字母的高度 h	2.5	3.5	5	7	10	14	20
高度 H_1	3.5	5	7	10	14	20	28
高度 H_2（最小值）	7.5	10.5	15	21	30	42	60

注：H_2 取决于标注内容。

标注表面结构参数时应使用完整图形符号；在完整图形符号中注写了参数代号、极限值等要求后，称为表面结构代号。表面结构代号示例见表 9-5。

表 9-5　表面结构代号示例

代号	含义
Ra 1.6	表示去除材料，单向上限值，默认传输带，R 轮廓，粗糙度算术平均偏差为 1.6μm，评定长度为 5 个取样长度（默认），“16% 规则”（默认）
Rz max 0.2	表示不允许去除材料，单向上限值，默认传输带，R 轮廓，粗糙度最大高度的最大值为 0.2μm，评定长度为 5 个取样长度（默认），“最大规则”
U Ra max 3.2 L Ra 0.8	表示不允许去除材料，双向极限值，两极限值均使用默认传输带，R 轮廓。上限值：算术平均偏差为 3.2μm，评定长度为 5 个取样长度（默认），“最大规则”；下限值：算术平均偏差为 0.8μm，评定长度为 5 个取样长度（默认），“16% 规则”（默认）
铣 -0.8/Ra3 6.3 ⊥	表示去除材料，单向上限值，根据 GB/T 6062—2009《产品几何规范（GPS）表面结构　轮廓法　接触（触针）式仪器的标称特性》，取样长度为 0.8mm，R 轮廓，算术平均偏差极限值为 6.3μm，评定长度包含 3 个取样长度，“16% 规则”（默认），加工方法为铣削，纹理垂直于视图所在的投影面

3. 表面结构要求在图样中的标注

表面结构要求在图样中的标注示例见表 9-6。

表 9-6　表面结构要求在图样中的标注示例

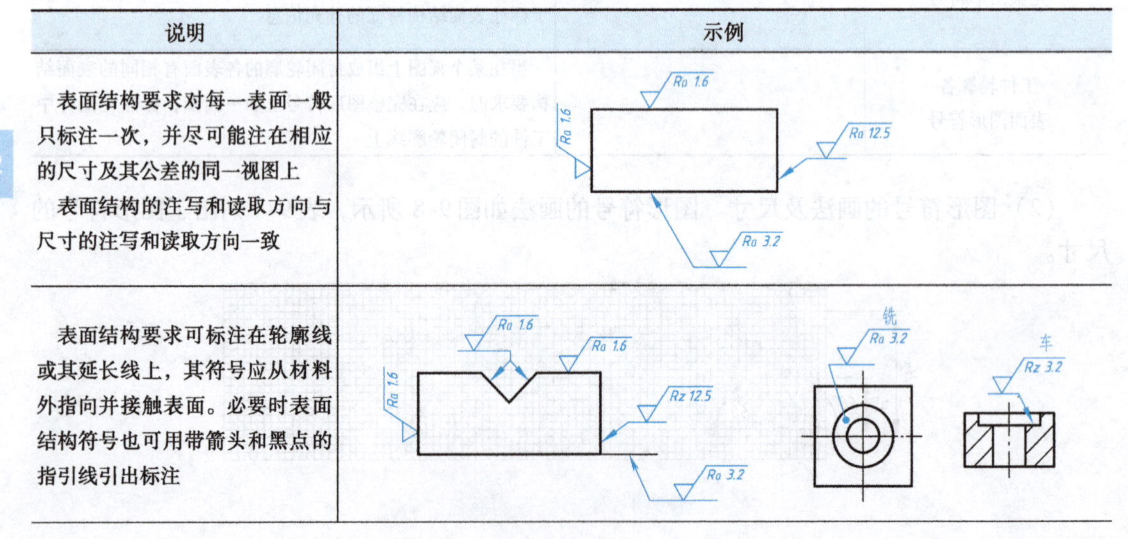

说明	示例
表面结构要求对每一表面一般只标注一次，并尽可能注在相应的尺寸及其公差的同一视图上 表面结构的注写和读取方向与尺寸的注写和读取方向一致	Ra 1.6 Ra 1.6 Ra 12.5 Ra 3.2
表面结构要求可标注在轮廓线或其延长线上，其符号应从材料外指向并接触表面。必要时表面结构符号也可用带箭头和黑点的指引线引出标注	Ra 1.6 Ra 1.6 Ra 1.6 Rz 12.5 Ra 3.2 铣 Ra 3.2 车 Rz 3.2

（续）

说明	示例
在不致引起误解时，表面结构要求可以标注在给定的尺寸线上	Φ20h7 Ra 3.2; Ra 3.2; C2; Ra 6.3; Ra 3.2
表面结构要求可以标注在几何公差框格的上方	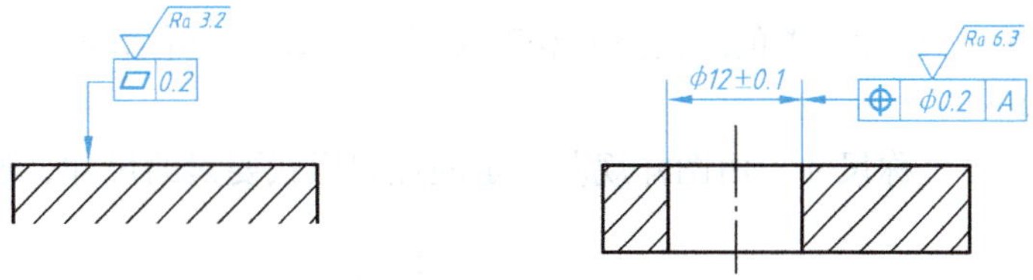 Ra 3.2; 0.2; Φ12±0.1; Ra 6.3; Φ0.2 A
如果在工件的多数表面有相同的表面结构要求，则其表面结构要求可统一标注在图样的标题栏附近，此时，表面结构要求代号后面应有以下两种情况：①在圆括号内给出无任何其他标注的基本符号（图 a）；②在圆括号内给出不同的表面结构要求（图 b）	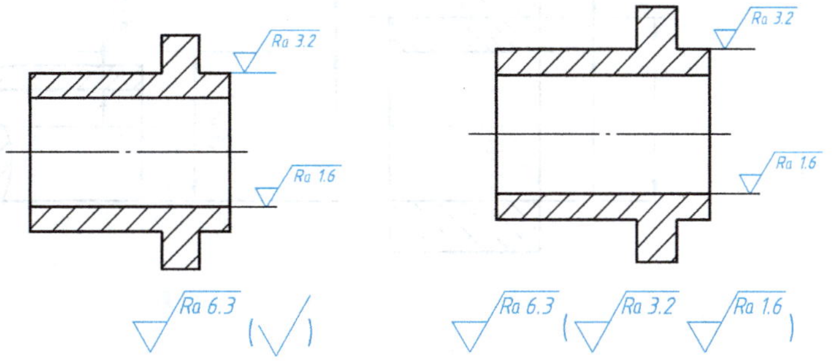 Ra 3.2; Ra 1.6; Ra 6.3 (√) a); Ra 3.2; Ra 1.6; Ra 6.3 (Ra 3.2 Ra 1.6) b)
当多个表面有相同的表面结构要求或图纸空间有限时，可以采用简化注法 1）用带字母的完整图形符号，以等式的形式，在图形或标题栏附近，对有相同表面结构要求的表面进行简化标注（图 a） 2）用基本图形符号或扩展图形符号，以等式的形式给出对多个表面共同的表面结构要求（图 b）	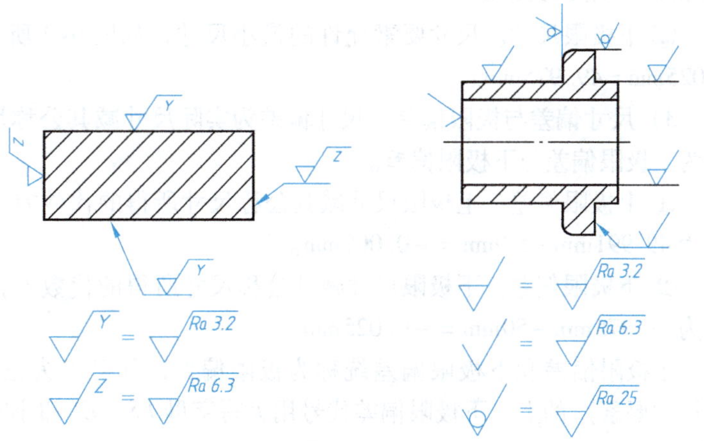 Y; Z; Z; Y; Y = Ra 3.2; Z = Ra 6.3 a); = Ra 3.2; = Ra 6.3; = Ra 25 b)

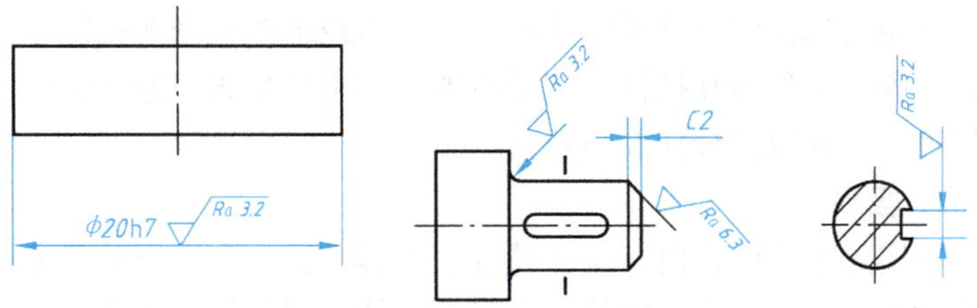

二、极限与配合

在相同规格的一批零件或部件中，不经选择和修配就能装在机器上，达到规定的技术要求，这种性质称为互换性。它是机器进行现代化大批量生产的主要基础，可提高机器装配、维修速度，并取得最佳经济效益。

1. 极限

在实际生产中，由于机床精度、刀具磨损、测量误差等方面原因，零件制造和加工后要求尺寸绝对准确是不可能的。为了使零件或部件具有互换性，必须对尺寸规定一个允许的变动量，这个变动量称为尺寸公差，简称为公差。

（1）尺寸公差的术语及其相互关系　以图9-9所示轴的尺寸 $\phi50^{-0.009}_{-0.025}$mm 为例，简要说明如下。

1）公称尺寸。由图样规范确定的理想形状要素的尺寸，如 $\phi50$mm。

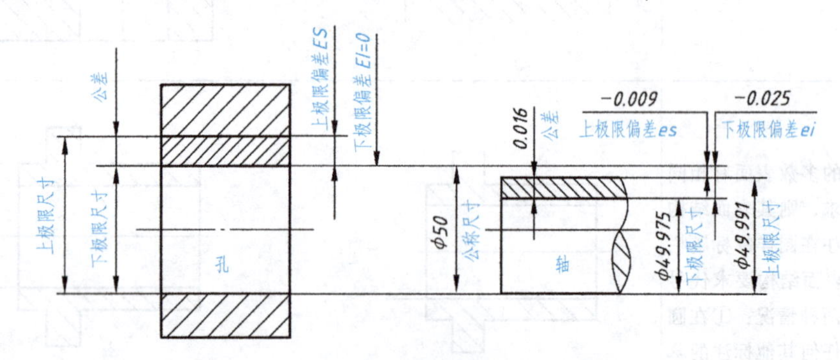

图9-9　术语图解

2）极限尺寸。尺寸要素允许的尺寸的两个极端。

① 上极限尺寸。尺寸要素允许的最大尺寸，如图9-9所示轴的上极限尺寸为50mm－0.009mm＝49.991mm。

② 下极限尺寸。尺寸要素允许的最小尺寸，如图9-9所示轴的下极限尺寸为50mm－0.025mm＝49.975mm。

3）尺寸偏差与极限偏差。尺寸偏差为实际尺寸减其公称尺寸所得的代数差；极限偏差分为上极限偏差与下极限偏差。

① 上极限偏差。上极限尺寸减其公称尺寸所得的代数差，如图9-9所示轴的上极限偏差为49.991mm－50mm＝－0.009mm。

② 下极限偏差。下极限尺寸减其公称尺寸所得的代数差，如图9-9所示轴的下极限偏差为49.975mm－50mm＝－0.025mm。

上极限偏差和下极限偏差统称为极限偏差，其可以为正、负或零值。孔、轴（或内、外尺寸要素）的上、下极限偏差代号用大写字母 *ES*、*EI* 和小写字母 *es*、*ei* 表示，如图9-10所示。

4）尺寸公差（简称为公差）。尺寸公差为上极限尺寸与下极限尺寸之差，或上极限偏差与其下极限偏差之差。公差总是正值。如图9-9所示，轴的公差为49.991mm－49.975mm＝

0.016mm 或 -0.009mm - （-0.025mm） =0.016mm。

5）公差带。在公差带图解中，由代表上极限偏差和下极限偏差或上极限尺寸和下极限尺寸的两条直线所限定的一个尺度范围，由公差大小及其相对公称尺寸的位置来确定。

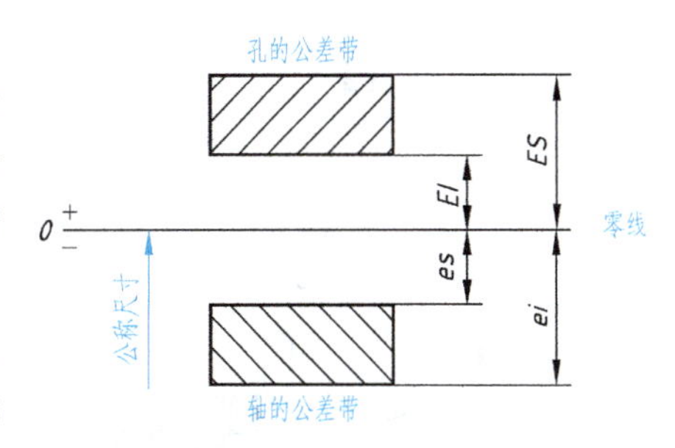

图 9-10 公差带图解

（2）标准公差和基本偏差 国家标准规定，孔、轴公差带由标准公差和基本偏差两个要素组成。标准公差确定公差带大小，基本偏差确定公差带位置。

1）标准公差（IT）。标准公差是国家标准所列的，用来确定公差大小的任一公差。标准公差的数值由公称尺寸和公差等级来确定，其中公差等级确定尺寸的精确程度。国家标准将公差等级分为 20 级（本书只列出 18 级），即 IT01、IT0、IT1、IT2、…、IT18。IT 表示标准公差，数字表示公差等级，IT01 级精度最高，以下依次降低。公称尺寸小于或等于 500mm 的各级标准公差数值，见表 9-7。

表 9-7 标准公差数值

公称尺寸/mm		标准公差等级																	
		μm											mm						
大于	至	IT1	IT2	IT3	IT4	IT5	IT6	IT7	IT8	IT9	IT10	IT11	IT12	IT13	IT14	IT15	IT16	IT17	IT18
—	3	0.8	1.2	2	3	4	6	10	14	25	40	60	0.1	0.14	0.25	0.4	0.6	1	1.4
3	6	1	1.5	2.5	4	5	8	12	18	30	48	75	0.12	0.18	0.3	0.48	0.75	1.2	1.8
6	10	1	1.5	2.5	4	6	9	15	22	36	58	90	0.15	0.22	0.36	0.58	0.9	1.5	2.2
10	18	1.2	2	3	5	8	11	18	27	43	70	110	0.18	0.27	0.43	0.7	1.1	1.8	2.7
18	30	1.5	2.5	4	6	9	13	21	33	52	84	130	0.21	0.33	0.52	0.84	1.3	2.1	3.3
30	50	1.5	2.5	4	7	11	16	25	39	62	100	160	0.25	0.39	0.62	1	1.6	2.5	3.9
50	80	2	3	5	8	13	19	30	46	74	120	190	0.3	0.46	0.74	1.2	1.9	3	4.6
80	120	2.5	4	6	10	15	22	35	54	87	140	220	0.35	0.54	0.87	1.4	2.2	3.5	5.4
120	180	3.5	5	8	12	18	25	40	63	100	160	250	0.4	0.63	1	1.6	2.5	4	6.3
180	250	4.5	7	10	14	20	29	46	72	115	185	290	0.46	0.72	1.15	1.85	2.9	4.6	7.2
250	315	6	8	12	16	23	32	52	81	130	210	320	0.52	0.81	1.3	2.1	3.2	5.2	8.1
315	400	7	9	13	18	25	36	57	89	140	230	360	0.57	0.89	1.4	2.3	3.6	5.7	8.9
400	500	8	10	15	20	27	40	63	97	155	250	400	0.63	0.97	1.55	2.5	4	6.3	9.7

2）基本偏差。基本偏差是国家标准所列的，用来确定公差带相对于公称尺寸位置的上极限偏差或下极限偏差，一般是指孔和轴的公差带中靠近公称尺寸位置的那个偏差。

国家标准中规定了基本偏差系列，孔和轴各有 28 个基本偏差，用拉丁字母表示，大写的为孔，小写的为轴，如图 9-11 所示。基本偏差数值与基本偏差代号、公称尺寸和标准公差等级有关，国家标准用列表方式提供了这些数值，详见附录。

2. 配合

配合是指公称尺寸相同的相互结合的孔和轴公差带之间的关系。

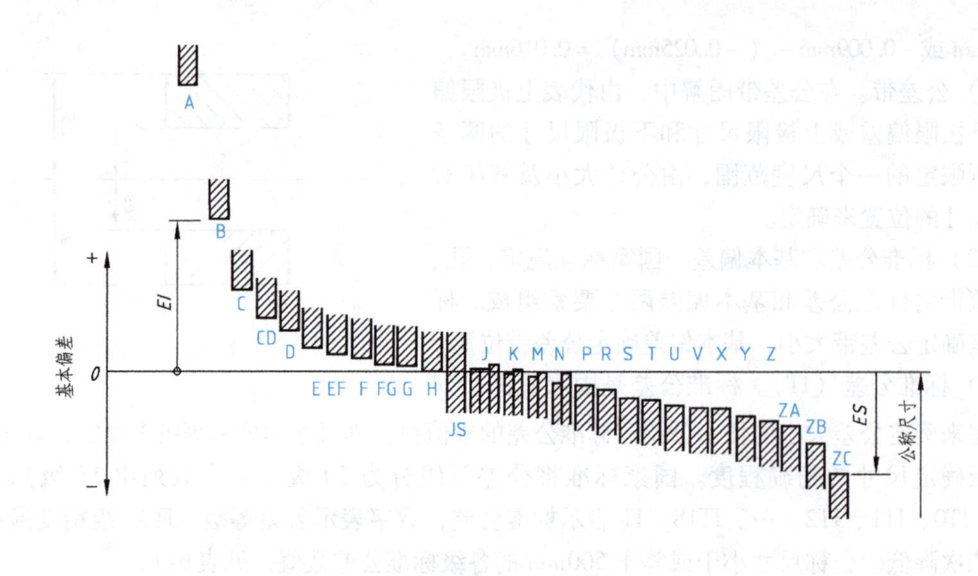

a)

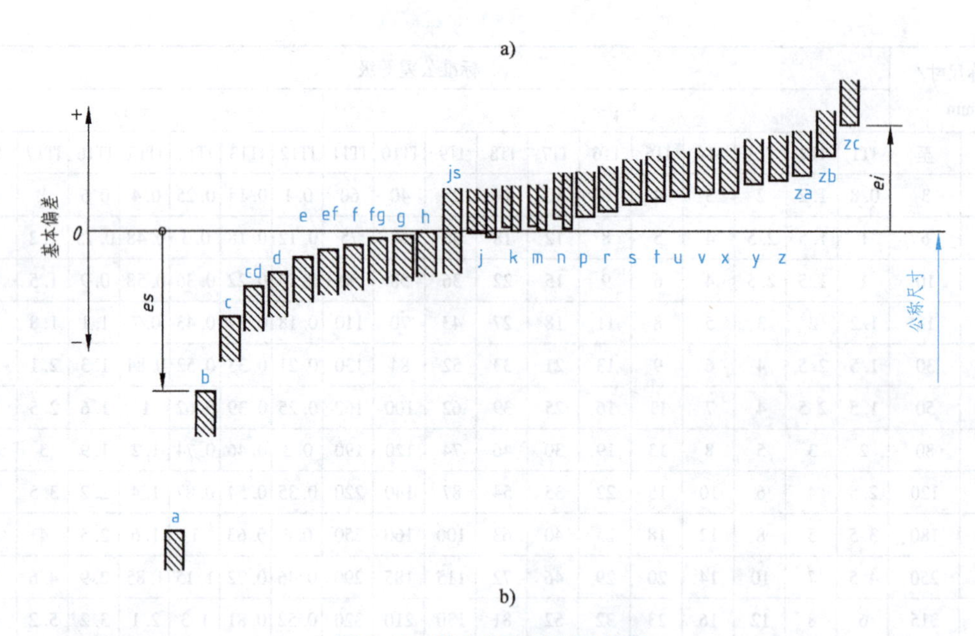

b)

图9-11　基本偏差系列示意图

（1）配合的分类　根据使用要求的不同，孔和轴之间的配合有松有紧，因此，国家标准规定配合分为3类，即间隙配合、过盈配合和过渡配合。

1）间隙配合。孔的实际尺寸总比轴的实际尺寸大，装配在一起后，即便轴的实际尺寸为上极限尺寸，孔的实际尺寸为下极限尺寸，轴与孔之间仍有间隙，轴在孔中能自由转动。如图9-12所示，孔的公差带在轴的公差带之上。间隙配合包括最小间隙为零的配合。如图9-13所示，为了便于齿轮的装配，齿轮和轴就是采用间隙配合，并用普通A型平键实现齿轮的周向定位。

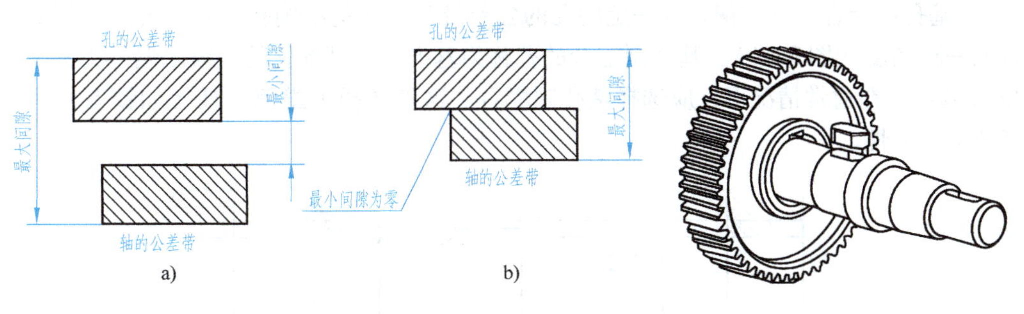

图 9-12　间隙配合　　　　图 9-13　齿轮与轴的配合

2）过盈配合。孔的实际尺寸总比轴的实际尺寸小，装配时需要一定外力或使带孔零件加热膨胀后才能把轴装入孔中。所以，轴与孔装配后不能做相对运动。过盈配合的孔的公差带在轴的公差带之下，如图 9-14 所示。配合过盈量介于最大过盈量（轴的上极限偏差减去孔的下极限偏差）和最小过盈量（轴的下极限偏差减去孔的上极限偏差）之间。如图 9-14b 所示，最小过盈量为零。

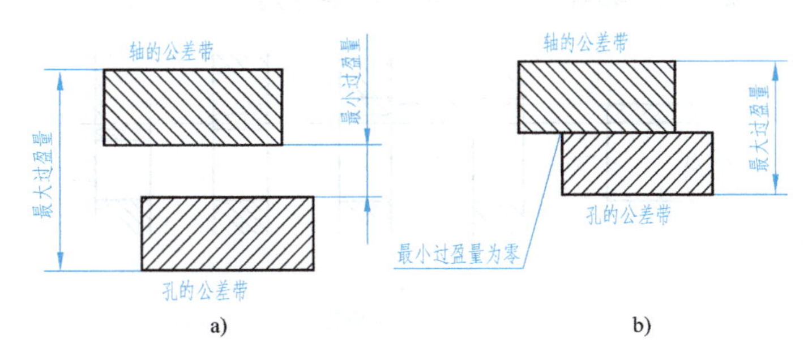

图 9-14　过盈配合

3）过渡配合。轴的实际尺寸比孔的实际尺寸有时小、有时大。孔轴装配后，轴比孔小时能活动，但比间隙配合稍紧；轴比孔大时不能活动，但比过盈配合稍松。这种介于间隙配合与过盈配合之间的配合，称为过渡配合。过渡配合的孔、轴公差带有重合，如图 9-15 所示。

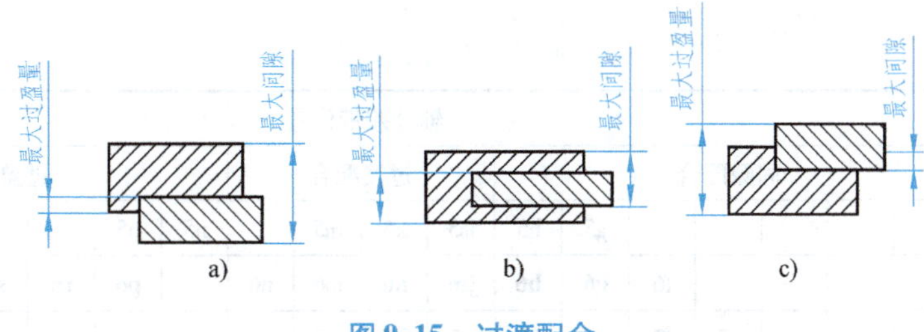

图 9-15　过渡配合

（2）基孔制配合和基轴制配合　根据设计要求，孔与轴之间可有各种不同的配合，如果孔和轴两者都可以任意变动，则情况变化极多，不便于零件的设计和制造。为此，按以下两种制度规定孔和轴的公差带。

1）基孔制配合。基本偏差为一定的孔的公差带与不同基本偏差的轴的公差带形成各种配合的一种制度（图9-16）。基孔制配合的孔称为基准孔，基准孔的下极限偏差为零，并用代号H表示。在通常情况下，应选择基孔制配合。这种选择可避免工具（如铰刀）和量具不必要的多样性。

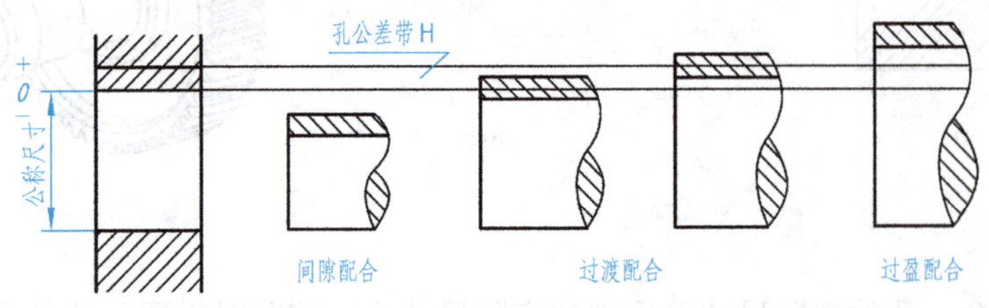

图9-16　基孔制配合

2）基轴制配合。基本偏差为一定的轴的公差带与不同基本偏差的孔的公差带形成各种配合的一种制度（图9-17）。基轴制配合的轴称为基准轴，基准轴的上极限偏差为零，并用代号h表示。基轴制配合应仅用于那些可以带来切实经济利益的情况（如需要在没有加工的拉制钢棒的单轴上安装几个具有不同偏差的孔的零件）。

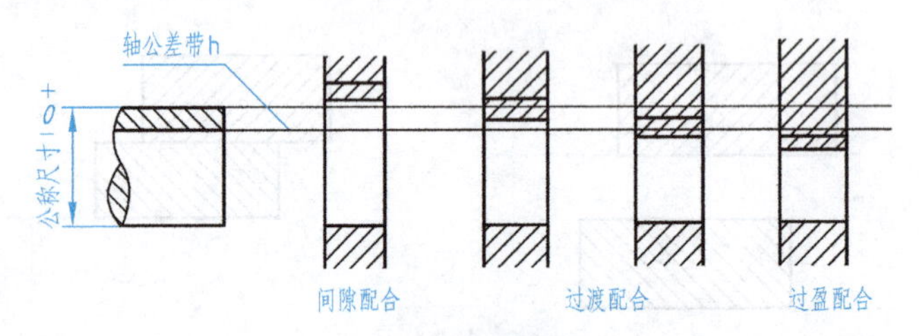

图9-17　基轴制配合

（3）配合的选用　国家标准在最大限度地满足生产需要的前提下，考虑到各类产品的不同特点，制定了优先及常用配合。对于通常的工程目的，只需要许多可能配合中的少数配合。表9-8和表9-9中的配合可满足普通工程机构需要。基于经济因素，如有可能，配合应优先选择表中加粗体的公差带代号。

可由基孔制（表9-8）获得符合要求的配合，或在特别应用中由基轴制（表9-9）获得。

表9-8　基孔制优先、常用配合

基准孔	轴公差带代号																	
	间隙配合							过渡配合				过盈配合						
H6						g5	h5	js5	k5	m5		n5	p5					
H7					f6	**g6**	**h6**	**js6**	**k6**	m6	**n6**		**p6**	**r6**	**s6**	t6	u6	x6
H8				e7	**f7**		**h7**	js7	k7	m7					s7		u7	
			d8	**e8**	f8		h8											
H9			d8	**e8**	f8		h8											
H10	b9	c9	**d9**	e9			**h9**											
H11	**b11**	**c11**	d10				h10											

表 9-9 基轴制优先、常用配合

基准轴	孔公差带代号																	
	间隙配合							过渡配合				过盈配合						
h5						G6	H6	JS6	K6	M6		N6	P6					
h6					F7	**G7**	**H7**	**JS7**	**K7**	M7	**N7**		**P7**	**R7**	**S7**	T7	U7	X7
h7				E8	**F8**		**H8**											
h8			D9	**E9**	F9		**H9**											
h9				E8	**F8**		**H8**											
			D9	**E9**	F9		**H9**											
	B11	C10	**D10**				H10											

3. 极限与配合的代号及标注方法

1）公差带代号。孔、轴公差带代号由基本偏差代号与公差等级代号组成，如孔的公差带代号 H7 和轴的公差带代号 k6。ϕ65H7 的含义为

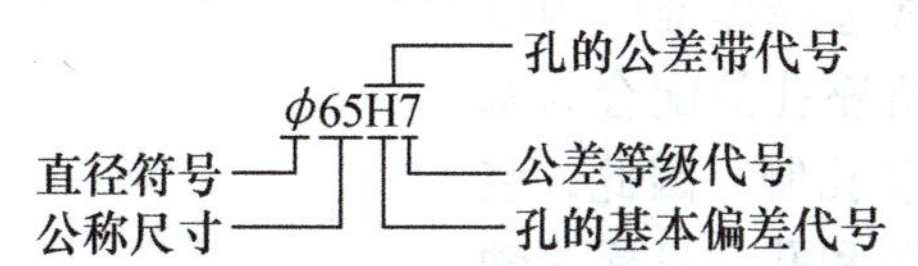

2）当线性尺寸公差采用公差带代号形式标注时，公差带代号应注在公称尺寸的右边，如图 9-18a 所示。

3）当线性尺寸公差采用极限偏差形式标注时，上极限偏差应注在公称尺寸右上方，下极限偏差应与公称尺寸注在同一底线上，如图 9-18b 所示。

图中极限偏差值的字体应比公称尺寸数字的字体小一号。上、下极限偏差前面必须标出正、负号，上、下极限偏差的小数点必须对齐，小数点后的位数也必须相同。当上极限偏差或下极限偏差为“零”时，用数字“0”标出，并与另一极限偏差的小数点前的个位数对齐。

4）当线性尺寸公差同时采用公差带代号和极限偏差形式时，则后者应加上圆括号，如图 9-18c 所示。

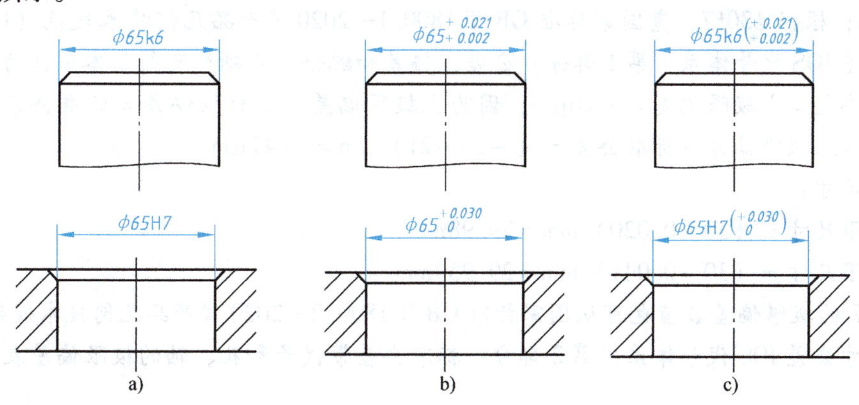

图 9-18 零件图上的注法

当公差带相对公称尺寸对称地配置即两个极限偏差绝对值相同时，极限偏差只注写一次，并应在极限偏差与公称尺寸之间注出“±”，且两者数字高度相同，如 $\phi50\pm0.012$。

5）配合代号。配合代号用孔、轴公差带代号组合表示，写成分数形式，分子为孔公差带代号，分母为轴公差带代号。在装配图上，配合一般采用代号的形式标注，如图9-19所示。

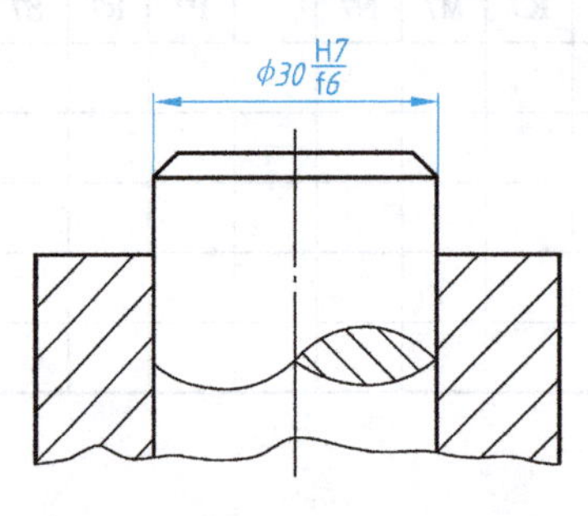

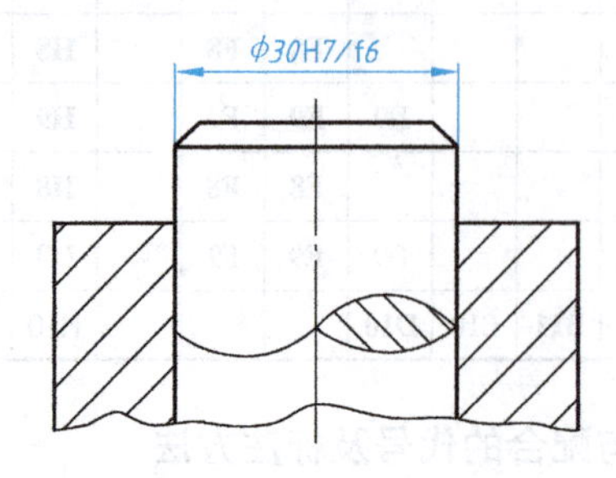

图9-19 配合的标注

与标准件配合时，通常选择标准件为基准件，如滚动轴承外圈与机座孔的配合为基轴制，内圈与轴的配合为基孔制。因此，装配图中与滚动轴承配合的轴和孔，只标注轴和孔的公差带代号。如果孔的公称尺寸和公差带代号为 $\phi62J7$，轴的公称尺寸和公差带代号为 $\phi30k6$，它们与滚动轴承的外圈和内圈配合时的标注如图9-20所示。滚动轴承内、外直径尺寸的极限偏差另有标准，一般不在图中标注。

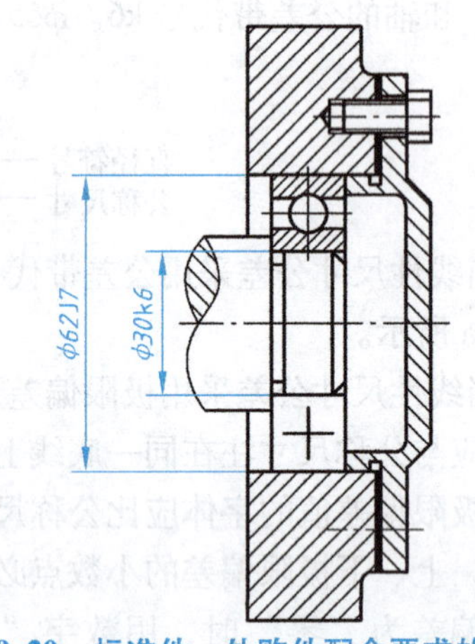

图9-20 标准件、外购件配合要求的注法

4. 计算举例

【例9-1】 确定轴 $\phi30f7$ 的极限偏差和极限尺寸。

解：根据公称尺寸30mm（属于尺寸段大于18mm至30mm）由表9-7查得：标准公差=21μm；根据 $\phi30f7$，查国家标准GB/T 1800.1—2020《产品几何技术规范（GPS） 线性尺寸公差IOS代号体系 第1部分：公差、偏差和配合的基础》可得基本偏差为上极限偏差，基本偏差=上极限偏差=−20μm；因为上极限偏差−下极限偏差=标准公差，所以下极限偏差=上极限偏差−标准公差=（−20−21）μm= −41μm。

极限尺寸：

上极限尺寸=（30−0.020）mm=29.98mm

下极限尺寸=（30−0.041）mm=29.959mm

$\phi30f7$ 的极限偏差数值也可从国家标准GB/T 1800.2—2020《产品几何技术规范（GPS） 线性尺寸公差IOS代号体系 第2部分 标准公差带代号和孔、轴的极限偏差表》中直接查出。

【例 9-2】 已知孔、轴的配合为 ϕ50H8/f7，试确定孔和轴的极限偏差，并确定该配合类型。

解：由公称尺寸 50mm（属于尺寸段大于 40mm 至 50mm）和孔的公差带代号 H8，从附录中可查得孔的上下极限偏差分别为 $ES=39\mu m$、$EI=0$；由公称尺寸 50mm 和轴的公差带代号 f7，从附录中可查得轴的上、下极限偏差分别为 $es=-25\mu m$、$ei=-50\mu m$；由此可知，孔的尺寸为 $\phi 50^{+0.039}_{0}$ mm，轴的尺寸为 $\phi 50^{-0.025}_{-0.050}$ mm，ϕ50H8/f7 公差带图如图 9-21 所示，显然，ϕ50H8/f7 为间隙配合。

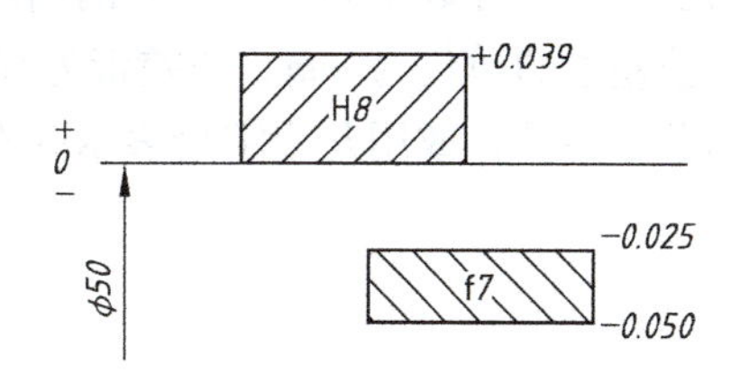

图 9-21　ϕ50H8/f7 公差带图

三、几何公差

几何公差包括形状、方向、位置和跳动公差。形状公差是指单一实际要素的形状所允许的变动全量；方向公差是指关联实际要素对基准在方向上所允许的变动全量；位置公差是指关联实际要素对基准在位置上所允许的变动全量；跳动公差是指关联实际要素绕基准回转一周或连续回转时所允许的变动全量。

由于零件的几何公差影响到零件的使用性能，因此，零件上有较高要求的要素需要标注其几何公差。

1. 几何特征符号（表 9-10）

表 9-10　几何特征符号

公差类别	几何特征	符号	有无基准	公差类别	几何特征	符号	有无基准
形状公差	直线度	—	无	位置公差	位置度	⌖	无
	平面度	▱			位置度		有
	圆度	○			同心度（用于中心点）	◎	
	圆柱度	⌭			同心度（用于轴线）		
	线轮廓度	⌒			对称度	⌯	
	面轮廓度	⌓			线轮廓度	⌒	
方向公差	平行度	//	有		面轮廓度	⌓	
	垂直度	⊥		跳动公差	圆跳动	↗	
	倾斜度	∠			全跳动	⌰	
	线轮廓度	⌒					
	面轮廓度	⌓					

2. 公差框格

表达几何公差要求的公差框格由两格或多格组成，从左到右顺序填写几何特征符号、公差值、基准和附加符号，如图9-22所示。

公差框格用细实线绘制。第一格为正方形，第二格及以后各格视需要而定，框格中的文字与图样中尺寸数字同高，框格的高度为文字高度的两倍。

公差值的单位为mm。公差带为圆形或圆柱形时，公差值前加注符号“ϕ”。用一个字母表示单个基准，或用几个字母表示基准体系或公共基准。

| // | 0.1 | A | | ↗ | 0.1 | A—B | | ⊕ | ϕ0.02 | A | B | C |

图9-22 公差框格

3. 基准符号

与被测要素相关的基准用一个大写字母表示。字母标注在方格内，用细实线与一个涂黑的或空白的三角形相连以表示基准，如图9-23所示。表示基准的字母还应标注在公差框格内。

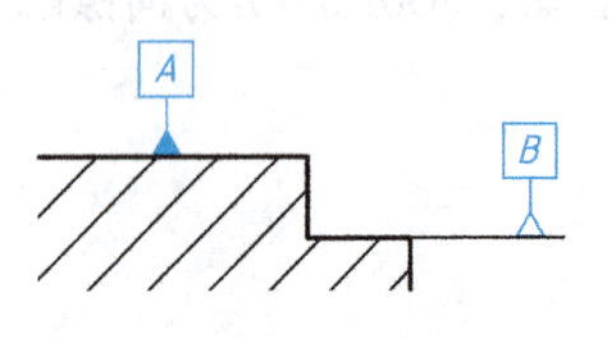

图9-23 基准符号

4. 被测要素与基准的标注方法

被测要素用带箭头的指引线与公差框格相连。指引线可以引自公差框格的任意一侧，箭头应垂直于被测要素。被测要素的标注方法见表9-11。

表9-11 被测要素的标注方法

解释	示例
当公差涉及轮廓线或轮廓面时，箭头指向该要素的轮廓线，也可指向轮廓线的延长线，但必须与尺寸线明显错开	▱ 0.1；▱ 0.05；— 0.2
当公差涉及轮廓面时，箭头也可指向引出线的水平线，带黑点的指引线引自被测面	▱ 0.1
当公差涉及要素的中心线、中心面或中心点时，箭头应位于相应尺寸线的延长线上	— ϕ0.1；≡ 0.08 A
若干分离要素具有相同几何公差要求时，可以用同一框格多条指引线标注	A；◎ 0.03 A；ϕ；ϕ；ϕ
某个被测要素有多个几何公差要求时，可以将一个公差框格放在另一个的下面	— 0.02；⊥ 0.03 A
当每项公差应用于几个相同要素时，应在框格上方被测要素的尺寸之前注明要素的个数，并在两者之间加上符号“×”	6×ϕ20；⊕ ϕ0.1 A

带基准字母的基准三角形应按表 9-12 所列位置放置。

表 9-12　基准的标注方法

解释	示例
当基准要素是轮廓线或表面时，基准三角形应放在要素的轮廓线或其延长线上（与尺寸线明显错开），基准三角形也可放置在轮廓面引出线的水平线上	
当基准是尺寸要素确定的中心线、中心面或中心点时，基准三角形应放在该尺寸线的延长线上。如果没有足够的位置标注基准要素尺寸的两个尺寸箭头，则其中一个箭头可用基准三角形代替	
由两个要素建立公共基准时，用中间加连字符的两个大写字母表示；以 2 个或 3 个基准建立基准体系时，表示基准的大写字母应按基准的优先次序从左至右置于框格中	

第四节　典型零件的表达

零件的结构形状是根据零件在机器中所起的作用和制造工艺要求确定的。机器有其确定的功能和性能指标，零件是组成机器的基本单元，所以每个零件均有一定的作用，如具有支承、传动、联接、定位和密封等一项或几项功能。根据零件的结构形状不同，大致可以分成 4 类零件，即轴套类、盘盖类、叉架类和箱体类。由于结构形状的差异，零件表达方式也不同。现将各类零件的主要表达方式介绍如下。

一、轴套类零件

轴类零件主要用于支承齿轮、带轮等传动件，用来传递运动和动力；套筒类零件主要起定距和隔离的作用。图 9-24所示的轴即为轴套类零件。

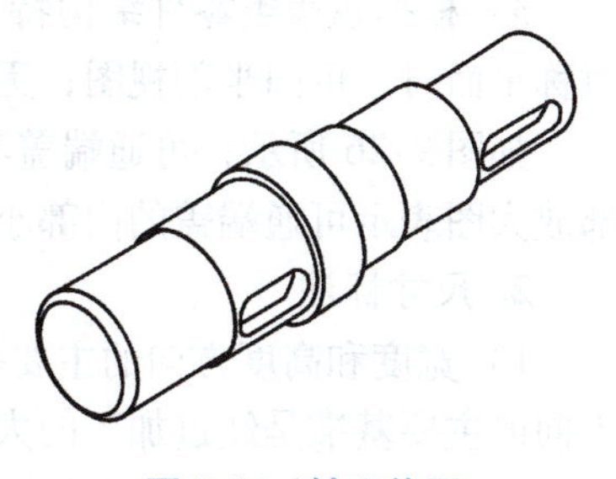

图 9-24　轴立体图

1. 视图选择

1）轴套类零件一般在车床上加工，应按形状特征和加工位置确定主视图，轴线水平放置；主要结构形状是回转体，一般只画一个主要视图。

2）轴套类零件的其他结构形状，如键槽、螺纹退刀槽和螺孔等可以用剖视图、断面图、局部视图和局部放大图等加以补充。

3）实心轴没有剖开的必要，但轴上个别部分的内部结构形状可以采用局部剖视图。

如图9-1所示的轴零件图，采用一个基本视图加上一系列尺寸，就能表达轴的主要形状及大小，对于轴上的键槽等，采用移出断面图，既表示了它们的形状，也便于标注尺寸。对于轴上的其他局部结构，如砂轮越程槽采用局部放大图表达。

2. 尺寸标注

1）在如图9-1所示的轴零件图中，宽度方向和高度方向的主要基准是回转轴线，如尺寸ϕ30m6、ϕ32k7等；长度方向的主要基准是端面或台阶面，如ϕ36mm轴的左端面是长度方向的主要尺寸基准，轴的两端一般作为辅助尺寸基准（测量基准），由此注出尺寸74mm等。

2）主要形体是同轴回转体组成，因而省略定位尺寸。

3）功能尺寸必须直接标注出来，其余尺寸按加工顺序标注。

4）为了清晰和便于测量，在剖视图上，内外结构形状的尺寸分开标注。

5）零件上的标准结构（倒角、退刀槽、键槽等），应按标准规定标注。

3. 技术要求

1）有配合要求的表面，其表面粗糙度参数值较小。无配合要求表面的表面粗糙度参数值较大。例如，键槽的两侧面其表面粗糙度参数值小于键槽的底面。

2）有配合要求的轴颈尺寸公差等级较高、公差值较小。

3）有配合要求的轴颈和重要的端面应有几何公差的要求，如 | ◎ | 0.02 | A |。

二、盘盖类零件

盘盖类零件在机器与设备上使用较多，如齿轮、蜗轮、带轮、链轮以及手轮、端盖、透盖和法兰盘等都属于盘盖类零件。图9-25所示的可通端盖即为盘盖类零件。

1. 视图选择

1）盘盖类零件主要是在车床上加工的，应按形状特征和加工位置选择主视图，轴线横放。

2）盘盖类零件一般需要两个主要视图，其他结构形状（如轮辐）可用断面图表示。

3）根据盘盖类零件结构特点（空心的），各个视图具有对称平面时，可画半剖视图；无对称平面时，可画全剖视图。

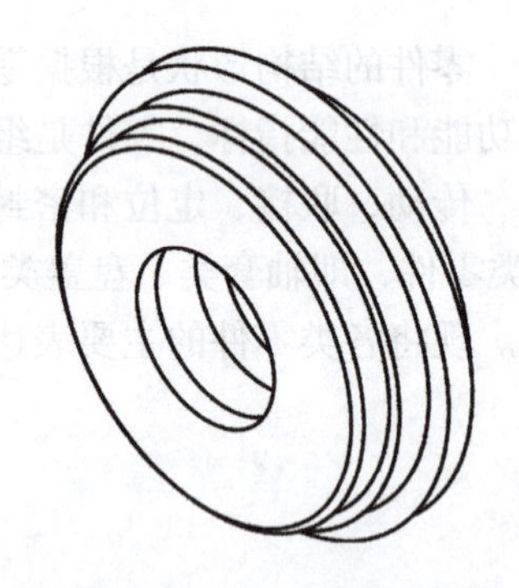

图9-25　可通端盖立体图

如图9-26所示，可通端盖零件图用一个全剖的主视图表示可通端盖的内部结构，用局部放大图表示可通端盖的内部小结构。

2. 尺寸标注

1）宽度和高度方向的主要基准是回转轴线，由此注出尺寸ϕ44mm等（图9-26）。长度方向的主要基准是经过加工的大端面。

2）定形尺寸和定位尺寸都比较明显，尤其是在圆周上分布的小孔的定位圆直径是这类零件的典型定位尺寸。

3）内外结构形状应分开标注。

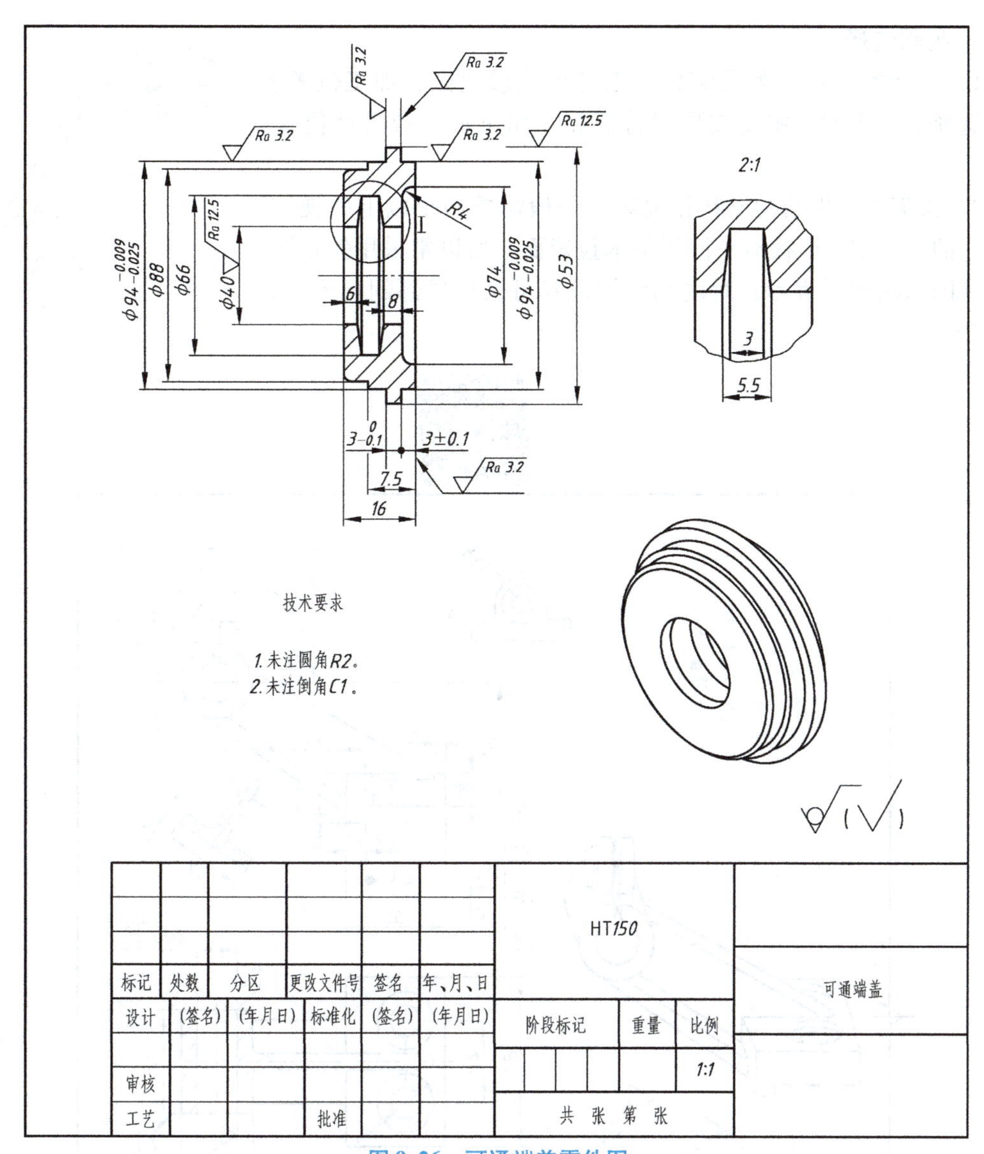

图 9-26　可通端盖零件图

3. 技术要求

1）有配合的内、外表面粗糙度参数值较小；用于轴向定位的端面，表面粗糙度参数值较小。

2）有配合的孔和轴的尺寸公差较小；与其他运动零件相接触的表面应有平行度、垂直度公差要求。

三、叉架类零件

叉架类零件常用在变速机构、操纵机构和支承机构中，用于拨动、连接和支承传动零件。常见的叉架类零件有拨叉、连杆、杠杆、摇臂、支架等。图 9-27 所示的支架即为叉架类零件。

1. 视图选择

1）叉架类零件一般是铸件，毛坯形状较复杂，加工位置各异。选择主视图时，主要按形状特征和工作位置（或自然位置）确定。

2）叉架类零件结构形状较复杂，一般需要两个以上的视图。由于它的某些结构形状不平行于基本投影面，所以常采用斜视图、斜剖视图和断面图表示；对内部结构形状可采用局部剖视图，如图 9-28 所示。

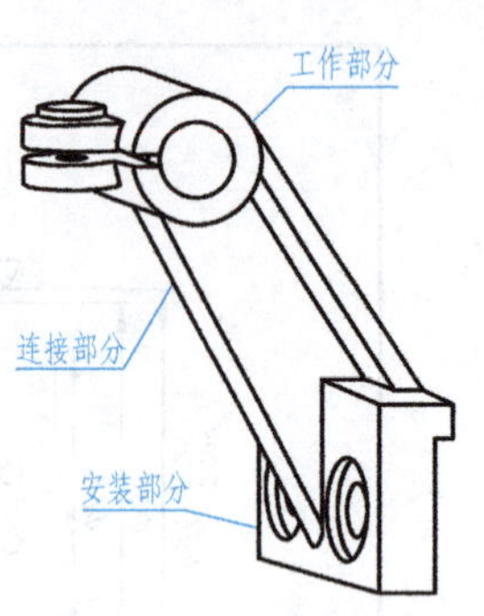

图 9-27 支架立体图

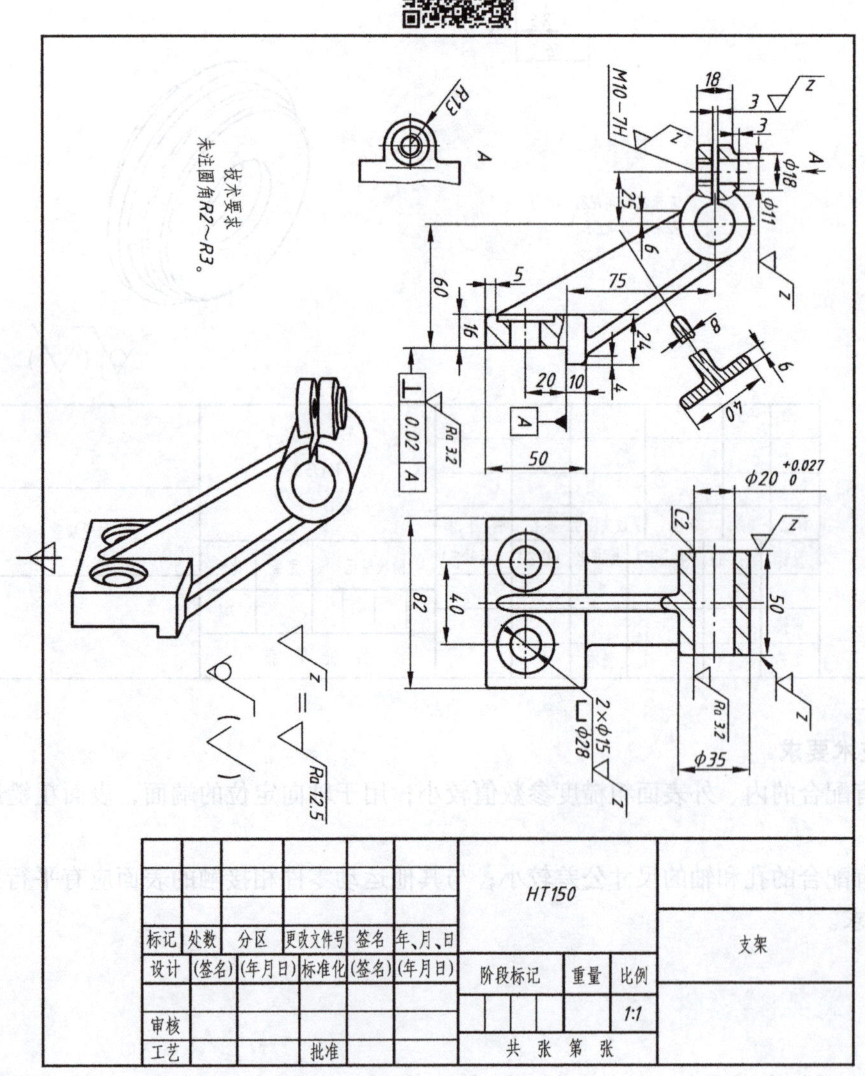

图 9-28 支架零件图

3）若工作位置处于倾斜状态时，可将其位置放正，再选择最能反映其形状特征的投射方向作为主视图投射方向。

2. 尺寸标注

1）长度、宽度、高度方向的主要基准一般为孔的中心线、轴线、对称平面和较大的加工平面。如图 9-28 所示，支架选用表面结构要求为$\sqrt{Ra\ 3.2}$的右端面、下端面，作为长度方向和高度方向的尺寸基准，由此注出尺寸 16mm、60mm 和 10mm、75mm。选用支架的前后对称面，作为宽度方向的尺寸基准，分别注出尺寸 40mm、82mm。

2）定位尺寸较多，要注意能否保证定位的精度。一般要标注出孔中心线（或轴线）间的距离，或孔中心线（轴线）到平面的距离、平面到平面的距离。

3）定形尺寸一般采用形体分析法标注尺寸，便于制作铸件。内、外结构形状要注意保持一致。起模斜度、圆角也要标注出来。

3. 表面粗糙度、尺寸公差和几何公差没有特殊的要求

四、箱体类零件

箱体类零件是连接、支承、包容件，一般为部件的外壳，如各种变速器箱体或齿轮油泵的泵体等。箱体类零件主要起到支承和包容其他零件的作用，如图 9-29 所示的箱体。

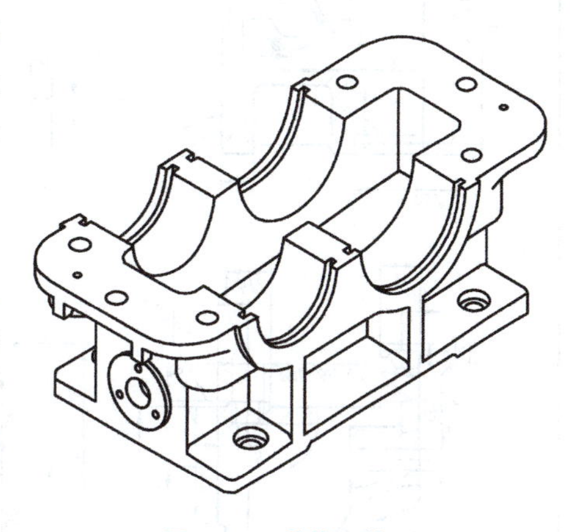

图 9-29　箱体立体图

1. 视图选择

1）箱体类零件多数经过较多工序制造而成，各工序的加工位置不尽相同，主视图主要按形状特征和工作位置确定。

2）箱体类零件结构形状一般较复杂，常需用 3 个以上的基本视图进行表达。

3）箱体类零件视图投影关系一般较复杂，常会出现截交线和相贯线；由于它们是铸件毛坯，所以经常会遇到过渡线，要认真分析。

如图 9-30 所示的零件图，主视图采用局部剖视图，以表达箱体主要箱腔、外部结构与观测孔、泄油孔的形状特点；俯视图采用基本视图，表达分离面的端面形状；*A—A* 剖视图表达在箱壁上观测孔的 3 个螺孔、密封卡槽、肋板与箱腔等；*B—B* 局部视图表达吊钩和螺栓孔凸台的结构特点；局部放大图表达密封卡槽。

2. 尺寸标注

1）长度、宽度、高度方向的主要基准为孔的中心线、轴线、对称平面和较大的加工平面。

2）定位尺寸较多，各孔中心线（或轴线）间的距离要直接标注出来。

3）定形尺寸仍用形体分析法标注。

通常选用设计上要求的轴线、重要的安装面、接触面（或加工面）和箱体的对称面作为主要尺寸基准。

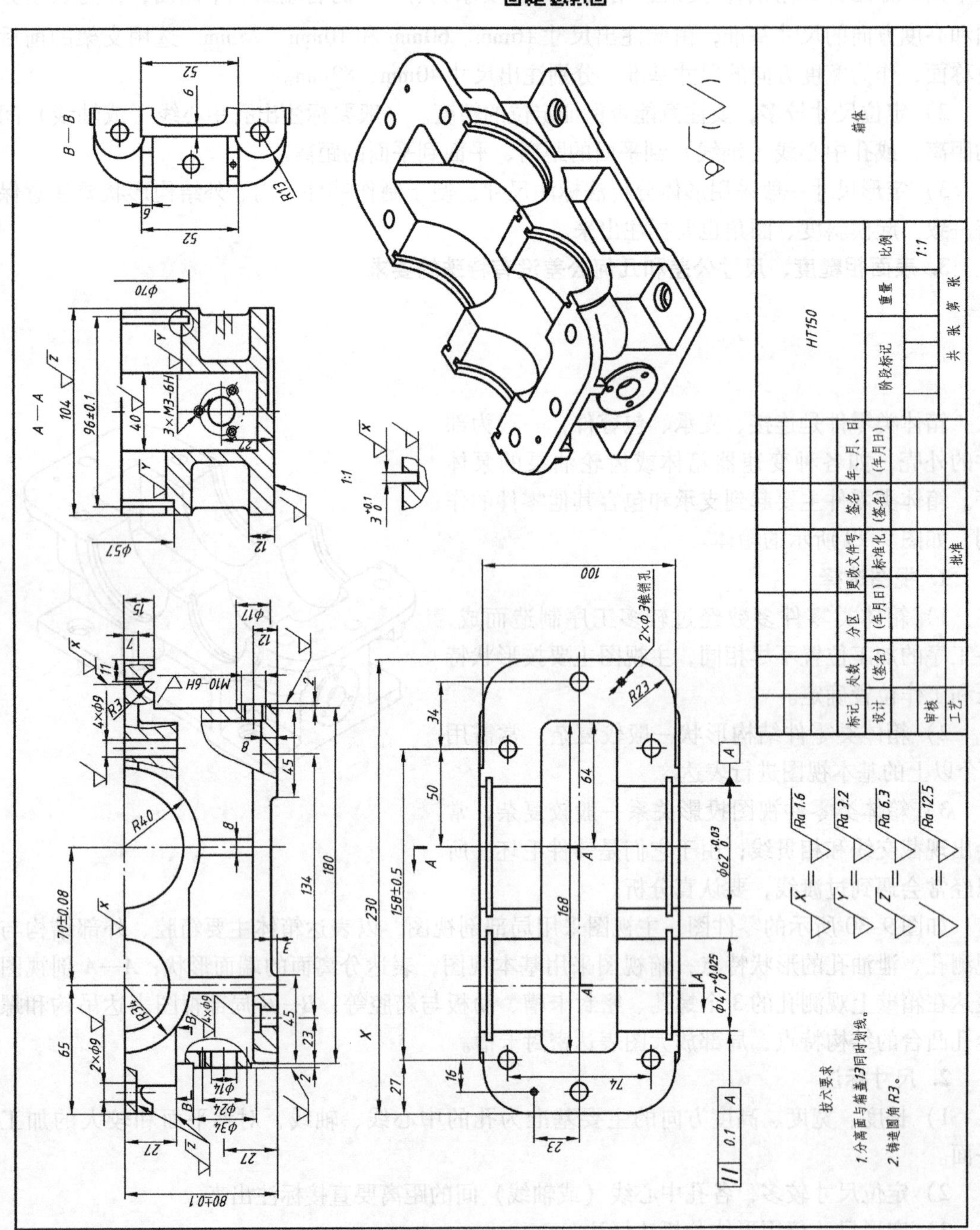
技术要求
1.分离面与箱盖13同时刻线。
2.铸造圆角R3。
箱体
HT150
阶段标记
重量
比例
1:1
共　张　第　张
标记
处数
分区
更改文件号
签名
年、月、日
设计
(签名)
(年月日)
标准化
审核
工艺
批准

图 9-30　箱体的零件图

在图9-30中，以箱体左端面作为长度方向主要基准，注出尺寸23mm、45mm等；选用箱体的前后对称面作为宽度方向主要基准，注出尺寸23mm、74mm等；选用箱体的底座底面作为高度方向主要基准，注出尺寸10mm、12mm等。

3. 技术要求

1）箱体重要的孔、表面一般应有尺寸公差和几何公差要求。

2）箱体重要的孔、表面的表面粗糙度参数值较小。

第五节　零件的常见工艺结构

零件、部件或整个产品的结构，是根据用途和使用性能设计的，但结构是否完善合理在很大程度上还要看这种结构能否符合工艺方面的要求。在满足使用要求的前提下，设计的结构和规定的技术要求必须能适应相应制造工艺的水平。因此，在设计零件时，既要考虑功能方面的要求，又要便于加工制造。下面介绍一些常见的工艺结构。

一、铸造零件的工艺结构

1. 起模斜度

为了在铸造时，将木模易于从砂型中取出，一般沿木模起模方向设计出约1∶20的斜度，称为起模斜度，如图9-31a所示。

起模斜度在零件图上可以不标注，也可以不画，如图9-31b所示。必要时也可以在技术要求中用文字说明。

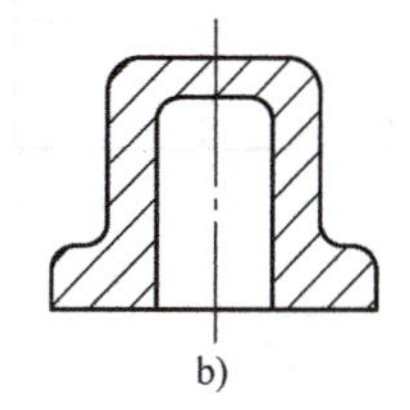

图9-31　起模斜度

2. 铸造圆角

在铸件毛坯各表面的相交处，都有铸造圆角。这样既便于起模，又能防止在浇注时铁液将砂型转角处冲坏，还可避免铸件在冷却时产生裂纹或缩孔。同一铸件上的圆角半径应尽可能相同，铸造圆角半径在图上一般不注出，而写在技术要求中。铸件毛坯底面（作为安装面）常需要经切削加工，这时铸造圆角被削平如图9-32所示。

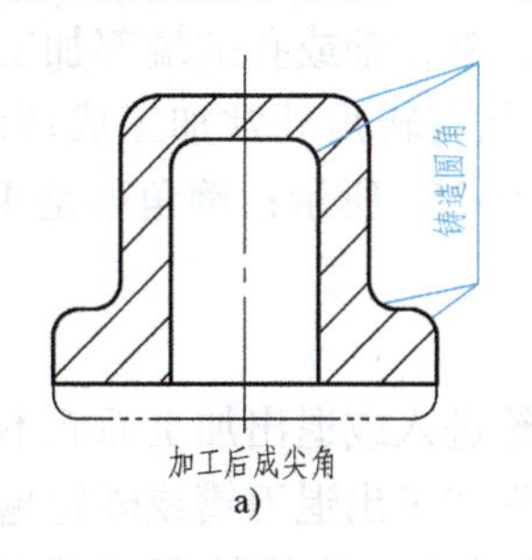

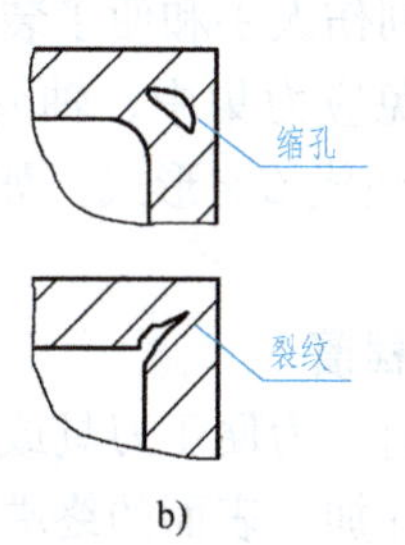

图9-32　铸造圆角

3. 铸件壁厚

为了保证铸件质量，避免铸件各部分因冷却速度不同而产生缩孔和裂纹，铸件壁厚要均匀或逐渐过渡，如图 9-33 所示。

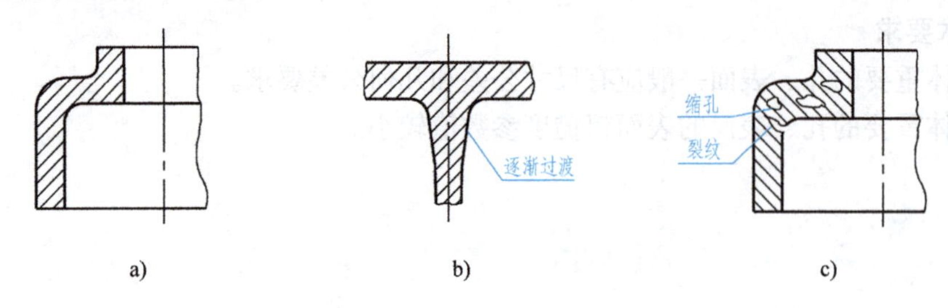

图 9-33 铸件壁厚

a）壁厚均匀 b）逐渐过渡 c）错误

4. 过渡线及其画法

铸件表面由于圆角的存在，使铸件表面的交线变得不很明显，这种不明显的交线称为过渡线，如图 9-34 所示。

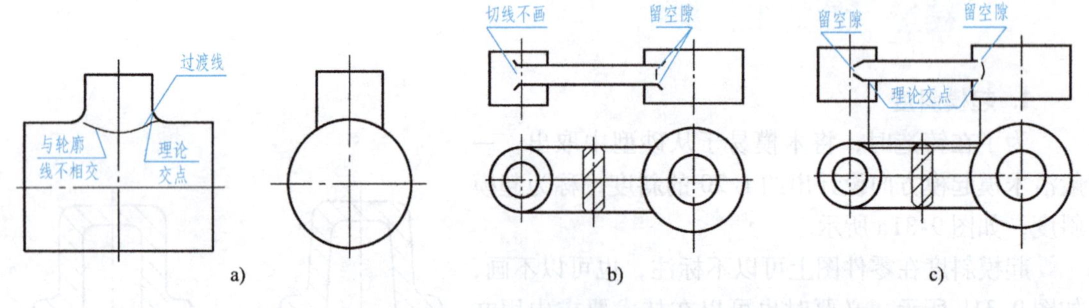

图 9-34 过渡线及其画法

二、机械加工零件的工艺结构

机械加工零件的工艺结构主要有倒角、倒圆、退刀槽、砂轮越程槽、凸台和凹坑、钻孔结构等。

1. 倒角和倒圆

为防止零件的毛刺划伤人手和便于装配，常在轴或孔的端部加工出 45°或 30°、60°的锥台，称为倒角。为了避免应力集中，轴肩、孔肩转角处常加工成环面过渡，称为倒圆（圆角)。倒角为 45°时，可注成 $C\times$形式，如图 9-35a 所示；倒角不是 45°时，要分开标注，如图 9-35b 所示。

2. 退刀槽和砂轮越程槽

在车削或磨削加工时，为便于刀具或砂轮进入或退出加工面而不碰坏端面，在装配时保证与相邻零件靠紧，常在加工表面的终端预先加工出退刀槽或砂轮越程槽。退刀槽一般可按“槽宽 × 槽深”或“槽宽 × 直径”的形式标注；砂轮越程槽常用局部放大图画出，如图 9-36所示。

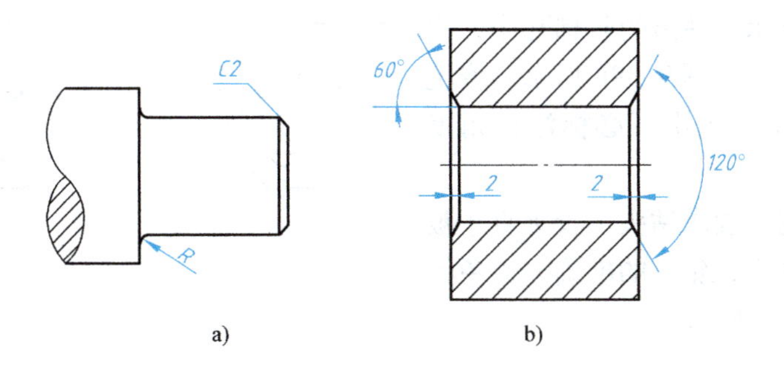

图 9-35　倒角和倒圆

a）45°倒角和倒圆的标注　b）非 45°倒角的标注

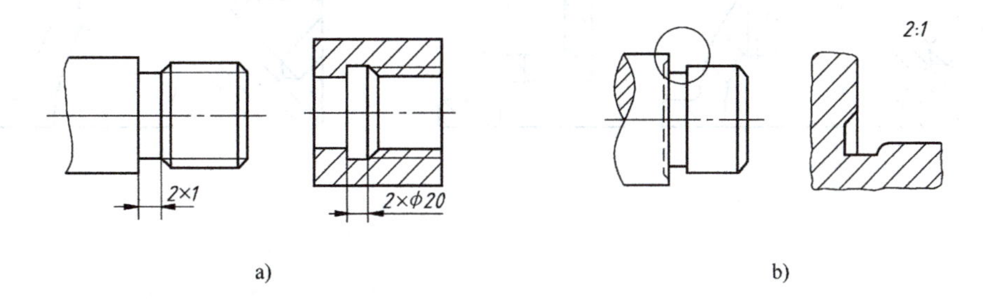

图 9-36　退刀槽和砂轮越程槽

a）退刀槽　b）砂轮越程槽

3. 凸台和凹坑

为了保证零件间接触良好，零件上凡与其他零件接触的表面一般都要进行加工。为了减少加工面、降低成本，常常在铸件上设计出凸台、凹坑等结构，也可以加工成沉孔，如图 9-37所示。

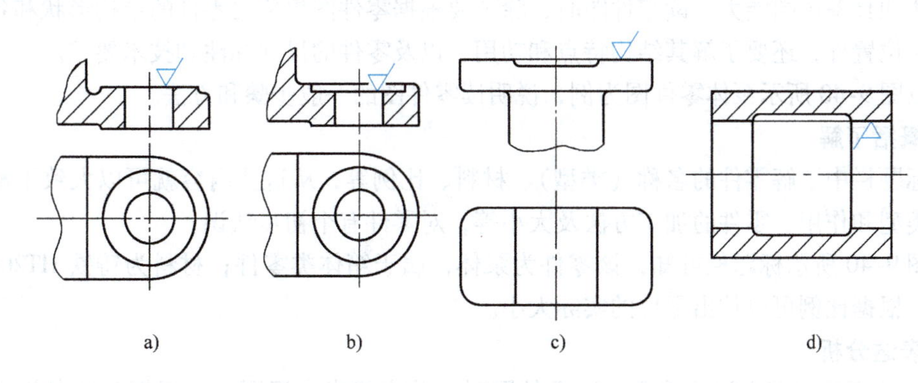

图 9-37　凸台、凹坑等结构

a）凸台　b）凹坑　c）凹槽　d）凹腔

4. 钻孔结构

零件上各种形式和用途的孔，多数是用钻头加工而成的。用钻头钻出的不通孔，底部自然形成锥坑，圆柱部分的深度称为钻孔深度，如图9-38a所示。钻出的阶梯孔中，中部自然形成圆锥台，如图9-38b所示。锥坑和圆锥台画成120°，图中不必标注该角度尺寸。

用钻头钻孔时，要求钻头尽量垂直于被加工的表面，以便保证钻孔的准确和避免钻头折断，如图9-39所示。

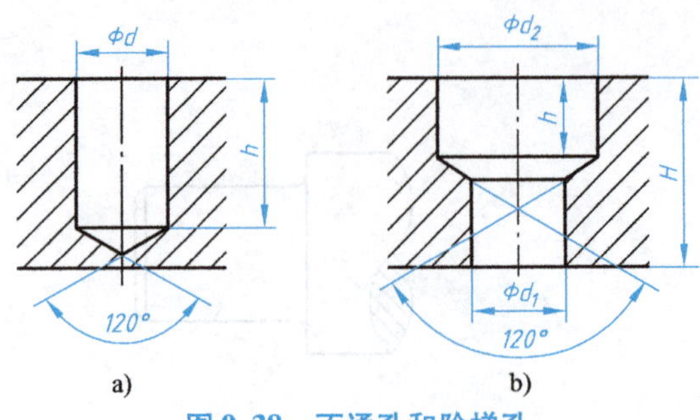

图9-38 不通孔和阶梯孔

a）不通孔 b）阶梯孔

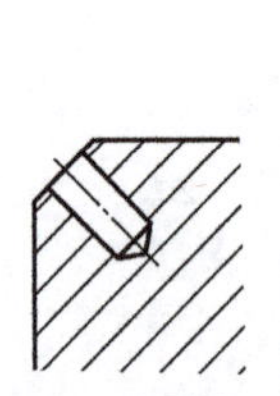
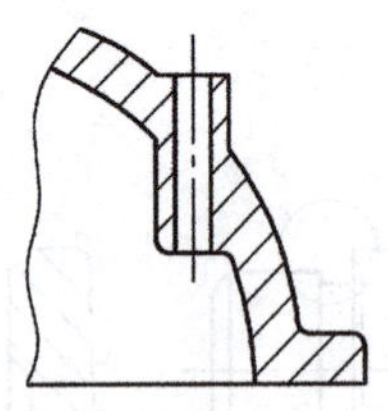
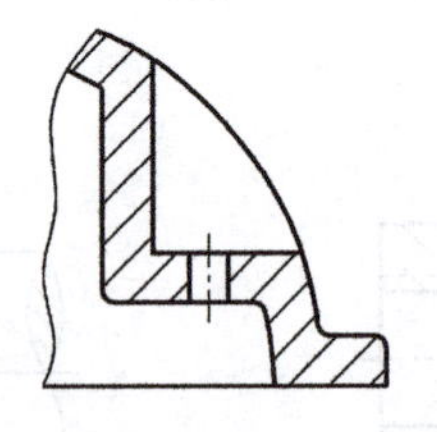
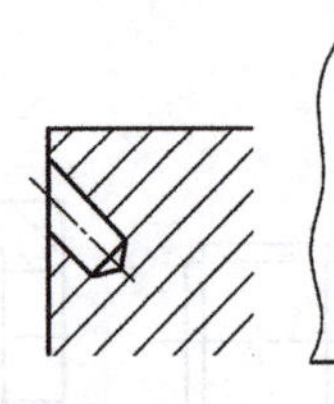
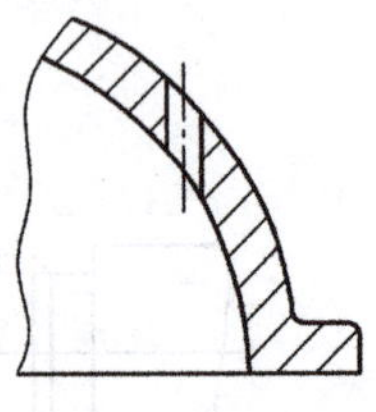

图9-39 钻孔结构

a）正确 b）错误

第六节 读零件图

在零件设计制造，机器安装、使用和维修及技术革新、改进等工作中，经常要读零件图。如设计零件时，往往需要参考同类的零件图。因此，作为工程技术人员必须掌握正确的读图方法和具备读图能力。读零件图时，除了要根据零件图想象出零件的结构形状和各部分间的相对位置外，还要了解其结构特点和功用，以及零件的尺寸标注和技术要求。

现以图9-40所示泵体零件图为例，说明读零件图的一般步骤和方法。

1. 概括了解

从标题栏中了解零件的名称（类型）、材料、比例等，从这些内容就可以大致了解零件的所属类型和作用、零件的加工方法及大小等，对零件有个初步认识。

由图9-40所示标题栏可知，该零件为泵体，属于箱体类零件；材料为铸铁HT200，为铸造件。根据比例可以估出零件的实际大小。

2. 表达分析

（1）分析各视图之间的关系 读零件图时，首先找出主视图，再根据其他各视图的位置及标注符号弄清各视图的名称、作用以及相互位置和投影关系；对于剖视图、断面图，还需找到剖切平面的位置并了解剖切的目的；对于局部视图、斜视图，应找出投影部位和投射方向。

图9-40所示泵体是用主视图、左视图、*A—A*剖视图和*B*向局部视图来表达其结构形状

						HT200	
标记	处数	分区	更改文件名	签名	年、月、日		泵体
设计	(签名)	(年月日)	标准化	(签名)	(年、月、日)	阶段标记　重量　比例	
						1:1	
审核							
工艺			批准			共　张　第　张	

图 9-40　泵体零件图

的。主视图采用全剖视图，以突出其内腔（工作部分）的形状。左视图采用局部剖视图，主要表达外部形状、各组成部分相对位置及局部的内部结构。*A*—*A* 剖视图来表达肋板的断面和底板的形状，而 *B* 向局部视图用来表达泵体右端面上螺钉孔的位置。

（2）分析形体，读懂结构形状　根据各视图间的投影关系，运用前面介绍的形体分析、线面分析等方法，读懂零件各形体的结构形状以及它们之间的相对位置，从而弄清整个零件的结构形状。

如图 9-40 所示，泵体的主体部分为中空的阶梯形圆柱体，用肋板与下部长方体底板相连，肋板的断面形状在 *A—A* 剖视图中可以看出。再看细部结构：中空圆柱体的左、右端面分别有 M6 及 M4 的螺孔，以便用螺钉把泵盖、压盖同泵体相联；前、后两个 G1/8 的螺孔用来联接进、出油管；底板上有两个 ϕ9mm 安装孔。

通过上述分析，综合起来就可读懂并想象出该零件的结构形状，如图 9-41 所示。

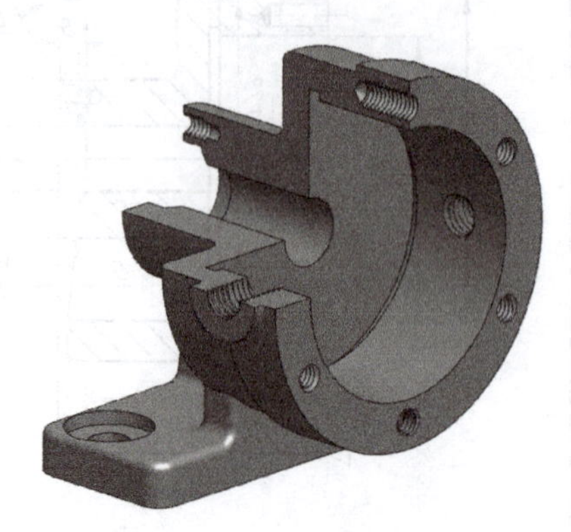

图 9-41 泵体

3. 分析零件尺寸

从分析零件长、宽、高 3 个方向的尺寸基准出发，弄清哪些是重要尺寸，找出零件的功能尺寸；用形体分析法找出零件的定形、定位和总体尺寸；并进一步分析尺寸是否注全，是否符合设计要求和工艺要求。

（1）分析尺寸基准　如图 9-40 所示，泵体长度方向的主要尺寸基准是左端面（即主视图中 ϕ82mm 圆柱端面）；高度方向的主要尺寸基准是泵体的底面；由于该泵体前、后对称，所以，宽度方向的主要尺寸基准是零件的前后对称面（通过轴线的正平面）。

（2）分析重要设计尺寸　在该零件中，轴孔中心高 $50^{+0.16}_{0}$mm、孔径 ϕ60H7 及 ϕ15H7、孔深 30H10 都属于重要的设计尺寸，加工时应保证它们的精度。另外一些尺寸，如底板上的 74mm、12mm 及泵体左、右两端面上螺钉孔的定位尺寸 ϕ70mm、ϕ30mm 等，虽然精度要求不高，但考虑到与其他零件装配时的对准性，所以也属于重要尺寸。

其他定形、定位及总体尺寸等请读者自行分析。

4. 看技术要求

零件图上的技术要求是制造零件时的质量指标，在生产过程中必须严格遵守。读图时一定要把零件的表面结构要求、尺寸公差、几何公差以及其他技术要求等仔细地进行分析，才能制订出正确的加工工序并确定相应的加工方法，从而制造出符合要求的产品。图 9-40 所示泵体的表面结构要求：其 *Ra* 值为 1.6 ~ 12.5μm，其余为不加工。由此可见：泵体的左端面，ϕ60H7 及 ϕ15H7 孔内表面，其表面质量要求较高，加工时应予以保证。

5. 综合归纳

读零件图是一项复杂、细致而技术性较强的工作，必须把零件的结构形状、尺寸和技术要求综合起来考虑，把握零件的特点，以便在加工时采取相应的措施，保证零件的设计要求，否则易出差错，给生产造成损失。

经过对图 9-40 所示泵体零件图的分析，可以得出泵体零件的全貌，该泵体是一个中等复杂的箱体类零件，由毛坯铸件经过车、镗、刨、钻等多道工序加工而成。

第七节 零件的测绘

零件测绘是对现有的零件实物进行观察分析、测量、绘制零件草图、制定技术要求，最后完成零件图的过程。在实际工作中，零件测绘通常在仿制机器、机器维修及技术改造时进行，是工程技术人员必备的技能之一。

测绘工作往往在现场（车间）进行，受到时间及工作场地的限制，一般先绘制零件草图，然后由零件草图整理成零件图。

零件草图是绘制零件图的重要依据，必要时还可以直接作为零件图，指导生产零件。因此，零件草图必须具备零件图所具有的全部内容。它们之间的主要区别是在作图方法上，零件草图徒手绘制，凭目测估计零件各部分的相对大小，以控制视图各部分间的比例关系。合格的草图应当：表达完整、线型分明、字体工整，图面整洁、投影关系正确。

一、零件测绘的方法和步骤

1. 了解分析零件

首先了解零件所属机器或部件的工作原理、装配关系，以及零件的名称、材料和作用等，然后对零件进行结构分析，以便考虑零件表达方案和标注的尺寸。零件的每个结构都有一定的功能，必须弄清楚其功能，这对破损零件的测绘尤为重要。

2. 确定表达方案

根据零件的结构特征、加工位置、工作位置等情况，选择主视图，再按零件内外结构特点，选择视图和剖视图、断面图等表达方法。

图 9-42 所示零件为阀盖。阀盖属于盘盖类零件，起密封的作用。选择其加工位置为主视图的投射方向，同时采用全剖视图表达其内部阶梯孔结构。左视图画外形，清楚表达其前后对称结构和其上均匀分布的安装孔。

图 9-42　阀盖

3. 画零件草图

目测比例，徒手画成的图，称为草图。零件草图是绘制零件图的依据，必要时还可以直接指导生产，因此，它必须包括零件图的全部内容。绘制零件草图步骤如下。

1）在图纸上定出各视图的位置，画出主、左视图的对称中心线和作图基准线，如图 9-43a所示。布置视图时，要考虑各视图应留有标注尺寸的位置。

2）以目测比例估计零件各部分的相对大小，徒手画出全剖视主视图、左视图外形，如图 9-43b 所示。

3）对零件进行工艺分析，根据零件工作情况及加工情况，合理地选择尺寸基准，在草图上先画出全部尺寸界线、尺寸线和箭头。经仔细校核后，按规定线型加深（包括剖面符号），如图 9-43c 所示。

4）对零件进行尺寸测量，并将尺寸数字标注在零件草图上；对有配合要求的尺寸，应进行精确测量并查阅有关手册，拟订合理的配合等级。

5）标注各表面的表面粗糙度代号，编写技术要求和填写标题栏，完成零件草图，如图 9-43d所示。

4. 审核草图，由草图画出零件图

由于零件草图是现场绘制的，有些结构的表达可能不完善，因此，应仔细检查零件草图表达是否完整、尺寸有无遗漏、各项技术要求是否协调，可以根据零件的作用，参照类似的图样或资料，用类比法加以确定，经补充、修改后，由草图画出零件图。

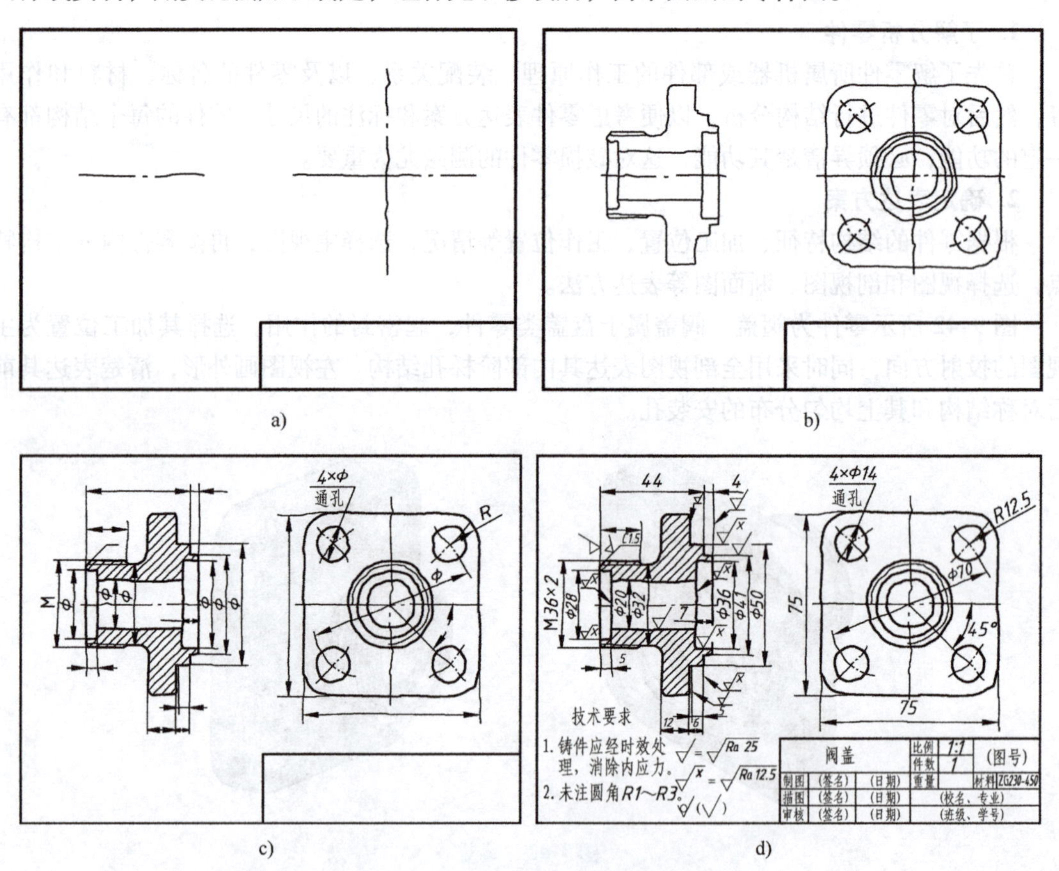

图 9-43　画零件草图的步骤（AutoCAD 徒手绘的草图）

二、零件尺寸的测量方法

测量零件尺寸时，应根据零件尺寸的精确程度，选择相应的量具。常用的量具有钢尺、内卡钳、外卡钳、游标卡尺等。现将常用的测量方法简介如下。

1. 线性尺寸的测量

线性尺寸一般用钢尺直接测量读数，也可用内、外卡钳与钢尺配合进行测量，如图 9-44所示。

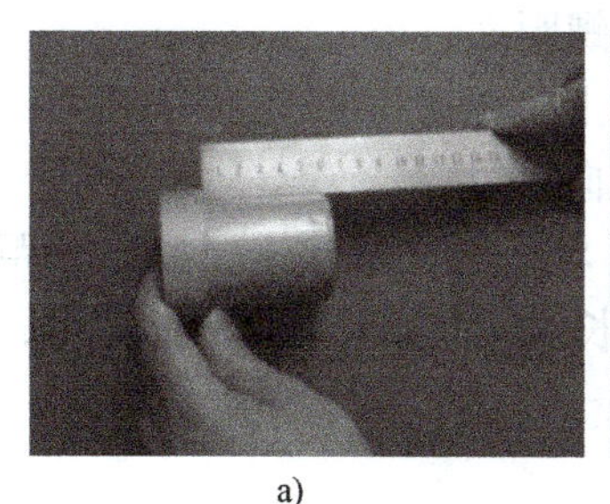
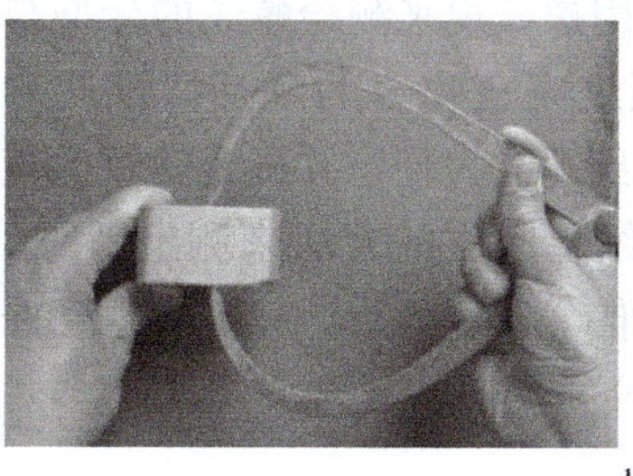
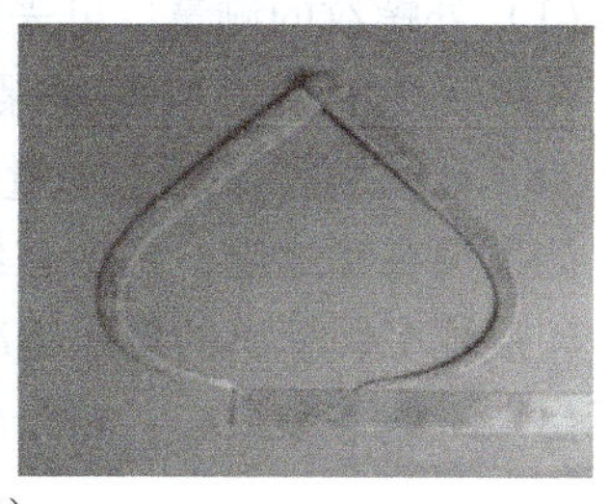
a)　　b)

图 9-44　线性尺寸的测量

2. 直径尺寸的测量

直径尺寸一般用内、外卡钳及游标卡尺等量具测量。游标卡尺可以直接读数，且测量精度较高；内、外卡钳须借助钢尺来读数，且测量精度较低。直径尺寸的测量如图 9-45 所示。

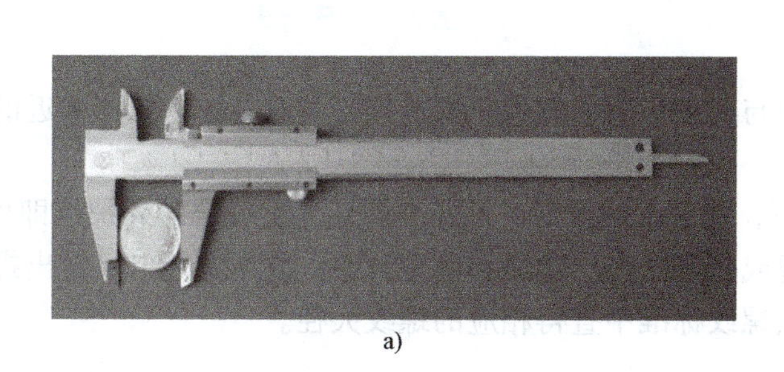
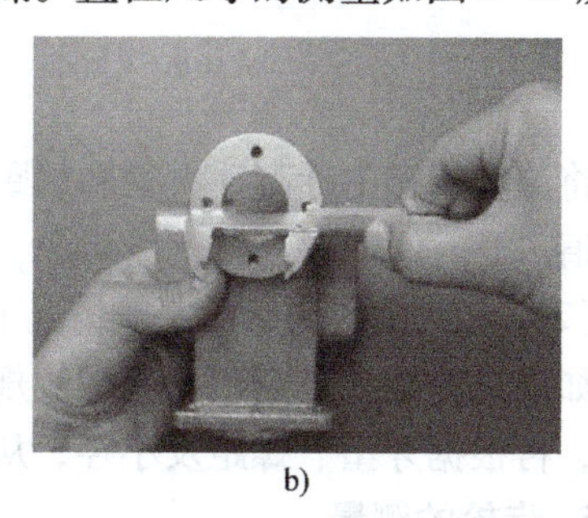
a)　　b)

图 9-45　直径尺寸的测量

3. 中心距的测量

测量两孔间的中心距时，可直接用钢尺或卡钳测量。当孔对称、孔径相等时，可按如图 9-46所示的方法测量，即 $D = A + d$ 或 $D = D_0$；当孔对称、孔径不等时，即 $D = A + d_1/2 + d_2/2$，d_1、d_2分别为如图 9-46 所示的上、下两孔；当孔不对称时，则可按如图 9-47 所示的方法则量中心距，即 $R = A - d/2 - D/2$。

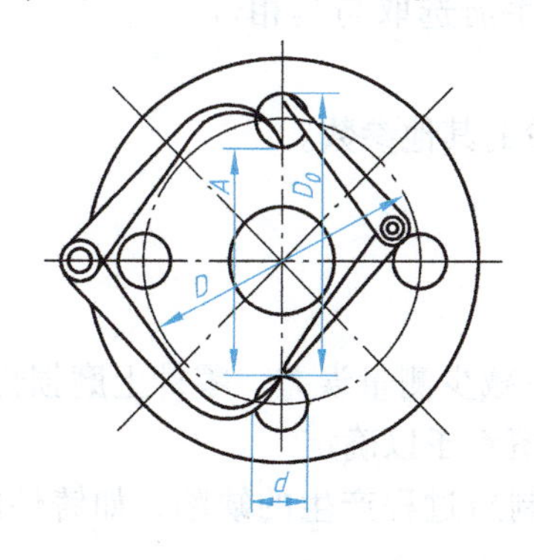

图 9-46　测量孔距 1

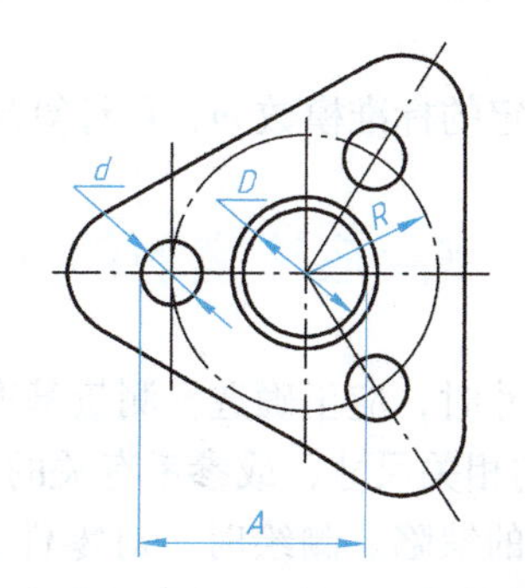

图 9-47　测量孔距 2

4. 螺纹的测量

螺纹是零件上的常见结构，测量时应测出螺纹的牙型、大径和螺距，而旋向和线数则可目测直接观察到。

（1）外螺纹的测量　可采用螺纹规来测绘螺纹的牙型与螺距。

在螺纹规中选择与被测螺纹完全吻合的规片，该规片上标的数字即为所求螺距，如图 9-48所示。可用游标卡尺量出螺纹大径，并确定螺纹的旋向和线数。

如果没有螺纹规，可用在纸上印痕的方法来测定螺距。将纸放在螺纹上，压出螺距印痕，印痕越多，算出的螺距越准确。用钢尺量出几个螺距的长度，然后除以螺距的数量，即可算出螺距的数值大小，如图 9-49 所示。

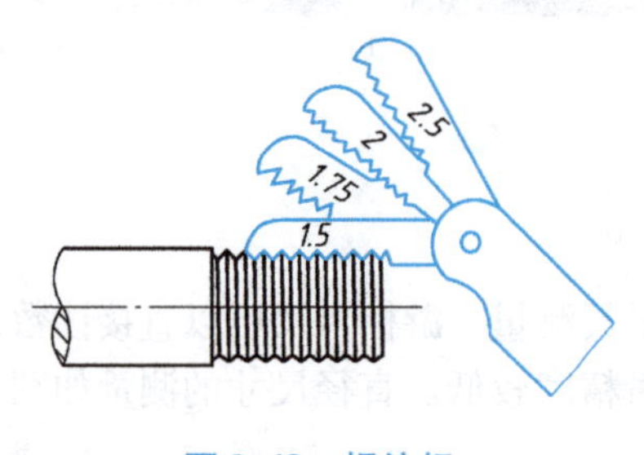

图 9-48　螺纹规

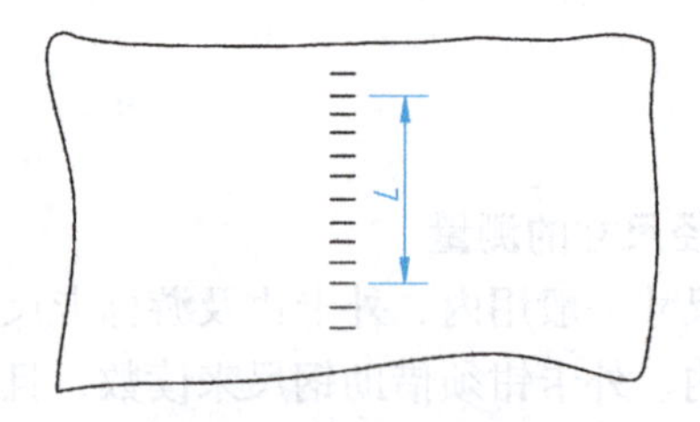

图 9-49　压痕法

将测量所得的牙型、大径和螺距与有关手册中的螺纹标准进行核对，选取与之相近的标准数值。

（2）内螺纹的测量　一般情况下，测定内螺纹时，只需要测定与之旋合的外螺纹即可。

如果只有螺孔，则也可用螺纹规或压痕法测出螺距和确定牙型，并用游标卡尺量出螺纹小径，再根据牙型、螺距及小径，从螺纹标准中查得相应的螺纹大径。

5. 齿轮的测量

齿轮是常用件，这里主要介绍标准齿轮轮齿部分的测绘方法。直齿圆柱齿轮测绘时，主要是确定模数 m 与齿数 z。齿轮的其他参数可用计算公式确定。具体步骤如下。

1）数出被测齿轮的齿数 z。

2）测量齿顶圆直径 d_a。当齿数 z 为偶数时，直接用游标卡尺测量；当齿数 z 为奇数时，如图 9-50 所示，可由 $2e+d$ 算出。

3）根据公式计算出模数 m，然后查有关手册选取与其相近的标准模数值。

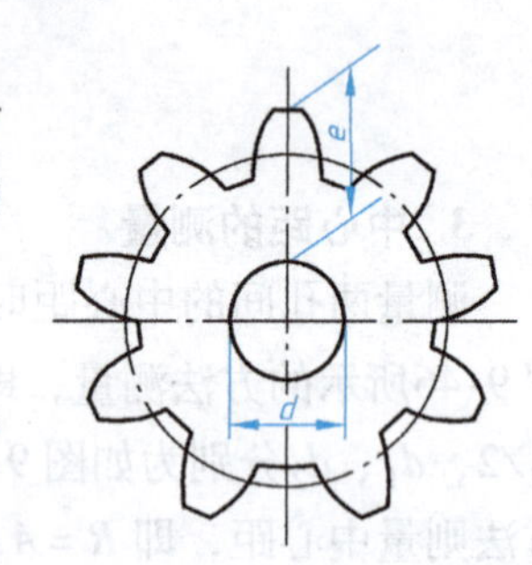

图 9-50　测量齿顶圆直径

4）根据选定的标准模数 m，可计算出齿轮的其他参数。

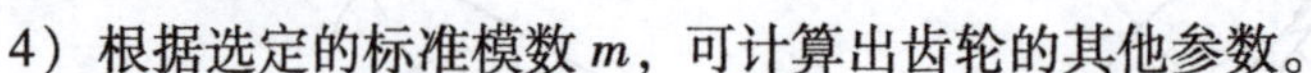

三、零件测绘应注意的问题

1）测量尺寸时，应正确选择测量基准，以减少测量误差。零件上磨损部位的尺寸应参考其配合零件的相关尺寸，或参考有关的技术资料予以确定。

2）零件上的缺陷。测绘时，对零件上因制造过程产生的缺陷，如铸件的砂眼、气孔、浇口以及加工刀痕等，都不应画在草图上。

3）零件上的工艺结构。零件因制造、装配的需要而制成的工艺结构，如铸造圆角、倒角、退刀槽、凸台和凹坑等，都必须清晰地画在草图上，不能省略或忽略。

4）尺寸的测定。

① 有配合关系的尺寸，一般只测出它的公称尺寸（如配合的孔和轴的直径尺寸），配合的性质和公差等级应分析后查阅有关资料确定。

② 没有配合关系的尺寸或一般尺寸，允许将所得的带小数的尺寸，适当取成整数。

总之，零件的测绘是一项极其复杂而细致的工作，掌握零件测绘技能非常必要。

第八节　零件的三维造型设计

一、零件造型应注意的问题

1. 特征的运用

在计算机参数化造型中，零件是由特征组成的。特征是一种具有工程意义的参数化三维几何模型，对应于零件的某一结构，如底板、孔洞、圆角、倒角等，是三维建模的基本单元。使用参数化特征造型不仅能够使造型简单，且能够包含设计信息、加工方法和加工顺序等工艺信息，所以在进行零件造型时应做到“怎样加工，就怎样造型”，这样才能有助于设计数据的进一步使用。例如，轴应按照旋转特征创建，如图 9-51a 所示，不应按拉伸特征创建，如图 9-51b 所示。

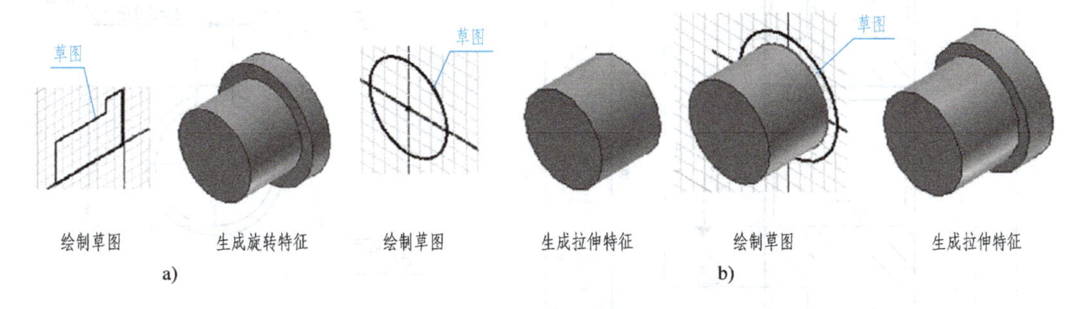

图 9-51　造型方法比较

a）好　b）不好

2. 特征造型的基本步骤

（1）创建绘制性特征中的基体特征　一般选择构成零件基本形态的主要特征或尺寸大的特征作为基体特征。绘制草图，生成基体特征。

（2）添加绘制性特征中的附加特征　在基体特征上添加其他特征。一般先添加大的特征，后添加小的特征。

（3）添加置放性特征　最后添加圆角、倒角等置放性特征。圆角、倒角等结构应在现有特征的基础上用相应的命令创建，不应通过绘制草图生成，如图 9-52 所示。

运用特征编辑功能，如阵列、镜向、复制、移动等，在造型过程中可以对特征进行修改、删除、压缩、隐藏、显示等操作。

二、零件的造型步骤

零件造型方法与组合体造型方法基本相同，组合体重造型，零件还应考虑设计和制造。下面以如图 9-53 所示的带轮零件图为例，介绍零件的造型步骤。

指定边线

a) b)

图 9-52 置放性特征

a）选择倒角边 b）生成倒角特征

1. 形体分析和结构分析

该零件的加工过程大致为：先制造直柱体（绘制性特征中的基体特征），然后钻孔、开键槽（绘制性特征中的附加特征），最后设置倒角与圆角（置放性特征）。带轮的造型过程，如图 9-54 所示。

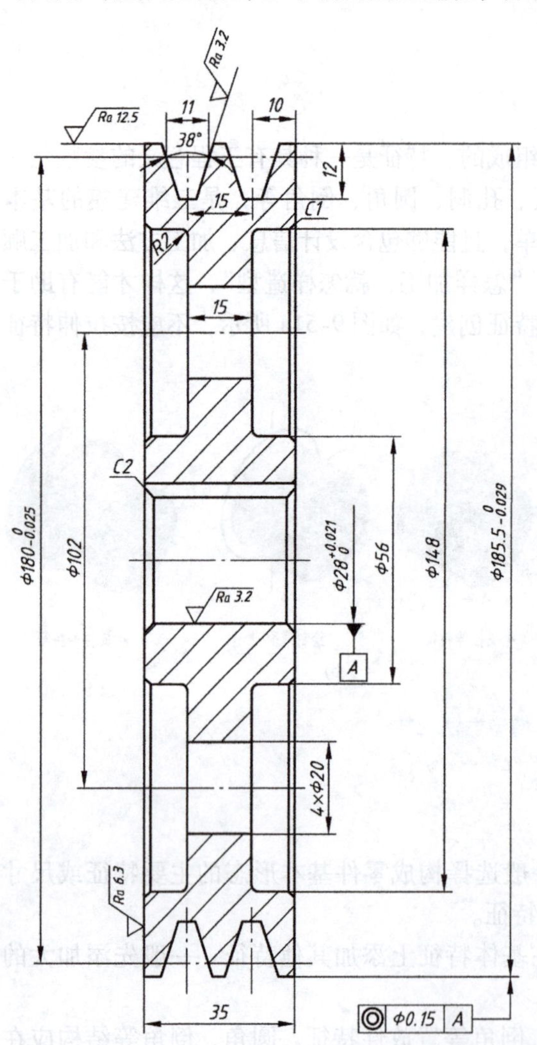

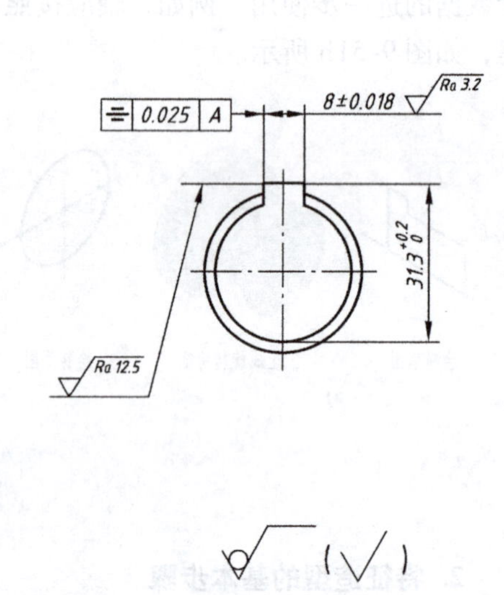

( )

技术要求

铸件不得有砂眼、裂纹等缺陷。

图 9-53 带轮零件图

2. 创建草图与添加约束

创建草图时，要尽可能利用软件功能保持图线之间的平行、垂直等关系；图形的尺寸可暂不考虑，只要“像”即可。然后添加几何约束与驱动尺寸，确定草图的几何形状和大小，如图 9-55a所示。

3. 创建绘制性特征中的基体特征

通过旋转，创建带轮基体特征，如图 9-55b 所示。

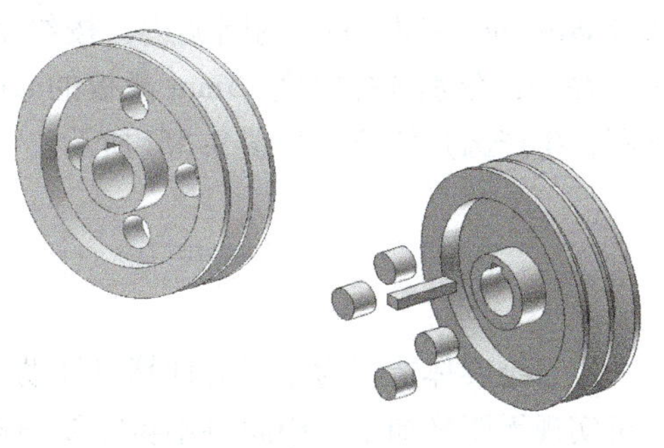

图 9-54　带轮的造型过程

4. 创建绘制性特征中的附加特征

（1）创建带轮孔特征　选择如图 9-55b 所示回转体的正面，在该面上作草图，确定孔的位置，如图 9-55c 所示。通过拉伸切除方式得到 4 个通孔，如图 9-55d 所示。

（2）创建带轮键槽特征　回到回转体的正面，在该面上作草图，确定键槽草图，通过拉伸切除方式得到键槽，如图 9-55e 所示。

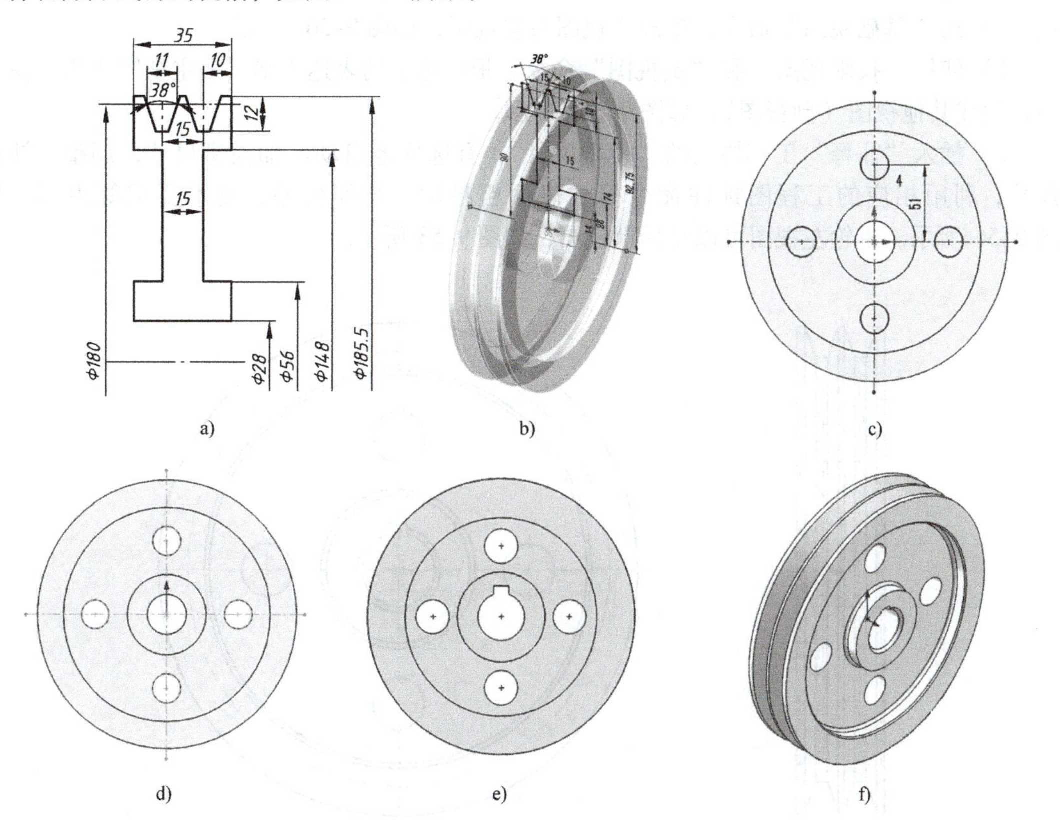

图 9-55　带轮的造型步骤

a）带轮草图　b）创建带轮基体特征　c）创建带轮孔草图
d）创建带轮孔特征　e）创建带轮键槽特征　f）创建倒角与圆角特征

5. 创建带轮的置放性特征

使用“倒角”命令，选择中心孔的圆弧边，按给定的尺寸（C2）倒角，生产倒角特征；

选择 ϕ148mm 和 ϕ56mm 的圆弧边，按给定的尺寸（$C1$）倒角，生产倒角特征。使用“圆角”命令，分别选择厚度 15mm 薄板的 ϕ148mm 和 ϕ56mm 的圆弧边，按给定的尺寸（$R2$）倒圆，生产圆角特征，如图 9-55f 所示。

三、零件工程图的创建

以三维实体造型为基础的计算机辅助设计，建立了 CAD/CAM 一体化所需的数据源，最终可实现无图样加工，中间将不再需要图样进行信息的传递。目前，在设计生产中，由三维实体模型生成规范的工程图仍是必要的。使用三维设计软件，设计出的三维实体可以自动投影生成多面正投影图，并且平面图和三维实体之间数据关联，所以极大地提高了设计效率和绘图的准确度。但设计表达的方案以及尺寸标注的正确、完整、合理等仍取决于设计者的设计表达能力。

由已知模型生成工程图的基本过程如下。

1）进入“工程图”工作环境，选择已完成且保存过的带轮零件造型，选择合适“比例”，使用“基础视图”命令，生成主视图与左视图，如图 9-56a 所示。

2）使用“投影视图”和“剖视图”命令，根据选定的表达方案，由主视图或相应视图拖动生成其他视图（剖视图），如图 9-56b 所示。

3）插入“注释”工具栏上的“模型项目”，有选择地自动添加模型尺寸，调整、补充尺寸，利用相应的工程图标注命令标注表面粗糙度、几何公差、技术要求等内容，如图 9-56c所示。带轮左视图可以是局部视图，如图 9-53 所示。

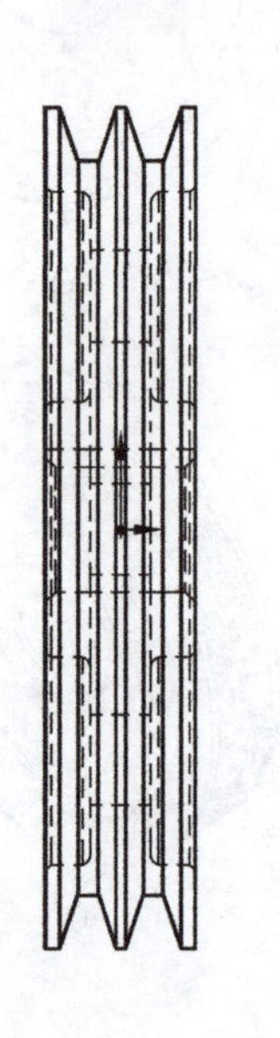

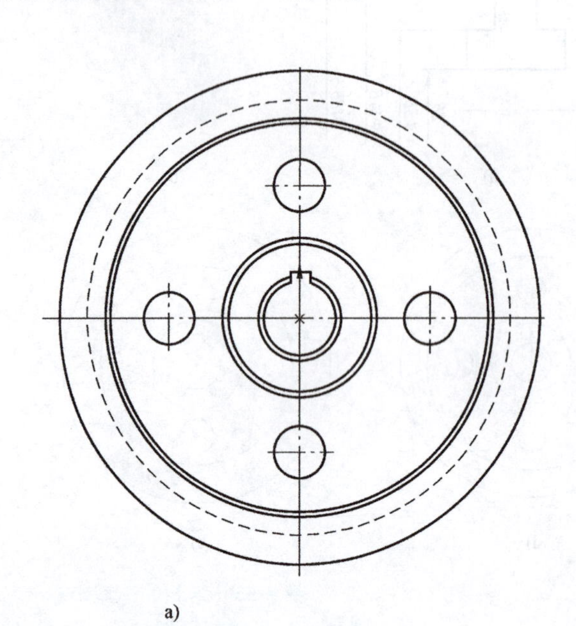

a)

图 9-56　带轮零件工程图的创建

a）生成主视图与左视图

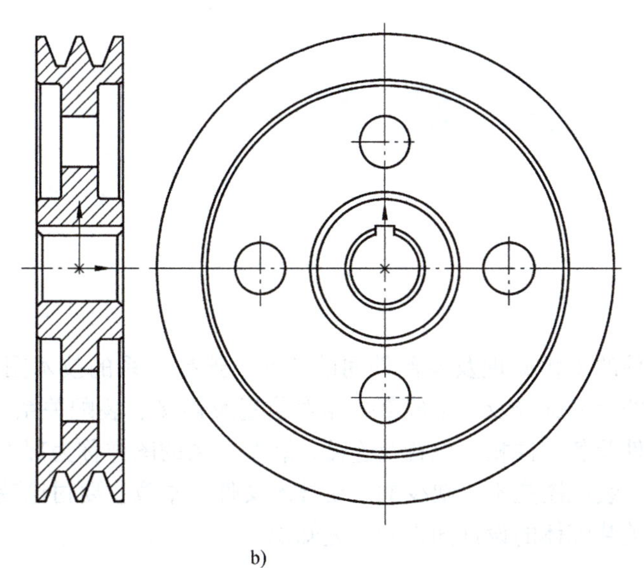

b)

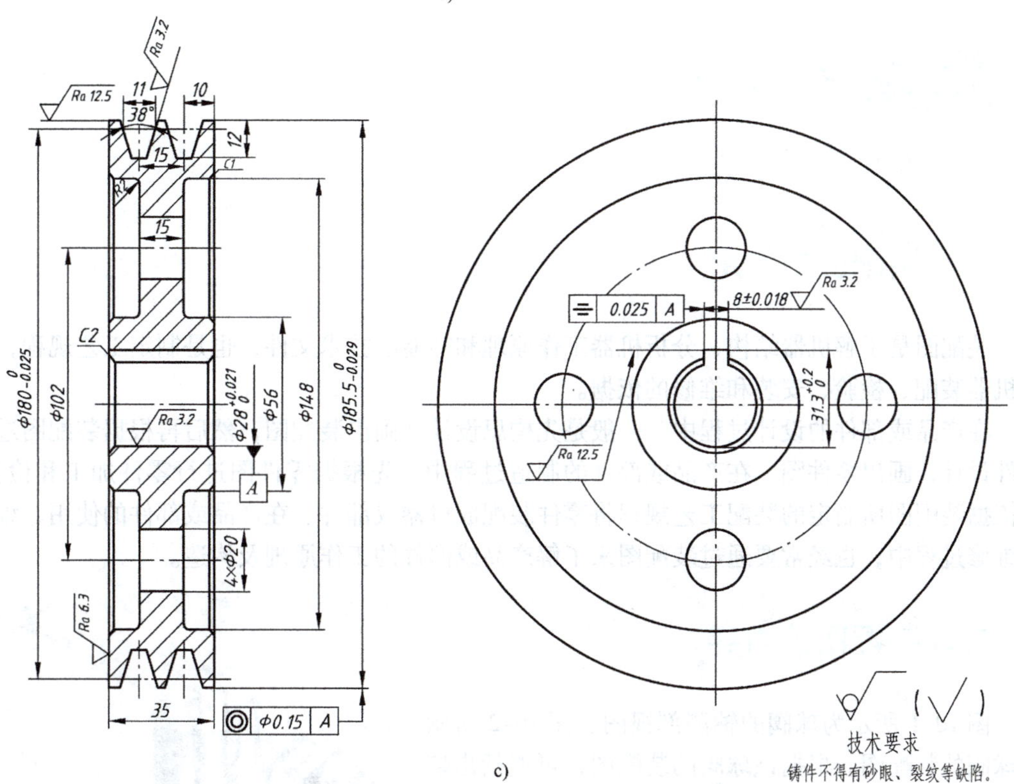

技术要求
铸件不得有砂眼、裂纹等缺陷。

c)

图 9-56　带轮零件工程图的创建（续）

b）选定合适的表达方案　c）标注尺寸与技术要求

第十章 装 配 图

表达产品或部件的工作原理及零部件间的装配、连接关系的技术图样称为装配图。其中，表达整台机器的组成部分及各组成部分相对位置及连接、装配关系的图样称为总装图；表达部件的组成零件及各零件相对位置及连接、装配关系的图样称为部件装配图。在机械设计和制造的过程中，装配图是不可缺少的重要技术文件。本章主要讨论装配图的内容及其画法，并介绍一些有关装配体的设计知识和工艺知识。

第一节 装配图的作用和内容

一、装配图的作用

装配图是了解机器结构、分析机器工作原理和功能的技术文件，也是制定工艺规程，进行机器装配、检验、安装和维修的依据。

在产品或部件的设计过程中，一般是先构思设计并画出装配图，然后再根据装配图进行零件设计，画出零件图。在产品或部件的制造过程中，先根据零件图进行零件加工和检验，再依据装配图所制定的装配工艺规程将零件装配成机器或部件。在产品或部件的使用、维护及维修过程中，也经常要通过装配图来了解产品或部件的工作原理及构造。

二、装配图的内容

图 10-1 所示为球阀的轴测剖视图。图 10-2 所示为球阀的装配图。根据该球阀的装配图，可概括出装配图的内容如下。

1. 一组视图

根据产品或部件的具体结构，选用适当的表达方法，用一组视图正确、完整、清晰地表达产品或部件的工作原理、各组成零件间的相互位置和装配关系及主要零件的结构形状。

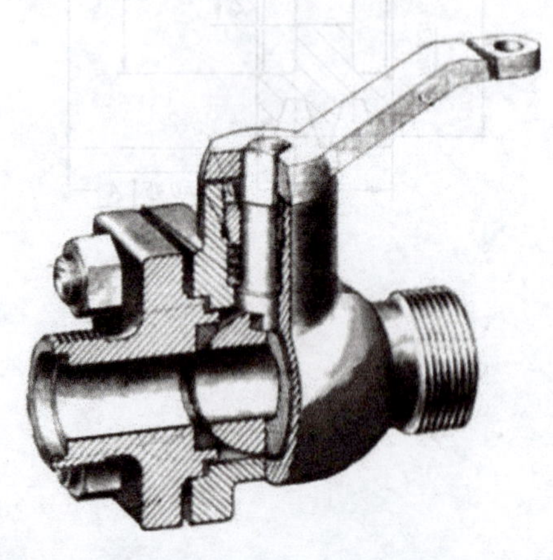

图 10-1 球阀的轴测剖视图

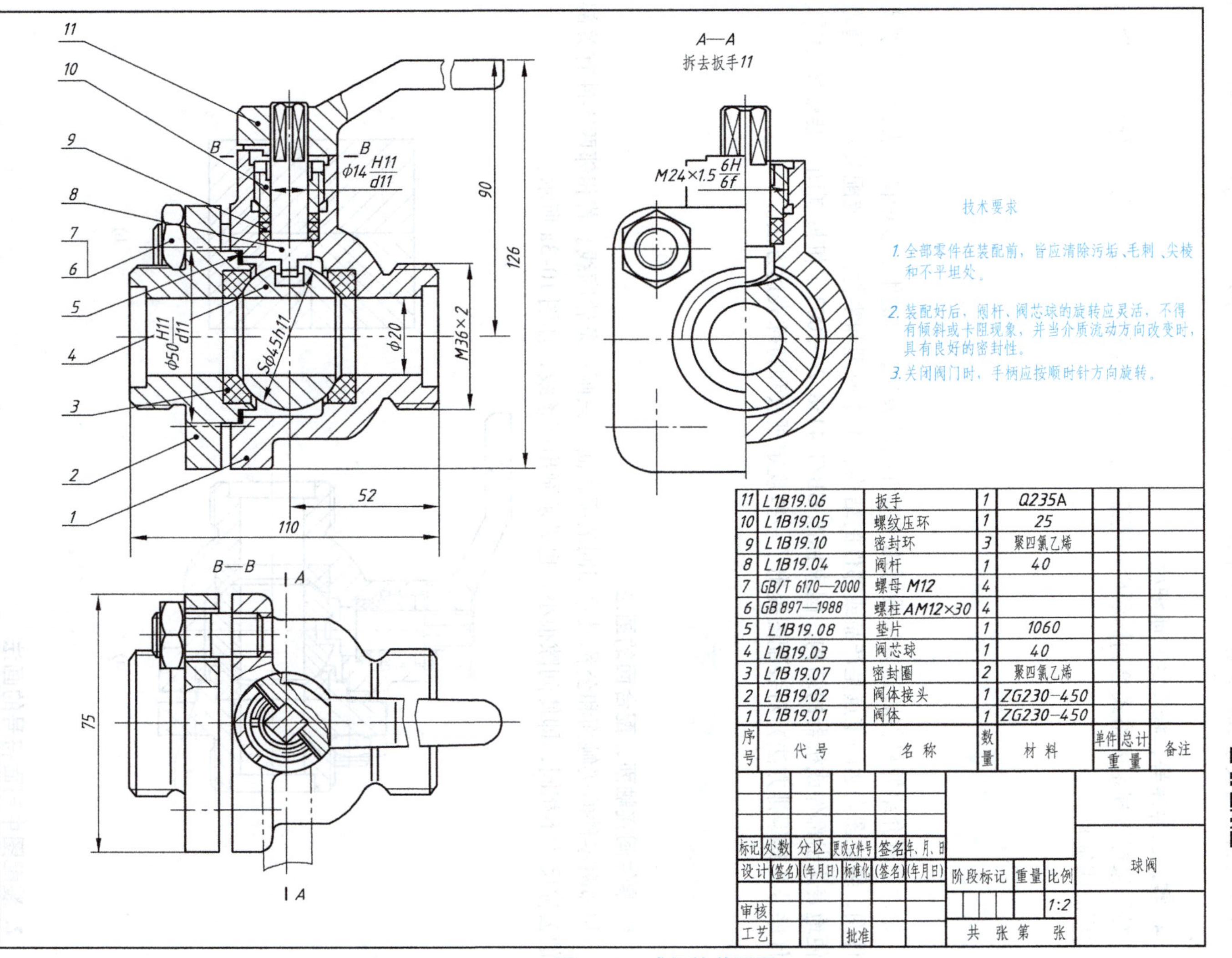

序号	代号	名称	数量	材料	单件重量	总计重量	备注
11	L1B19.06	扳手	1	Q235A			
10	L1B19.05	螺纹压环	1	25			
9	L1B19.10	密封环	3	聚四氯乙烯			
8	L1B19.04	阀杆	1	40			
7	GB/T 6170—2000	螺母 M12	4				
6	GB 897—1988	螺柱 AM12×30	4				
5	L1B19.08	垫片	1	1060			
4	L1B19.03	阀芯球	1	40			
3	L1B19.07	密封圈	2	聚四氯乙烯			
2	L1B19.02	阀体接头	1	ZG230-450			
1	L1B19.01	阀体	1	ZG230-450			

图 10-2　球阀的装配图

2. 必要的尺寸

装配图中必须标注反映产品或部件的规格、外形、装配、安装所需的必要尺寸，另外，在设计过程中经过计算而确定的重要尺寸也必须标注。

3. 技术要求

在装配图中用文字或国家标准规定的符号注写出该装配体在装配、检验、使用等方面的要求。

4. 零、部件序号、标题栏和明细栏

按国家标准规定的格式绘制标题栏和明细栏，并按一定格式将零、部件进行编号，填写标题栏和明细栏。

第二节　装配图的表达方法

第六章所介绍的机件表达方法既可用于零件图的表达，也适用于装配图的表达。区别于零件图，装配图表达的重点是产品或部件的结构、工作原理和零件间的装配关系。为了清晰简便地表达出部件或机器的结构，国家标准 GB/T 4458.2—2003《机械制图　装配图中零、部件序号及其编排方法》对装配图提出了一些规定画法和特殊表达方法。

一、装配图的规定画法

1. 零件间接触面、配合面的画法

相邻两零件的接触面和公称尺寸相同的配合面，只画一条轮廓线。若相邻两零件有关部分的公称尺寸不相同，即使间隙很小，也必须画出两条线，如图 10-3a 所示。

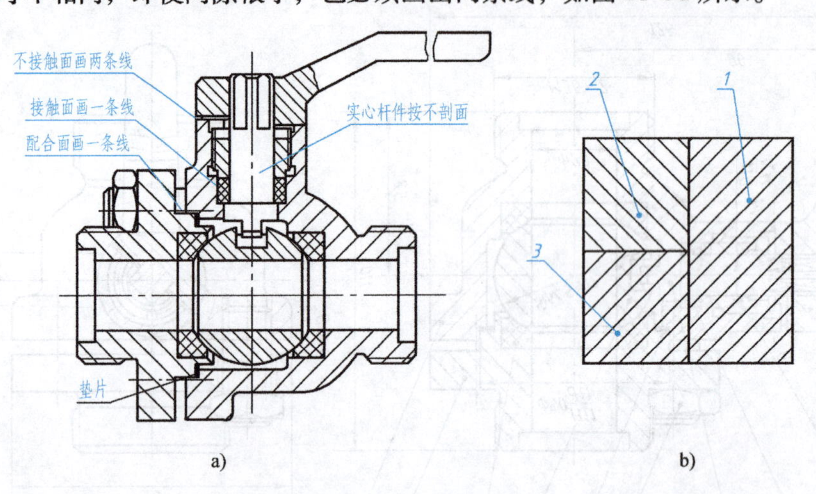

图 10-3　规定画法

2. 装配图中剖面符号的画法

两个相邻的金属零件，其剖面线倾斜方向应相反，如图 10-3a 所示；若有 3 个以上零件相邻，还应使剖面线间隔不等来区别不同的零件，如图 10-3b 所示。

同一零件在同一张装配图中的各个视图上，其剖面线必须方向一致、间隔相等。另外，在装配图中，宽度小于或等于 2mm 的窄剖面区域，可全部涂黑表示，如图 10-3a 所示的垫片。

3. 螺纹紧固件和实心体的画法

在装配图中，对于螺纹紧固件（如螺栓、螺钉、螺母等）及轴、球、手柄、键、连杆等实心零件，若沿纵向剖切且剖切平面通过其对称平面或轴线时，这些零件均按不剖绘制，如图 10-3a 所示的阀杆零件。若需表明零件的凹槽、键槽、销孔等结构，可用局部剖视图表示。

二、装配图的特殊表达方法

1. 拆卸画法

在装配图的某一视图中，为表达一些重要零件的内、外部形状，可假想拆去一个或几个零件后绘制该视图。在如图 10-4 所示滑动轴承装配图中，俯视图的右半部即是拆去轴承盖、螺栓等零件后画出的。

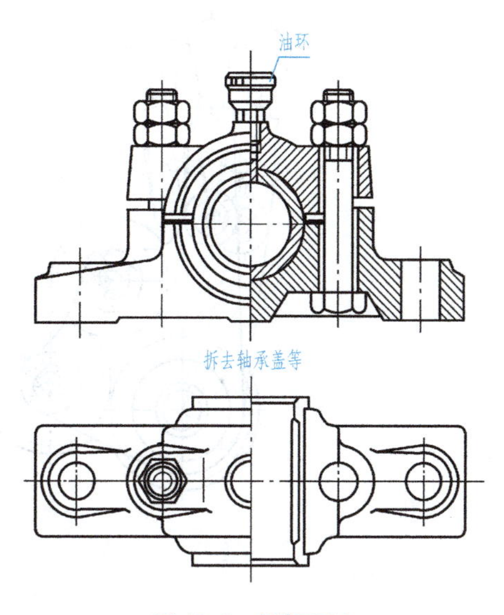

图 10-4　拆卸画法

2. 沿零件结合面的剖切画法

为表达装配体内部结构，可以假想在某些零件的结合处进行剖切，然后画出相应的剖视图。此时，零件的结合面不画剖画线，被剖断的零件应画剖面线，如图 10-5 所示转子油泵中的 *A—A* 剖视图。

3. 假想画法

当需要表达运动零件的极限位置时，可先在一个极限位置上画出该零件，再在另一个极限位置上用双点画线画出其轮廓，如图 10-6 所示。

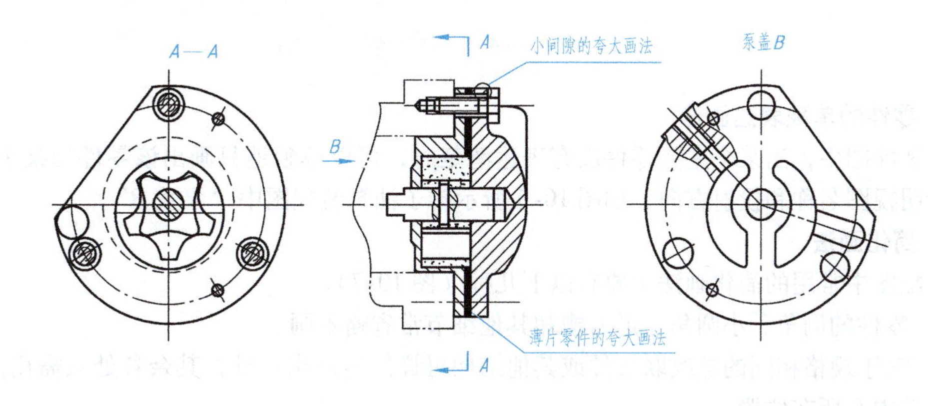

图 10-5　转子油泵

当需要表示不属于本部件，但与其有邻接关系的零件时，用双点画线画出与其有关部分的轮廓。图 10-5 所示的主视图，与转子油泵相邻的零件即是用双点画线画出的；图 10-6 所示的 *A*—*A* 展开图也属于假想画法。

4. 夸大画法

对薄片零件、细小零件、零件间很小的间隙和锥度很小的锥销、锥孔等，为了把这些细小的结构表达清楚，可不按比例画而用适当夸大的尺寸画出，如图 10-5 所示。

5. 展开画法

为了表达一些传动结构各零件的装配关系和传动路线，可假想按传动顺序沿轴线剖开，然后依次将轴线展开在同一平面上画出，如图 10-6 所示。

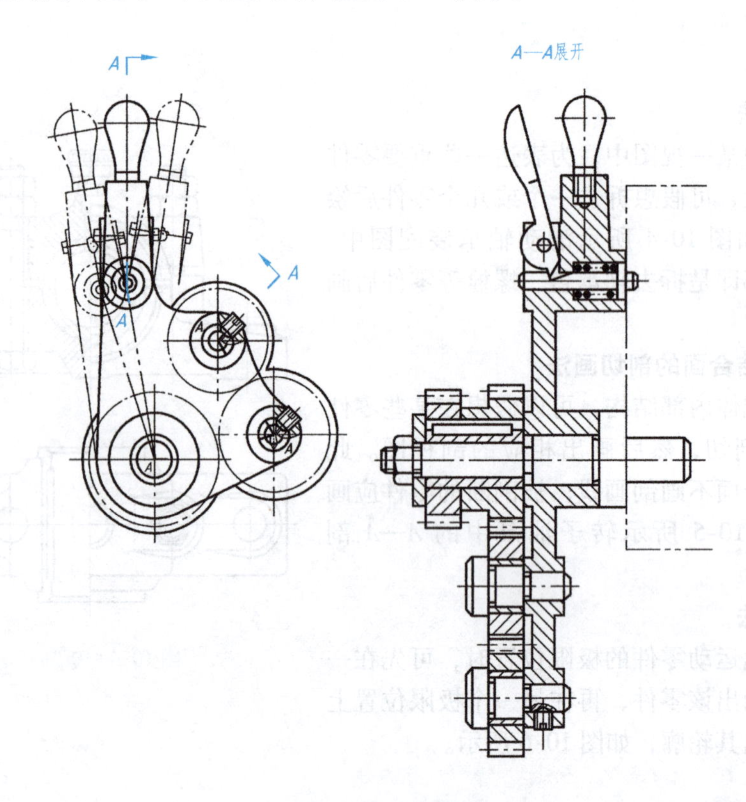

图 10-6　展开画法

6. 零件的单独表达画法

在装配图中，当某个主要零件没有表达清楚时，可以单独地只画出该零件的某个视图，但应标明视图名称和投射方向，如图 10-5 所示转子油泵装配图中“泵盖 *B*”。

7. 简化画法

装配图中常用的简化画法主要有以下几种（图 10-7）。

1）零件的倒角、小圆角、退刀槽和其他细节常省略不画。

2）对于规格相同的螺纹联接件或其他结构可详细地画出一处，其余各处只需用点画线表示出其中心所在位置。

3）在装配图中，当剖切平面通过某些标准产品的组合件，或该组合件已在其他视图中已表达清楚时，可以只画出其外形图，如图 10-4 所示的油杯。

4）对于滚动轴承和密封圈，在剖视图中可以一边用规定画法画出，另一边用通用画法表示。

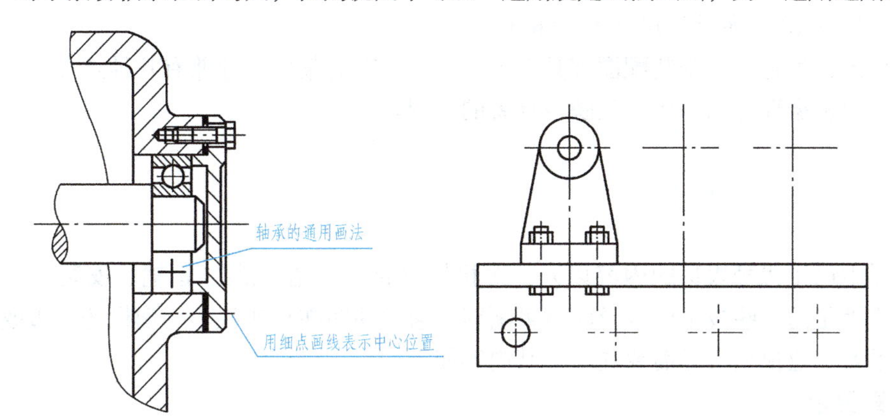

图 10-7　简化画法

第三节　装配图的尺寸标注和技术要求

一、装配图的尺寸标注

装配图的主要功能是表达产品的装配关系，而不是制造零件的依据。因此它不需要标注各组成部分的所有尺寸，一般只需要标出如下几种类型的尺寸。

1. 性能（规格）尺寸

性能（规格）尺寸是表明装配体性能和规格的尺寸，是设计和选用产品的主要依据。在图 10-2 中，球阀的进、出口尺寸 ϕ20mm 决定了流体的流量，代表了球阀的工作能力。

2. 装配尺寸

装配尺寸包括以下两类尺寸。

（1）配合尺寸　配合尺寸是指所有零件间对配合性质有特别要求的尺寸，它表示了零件间的配合性质和相对运动情况。在图 10-2 中，阀体与阀体接头的配合尺寸为 ϕ50 H11/d11。

（2）相对位置尺寸　相对位置尺寸是零件之间、部件之间或它们与机座之间必须保证的尺寸。在图 10-2 中，扳手上端面与阀体管路中心线的距离尺寸 90mm 是相对位置尺寸。

3. 安装尺寸

安装尺寸是机器或部件安装到基座或其他工作位置时所需的尺寸，包括安装面的大小，安装孔的定形、定位尺寸等，如图 10-2 所示阀体螺纹尺寸 M36 ×2。

4. 外形尺寸

外形尺寸是指反映装配体总长、总宽、总高的外形轮廓尺寸。这些尺寸通常是包装、运输和安装等过程中所需要的，如图 10-2 所示球阀的总长、总宽、总高分别为 110mm、75mm 和 126mm。

5. 其他重要尺寸

在设计过程中经过计算而确定的尺寸和主要零件的主要尺寸以及在装配或使用中必须说明的尺寸，如图 10-2 所示的尺寸 $S\phi45h11$。

必须指出：不是每一张装配图都具有上述尺寸，有时某些尺寸兼有几种意义。装配图的尺寸标注，应根据部件的作用，反映设计者的意图。

二、装配图的技术要求

除图形中已用代号表达的内容以外，对机器（部件）在包装、运输、安装、调试和使用过程中应满足的一些技术要求及注意事项等，通常注写在标题栏、明细栏的上边或左边空白处。技术要求应根据实际需要注写，其内容如下。

1. 装配要求

装配要求包括机器或部件中零件的相对位置、装配方法、装配加工及工作状态等。

2. 检验要求

检验要求包括对机器或部件基本性能的检验方法和测试条件等。

3. 使用要求

使用要求包括对机器或部件的使用条件、维修、保养的要求以及操作说明等。

4. 其他要求

不便用符号或尺寸标注的性能规格参数等，也可用文字注写在技术要求中。

第四节 装配图的零件序号和明细栏

为了便于读懂装配图，进而便于图样管理、组织生产、机器装配，在装配图中必须对零、部件编注序号，并填写在明细栏中。

一、零（部）件序号及其编排方法

1. 一般规定

1）装配图中所有的零、部件都必须编写序号。

2）装配图中一个部件可以只编写一个序号，同一装配图中相同的零、部件只编写一次。

3）装配图中零、部件序号要与明细栏中的序号一致。

2. 序号的编排方法

1）装配图中编写零、部件序号的表示方法有 3 种，如图 10-8 所示。

2）同一装配图中编排零、部件序号的形式应一致。

3）指引线应自所指部分的可见轮廓内引出，并在末端画一圆点。如所指部分轮廓内不便画圆点时，可在指引线末端画一箭头，并指向该部分的轮廓，如图 10-9 所示。

4）指引线可画成折线，但只可曲折一次。

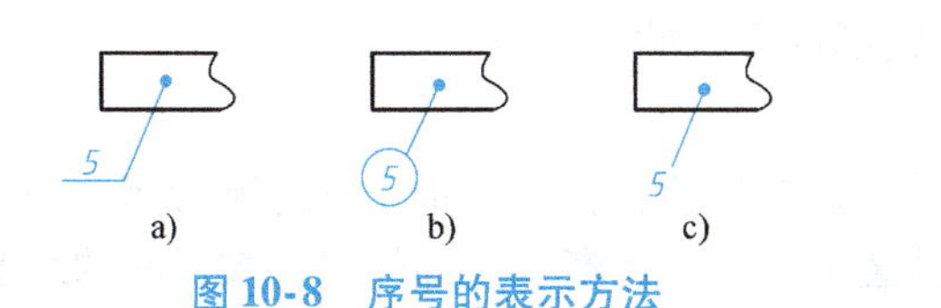

图 10-8 序号的表示方法

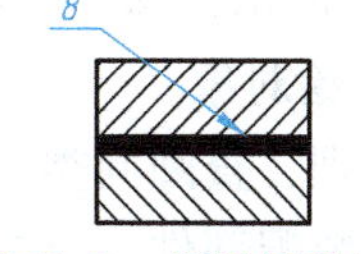

图 10-9 指引线画法

5）一组紧固件以及装配关系清楚的零件组，可以采用公共指引线，如图 10-10 所示。

6）零件的序号应沿水平或垂直方向按顺时针或逆时针方向排列，序号间隔应可能相等，如图 10-2 所示球阀的装配图。

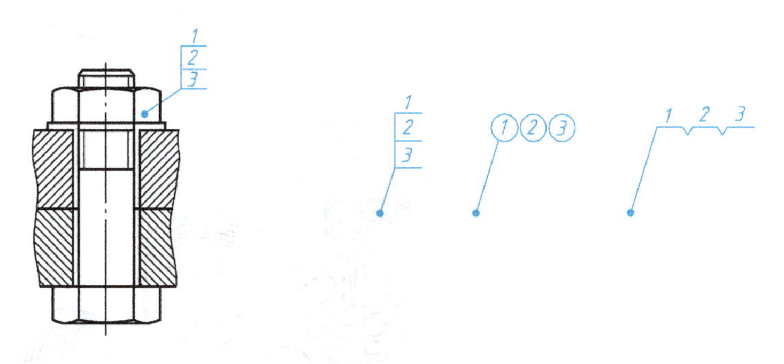

图 10-10 公共指引线

二、明细栏

装配图中标题栏和明细栏的格式具体参见第一章的相关内容，其中标题栏的格式与零件图相同。在填写装配图中明细栏时，可以参照图 10-2，具体要注意以下问题。

1）明细栏画在标题栏上方，如位置不够，可在标题栏左边接着绘制，也可另纸单独编写，并计入装配图的总张数。

2）零件序号按从小到大的顺序由下而上填写，以便添加漏画的零件。

3）代号栏。填写非标准零、部件的图样编号或标准零、部件的标准号。

4）名称栏。填写非标准零、部件的名称或标准零、部件的名称和规格尺寸。

5）备注栏。填写零件的热处理、表面处理等要求、齿轮弹簧等零件的主要参数以及“借用件”和“无图”等补充说明。

第五节 部件测绘和装配图的画法

一、部件测绘的方法与步骤

当需要对现有的机器或部件进行维护、技术改造时，往往要测绘有关机器的部分或整体，这个过程称为部件测绘。部件测绘是在零件测绘的基础上，根据零件之间的装配关系，由零件图拼画装配图的过程。一般情况下，部件测绘有下列几个步骤：①分析测绘对象；②画装配示意图；③零件测绘；④绘制装配图和零件图。

以图 10-1 所示的球阀为例，介绍部件测绘的方法与步骤。

1. 分析测绘对象

搜集、整理、查阅同类型或相近类型部件的资料，初步了解待测绘部件的用途、原理和性能。拆卸、装配部件，分析部件的装配线，可逐渐掌握部件内各零件间的装配关系和工作原理。装配线是零件装配方向和装配顺序的指示。对于装配关系的分析要有条理性，按照装配线分析有助于理清思路。如图 10-11 所示，球阀有 3 条装配线。

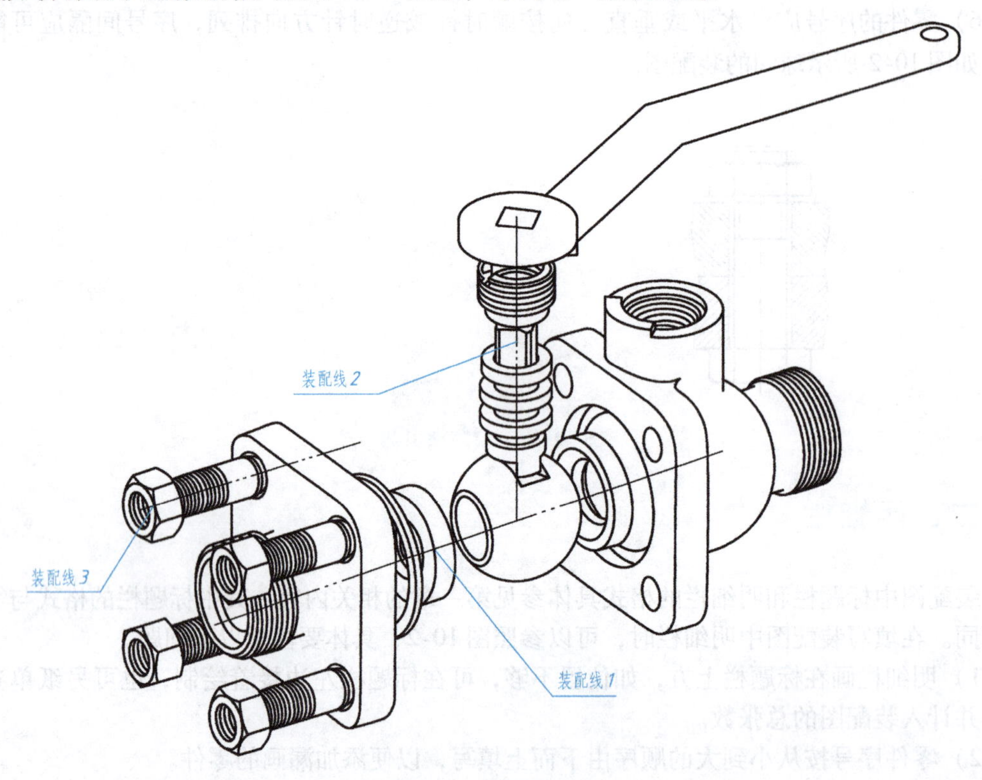

图 10-11 球阀装配线

1）装配线 1（图 10-11 所示方向由左至右）：阀体接头、垫片、密封圈（左）、阀芯球、密封圈（右）、阀体。调整垫片厚度，能够调整阀体接头对密封圈的压紧力，进而调整阀芯球与密封圈的松紧程度。

2）装配线 2（图 10-11 所示方向由下至上）：阀芯球、阀杆、密封环（3 个）、螺纹压环、扳手。螺纹压环沿轴向压紧密封环，使密封环产生径向膨胀，进而保证球阀沿阀杆轴向的密封。

3）装配线 3（图 10-11 所示方向由左至右）：螺母、螺柱、阀体接头、阀体。

根据球阀的装配线分析可知：球阀由 11 种零件组成，其工作原理是当扳手在如图 10-11 所示位置时，阀门完全打开，管道畅通；当扳手顺时针转动时，会带动阀杆、阀芯球一起转动，使阀门逐渐关闭；当转动至 90°时，阀门完全关闭，管道断流。

2. 画装配示意图

装配示意图是对部件中零件的种类、个数、位置、装配顺序和关系等信息的记录。装配示意图一般参照装配图的方法对零件进行编号，如果部件使用有标准件，应附上标准件的规格。装配示意图对其画法没有严格的规定，对于和较多零件发生装配关系的重要零件，如机架、壳体等，应画出其大致的轮廓，其余零件的画法推荐参考GB/T 4460—2013《机械制图　机构运动简图用图形符号》，其中图形符号的图线符合GB/T 4457.4—2002《机械制图　图样画法　图线》和GB/T 17450—1998《技术制图　图线》的规定。

图10-12所示为球阀的装配示意图。

图10-12　球阀的装配示意图

3. 零件测绘

除标准件外，部件中所有零件都要进行测绘，画出零件草图，为绘制部件装配图做准备。

4. 绘制装配图和零件图

根据装配示意图和零件草图绘制部件装配图。在绘制装配图的过程中，若发现零件草图上的形状或尺寸有错，应对零件草图进行校核和修正，并画出相应的零件图（图10-13～图10-16）。

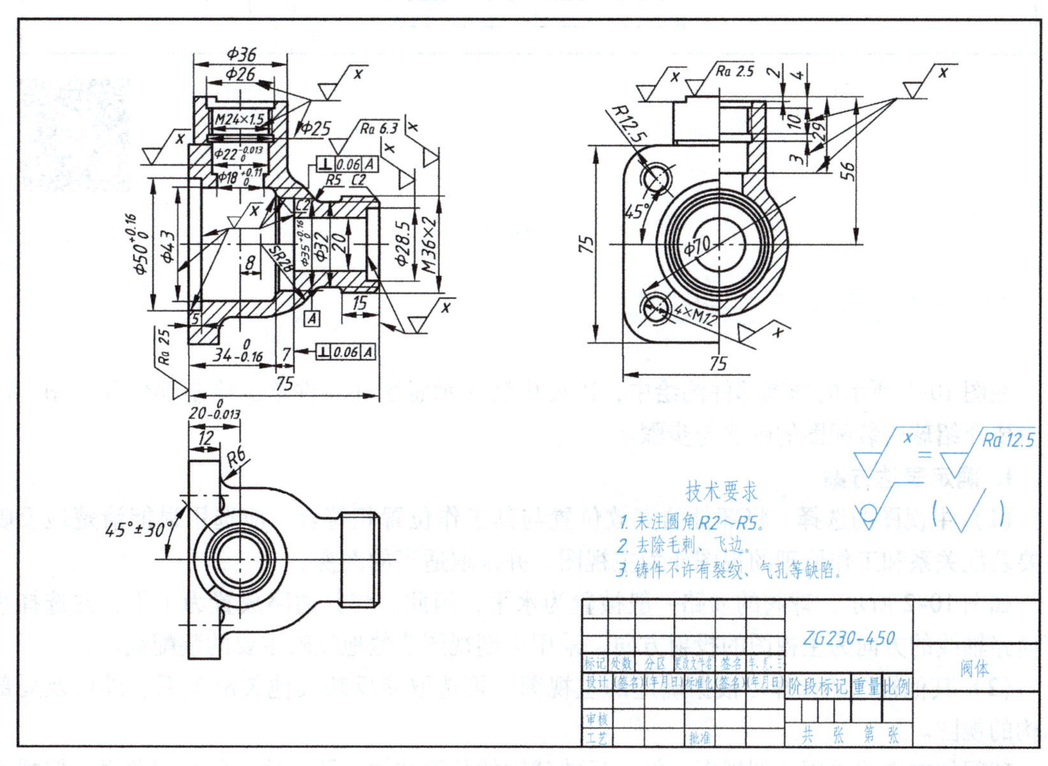

图10-13　阀体的零件图

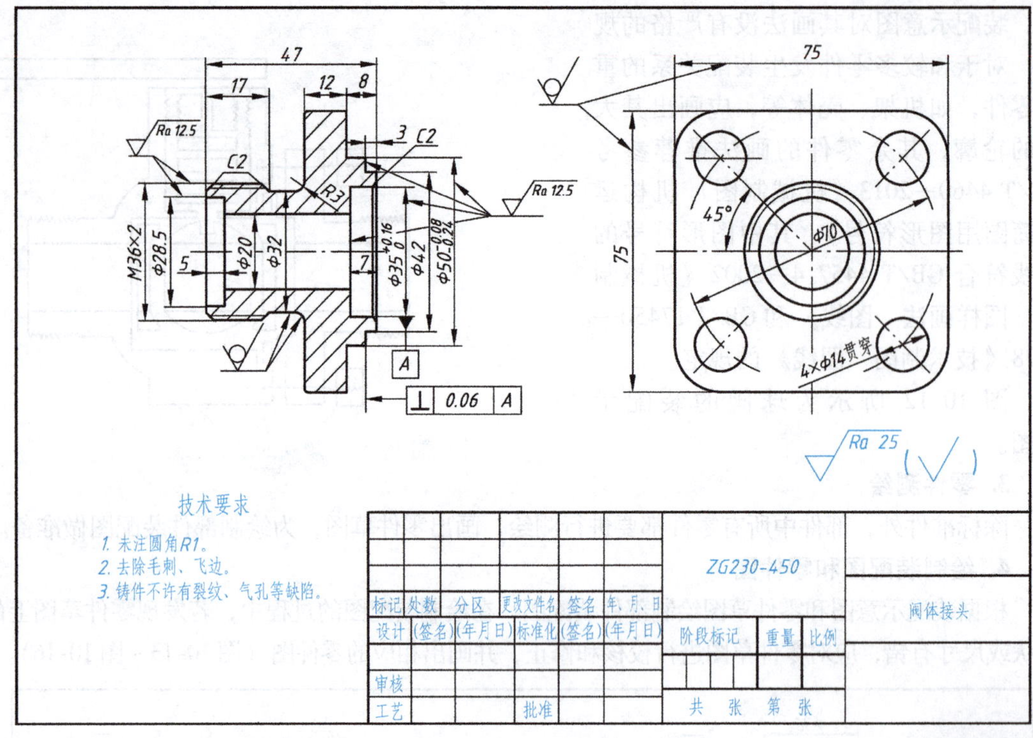

图 10-14　阀体接头的零件图

二、装配图的画法与步骤

在图 10-1 所示的球阀部件测绘中，需要由装配示意图和零件草图绘制部件装配图。以下主要介绍球阀装配图的画法与步骤。

1. 确定表达方案

（1）主视图的选择　将部件的安放位置与其工作位置相符合。应选用最能清楚地反映主要装配关系和工作原理的视图作为主视图，并采取适当的剖视。

如图 10-2 所示，球阀的通路一般被置为水平，因此，将其通路放置为水平，并选择垂直通路轴线的方向为主视图的投射方向，采用全剖视图清楚地反映主要的装配线。

（2）其他视图的选择　根据确定的主视图，再选取能反映其他装配关系、外形及局部结构的视图。

球阀的左视图采用半剖视图，补充反映球阀的外形结构以及其他一些装配关系。俯视图采用局部剖视图，反映扳手与定位凸块的关系及两极限位置，如图 10-2 所示。

2. 确定绘图比例和图幅

根据部件的大小、视图数量，确定绘图比例、图幅大小，画出图框，留出标题栏和明细栏的位置。

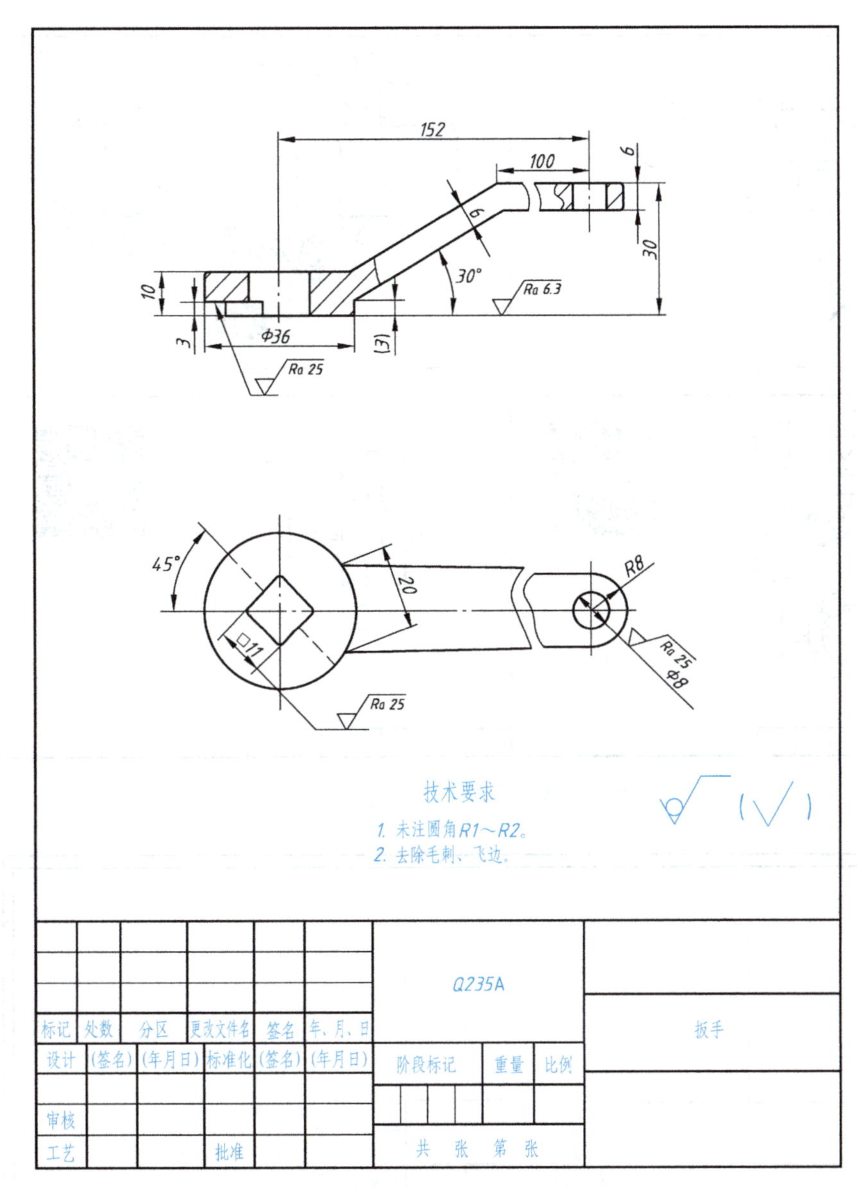

图 10-15　扳手的零件图

3. 布置视图

画标题栏和明细栏、各视图的主要基线。在各视图之间留有适当间隔，以便标注尺寸和进行零件编号，如图 10-17 所示。

4. 画主要零件

先画出阀体的轮廓线，如图 10-18 所示。

5. 画装配线

根据对部件装配线的分析和已有的零件草图“拼画”装配图，零件的绘图顺序与零件的装配顺序一致。

从阀体开始，按照 3 条装配线上各零件的装配顺序，遵循表达方案，依次画出各零件的视图，如图 10-19 所示。

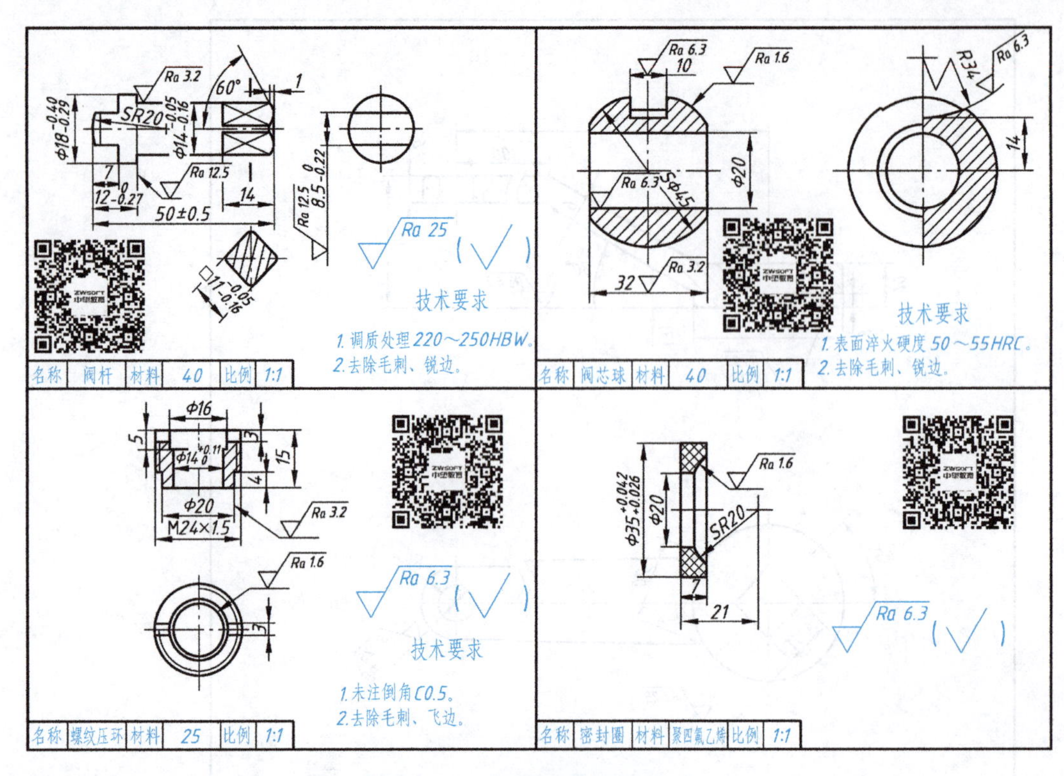

图 10-16 阀杆等零件的零件图

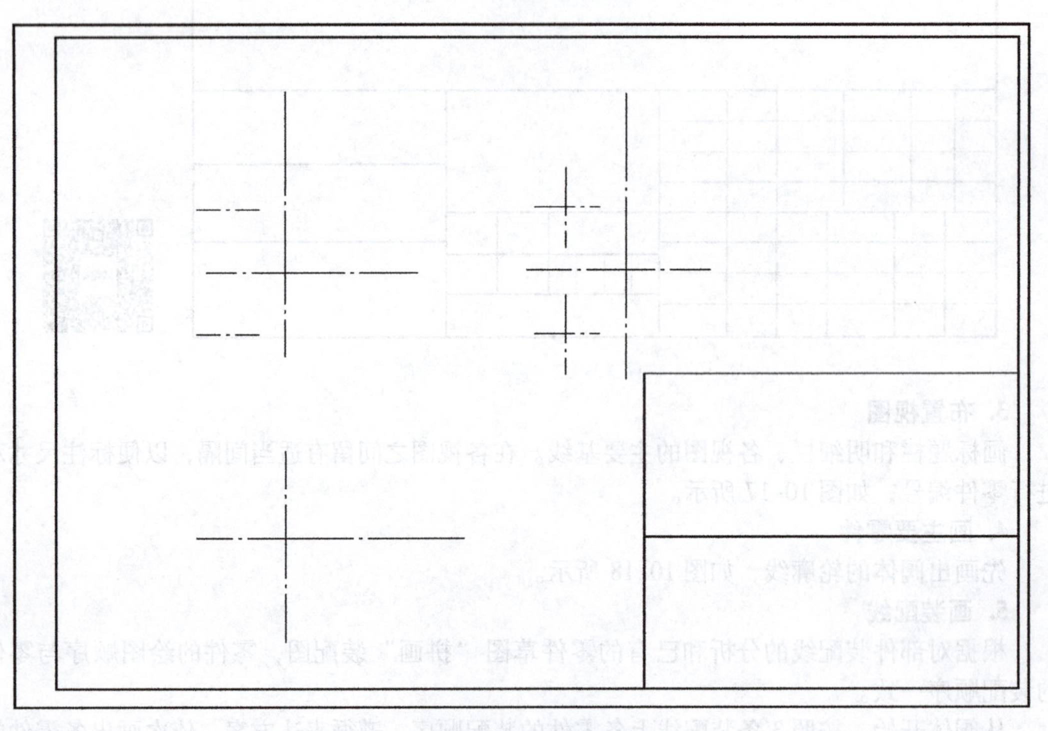

图 10-17 布置视图

图 10-18　画阀体的轮廓线

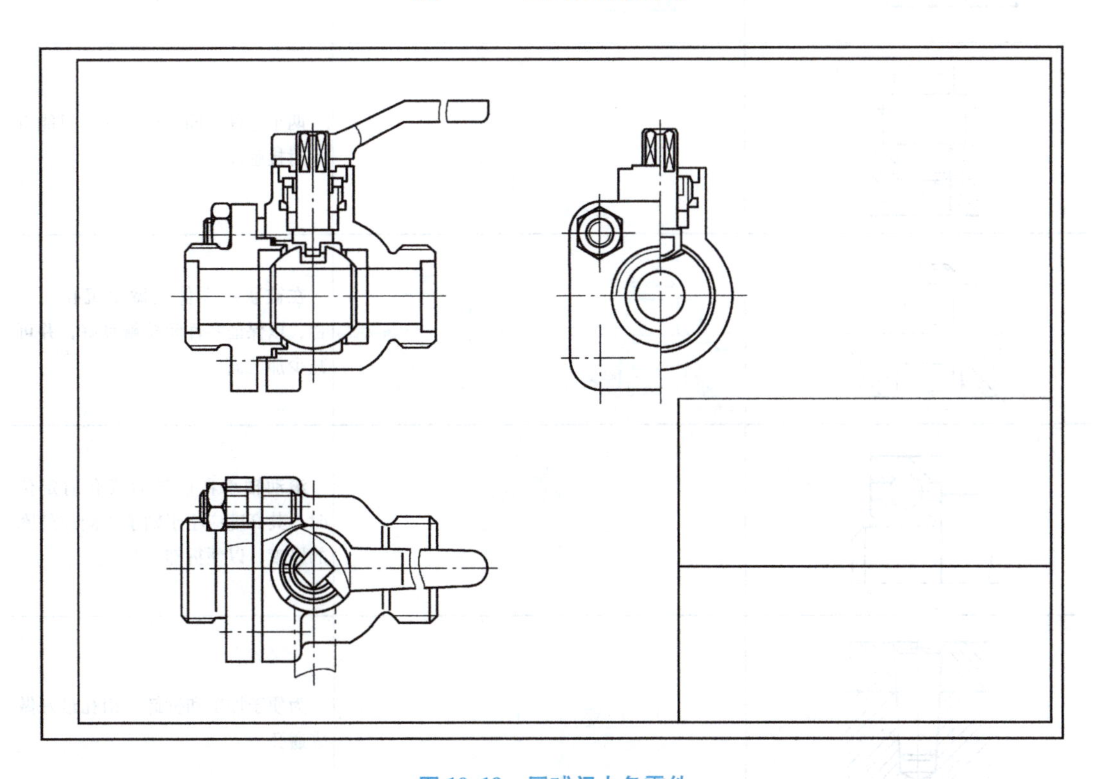

图 10-19　画球阀中各零件

6. 完成装配图

检查无误后加深图线，画剖面线，标尺寸，对零件进行编号，填写明细栏、标题栏、技术要求等，完成装配图，如图10-2所示。

第六节 常见装配体结构和装置简介

一、接触面或配合面的结构

为保证机器或部件的性能要求和零件加工与装拆的方便，在设计时必须考虑装配结构的合理性。常见接触面或配合面的结构及其画法示例见表10-1。

表10-1 常见接触面或配合面的结构及其画法示例

不合理	合理	说明
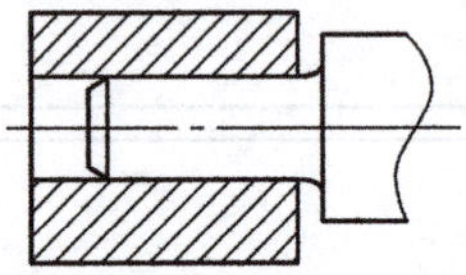	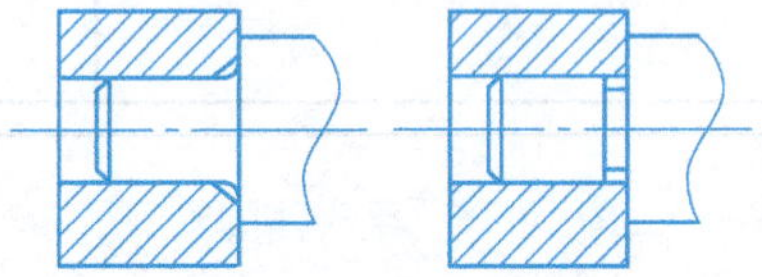	两零件接触面的转角处应做出倒角、倒圆或凹槽，不应都做成直角或相同的圆角
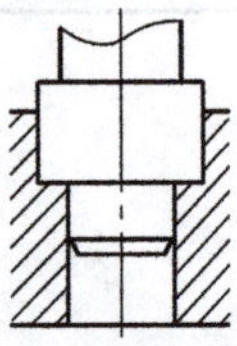	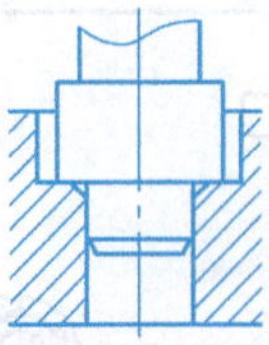	两个零件在同一个方向上只能有一对接触面
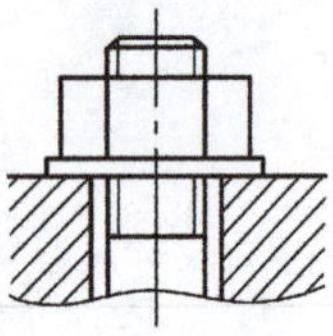	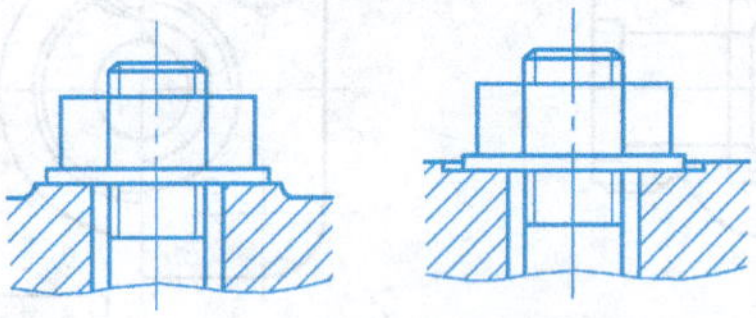	在被联接零件上做出沉孔或凸台，以保证零件间接触良好，并可减少加工面
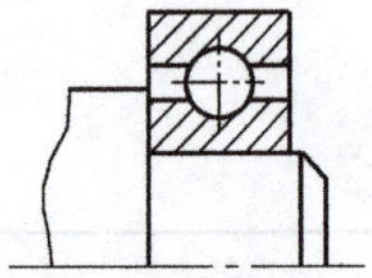	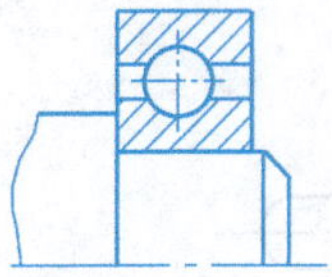	滚动轴承在以轴肩或孔肩定位时，其高度应小于轴承内圈或外圈的厚度，以便拆卸
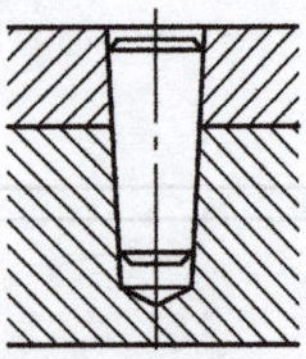	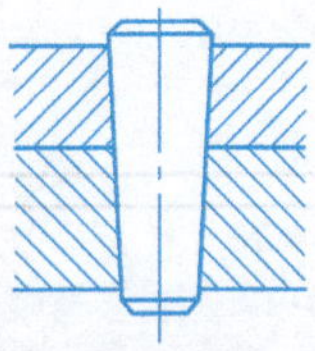	为便于加工和拆卸，销孔最好做成通孔

二、螺纹紧固件的防松装置

为了防止由于振动导致机器中的螺纹联接自行松脱，常采用的各种螺纹防松（锁紧）装置，如图 10-20 所示。

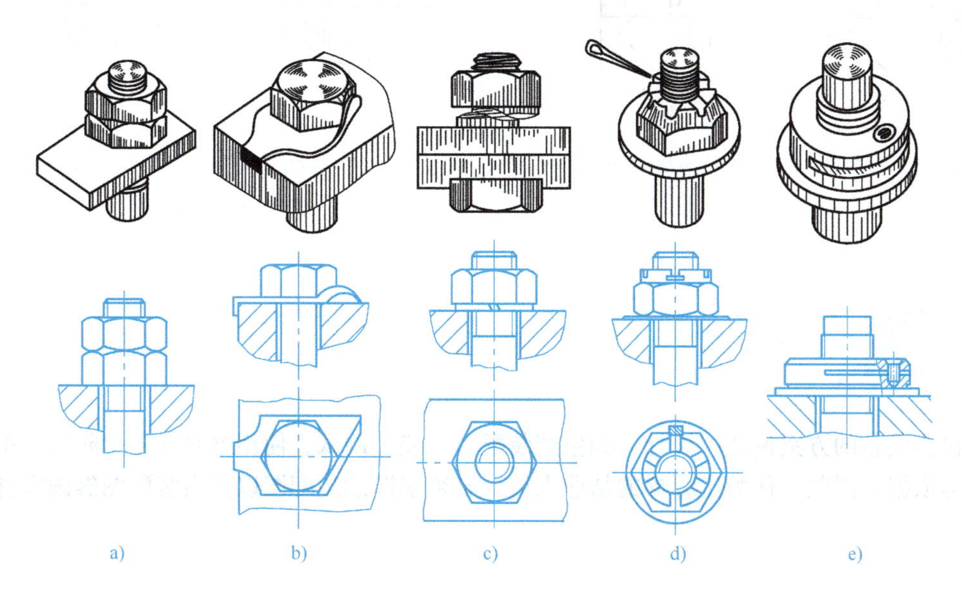

图 10-20　常采用的各种螺纹防松（锁紧）装置

a）双螺母　b）止动垫圈　c）弹簧垫圈　d）开口销　e）开缝圆螺母

三、密封装置

为了防止机器、设备内部的气体或液体向外渗透，防止外界灰尘、水蒸气或其他不洁净物质侵入其内部，常需要考虑密封。密封的形式很多，常见的有垫片密封、密封圈密封、填料密封 3 种。

垫片密封是为了防止流体沿零件结合面向外渗透，常在两零件之间加垫片密封，同时也改善了零件的接触性能。

密封圈密封是将密封圈（胶圈或毡圈）放在槽内，受压后紧贴在机体表面，从而起到密封作用。

填料密封是为了防止流体沿阀杆与阀体的间隙溢出，在阀体上制有一空腔，并内装填料，当压紧填料压盖时，就起到防漏密封作用。

图 10-21 所示为常采用的滚动轴承密封装置。

防止阀中或管路中的液体泄漏常采用的密封装置，如图 10-22 所示。

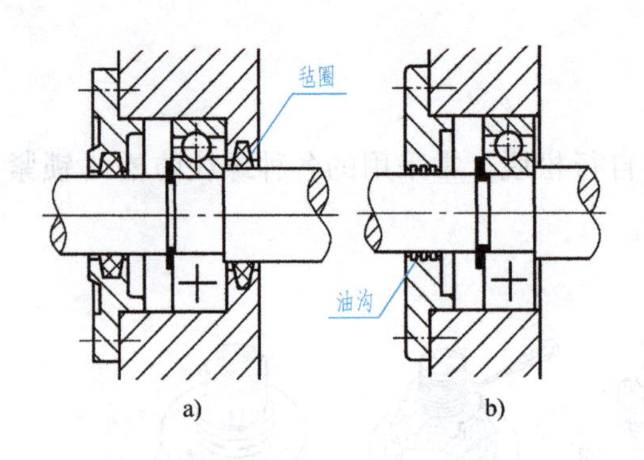

图 10-21　常采用的滚动轴承密封装置
a）毡圈密封　b）间隙和油沟密封

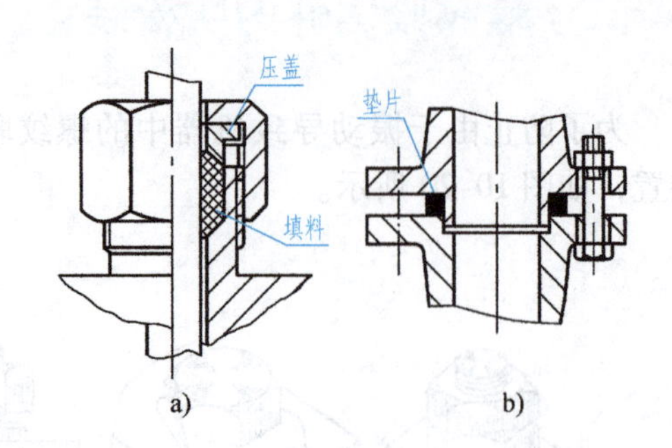

图 10-22　防止阀中或管路中的液体泄漏常采用的密封装置
a）填料密封　b）垫片密封

第七节　读装配图

从机器设备的方案论证、设计，到生产装配、安装、调试、使用维修等各个阶段，都以装配图为依据。因此，作为工程界的从业人员，必须掌握读装配图以及由装配图拆画零件图的方法。

一、读装配图的基本要求

读装配图的基本要求可归纳为以下几点。

1）了解部件的名称、用途、性能和工作原理。

2）弄清各零件间的相对位置、装配关系和装拆顺序。

3）弄懂各零件的结构形状及作用。

读装配图要达到上述要求，不仅要掌握制图知识，还需要具备一定的生产和相关专业知识。

二、读装配图的方法和步骤

以图 10-2 所示球阀的装配图为例，说明读装配图的一般方法和步骤。

1. 概括了解

由标题栏、明细栏了解部件的名称、用途以及各组成零件的名称、数量、材料等，对于有些复杂的部件或机器还需查看说明书和有关技术资料，以便对部件或机器的工作原理和零件间的装配关系做深入的分析了解。

由图 10-2 所示的标题栏、明细栏可知，该图所表达的是管路附件——球阀，该阀共由 11 种零件组成。球阀的主要作用是控制管路中流体的流通量，从其作用及技术要求可知，密封结构是该阀的关键部位。

2. 分析各视图及其所表达的内容

分析各视图之间的关系，找出主视图，弄清各个视图所表达的重点，弄清视图剖切位置、向视图、斜视图和局部视图的投射方向和表达部位等。读图时，一般应按主视图——→其他基本视图——→其他辅助视图的顺序进行。

如图 10-2 所示的球阀，共采用 3 个基本视图。主视图采用局部剖视图，主要反映该阀的组成、结构和工作原理。俯视图采用局部剖视图，主要反映阀体接头和阀体、扳手和阀杆以及扳手和阀体定位凸块之间的连接关系。左视图采用半剖视图，主要反映阀体接头和阀体等零件的形状及阀体接头和阀体间联接孔的位置等。

3. 弄懂零件间的装配关系和部件工作原理

找出装配体的各装配线（即主要轴线），分析各零件是如何安装、连接到一起的。如果零件是运动的，要了解运动在零件间是如何传递的。另外，还要了解零件的装拆、调整顺序和方法。

图 10-2 所示的球阀，从主视图看，有水平方向和垂直方向的主装配线。其装配关系如下：阀体接头和阀体用 4 个双头螺柱和螺母联接，并用合适的垫片调节阀芯球与密封圈之间的松紧程度。阀体垂直方向上装配有阀杆，阀杆下部的凸块嵌入阀芯球上的凹槽内。为防止流体泄漏，在此处装有密封环并旋入螺纹压环将密封环压紧。

球阀的工作原理：扳手在主视图中的位置时，阀门为全部开启，管路中流体的流通量最大；当扳手顺时针旋转到俯视图中双点画线所示的位置时，阀门为全部关闭，管路中流体的流通量为零；当扳手处在这两个极限位置之间时，管路中流体的流通量随扳手的位置而改变。

4. 分析零件的结构形状

在弄懂部件工作原理和零件间的装配关系后，分析零件的结构形状，可有助于进一步了解部件结构特点。

分析某一零件的结构形状时，首先要在装配图中找出反映该零件形状特征的投影轮廓。接着可按视图间的投影关系、同一零件在各剖视图中的剖面线方向、间隔必须一致的画法规定，将该零件的相应投影从装配图中分离出来。然后根据分离出的投影，按形体分析和结构分析的方法，弄清零件的结构形状。

5. 总结

对装配件的工作原理、结构特点和设计意图进行总结。还可以想一想，怎样将零件拆下来，又怎样把它们组装起来。如果零件是运动的，看一看运动是怎样在零件间传递的。另外，动与不动零件间要考虑润滑和密封问题，看看图中是怎样处理的。

三、由装配图拆画零件图

如前所述一般设计过程是先画出装配图，然后根据装配图设计出详细的零件，并画出零件图，这一由装配图拆画零件图的过程简称为拆图。拆图应在全面读懂装配图的基础上进行。

1. 拆画零件图时要注意的问题

1）由于装配图与零件图的表达要求不同，在装配图上往往不能把每个零件的结构形状完全表达清楚，有的零件在装配图中的表达方案也不符合该零件的结构特点。因此，在拆画零件图时，对那些未能表达完全的结构形状，应根据零件的作用、装配关系和工艺要求予以确定并表达清楚。此外，对所画零件的视图表达方案一般不应简单地按装配图照抄。

2）由于装配图上对零件的尺寸标注不完全，因此在拆画零件图时，除装配图上已有的与该零件有关的尺寸要直接照搬外，其余尺寸可按比例从装配图上量取。标准结构和工艺结构，可查阅相关国家标准来确定。

3）标注表面粗糙度、尺寸公差、几何公差等技术要求时，应根据零件在装配体中的作用，参考同类产品及有关资料确定。

2. 拆画零件图示例

以图 10-2 所示球阀中的阀体接头为例，介绍拆画零件图的一般步骤。

1）确定表达方案。由装配图上分离出的阀体接头轮廓，如图 10-23 所示。

根据端盖类零件的表达特点，决定主视图采用沿前后对称面的全剖，左视图采用一般视图。

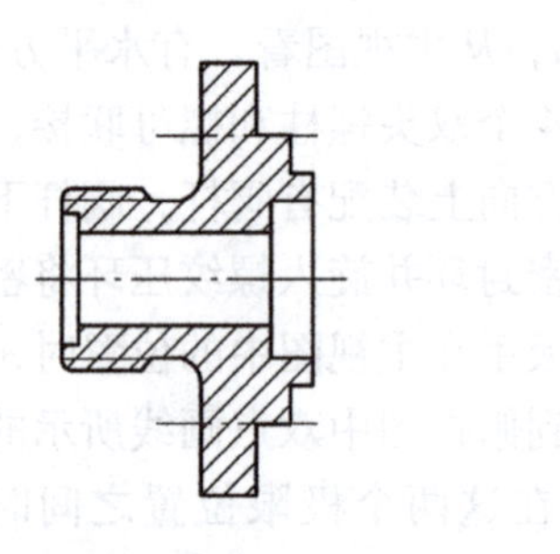
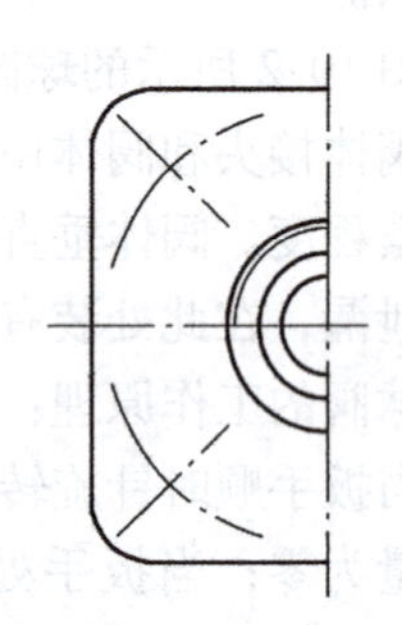

图 10-23　分离出的阀体接头轮廓

2）尺寸标注。对于装配图上已有的与该零件有关的尺寸要直接照搬，其余尺寸可按比例从装配图上量取。标准结构和工艺结构，可查阅相关国家标准确定。

3）技术要求标注。根据阀体接头在装配体中的作用，参考同类产品的有关资料，标注表面粗糙度、尺寸公差、几何公差等，并注写技术要求。

4）填写标题栏及核查。填写标题栏，核对检查，完成后的全图如图 10-14 所示。

第八节　装配体的三维设计

装配体的三维设计是 CAD 软件的基本功能。装配体的设计分为自下而上的设计、自上而下的设计以及综合使用两种方法的设计。利用装配体设计所形成的装配体文件，能够实现装配问题检查、爆炸视图、运动模拟以及生成装配体工程图等功能。

一、装配体的自下而上设计

自下而上是比较传统的设计方法。对于已经被确定的零件，如先前建造的零件、外购零件、标准件等，优先选择自下而上设计生成装配体。自下而上设计是先设计并造型零件，然后将零件插入装配体，接着使用配合来定位零件。如果需要更改零件，必须单独对零件进行编辑。对零件的更改，在装配体更新之后，会在装配体中显示。

1. 插入零件

将零件插入装配体后，能够对零件的位置、姿态进行调整，如图 10-24 所示。此时，零件与装配体并未形成配合约束。

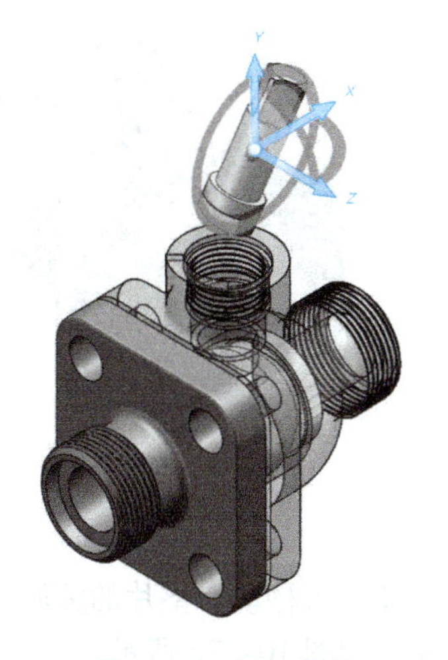

图 10-24　插入零件

2. 添加配合

区别于工程实际中的装配关系，装配体模型中的装配关系是零部件之间的几何关系。对零部件添加配合，就是在定义零部件线性或旋转运动的方向。通常施加的配合类型包括标准配合、高级配合以及机械配合，见表 10-2。

在添加配合之后，零件只能在被允许的自由度内运动，从而实现对装配体行为的直观模拟，如图 10-25 所示。

表 10-2　常用的配合类型

标准配合	角度、重合、同心、距离、锁定、平行、垂直、相切
高级配合	限制、线性/线性耦合、路径、轮廓中心、对称、宽度
机械配合	凸轮推杆、齿轮、铰链、齿条和小齿轮、螺钉、槽口、万向节

二、装配体的自上而下设计

在自上而下的装配体设计中，零件的一个或多个特征由装配体中的某项定义，设计意图来自上层，即装配体，并下移至零件。自上而下的设计可以通过参考装配体中的其他零件设计生成零件的单个特征，也可以在装配体中创建新的完整零件，甚至可以依据零部件的位置、关键尺寸等设计参数创建整个装配体。

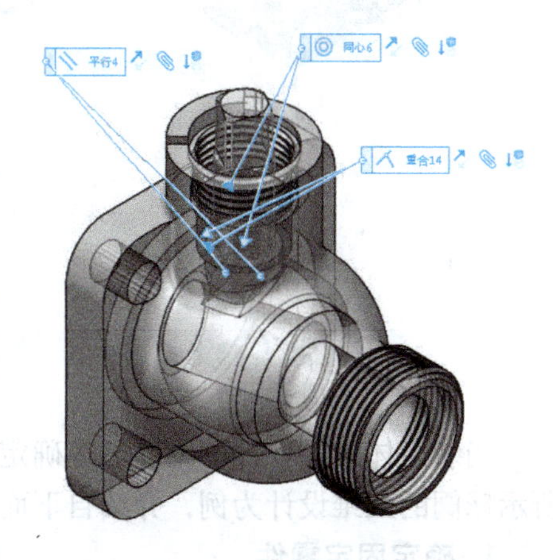

图 10-25　添加配合

在自上而下设计中，零件的结构、尺寸以及装配位置是在装配体中设计的，当零件参考发生变化时，零件能够自我更新。在提供设计便利的同时，自上而下设计让装配体文件具有大量的关联特征，会增加装配体重建的时间，并且会更容易发生配合冲突。

1. 设计单个特征

在球阀装配体中，参考阀体螺孔的位置，设计并生成阀体接头的孔特征，如图 10-26 所示。

2. 设计整个零件

在球阀装配体中，参考阀体内腔孔径尺寸和阀体接头尺寸绘制垫片（新零件）的端面草图，使用拉伸特征，并指定拉伸至阀体接头环面，创建垫片的模型，如图 10-27a 所示。

图 10-26　设计单个特征

当阀体接头移动，垫片的关联特征发生位置上的变化，如图 10-27b 所示，垫片的厚度随之更新，如图 10-27c 所示。

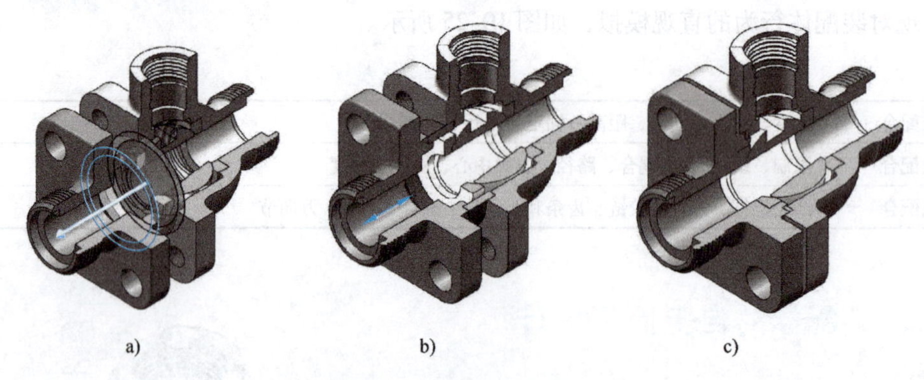

图 10-27　设计整个零件
a）设计新零件　b）参考变动　c）零件关联更新

三、装配体的设计步骤及注意事项

当装配体中各零件的设计已经确定，自下而上设计是经常采用的方法。下面以图 10-11 所示球阀的三维设计为例，介绍自下而上设计的一般步骤及注意事项。

1. 确定固定零件

在装配设计中有一个基本概念——“地”零件，即相对于基准坐标系静态不动的零件。一般将装配体中起支承作用的零件作为“地”零件。

对于球阀的装配体设计，选择阀体作为固定的“地”零件，如图 10-28 所示。通常将固定零件的 3 个参考基准面与装配体的参考基准面进行重合约束。

2. 按照装配线插入零件

在装配体设计中，为了防止插入零件的缺失或错位，通常按照装配线的顺序插入各零件。

对于球阀的设计，按照如图 10-11 所示装配线插入各零件。

（1）插入装配线 1 的各零件　在插入内部零件时，为便于观测，通常将外部零件进行透明化设置。按照装配线 1 的顺序，密封圈是第一个被插入阀体的零件。将外部零件阀体进行透明化的显示设置，如图 10-29 所示，设置密封圈与阀体的重合、同心约束。

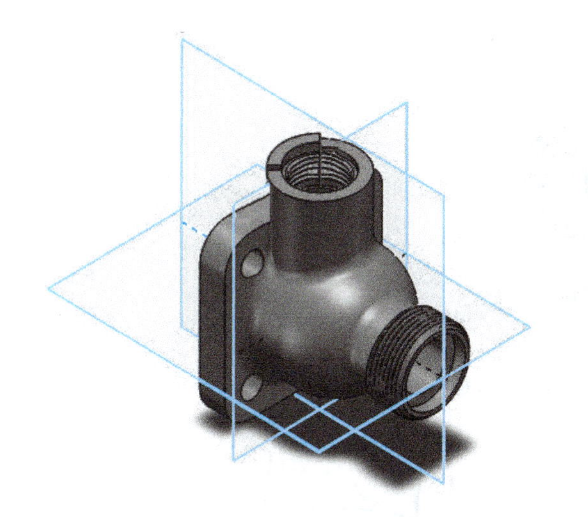

图 10-28 确定并插入固定零件——阀体

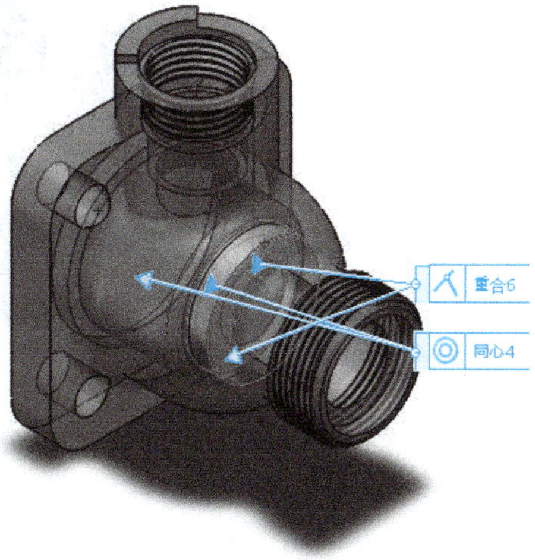

图 10-29 插入内部零件——密封圈

按照装配线 1 的顺序，除固定零件阀体之外，依次插入密封圈（1）、阀芯球、密封圈（2）、垫片、阀体接头，如图 10-30 所示。

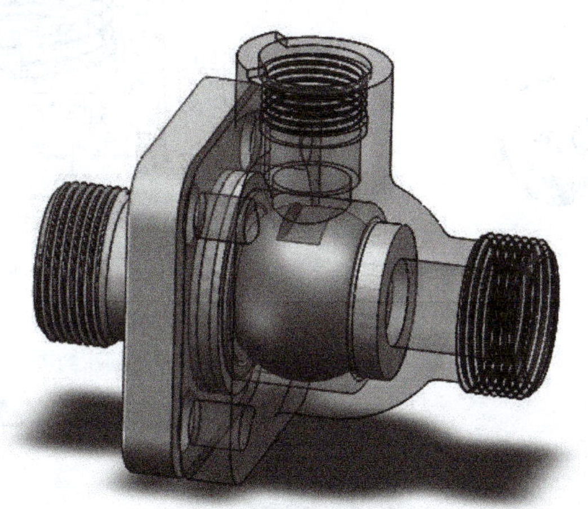

图 10-30 插入装配线 1 的各零件

（2）插入装配线 2 的各零件 按照装配线 2 的顺序，依次插入阀杆、密封环、螺纹压环、扳手，如图 10-31 所示。

阀体和扳手均设计有限位结构，如图 10-13 和图 10-15 所示。扳手只能在一定的角度范围内旋转，如图 10-32a 所示。对阀体和扳手限位结构的接触面施加“角度限制”约束，如图 10-32b 所示。

（3）插入装配线 3 的各零件 按照装配线 3 的顺序，依次插入螺柱和螺母，如图 10-33 所示。

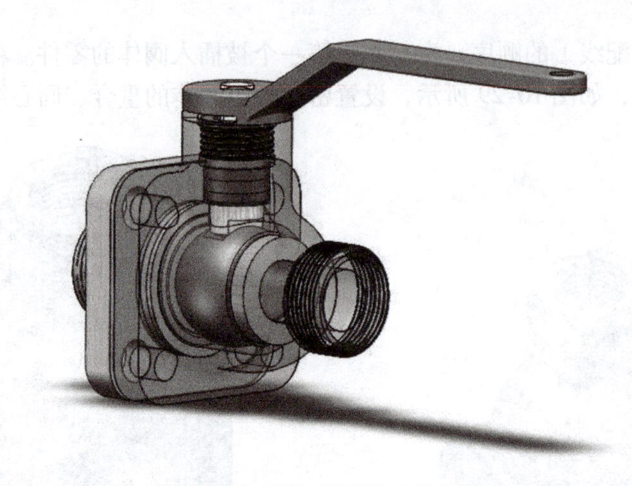

图 10-31 插入装配线 2 的各零件

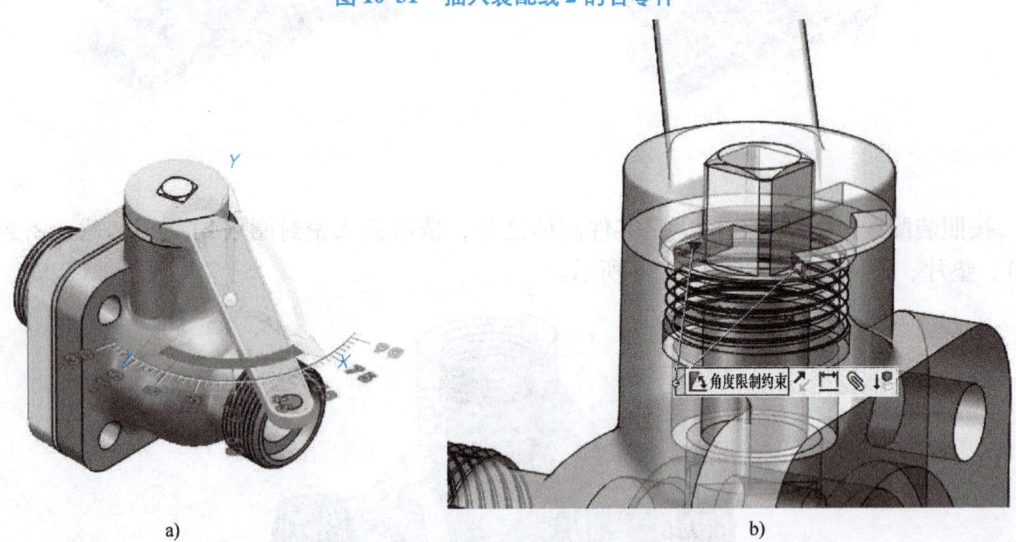

a) b)

图 10-32 扳手的角度限制约束

a）扳手的限位运动 b）扳手的“角度限制”约束

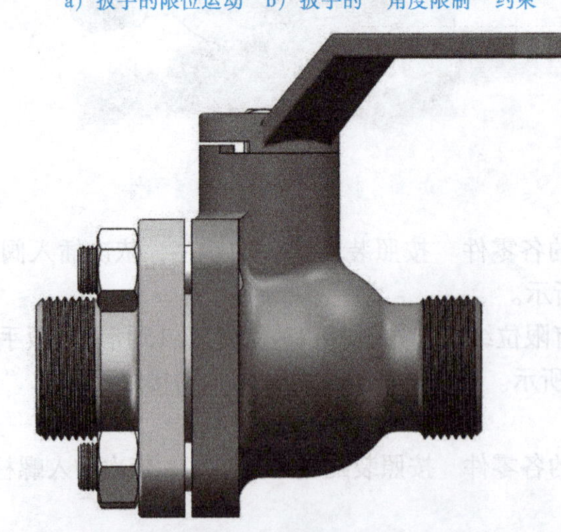

图 10-33 插入装配线 3 的各零件

在装配体中经常会有按照圆周方向分布或按照直线方向分布的相同的零件或子装配体，在装配体设计中，对已经插入的零件采用阵列处理，能够提高设计效率。如图 10-34 所示，对螺柱和螺母采用圆周方向的阵列处理。

图 10-34 零件的阵列处理

四、装配体的爆炸图和轴测剖视图

1. 爆炸图

在装配体完成之后，为了在随后的制造、销售和维修过程中，直观地表达、分析各个零部件之间的装配关系，常将装配体中的零部件分离出来，生成“爆炸”视图。一个爆炸图可由一个或多个爆炸步骤组成，并且一个零部件可在多个方向进行爆炸。装配体爆炸之后，不可以对装配体添加新的配合关系。

可以在图形区域中选择和拖动零件生成一个或多个爆炸步骤，如图 10-35a 所示，生成的球阀的爆炸图，如图 10-35b 所示。

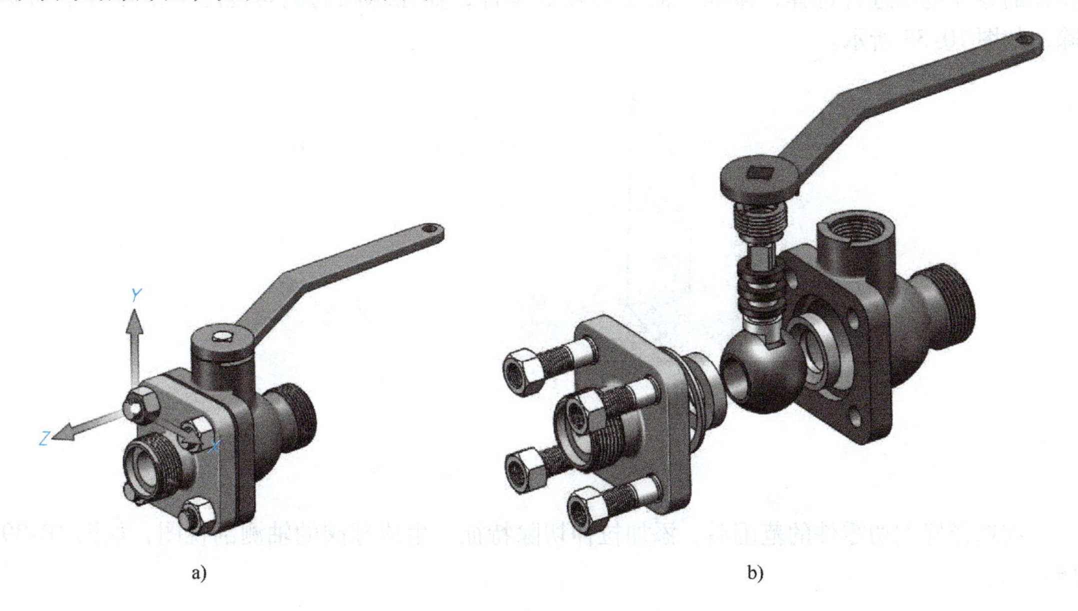

图 10-35 生成球阀的爆炸图

a）选择和拖动零件 b）球阀的爆炸图

2. 轴测剖视图

隐藏零、部件和更改零件透明度等是观察装配体模型的常用手段，如图 10-36 所示为球阀装配体的透明显示。但在许多产品中零部件空间关系非常复杂，具有多种嵌套关系，因此，常采用装配体特征假想剖开装配体，用轴测剖视图表达其内部结构以及装配体的工作原理和装配关系。具体方法与零件轴测剖视图的剖切类似。

（1）选择平面绘制草图 对于球阀，轴测剖视图重点表达装配线 1 和装配线 2 的各零件间的装配顺序和装配关系，据此选择适当平面绘制矩形草图，如图10-37所示。

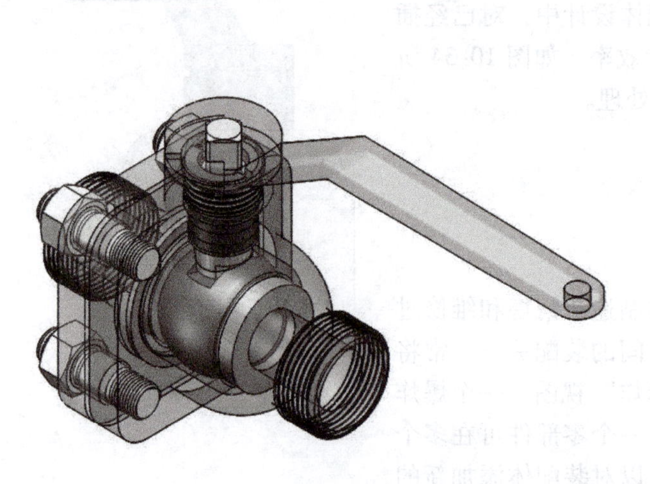

图10-36 球阀装配体的透明显示

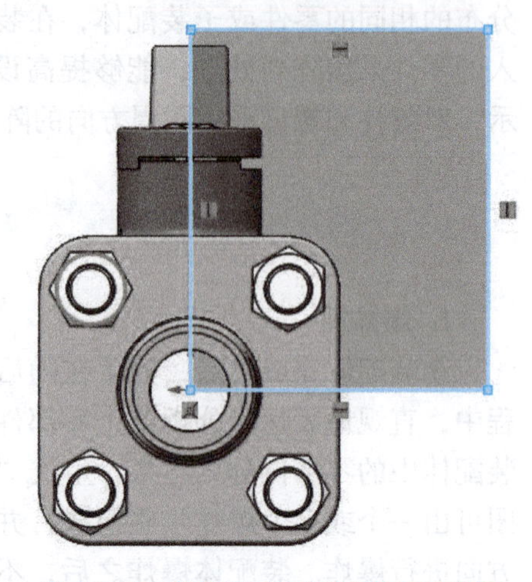
图10-37 选择适当平面绘制矩形草图

（2）添加装配体特征 在使用拉伸切除或旋转切除的装配体特征时，能够对添加切除特征的零件范围进行选择，排除不需要切除的零件，如在球阀的剖切视图中排除扳手的切除，如图10-38所示。

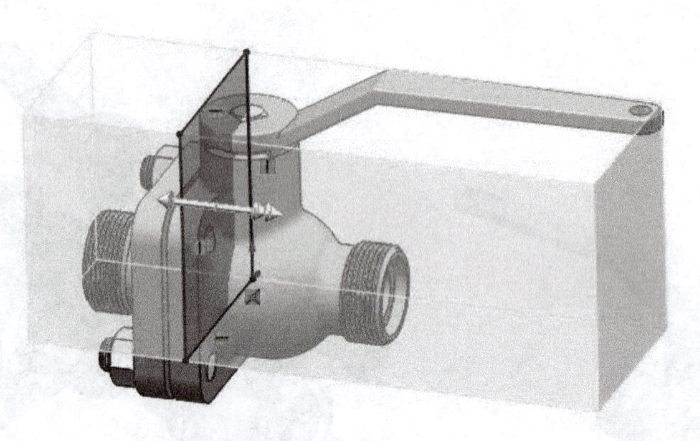
图10-38 添加装配体的切除特征

在选择好剖切零件的范围后，添加拉伸切除特征，生成球阀的轴测剖视图，如图10-39所示。

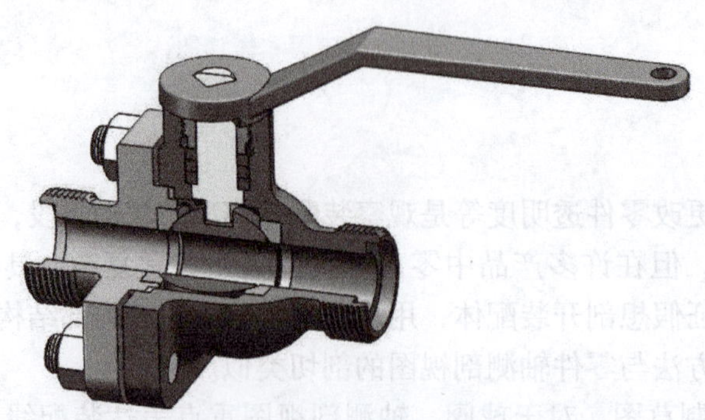
图10-39 球阀的轴测剖视图

五、装配体的工程图

装配体工程图的绘制方法与零件类似。通过创建工程图、插入零件序号、定制明细栏的步骤，最终生成如图 10-2 所示的球阀装配体工程图。

1. 创建工程图

根据装配体工程图对表达方法的基本要求，对于螺纹紧固件（如螺栓、螺钉、螺母等）及轴、球、扳手、键、连杆等实心零件，若沿纵向剖切且剖切平面通过其对称平面或轴线时，这些零件均按不剖绘制。在创建装配体工程图时，可以根据需要对部分零件进行不剖切的处理。如图 10-40 所示，阀杆被设置为不剖切的零件。

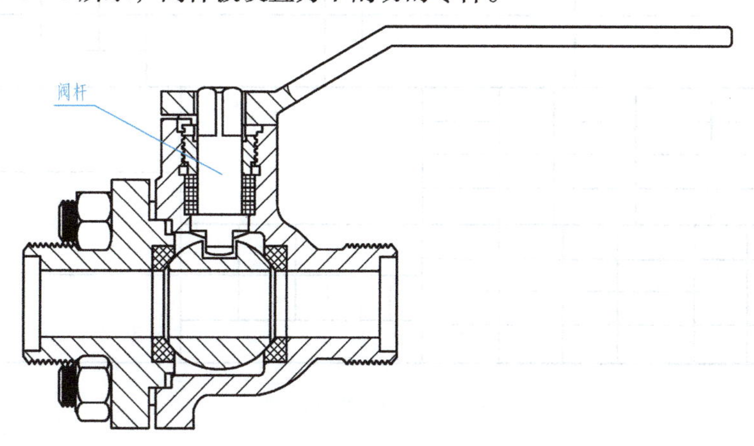

图 10-40 选择不剖切的零件

除了能够实现对不剖切零件的选择和设置，还可以对生成的工程图进行编辑，通过隐藏和添加图线，以及对剖面线的修改，使生成的工程图最终能够符合国家标准的要求。

2. 插入零件序号

在装配图的视图上可以插入各个零部件的序号，其顺序按照明细栏的序号顺序而定，如图 10-41 所示。

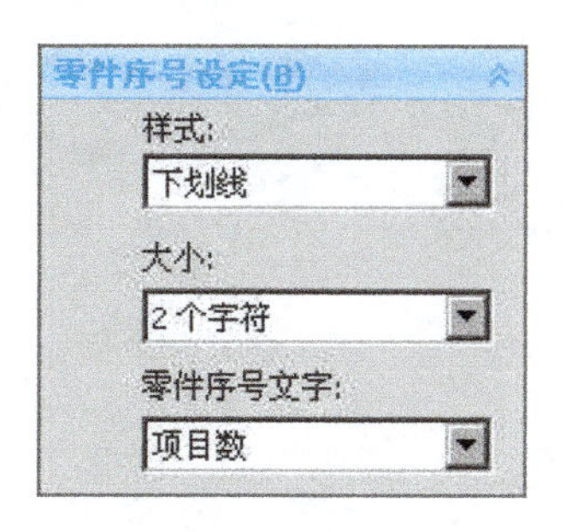

图 10-41 零件序号设定

3. 定制明细栏

在企业生产组织过程中，物料清单（Bill of Material，BOM）表是描述产品零件基本管理和生产属性的信息载体。工程图中的明细栏相当于简化的 BOM 表，通过表格的形式罗列装配体中零部件的各种信息。利用单元格工具，可以实现明细栏的定制，如图 10-42 所示。

11	L1B19.06	扳手	1	Q235A			
10	L1B19.05	螺纹压环	1	25			
9	L1B19.10	密封环	3	聚四氯乙烯PTFE			
8	L1B19. 04	阀杆	1	40			
7	GB/T 6170—2000	螺母M12	4				
6	GB 897—1988	螺柱AM12×30	4				
5	L1B19. 08	垫片	1	1060			
4	L1B19. 03	阀芯球Φ25	1	40			
3	L1B19. 07	密封圈Φ25	2	聚四氯乙烯PTFE			
2	L1B19. 02	阀体接头	1	ZG230—450			
1	L1B19. 01	阀体	1	ZG230—450			
序号	代号	名称	数量	材料	单件 重量	总计 重量	备注

标记	处数	分区	更改文件号	签名	年、月、日			球阀
设计	(签名)	(年月日)	标准化	(签名)	(年月日)	阶段标记	重量	比例
								1:2
审核								
工艺			批准			共　张	第　张	

图 10-42　明细栏的定制

第十一章 计算机绘图

AutoCAD 是美国 Autodesk 公司开发的交互式计算机辅助绘图软件。该软件具有完整的二维绘图、编辑功能和强大的三维设计功能，广泛应用于机械、建筑、纺织、电子、石油化工等多个领域。本章主要介绍 AutoCAD 2022 的二维绘图功能。

第一节 AutoCAD 绘图基础

一、AutoCAD 2022 的工作界面

AutoCAD 2022 为用户提供了草图与注释、三维基础、三维建模 3 种工作空间，不同的工作空间之间可以进行切换，选择不同的空间可以进行不同的操作。

“草图与注释”空间是系统默认的工作空间，其工作界面主要由标题栏、菜单栏、功能区、绘图区、滚动条、命令行窗口以及状态栏等部分组成，如图 11-1 所示。

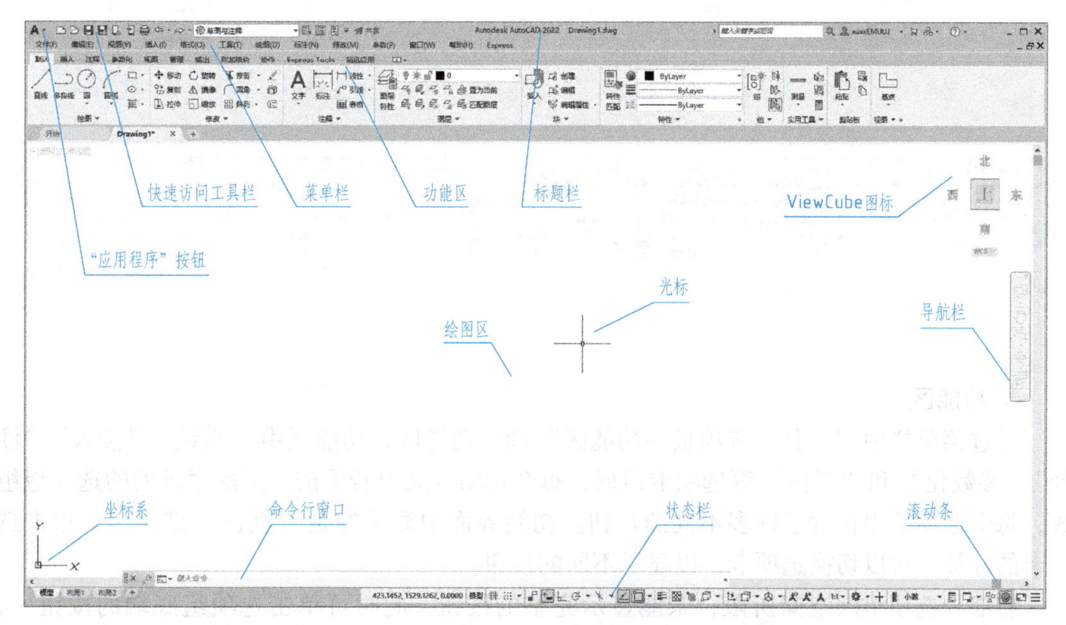

图 11-1 AutoCAD 2022“草图与注释”工作界面

1. 标题栏

标题栏位于界面的顶部，如图11-1所示。标题栏的中间位置显示软件名称和当前正在操作的文件名称，“Drawing1”是系统默认的文件名称。标题栏左侧是快速访问工具栏，右侧是窗口的“最小化”、“最大化”和“关闭”按钮。

2. 应用程序菜单

单击“应用程序”按钮，可以展开AutoCAD 2022用于管理图形文件的菜单，如图11-2所示。通过此菜单，用户可以新建、打开、保存、另存为、输入、输出、发布和打印文件。

3. 快速访问工具栏

快速访问工具栏包括“新建”“打开”“保存”“打印”“放弃”和“重做”6个常用的工具按钮。系统提供自定义快速访问工具栏的功能，单击“快速访问工具栏”右侧的按钮，在弹出的下拉菜单中为快速访问工具栏添加命令，重复操作可移除工具栏中的命令。在弹出的下拉菜单中选择“显示菜单栏”选项，如图11-3所示，可在使用功能区的同时，显示出AutoCAD的传统菜单，如图11-4所示。

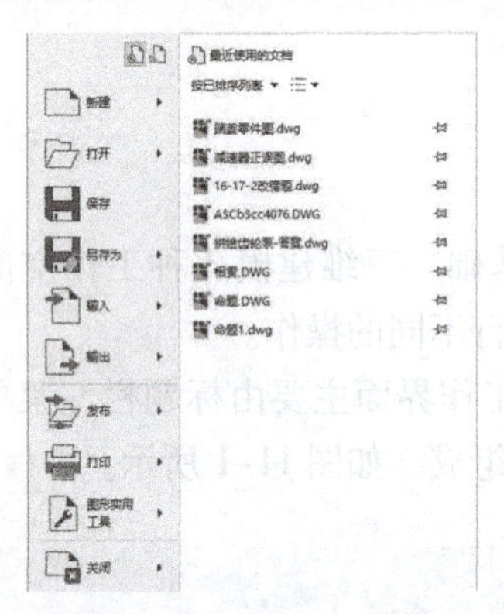

图11-2　用于管理图形文件的菜单

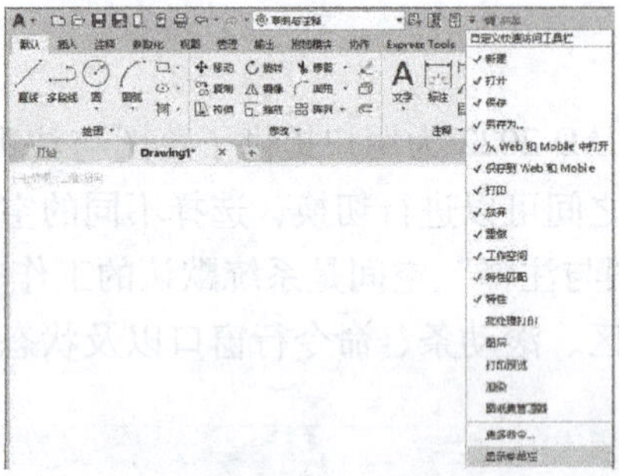

图11-3　自定义快速访问工具栏下拉菜单

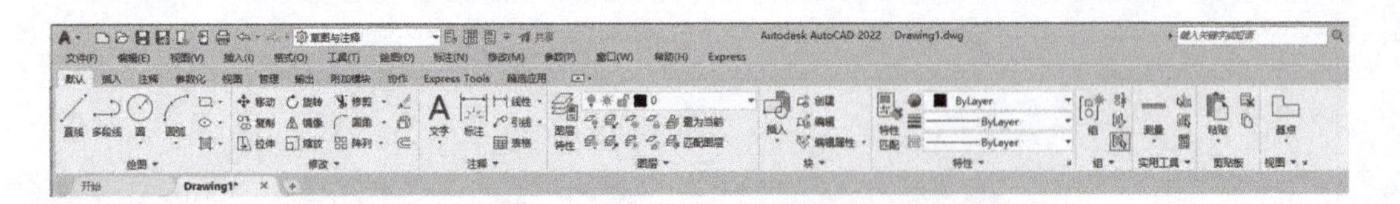

图11-4　显示菜单栏

4. 功能区

通过菜单栏中“工具→选项板→功能区”调出功能区，功能区由“默认”“插入”“注释”“参数化”和“视图”等选项卡组成，每个选项卡又由若干按一定次序排列的选项组组成，每个选项组中包含了许多不同的按钮。初始界面中显示的是“默认”选项卡，单击选项卡的标签，可以切换选项卡，以显示不同的按钮。

有部分选项组因空间所限，未能显示完整的按钮，此时可单击选项组底端的按钮，即可显示其他功能按钮。展开后的“绘图”选项组如图11-5所示。为防止再度收起，可单击选项组左下角的“固定”按钮，将其固定。若单击“解锁”按钮，可将展开的功能按钮收起。

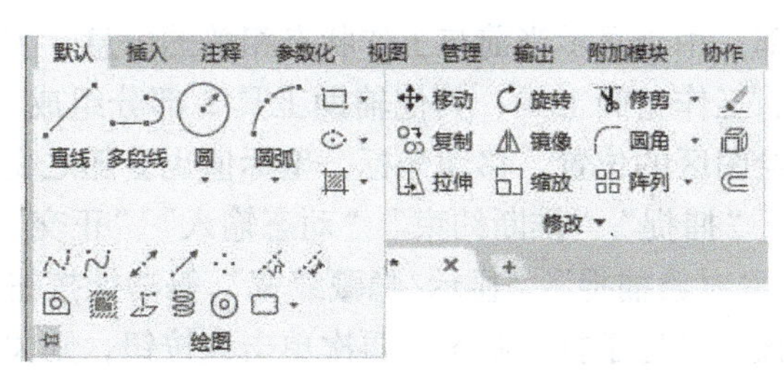

图 11-5　展开后的“绘图”选项组

5. 菜单栏

AutoCAD 2022 的菜单栏包括“文件”“编辑”“视图”“插入”“格式”“工具”“绘图”“标注”和“修改”等 13 个菜单。单击某一菜单，即可弹出对应的下拉菜单，下拉菜单中包含了 AutoCAD 的核心命令和功能，选择其中的某个选项，AutoCAD 就会执行相应的命令。AutoCAD 菜单选项有以下 3 种形式。

1）菜单选项后面带有三角形标记，选择这种菜单选项后，将弹出二级子菜单，用户可在子菜单中进行选择。

2）菜单选项后面带有省略号标记“…”，选择这种菜单选项后，AutoCAD 将弹出一个对话框，用户可在对话框中做进一步操作。

3）单独的菜单选项，选择这种菜单选项后，直接执行相应命令。

6. 绘图区

界面内的空白区域为绘图区，在默认情况下，绘图区背景颜色为黑色，用户可以在此绘制和编辑图形。绘图区没有边界，用户可以通过缩放、平移等命令来观察绘图区中的图形。

AutoCAD 默认打开绘图区右侧的 ViewCube 图标和导航栏，以方便用户快速切换视图方向和缩放、平移视图。用户若想隐藏 ViewCube 图标和导航栏，可在功能区的“视图”选项卡中，单击“ViewCube”和“导航栏”按钮，取消对“ViewCube”和“导航栏”项的勾选，如图 11-6 所示。

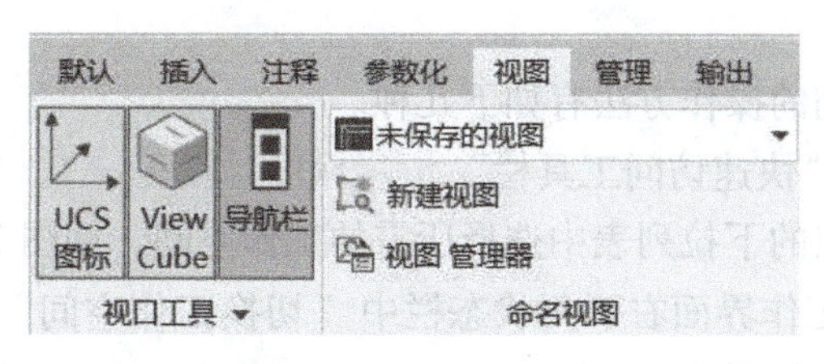

图 11-6　隐藏 ViewCube 图标和导航栏

7. 命令行窗口

命令行窗口位于绘图区的下方，是 AutoCAD 进行人机交互、输入命令和显示相关信息与提示的区域。命令行窗口是浮动的，用户可改变命令行窗口的大小，也可以将其拖动至屏幕的其他位置。

当命令行窗口被隐藏处于不可见状态时，用户可以在“工具”选项卡中，单击“命令行”按钮，或按<Ctrl+9>组合键，可使命令行窗口从隐藏状态转为可见状态。

8. 状态栏

状态栏位于界面底部，用于显示当前与工作状态相关的信息，主要由坐标值显示区、绘图辅助工具、注释工具、工作空间工具、其他辅助工具5部分组成，如图11-7所示。状态栏左侧显示当前光标在绘图区的位置，移动光标，坐标值也会随之变化。绘图辅助工具从左向右依次排列着“栅格”“捕捉”“推断约束”“动态输入”“正交”“极轴追踪”“等轴测草图”“对象捕捉追踪”“对象捕捉”“显示/隐藏线宽”等功能按钮。当单击绘图辅助工具按钮，呈蓝色状态时，该工具处于打开状态。再次单击该按钮，则关闭此绘图辅助工具。注释工具用于对注释内容的显示缩放。工作空间工具用于切换AutoCAD 2022工作空间及自定义工作空间等。

单击状态栏最右侧的“全屏显示”按钮，可全屏显示绘图区的图形。

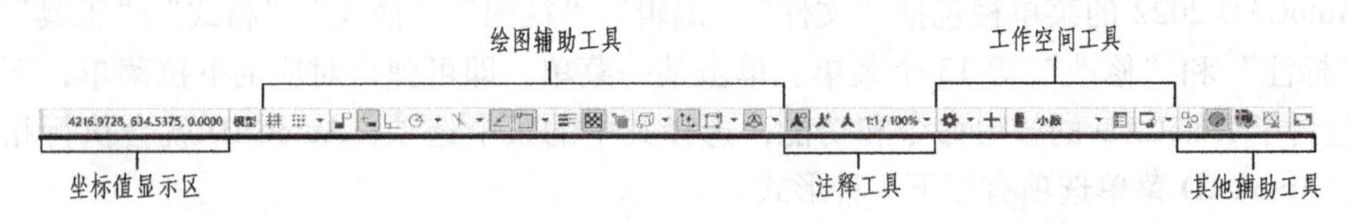

图11-7 状态栏

9. 坐标系

在绘图区左下角显示一坐标系。在默认情况下，坐标系为世界坐标系。

10. 光标

当光标位于绘图区时为十字形状，其交点为十字光标在当前坐标系中的位置；当光标位于其他区域时变为空心箭头。

11. 滚动条

AutoCAD工作界面的右边及底边都有滚动条，拖动滚动条上的滑块或单击两端的箭头，可以使绘图区中显示的图形沿水平或垂直方向移动。

二、切换工作空间

常用的切换工作空间的操作方法有如下几种。

（1）工具栏 单击“快速访问工具栏”的工作空间下拉列表框，在弹出的下拉列表中选择所需的工作空间，如图11-8a所示。

（2）状态栏 单击工作界面右下角状态栏中“切换工作空间”按钮，在弹出的菜单中选择所需的工作空间，如图11-8b所示。

（3）菜单栏 在菜单栏中选择“工具→工作空间”选项，在展开的子菜单中选择所需的工作空间，如图11-8c所示。

除AutoCAD 2022提供的草图与注释、三维基础、三维建模3种工作空间外，用户还可以自定义工作空间。在菜单栏中选择“工具→工具栏→AutoCAD”选项，选择7个常用工具栏，分别是图层、对象特性、样式、绘图、修改、对象捕捉和尺寸标注，显示在屏幕上，并拖动工具栏头部（双杠部分），按需要把工具栏放置在合适的位置上。在菜单栏中选择“工

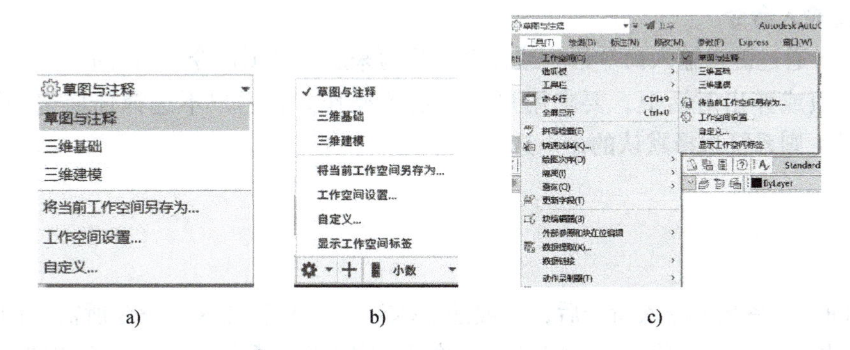

图 11-8　切换工作空间

具→选项板→功能区”选项，消隐功能区。再将当前工作空间自定义为“AutoCAD 经典”工作空间，如图 11-9 所示。本书中的 AutoCAD 绘图均在“AutoCAD 经典”工作空间进行。

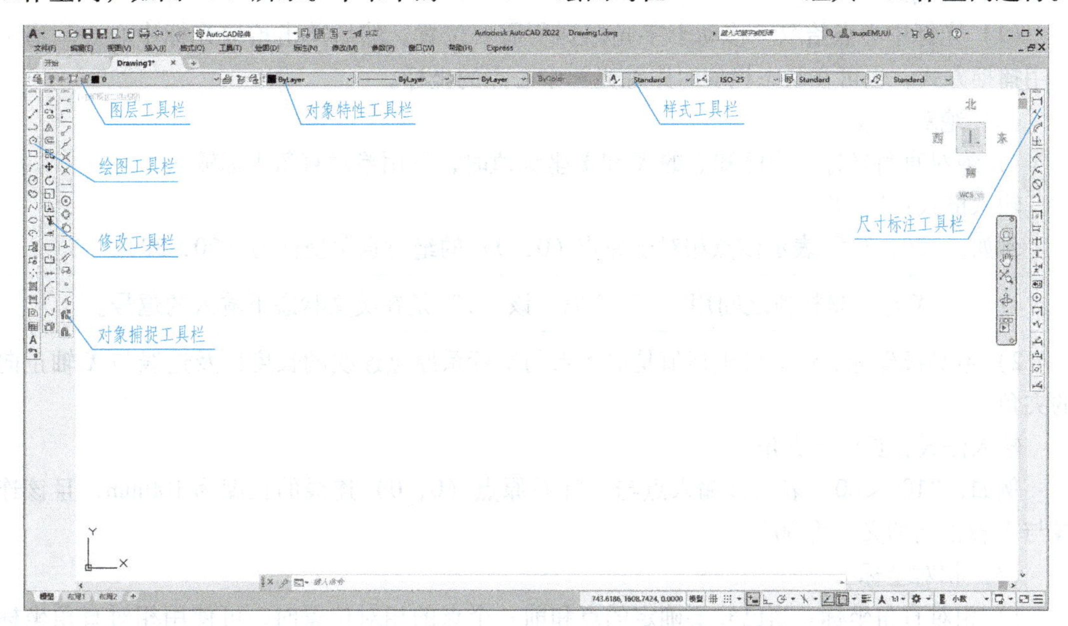

图 11-9　AutoCAD 经典界面

三、命令的输入

当进行绘图、编辑、查看等操作时，首先要调用命令，一般可通过以下方式启动命令。

1. “功能区”启动命令

在“草图与注释”空间中，用户可通过功能区的各个按钮来启动相应的命令。

2. “下拉菜单”启动命令

选择下拉菜单或子菜单中的选项，启动相应的命令。

3. “工具栏”启动命令

单击工具栏中的按钮，启动相应的命令。

4. 键盘输入命令

在命令行通过键盘输入命令语句或命令的简写来启动各项命令。执行命令后，命令行会给出提示选项或弹出对话框，要求用户执行后续操作。若用户不选择任何选项而直接按<Enter>键，则系统选择默认的命令选项。

四、数据输入

在AutoCAD系统中输入命令后，一般还要求输入一些启动这个命令所需要的数据，如点的坐标、长度值、角度值、比例因子、开关量和字符串等数据。在屏幕上相应地会提示该命令所需要的参数，直到提示信息提供完毕，命令功能即可启动。通常采用以下输入数据的方式。

1. 点的输入

（1）光标中心点拾取　移动十字光标到所需要位置，然后单击拾取光标中心点。通常采用捕捉方式，也可在状态栏实时跟踪光标中心点的坐标。

（2）绝对坐标

1）绝对直角坐标。当已知点的 *X* 和 *Y* 坐标值时，可用绝对直角坐标输入。

输入格式：*X*，*Y*

例如，“20，30”表示该点相对于原点（0，0）的绝对直角坐标为（20，30）。

> **注意：** *X* 与 *Y* 坐标值之间用“,”分隔，该“,”是在英文状态下输入的逗号。

2）绝对极坐标。绝对极坐标值是输入点与坐标系原点连线的长度以及连线与 *X* 轴正向的夹角。

输入格式：长度<夹角

例如，“100<60”表示该输入点与坐标系原点（0，0）连线的长度为100mm，且该连线与 *X* 轴正向的夹角为60°。

（3）相对坐标

1）相对直角坐标。当已知要确定的点和前一个点的相对位置时，可使用相对直角坐标输入。相对坐标值是点相对图中已产生的最后一个点在 *X* 和 *Y* 轴方向上的增量。

输入格式：@ *X*，*Y*

例如，“@ 20，30”表示该点相对于前一点在 *X* 轴正方向的增量为20mm，在 *Y* 轴正方向的增量为30mm。

> **注意：** 相对坐标值前必须加前缀符号“@”，沿 *X*、*Y* 轴正方向增量为正，反之为负。

2）相对极坐标。相对极坐标值是输入点与图中已产生的最后一点的连线长度以及连线与 *X* 轴正向的夹角。

输入格式：@长度<夹角

例如，“@100<60”表示该输入点与图中已产生的最后一点的连线长度为100mm，且该连线与 *X* 轴正向的夹角为60°。

在默认情况下，0°方向与 *X* 轴的正方向一致，角度值以逆时针方向为正，顺时针为负。

> **注意：** 输入极坐标时，长度和角度中间用符号“ < ”隔开；在输入相对极坐标时，还要加前缀符号“@”。

(4) 定向输入距离　这是鼠标与键盘配合使用的一种输入方法。当命令提示输入一个点时，移动光标，则自前一点拉出一条“橡皮筋”线，指出所需的方向，用键盘输入距离即可。

2. 角度的输入

默认以“度”为单位，以 X 轴正向为 0°，以逆时针方向为正，顺时针方向为负。在提示符“角度:”后，可以直接输入角度值，也可输入两点，后者的角度大小与输入点的顺序有关，规定第一点为起点，第二点为终点，起点和终点的连线与 X 轴正向的夹角为角度值。

3. 位移量的输入

位移量是指图形从一个位置平移到另一个位置的距离，其提示为“指定基点或位移:”，可用两种方式指定位移量。

1) 输入基点 P_1 (X_1, Y_1)，再输入第二点 P_2 (X_2, Y_2)，则 P_1、P_2 两点间的距离就是位移量，即 $\Delta X = X_2 - X_1$、$\Delta Y = Y_2 - Y_1$。

2) 输入一点 P (X, Y)，在“指定位移的第二点或 <用第一点作位移> :”提示下，直接按 <Enter> 键响应，则位移量就是该点 P 的坐标值 (X, Y)，即 $X = \Delta X$、$Y = \Delta Y$。

五、图形文件操作

图形文件的管理主要包括新建图形文件、打开图形文件、保存图形文件以及关闭图形文件等内容。

1. 新建图形文件

新建图形文件的常用方法有以下几种。

1) 工具栏：单击快速访问工具栏中的“新建”按钮。

2) 下拉菜单：选择“文件→新建”选项。

3) 命令行：New 或 Qnew。

4) 快捷键： <Ctrl + N> 组合键。

启动命令后，弹出“选择样板”对话框，如图 11-10 所示。

图 11-10　“选择样板”对话框

用户可以在样板列表框中选择一个样板文件，选择好样板之后，单击“打开”按钮，即可创建一个新图形文件。

AutoCAD 中有许多标准的样板文件，它们都保存在 AutoCAD 安装目录中的“Template”文件夹下，扩展名为“.dwt”。用户也可根据需要建立自己的样板文件。也可以不选择样板，单击“打开”按钮右侧的下拉按钮，从下拉列表框中选择“无样板打开－英制”或“无样板打开－公制”选项，创建一个无样板的新图形文件。

2. 打开图形文件

打开图形文件的方法有以下几种。

1）工具栏：单击快速访问工具栏中的“打开”按钮。

2）下拉菜单：选择“文件→打开”选项。

3）命令行：Open。

4）快捷键：<Ctrl + O>组合键。

启动命令后，AutoCAD 弹出“选择文件”对话框，如图 11-11 所示。用户可直接在对话框中选择要打开的文件，或在“文件名”文本框中输入要打开文件的名称，还可以在文件列表框中通过双击文件名直接打开文件。该对话框顶部有“查找范围”下拉列表框，可利用下拉按钮找到要打开文件的位置并打开它。

单击“打开”按钮右侧的下拉按钮，从下拉列表框中可选择打开文件的方式，如图 11-11所示。

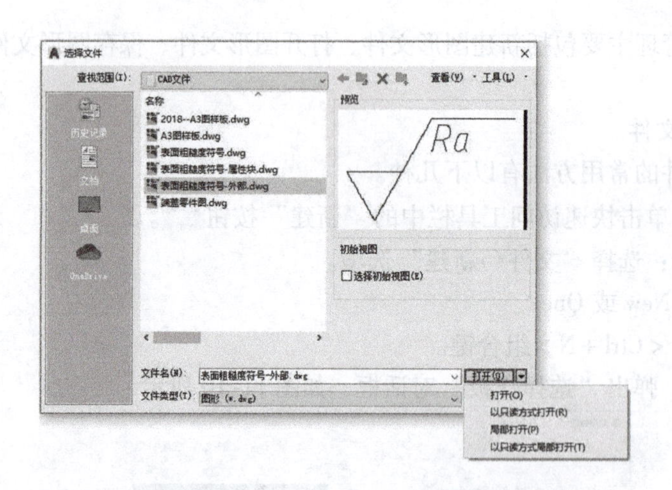

图 11-11　“选择文件”对话框

3. 保存图形文件

保存图形文件可采取两种方式：一种是以当前文件名直接保存图形；另一种是指定新文件名另存图形。

（1）直接保存　启动命令方法如下。

1）工具栏：单击快速访问工具栏中的“保存”按钮。

2）下拉菜单：选择“文件→保存”选项。

3）命令行：Qsave。

4）快捷键：<Ctrl + S>组合键。

启动命令后，系统将当前图形文件以原文件名直接存盘，而不会给用户任何提示。若当前图形文件名是默认名且是第一次保存文件，则 AutoCAD 将弹出“图形另存为”对话框，如图 11-12 所示，在该对话框中用户可指定文件存储的位置、文件类型及输入新文件名。

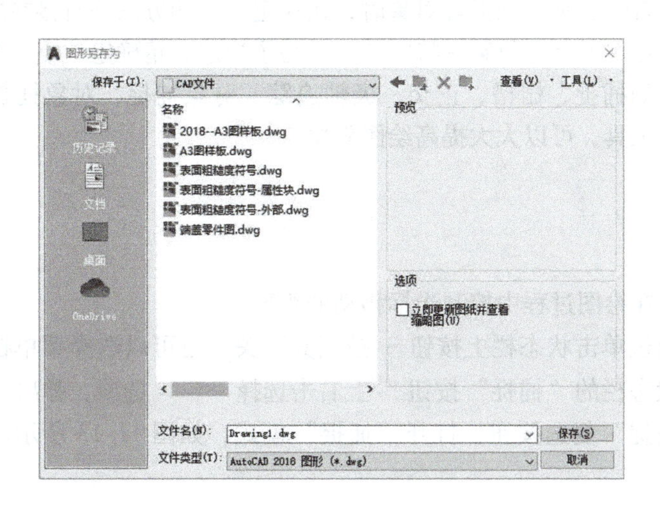

图 11-12　“图形另存为”对话框

（2）图形另存

1）工具栏：单击快速访问工具栏中的“另存为”按钮。

2）下拉菜单：选择“文件→另存为”选项。

3）命令行：Saveas。

启动命令后，AutoCAD 将打开“图形另存为”对话框，如图 11-12 所示。用户可在“文件名”文本框中输入新文件名，在“保存于”以及“文件类型”下拉列表框中分别设定文件的存储目录和类型。AutoCAD 默认保存图形文件的格式为“.dwg”，还可以保存成“.dwt”和“.dxf”文件格式。

注意：若想以后使用低版本的 AutoCAD 打开保存的文件，则需要将图形文件保存为低版本格式的文件。

4. 关闭图形文件

在不退出 AutoCAD 系统的情况下，关闭当前图形文件的方法如下。

1）菜单栏：单击菜单栏最右侧的“关闭”按钮。

2）下拉菜单：选择“文件→关闭”或“窗口→关闭”选项。

3）命令行：Close。

如果要一次关闭多个打开的图形文件，则可以在菜单栏中，选择“窗口→全部关闭”选项，或在应用程序菜单中，选择“关闭→所有图形”选项。若要退出 AutoCAD 应用程序，可单击标题栏最右侧的“关闭”按钮，或选择下拉菜单“文件→退出”选项或按<Ctrl + Q>组合键。

第二节　AutoCAD 绘图辅助工具

当在图上绘制直线、圆、圆弧等对象时，快速定位点的方法是直接在屏幕上拾取点，但是用光标很难准确在对象上定位某一特定的点。为了快速、精确定位点，AutoCAD 提供了多种绘图辅助工具，如捕捉、栅格、正交、极轴追踪、对象捕捉、对象捕捉追踪、动态输入等，利用这些辅助工具，可以大大提高绘图效率。

一、捕捉

捕捉主要用于在绘图过程中控制光标移动的距离。

此模式可以通过单击状态栏上按钮 控制其开关，也可以选择菜单栏“工具→绘图设置”选项，或在状态栏的“捕捉”按钮 上右击选择 捕捉设置... 选项，弹出“草图设置”对话框，单击“启用捕捉”复选按钮，打开“捕捉”模式，如图 11-13 所示。捕捉模式一般与栅格配合使用。

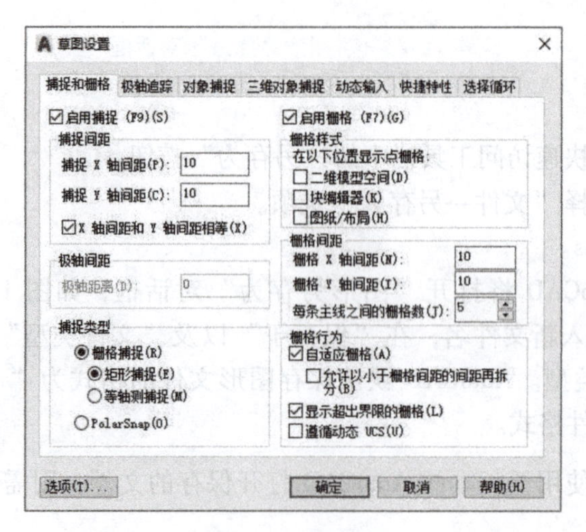

图 11-13　捕捉设置

其中，“捕捉间距”选项组使用的前提是启用栅格。此时在“捕捉间距”设置下输入 *X* 轴及 *Y* 轴间距，则在启用捕捉模式时按设置间距进行捕捉，也就是光标只在设定好的间距点上移动，中间点跳过。在默认情况下，捕捉类型为“栅格捕捉”，捕捉方式为“矩形捕捉”。当拟采用极轴追踪的形式对点进行捕捉时，应该选择“PolarSnap”捕捉类型，具体用法见本节极轴追踪。

二、栅格

栅格是在绘图区内显示出按指定的行间距和列间距均匀分布的网格线。它既不是图形的一部分，也不会输出，但对绘图起着重要的辅助作用，如同坐标纸一样，以方便图形的定位和度量。

此模式可以通过单击状态栏上按钮控制其开关，也可以选择菜单栏“工具→绘图设置”选项，或在状态栏的“栅格”按钮上右击选择网格设置...选项，弹出“草图设置”对话框，单击“启用栅格”复选按钮，打开“栅格”模式，如图 11-13 所示。

其中，在“栅格样式”下单击“二维模型空间”“块编辑器”及“图纸/布局”复选按钮可以选择栅格显示的位置。在“栅格间距”下输入 X 轴及 Y 轴间距。在“栅格行为”下选择栅格显示的区域。在默认情况下，系统对超出图形界限的范围仍然显示栅格。设定参数后，效果如图 11-14 所示。

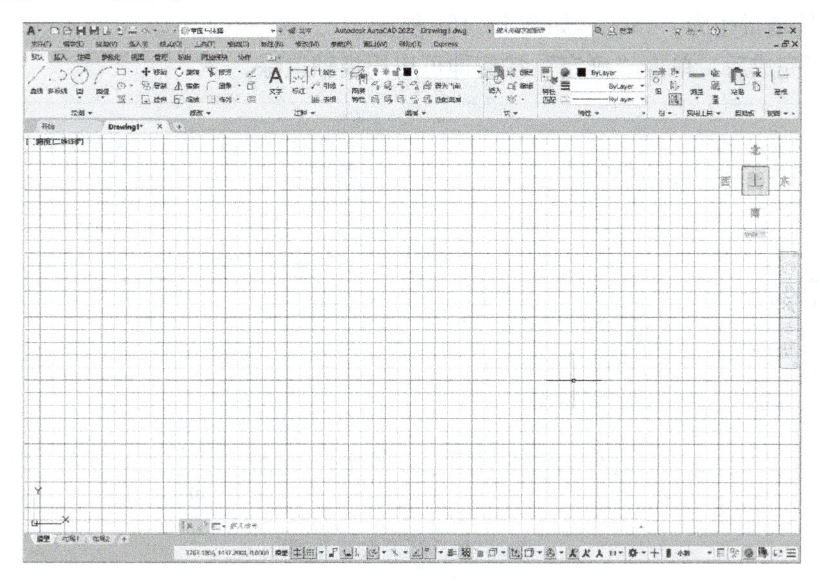

图 11-14　栅格显示效果

三、正交

正交主要用于精确绘制水平线、竖直线及按一定角度旋转的线条。此模式可以通过单击状态栏上的“正交”按钮，也可以在命令行输入命令“ortho”，或使用键盘功能键 <F8> 启动。

特别注意，在正交模式下使用“直线”命令时，只需要在目标位置单击起点，此时根据直线绘制方向将光标沿水平或竖直方向移动，绘制直线只能是水平或竖直的。此时，只需要输入直线的长度即可准确绘制所需长度的水平或竖直直线，相当于执行坐标输入的相对极坐标。

四、极轴追踪

在绘图过程中，可以根据绘图需要设置所需要的极轴最小距离和极轴角最小角度，相当于此时采用相对极坐标的方式绘制图形。使用“极轴追踪”时，对齐路径由相对于起点和端点的极轴角确定。例如，当确定极轴距离是 10mm、极轴角是 18°时，用户确定直线起点后，光标可沿 18°、36°、72°等 18°角的倍数方向进行追踪，当光标点距起点的距离是 10mm 的倍数时会自动显示间距，此时用户只需要在屏幕上点击显示位置即可以精确绘图。极轴追踪设置方法如下。

1）选择菜单栏“工具→绘图设置”选项，或在状态栏的“捕捉”按钮上右击，在快捷菜单上选择 捕捉设置... 选项，弹出“草图设置”对话框，“捕捉类型”选择“PolarSnap”，极轴距离设定为“10”，如图 11-15a 所示。

2）在“草图设置”对话框中选择“极轴追踪”选项卡，单击“启用极轴追踪”复选按钮，并设置增量角为“18°”，如图 11-15b 所示。

3）设置完成后，单击“确定”按钮即可启用极轴追踪。

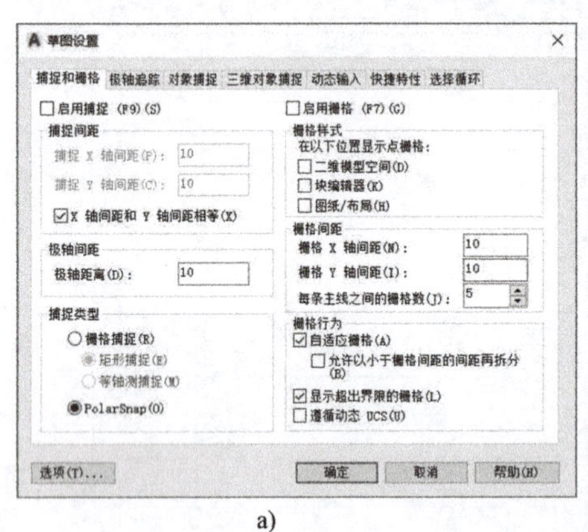

a)

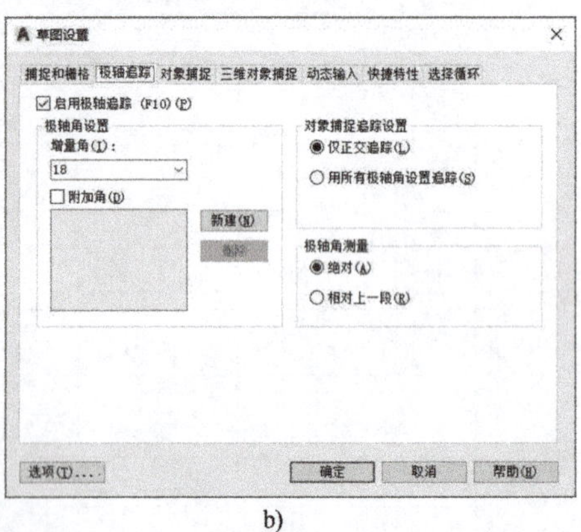

b)

图 11-15　极轴追踪设置

当 AutoCAD 提示用户指定点的位置时（如指定直线的另一端点），拖动光标使光标接近预先设定的方向（即极轴追踪 18°方向），AutoCAD 会自动将橡皮筋线吸附到该方向，同时沿该方向显示出极轴追踪矢量，并浮出一小标签，说明当前光标位置相对于前一点的极坐标，如图 11-16 所示。

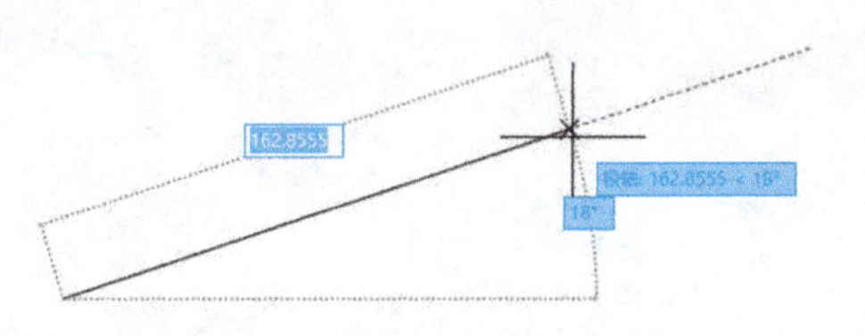

图 11-16　显示极轴追踪矢量

五、对象捕捉

对象捕捉主要用于准确捕捉对象上的一些特殊点，如直线的端点、圆的圆心等，从而提高绘图的精度和速度。

此模式可以通过单击状态栏上按钮□控制其开关，也可以选择菜单栏“工具→绘图设置”选项，或在状态栏的“对象捕捉”按钮上右击选择 对象捕捉设置... 选项，弹出“草图设置”对话框，选择“对象捕捉”选项卡，单击“启用对象捕捉”复选按钮，选择需要的对象捕捉模式，如图 11-17 所示。执行此对象捕捉后，一直运行对象捕捉，直至将其关闭。

用户在绘制和编辑图形时，除了应用自动对象捕捉外，对于一些不常用的捕捉方式，用

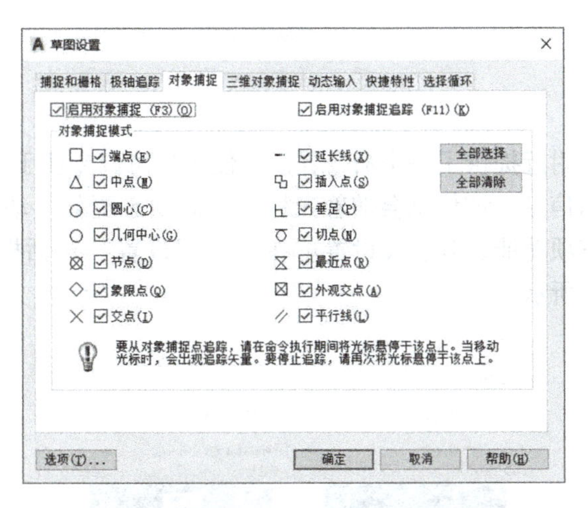

图 11-17　对象捕捉设置

户可以临时指定，即临时对象捕捉。该方式只对该指定点起作用。在菜单栏中选择“工具→工具栏→AutoCAD”选项，调用“对象捕捉”工具栏，如图 11-18 所示。

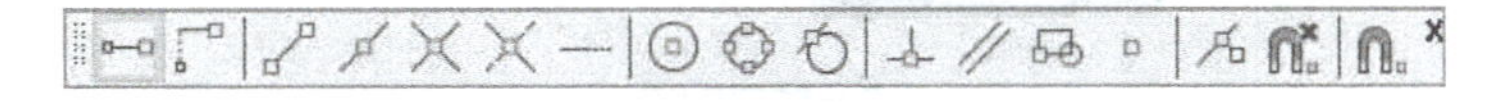

图 11-18　“对象捕捉”工具栏

应当注意，临时对象捕捉仅对当前操作有效，命令结束后，捕捉模式将自动关闭；自动对象捕捉方式用来定位点，AutoCAD 将根据事先设定的捕捉类型自动寻找几何对象上相应的点。

六、对象捕捉追踪

对象捕捉追踪是按照与对象的某种特定关系来追踪点。

此模式可以通过在如图 11-17 所示的“草图设置”对话框“对象捕捉”选项卡中单击“启用对象捕捉追踪”复选按钮，或单击状态栏上“对象捕捉追踪”按钮∠，打开对象捕捉追踪。

对象捕捉追踪功能一般情况下和对象捕捉一起使用。当两者同时打开时，能够在绘图中从对象的捕捉点开始追踪。

使用对象捕捉追踪时，系统将会以对象捕捉点为追踪点，获取追踪点后，在绘图路径上移动光标时，可以获得通过捕捉点的水平及竖直路径，路径会以虚线的形式显示。对象捕捉追踪还有记忆功能，当追踪线遇到之前追踪线时，两条追踪线的交点会自动显示出来。例如，以某矩形中心点为圆心绘制和矩形相切的圆，此时可以打开对象捕捉和对象捕捉追踪，同时单击对象捕捉的“中点”复选按钮，对象捕捉追踪结果如图 11-19 所示。

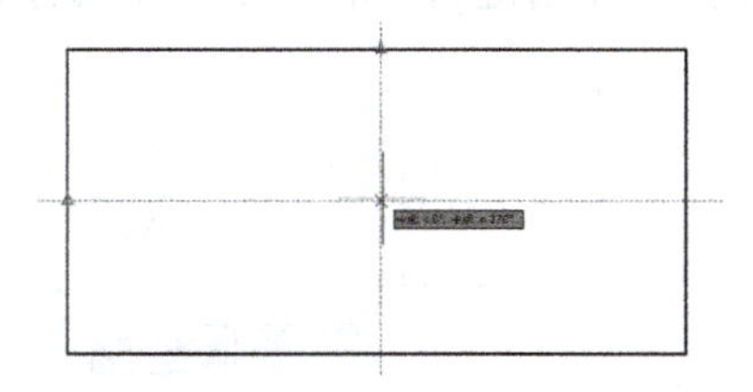

图 11-19　对象捕捉追踪结果

七、动态输入

动态输入是在光标附近提供了一个命令界面，使用户可以专注于绘图区。启用动态输入后，将在光标附近显示信息，该信息会随着光标移动而动态更新。动态输入包括指针输入、标注输入和动态提示三项功能，其有关设置可在“草图设置”对话框的“动态输入”选项卡中完成，如图11-20所示。

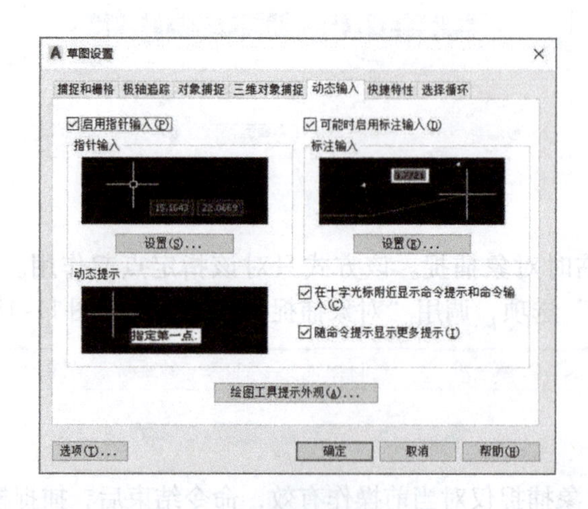

图11-20　“动态输入”选项卡

“启用指针输入”复选按钮：打开或关闭指针输入。当启用了指针输入且有命令在执行时，将在光标附近显示坐标，如图11-21a所示。可以输入坐标值，代替在命令行中的输入，并用<Tab>键在光标附近的工具栏提示中切换。

“可能时启用标注输入”复选按钮：打开或关闭标注输入。启用“标注输入”功能后，当命令提示输入第二点时，显示的距离和角度值将随着光标的移动而改变，如图11-21b所示。用户可以输入距离和角度值，并用<Tab>键在它们之间切换。第二个点和后续点的默认设置为相对极坐标，在输入的过程中省略@符号，若用户需要使用绝对坐标，可用“#”号作为前缀。例如，要将对象移动到原点，在系统提示输入第二点时输入“#0，0”。

“动态提示”：启用“动态提示”后，在光标附近会显示命令提示，如图11-21c所示。用户可使用键盘上的“↓”键显示命令其他选项后，对提示做出响应。

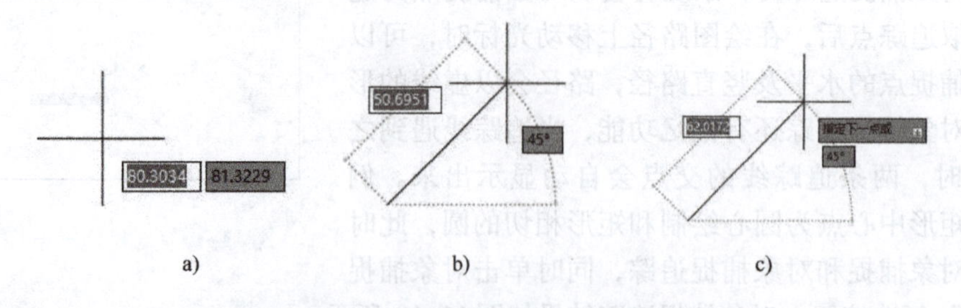

图11-21　“动态输入”功能

第三节　AutoCAD 绘图环境设置

正确设置 AutoCAD 的绘图环境，不仅可以方便绘图、保证图形格式的统一性，而且可以节约大量的辅助绘图时间，提高作图效率。绘图环境设置一般包括界面设置、绘图单位设置、绘图界限设置、字体样式设置、图层设置、尺寸标注样式设置等。一般将设置好的绘图环境保存成图形样板文件（.dwt），以备绘图时使用。保存成样板图的方法与保存图形文件（.dwg）的方法一样，仅将“文件类型”修改为“AutoCAD 图形样板”即可。

一、绘图单位的设置

绘图单位包括绘图长度单位、角度单位及单位的显示格式和精度等参数。在菜单栏中选择“格式→单位”选项，或在命令行中输入“units”命令后，弹出如图 11-22 所示的“图形单位”对话框，通过对话框内相应的选项对绘图单位进行设置，部分选项的含义如下。

（1）长度　在“类型”下拉列表框可以对图样所使用长度的类型进行设置，长度的类型包括分数、工程、建筑、科学和小数，系统默认设置为“小数”；在“精度”下拉列表框中有 9 种精度可供选择，系统默认为“0.0000”。

（2）角度　在“类型”下拉列表框中可以对图样所使用角度的类型进行设置。角度的类型包括百分数、度/分/秒、弧度、勘测单位和十进制度数；在“精度”下拉列表框中可以选择角度单位的精度；系统默认逆时针方向为角度的正方向，如果需要以顺时针方向为角度的正方向，则需单击图 11-22 所示的“顺时针”复选按钮。

（3）插入时的缩放单位　控制插入当前图形中的块和图形的测量单位。在“用于缩放插入内容的单位”下拉列表框中可以选择“英寸”“英尺”和“厘米”等 21 种单位，默认情况下选择“毫米”。

（4）“方向”按钮　单击 方向(D)... 按钮，弹出“方向控制”对话框，在此对话框中可更改起始角的方位，系统默认将“东”作为角度测量的起始位置，如图 11-23 所示。

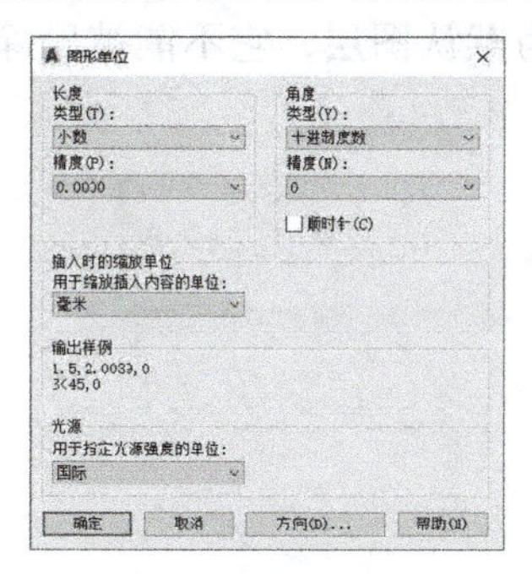

图 11-22　“图形单位”对话框

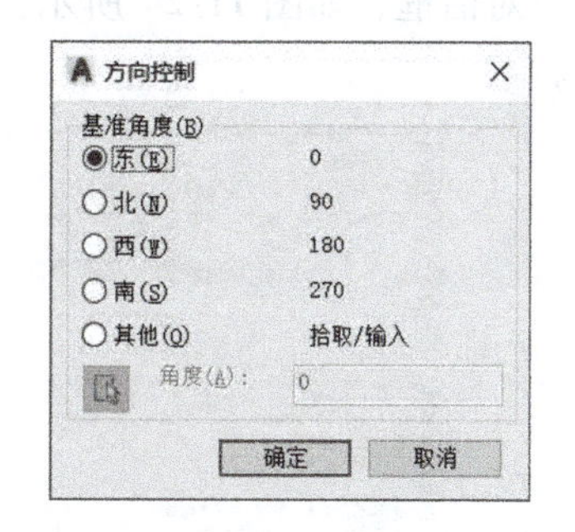

图 11-23　“方向控制”对话框

完成上述各项设置后，单击“确定”按钮完成绘图单位的设置。

二、绘图界限的设置

在 AutoCAD 中，绘图界限是指绘图的有效区域，即图纸的边界，相当于尺规绘图时的图纸大小，用坐标（*X*，*Y*）来指定。设置绘图界限应根据图形文件的大小来决定。具体设置方法有以下两种。

1）下拉菜单：选择“格式→图形界限”选项。

2）命令行：limits。

执行命令后，命令行提示如下。

指定左下角点或［开(ON)/关(OFF)］ <0.0000，0.0000>：0，0 <Enter>

指定右上角点 <420.0000，297.0000>：［根据需要指定右上角点坐标，或按 <Enter> 键默认右上角点的坐标值为（420，297）］

系统默认绘图界限左下角点的坐标值为（0，0），默认绘图界限设置为 A3 图纸大小。若设置为其他图纸幅面，需要输入新的右上角点坐标值，如输入（210，297），绘图界限即为 A4 图纸大小。

选项“开”表示打开绘图界限检查，如果绘制的图形超出了设置的绘图界限，则系统拒绝绘制该图形，并给出提示信息；选项“关”表示关闭绘图界限检查。

三、图层的设置

图层可看成是一张张透明纸，它们具有相同的图形界限、坐标系和缩放比例。每一层可以设定一种线型、颜色和线宽等特性。绘图时，把图形中的一些相关对象，如粗实线，放在同一个图层上，使他们具有相同的颜色和宽度等，多个图层叠加在一起就构成了一个完整的图形。使用图层有利于图形的管理和修改。特别是在绘制复杂图形时，可以关闭无关的图层，避免由于对象过多而产生相互干扰，从而降低图形编辑的难度，提高绘图精度。

1. 图层的创建

在“默认”选项卡“图层”选项组中，单击“图层特性”按钮，出现“图层特性管理器”对话框，如图 11-24 所示，图层列表中的“0 层”为默认图层，它不能被删除和重命名。

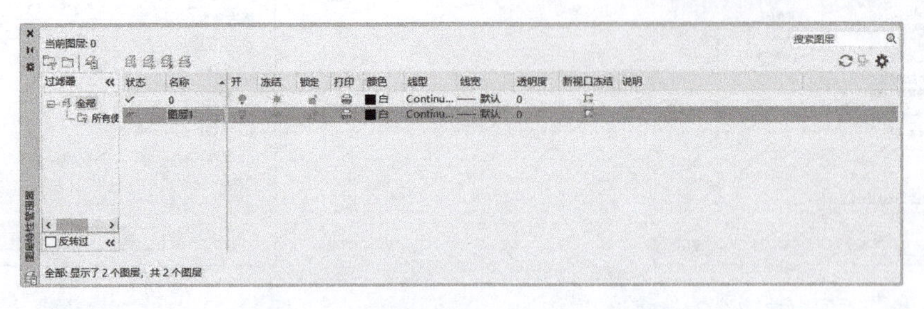

图 11-24　“图层特性管理器”对话框

单击“新建图层”按钮，图层列表中增加一个层名为“图层 1”的新图层，其特性设置如下。

1）单击层名“图层 1”，可以对其重新命名，如用键盘输入新层名“中心线”。

2）单击图层中的“颜色”按钮，弹出“选择颜色”对话框，如图 11-25 所示，为图层指定“红”。

3）单击图层中的“线型”按钮“Continu…”，弹出“选择线型”对话框，该对话框显示已加载的线型，如图 11-26 所示。若需要其他线型，可单击“加载”按钮，弹出“加载或重载线型”对话框，如图 11-27 所示。选择需要加载的线型，如“CENTER”（中心线），单击“确定”按钮，“CENTER”便加载到“选择线型”对话框中，如图 11-28 所示；选中它，再单击“确定”按钮，“CENTER”成为该层的线型。

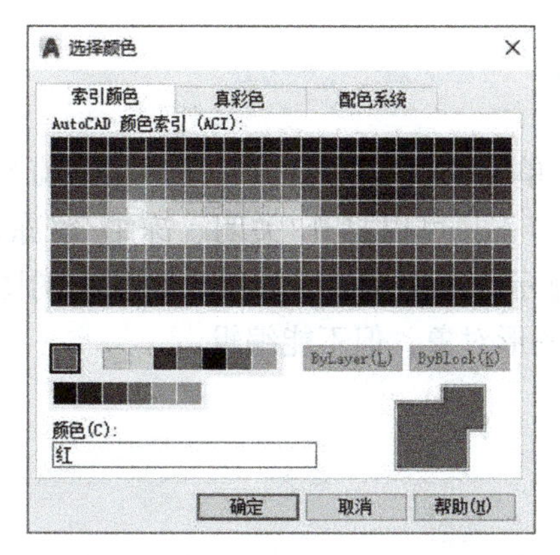

图 11-25　“选择颜色”对话框

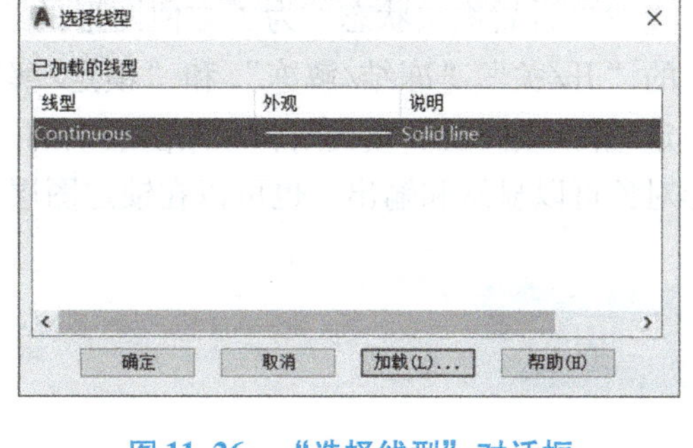

图 11-26　“选择线型”对话框

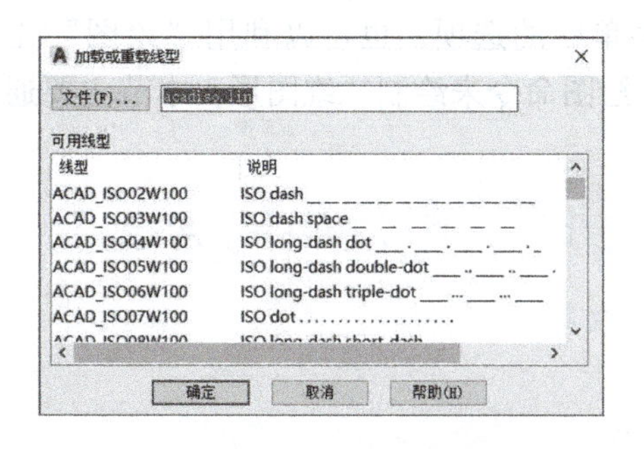

图 11-27　“加载或重载线型”对话框

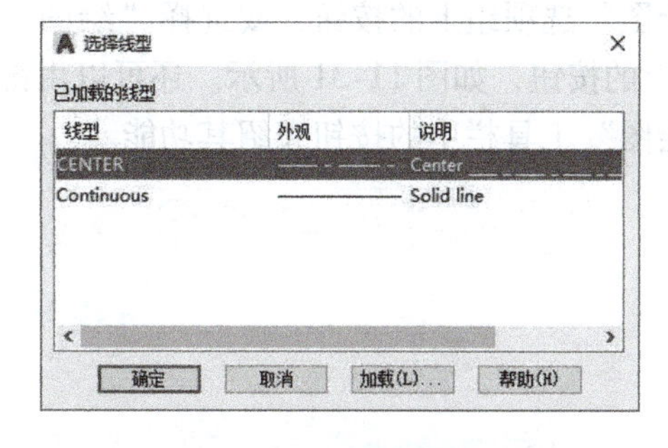

图 11-28　加载线型

4）单击图层中的“线宽”按钮，弹出“线宽”对话框，在该对话框中设置线宽，如“0.25mm”，如图 11-29 所示。

5）单击“图层特性管理器”左上角的“关闭”按钮，完成图层设置，如图 11-30 所示。

2. 图层的管理

（1）设置当前图层　图层分为当前层和非当前层。系统对图层数没有限制，对每一图层上的对象数也没有限制，但只能在当前图层上绘图。要想在某个图层上画图，必须将该层置为当前层。方法是在“图层”选项组中，单击展开“图层”下拉列表框 0 ，选中某一图层即可。

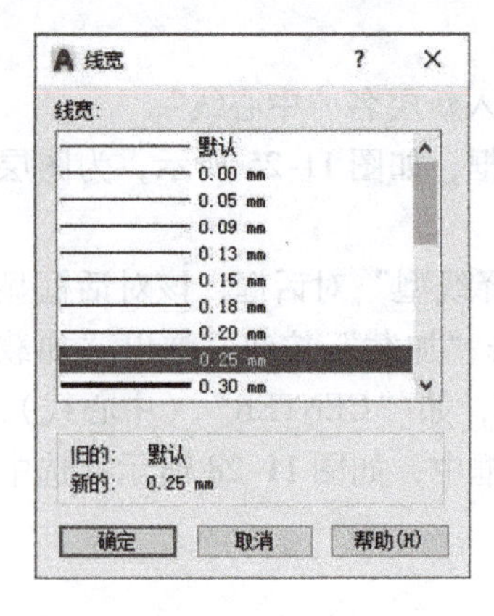

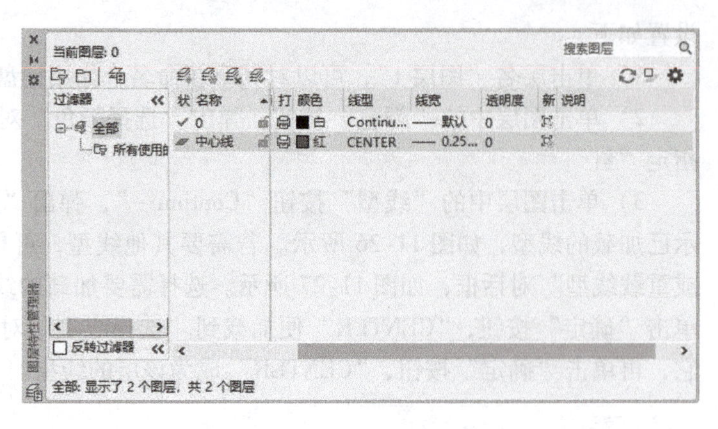

图11-29　“线宽”对话框

图11-30　“中心线”图层设置

（2）设置图层状态　为了方便图形的绘制和编辑，单击“图层列表”中某一非当前图层的“开/关”“冻结/解冻”和“锁定/解锁”按钮，可以打开/关闭、冻结/解冻、锁定/解锁该图层。被关闭和冻结图层上的图形对象不显示，不能输出；被锁定图层上的图形对象可以显示和输出，也可以在锁定图层上绘制新的图形对象，但不能编辑。

第四节　AutoCAD基本绘图命令

在AutoCAD中，常用二维基本绘图命令的启动可通过单击功能区“默认”选项卡→“绘图”选项组上的按钮，或选择“绘图”下拉菜单中的选项，也可以利用“绘图”工具栏上的按钮，如图11-31所示。还可以由键盘输入绘图命令来绘制二维图形。本节主要通过“绘图”工具栏中的按钮介绍其功能。

图11-31　“绘图”工具栏

一、图形绘制

1. 直线（LINE）

功能：创建一系列连续的直线段，每条线段都是可以单独进行编辑的对象。

单击工具栏上的“直线”按钮，命令行提示如下。

命令：_ line

指定第一个点：　（指定直线的起点）

指定下一点或[放弃(U)]：　（输入下一点或输入U）

指定下一点或[放弃(U)]：　（按<Enter>键，结束直线的绘制，若输入“U”，将取消刚绘制的一段直线）

如果是绘制一系列首尾相连的直线段，在指定完最后一点后，在命令行输入“C”并按

<Enter>键，则首点和末点自动连接起来，形成封闭图形。

绘制如图 11-32 所示图形，操作步骤如下。

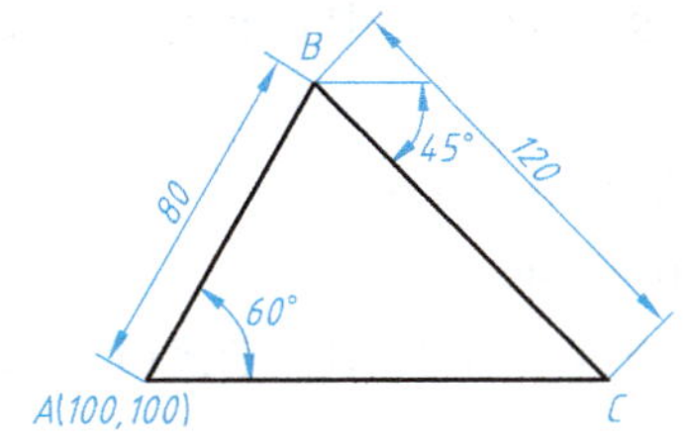

图 11-32　绘制线段

命令：_ line　　（启动“直线”命令）

指定第一点：100，100 <Enter>　　（输入点 A 的绝对直角坐标）

指定下一点或［放弃(U)］：@80<60<Enter>　　（输入点 B 的相对极坐标）

指定下一点或［放弃(U)］：@120<-45<Enter>　　（输入点 C 的相对极坐标）

指定下一点或［闭合(C)/放弃(U)］：C<Enter>　　（封闭图形，结束“直线”命令）

2. 多段线（PLINE）

功能：创建直线段、弧线段或两者的组合线段，生成的线段可以有宽度。AutoCAD 将多段线作为一个对象来处理。

单击工具栏上的“多段线”按钮，命令行提示如下。

命令：_ pline

指定起点：

当前线宽为 0.0000

指定下一个点或［圆弧(A)/半宽(H)/长度(L)/放弃(U)/宽度(W)］：

指定下一点或［圆弧(A)/闭合(C)/半宽(H)/长度(L)/放弃(U)/宽度(W)］：

AutoCAD 将重复上一提示。

1）“圆弧（A）”：将弧线段添加到多段线中。

2）“半宽（H）”：指定多段线线段的半宽度。

3）“长度（L）”：以前一线段相同的角度并按指定长度绘制直线段。如果前一线段为圆弧，AutoCAD 将绘制一条直线段与弧线段相切。

4）“放弃（U）”：删除最近一次添加到多段线上的直线段。

5）“宽度（W）”：指定下一线段的宽度。

6）“闭合（C）”：在当前位置到多段线起点之间绘制一条直线段以闭合多段线。

利用多段线命令绘制如图 11-33 所示的单向箭头，操作步骤如下。

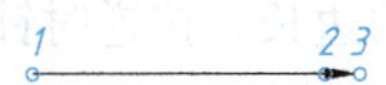

图 11-33　利用多段线命令绘制单向箭头

命令：_ pline

指定起点：　　（指定多段线的起点 1）

当前线宽为 0.0000

指定下一个点或［圆弧(A)/半宽(H)/长度(L)/放弃(U)/宽度(W)］: L <Enter>

指定直线的长度: 10 <Enter>（输入直线长度10mm，得到点2）

指定下一点或［圆弧(A)/闭合(C)/半宽(H)/长度(L)/放弃(U)/宽度(W)］: W <Enter>（指定宽度）

指定起点宽度 <0.0000>: 0.7 <Enter>（指定点2宽度）

指定端点宽度 <3.0000>: 0 <Enter>（指定点3宽度）

指定下一点或［圆弧(A)/闭合(C)/半宽(H)/长度(L)/放弃(U)/宽度(W)］: L <Enter>

指定直线的长度: 4.5 <Enter>（输入箭头23段长度4.5mm）

指定下一点或［圆弧(A)/闭合(C)/半宽(H)/长度(L)/放弃(U)/宽度(W)］: <Enter>（结束命令）

3. 正多边形（POLYGON）

功能：绘制正多边形，可快速创建矩形和规则多边形。

单击工具栏上的“多边形”按钮⬠，命令行提示如下。

命令: _ polygon 输入侧面数 <4>:（设置正多边形的边数）

指定正多边形的中心点或［边（E)］:（指定正多边形的中心点或通过边长方式绘制正多边形）

输入选项［内接于圆(I)/外切于圆(C)］<I>:

指定圆的半径:

1）内接于圆（I）：通过给定外接圆半径绘制正多边形。

用内接于圆的方式绘制如图11-34a所示正五边形的步骤如下。

命令: _ polygon 输入侧面数 <4>: 5 <Enter>（输入正多边形的边数5）

指定正多边形的中心点或［边(E)］:（在屏幕上指定中心点*A*）

输入选项［内接于圆(I)/外切于圆(C)］<I>: <Enter>（按 <Enter> 键，选择默认选项）

指定圆的半径: 60 <Enter>（输入外接圆半径为60mm，按 <Enter> 键结束命令）

2）外切于圆（C）：通过给定内切圆半径绘制正多边形。

用外切于圆的方式绘制如图11-34b所示正五边形的步骤如下。

命令: _ polygon 输入侧面数 <4>: 5 <Enter>（输入正多边形的边数5）

指定正多边形的中心点或［边(E)］:（在屏幕上指定中心点*B*）

输入选项［内接于圆(I)/外切于圆(C)］<I>: C <Enter>（输入“C”，选择外切于圆方式）

指定圆的半径: 60 <Enter>（输入外切圆半径为60mm，按 <Enter> 键结束命令）

3）边（E）：通过给定正多边形的边长，按逆时针方向绘制正多边形。

用边方式绘制如图11-34c所示正五边形的步骤如下。

命令: _ polygon 输入侧面数 <4>: 5 <Enter>（输入正多边形的边数5）

指定正多边形的中心点或［边(E)］: E <Enter>（输入“E”，选择边方式）

指定边的第一个端点:（指定边长的一端点*A*）

指定边的第二个端点: @60 <30 <Enter>（指定边长的另一端点*B*）

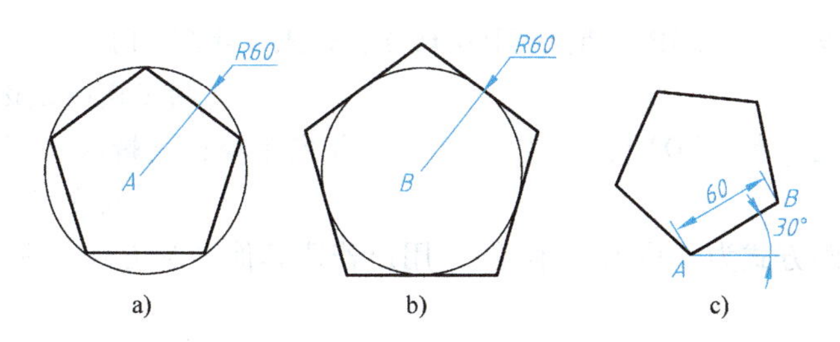

图 11-34　绘制正多边形

a）内接于圆　b）外切于圆　c）边方式

4. 矩形（RECTANG）

功能：根据矩形的两个角点绘制矩形，该矩形可设定倒角、圆角。

单击工具栏上的“矩形”按钮，命令行提示如下。

命令：_ rectang

指定第一个角点或［倒角(C)/标高(E)/圆角(F)/厚度(T)/宽度(W)］：

（指定矩形的第一个角点 *A* 或输入其他选项）

指定另一个角点或［面积(A)/尺寸(D)/旋转(R)］：@90，-60 <Enter>

（输入另一个角点 *B* 的相对坐标，结果如图 11-35a 所示）

1）倒角（C）：用于设置矩形的倒角距离，创建带有倒角的矩形，如图 11-35b 所示。

2）标高（E）：确定矩形所在的平面高度。在默认情况下，其标高为 0，即矩形在 *XOY* 平面内。

3）圆角（F）：用于设置矩形的圆角半径，创建带有圆角的矩形，如图 11-35c 所示。

4）厚度（T）：指定矩形的厚度，用于三维绘图。

5）宽度（W）：用于设置矩形的线宽。

6）面积（A）：通过指定矩形面积和长度或宽度创建矩形。

7）尺寸（D）：根据矩形的长度和宽度创建矩形。

8）旋转（R）：设定矩形的旋转角度。

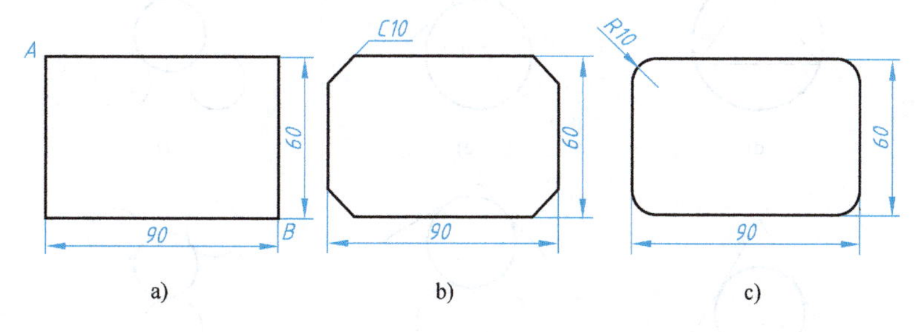

图 11-35　绘制矩形

a）一般矩形　b）带倒角的矩形　c）带圆角的矩形

5. 圆（CIRCLE）

功能：AutoCAD 提供了 6 种画圆方式，用户可根据需要选择不同的方式。

单击工具栏上的“圆”按钮，命令行提示如下。

命令：_ circle

指定圆的圆心或［三点(3P)/两点(2P)/切点、切点、半径(T)]:

（指定圆心或选择其他画圆方式）

指定圆的半径或［直径(D)]: （指定半径；或输入“D”，按 <Enter> 键，指定圆的直径，结束画圆）

系统默认的画圆方式为“圆心、半径”，用户若选其他画圆方式，则需要在提示状态下输入不同的代号。

1）圆心、半径（R）：指定圆心，输入半径，如图 11-36a 所示。

2）圆心、直径（D）：指定圆心，输入直径，如图 11-36b 所示。

3）两点（2P）：指定圆直径的两个端点来画圆，如图 11-36c 所示捕捉直线上的两个端点即可画出以该直线为直径的圆。

4）三点（3P）：指定圆周上的 3 个点来画圆，如图 11-36d 所示捕捉三角形的 3 个顶点即可画出其外接圆。

5）切点、切点、半径（T）：通过选择两个对象（直线、圆弧或其他的圆）和指定半径来画圆。如图 11-36e 所示，绘制与两已知直线相切的圆；如图 11-36f 所示，绘制与两已知圆相切的第 3 个圆。该方法可实现“圆弧连接”作图。

6）相切、相切、相切（A）：在下拉菜单“绘图”→“圆”中选择“相切、相切、相切”选项，通过指定与圆相切的 3 个对象画圆。如图 11-36g 所示，分别单击三角形的 3 条边，即可画出其内切圆；也可画出与直线和圆相切的圆，如图 11-36h 所示；还可以画出与 3 个已知圆相切的第 4 个圆，如图 11-36i 所示。

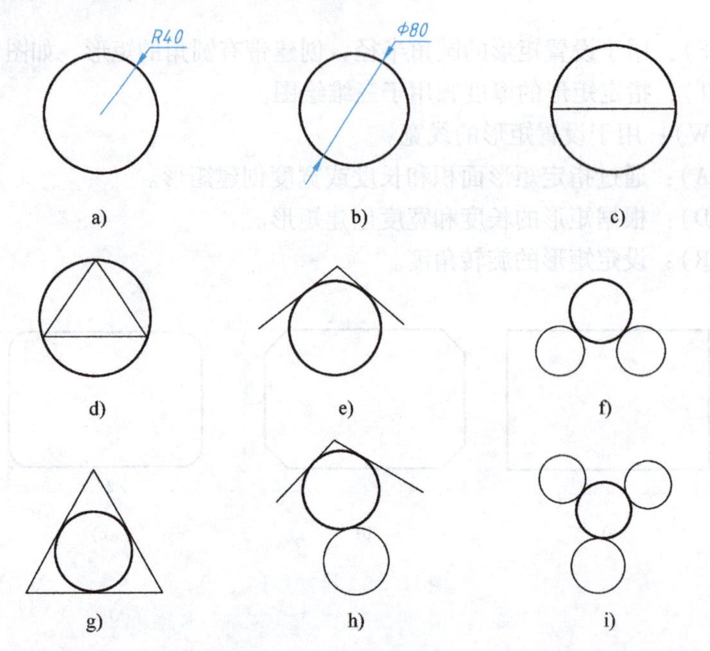

图 11-36 绘制圆形

a）圆心、半径 b）圆心、直径 c）两点 d）三点 e）两切点半径 1
f）两切点半径 2 g）三切点 1 h）三切点 2 i）三切点 3

绘制如图 11-37 所示图形时，先用画直线命令分别画出圆的中心线，再用画圆命令分别绘制 3 个圆，然后用画正多边形命令绘制正六边形，最后画两圆的外公切线。

画左边圆时，操作步骤如下。

命令：_ circle　　（启动画圆命令）

指定圆的圆心或［三点(3P)/两点(2P)/切点、切点、半径(T)］：

（指定圆心为圆的中心线交点）

指定圆的半径或［直径(D)］：20 <Enter>　　（指定半径 20mm，结束画圆）

重复上述操作步骤完成右边两圆。

画两圆外公切线时，需要启动“对象捕捉”工具栏，执行命令如下：

命令：_ line　　（启动直线命令）

指定第一点：_ tan 到

（单击“对象捕捉”工具栏中的“捕捉到切点”按钮，点取一圆）

指定下一点或［放弃(U)］：_ tan 到（再次单击“捕捉到切点”按钮，点取另一圆）

指定下一点或［放弃(U)］：<Enter>　　（按 <Enter> 键，结束命令）

重复上述操作步骤完成两圆的第二条外公切线。

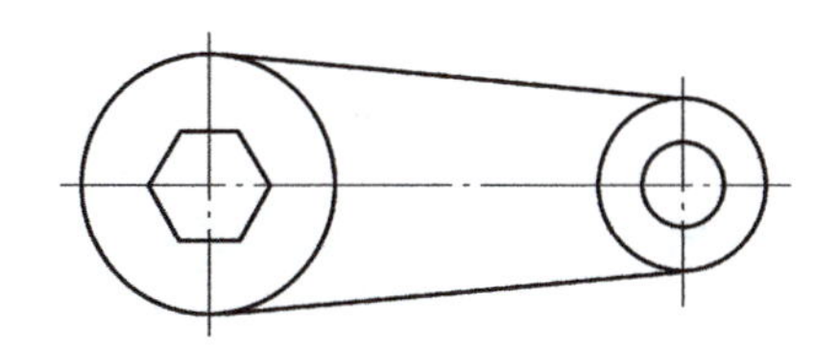

图 11-37　绘制直线与圆相切

6. 圆弧（ARC）

功能：AutoCAD 提供了 11 种画圆弧的方式，尤其在下拉菜单中的选项更为详细。

单击工具栏上的“圆弧”按钮，用户可根据具体情况选择绘制圆弧的方式。

1）三点（P）：系统默认的绘制圆弧方式，通过指定圆弧的起点、圆弧上的任一点和圆弧端点绘制圆弧，如图 11-38a 所示。

2）起点、圆心、端点（S）：指定圆弧的起点、圆心和端点绘制圆弧，如图 11-38b 所示。

3）起点、圆心、角度（T）：指定圆弧的起点、圆心和圆弧所对应的圆心角绘制圆弧，如图 11-38c 所示。

4）起点、圆心、长度（A）：指定圆弧的起点、圆心和圆弧所对应的弦长绘制圆弧，如图 11-38d 所示。

5）起点、端点、角度（N）：指定圆弧的起点、端点和圆弧所对应的圆心角绘制圆弧。

6）起点、端点、方向（D）：指定圆弧的起点、端点和圆弧起点处的切线方向绘制圆弧，如图 11-38e 所示。

7）起点、端点、半径（R）：指定圆弧的起点、端点和圆弧的半径绘制圆弧，如图 11-38f所示。

8）圆心、起点、端点（C）：指定圆弧的圆心、起点和端点绘制圆弧。

9）圆心、起点、角度（E）：指定圆弧的圆心、起点和圆弧所对应的圆心角绘制圆弧。

10）圆心、起点、长度（L）：指定圆弧的圆心、起点和圆弧所对应的弦长绘制圆弧。

11）继续（O）：以最后绘制的线段或圆弧的端点作为新圆弧的起点，以最后所绘线段方向或圆弧端点处切线方向作为起点处的切线方向绘制圆弧。

说明：当输入圆心角为正值时，圆弧沿逆时针方向绘制，反之沿顺时针方向绘制；当弦长为正数时绘制劣弧，反之绘制优弧。

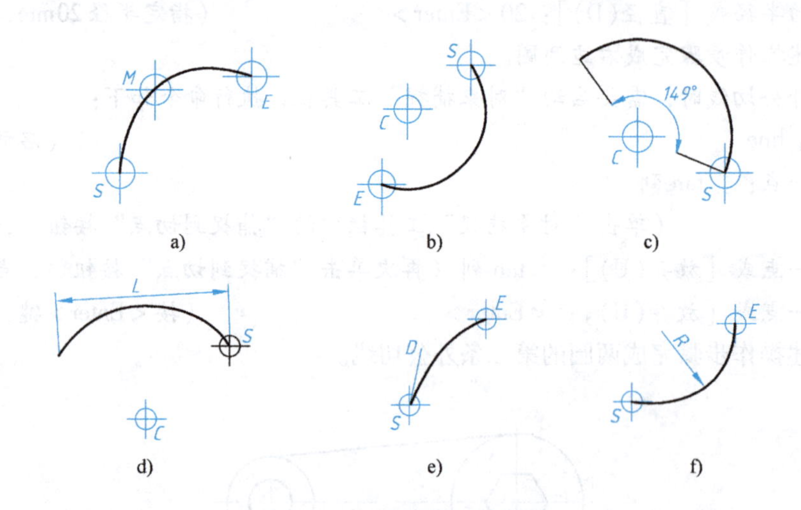

图 11-38　不同方式绘制圆弧

a）三点　b）起点、圆心、端点　c）起点、圆心、角度

d）起点、圆心、长度　e）起点、端点、方向　f）起点、端点、半径

7. 图案填充（HATCH）

功能：图案填充是用某种图案充满图形中指定区域。当绘制机械图时，常用图案填充画剖面线。

填充如图 11-39a 所示的剖面，操作步骤如下。

1）绘制要填充的图形，如图 11-39a 所示。

2）单击“图案填充”按钮，弹出“图案填充和渐变色”对话框，如图 11-40a 所示。

3）在“类型和图案”选项组中单击“图案”右边的浏览按钮“…”，在弹出的“填充图案选项板”对话框中单击“ANSI”选项卡，从中选取填充图案，如“ANSI31”，如图 11-40b所示。

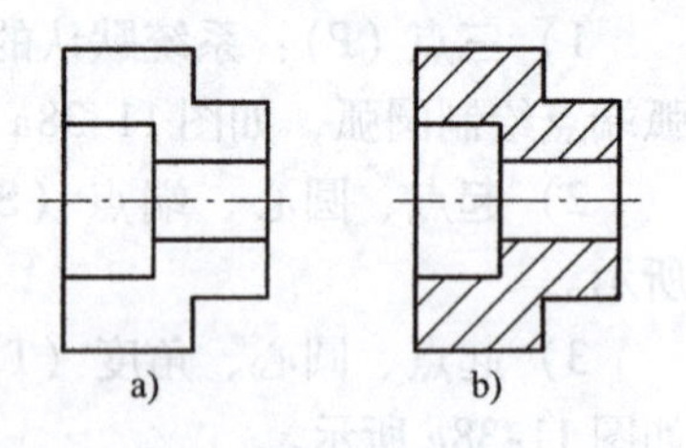

图 11-39　图案填充

4）在“角度和比例”选项组中设定图案填充的角度和比例（即图案疏密度），其角度和比例与 ANSI31 图案之间的对应关系，如图 11-41 所示。

5）在“边界”选项组中单击“添加：拾取点”按钮。此时 AutoCAD 将关闭对话框，并在命令行提示：“拾取内部点或［选择对象（S）/删除边界（B）］:”。在需要填充的区域中拾取一点，选定区域虚线显示。按 <Enter> 键结束选择，返回到“图案填充和渐变色”对话框。

6）单击“确定”按钮，完成剖面填充，如图 11-39b 所示。

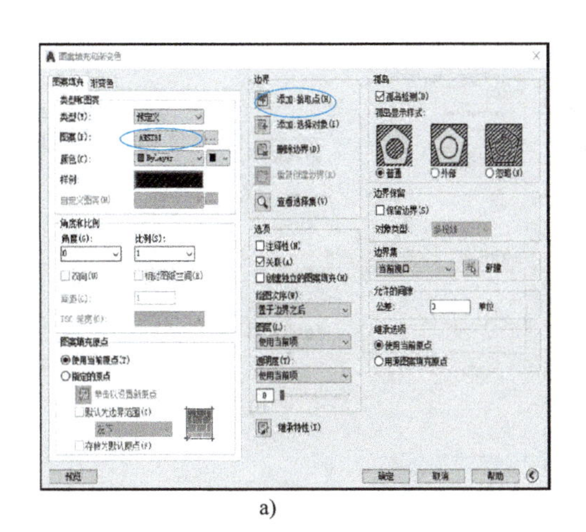

a)

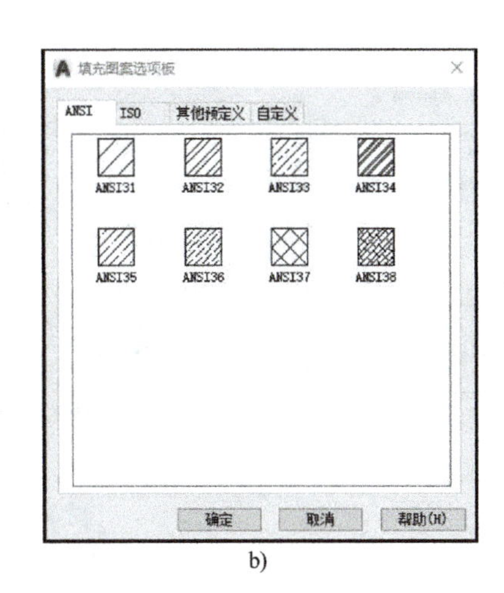

b)

图 11-40　图案填充设置

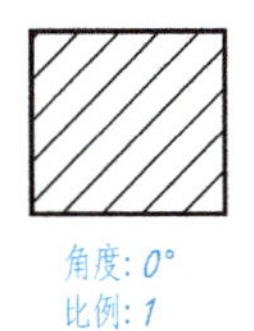

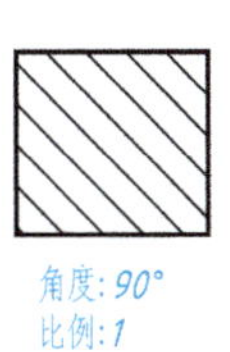

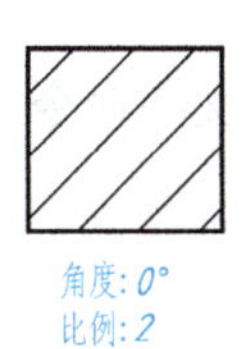

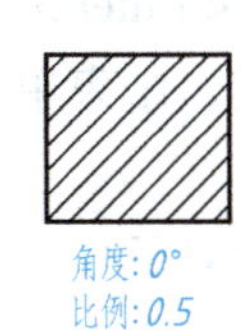

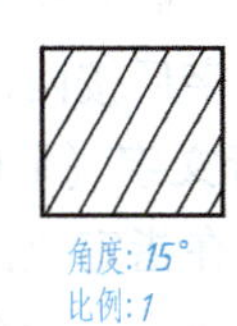

图 11-41　角度和比例的设置

二、文字处理

文字对象是 AutoCAD 中非常重要的图形元素之一，在一个完整的工程图样中，通常都要包含一些文字注释，如技术要求等。在图形中输入文字前，通常应先设置文字样式。

1. 设置文字样式（STYLE）

AutoCAD 提供了多种文字样式，用户可以选择字体，确定字宽、字高、倾斜度和基线格式等。AutoCAD 默认的样式名为“Standard”，采用的字体为“txt. shx”。设置文字样式方法如下。

1）单击“文字样式”按钮A，打开“文字样式”对话框。

2）新建“汉字”和“数字与字母”样式。“汉字”字体设为“T 仿宋_GB2312”，“数字与字母”字体设为“gbeitc. shx”，如图 11-42 所示。根据输入的值设置文字高度。输入大于 0 的高度将自动为此样式设置文字高度。如果输入 0，则文字高度将默认为上次使用的文字高度，或使用存储在图形样板文件中的值。单击“应用”按钮，完成样式设置。

2. 单行文字（TEXT）

功能：用于书写单行文字。

单击按钮A，命令行提示如下。

命令：_ text

当前文字样式：“Standard”　当前文字高度：　2. 5000

指定文字的起点或［对正(J)/样式(S)］:　（拾取一点）

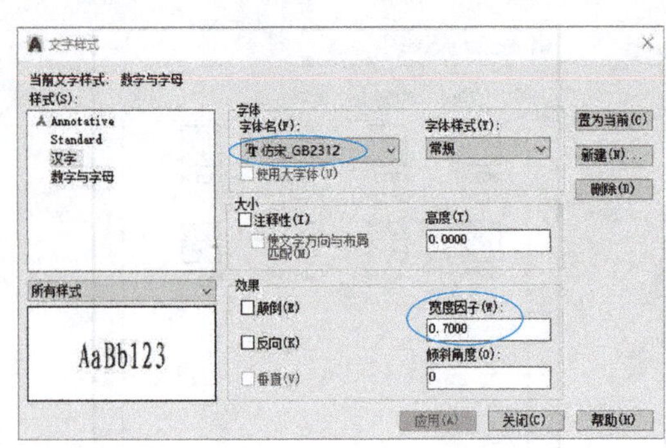
a)

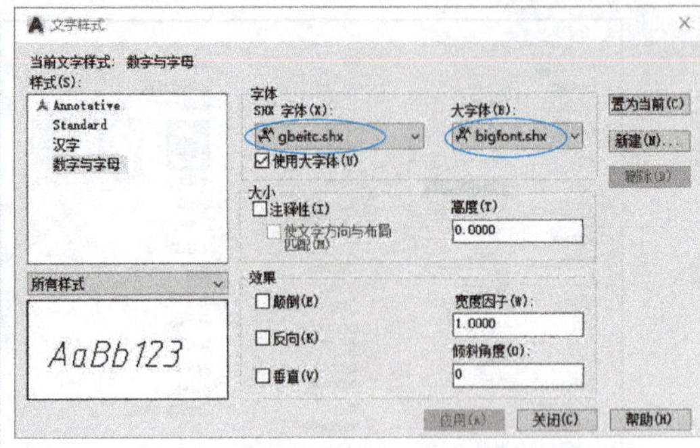
b)

图 11-42 文字样式设置
a）汉字字体 b）数字与字母

指定高度 <2.5000>：<Enter>

指定文字的旋转角度 <0>：<Enter>

输入文字后按两次<Enter>键，结束单行文字命令。

3. 多行文字（MTEXT）

功能：在指定范围内创建多行文字。

单击按钮A，命令行提示如下。

命令：_ mtext

当前文字样式："Standard" 当前文字高度：2.5

指定第一角点： （拾取一点）

指定对角点或[高度(H)/对正(J)/行距(L)/旋转(R)/样式(S)/ 宽度(W)]：（拾取一点）

弹出"在位文字编辑器"，如图 11-43 所示。按要求输入文字后，如"技术要求"等，单击"确定"按钮结束命令。

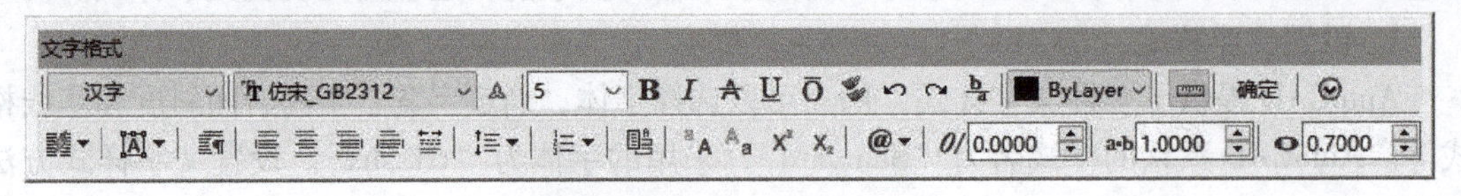

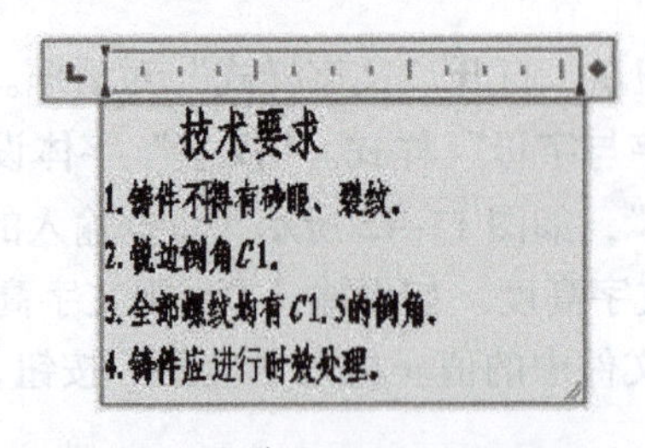

图 11-43 在位文字编辑器

一些字符不能在键盘上直接输入，AutoCAD 用控制码来实现。常用的特殊字符有：%%c 表示圆直径符号"ϕ"，如 ϕ45，输入文字时输入%%c45；%%d 表示角度符号"°"，如45°，输入文字时输入 45%%d；%%p 表示正负公差符号"±"，如 30±0.021，输入文字时输入 30%%p0.021。

第五节　AutoCAD 常用编辑命令

图形编辑是对图形进行修改、复制、移动、删除等操作。AutoCAD 提供了丰富的图形编辑命令，如图 11-44 所示，灵活利用这些命令，可显著提高绘图效率和质量。

图 11-44　“修改”工具栏

一、选择编辑对象

在编辑对象前一般要先选取对象，选中对象时，AutoCAD 用虚线显示它们以示加亮。常用的选择方法如下。

1. 直接拾取

利用十字光标单击选择图形对象，被选中的对象以带有夹点的虚线显示，如图 11-45a 所示。如果需要连续选择多个图形对象，可继续单击需要选择的图形对象。当在“选择对象:”提示下，AutoCAD 将用一个拾取框 口 代替十字光标，用拾取框单击所要选择的对象，被选中的对象显示为虚线，如图 11-45b 所示。

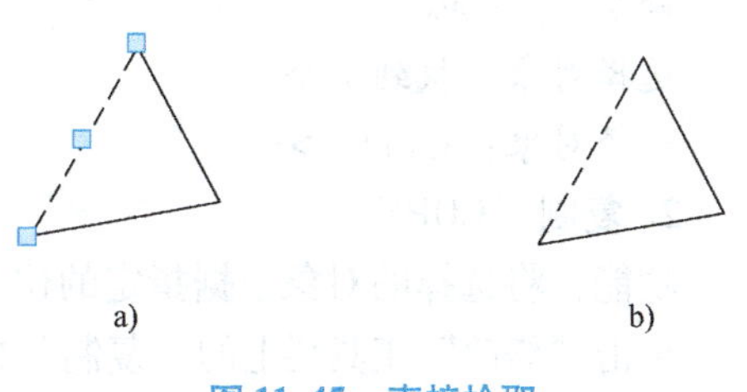

图 11-45　直接拾取

a）利用光标直接选择　b）利用拾取框选择

2. 窗口选择

选择多个图形对象时，可从左向右移动鼠标拉出矩形窗口，该窗口显示为实线框，如图 11-46a所示，只有完全包含在此实线框中的图形对象才被选中，选中的对象以带有夹点的虚线显示，如图 11-46b 所示。

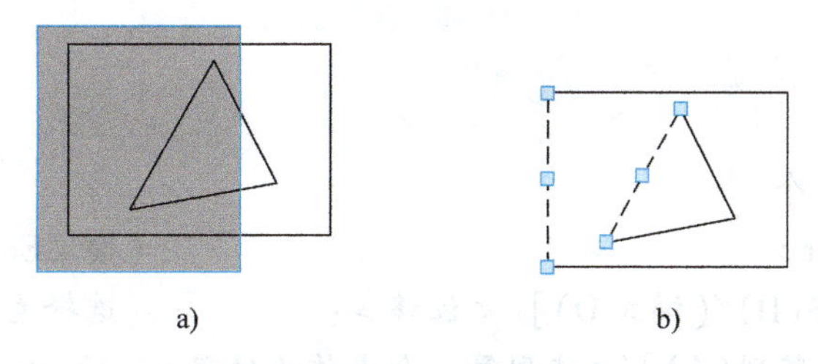

图 11-46　窗口选择 1

a）选择前　b）选择后

3. 窗交选择

窗交选择是从右向左移动鼠标拉出矩形窗口，该窗口显示为虚线框，如图 11-47a 所示，与虚线框相交和位于虚线框内的所有对象均会被选中，选中的对象以带有夹点的虚线显示，如图 11-47b 所示。

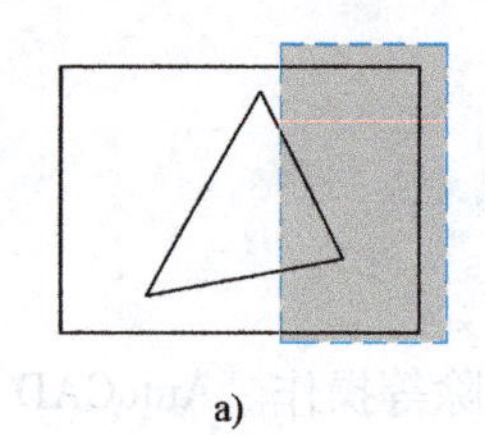
a)

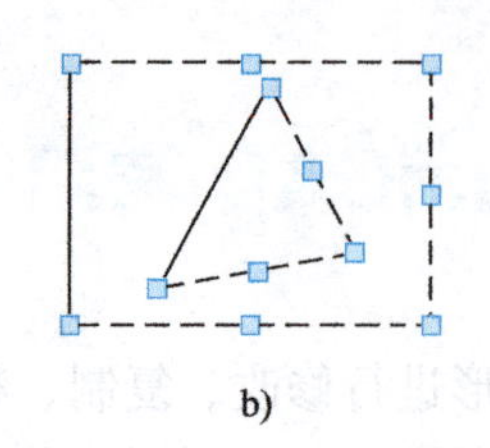
b)

图 11-47　窗交选择 2

a）选择前　b）选择后

二、常用修改命令

1. 删除（ERASE）

功能：从图形中删除选定的对象。

单击“修改”工具栏上的“删除”按钮，命令行提示如下。

命令：_ erase

选择对象：找到 1 个　　（选择要删除的对象）

选择对象：<Enter>　　（按 <Enter> 键结束选择，选中的对象被删除）

2. 复制（COPY）

功能：将选择的对象根据指定的位置复制一个或多个副本。

单击“修改”工具栏上的“复制”按钮，将图 11-48a 改为图 11-48b，操作步骤如下。

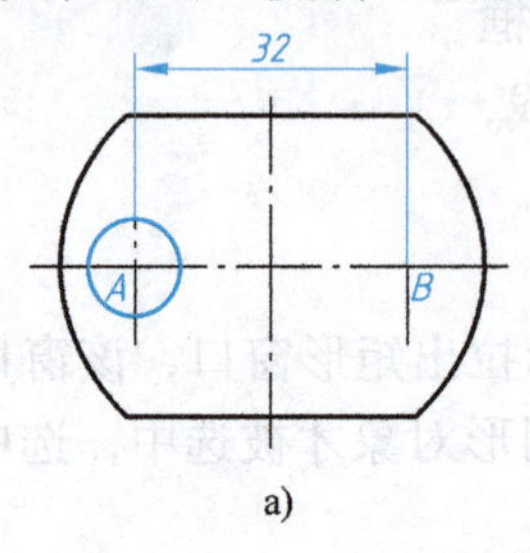

a)

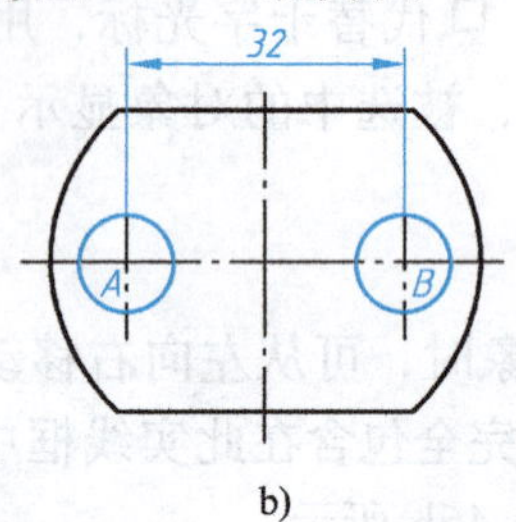

b)

图 11-48　复制圆孔

a）复制前　b）复制后

命令：_ copy　　（启动“复制”命令）

选择对象：找到 1 个　　（选择左侧圆）

选择对象：<Enter>　　（按 <Enter> 键结束对象选择）

指定基点或［位移(D)/(模式 O)］<位移>：　　（选择左侧圆圆心 *A* 作为基点）

指定第二个点或［阵列(A)］<使用第一个点作为位移>：32，0 <Enter>

（输入沿 *X*、*Y* 轴移动的距离）

指定第二个点或［阵列(A)/退出(E)/放弃(U)］<退出>：<Enter>

（按 <Enter> 键，使用第一个点作为位移，复制出 *B* 位置上的圆）

3. 镜像（MIRROR）

功能：将选定图形相对指定的镜像线创建与原图对称的镜像副本。

单击“修改”工具栏上的“镜像”按钮，将图 11-49a 改为图 11-49b，操作步骤如下。

命令：_ mirror　　（启动“镜像”命令）

选择对象：找到 13 个　　（用窗口选取镜像线左侧图形）

选择对象：<Enter>　　（按<Enter>键结束对象选择）

指定镜像线的第一点：　　（捕捉镜像线上的第一个端点，如图 11-49a 所示点 A）

指定镜像线的第二点：　　（捕捉镜像线上的第二个端点，如图 11-49a 所示点 B）

要删除源对象吗？[是(Y)/否(N)] <N>：<Enter>

（按<Enter>键选择“否”选项，保留源对象，结果如图 11-49b 所示）

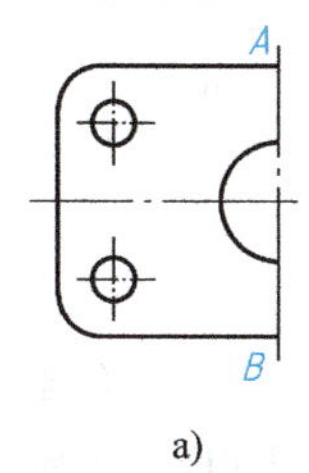

a)

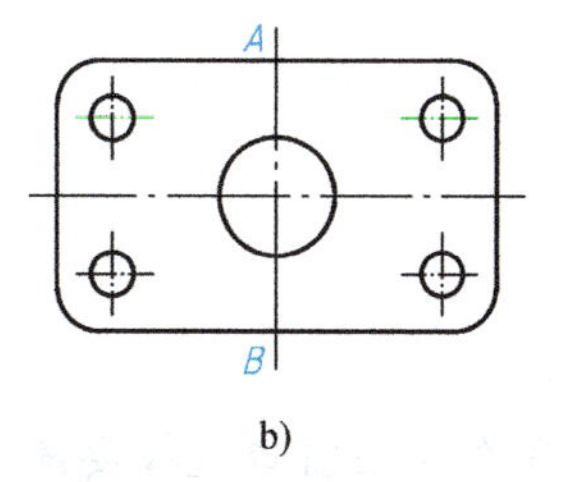

b)

图 11-49　镜像对象

a）镜像前　b）镜像后

4. 偏移（OFFSET）

功能：在所选对象的指定侧生成等距线。

单击“修改”工具栏上的“偏移”按钮⊆，将对象 A 偏移 15mm 后生成对象 B，操作步骤如下。

命令：_ offset　　（启动“偏移”命令）

当前设置：删除源 = 否　图层 = 源　OFFSETGAPTYPE = 0

指定偏移距离或[通过(T)/删除(E)/图层(L)] <通过>：15 <Enter>

（输入偏移距离）

选择要偏移的对象，或[退出(E)/放弃(U)] <退出>：　　（选择要偏移的对象 A）

指定要偏移的那一侧上的点，或[退出(E)/多个(M)/放弃(U)] <退出>：

（在对象 A 右侧单击，指定偏移方向）

选择要偏移的对象，或[退出(E)/放弃(U)] <退出>：<Enter>

（结果如图 11-50 所示）

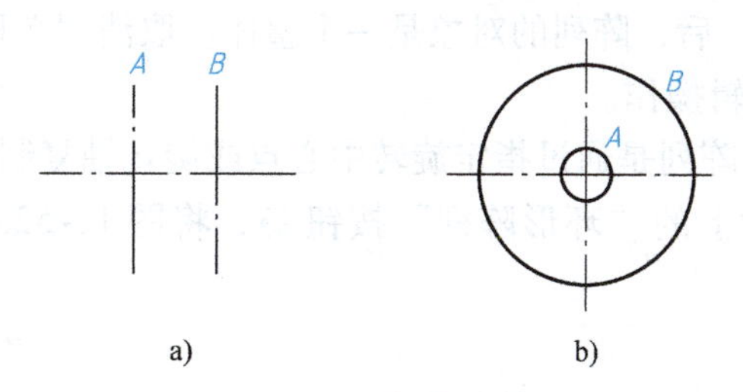

a)　　b)

图 11-50　偏移对象

a）直线 A 偏移生成直线 B　b）圆 A 偏移生成圆 B

5. 阵列（ARRAY）

（1）矩形阵列　矩形阵列是将对象按行、列方式进行排列的。

单击“修改”工具栏上的“矩形阵列”按钮，将图11-51a改为图11-51b，操作步骤如下。

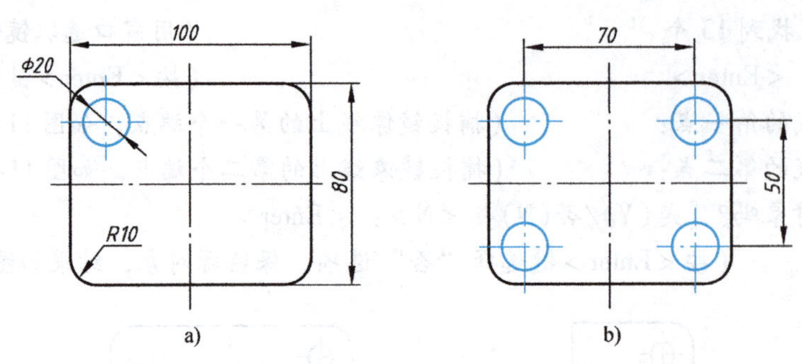

图11-51 矩形阵列

a）矩形阵列前 b）矩形阵列后

命令：_ arrayrect （启动“矩形阵列”命令）

选择对象：找到3个（用窗口选择要阵列的对象，如图11-51a所示的小圆及其中心线）

选择对象：<Enter> （按<Enter>键结束对象选择）

选择夹点以编辑阵列或［关联(AS)/基点(B)/计数(COU)/间距(S)/列数(COL)/行数(R)/层数(L)/退出(X)］<退出>：COL<Enter>

（选择列数）

输入列数数或［表达式(E)］ <4>：2<Enter> （2列）

指定列数之间的距离或［总计(T)表达式(E)］ <72>：70<Enter> （距离为70mm）

选择夹点以编辑阵列或［关联(AS)/基点(B)/计数(COU)/间距(S)/列数(COL)/行数(R)/层数(L)/退出(X)］<退出>：R<Enter>

（选择行数）

输入行数数或［表达式(E)］ <3>：2<Enter> （2行）

指定行数之间的距离或［总计(T)/表达式(E)］ <72>：-50<Enter>

（距离为50mm，*Y*轴负向加“-”号，按<Enter>键结束，生成结果如图11-51b所示）

需要注意的如下。

1）如果行、列偏移值为正值，则阵列复制的对象向上、向右排列，如果行、列偏移值为负值，则阵列复制的对象向下、向左排列。

2）参数设置“关联”后，阵列的对象是一个整体。取消“关联”设置后，阵列的对象各自独立，能单独对其编辑操作。

（2）环形阵列 环形阵列是通过指定旋转中心点或旋转轴复制选定对象来创建阵列的。

单击“修改”工具栏上的“环形阵列”按钮，将图11-52a改为图11-52b，操作步骤如下。

命令：_ arraypolar （启动“环形阵列”命令）

选择对象：找到2个

（用窗口选择要阵列的对象，如图11-52a所示的小圆及其竖直中心线）

选择对象：<Enter> （按<Enter>键结束对象选择）

指定阵列的中心点或［基点(B)/旋转轴(A)］： （选择如图11-52a所示的点*A*）

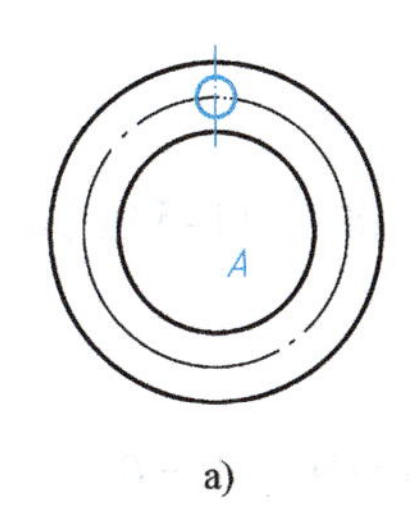

a)

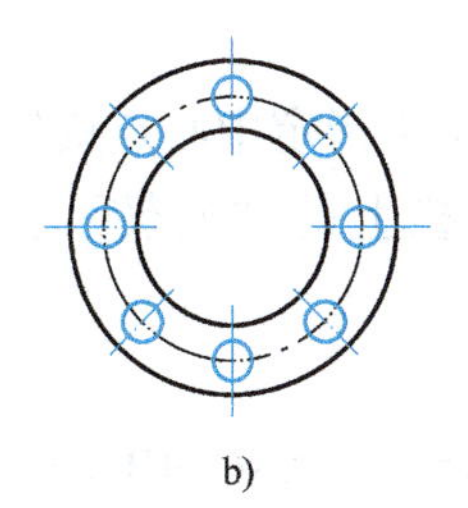

b)

图 11-52　环形阵列

a）环形阵列前　b）环形阵列后

选择夹点以编辑阵列或［关联(AS)/基点(B)/项目(I)/项目间角度(A)/填充角度(F)/行数(ROW)/层(L)/旋转项目(ROT)/退出(X)］<退出>：A <Enter>

（选择项目间角度）

指定项目间角度或［表达式(EX)］<60>：45 <Enter>　（角度为 45°）

选择夹点以编辑阵列或［关联(AS)/基点(B)/项目(I)/项目间角度(A)/填充角度(F)/行数(ROW)/层(L)/旋转项目(ROT)/退出(X)］<退出>：F <Enter>

（选择填充角度）

指定填充角度（+=逆时针、-=顺时针）或［表达式(EX)］<225>：360 <Enter>

（角度为 360°，按 <Enter> 键结束，生成结果如图 11-52b 所示）

无论哪种阵列形式，执行阵列时，被选择对象会按照阵列的初始设置显示阵列预览，显示的特征点即为夹点，选择相应的夹点可以更改阵列参数设置。某些夹点具有多个操作，当夹点处于选定状态、变为红色时，可以按 <Ctrl> 键来循环浏览这些选项。

6. 移动（MOVE）

功能：将选中的对象移到指定的位置。"移动"命令和"复制"命令的操作类似，区别只是在原位置上，源对象是否还保留，如图 11-53 所示。

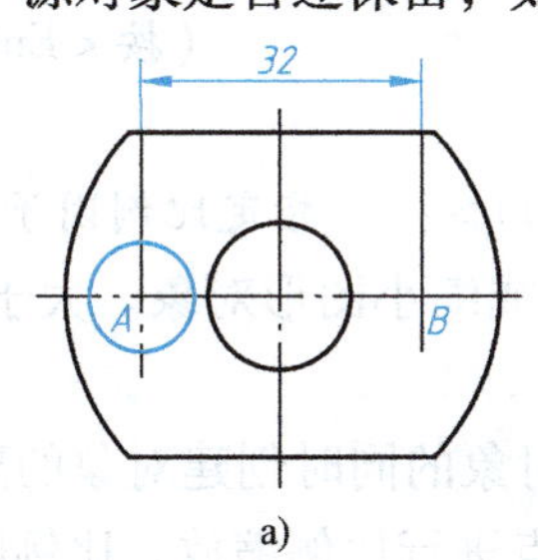

a)

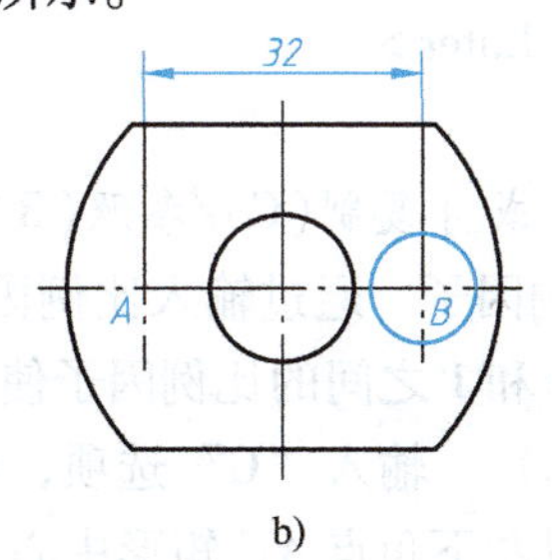

b)

图 11-53　移动对象

a）移动前　b）移动后

单击"修改"工具栏上的"移动"按钮✥，将图 11-53a 改为图 11-53b，操作步骤如下。

命令：_ move

选择对象：<Enter>　（选择要移动的小圆）

指定基点或［位移(D)］<位移>：　（捕捉基点 *A*）

指定第二个点或 <用第一点作为位移>：@32，0 <Enter>

（指定或输入点 *B* 相对于点 *A* 的直角坐标）

7. 旋转（ROTATE）

功能：将选定的对象绕指定中心点旋转一定角度。

单击“修改”工具栏上的“旋转”按钮，将图 11-54a 改为图 11-54b，操作步骤如下。

命令：_ rotate

UCS 当前的正角方向： ANGDIR = 逆时针 ANGBASE = 0

选择对象：找到 1 个 （选择需要旋转的六边形）

选择对象：<Enter> （按<Enter>键结束对象选择）

指定基点： （捕捉点 *A* 作为旋转基点）

指定旋转角度，或［复制(C)/参照(R)］<0.00>：45<Enter>

（输入旋转角度，逆时针为正）

1）复制（C）：旋转对象的同时复制对象。

2）参照（R）：指定某个方向作为起始参照角，然后选择一个新对象来指定源对象要旋转到的目标位置，也可以输入新角度值来指明要旋转到的位置。

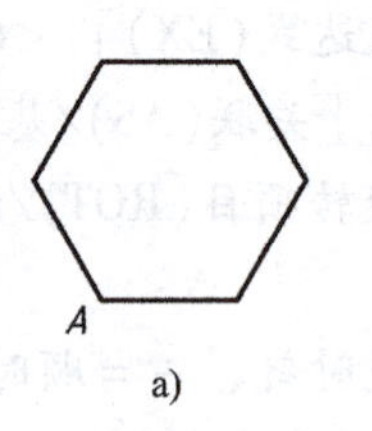

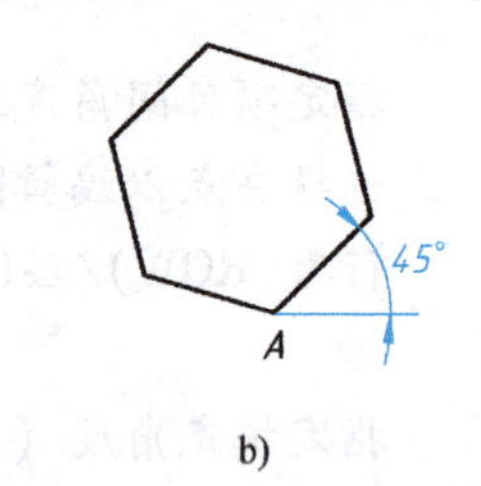

图 11-54 旋转对象

a）旋转前 b）旋转后

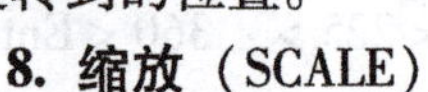

8. 缩放（SCALE）

功能：将选定的对象按指定的比例相对于指定的基点进行缩放。

单击“修改”工具栏上的“缩放”按钮，将图 11-55a 改为图 11-55b、c，操作步骤如下。

命令：_ scale

选择对象：找到 1 个 （选择对象）

选择对象：<Enter> （按<Enter>键结束选择）

指定基点： （指定缩放基点）

指定比例因子或［复制(C)/参照(R)］<1.0000>： （指定比例因子或选择缩放方式）

（1）指定比例因子 通过输入比例因子来放大或缩小图形对象。大于 1 的比例因子使对象放大，介于 0 和 1 之间的比例因子使对象缩小。

（2）复制（C） 输入“C”选项，可在缩放对象的同时创建对象的副本。如图 11-55 所示，矩形分别以左下角点 *A*、矩形中心点 *O* 为基点进行比例缩放，比例因子为 0.5，同时复制了源对象。

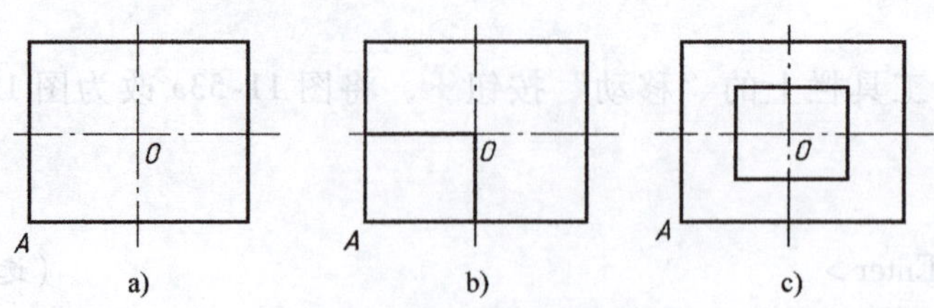

图 11-55 缩放并复制图形对象

a）原图 b）以点 *A* 为基点进行缩放 c）以点 *O* 为基点进行缩放

（3）参照（R）　按参照长度和指定新长度的比值来缩放所选对象。这里的“参照长度”和“新长度”可直接输入数字或通过输入两点来决定“长度”。

将如图 11-56a 所示的正五边形缩放为圆内接正五边形，操作步骤如下。

命令：_ scale　（启动“缩放”命令）
选择对象：找到 1 个　（选择正五边形）
选择对象：<Enter>　（按 <Enter> 键）
指定基点：　（选取圆心作为基点）
指定比例因子或［复制(C)/参照(R)］ <1.5314>：R <Enter>　（选取“参照”选项）
指定参照长度 <7.3187>：指定第二点：　（选取圆心和点 A 作为“参照长度”）
指定新的长度或［点(P)］ <20.3399>：P <Enter>　（选择“点”选项）
指定第一点：指定第二点：　（选取圆心和点 B 作为“新长度”）

结果如图 11-56b 所示。

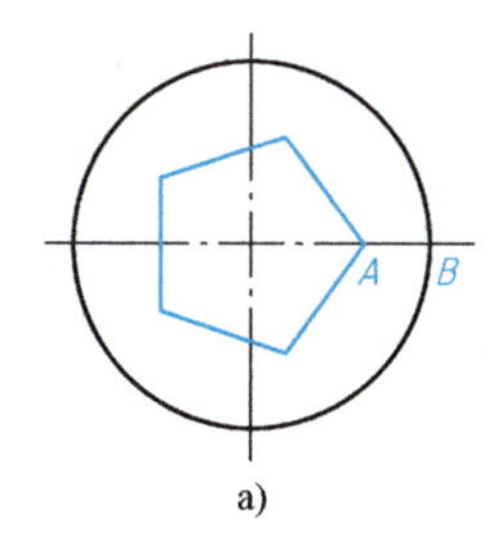

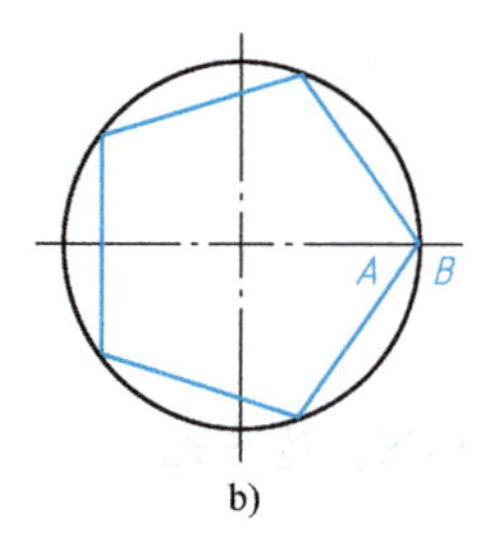

图 11-56　参照缩放

9. 拉伸（STRETCH）

功能：局部拉伸或移动选定的对象。

单击“修改”工具栏上的“拉伸”按钮，将图 11-57a 改为图 11-57c，操作步骤如下。

命令：_ strectch
以交叉窗口或交叉多边形选择要拉伸的对象……
选择对象：指定对角点：找到 7 个（用交叉窗口选择要拉伸的对象，如图 11-57b 所示）
选择对象：<Enter>　（按 <Enter> 键结束对象选择）
指定基点或［位移(D)］ <位移>：　（鼠标定基点）
指定第二个点或 <使用第一个点作为位移>：@10，0 <Enter>
（水平方向拉伸长度 10mm）

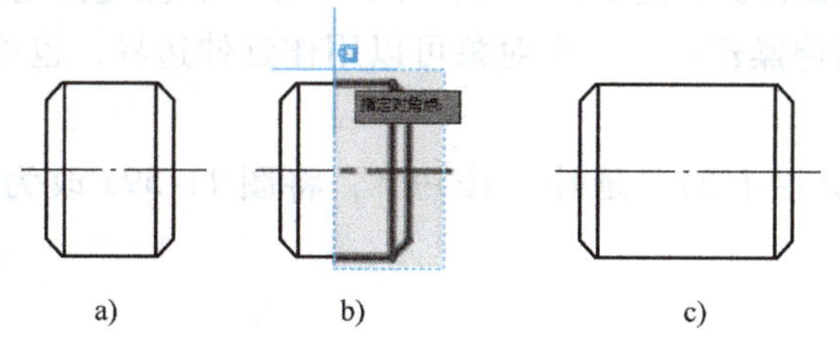

图 11-57　拉伸图形对象
a）拉伸前　b）选中拉伸对象　c）拉伸后

10. 修剪（TRIM）

功能：可以修剪对象，使它们精确地终止于由其他对象定义的边界。起界定作用的图素称为剪切边，待修剪的边即在与剪切边交点处被切断。此外，剪切边本身也可以作为被修剪的对象。

单击“修改”工具栏上的“修剪”按钮，将图11-58a改为图11-58b，操作步骤如下。

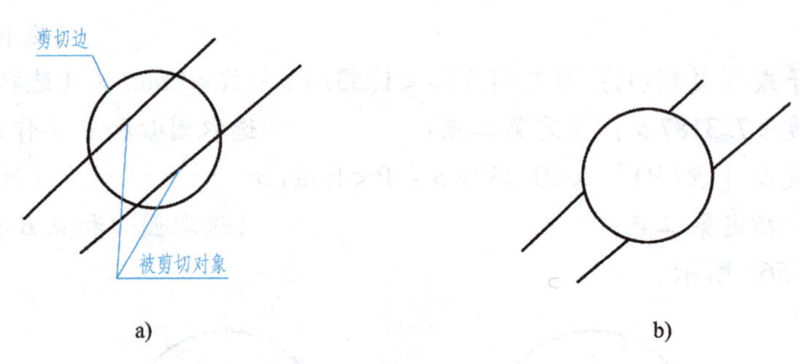

图11-58　普通方式修剪对象
a）修剪前　b）修剪后

命令：_ trim
当前设置：投影＝UCS，边＝无
选择剪切边……
选择对象或＜全部选择＞：找1个　　（选择圆作为剪切边）
选择对象：找1个，总计2个
选择对象：＜Enter＞　　（按＜Enter＞键结束修剪边界对象的选择）
选择要剪切的对象，或者按住Shift键选择要延伸的对象，或者［栏选(F)/窗交(C)/投影(P)/边(E)/删除(R)/放弃(U)/］：
　　（选择两条直线，按＜Enter＞键结束命令）

> **注意：**使用该命令时，应先指定剪切边，再选择要剪切的对象；当选择被剪切对象时，必须在要修剪掉的那一边拾取对象，而不是保留的那一边；如果未指定边界并在“选择对象或＜全部选择＞:”提示下按＜Enter＞键，则图形中所有图形对象将作为剪切边。

11. 延伸（EXTEND）

功能：将图形对象延伸到指定边界。在使用该命令时，应先指定延伸边界，再选择要延伸的对象；在同一个延伸操作中，一个对象可以用作延伸边界，也可以同时作为要延伸的对象。

单击“修改”工具栏上的“延伸”按钮，将图11-59a改为图11-59b，操作步骤如下。

命令：_ extend
当前设置：投影＝UCS，边＝延伸
选择边界的边……

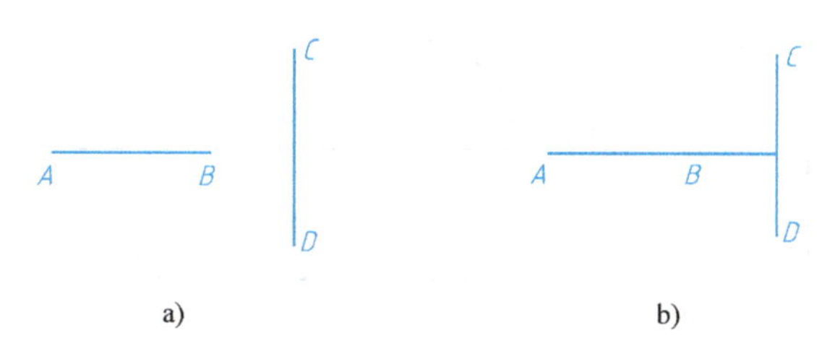

a)　　　　b)

图 11-59　普通方式延伸对象

a）延伸前　b）延伸后

选择对象或＜全部选择＞：找到 1 个　　（选择 CD 边作为延伸边界）

选择对象：＜Enter＞　　（按＜Enter＞键结束延伸边界对象的选择）

选择要延伸的对象，或按住 Shift 键选择要修剪的对象，或者［栏选(F)/ 窗交(C)/投影(P)/边(E)/放弃(U)/］：

（选择 AB 边作为要延伸的对象，按＜Enter＞键结束命令）

> **注意：** 在选择延伸对象时，鼠标拾取点应选择在拟延伸方向的那一端；如果未指定边界并在“选择对象或＜全部选择＞：”提示下按＜Enter＞键，则图形中所有图形对象将作为延伸边界。

12. 打断（BREAK）

功能：断开对象或部分删除对象。

单击“修改”工具栏上的“打断”按钮。

命令：_ BREAK

选择对象：　　（启动命令并选择对象）

指定第二个打断点或［第一点(F)］：　　（直接指定打断点或执行选项）

（1）指定第二个打断点　以在选择对象时的拾取点作为第一个打断点，再确定第二个打断点。确定第二个打断点的方法如下。

1）直接选取对象上另外一点，AutoCAD 将所选取两点之间的部分删除。

2）输入“@”，AutoCAD 将在对象所拾取的第一点处断开。

3）若在对象一端之外拾取一点，则 AutoCAD 将两个拾取点之间的那部分删除。

（2）第一点（F）　重新确定第一打断点。输入“F”选项后，系统提示如下。

指定第一个打断点：（重新指定第一打断点）。

指定第二个打断点：（指定第二个打断点）。

可以采用上述 3 种方法指定第二个打断点。

说明：AutoCAD 对封闭图形圆和椭圆的打断，是按逆时针方向删除图形上第一打断点到第二打断点之间的部分。如图 11-60a 所示的图形，先选择点 A 和先选择点 B 作为第一打断点的结果如图 11-60b、c 所示。

13. 倒角（CHAMFER）

功能：对两条直线边倒棱角或多段线倒棱角。在倒角处，线段自动修剪或延长，倒角距离可以不同。

单击“修改”工具栏上的“倒角”按钮，将图 11-61a 改为图 11-61b，操作步骤

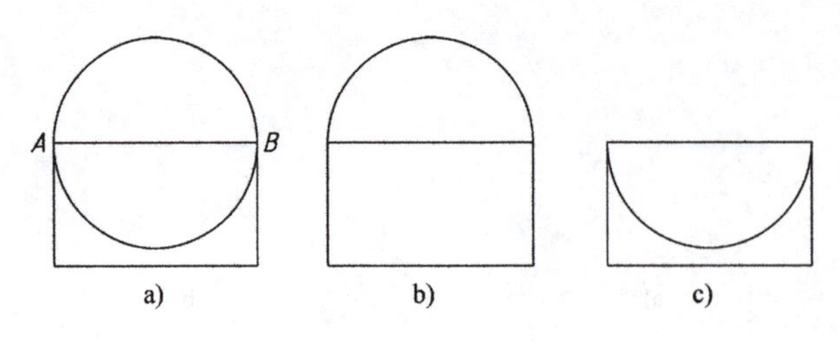

图 11-60　打断

如下。

命令：_ CHAMFER

（“修剪”模式）当前倒角距离 1 = 0.0000，距离 2 = 0.0000

选择第一条直线或［放弃(U)/多段线(P)/距离(D)/角度(A)/修剪(T)/方式(E)/多个(M)］：D <Enter>

指定第一个倒角距离 <0.0000>：10 <Enter>　　（倒角距离为 10mm）

指定第二个倒角距离 <10.0000>：　　（倒角距离相等时，可直接按 <Enter>键）

选择第一条直线或［放弃(U)/多段线(P)/ 距离(D)/角度(A)/修剪(T)/方式(E)/多个(M)］：

（选择直线 *AB*）

选择第二条直线，或按住 Shift 键选择要应用角点的直线：　　（选择直线 *AC*）

结果如图 11-61b 所示。

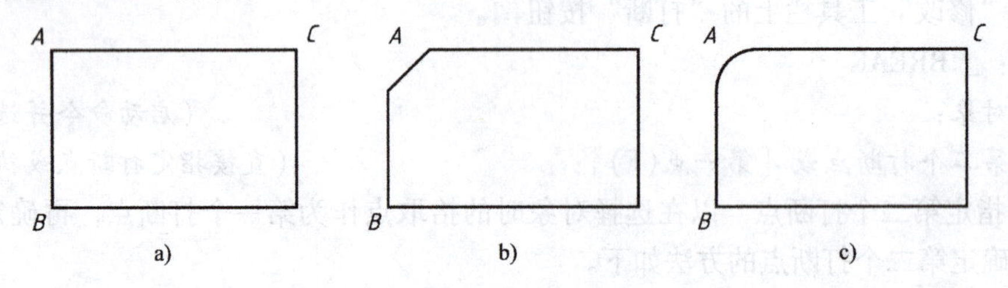

图 11-61　倒角和圆角

a）原图　b）倒角后　c）圆角后

14. 圆角（FILLET）

功能：按指定的半径在直线、圆或圆弧间倒圆角。

单击“修改”工具栏上的“圆角”按钮，将图 11-61a 改为图 11-61c，操作步骤如下。

命令：_ fillet

当前设置：模式 = 修剪，半径 = 0.0000

选择第一个对象或［放弃(U)/多段线(P)/半径(R)/修剪(T)/多个(M)］：R <Enter>

指定圆角半径 <0.0000>：10 <Enter>　　（输入圆角半径）

选择第一个对象或［放弃(U)/多段线(P)/半径(R)/修剪(T)/多个(M)］：

（选择直线 *AB*）

选择第二个对象，或按住 Shift 键选择要应用角点或［半径(R)］：　　（选择直线 *AC*）

结果如图 11-61c 所示。

15. 使用夹点编辑对象

对象夹点是控制该对象方向、位置、大小和区域的特殊点。通过夹点可以将命令和对象选择结合起来，从而提高编辑速度。如图 11-62 所示，在未启动任何命令的情况下，只要用光标选取对象，则被选中的对象就会（变虚）显示出其夹点（默认是蓝色框）。若再选取对象上的夹点（被选中的夹点称为热夹点或活动夹点，默认是红色），则进入夹点编辑操作，可以进行以下操作。

1）选取直线的中点夹点，可移动直线；选取直线的端点夹点，可拉伸、旋转直线。

2）选取圆的圆心夹点，可移动圆；选取圆的象限点夹点，可缩放圆。

3）选取圆弧的圆心夹点，可移动圆弧；选取圆弧的中点夹点，可改变圆弧半径。

4）选取样条曲线上的夹点，可改变样条曲线的形状。

5）选取文字上的夹点，可方便地移动文字。

也可不选取热夹点直接进行一般的编辑操作，如删除等。执行某一命令或按 < Esc > 键，夹点消失，对象恢复常态显示。

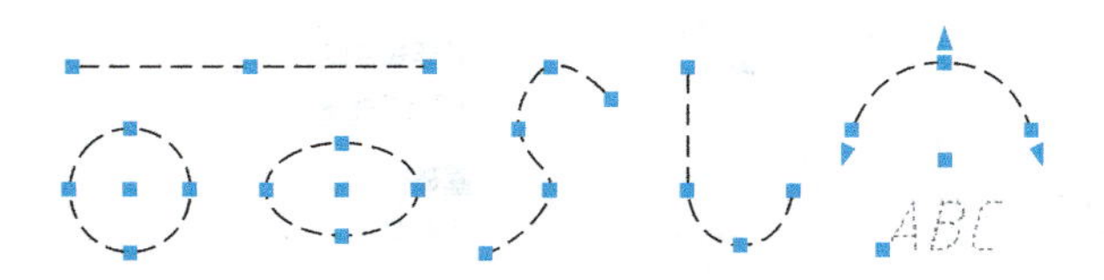

图 11-62　夹点编辑对象

第六节　尺寸标注

AutoCAD 的尺寸标注功能强大，标注尺寸可通过“标注”工具栏上的按钮，如图 11-63 所示，或菜单栏中的“标注”菜单，或输入相应的标注命令来完成。

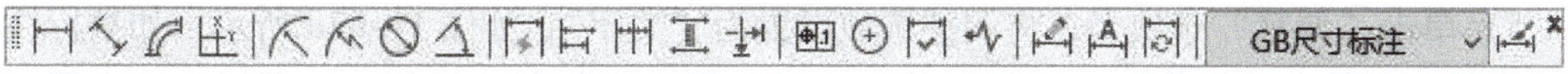

图 11-63　“标注”工具栏

设置标注样式是为了使标注的尺寸（含尺寸界线、尺寸线、箭头、尺寸文字）形式相同，风格一致。AutoCAD 提供了“ISO - 25”和“Standard”等标注样式，但对角度、直径、半径标注，小数分隔符、精度设置等不符合制图国家标准要求，如图 11-64a 所示，还需要对其进一步设置，用其标注出符合制图国家标准要求的尺寸，如图 11-64b 所示。

1. 设置 AutoCAD 基本标注样式

1）单击“标注样式”按钮（或输入“D”或选择“标注→标注样式”选项），打开“标注样式管理器”对话框，如图 11-65 所示。

2）单击 新建(N)... 按钮，打开“创建新标注样式”对话框，如图 11-66 所示，输入新样式名，如“GB 尺寸标注”。单击“继续”按钮，打开“新建标注样式：GB 尺寸标注”对话框，将尺寸线基线间距设置为“7”，尺寸界线超出尺寸线设置为“2”，起点偏移量设置为“0”，其他选项不变，如图 11-67a 所示。

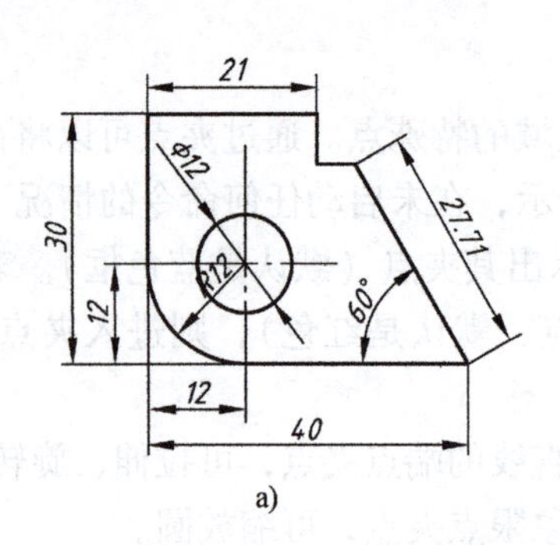

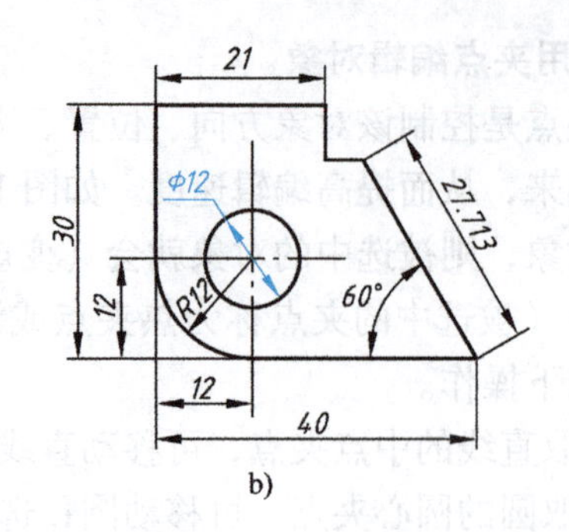

图 11-64　标注样式

a）默认标注样式的标注结果　b）重新设置后的标注结果

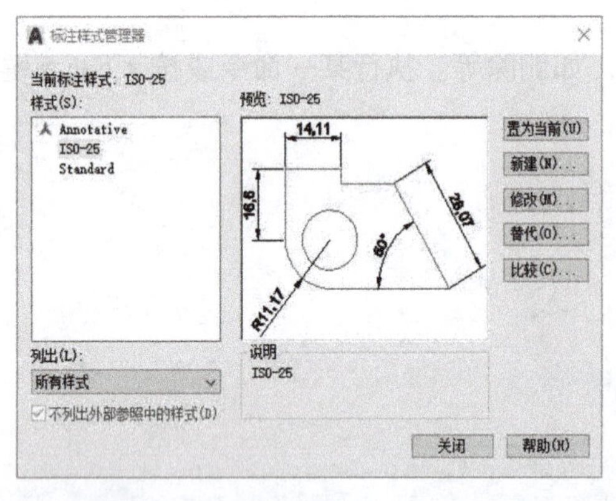

图 11-65　“标注样式管理器”对话框

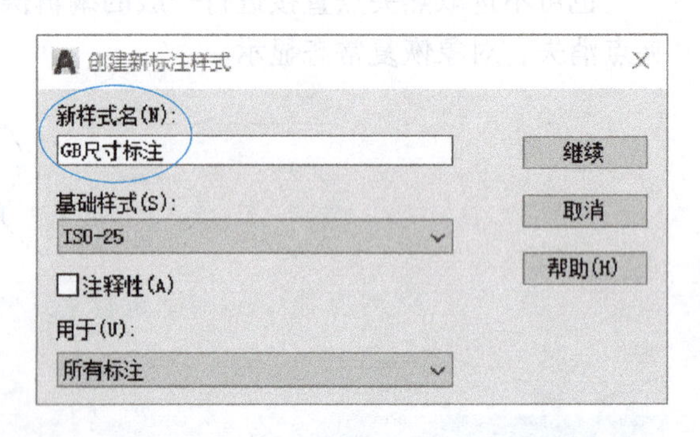

图 11-66　“创建新标注样式”对话框

3）单击“符号和箭头”选项卡，将箭头大小设置为“3.5”，如图 11-67b 所示。

4）单击“文字”选项卡，将文字高度设置为“3.5”，文字对齐方式设置为“ISO 标准”，如图 11-67c 所示。

5）单击“调整”选项卡，将调整选项设置为“文字”，如图 11-67d 所示。如果标注直径、半径，应单击“优化”选项组中的“手动放置文字”复选按钮，以便标注。当图中尺寸、数字、箭头等比较小在屏幕上观看不方便时，可调整标注特征比例中的“使用全局比例”因子，不要单项调整。

6）单击“主单位”选项卡，将标注精度设置为“0.000”，小数分隔符设置为“句点”，如图 11-67e 所示。最后单击“确定”按钮。

2. 设置角度标注子样式

1）单击“标注样式”按钮，弹出“标注样式管理器”对话框。在“样式”列表框中选择“GB 尺寸标注”选项，单击“新建”按钮，如图 11-68a 所示，弹出“创建新标注样式”对话框，在“用于”下拉列表框中选择“角度标注”选项，如图 11-68b 所示。

2）单击“继续”按钮，弹出“新建标注样式：GB 尺寸标注：角度”对话框。单击“文字”选项卡中“文字对齐”选项组的“水平”按钮，如图 11-68c 所示。

3）单击“确定”按钮。

同理设置“半径”和“直径”标注样式。设置时在“调整”选项卡中应单击“优化”

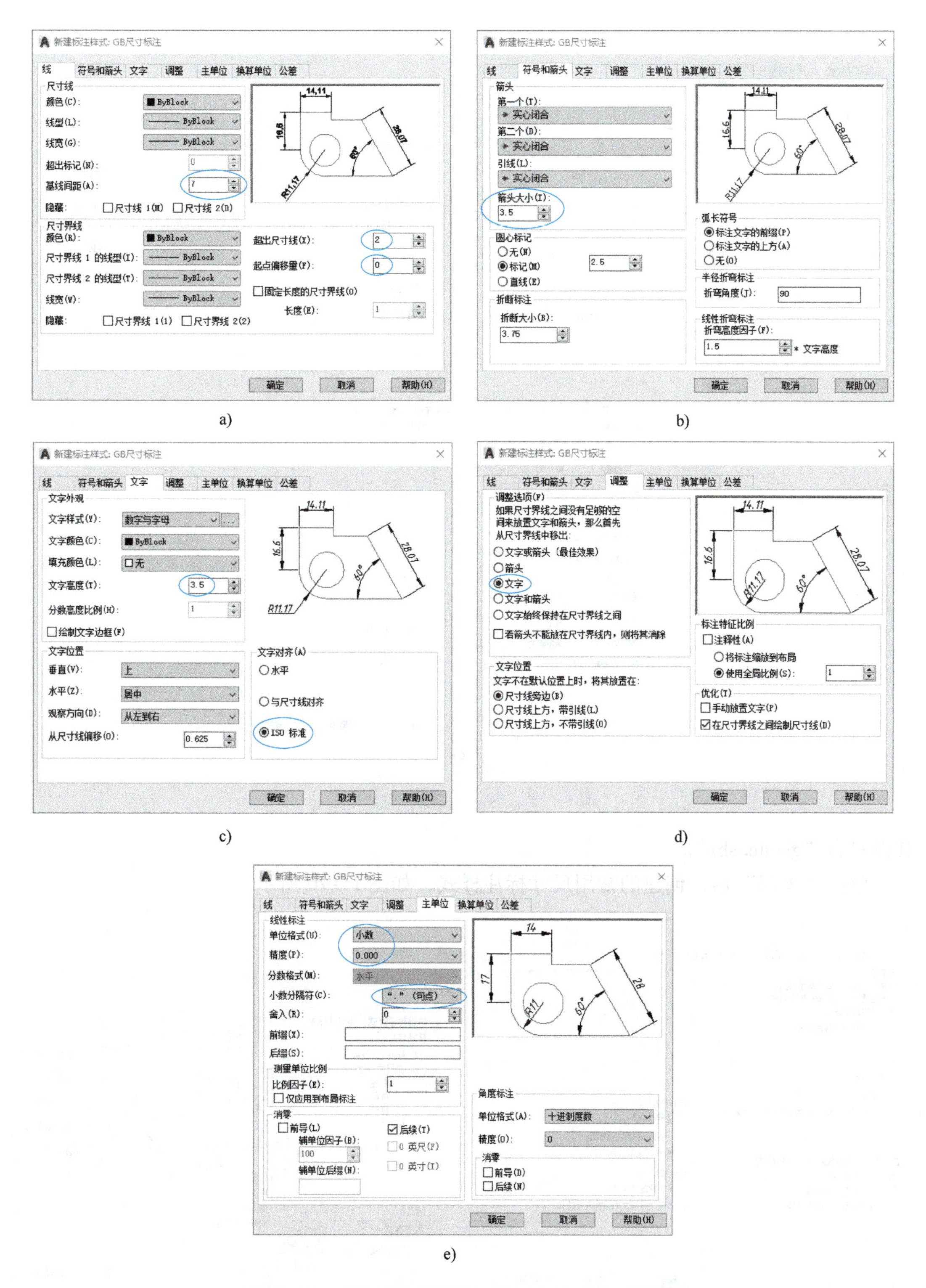

图 11-67　“新建标注样式：GB 尺寸标注”对话框

选项组中的“手动放置文字”复选按钮，如图 11-69 所示。如果文字样式没有设置，应将

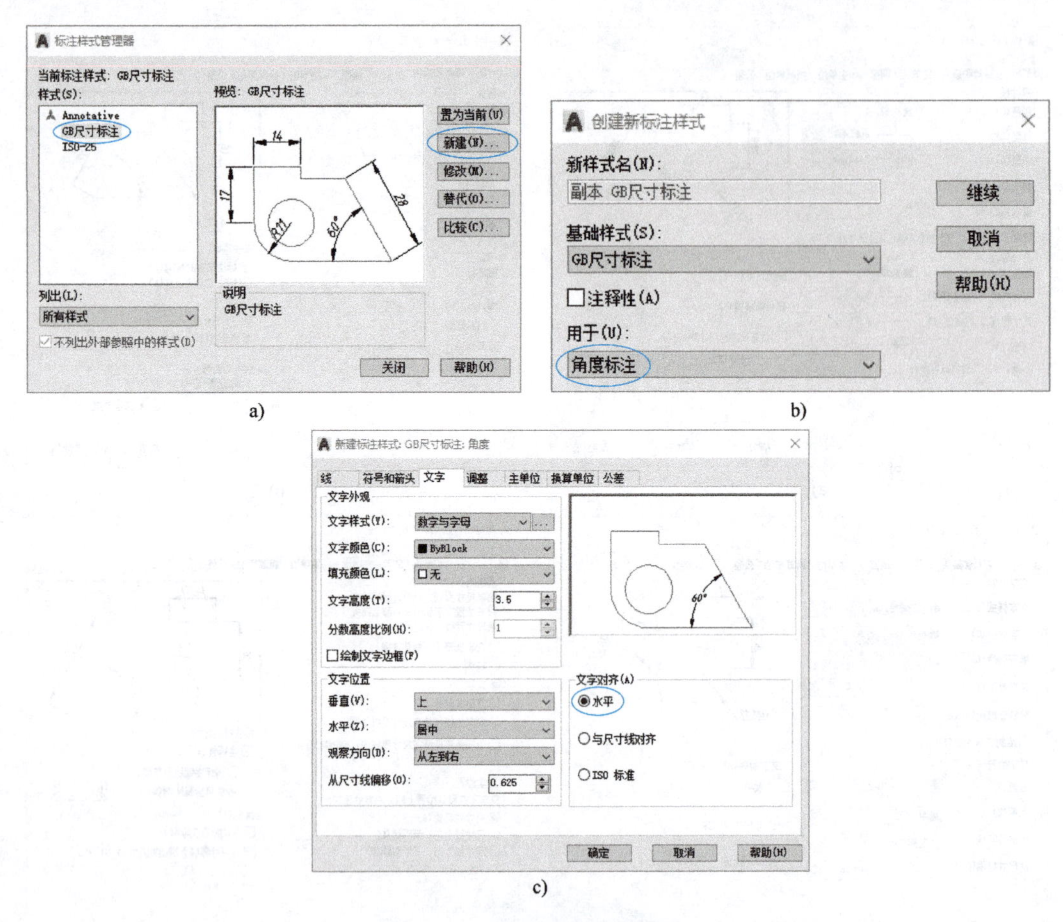

图 11-68　设置角度标注子样式

其设置为“gbeitc. shx”。

单击“关闭”后，创建的常用尺寸标注样式，如图 11-70 所示。

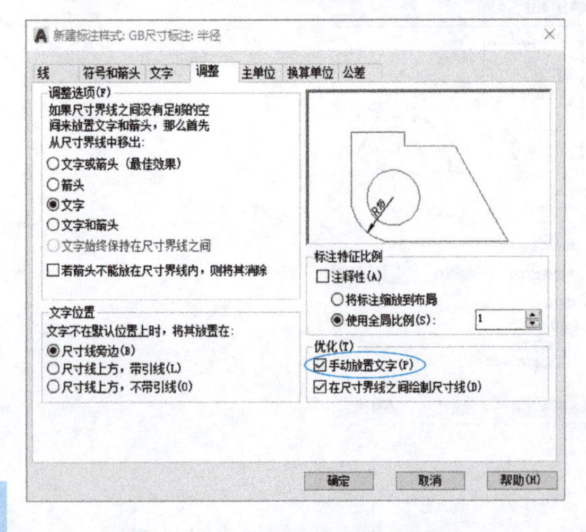

图 11-69　设置半径标注子样式

图 11-70　常用尺寸标注样式

3. 尺寸标注

（1）线性尺寸标注（DIMLINEAR）　线性尺寸标注主要用于标注水平、垂直方向的线性尺寸。

单击按钮，标注如图 11-71 所示的尺寸 60mm，命令行提示与操作步骤如下。

命令：_ dimlinear

指定第一条延伸线原点或 <选择对象>：　　（单击第一条尺寸界线的起点 1）

指定第二条延伸线原点：　　（单击第二条尺寸界线的起点 2）

指定尺寸线位置或 [多行文字(M)/文字(T)/角度(A)/水平(H)/垂直(V)/旋转(R)]：

（移动光标确定尺寸的标注位置，单击结束）

标注文字 =60　　（系统测量值）

注意： 为了准确地获取尺寸界线的终点，应开启对象捕捉功能。

（2）对齐尺寸标注（DIMALIGNED）　对齐尺寸标注是线性尺寸标注的一种特殊形式，可直接测量两点之间的直线长度，不受两点之间的直线位置是否水平或垂直这个条件的影响。

单击按钮，标注如图 11-72 所示的尺寸 60mm，命令行提示与操作步骤如下。

命令：_ dimaligned

指定第一个尺寸界线原点或 <选择对象>：　　（单击第一个尺寸界线的起点 1）

指定第二条尺寸界线原点：　　（单击第二条尺寸界线的起点 2）

指定尺寸线位置或 [多行文字(M)/文字(T)/角度(A)]：

（移动光标确定尺寸的标注位置，单击结束）

标注文字 =60　　（系统测量值）

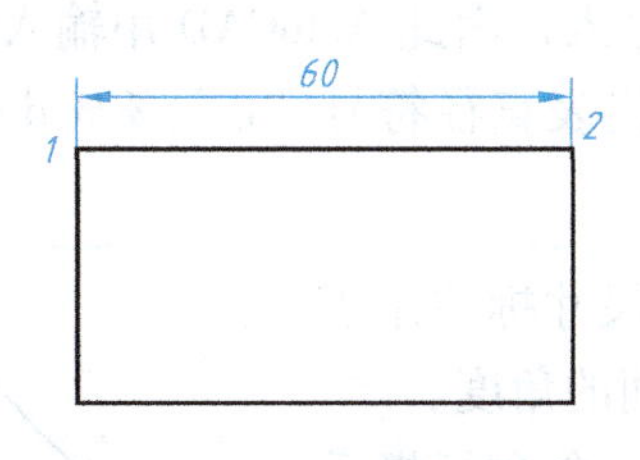

图 11-71　线性尺寸标注

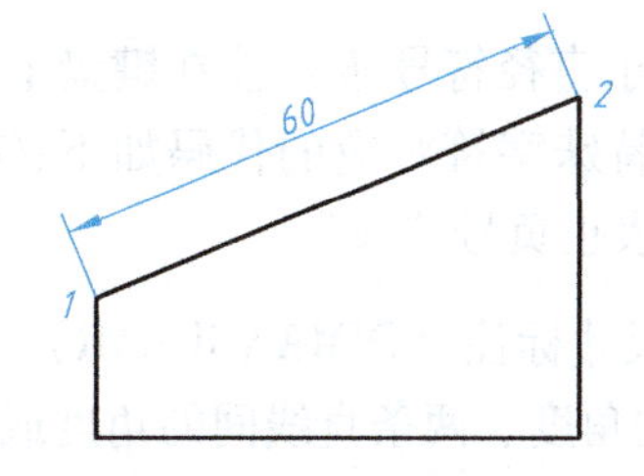

图 11-72　对齐尺寸标注

（3）半径尺寸标注（DIMRADIUS）　半径尺寸标注用来标注圆或圆弧的半径。标注半径尺寸时，尺寸文字前会自动加注半径符号 *R*，尺寸的位置由移动光标来确定。

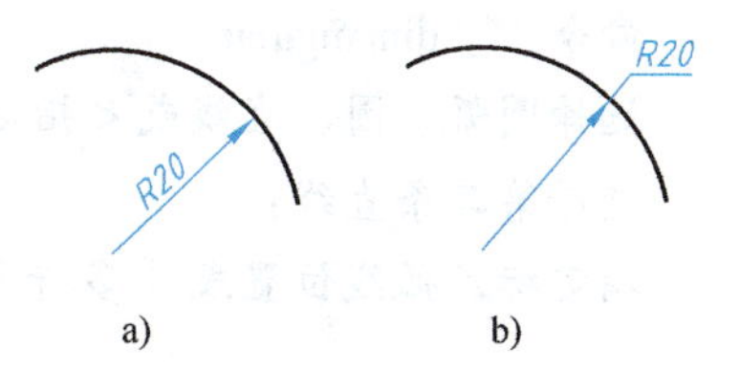

图 11-73　半径尺寸标注

单击按钮，标注如图 11-73a 所示的尺寸 *R*20mm，可手动调整数字位置，如图 11-73b 所示。命令行提示与操作步骤如下。

命令：_ dimradius

选择圆弧或圆：　　（单击拾取圆弧）

标注文字=20　　　　　　　　　　　　　　　　　　　　　　　　　　　　（系统测量值）

指定尺寸线位置或［多行文字(M)/文字(T)/角度(A)]：

（移动光标确定标注位置，单击结束）

（4）直径尺寸标注（DIMDIAMETER） 对于包含角大于180°的圆弧或整圆一般需要进行直径的标注，在选择对象后可以直接生成过圆心或指向圆心的尺寸线。

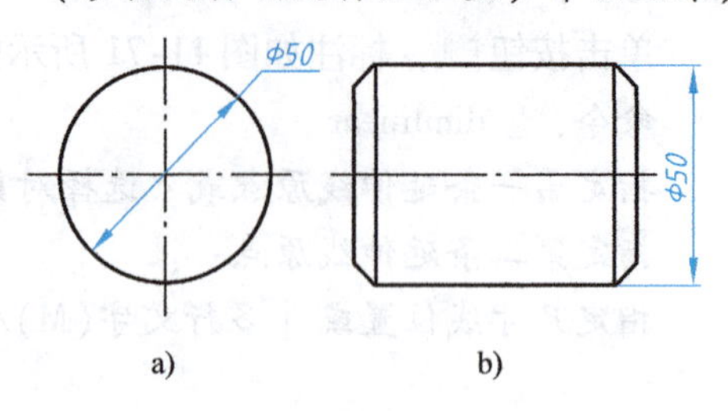

图 11-74 直径尺寸标注

1）单击按钮⊘，给圆标注尺寸时，系统自动加注直径符号 φ，如图 11-74a 所示。

2）当给如图 11-74b 所示的投影是非圆的视图标注直径尺寸时，应采用“线性尺寸”的标注方法来进行标注，命令行提示与操作步骤如下。

命令：_ dimdiameter

指定第一条延伸线原点或 <选择对象>：　　　　　　　　　　（单击第一条尺寸界线的起点）

指定第二条延伸线原点：　　　　　　　　　　　　　　　　　　（单击第二条尺寸界线的起点）

指定尺寸线位置或［多行文字(M)/文字(T)/角度(A)/水平(H)/垂直(V)/旋转(R)]：T <Enter>

（输入T，按 <Enter> 键）

输入标注文字 <45>：%%c50 <Enter>　　　　　　　　　　（输入%%c50，按 <Enter> 键）

指定尺寸线位置或［多行文字(M)/文字(T)角度(A)/水平(H)/垂直(V)/旋转(R)]：

（单击确定标注位置）

标注文字=50

注意： 由于直径符号 φ 不能在键盘上直接输入，因此 AutoCAD 用输入代码的方式加以实现。几个特殊字符对应的代码如下：%%c 代表直径符号“φ”；%%d 代表角度符号“°”；%%p 代表正负号“±”。

（5）角度尺寸标注（DIMANGULAR） 角度尺寸标注用于标注圆和圆弧的角度、两条直线间的角度或3点间的角度。

单击按钮△，标注如图 11-75 所示的 45°角，命令行提示与操作步骤如下。

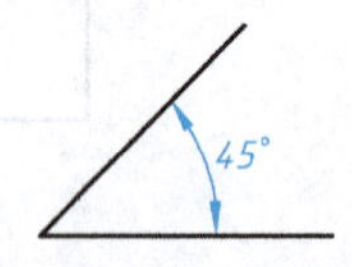

图 11-75 角度尺寸标注

命令：_ dimangular

选择圆弧、圆、直线或 <指定顶点>：　　（单击一条边线）

选择第二条直线：　　　　　　　　　　　　　　　　　　　　　　（单击另一条边线）

指定标注弧线位置或［多行文字(M)/文字(T)/角度(A)/象限点(Q)：

（单击确定标注位置）

标注文字=45°　　　　　　　　　　　　　　　　　　　　　　　　　（系统测量值）

（6）基线标注（DIMBASELINE） 基线标注用于标注以同一尺寸界线为基准的一系列尺寸。尺寸数字和尺寸线位置直接由系统设定，相邻尺寸线之间的距离可在“标注样式管理器”中的“线”选项卡中通过设置“基线间距”来确定，适用于长度、角度和坐标尺寸标注。

单击“标注”工具栏上的“基线”按钮，标注如图 11-76 所示尺寸。

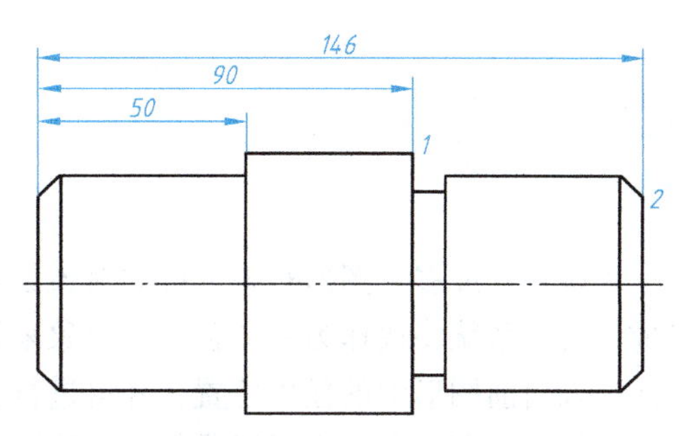

图 11-76　基线标注

首先用“线性尺寸标注”命令标注基准尺寸 50mm（左端轮廓线为第一条尺寸界线），然后启动“基线标注”命令，命令行提示如下。

命令：_ dimbaseline

选择基准标注　　（拾取尺寸 50mm）

指定第二条尺寸界线原点或［放弃(U)/选择(S)］<选择>：　　（拾取 1 点）

标注文字 =90

指定第二条尺寸界线原点或［放弃(U)/选择(S)］<选择>：　　（拾取 2 点）

标注文字 =146

指定第二条尺寸界线原点或［放弃(U)/选择(S)］<选择>：<Enter>　　（按 <Enter> 键）

选择基准标注：<Enter>　　（按 <Enter> 键结束标注）

（7）连续标注（DIMCONTINUOUS）　连续标注用于标注同一方向一系列首尾相连的尺寸，相邻尺寸共用一条尺寸界线。连续标注应以已存在的线性、坐标或角度标注作为基准标注。

单击“标注”工具栏上的“连续”按钮。标注如图 11-77 所示尺寸。首先用“线性尺寸标注”命令标注首段尺寸 50mm，然后启动“连续标注”命令，以尺寸 50mm 为基准标注其他尺寸。

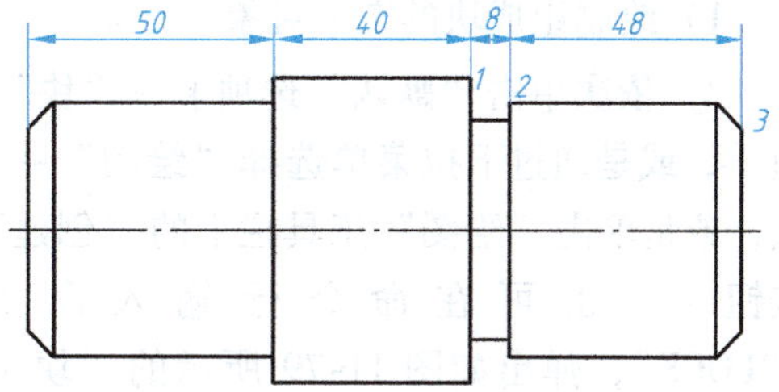

图 11-77　连续标注

命令：_ dimcontinuous

选择连续标注　　（拾取尺寸 50mm）

指定第二条尺寸界线原点或［放弃(U)/选择(S)］<选择>：　　（拾取 1 点）

标注文字 =40

指定第二条尺寸界线原点或［放弃(U)/选择(S)］<选择>：　　（拾取 2 点）

标注文字 =8

指定第二条尺寸界线原点或［放弃(U)/选择(S)］<选择>：　　（拾取 3 点）

标注文字 =48

指定第二条尺寸界线原点或［放弃(U)/选择(S)］<选择>：<Enter>　　（按 <Enter> 键）

选择连续标注：<Enter>　　（按 <Enter> 键结束标注）

第七节 块操作

块是一个或多个图形对象形成的对象集合，常用于绘制复杂、重复的图形。一组对象定义成块后，系统将块作为一个独立的对象来处理，用户可以根据作图需要将块作为一个整体多次插入当前图形中的任意位置，并可进行比例缩放和旋转等操作。创建块的目的是为了提高绘图效率、节省存储空间以及便于修改图形和加入属性。

机械制图中反复用到的图形，如表面粗糙度符号、基准符号、标准件、标题栏、明细栏等都可以定义为块，方便使用。图块有内部块和外部块之分，内部块只能在定义该块的文件中使用，而外部块还可供其他文件使用。

一、图块的创建

图块的创建就是利用“块定义”对话框将预先绘制好的图形对象定义成图块。以图 11-78 所示的表面粗糙度符号为例，说明图块的创建过程。

Ra

图 11-78 表面粗糙度符号

1）绘制组成块的图形对象 Ra 。

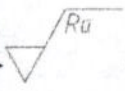

2）依次单击“默认”选项卡→“块”选项组→“创建”按钮，或是通过下拉菜单选择“绘图”→“块”→“创建”选项，或是单击“绘图”工具栏上的“创建”按钮，也可在命令行输入命令“BLOCK”，弹出如图 11-79 所示的“块定义”对话框。

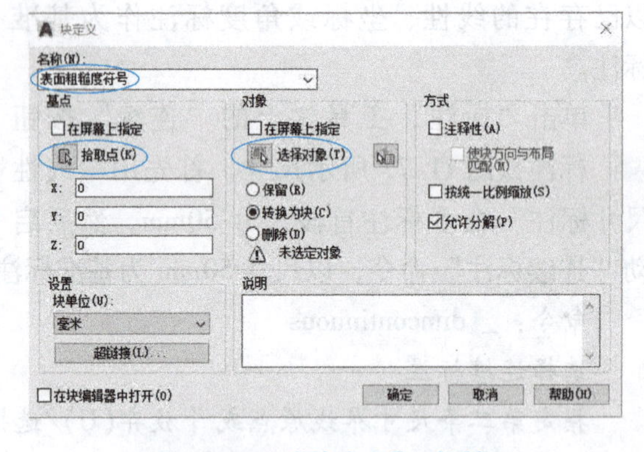

图 11-79 “块定义”对话框

3）在“名称”文本框中输入块名，如“表面粗糙度符号”。

4）单击“拾取点”按钮，“块定义”对话框消隐，在绘图区拾取表面粗糙度符号“Ra”的最下点为插入点，对话框再次出现。

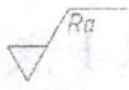

5）单击“选择对象”按钮，在绘图区窗选表面粗糙度符号，按 <Enter> 键结束对象选择。

6）单击“确定”按钮结束。

> **注意：**“对象”选项组中有 3 个单选按钮。“保留”表示定义图块后，图块的源对象仍以对象形式存在；“转换为块”表示定义图块后，图块的源对象转化成图块形式；“删除”表示定义图块后，构成图块的源对象将被自动删除。

此命令制作的块只能在块所在的文件中使用，称为内部块。内部块只能在定义该块的文件中使用。

二、图块的插入

图块的插入是将已定义的块按照指定位置、图形比例和旋转角度插入图中。

1）依次单击“默认”选项卡→“块”选项组→“插入”按钮，或是单击“绘图”工具栏上的“插入”按钮，也可在命令行输入命令“INSERT”，弹出如图 11-80 所示的“块”对话框，单击“插入点”及“旋转”复选按钮。

2）单击列表框中的“表面粗糙度符号”，移动鼠标到图形中需要进行标注的位置，根据命令行提示完成“表面粗糙度符号”图块的插入，如图 11-81 所示。

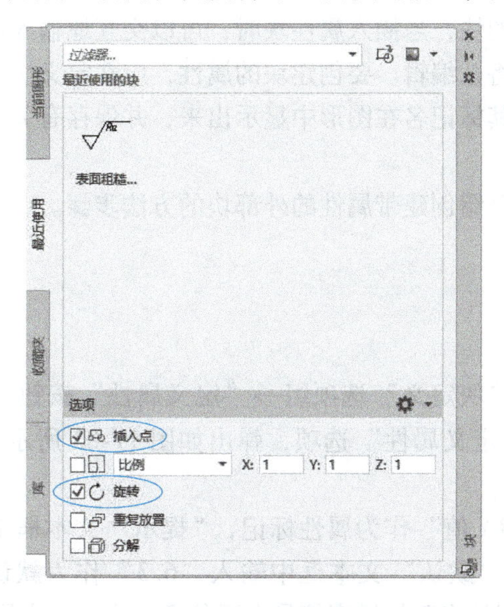

图 11-80　“块”对话框

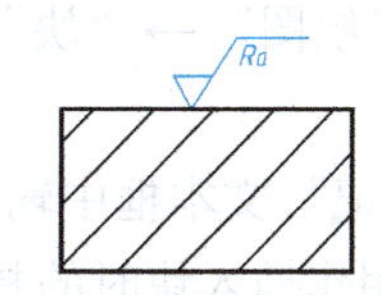

图 11-81　图块的插入

三、图块的存储

将整个图形、内部块写入新的图形文件，其他文件都可以将它作为块调用，称为外部块。

依次单击“插入”选项卡→“块定义”选项组→“写块”按钮，也可在命令行输入命令“WBLOCK”，弹出如图 11-82 所示的“写块”对话框。其中，“源”选项组用于确定组成块的对象来源；“块”表示将由“BLOCK”创建的块写入图形文件；“整个图形”表示将整个图形写入图形文件；“对象”表示将选择的对象写入图形文件，

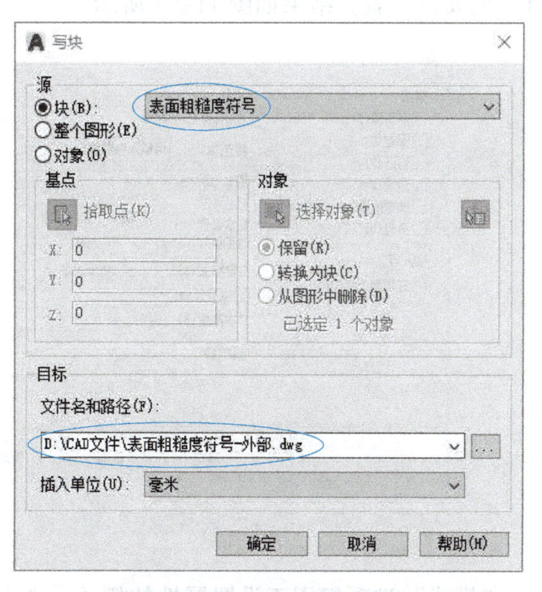

图 11-82　“写块”对话框

其操作和“块定义”对话框一致；“目标”选项组用于定义存储外部块的文件名、路径，以及插入块时所用的测量单位。用户可以在“文件名和路径”下拉列表框中输入文件名和路径，也可以单击右边的按钮，使用打开的“浏览图形文件”对话框设置文件的路径。

用“WBLOCK”命令创建块后，该块以 .dwg 格式保存，即以 AutoCAD 图形文件格式保存。

四、图块的属性

图块包含两种信息，即图形信息和非图形信息。非图形信息由文本标注的方法表示，它就是块的属性。如果定义了带有属性的块，当插入属性块时，可以交互地输入块的属性。对块进行编辑时，包含在块中的属性也将被编辑。要创建块的属性，应在定义块之前，先定义该块的属性。属性定义后，该属性以其标记名在图形中显示出来，并保存有关的信息。属性标记要放置在图形的合适位置。

以下仍以表面粗糙度符号为例，介绍创建带属性的外部块的方法步骤。

1. 绘制块图形

绘制组成块的图形对象$\sqrt{Ra}$。

2. 定义块属性

1）依次单击“插入”选项卡→“块定义”选项组→“定义属性”按钮，也可通过下拉菜单选择“绘图”→“块”→“定义属性”选项，弹出如图 11-83 所示“属性定义”对话框。

2）在“标记”文本框中输入“RA 值”作为属性标记，“提示”文本框中输入“请输入 Ra 数值:”用作插入块时的提示，“默认”文本框中输入“6.3”作为默认属性。单击“确定”按钮，对话框消隐，在所绘制的表面粗糙度符号合适位置单击，确定属性标记“*RA* 值”的安放位置，结果如图 11-84 所示。

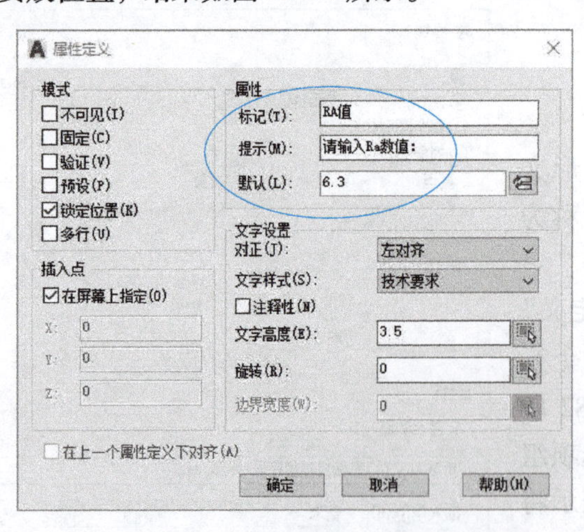

图 11-83 “属性定义”对话框

图 11-84 块的属性标记

“模式”选项组用于设置属性的模式。“不可见”设置插入块后是否显示属性值；“固定”设置其属性值是否为常量；“验证”设置插入块时是否提示用户确认输入的属性值；“预设”设置是否将属性值设置为默认值。

3. 写属性块

写有属性的块与写块的步骤相同，只是在选择“对象”时，要将组成块的图形对象连同属性标记“*RA* 值”一同选上。

4. 插入属性块

插入属性块与插入块的步骤相同，在绘图区单击指定插入点，弹出“编辑属性”对话框如图 11-85 所示。在文本框中可输入属性，如“3.2”，单击“确定”按钮，即可在零件表面插入表面粗糙度符号，如图 11-86 所示。

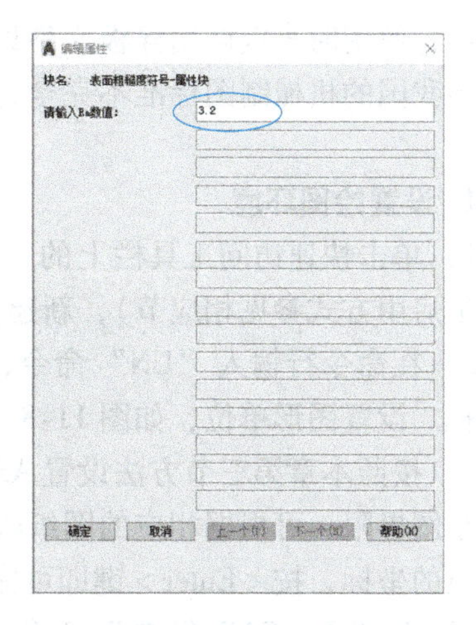

图 11-85　“编辑属性”对话框修改参数值

5. 编辑属性块

依次单击“插入”选项卡→“块定义”选项组→“块编辑器”按钮，也可通过下拉菜单选择“工具”→“块编辑器”选项，弹出如图 11-87 所示的“编辑块定义”对话框。在对话框中对要编辑的块进行修改即可。

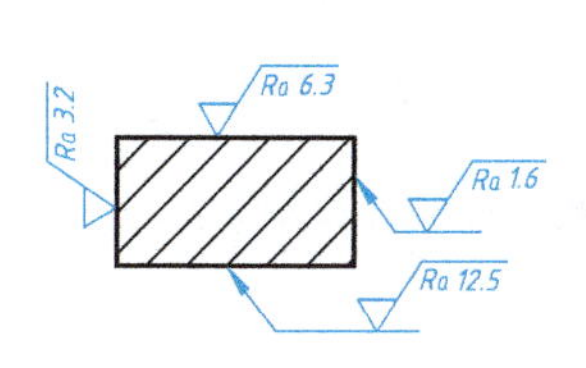

图 11-86　插入属性块

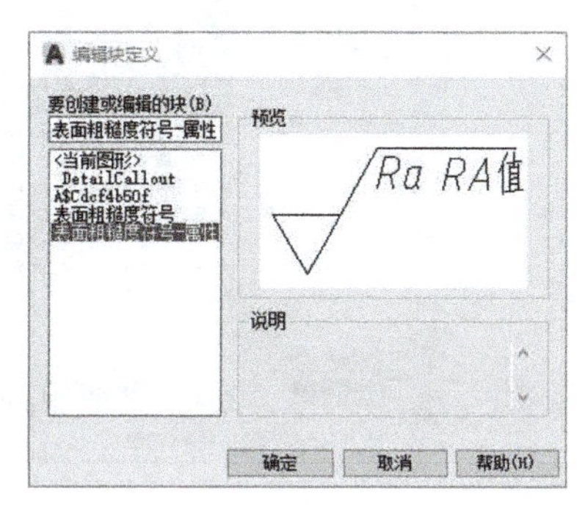

图 11-87　“编辑块定义”对话框

第八节　绘制机械图

为了快速地绘制出符合制图国家标准规定的机械图样，除了需要对绘图环境，如图纸幅面、标题栏、图层、文字样式、标注样式等进行设置外，还应熟练掌握绘图、修改等命令的使用方法。

一、样板文件的创建

在图样绘制过程中，有许多内容都需要采取统一标准，如字体、文字样式、线型、图框和标题栏等。为避免重复操作，提高绘图效率，通常将这些具有统一标准的项目设置在样板文件中，使用时直接调用样板文件即可。AutoCAD 2022 提供了许多样板文件，但这些样板文件与我国的机械制图标准不完全符合，所以需要重新创建。

1. 设置绘图环境

1）单击快速访问工具栏上的“新建”按钮（命令的其他启用方式参见相应节），新建空白图形文件。

2）在命令行输入“UN”命令，打开“图形单位”对话框，设置图形单位，如图 11-88 所示。

3）按照本章第三节方法设置 A3 图纸幅面。若设置其他绘图界限，可根据相应的图纸幅面输入绘图界限右上角点的坐标，按 <Enter> 键即可完成。

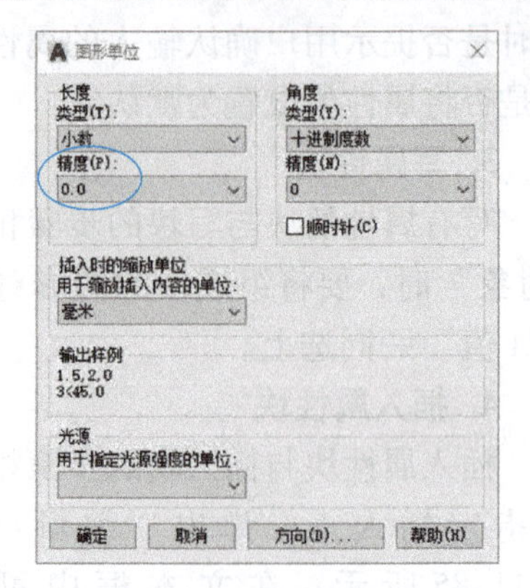

图 11-88 “图形单位”对话框

4）在“AutoCAD 经典”工作空间中，单击“图层”工具栏上的“图层特性管理器”按钮，打开“图层特性管理器”对话框，按照本章第三节方法设置图层，粗实线线宽设为 0.5mm 或 0.7mm，其余设为默认的 0.25mm 或 0.35mm，如图 11-89 所示。

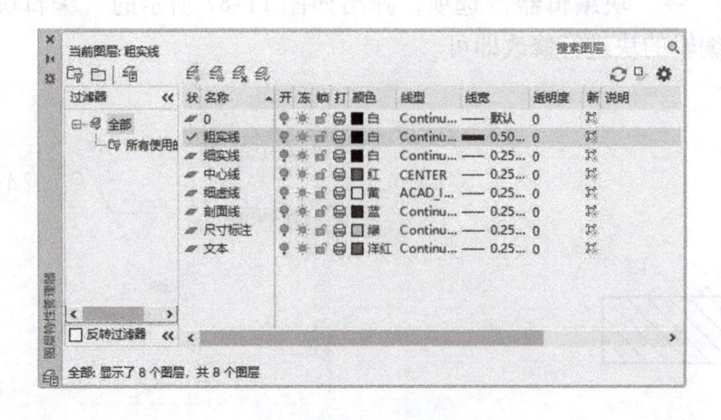

图 11-89 图层设置

2. 设置文字样式

绘制图形时，通常要设置几种文字样式，分别用于一般注释（如技术要求）、标题栏中的文字和尺寸标注等。汉字字体设为 仿宋_GB2312，数字与字母字体设为 gbeitc.shx，设置方式见本章第四节内容。

3. 设置尺寸标注样式

应根据 GB/T 4458.4—2003《机械制图 尺寸注法》设置尺寸标注样式，如箭头形状和大小、尺寸线、尺寸界线、文字外观及放置位置等。此外，还应根据不同的标注对象设置不同的标注样式，如角度标注、半径标注、尺寸公差标注等。尺寸标注样式的设置详见本章第六节。

4. 绘制图框和标题栏

图框由水平和竖直直线组成，因此，可以通过绘制直线或矩形的方法来绘制。图框绘制完成后，用同样的方法按标准绘制标题栏，如图 11-90 所示。绘制时应注意粗、细实线的选取，也可以利用“插入块”的命令将绘制好的标题栏插入当前图形中。

当用“多行文字”命令填写标题栏中的文字时，如填写“设计”二字，用鼠标在屏幕上选择输入文字的区域，利用对象捕捉功能捕捉“设计”两字所在单元格的左上角点为第一角点，右下角点为对角点，在弹出的“文字格式”对话框中，选择文字样式，确定文字高度，对正方式选择“正中”。填写其他文字时，可利用“复制”命令将填写好的文字复制到其他单元格内，再双击修改文字即可，这样既避免了每次选择输入文字区域，又免去了反复选择文字对正方式的麻烦。

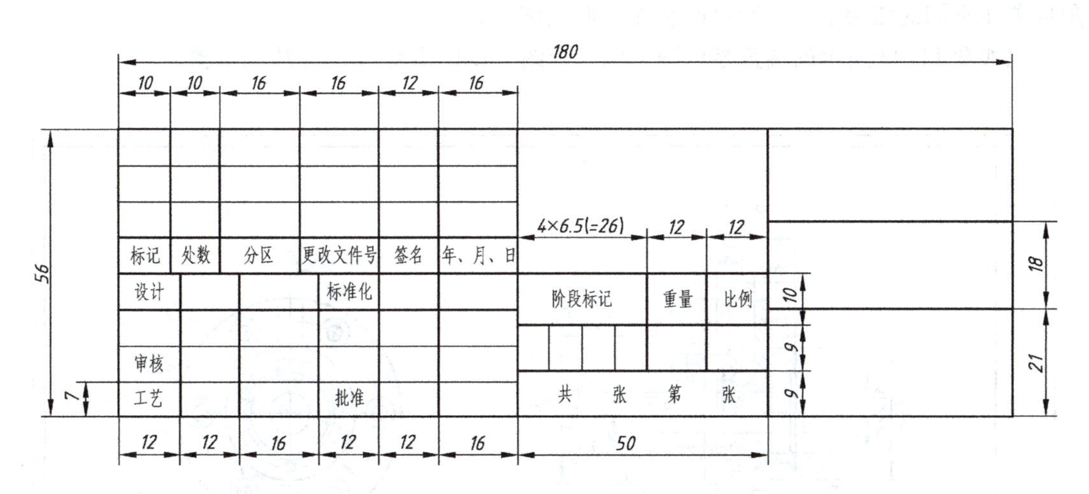

图 11-90　标题栏格式

5. 保存为样板文件

单击快速访问工具栏上的“另存为”按钮，打开“图形另存为”对话框，在“文件类型”下拉列表框中选择“AutoCAD 图形样板（＊.dwt）”，在文件名下拉列表框中输入文件名“A3 图样板”，如图 11-91a 所示，单击“保存”按钮，弹出“样板选项”对话框，在对话框中可以对样板文件进行说明，如说明“A3 图纸横放”，如图 11-91b 所示，单击“确定”按钮，完成 A3 图样板的保存。

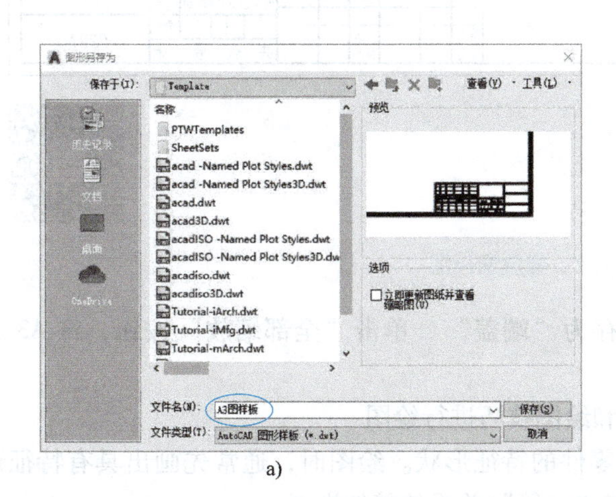

a)

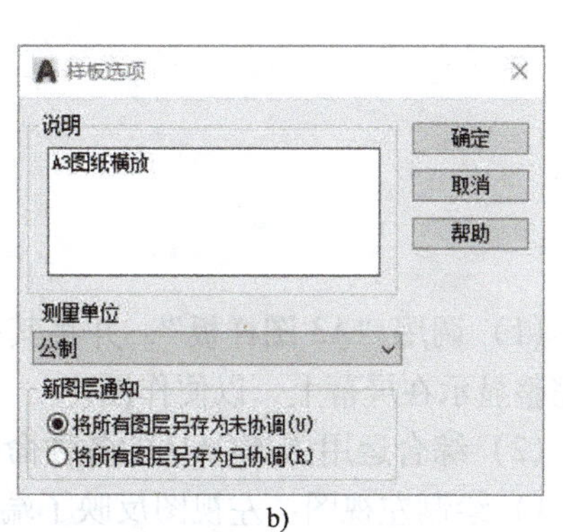

b)

图 11-91　保存为样板文件

二、机械图的绘图步骤

AutoCAD 绘制机械图涉及一组视图、尺寸标注、技术要求、标题栏、明细栏等内容。以 AutoCAD 绘制零件图为例，其步骤与尺规绘图类似，即选图幅、绘制图形、标注尺寸、注写技术要求和填写标题栏。应特别强调的是，用 AutoCAD 绘图时应分层绘制，即把不同的对象放置在不同的图层上，以便修改和相互调用图形。

以如图 11-92 所示的端盖零件图为例，介绍 AutoCAD 绘图的方法和步骤。

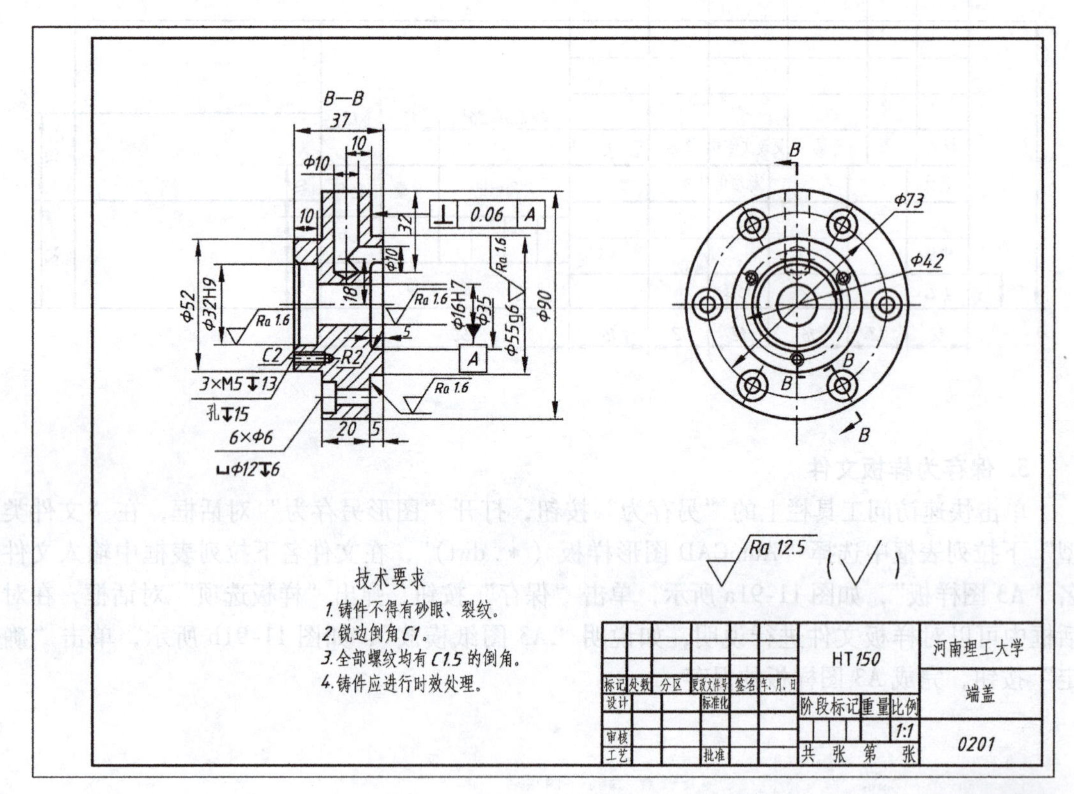

图 11-92　端盖零件图

（1）调用“A3 图样板”，并将其另存为“端盖”　单击“全部缩放”按钮，将 A3 幅面完整显示在屏幕上，以便作图。

（2）综合运用 AutoCAD 的各种命令和绘图技巧进行绘图

1）绘制左视图。左视图反映了端盖零件的特征形状。绘图时，通常先画出具有特征形状的视图，以便利用追踪操作绘制出具有“三等”关系的其他视图。

利用“直线”“圆”和“环形阵列”等命令完成对端盖左视图的绘制，结果如图 11-93a

所示。

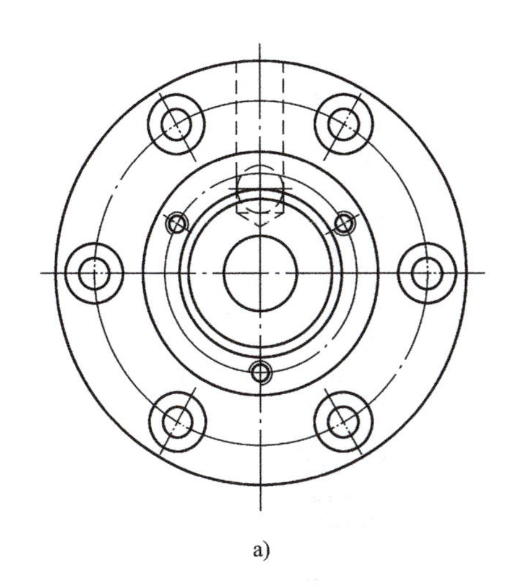
a)

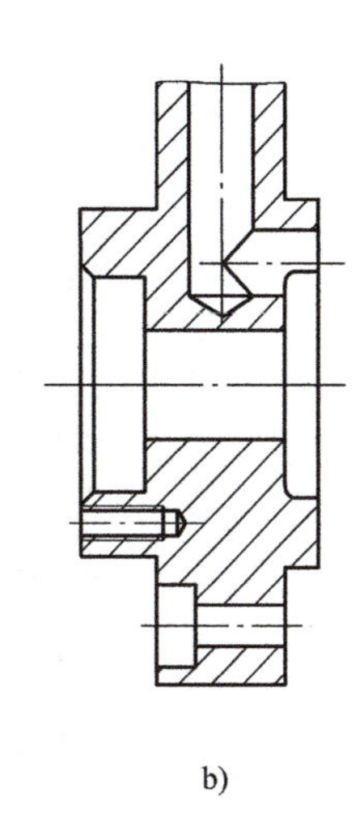
b)

图 11-93　绘制端盖视图

2）绘制主视图。主视图采用“直线”“修剪”“倒角”“镜像”“圆”和“图案填充”等命令，并结合“对象捕捉追踪”操作绘出，如图 11-93b 所示。

3）标注尺寸。根据“A3 图样板”的尺寸标注样式，选择合适的标注样式，利用“标注”工具栏标注尺寸。

标注尺寸时要注意：尺寸最好放在单独的图层中；为了使剖面线不影响捕捉目标点，可暂时关闭剖面线所在的图层。

修改尺寸的方法主要有以下两种。

①“文字格式”对话框修改尺寸。若需标注线性尺寸的公差带代号，或是在尺寸数字前后加注“ϕ”和“°”等符号，可以直接双击要修改的尺寸，在弹出的“文字格式”对话框和文字输入框内，按照前述多行文字的方式输入即可。若尺寸需要标注上、下极限偏差，在上、下极限偏差数值间输入符号“^”，再选择偏差数值，单击“堆叠”按钮 $\frac{b}{a}$。

②“特性”对话框修改尺寸。修改尺寸时，还可以单击菜单栏上的“工具→选项板→特性”按钮，弹出如图 11-94 所示对话框。如标注 ϕ16H7，在对话框中的“文字替代”处输入“%%c16H7”。若尺寸需要标注上、下极限偏差，在公差选项中分别输入上、下极限偏差数值即可。

4）注写技术要求。

① 表面粗糙度的标注。按照第七节属性块的创建和插入方法，标注端盖各主要表面的表面粗糙度。

② 几何公差框格的标注。首先，在命令行输入“QLEADER”并按 <Enter> 键进行设置，弹出“引线设置”对话框，打开“注释”选项卡，单击“注释类型”选项组中的“公差”按钮，其余默认，如图 11-95a 所示。

再打开“引线和箭头”选项卡，在“箭头”下拉列表框中选择“实心闭合”选项，其余默认，如图 11-95b 所示。

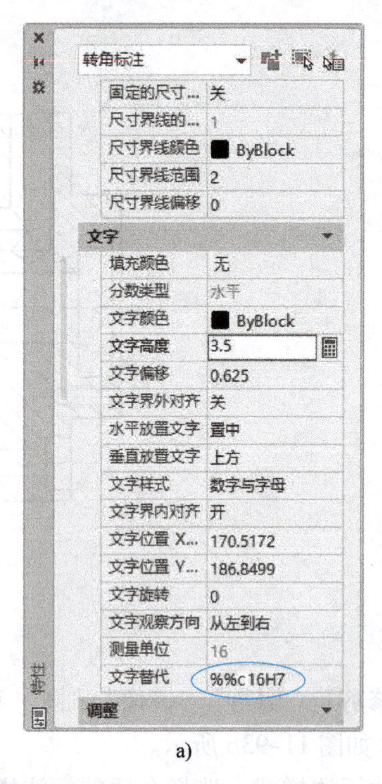

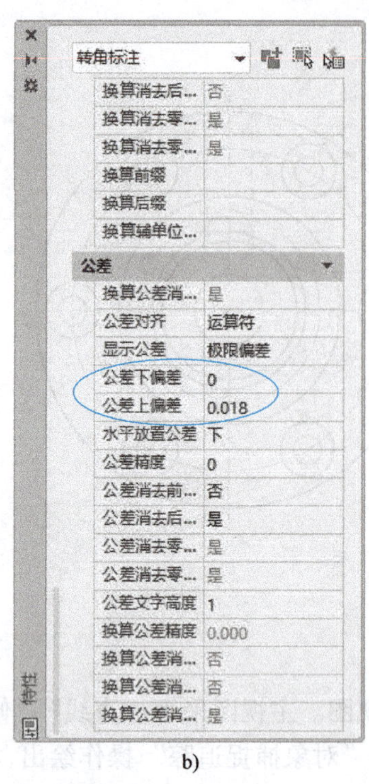

a) b)

图 11-94 “特性”对话框修改尺寸

最后单击“确定”按钮，返回绘图区，继续按命令行提示选取引线点后，弹出如图11-96a所示的“形位公差⊖”对话框，单击“符号”文字下的黑框，弹出如图11-96b所示的“特征符号”对话框，选择垂直度公差符号“⊥”，在“公差1”区下的文本框中输入“0.06”，在“基准1”区下的文本框中输入“A”，完成该几何公差框格的标注。

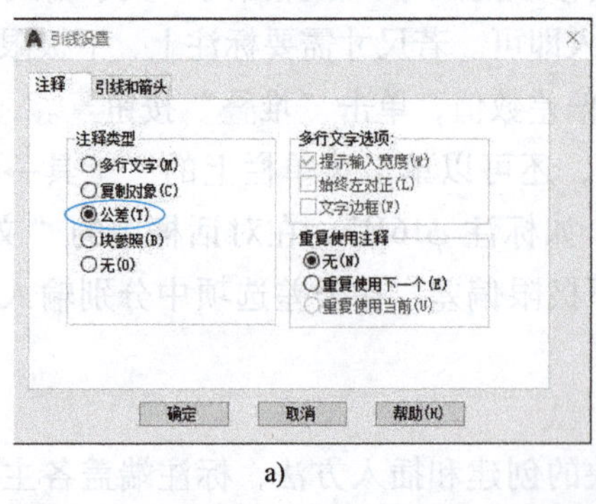

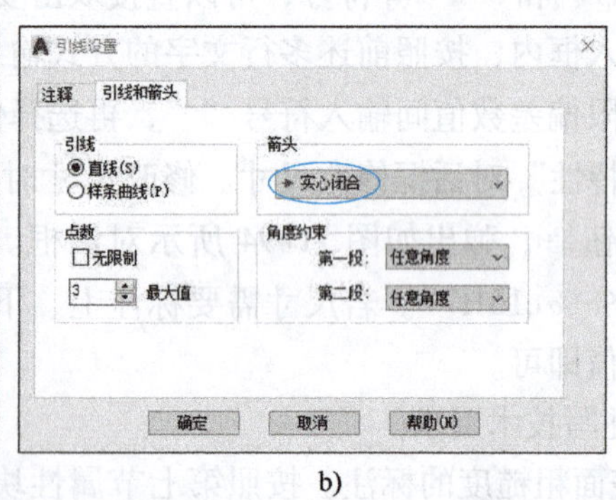

a) b)

图 11-95 几何公差标注中的引线设置

③ 基准代号的标注。可按照基准代号的尺寸大小，将标记字母作为属性创建带属性的块，再插入即可。如图11-97所示，也可通过输入“QLEADER”进行引线设置，打开“引

⊖ 国家标准中“形位公差”一词被“几何公差”替代，但软件中仍使用“形位公差”一词。

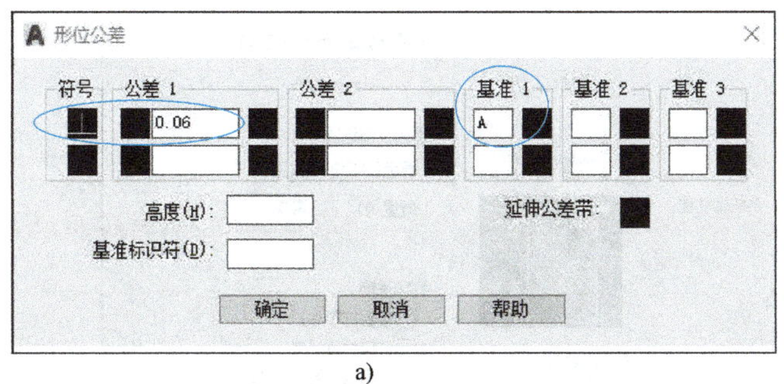

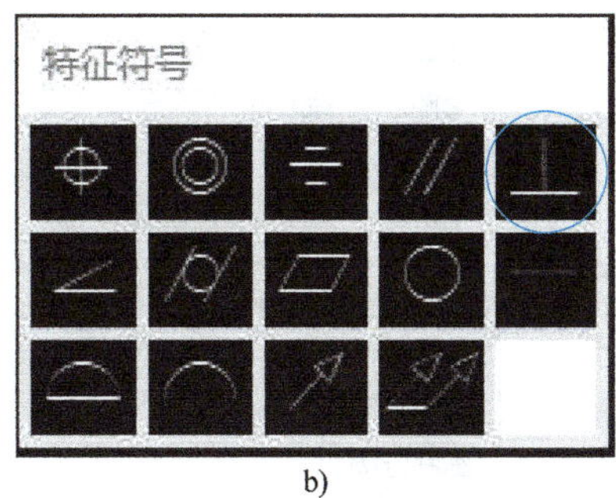

a)　　　　b)

图 11-96　几何公差标注中的框格设置

线和箭头”选项卡，在“箭头”下拉列表框中选择“实心基准三角形”选项，按“确定”按钮返回绘图区，继续按命令行提示选取引线点后，在“形位公差”对话框的“基准 1”区下的文本框中输入“A”，可创建水平基准代号的标注，如图 11-98a 所示。利用“分解”“旋转”和“移动”等命令对水平基准代号编辑，得到如图 11-98b 所示的竖直基准代号，再将竖直基准代号移动到端盖零件图中的合适位置。

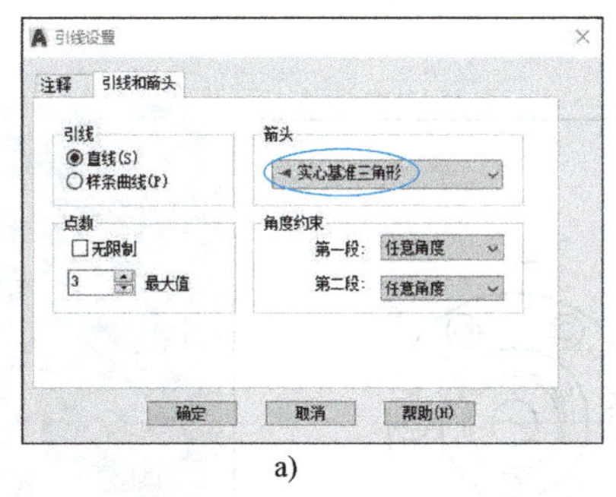

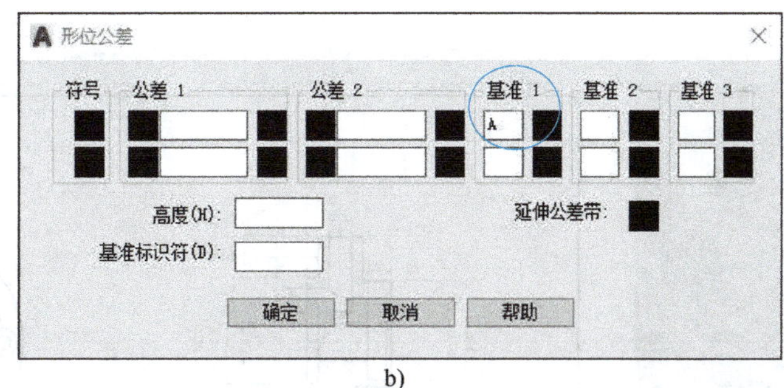

a)　　　　b)

图 11-97　基准代号的设置

④ 文字技术要求的书写。按照第四节文字处理的方法，书写标题栏附近的文字。

5）填写标题栏。按照国家标准对标题栏中的文字要求，以“多行文本”书写标题栏内容。

6）保存文件。存盘后，完成端盖零件图，如图 11-92 所示。

a)　　　　b)

图 11-98　基准代号的创建

7）打印出图。图样绘制完后，选择菜单上的“文件→打印”选项，弹出“打印－模型”对话框，如图 11-99 所示。在对话框中可以设置打印机名称、图纸尺寸、打印区域、打印比例等。若为区域打印，可将打印区域设为“窗口”，再单击“窗口”按钮，用鼠标确定打印区域。设置完成后，单击“预览”按钮，打印预览效果如图 11-100 所示。打印预览效果满意后，按 <Esc> 键退出预览窗口，返回到“打印－模型”对话框，单击“确定”按钮即可在所选的打印机上输出图形。

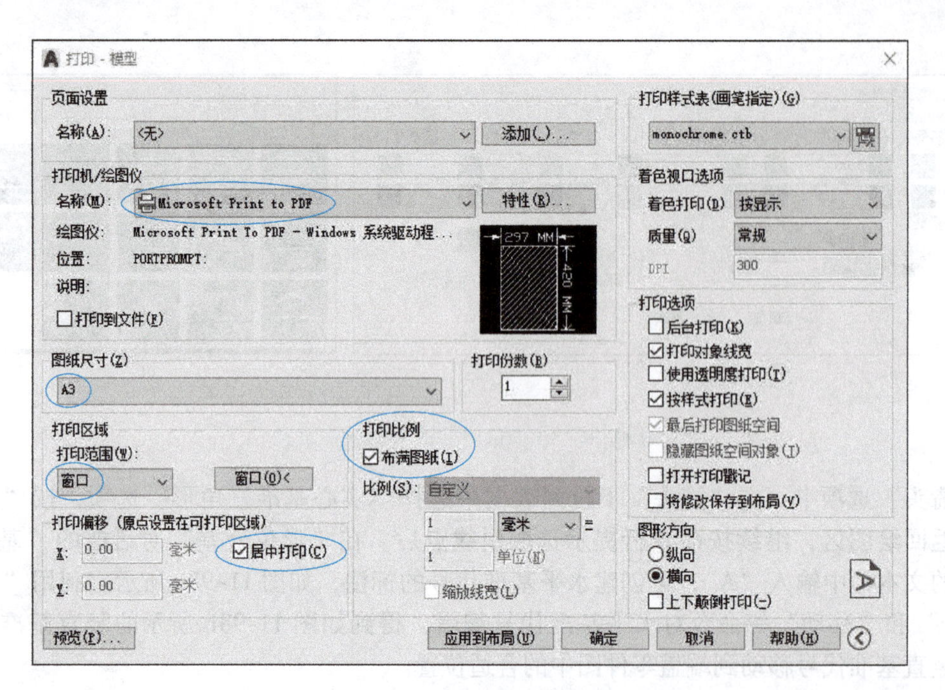

图11-99 “打印 - 模型”对话框设置

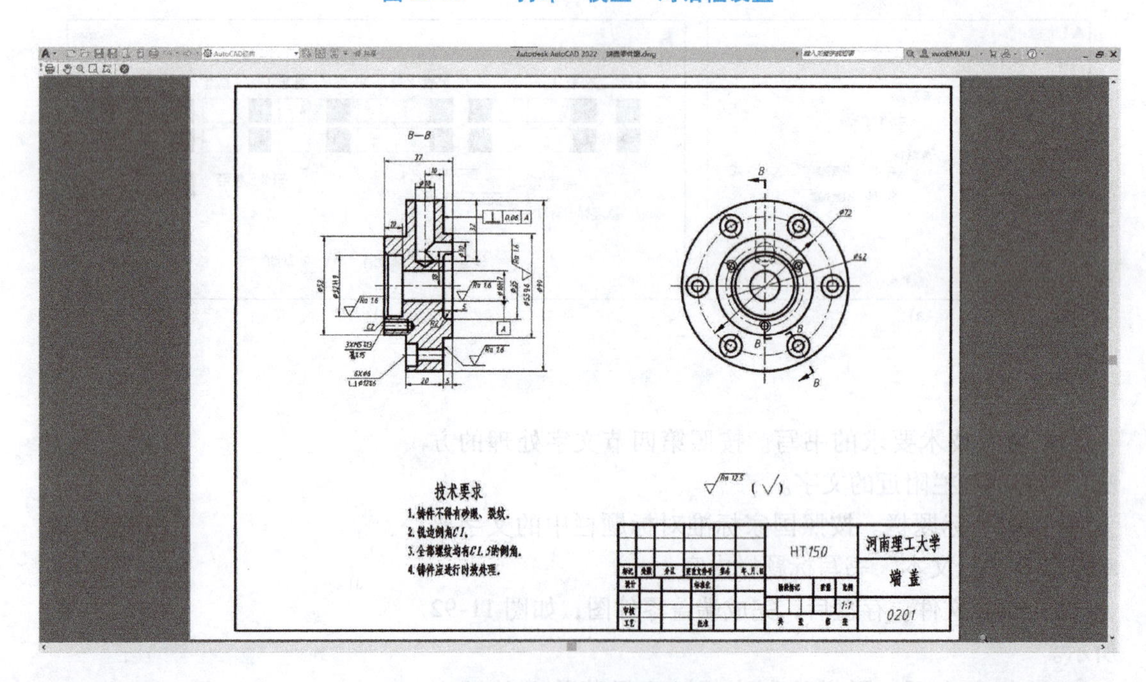

图11-100 打印预览效果

附录

附录 A 常用螺纹及螺纹紧固件

1. 普通螺纹

表 A-1 普通螺纹 直径与螺距系列（摘自 GB/T 193—2003） （单位：mm）

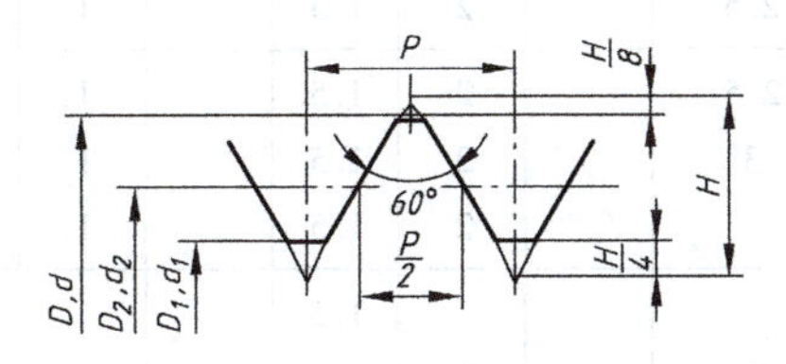

公称直径 D、d			螺距 P										
				细牙									
第1系列	第2系列	第3系列	粗牙	3	2	1.5	1.25	1	0.75	0.5	0.35	0.25	0.2
1			0.25										0.2
	1.1		0.25										0.2
1.2			0.25										0.2
	1.4		0.3										0.2
1.6			0.35										0.2
	1.8		0.35										0.2
2			0.4									0.25	
	2.2		0.45									0.25	
2.5			0.45								0.35		
3			0.5								0.35		
	3.5		0.6								0.35		
4			0.7							0.5			
	4.5		0.75							0.5			

（续）

公称直径 *D*、*d*			螺距 *P*										
第1系列	第2系列	第3系列	粗牙	细牙									
				3	2	1.5	1.25	1	0.75	0.5	0.35	0.25	0.2
5			0.8							0.5			
		5.5								0.5			
6			1						0.75				
	7		1						0.75				
8			1.25					1	0.75				
		9	1.25					1	0.75				
10			1.5				1.25	1	0.75				
		11	1.5			1.5		1	0.75				
12			1.75				1.25	1					
	14		2			1.5	1.25①	1					
		15				1.5		1					
16			2			1.5		1					
		17				1.5		1					
	18		2.5		2	1.5		1					
20			2.5		2	1.5		1					
	22		2.5		2	1.5		1					
24			3		2	1.5		1					
		25			2	1.5		1					
		26				1.5							
	27		3		2	1.5		1					
		28			2	1.5		1					
30			3.5	(3)	2	1.5		1					
		32			2	1.5							
	33		3.5	(3)	2	1.5							
		35②				1.5							
36			4	3	2	1.5							
		38				1.5							
	39		4	3	2	1.5							

公称直径 *D*、*d*			螺距 *P*						
第1系列	第2系列	第3系列	粗牙	细牙					
				8	6	4	3	2	1.5
		40					3	2	1.5
42			4.5			4	3	2	1.5
	45		4.5			4	3	2	1.5
48			5			4	3	2	1.5
		50					3	2	1.5
	52		5			4	3	2	1.5

（续）

公称直径 D、d			螺距 P						
第1系列	第2系列	第3系列	粗牙	细牙					
				8	6	4	3	2	1.5
		55				4	3	2	1.5
56			5.5			4	3	2	1.5
		58				4	3	2	1.5
	60		5.5			4	3	2	1.5
		62				4	3	2	1.5
64			6			4	3	2	1.5
		65				4	3	2	1.5
	68		6			4	3	2	1.5
		70			6	4	3	2	1.5
72					6	4	3	2	1.5
		75				4	3	2	1.5
	76				6	4	3	2	1.5
		78						2	
80					6	4	3	2	1.5
		82						2	
	85				6	4	3	2	
90					6	4	3	2	
	95				6	4	3	2	
100					6	4	3	2	
	105				6	4	3	2	
110					6	4	3	2	
	115				6	4	3	2	
	120				6	4	3	2	
125				8	6	4	3	2	
	130			8	6	4	3	2	
		135			6	4	3	2	
140				8	6	4	3	2	
		145			6	4	3	2	
	150			8	6	4	3	2	
		155			6	4	3		
160				8	6	4	3		
		165			6	4	3		
	170			8	6	4	3		
		175			6	4	3		
180				8	6	4	3		
		185			6	4	3		

（续）

公称直径 D、d			螺距 P						
第1系列	第2系列	第3系列	粗牙	细牙					
				8	6	4	3	2	1.5
	190			8	6	4	3		
		195			6	4	3		
200				8	6	4	3		
		205			6	4	3		
	210			8	6	4	3		
		215			6	4	3		
220				8	6	4	3		
		225			6	4	3		
		230		8	6	4	3		
		235			6	4	3		
	240			8	6	4	3		
		245			6	4	3		
250				8	6	4	3		
		255			6	4			
	260			8	6	4			
		265			6	4			
		270		8	6	4			
		275			6	4			
280				8	6	4			
		285			6	4			
		290		8	6	4			
		295			6	4			
	300			8	6	4			

① 仅用于发动机的火花塞。

② 仅用于轴承的锁紧螺母。

2. 梯形螺纹

表 A-2　梯形螺纹　直径与螺距系列、基本尺寸（摘自 GB/T 5796.2—2022、GB/T 5796.3—2022）

（单位：mm）

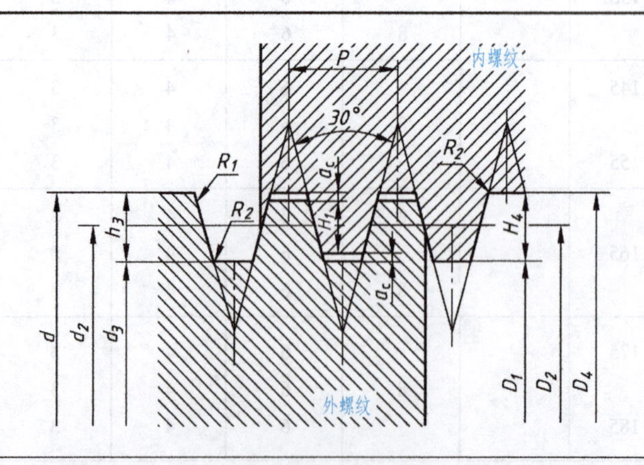

（续）

公称直径 d 第1系列	公称直径 d 第2系列	螺距 P	中径 $d_2=D_2$	大径 D_4	小径 d_3	小径 D_1
8		1.5	7.25	8.30	6.20	6.50
	9	1.5	8.25	9.30	7.20	7.50
		2	8.00	9.50	6.50	7.00
10		1.5	9.25	10.30	8.20	8.50
		2	9.00	10.50	7.50	8.00
	11	2	10.00	11.50	8.50	9.00
		3	9.50	11.50	7.50	8.00
12		2	11.00	12.50	9.50	10.00
		3	10.50	12.50	8.50	9.00
	14	2	13.00	14.50	11.50	12.00
		3	12.50	14.50	10.50	11.00
16		2	15.00	16.50	13.50	14.00
		4	14.00	16.50	11.50	12.00
	18	2	17.00	18.50	15.50	16.00
		4	16.00	18.50	13.50	14.00
20		2	19.00	20.50	17.50	18.00
		4	18.00	20.50	15.50	16.00
	22	3	20.50	22.50	18.50	19.00
		5	19.50	22.50	16.50	17.00
		8	18.00	23.00	13.00	14.00
24		3	22.50	24.50	20.50	21.00
		5	21.50	24.50	18.50	19.00
		8	20.00	25.00	15.00	16.00

公称直径 d 第1系列	公称直径 d 第2系列	螺距 P	中径 $d_2=D_2$	大径 D_4	小径 d_3	小径 D_1
	26	3	24.50	26.50	22.50	23.00
		5	23.50	26.50	20.50	21.00
		8	22.00	27.00	17.00	18.00
28		3	26.50	28.50	24.50	25.00
		5	25.50	28.50	22.50	23.00
		8	24.00	29.00	19.00	20.00
	30	3	28.50	30.50	26.50	27.00
		6	27.00	31.00	23.00	24.00
		10	25.00	31.00	19.00	20.00
32		3	30.50	32.50	28.50	29.00
		6	29.00	33.00	25.00	26.00
		10	27.00	33.00	21.00	22.00
	34	3	32.50	34.50	30.50	31.00
		6	31.00	35.00	27.00	28.00
		10	29.00	35.00	23.00	24.00
36		3	34.50	36.50	32.50	33.00
		6	33.00	37.00	29.00	30.00
		10	31.00	37.00	25.00	26.00
	38	3	36.50	38.50	34.50	35.00
		7	34.50	39.00	30.00	31.00
		10	33.00	39.00	27.00	28.00
40		3	38.50	40.50	36.50	37.00
		7	36.50	41.00	32.00	33.00
		10	35.00	41.00	29.00	30.00

3. 55°非密封管螺纹

表 A-3 55°非密封管螺纹（摘自 GB/T 7307—2001） （单位：mm）

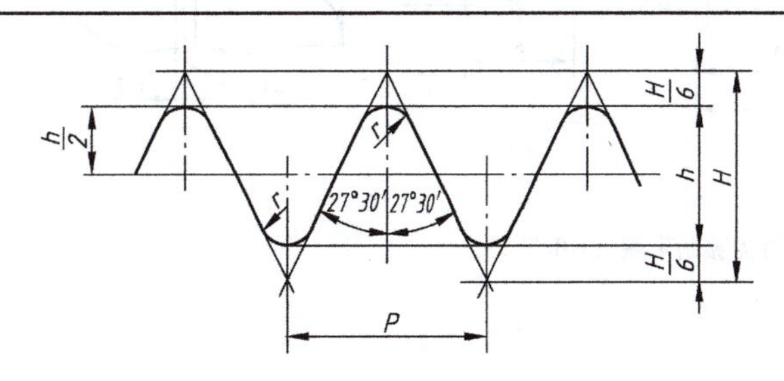

$H=0.960491P$

$h=0.640327P$

$r=0.137329P$

标记示例

尺寸代号为2的右旋圆柱内螺纹的标记为G2；尺寸代号为3的A级右旋圆柱外螺纹的标记为G3A；尺寸代号为2的左旋圆柱内螺纹的标记为G2-LH；尺寸代号为3的A级左旋圆柱外螺纹的标记为G3A-LH。

（续）

尺寸代号	每25.4mm内所包含的牙数 n	螺距 P	牙高 h	基本直径		
				大径 $d=D$	中径 $d_2=D_2$	小径 $d_1=D_1$
1/16	28	0.907	0.581	7.723	7.142	6.561
1/8	28	0.907	0.581	9.728	9.147	8.566
1/4	19	1.337	0.856	13.157	12.301	11.445
3/8	19	1.337	0.856	16.662	15.806	14.950
1/2	14	1.814	1.162	20.955	19.793	18.631
5/8	14	1.814	1.162	22.911	21.749	20.587
3/4	14	1.814	1.162	26.441	25.279	24.117
7/8	14	1.814	1.162	30.201	29.039	27.877
1	11	2.309	1.479	33.249	31.770	30.291
1⅛	11	2.309	1.479	37.897	36.418	34.939
1¼	11	2.309	1.479	41.910	40.431	38.952
1½	11	2.309	1.479	47.803	46.324	44.845
1¾	11	2.309	1.479	53.746	52.267	50.788
2	11	2.309	1.479	59.614	58.135	56.656
2¼	11	2.309	1.479	65.710	64.231	62.752
2½	11	2.309	1.479	75.184	73.705	72.226
2¾	11	2.309	1.479	81.534	80.055	78.576
3	11	2.309	1.479	87.884	86.405	84.926
3½	11	2.309	1.479	100.330	98.851	97.372
4	11	2.309	1.479	113.030	111.551	110.072
4½	11	2.309	1.479	125.730	124.251	122.772
5	11	2.309	1.479	138.430	136.951	135.472
5½	11	2.309	1.479	151.130	149.651	148.172
6	11	2.309	1.479	163.830	162.351	160.872

4. 螺栓

表 A-4　六角头螺栓（摘自 GB/T 5782—2016）—A 和 B 级　　（单位：mm）

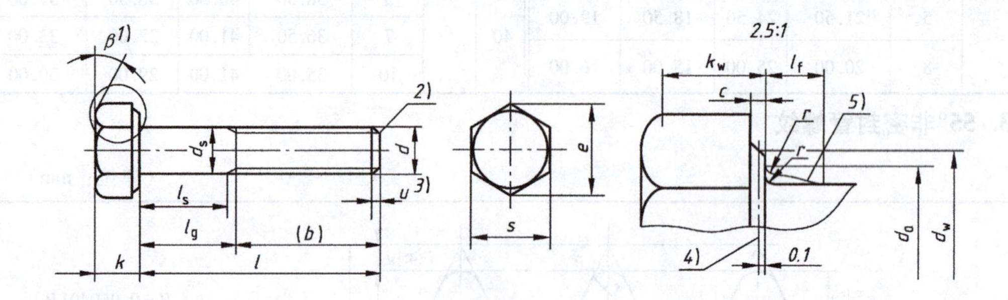

1）$\beta=15°\sim30°$。
2）末端应倒角，对螺纹规格≤M4 可为辗制末端（GB/T 2）。
3）不完整螺纹的长度 $u\leqslant2P$。
4）d_w的仲裁基准。
5）最大圆弧过渡。

标记示例

螺纹规格为 M12、公称长度 $l=80$mm、性能等级为 8.8 级、表面不经处理、产品等级为 A 级的六角头螺栓：

螺栓　GB/T 5782　M12×80

（续）

螺纹规格 d				M3	M4	M5	M6	M8	M10	M12	M16	M20	M24	M30	M36	M42	M48	M56	M64
P（螺距）				0.5	0.7	0.8	1	1.25	1.5	1.75	2	2.5	3	3.5	4	4.5	5	5.5	6
b 参考	$l_{公称}\leqslant125$			12	14	16	18	22	26	30	38	46	54	66	—	—	—	—	—
	$125<l_{公称}\leqslant200$			18	20	22	24	28	32	36	44	52	60	72	84	96	108	—	—
	$l_{公称}>200$			31	33	35	37	41	45	49	57	65	73	85	97	109	121	137	153
c	max			0.40	0.40	0.50	0.50	0.60	0.60	0.60	0.8	0.8	0.8	0.8	0.8	1.0	1.0	1.0	1.0
	min			0.15	0.15	0.15	0.15	0.15	0.15	0.15	0.2	0.2	0.2	0.2	0.2	0.3	0.3	0.3	0.3
d_a	max			3.6	4.7	5.7	6.8	9.2	11.2	13.7	17.7	22.4	26.4	33.4	39.4	45.6	52.6	63	71
d_s	公称 = max			3.00	4.00	5.00	6.00	8.00	10.00	12.00	16.00	20.00	24.00	30.00	36.00	42.00	48.00	56.00	64.00
	min	产品等级	A	2.86	3.82	4.82	5.82	7.78	9.78	11.73	15.73	19.67	23.67	—	—	—	—	—	—
			B	2.75	3.70	4.70	5.70	7.64	9.64	11.57	15.57	19.48	23.48	29.48	35.38	41.38	47.38	55.26	63.26
d_w	min		A	4.57	5.88	6.88	8.88	11.63	14.63	16.63	22.49	28.19	33.61	—	—	—	—	—	—
			B	4.45	5.74	6.74	8.74	11.47	14.47	16.47	22	27.7	33.25	42.75	51.11	59.95	69.45	78.66	88.16
e	min		A	6.01	7.66	8.79	11.05	14.38	17.77	20.03	26.75	33.53	39.98	—	—	—	—	—	—
			B	5.88	7.50	8.63	10.89	14.20	17.59	19.85	26.17	32.95	39.55	50.85	60.79	71.3	82.6	93.56	104.86
l_f	max			1	1.2	1.2	1.4	2	2	3	3	4	4	6	6	8	10	12	13
k	公称			2	2.8	3.5	4	5.3	6.4	7.5	10	12.5	15	18.7	22.5	26	30	35	40
	产品等级	A	max	2.125	2.925	3.65	4.15	5.45	6.58	7.68	10.18	12.72	15.22	—	—	—	—	—	—
			min	1.875	2.675	3.35	3.85	5.15	6.22	7.32	9.82	12.29	14.79	—	—	—	—	—	—
		B	max	2.2	3.0	3.26	4.24	5.54	6.69	7.79	10.29	12.85	15.35	19.12	22.92	26.42	30.42	35.5	40.5
			min	1.8	2.6	2.35	3.76	5.06	6.11	7.21	9.71	12.15	14.65	18.28	22.08	25.58	29.58	34.5	39.5
k_w min	产品等级		A	1.31	1.87	2.35	2.70	3.61	4.35	5.12	6.87	8.6	10.35	—	—	—	—	—	—
			B	1.26	1.82	2.28	2.63	3.54	4.28	5.05	6.8	8.51	10.26	12.8	15.46	17.91	20.71	24.15	27.65
r	min			0.1	0.2	0.2	0.25	0.4	0.4	0.6	0.6	0.8	0.8	1	1	1.2	1.6	2	2
s	公称 = max			5.50	7.00	8.00	10.00	13.00	16.00	18.00	24.00	30.00	36.00	46	55.0	65.0	75.0	85.0	95.0
s min	产品等级		A	5.32	6.78	7.78	9.78	12.73	15.73	17.73	23.67	29.67	35.38	—	—	—	—	—	—
			B	5.20	6.64	7.64	9.64	12.57	15.57	17.57	23.16	29.16	35.00	45	53.8	63.1	73.1	82.8	92.8
l（商品长度规格）				20 ~ 30	25 ~ 40	25 ~ 50	30 ~ 60	40 ~ 80	45 ~ 100	50 ~ 120	65 ~ 160	80 ~ 200	90 ~ 240	110 ~ 300	140 ~ 360	160 ~ 440	180 ~ 480	220 ~ 500	260 ~ 500
l（系列）				20，25，30，35，40，45，50，55，60，65，70，80，90，100，110，120，130，140，150，160，180，200，220，240，260，280，300，320，340，360，380，400，420，440，460，480，500															

注：1. A 级用于 $d=1.6\sim24$mm 和 $l\leqslant10d$ 或 $l\leqslant150$mm（按较小值）的螺栓；B 级用于 $d>24$mm 和 $l>10d$ 或 $l>150$mm（按较小值）的螺栓。

2. $k_{w\,min}=0.7k_{min}$。

5. 双头螺柱

表 A-5　双头螺柱（摘自 GB 897～900—1988）　　　　（单位：mm）

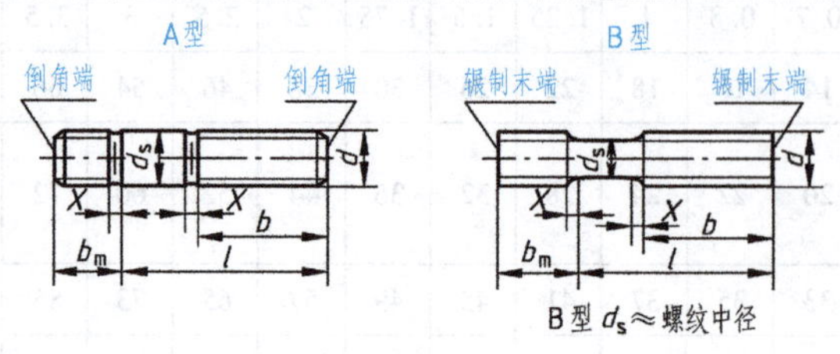

双头螺柱　$b_m=1d$（GB 897—1988）　$b_m=1.25d$（GB 898—1988）

$b_m=1.5d$（GB 899—1988）　$b_m=2d$（GB 900—1988）

标记示例

两端均为粗牙普通螺纹、$d=10$mm、$l=50$mm、性能等级为 4.8 级、不经表面处理、B 型、$b_m=1d$ 的双头螺柱：螺柱　GB 897　M10×50

旋入机体一端为粗牙普通螺纹、旋螺母一端为螺距 $P=1$mm 的细牙普通螺纹、$d=10$mm、$l=50$mm、性能等级为 4.8 级、表面不经处理、A 型、$b_m=1d$ 的双头螺柱：螺柱　GB 897　AM10－M10×1×50

螺纹规格 d		M5	M6	M8	M10	M12	(M14)	M16	(M18)	M20	(M22)	M24	(M27)	M30
b_m（公称）	GB 897—1988	5	6	8	10	12	14	16	18	20	22	24	27	30
	GB 898—1988	6	8	10	12	15	—	20	—	25	—	30	—	38
	GB 899—1988	8	10	12	15	18	21	24	27	30	33	36	40	45
	GB 900—1988	10	12	16	20	24	28	32	36	40	44	48	54	60
d_s	max	5	6	8	10	12	14	16	18	20	22	24	27	30
X	max	1.5P												
l（公称）		b												
16														
(18)		10	10	12										
20														
(22)					14									
25			14	16		16								
(28)														
30					16		18							
(32)						20		20						
35		16							22	25				
(38)											30			
40							25							
45								30				30		
50			18						35				35	
(55)				22						35				
60					26						40			
(65)						30						45		40
70							34						50	
(75)								38						
80									42					50
(85)										46				
90											50			
(95)												54		

注：1. 尽可能不采用括号内的规格。

2. P——粗牙螺距。

3. 折线之间为通用规格范围。

4. GB 897—1988 中 M24、M30 有括号。

6. 螺钉

(1) 开槽圆柱头螺钉(摘自 GB/T 65—2016)

表 A-6 开槽圆柱头螺钉(摘自 GB/T 65—2016) (单位:mm)

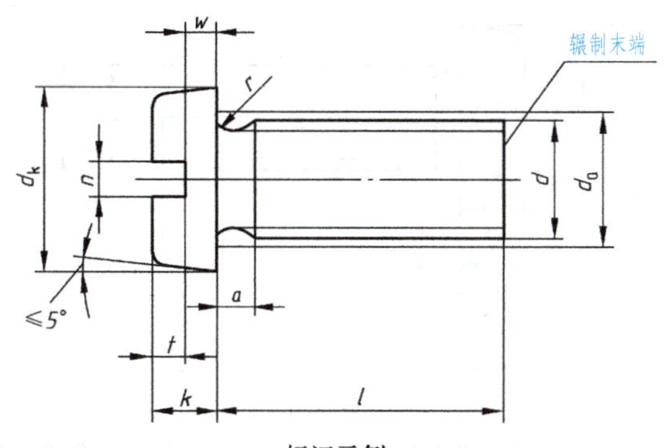

标记示例

螺纹规格为 M5、公称长度 l=20mm、性能等级为 4.8 级、表面不经处理的 A 级开槽圆柱头螺钉:

螺钉 GB/T 65 M5×20

螺纹规格 d			M1.6	M2	M2.5	M3	M4	M5	M6	M8	M10
P(螺距)			0.35	0.4	0.45	0.5	0.7	0.8	1	1.25	1.5
a		max	0.7	0.8	0.9	1.0	1.4	1.6	2.0	2.5	3.0
b		min	25	25	25	25	38	38	38	38	38
d_a		max	2.0	2.6	3.1	3.6	4.7	5.7	6.8	9.2	11.2
d_k	公称=	max	3.00	3.80	4.50	5.50	7.00	8.50	10.00	13.00	16.00
		min	2.86	3.62	4.32	5.32	6.78	8.28	9.78	12.73	15.73
k	公称=	max	1.10	1.40	1.80	2.00	2.60	3.30	3.9	5.0	6.0
		min	0.96	1.26	1.66	1.86	2.46	3.12	3.6	4.7	5.7
n		公称	0.4	0.5	0.6	0.8	1.2	1.2	1.6	2	2.5
		max	0.60	0.70	0.80	1.00	1.51	1.51	1.91	2.31	2.81
		min	0.46	0.56	0.66	0.86	1.26	1.26	1.66	2.06	2.56
r		min	0.10	0.10	0.10	0.10	0.20	0.20	0.25	0.40	0.40
t		min	0.45	0.60	0.70	0.85	1.10	1.30	1.60	2.00	2.40
w		min	0.40	0.50	0.70	0.75	1.10	1.30	1.60	2.00	2.40
优选长度 l			2~16	3~20	3~25	4~30	5~40	6~50	8~60	10~80	12~80
l(系列)			2, 3, 4, 5, 6, 8, 10, 12, (14), 16, 20, 25, 30, 35, 40, 45, 50, (55), 60, (65), 70, (75), 80								

注:1. 尽可能不采用括号内的规格。

2. M1.6~M3 的螺钉,公称长度 l≤30mm 的,制出全螺纹。

3. M4~M10 的螺钉,公称长度 l≤40mm 的,制出全螺纹。

4. 螺纹规格 d=M1.6~M10,公称长度 l=2~80mm。

（2）开槽盘头螺钉（摘自 GB/T 67—2016）

表 A-7　开槽盘头螺钉（摘自 GB/T 67—2016）　　（单位：mm）

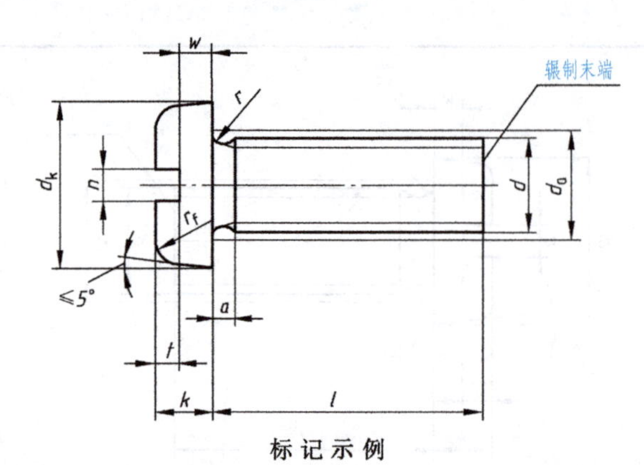

标记示例

螺纹规格为 M5、公称长度 l=20mm、性能等级为 4.8 级、表面不经处理的 A 级开槽盘头螺钉：

螺钉　GB/T 67　M5×20

螺纹规格 d		M1.6	M2	M2.5	M3	M4	M5	M6	M8	M10
P（螺距）		0.35	0.4	0.45	0.5	0.7	0.8	1	1.25	1.5
b		25	25	25	25	38	38	38	38	38
d_k	公称=max	3.2	4.0	5.0	5.6	8.00	9.50	12.00	16.00	20.00
	min	2.9	3.7	4.7	5.3	7.64	9.14	11.57	15.57	19.48
d_a	max	2	2.6	3.1	3.6	4.7	5.7	6.8	9.2	11.2
k	公称=max	1.00	1.30	1.50	1.80	2.40	3.00	3.6	4.8	6.0
	min	0.86	1.16	1.36	1.66	2.26	2.88	3.3	4.5	5.7
n	公称	0.4	0.5	0.6	0.8	1.2	1.2	1.6	2	2.5
	max	0.60	0.70	0.80	1.00	1.51	1.51	1.91	2.31	2.81
	min	0.46	0.56	0.66	0.86	1.26	1.26	1.66	2.06	2.56
r	min	0.1	0.1	0.1	0.1	0.2	0.2	0.25	0.4	0.4
r_f 参考		0.5	0.6	0.8	0.9	1.2	1.5	1.8	2.4	3
t min		0.35	0.5	0.6	0.7	1	1.2	1.4	1.9	2.4
w	min	0.3	0.4	0.5	0.7	1	1.2	1.4	1.9	2.4
优选长度 l		2~16	2.5~20	3~25	4~30	5~40	6~50	8~60	10~80	12~80
l 系列		2，2.5，3，4，5，6，8，10，12，（14），16，20，25，30，35，40，45，50，（55），60，（65），70，（75），80								

注：1. 尽可能不采用括号内的规格。

2. M1.6~M3 的螺钉，公称长度 l≤30mm 的，制出全螺纹。

3. M4~M10 的螺钉，公称长度 l≤40mm 的，制出全螺纹。

4. 螺纹规格 d=M1.6~M10，公称长度 l=2~80mm。

（3）开槽沉头螺钉（摘自 GB/T 68—2016）

表 A-8　开槽沉头螺钉（摘自 GB/T 68—2016）　　（单位：mm）

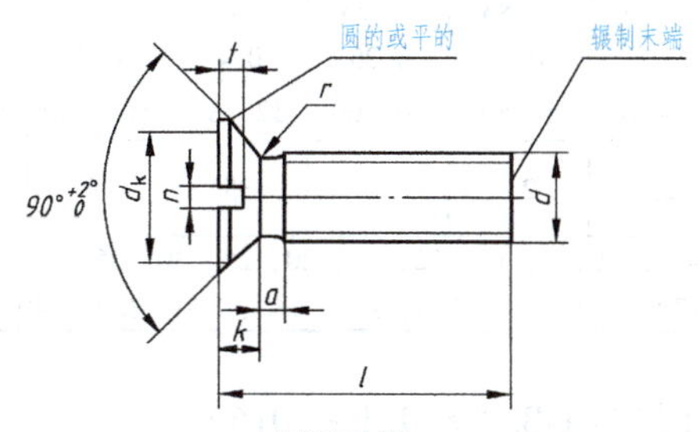

标记示例

螺纹规格为 M5、公称长度 l = 20mm、性能等级为 4.8 级、表面不经处理的 A 级开槽沉头螺钉：

螺钉　GB/T 68　M5 × 20

螺纹规格 d		M1.6	M2	M2.5	M3	（M3.5）	M4	M5	M6	M8	M10
P（螺距）		0.35	0.4	0.45	0.5	0.6	0.7	0.8	1	1.25	1.5
a　max		0.7	0.8	0.9	1	1.2	1.4	1.6	2	2.5	3
d_k	理论值　max	3.6	4.4	5.5	6.3	8.2	9.4	10.4	12.6	17.3	20
	实际值　公称 = max	3.0	3.8	4.7	5.5	7.30	8.40	9.30	11.30	15.80	18.30
	实际值　min	2.7	3.5	4.4	5.2	6.94	8.04	8.94	10.87	15.37	17.78
k　公称 = max		1	1.2	1.5	1.65	2.35	2.7	2.7	3.3	4.65	5
n	公　称	0.4	0.5	0.6	0.8	1	1.2	1.2	1.6	2	2.5
	max	0.60	0.70	0.80	1.00	1.20	1.51	1.51	1.91	2.31	2.81
	min	0.46	0.56	0.66	0.86	1.06	1.26	1.26	1.66	2.06	2.56
r　max		0.4	0.5	0.6	0.8	0.9	1	1.3	1.5	2	2.5
t	max	0.5	0.6	0.75	0.85	1.2	1.3	1.4	1.6	2.3	2.6
	min	0.32	0.4	0.50	0.60	0.9	1.0	1.1	1.2	1.8	2.0
l（商品长度规格）		2.5 ~ 16	3 ~ 20	4 ~ 25	5 ~ 30	6 ~ 35	6 ~ 40	8 ~ 50	8 ~ 60	10 ~ 80	12 ~ 80
l（系列）		2.5，3，4，5，6，8，10，12，（14），16，20，25，30，35，40，45，50，（55），60，（65），70，（75），80									

注：1. 尽可能不采用括号内的规格。

2. M1.6 ~ M3 的螺钉，公称长度 l≤30mm 的，制出全螺纹。

3. M4 ~ M10 的螺钉，公称长度 l≤40mm 的，制出全螺纹。

4. 螺纹规格 d = M1.6 ~ M10，公称长度 l = 2.5 ~ 80mm。

（4）内六角圆柱头螺钉（摘自 GB/T 70.1—2008）

表 A-9　内六角圆柱头螺钉（摘自 GB/T 70.1—2008）　　（单位：mm）

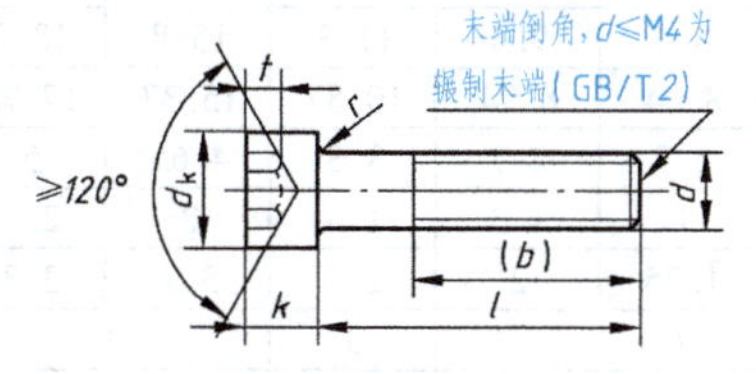

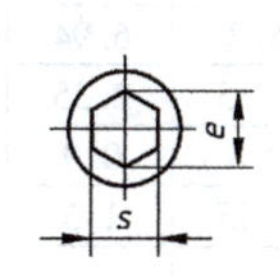

标记示例

螺纹规格 d = M5、公称长度 l = 20mm、性能等级为 8.8 级、表面氧化的 A 级内六角圆柱头螺钉：

螺钉　GB/T 70.1　M5 × 20

螺纹规格 d	M3	M4	M5	M6	M8	M10	M12	M14	M16	M20
P（螺距）	0.5	0.7	0.8	1	1.25	1.5	1.75	2	2	2.5
b 参考	18	20	22	24	28	32	36	40	44	52
d_k	5.5	7	8.5	10	13	16	18	21	24	30
k	3	4	5	6	8	10	12	14	16	20
t	1.3	2	2.5	3	4	5	6	7	8	10

（续）

螺纹规格 d	M3	M4	M5	M6	M8	M10	M12	M14	M16	M20
s	2.5	3	4	5	6	8	10	12	14	17
e	2.873	3.443	4.583	5.723	6.683	9.149	11.429	13.716	15.996	19.437
r	0.1	0.2	0.2	0.25	0.4	0.4	0.6	0.6	0.6	0.8
公称长度 l	5～30	6～40	8～50	10～60	12～80	16～100	20～120	25～140	25～160	30～200
l≤表中数值时，制出全螺纹	20	25	25	30	35	40	45	55	55	65
l（系列）	2.5，3，4，5，6，8，10，12，16，20，25，30，35，40，45，50，55，60，65，70，80，90，100，110，120，130，140，150，160，180，200，220，240，260，280，300									

注：螺纹规格 d＝M1.6～M64。

（5）十字槽沉头螺钉（摘自 GB/T 819.1—2016）

表 A-10　十字槽沉头螺钉（摘自 GB/T 819.1—2016）　　（单位：mm）

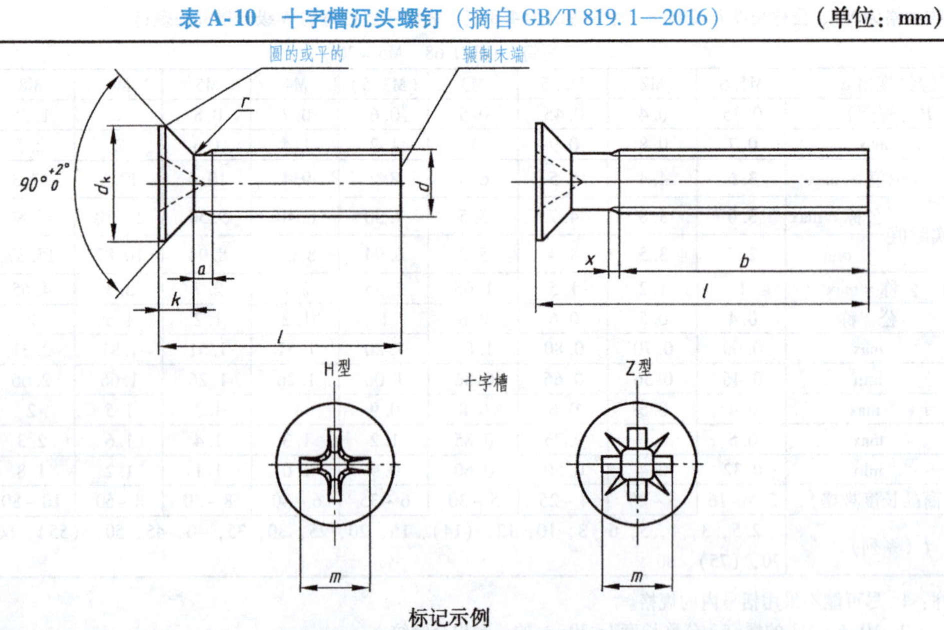

标记示例

螺纹规格为 M5、公称长度 l＝20mm、性能等级为 4.8 级、表面不经处理的 H 型十字槽沉头螺钉：

螺钉　GB/T 819.1　M5×20

螺纹规格 d			M1.6	M2	M2.5	M3	(M3.5)	M4	M5	M6	M8	M10
P			0.35	0.4	0.45	0.5	0.6	0.7	0.8	1	1.25	1.5
a		max	0.7	0.8	0.9	1	1.2	1.4	1.6	2	2.5	3
b		min	25	25	25	25	38	38	38	38	38	38
d_k	理论值	max	3.6	4.4	5.5	6.3	8.2	9.4	10.4	12.6	17.3	20
	实际值	公称＝max	3	3.8	4.7	5.5	7.3	8.4	9.3	11.3	15.8	18.3
		min	2.7	3.5	4.4	5.2	6.94	8.04	8.94	10.87	15.37	17.78
k		max	1	1.2	1.5	1.65	2.35	2.7	2.7	3.3	4.65	5
r		max	0.4	0.5	0.6	0.8	0.9	1	1.3	1.5	2	2.5
x		max	0.9	1	1.1	1.25	1.5	1.75	2	2.5	3.2	3.8
十字槽	槽号	No.	0		1		2			3	4	
	H型	m参考	1.6	1.9	2.9	3.2	4.4	4.6	5.2	6.8	8.9	10
		插入深度 min	0.6	0.9	1.4	1.7	2.4	2.1	2.7	3	4	5.1
		插入深度 max	0.9	1.2	1.8	2.1	1.9	2.6	3.2	3.5	4.6	5.7
	Z型	m参考	1.6	1.9	2.8	3	4.1	4.4	4.9	6.6	8.8	9.8
		插入深度 min	0.7	0.95	1.48	1.76	2.2	2.06	2.6	3	4.15	5.19
		插入深度 max	0.95	1.2	1.73	2.01	1.75	2.51	3.05	3.45	4.6	5.64

（续）

l			每1000件钢螺钉的质量（$\rho=7.85\text{kg/dm}^3$）≈kg									
公称	min	max										
3	2.8	3.2	0.058	0.101	0.176							
4	3.76	4.24	0.069	0.119	0.206	0.291						
5	4.76	5.24	0.081	0.137	0.236	0.335	0.573	0.825				
6	5.76	6.24	0.093	0.152	0.266	0.379	0.633	0.903	1.24			
8	7.71	8.29	0.116	0.193	0.326	0.467	0.753	1.06	1.48	2.38		
10	9.71	10.29	0.139	0.231	0.386	0.555	0.873	1.22	1.72	2.73	5.68	
12	11.65	12.35	0.162	0.268	0.446	0.643	0.993	1.37	1.96	3.08	6.32	9.54
(14)	13.65	14.35	0.185	0.306	0.507	0.731	1.11	1.53	2.2	3.43	6.96	10.6
16	15.65	16.35	0.208	0.343	0.567	0.82	1.23	1.68	2.44	3.78	7.6	11.6
20	19.58	20.42		0.417	0.687	0.996	1.47	2	2.92	4.48	8.88	13.6
25	24.58	25.42			0.838	1.22	1.77	2.39	3.52	5.36	10.5	16.1
30	29.58	30.42				1.44	2.07	2.78	4.12	6.23	12.1	18.7
35	34.5	35.5					2.37	3.17	4.72	7.11	13.7	21.2
40	39.5	40.5						3.56	5.32	7.98	15.3	23.7
45	44.5	45.5							5.92	8.86	16.9	26.2
50	49.5	50.5							6.52	9.73	18.5	28.8
(55)	54.05	55.95								10.6	20.1	31.3
60	59.05	60.95								11.5	21.7	33.8

注：1. 尽可能不采用括号内的规格。

2. *P* 为螺距。

3. d_k的理论值按 GB 5279—1985 规定。

4. 公称长度在虚线以上的螺钉，制出全螺纹，$b=l-(k+a)$。

（6）紧定螺钉（GB/T 71—2018、GB/T 73—2017、GB/T 75—2018）

表 A-11　紧定螺钉（摘自 GB/T 71—2018、GB/T 73—2017、GB/T 75—2018）　（单位：mm）

开槽锥端紧定螺钉（GB/T 71—2018）　　开槽平端紧定螺钉（GB/T 73—2017）　　开槽长圆柱端紧定螺钉（GB/T 75—2018）

90°或120°　90°±2°或120°±2°

≈45°

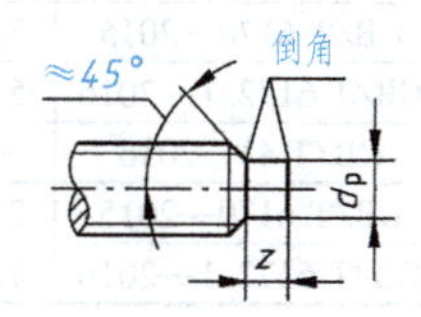

标记示例

螺纹规格为 M5、公称长度 $l=12\text{mm}$、钢制、硬度等级为 14H 级、表面不经处理、产品等级为 A 级的开槽长圆柱端紧定螺钉：

螺钉　GB/T 75　M5×12

（续）

螺纹规格 d		M1.6	M2	M2.5	M3	(M3.5)	M4	MS	M6	M8	M10	M12
P（螺距）		0.35	0.4	0.45	0.5	0.6	0.7	0.8	1	1.25	1.5	1.75
n 公称		0.25	0.25	0.4	0.4	0.5	0.6	0.8	1	1.2	1.6	2
t max		0.74	0.84	0.95	1.05	1.21	1.42	1.63	2	2.5	3	3.6
d_t max		0.16	0.2	0.25	0.3	0.35	0.4	0.5	1.5	2	2.5	3
d_p max		0.8	1	1.5	2	2.2	2.5	3.5	4	5.5	7	8.5
z max		1.05	1.25	1.5	1.75	2	2.25	2.75	3.25	4.3	5.3	6.3
l	GB/T 71—2018	2~8	3~10	3~12	4~16	5~20	6~20	8~25	8~30	10~40	12~50	14~60
	GB/T 73—2017	2~8	2~10	2.5~12	3~16	4~20	4~20	5~25	6~30	8~40	10~50	12~60
	GB/T 75—2018	2.5~8	3~10	4~12	5~16	5~20	6~20	8~25	10~30	10~40	12~50	14~60
l（系列）		2, 2.5, 3, 4, 5, 6, 8, 10, 12, (14), 16, 20, 25, 30, 35, 40, 45, 50, (55), 60										

注：1. l 为公称长度。

2. 尽可能不采用括号内的规格。

7. 螺母

表 A-12 螺母（摘自 GB/T 41—2016、GB/T 6170—2015、GB/T 6172.1—2016） （单位：mm）

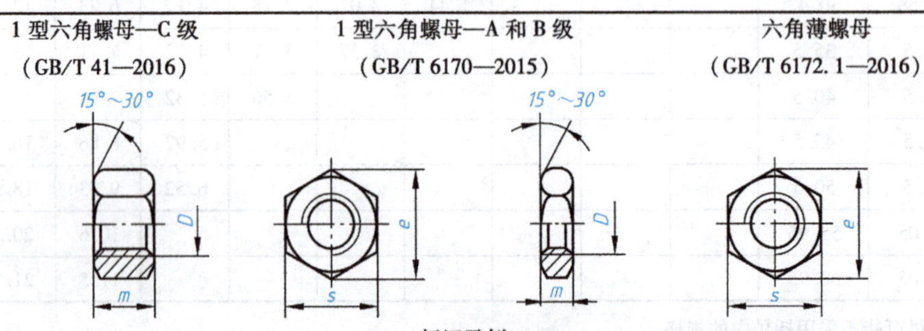

标记示例

螺纹规格为 M12、性能等级为 5 级、表面不经处理、产品等级为 C 级的 1 型六角螺母：

螺母 GB/T 41 M12

螺纹规格为 M12、性能等级为 8 级、表面不经处理、产品等级为 A 级的 1 型六角螺母：

螺母 GB/T 6170 M12

螺纹规格 D		M3	M4	M5	M6	M8	M10	M12	M16	M20	M24	M30	M36	M42
P（螺距）		0.5	0.7	0.8	1	1.25	1.5	1.75	2	2.5	3	3.5	4	4.5
e min	GB/T 41—2016	—	—	8.63	10.89	14.20	17.59	19.85	26.17	32.95	39.55	50.85	60.79	71.3
	GB/T 6170—2015	6.01	7.66	8.79	11.05	14.38	17.77	20.03	26.75	32.95	39.55	50.85	60.79	71.3
	GB/T 6172.1—2016	6.01	7.66	8.79	11.05	14.38	17.77	20.03	26.75	32.95	39.55	50.85	60.79	71.3
s 公称	GB/T 41—2016	—	—	8	10	13	16	18	24	30	36	46	55	65
	GB/T 6170—2015	5.5	7	8	10	13	16	18	24	30	36	46	55	65
	GB/T 6172.1—2016	5.5	7	g	10	13	16	18	24	30	36	46	55	65
m max	GB/T 41—2016	—	—	5.6	6.4	7.9	9.5	12.2	15.9	19	22.3	26.4	31.9	34.9
	GB/T 6170—2015	2.4	3.2	4.7	5.2	6.8	8.4	10.8	14.8	18	21.5	25.6	31	34
	GB/T 6172.1—2016	1.8	2.2	2.7	3.2	4	5	6	8	10	12	15	18	21

注：1. A 级用于 $D \leqslant 16$mm 的螺母；B 级用于 $D > 16$mm 的螺母。

2. GB/T 41—2016 无螺纹规格 M3、M4。

8. 垫圈

（1）平垫圈

表 A-13 平垫圈（摘自 GB/T 848—2002、GB/T 97.1—2002、GB/T 97.2—2002） （单位：mm）

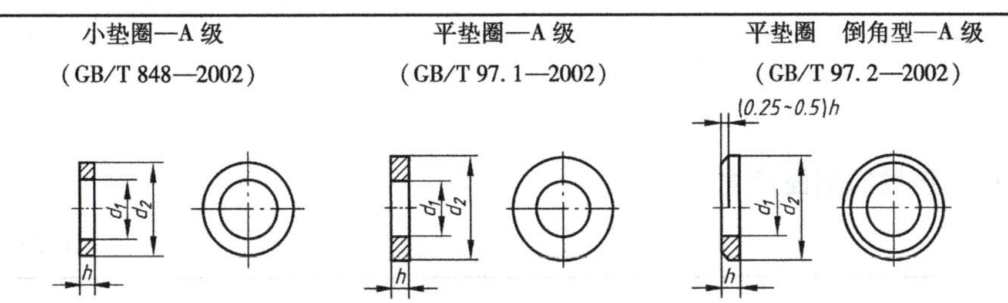

标记示例

标准系列、公称规格 8mm、由钢制造的硬度等级为 200HV 级、表面不经处理、产品等级为 A 级的平垫圈：

垫圈 GB/T 97.1 8

公称尺寸（螺纹规格 d）		1.6	2	2.5	3	4	5	6	8	10	12	16	20	24	30	36
d_1 公称	GB/T 848—2002	1.7	2.2	2.7	3.2	4.3	5.3	6.4	8.4	10.5	13	17	21	25	31	37
	GB/T 97.1—2002	1.7	2.2	2.7	3.2	4.3	5.3	6.4	8.4	10.5	13	17	21	25	31	37
	GB/T 97.2—2002	—	—	—	—	—	5.3	6.4	8.4	10.5	13	17	21	25	31	37
d_2 公称	GB/T 848—2002	3.5	4.5	5	6	8	9	11	15	18	20	28	34	39	50	60
	GB/T 97.1—2002	4	5	6	7	9	10	12	16	20	24	30	37	44	56	66
	GB/T 97.2—2002	—	—	—	—	—	10	12	16	20	24	30	37	44	56	66
h 公称	GB/T 848—2002	0.3	0.3	0.5	0.5	0.5	1	1.6	1.6	1.6	2	2.5	3	4	4	5
	GB/T 97.1—2002	0.3	0.3	0.5	0.5	0.8	1	1.6	1.6	2	2.5	3	3	4	4	5
	GB/T 97.2—2002	—	—	—	—	—	1	1.6	1.6	2	2.5	3	3	4	4	5

注：1. 硬度等级有 200HV、300HV 级，其中 200HV 级为常用。200HV 级表示材料钢的硬度，HV 表示维氏硬度，200 为硬度值。

2. 产品等级是由产品的品质和公称大小确定的，A 级的公差较小。

(2) 弹簧垫圈

表 A-14 弹簧垫圈（摘自 GB 93—1987、GB 859—1987） （单位：mm）

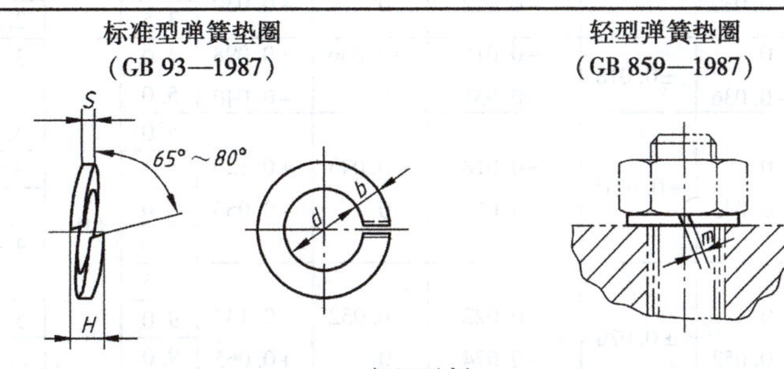

标记示例

规格 16mm、材料为 65Mn、表面氧化的标准型弹簧垫圈：

垫圈 GB 93 16

规格（螺纹大径）		3	4	5	6	8	10	12	(14)	16	(18)	20	(22)	24	(27)	30
d min		3.1	4.1	5.1	6.1	8.1	10.2	12.2	14.2	16.2	18.2	20.2	22.5	24.5	27.5	30.5
H min	GB 93—1987	1.6	2.2	2.6	3.2	4.2	5.2	6.2	7.2	8.2	9	10	11	12	13.6	15
	GB 859—1987	1.2	1.6	2.2	2.6	3.2	4	5	6	6.4	7.2	8	9	10	11	12
S (b) 公称	GB 93—1987	0.8	1.1	1.3	1.6	2.1	2.6	3.1	3.6	4.1	4.5	5	5.5	6	6.8	7.5
S 公称	GB 859—1987	0.6	0.8	1.1	1.3	1.6	2	2.5	3	3.2	3.6	4	4.5	5	5.5	6
$m \leqslant$	GB 93—1987	0.4	0.55	0.65	0.8	1.05	1.3	1.55	1.8	2.05	2.25	2.5	2.75	3	3.4	3.75
	GB 859—1987	0.3	0.4	0.55	0.65	0.8	1	1.25	1.5	1.6	1.8	2	2.25	2.5	2.75	3
b 公称	GB 859—1987	1	1.2	1.5	2	2.5	3	3.5	4	4.5	5	5.5	6	7	8	9

注：1. 尽可能不采用括号内的规格。

2. m 应大于零。

附录 B　常用键与销

1. 平键　键槽的剖面尺寸

表 B-1　平键　键槽的剖面尺寸（摘自 GB/T 1095—2003）　（单位：mm）

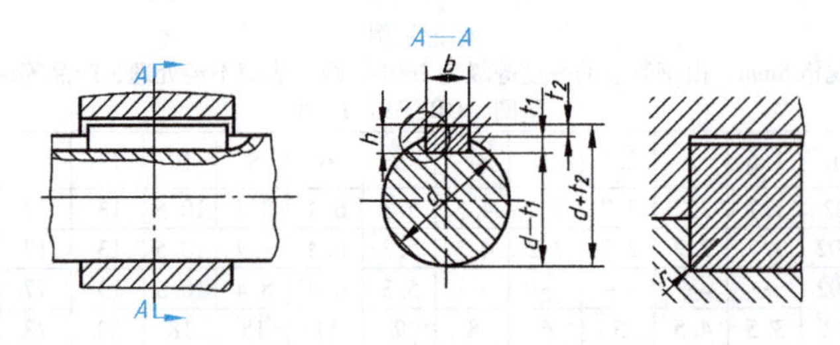

轴	键	键槽											
		宽度 b						深度				半径 r	
公称直径 d（参照值）	键尺寸 $b \times h$	公称尺寸	极限偏差					轴 t_1		毂 t_2			
			正常联结		紧密联结	松联结		公称尺寸	极限偏差	公称尺寸	极限偏差		
			轴 N9	毂 JS9	轴和毂 P9	轴 H9	毂 D10					min	max
>6~8	2×2	2	-0.004 -0.029	±0.0125	-0.006 -0.031	+0.025 0	+0.060 +0.020	1.2	+0.1 0	1.0	+0.1 0	0.08	0.16
>8~10	3×3	3						1.8		1.4			
>10~12	4×4	4	0 -0.030	±0.015	-0.012 -0.042	+0.030 0	+0.078 +0.030	2.5		1.8			
>12~17	5×5	5						3.0		2.3		0.16	0.25
>17~22	6×6	6						3.5		2.8			
>22~30	8×7	8	0 -0.036	±0.018	-0.015 -0.051	+0.036 0	+0.098 +0.040	4.0	+0.2 0	3.3	+0.2 0	0.25	0.40
>30~38	10×8	10						5.0		3.3			
>38~44	12×8	12	0 -0.043	±0.0215	-0.018 -0.061	+0.043 0	+0.120 +0.050	5.0		3.3			
>44~50	14×9	14						5.5		3.8			
>50~58	16×10	16						6.0		4.3			
>58~65	18×11	18						7.0		4.4			
>65~75	20×12	20	0 -0.052	±0.026	-0.022 -0.074	+0.052 0	+0.149 +0.065	7.5		4.9		0.40	0.60
>75~85	22×14	22						9.0		5.4			
>85~95	25×14	25						9.0		5.4			
>95~110	28×16	28						10.0		6.4			
>110~130	32×18	32	0 -0.062	±0.031	-0.026 -0.088	+0.062 0	+0.180 +0.080	11.0		7.4			
>130~150	36×20	36						12.0		8.4		0.70	1.00
>150~170	40×22	40						13.0		9.4			
>170~200	45×25	45						15.0		10.4			
>200~230	50×28	50						17.0		11.4			
>230~260	56×32	56	0 -0.074	±0.037	-0.032 -0.106	+0.074 0	+0.220 +0.100	20.0	+0.3 0	12.4	+0.3 0	1.20	1.60
>260~290	63×32	63						20.0		12.4			
>290~330	70×36	70						22.0		14.4			
>330~380	80×40	80						25.0		15.4		2.00	2.50
>380~440	90×45	90	0 -0.087	±0.0435	-0.037 -0.124	+0.087 0	+0.260 +0.120	28.0		17.4			
>440~500	100×50	100						31.0		19.5			

2. 普通平键的尺寸

表 B-2 普通平键的尺寸（摘自 GB/T 1096—2003） （单位：mm）

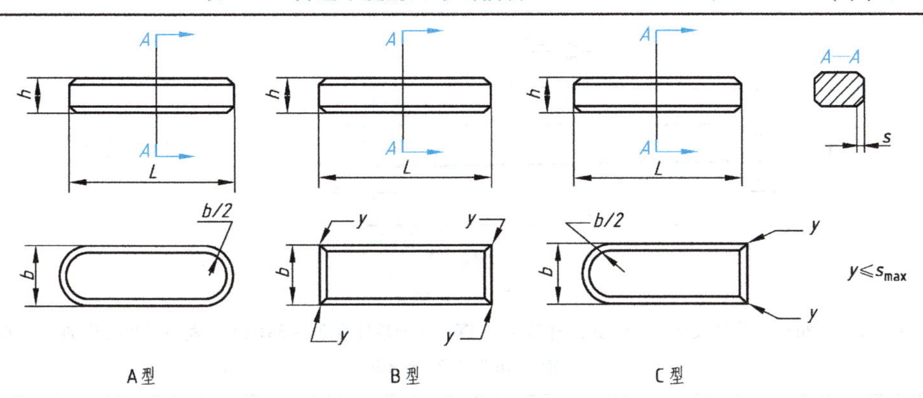

标记示例

普通 A 型平键，b=16mm，h=10mm，L=100mm： GB/T 1096 键 A 16×10×100

普通 B 型平键，b=16mm，h=10mm，L=100mm： GB/T 1096 键 B 16×10×100

普通 C 型平键，b=16mm，h=10mm，L=100mm： GB/T 1096 键 C 16×10×100

b	2	3	4	5	6	8	10	12	14	16	18	20	22	25	28	32	36	40	45	50
h	2	3	4	5	6	7	8	8	9	10	11	12	14	14	16	18	20	22	25	28
倒角或倒圆 s	0.16~0.25			0.25~0.40			0.40~0.60					0.60~0.80					1.0~1.2			
L 范围	6~20	6~36	8~45	10~56	14~70	18~90	22~110	28~140	36~160	45~180	50~200	56~220	63~250	70~280	80~320	90~360	100~400	100~400	110~450	125~500

注：L 系列（单位为 mm）为 6、8、10、12、14、16、18、20、22、25、28、32、36、40、45、50、56、63、70、80、90、100、110、125、140、160、180、200 等。

3. 圆柱销

表 B-3 圆柱销（摘自 GB/T 119.1—2000、GB/T 119.2—2000） （单位：mm）

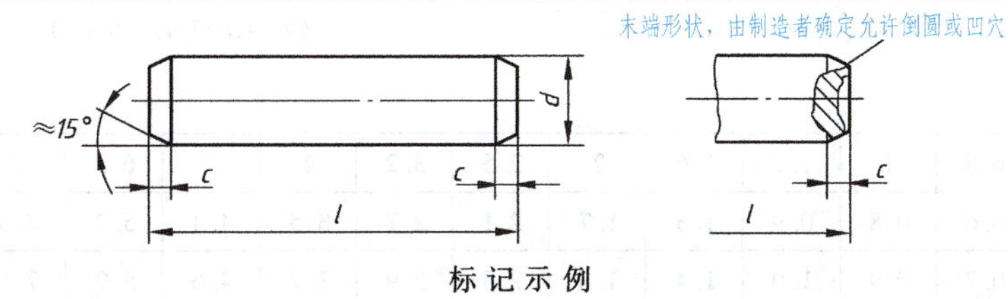

标 记 示 例

公称直径 d=6mm，公差为 m6，公称长度 l=30mm，材料为钢，普通淬火（A 型），表面氧化处理的圆柱销：

销 GB/T 119.2 6×30

d	m6/h8① GB/T 119.1—2000 m6① GB/T 119.2—2000	4	5	6	8	10	12	16	20
c≈		0.63	0.8	1.2	1.6	2	2.5	3	3.5
l②公称	GB/T 119.1—2000	8~40	10~50	12~60	14~80	18~95	22~140	26~180	35~200
	GB/T 119.2—2000	10~40	12~50	14~60	18~80	22~100	26~100	40~100	50~100

① 其他公差由供需双方协议。

② GB/T 119.1—2000 中公称长度大于 200mm，按 20mm 递增；GB/T 119.2—2000 中公称长度大于 100mm，按 20mm 递增。

4. 圆锥销

表 B-4　圆锥销（摘自 GB/T 117—2000）　　　　（单位：mm）

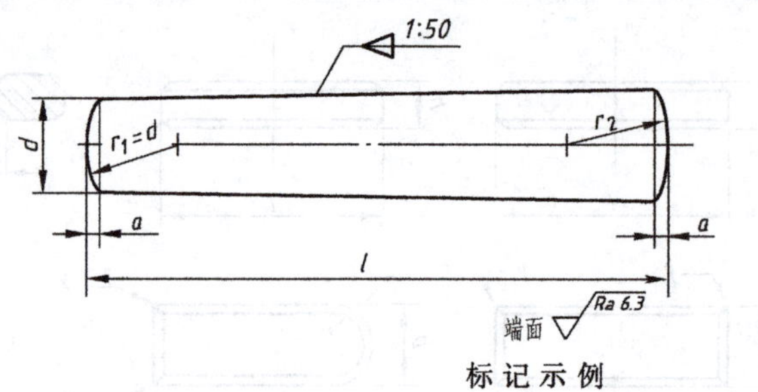

$$r_2 \approx \frac{a}{2}+d+\frac{(0.021)^2}{8a}$$

标 记 示 例

公称直径 d=6mm，公称长度 l=30mm，材料为 35 钢，热处理硬度 28～38HRC，表面氧化处理的 A 型圆锥销：

销　GB/T 117　6×30

d h10①	0.6	0.8	1	1.2	1.5	2	2.5	3	4	5	6	8	10	12	16	20	25
a≈	0.08	0.1	0.12	0.16	0.2	0.25	0.3	0.4	0.5	0.63	0.8	1	1.2	1.6	2	2.5	3
l②公称	4～8	5～12	6～16	6～20	8～24	10～35	10～35	12～45	14～55	18～60	22～90	22～120	26～160	32～180	40～200	45～200	50～200

① 其他公差，如 a11、c11 和 f8 由供需双方协议。

② 公称长度大于 200mm，按 20mm 递增。

5. 开口销

表 B-5　开口销（摘自 GB/T 91—2000）　　　　（单位：mm）

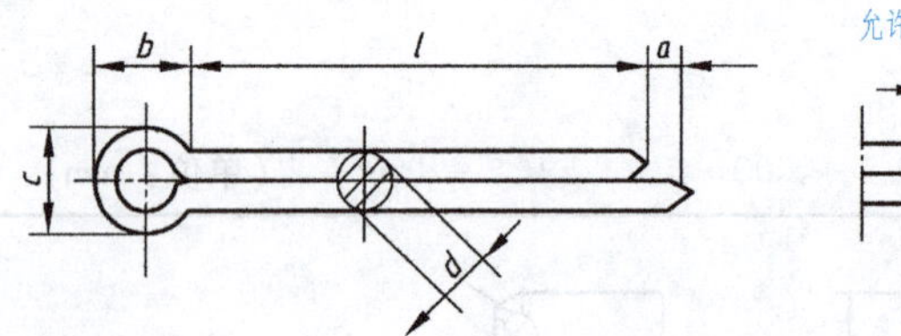

允许制造的型式

标记示例

公称规格为 5mm、公称长度 l=50mm，材料为 Q215 或 Q235、不经表面处理的开口销：

销　GB/T 91　5×50

公称规格		0.6	0.8	1	1.2	1.6	2	2.5	3.2	4	5	6.3	8	10	13
d	min	0.4	0.6	0.8	0.9	1.3	1.7	2.1	2.7	3.5	4.4	5.7	7.3	9.3	12.1
	max	0.5	0.7	0.9	1.0	1.4	1.8	2.3	2.9	3.7	4.6	5.9	7.5	9.5	12.4
c	min	0.9	1.2	1.6	1.7	2.4	3.2	4.0	5.1	6.5	8.0	10.3	13.1	16.6	21.7
	max	1.0	1.4	1.8	2.0	2.8	3.6	4.6	5.8	7.4	9.2	11.8	15.0	19.0	24.8
b≈		2	2.4	3	3	3.2	4	5	6.4	8	10	12.6	16	20	26
a	max	1.6				2.5			3.2		4				6.3
l 公称		4～12	5～16	6～20	8～25	8～32	10～40	12～50	14～63	18～80	22～100	32～125	40～160	45～200	71～250
l（系列）		4，5，6，8，10，12，14，16，18，20，22，25，28，32，36，40，45，50，56，63，71，80，90，100，112，125，140，160，180，200，224，250，280													

注：公称规格等于开口销孔的直径。

附录 C 常用滚动轴承

1. 深沟球轴承

表 C-1 滚动轴承 深沟球轴承 外形尺寸（摘自 GB/T 276—2013）（单位：mm）

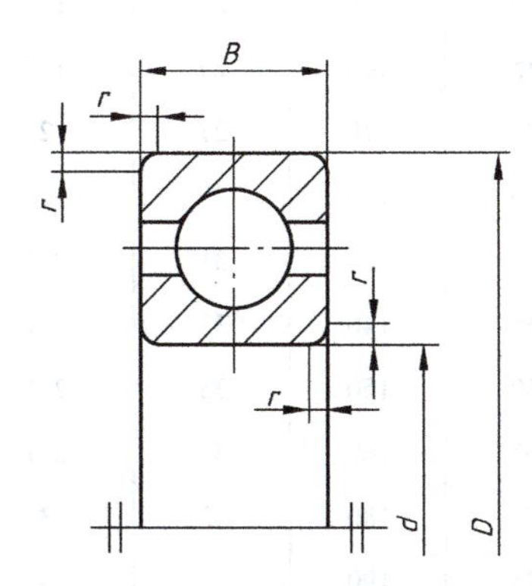

60000 型
标记示例
滚动轴承 6012 GB/T 276—2013

轴承型号	外形尺寸				轴承型号	外形尺寸			
	d	D	B	r_{smin}①		d	D	B	r_{smin}①
	10 系列					03 系列			
606	6	17	6	0.3	634	4	16	5	0.3
607	7	19	6	0.3	635	5	19	6	0.3
608	8	22	7	0.3	6300	10	35	11	0.6
609	9	24	7	0.3	6301	12	37	12	1
6000	10	26	8	0.3	6302	15	42	13	1
6001	12	28	8	0.3	6303	17	47	14	1
6002	15	32	9	0.3	6304	20	52	15	1.1
6003	17	35	10	0.3	6305	25	62	17	1.1
6004	20	42	12	0.6	6306	30	72	19	1.1
6005	25	47	12	0.6	6307	35	80	21	1.5
6006	30	55	13	1	6308	40	90	23	1.5
6007	35	62	14	1	6309	45	100	25	1.5
6008	40	68	15	1	6310	50	110	27	2
6009	45	75	16	1	6311	55	120	29	2
6010	50	80	16	1	6312	60	130	31	2.1
6011	55	90	18	1.1					
6012	60	95	18	1.1					

（续）

轴承型号	外形尺寸				轴承型号	外形尺寸			
	d	D	B	r_{smin}①		d	D	B	r_{smin}①
02 系列					04 系列				
623	3	10	4	0.15	6403	17	62	17	1.1
624	4	13	5	0.2	6404	20	72	19	1.1
625	5	16	5	0.3	6405	25	80	21	1.5
626	6	19	6	0.3	6406	30	90	23	1.5
627	7	22	7	0.3	6407	35	100	25	1.5
628	8	24	8	0.3	6408	40	110	27	2
629	9	26	8	0.3	6409	45	120	29	2
6200	10	30	9	0.6	6410	50	130	31	2.1
6201	12	32	10	0.6	6411	55	140	33	2.1
6202	15	35	11	0.6	6412	60	150	35	2.1
6203	17	40	12	0.6	6413	65	160	37	2.1
6204	20	47	14	1	6414	70	180	42	3
6205	25	52	15	1	6415	75	190	45	3
6206	30	62	16	1	6416	80	200	48	3
6207	35	72	17	1.1	6417	85	210	52	4
6208	40	80	18	1.1	6418	90	225	54	4
6209	45	85	19	1.1	6419	95	240	55	4
6210	50	90	20	1.1					
6211	55	100	21	1.5					
6212	60	110	22	1.5					

① 最大倒角尺寸规定在 GB/T 274—2000 中，r_{smin} 为 r 的最小单一倒角尺寸。

2. 圆锥滚子轴承

表 C-2 滚动轴承 圆锥滚子轴承 外形尺寸（摘自 GB/T 297—2015） （单位：mm）

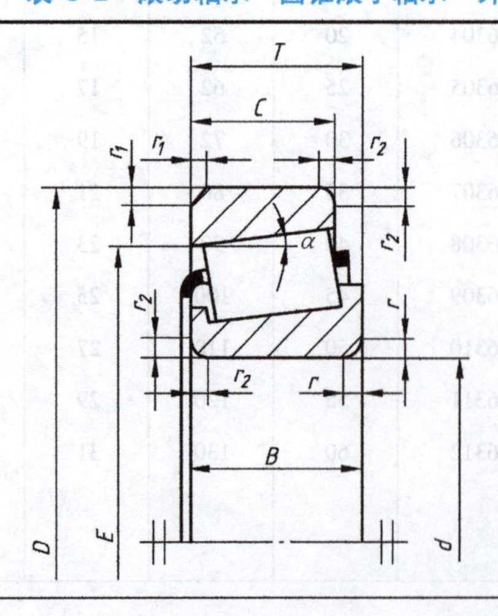

30000 型

标记示例

滚动轴承 30205 GB/T 297—2015

（续）

轴承型号	外形尺寸								
	d	D	T	B	r_{smin} ①	C	r_{1smin} ①	α	E
02 系列									
30204	20	47	15.25	14	1	12	1	12°57′10″	37.304
30205	25	52	16.25	15	1	13	1	14°02′10″	41.135
30206	30	62	17.25	16	1	14	1	14°02′10″	49.990
30207	35	72	18.25	17	1.5	15	1.5	14°02′10″	58.844
30208	40	80	19.75	18	1.5	16	1.5	14°02′10″	65.730
30209	45	85	20.75	19	1.5	16	1.5	15°06′34″	70.440
30210	50	90	21.75	20	1.5	17	1.5	15°38′32″	75.078
30211	55	100	22.75	21	2	18	1.5	15°06′34″	84.197
30212	60	110	23.75	22	2	19	1.5	15°06′34″	91.876
30213	65	120	24.75	23	2	20	1.5	15°06′34″	101.934
30214	70	125	26.25	24	2	21	1.5	15°38′32″	105.748
30215	75	130	27.25	25	2	22	1.5	16°10′20″	110.408
30216	80	140	28.25	26	2.5	22	2	15°38′32″	119.169
30217	85	150	30.5	28	2.5	24	2	15°38′32″	126.685
30218	90	160	32.5	30	2.5	26	2	15°38′32″	134.901
30219	95	170	34.5	32	3	27	2.5	15°38′32″	143.385
30220	100	180	37	34	3	29	2.5	15°38′32″	151.310
03 系列									
30304	20	52	16.25	15	1.5	13	1.5	11°18′36″	41.318
30305	25	62	18.25	17	1.5	15	1.5	11°18′36″	50.637
30306	30	72	20.75	19	1.5	16	1.5	11°51′35″	58.287
30307	35	80	22.75	21	2	18	1.5	11°51′35″	65.769
30308	40	90	25.25	23	2	20	1.5	12°57′10″	72.703
30309	45	100	27.25	25	2	22	1.5	12°57′10″	81.780
30310	50	110	29.25	27	2.5	23	2	12°57′10″	90.633
30311	55	120	31.5	29	2.5	25	2	12°57′10″	99.146
30312	60	130	33.5	31	3	26	2.5	12°57′10″	107.769
30313	65	140	36	33	3	28	2.5	12°57′10″	116.846
30314	70	150	38	35	3	30	2.5	12°57′10″	125.244
30315	75	160	40	37	3	31	2.5	12°57′10″	134.097
30316	80	170	42.5	39	3	33	2.5	12°57′10″	143.174
30317	85	180	44.5	41	4	34	3	12°57′10″	150.433
30318	90	190	46.5	43	4	36	3	12°57′10″	159.061
30319	95	200	49.5	45	4	38	3	12°57′10″	165.861
30320	100	215	51.5	47	4	39	3	12°57′10″	178.578

（续）

轴承型号	外形尺寸								
	d	D	T	B	r_{smin}①	C	r_{1smin}①	α	E
22系列									
32206	30	62	21.25	20	1	17	1	14°02′10″	48.982
32207	35	72	24.25	23	1.5	19	1.5	14°02′10″	57.087
32208	40	80	24.75	23	1.5	19	1.5	14°02′10″	64.715
32209	45	85	24.75	23	1.5	19	1.5	15°06′34″	69.610
32210	50	90	24.75	23	1.5	19	1.5	15°38′32″	74.226
32211	55	100	26.75	25	2	21	1.5	15°06′34″	82.837
32212	60	110	29.75	28	2	24	1.5	15°06′34″	90.236
32213	65	120	32.75	31	2	27	1.5	15°06′34″	99.484
32214	70	125	33.25	31	2	27	1.5	15°38′32″	103.765
32215	75	130	33.25	31	2	27	1.5	16°10′20″	108.932
32216	80	140	35.25	33	2.5	28	2	15°38′32″	117.466
32217	85	150	38.5	36	2.5	30	2	15°38′32″	124.970
32218	90	160	42.5	40	2.5	34	2	15°38′32″	132.615
32219	95	170	45.5	43	3	37	2.5	15°38′32″	140.259
32220	100	180	49	46	3	39	2.5	15°38′32″	148.184
23系列									
32304	20	52	22.25	21	1.5	18	1.5	11°18′36″	39.518
32305	25	62	25.25	24	1.5	20	1.5	11°18′36″	48.637
32306	30	72	28.75	27	1.5	23	1.5	11°51′35″	55.767
32307	35	80	32.75	31	2	25	1.5	11°51′35″	62.829
32308	40	90	35.25	33	2	27	1.5	12°57′10″	69.253
32309	45	100	38.25	36	2	30	1.5	12°57′10″	78.330
32310	50	110	42.25	40	2.5	33	2	12°57′10″	86.263
32311	55	120	45.5	43	2.5	35	2	12°57′10″	94.316
32312	60	130	48.5	46	3	37	2.5	12°57′10″	102.939
32313	65	140	51	48	3	39	2.5	12°57′10″	111.786
32314	70	150	54	51	3	42	2.5	12°57′10″	119.724
32315	75	160	58	55	3	45	2.5	12°57′10″	127.887
32316	80	170	61.5	58	3	48	2.5	12°57′10″	136.504
32317	85	180	63.5	60	4	49	3	12°57′10″	144.223
32318	90	190	67.5	64	4	53	3	12°57′10″	151.701
32319	95	200	71.5	67	4	55	3	12°57′10″	160.318
32320	100	215	77.5	73	4	60	3	12°57′10″	171.650

① 最大倒角尺寸规定在 GB/T 274—2000 中，r_{smin} 为内圈背面最小单一倒角尺寸，r_{1smin} 为外圈背面最小单一倒角尺寸。

3. 推力球轴承

表 C-3　滚动轴承　推力球轴承　外形尺寸（摘自 GB/T 301—2015）　（单位：mm）

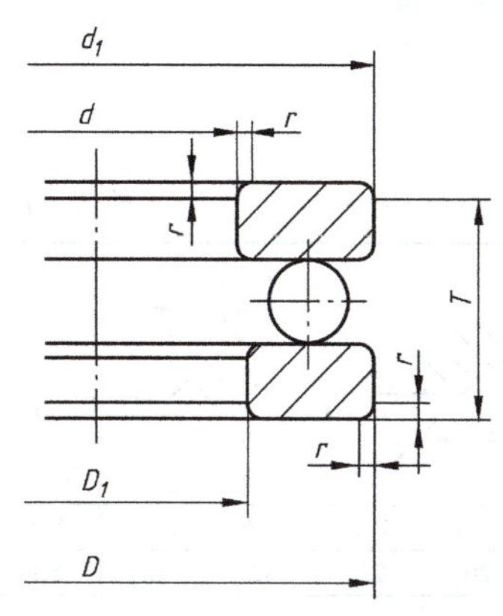

51000 型

标记示例

滚动轴承　51210　GB/T 301—2015

轴承代号	外形尺寸					
	d	D	T	D_{1smin}	d_{1smax}	r_{smin}①
11 系列						
51100	10	24	9	11	24	0.3
51101	12	26	9	13	26	0.3
51102	15	28	9	16	28	0.3
51103	17	30	9	18	30	0.3
51104	20	35	10	21	35	0.3
51105	25	42	11	26	42	0.6
51106	30	47	11	32	47	0.6
51107	35	52	12	37	52	0.6
51108	40	60	13	42	60	0.6
51109	45	65	14	47	65	0.6
51110	50	70	14	52	70	0.6
51111	55	78	16	57	78	0.6
51112	60	85	17	62	85	1
51113	65	90	18	67	90	1
51114	70	95	18	72	95	1
51115	75	100	19	77	100	1
51116	80	105	19	82	105	1
51117	85	110	19	87	110	1
51118	90	120	22	92	120	1
51120	100	135	25	102	135	1
12 系列						
51200	10	26	11	12	26	0.6
51201	12	28	11	14	28	0.6
51202	15	32	12	17	32	0.6
51203	17	35	12	19	35	0.6
51204	20	40	14	22	40	0.6
51205	25	47	15	27	47	0.6
51206	30	52	16	32	52	0.6
51207	35	62	18	37	62	1
51208	40	68	19	42	68	1
51209	45	73	20	47	73	1
51210	50	78	22	52	78	1
51211	55	90	25	57	90	1
51212	60	95	26	62	95	1
51213	65	100	27	67	100	1

轴承代号	外形尺寸					
	d	D	T	D_{1smin}	d_{1smax}	r_{smin}①
12 系列						
51214	70	105	27	72	105	1
51215	75	110	27	77	110	1
51216	80	115	28	82	115	1
51217	85	125	31	88	125	1
51218	90	135	35	93	135	1.1
51220	100	150	38	103	150	1.1
13 系列						
51304	20	47	18	22	47	1
51305	25	52	18	27	52	1
51306	30	60	21	32	60	1
51307	35	68	24	37	68	1
51308	40	78	26	42	78	1
51309	45	85	28	47	85	1
51310	50	95	31	52	95	1.1
51311	55	105	35	57	105	1.1
51312	60	110	35	62	110	1.1
51313	65	115	36	67	115	1.1
51314	70	125	40	72	125	1.1
51315	75	135	44	77	135	1.5
51316	80	140	44	82	140	1.5
51317	85	150	49	88	150	1.5
14 系列						
51405	25	60	24	27	60	1
51406	30	70	28	32	70	1
51407	35	80	32	37	80	1.1
51408	40	90	36	42	90	1.1
51409	45	100	39	47	100	1.1
51410	50	110	43	52	110	1.5
51411	55	120	48	57	120	1.5
51412	60	130	51	62	130	1.5
51413	65	140	56	68	140	2
51414	70	150	60	73	150	2
51415	75	160	65	78	160	2
51416	80	170	68	83	170	2.1
51417	85	180	72	88	177	2.1

注：D_{1smin}为座圈最小单一内径，d_{1smax}为单向轴承轴圈最大单一外径。

① 最大倒角尺寸规定在 GB/T 274—2000 中。

附录 D 零件倒圆与倒角、砂轮越程槽

1. 零件倒圆与倒角

表 D-1 零件倒圆与倒角（摘自 GB/T 6403.4—2008） （单位：mm）

型式													
R、C尺寸系列	0.1	0.2	0.3	0.4	0.5	0.6	0.8	1.0	1.2	1.6	2.0	2.5	3.0
	4.0	5.0	6.0	8.0	10	12	16	20	25	32	40	50	—
装配型式	$C_1>R$			$R_1>R$			$C<0.58R_1$			$C_1>C$			

C_{max}与R_1的关系（$C<0.58R_1$）												
	R_1	0.1	0.2	0.3	0.4	0.5	0.6	0.8	1.0	1.2	1.6	2.0
	C_{max}	—	0.1	0.1	0.2	0.2	0.3	0.4	0.5	0.6	0.8	1.0
	R_1	2.5	3.0	4.0	5.0	6.0	8.0	10	12	16	20	25
	C_{max}	1.2	1.6	2.0	2.5	3.0	4.0	5.0	6.0	8.0	10	12

注：1. α一般采用45°，也可采用30°或60°。

2. 内角外角分别为倒圆、倒角（倒角为45°）时，R_1、C_1为正偏差，R和C为负偏差。

表 D-2 与直径 ϕ 相应的倒角 C、倒圆 R 的推荐值（摘自 GB/T 6403.4—2008） （单位：mm）

ϕ	≤3	>3~6	>6~10	>10~18	>18~30	>30~50	>50~80	>80~120	>120~180
C或R	0.2	0.4	0.6	0.8	1.0	1.6	2.0	2.5	3.0
ϕ	>180~250	>250~320	>320~400	>400~500	>500~630	>630~800	>800~1000	>1000~1250	>1250~1600
C或R	4.0	5.0	6.0	8.0	10	12	16	20	25

2. 砂轮越程槽

表 D-3 砂轮越程槽（摘自 GB/T 6403.5—2008） （单位：mm）

型式

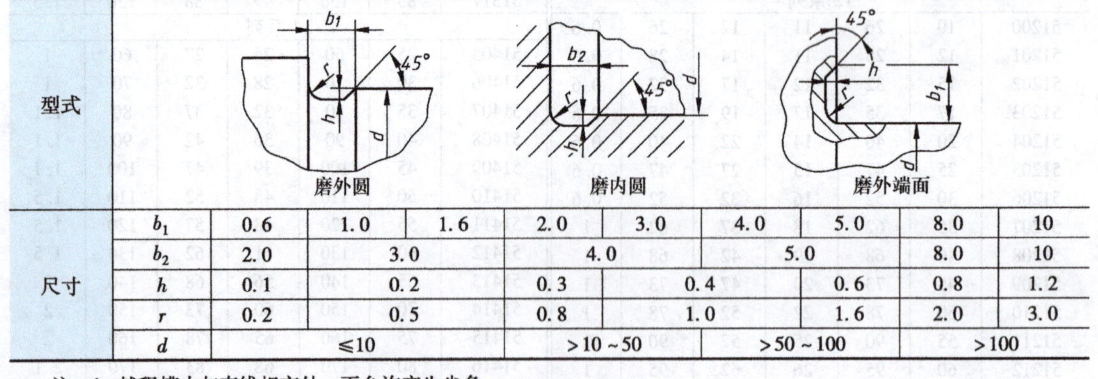

<table>
<tr><td rowspan="5">尺寸</td><td>b_1</td><td>0.6</td><td>1.0</td><td>1.6</td><td>2.0</td><td>3.0</td><td>4.0</td><td>5.0</td><td>8.0</td><td>10</td></tr>
<tr><td>b_2</td><td>2.0</td><td colspan="2">3.0</td><td colspan="2">4.0</td><td colspan="2">5.0</td><td>8.0</td><td>10</td></tr>
<tr><td>h</td><td>0.1</td><td colspan="2">0.2</td><td>0.3</td><td colspan="2">0.4</td><td>0.6</td><td>0.8</td><td>1.2</td></tr>
<tr><td>r</td><td>0.2</td><td colspan="2">0.5</td><td>0.8</td><td colspan="2">1.0</td><td>1.6</td><td>2.0</td><td>3.0</td></tr>
<tr><td>d</td><td colspan="3">≤10</td><td colspan="2">>10~50</td><td colspan="2">>50~100</td><td colspan="2">>100</td></tr>
</table>

注：1. 越程槽内与直线相交处，不允许产生尖角。

2. 越程槽深度h与圆弧半径r，要满足$r\leq3h$。

附录 E 紧固件通孔及沉孔尺寸

表 E-1 紧固件通孔及沉孔尺寸（摘自 GB/T 5277—1985、GB/T 152.2—2014、GB/T 152.3～4—1988）

（单位：mm）

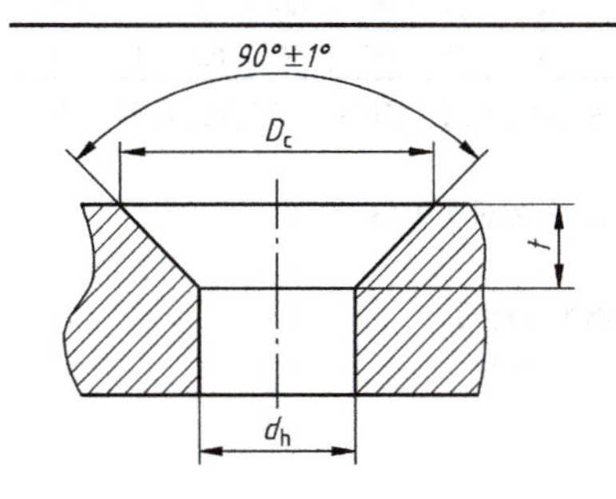

沉头螺钉用沉孔
(GB/T 152.2—2014)

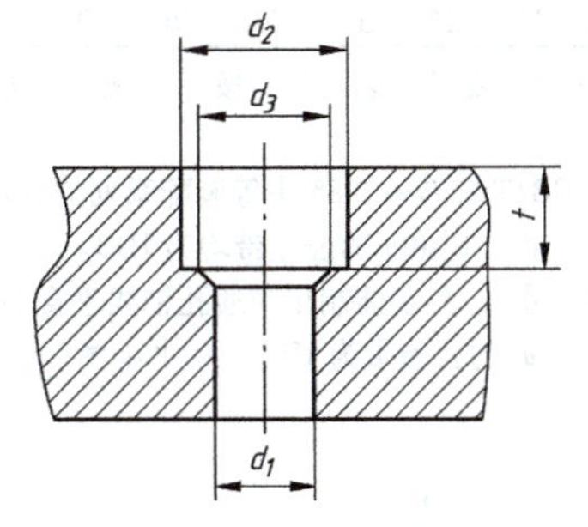

圆柱头用沉孔
(GB/T 152.3—1988)

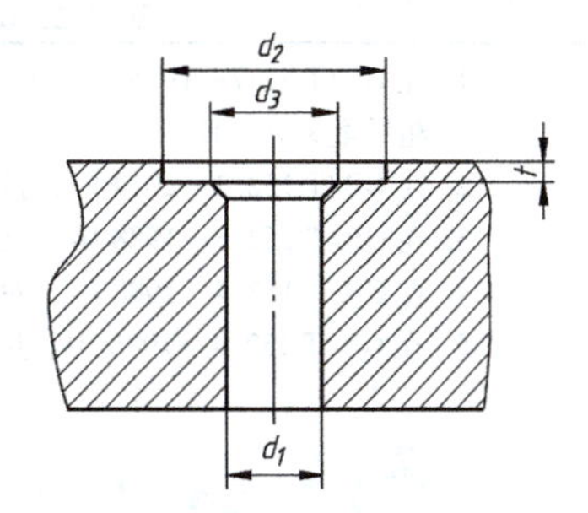

六角头螺栓和六角螺母用沉孔
(GB/T 152.4—1988)

螺纹规格 d			M1	M1.2	M1.4	M1.6	M2	M2.5	M3	M4	M5	M6	M7	M8	M10	M12	M14	M16
通孔直径	精装配		1.1	1.3	1.5	1.7	2.2	2.7	3.2	4.3	5.3	6.4	7.4	8.4	10.5	13	15	17
	中等装配		1.2	1.4	1.6	1.8	2.4	2.9	3.4	4.5	5.5	6.6	7.6	9	11	13.5	15.5	17.5
	粗装配		1.3	1.5	1.8	2	2.6	3.1	3.6	4.8	5.8	7	8	10	12	14.5	16.5	18.5
沉头螺钉用沉孔	d_h	min（公称）	—	—	—	1.80	2.40	2.90	3.40	4.50	5.50	6.60	—	9.00	11.00	—	—	—
		max	—	—	—	1.94	2.54	3.04	3.58	4.68	5.68	6.82	—	9.22	11.27	—	—	—
	D_c	min（公称）	—	—	—	3.6	4.4	5.5	6.3	9.4	10.40	12.60	—	17.30	20.0	—	—	—
		max	—	—	—	3.7	4.5	5.6	6.5	9.6	10.65	12.85	—	17.55	20.3	—	—	—
	$t≈$		—	—	—	0.95	1.05	1.35	1.55	2.55	2.58	3.13	—	4.28	4.65	—	—	—
圆柱头用沉孔	用于 GB/T 70 系列	d_2	—	—	—	3.3	4.3	5.0	6.0	8.0	10.0	11.0	—	15.0	18.0	20.0	24.0	26.0
		t	—	—	—	1.8	2.3	2.9	3.4	4.6	5.7	6.8	—	9.0	11.0	13.0	15.0	17.5
		d_3	—	—	—	—	—	—	—	—	—	—	—	—	—	16	18	20
		d_1	—	—	—	1.8	2.4	2.9	3.4	4.5	5.5	6.6	—	9.0	11.0	13.5	15.5	17.5
	用于 GB/T 2671.1—2004 GB/T 2671.2—2004 GB/T 65—2016	d_2	—	—	—	—	—	—	—	8	10	11	—	15	18	20	24	26
		t	—	—	—	—	—	—	—	3.2	4.0	4.7	—	6.0	7.0	8.0	9.0	10.5
		d_3	—	—	—	—	—	—	—	—	—	—	—	—	—	16	18	20
		d_1	—	—	—	—	—	—	—	4.5	5.5	6.6	—	9.0	11.0	13.5	15.5	17.5
六角头螺栓和六角螺母用沉孔		d_2	—	—	—	5	6	8	9	10	11	13	—	—	22	26	30	33
		d_3	—	—	—	—	—	—	—	—	—	—	—	—	—	16	18	20
		d_1	—	—	—	1.8	2.4	2.9	3.4	4.5	5.5	6.6	—	9.0	11.0	13.5	15.5	17.5

螺纹规格 d			M18	M20	M22	M24	M27	M30	M33	M36	M39	M42	M45	M48	M52	M56	M60	M64
通孔直径	精装配		19	21	23	25	28	31	34	37	40	43	46	50	54	58	62	66
	中等装配		20	22	24	26	30	33	36	39	42	45	48	52	56	62	66	70
	粗装配		21	24	26	28	32	35	38	42	45	48	52	56	62	66	70	74
沉头螺钉用沉孔	d_h	min（公称）	—	—	—	—	—	—	—	—	—	—	—	—	—	—	—	—
		max	—	—	—	—	—	—	—	—	—	—	—	—	—	—	—	—
	D_c	min（公称）	—	—	—	—	—	—	—	—	—	—	—	—	—	—	—	—
		max	—	—	—	—	—	—	—	—	—	—	—	—	—	—	—	—
	$t≈$		—	—	—	—	—	—	—	—	—	—	—	—	—	—	—	—
圆柱头用沉孔	用于 GB/T 70 系列	d_2	—	33.0	—	40.0	—	48.0	—	57.0	—	—	—	—	—	—	—	—
		t	—	21.5	—	25.5	—	32.0	—	38.0	—	—	—	—	—	—	—	—
		d_3	—	24	—	28	—	36	—	42	—	—	—	—	—	—	—	—
		d_1	—	22.0	—	26.0	—	33.0	—	39.0	—	—	—	—	—	—	—	—

（续）

螺纹规格 d			M18	M20	M22	M24	M27	M30	M33	M36	M39	M42	M45	M48	M52	M56	M60	M64
圆柱头用沉孔	用于 GB/T 2671.1—2004 GB/T 2671.2—2004 GB/T 65—2016	d_2	—	33	—	—	—	—	—	—	—	—	—	—	—	—	—	—
		t	—	12.5	—	—	—	—	—	—	—	—	—	—	—	—	—	—
		d_3	—	24	—	—	—	—	—	—	—	—	—	—	—	—	—	—
		d_1	—	22.0	—	—	—	—	—	—	—	—	—	—	—	—	—	—
六角头螺栓和六角螺母用沉孔		d_2	36	40	43	48	53	61	66	71	76	82	89	98	107	112	118	125
		d_3	22	24	26	28	33	36	39	42	45	48	51	56	60	68	72	76
		d_1	20.0	22.0	24	26	30	33	36	39	42	45	48	52	56	62	66	70

注：1. 在 GB/T 5277—1985 中，如无特殊要求，通孔公差按下列规定，即精装配系列，H12；中等装配系列，H13；粗装配系列，H14。
2. 在 GB/T 152.2—2014 中，按 GB/T 5277—1985 中等装配系列的规定，公差带为 H13。
3. 在 GB/T 152.3—1988 中，尺寸 d_1、d_2 和 t 的公差带均为 H13。
4. 在 GB/T 152.4—1988 中，对尺寸 t，只要能制出与通孔轴线垂直的圆平面即可。
5. 在 GB/T 152.4—1988 中，尺寸 d_1 的公差带为 H13，尺寸 d_2 的公差带为 H15。

附录 F 常用材料及热处理

1. 金属材料

（1）铸铁 灰铸铁（GB/T 9439—2010）；球墨铸铁（GB/T 1348—2019）；可锻铸铁（GB/T 9440—2010）。

表 F-1 铸铁

名称	牌号	应用举例	说明
灰铸铁	HT100 HT150	用于低强度铸件，如盖、手轮、支架等 用于中强度铸件，如底座、刀架、轴承座等	“HT”表示灰铸铁，后面的数字表示抗拉强度值（MPa）
	HT200 HT250	用于高强度铸件，如床身、机座、齿轮、凸轮、气缸泵体、联轴器等	
	HT300 HT350	用于高强度耐磨铸件，如齿轮、凸轮、重载荷床身、高压泵、阀壳体、锻模、冲压模等	
球墨铸铁	QT800－2 QT700－2 QT600－3	具有较高强度，但塑性低，用于曲轴、凸轮轴、齿轮、气缸、缸套、轧辊、水泵轴、活塞环、摩擦片等	“QT”表示球墨铸铁，其后第一组数字表示抗拉强度值（MPa），第二组数字表示断后伸长率（%）
	QT500－7 QT400－18	具有较高的塑性和适当的强度，用于承受冲击载荷的零件	
可锻铸铁	KTH 300－06 KTH 330－08 KTH 350－10 KTH 370－12	黑心可锻铸铁，用于承受冲击振动的零件，如汽车、拖拉机、农机铸件	“KT”表示可锻铸铁，“H”表示黑心，“B”表示白心，第一组数字表示抗拉强度值（MPa），第二组数字表示断后伸长率（%）
	KTB 350－04 KTB 400－05 KTB 450－07	白心可锻铸铁，韧性较低，但强度高，耐磨性、加工性好，可代替低、中碳钢及低合金钢的重要零件，如曲轴、连杆、机床附件等	KTH300－06 适用于气密性零件，KTH330－08 和 KTH370－12 为推荐牌号

（2）钢 碳素结构钢（GB/T 700—2006）；优质碳素结构钢（GB/T 699—2015）；合金结构钢（GB/T 3077—2015）；工模具钢（GB/T 1299—2014）；一般工程用铸造碳钢件（GB/T 11352—2009）。

表 F-2 钢

名称		牌号		应用举例	说明
碳素结构钢		Q215	A 级 B 级	金属结构件、拉杆、套圈、铆钉、螺栓、短轴、心轴、凸轮（载荷不大）、垫圈；渗碳件及焊接件	“Q”为碳素结构钢屈服强度“屈”字的汉语拼音首位字母，数字表示屈服强度数值，如Q235 表示碳素结构钢屈服强度为 235MPa
		Q235	A 级 B 级 C 级 D 级	金属结构件，心部强度要求不高的渗碳或碳氮共渗件，吊钩、拉杆、套圈、气缸、齿轮、螺栓、螺母、连杆、轮轴、楔、盖及焊接件	
		Q275		轴、轴销、制动杆、螺母、螺栓、垫圈、连杆、齿轮以及其他强度较高的零件	
优质碳素结构钢		08 10 15 20 25 30 35 40 45 50 55 60 65		可塑性要求高的零件，如管子、垫圈等 渗碳件、紧固件、冲模锻件、化工贮器 杠杆、轴套、钩、螺钉、渗碳件 轴、辊子、连接器，紧固件中的螺栓、螺母 曲轴、转轴、轴销、连杆、横梁、星轮 曲轴、摇杆、拉杆、键、销、螺栓 齿轮、齿条、链轮、凸轮、轧辊、曲柄轴 齿轮、轴、联轴器、衬套、活塞销、链轮 活塞杆、轮轴、齿轮、不重要的弹簧 齿轮、连杆、扁弹簧、轧辊、偏心轮、轮圈轮缘 偏心轮、弹簧圈、垫圈、调整片、偏心轴等 叶片弹簧、螺旋弹簧	牌号的两位数字表示平均含碳量，称为碳的质量分数。45 钢表示碳的质量分数为 0.45% 碳的质量分数≤0.25% 的碳钢属于低碳钢（渗碳钢） 碳的质量分数在 0.25% ~ 0.6% 之间的碳钢属中碳钢（调质钢） 碳的质量分数≥0.6% 的碳钢属于高碳钢
		15Mn 20Mn 30Mn 40Mn 45Mn 50Mn 60Mn 65Mn		活塞销、凸轮轴、拉杆、铰链、焊管、钢板等 与 15Mn 接近 螺栓、螺母、拉杆等 耐疲劳件、曲轴、辊子，高应力下工作的螺钉、螺母 转轴、心轴、花键轴、连杆、制动杠杆、齿轮 用作承受高应力、高耐磨零件，如齿轮、齿轮轴等 弹簧、发条、冷拉钢丝 受中等载荷的板弹簧、弹簧环、弹簧垫圈	锰的质量分数较高的钢，须加注化学元素符号“Mn”
合金结构钢	铬钢	15Cr 20Cr 30Cr 40Cr 45Cr 50Cr		渗碳齿轮、凸轮、活塞销、离合器 较重要的渗碳件 重要的调质零件，如轮轴、齿轮、摇杆、螺栓等 较重要的调质零件，如齿轮、进气阀、辊子、轴等 强度及耐磨性高的轴、齿轮、螺栓等 重要的轴、齿轮、螺旋弹簧、止推环	钢中加入一定量的合金元素，提高了钢的力学性能和耐磨性，也提高了钢在热处理时的淬透性，保证金属在较大截面上获得好的力学性能 铬钢、铬锰钢和铬锰钛钢都是常用的合金结构
	铬锰钢	15CrMn 20CrMn 40CrMn		垫圈、汽封套筒、齿轮、滑键拉钩、偏心轮 轴、轮轴、连杆、曲柄轴及其他高耐磨零件 轴、齿轮	
	铬锰钛钢	18CrMnTi 30CrMnTi 40CrMnTi		汽车上重要渗碳件，如齿轮等 汽车、拖拉机上强度高的渗碳齿轮 强度高、耐磨性高的大齿轮、主轴等	
工模具钢		T7 T8		能承受振动和冲击的工具，硬度适中时有较大的韧性 有足够的韧性和较高的硬度，用于制造能承受振动的工具，如钻中等硬度岩石的钻头，冲头等	用“T”后附以平均含碳量的千分数表示，有 T7 ~ T13，平均含碳量约为 0.7% ~1.3%
一般工程用铸造碳钢件		ZG200 - 400 ZG230 - 450 ZG270 - 500 ZG310 - 570 ZG340 - 640		各种形状的机件，如机座、箱壳 铸造平坦的零件，如机座、机盖、箱体、铁砧台，工作温度在 450℃ 以下的管路附件等，焊接性良好 各种形状的铸件，如飞轮、机架、联轴器等，焊接性较好 各种形状的机件，如齿轮、齿圈、重载荷机架等 起重、运输机中的齿轮、联轴器等重要的机件	ZG230 - 450 表示：工程用铸钢，屈服强度为 230MPa，抗拉强度为 450MPa

注：钢随着平均含碳量的上升，抗拉强度、硬度增加，伸长率降低。

（3）非铁金属及其合金 普通黄铜（GB/T 5231—2022）；铸造铜合金（GB/T 1176—2013）；铸造铝合金（GB/T 1173—2013）；铸造轴承合金（GB/T 1174—2022）；变形铝及铝合金（GB/T 3190—2020）。

表 F-3 非铁金属及其合金

合金牌号	合金名称	铸造方法	应用举例	说明
普通黄铜及铸造铜合金				
H62	普通黄铜	—	散热器、垫圈、弹簧、各种网、螺钉等	H表示黄铜，后面数字表示平均含铜量
ZCuSn5Pb5Zn5	铸造锡青铜	S、J、R、Li、La	在较高载荷、中速下工作的耐磨耐蚀件，如轴瓦、衬套、缸套及蜗轮等	“Z”为铸造汉语拼音的首位字母、各化学元素后面的数字表示该元素质量的百分数
ZCuSn10P1	铸造锡青铜	S、J、R、Li、La	高载荷（20MPa以下）和高滑动速度（8m/s）下工作的耐磨件，如连杆、衬套、轴瓦、蜗轮等	
ZCuSn10Pb5	铸造锡青铜	S、J	耐蚀耐酸件及破碎机衬套、轴瓦等	
ZCuPb17Sn4Zn4	铸造铅青铜	S、J	一般耐磨件、轴承等	
ZCuAl10Fe3	铸造铝青铜	S、J、Li、La	要求强度高、耐磨、耐蚀的零件，如轴套、螺母、蜗轮、齿轮等	
ZCuAl10Fe3Mn2	铸造铝青铜	S、R、J	要求强度高、耐磨、耐蚀的零件，如轴套、螺母、蜗轮、齿轮等	
ZCuZn38	铸造黄铜	S、J	一般结构件和耐蚀件，如法兰、阀座、螺母等	
ZCuZn40Pb2	铸造黄铜	S、R、J	一般用途的耐磨耐蚀件，如轴套、齿轮等	
ZCuZn38Mn2Pb2	铸造黄铜	S、J	一般用途的结构件，如套筒、衬套、轴瓦、滑块等耐磨件	
ZCuZn16Si4	铸造黄铜	S、R、J	接触海水工作的管配件以及水泵、叶轮等	
铸造铝合金				
ZAlSi12	ZL102 铸造铝合金	SB、JB、RB、KB、J	气缸活塞及高温工作承受冲击载荷的复杂薄壁零件	ZL102表示硅的质量分数为10%～13%、余量为铝的铝硅合金
ZAlSi9Mg	ZL104 铸造铝合金	S、R、K、J、SB、RB、KB、JB	形状复杂的高温静载荷或受冲击作用的大型零件，如风机叶片、水冷气缸头	
ZAlMg5Si	ZL303 铸造铝合金	S、J、R、K	高耐蚀性或在高温度下工作的零件	
ZAlZn11Si7	ZL401 铸造铝合金	S、J、R、K	铸造性能较好，可不热处理，用于形状复杂的大型薄壁零件，耐蚀性差	

（续）

合金牌号	合金名称	铸造方法	应用举例	说明
铸造轴承合金				
ZSnSb12Pb10Cu4 ZSnSb11Cu6 ZSnSb8Cu4	锡基轴承合金	J	汽轮机、压缩机、机车、发电机、球磨机、轧机减速器、发动机等各种机器的滑动轴承衬	各化学元素后面的数字表示该元素的名义质量分数
ZPbSb16Sn16Cu2 ZPbSb15Sn10 ZPbSb15Sn5	铅基轴承合金	J		
变形铝及铝合金				
2A13	硬铝		适用于中等强度的零件，焊接性好	含铜、镁和锰的合金

注：S—砂型铸造；J—金属型铸造；Li—离心铸造；La—连续铸造；R—熔模铸造；K—壳型铸造；B—变质处理。

2. 常用的热处理工艺

表 F-4　常用的热处理工艺

工艺名称	代　号	说　明	应　用
退火	511	将钢件加热到临界温度以上（一般是 710～715℃，个别合金钢为 800～900℃），保温一段时间，然后缓慢冷却（一般在炉中冷却）	用来消除铸、锻、焊件的内应力，降低硬度，便于切削加工，细化金属晶粒，改善组织，增强韧性
正火	512	将钢件加热到临界温度以上，保温一段时间，然后在空气中冷却，冷却速度比退火快	用来处理低碳钢和中碳结构钢及渗碳件，使其组织细化，增加强度与韧性，减少内应力，改善切削性
淬火	513	将钢件加热到临界温度以上，保温一段时间，然后在水、盐水或油中（个别材料在空气中）急速冷却，使其得到高硬度	用来提高钢的硬度和强度，但淬火会引起内应力使钢变脆，所以淬火后必须回火
淬火和回火	514	回火是将淬硬的钢件加热到临界温度以下的温度，保温一段时间，然后在空气中或油中冷却	用来消除淬火后的脆性和内应力，提高钢的塑性和冲击韧性
调质	515	淬火后在 450～650℃进行高温回火	用来使钢获得高的韧性和足够的强度。重要的齿轮、轴及丝杠等零件均需要经调质处理
渗碳	531	在渗碳剂中将钢件加热到 900～950℃，停留一定时间，将碳渗入钢表面，深度约为 0.5～2mm，再淬火后回火	增加钢件的耐磨性、表面强度、抗拉强度及疲劳极限 适用于低碳、中碳结构钢的中、小型零件
渗氮	533	渗氮是在 500～600℃炉内通入渗氮介质，向钢的表面渗入氮原子的过程。渗氮层为 0.025～0.8mm，渗氮时间需 40～50h	增加钢的耐磨性、表面硬度、疲劳极限和抗蚀能力 适用于合金钢、碳钢、铸铁件，如机床主轴、丝杠以及在潮湿碱水和燃烧气体介质的环境中工作的零件

（续）

工艺名称	代　号	说　明	应　用
碳氮共渗	532	在820～860℃炉内通入渗碳和渗氮介质，保温1～2h，使钢件的表面同时渗入碳、氮原子，可得到0.2～0.5mm的碳氮共渗层	增加表面硬度、耐磨性、疲劳强度和耐蚀性 用于要求硬度高、耐磨的中、小型及薄片零件和刀具等
固溶处理+时效	518	低温回火后，精加工之前，加热到100～160℃，保持10～40h。对铸件也可用天然时效（露天放置一年以上）	使工件消除内应力和稳定形状，用于量具、精密丝杠、床身导轨、床身等

3. 非金属材料

表F-5　非金属材料

材料名称	牌号	说明	应用举例
耐油石棉橡胶板		有厚度0.4～3.0mm的10种规格	供航空中发动机用的煤油、润滑油及冷气系统结合处的密封衬垫材料
耐酸碱橡胶板	2030 2040	较高硬度 中等硬度	具有耐酸碱性，可在-30～+60℃的20%浓度的酸碱液体中工作，用作冲制密封性较好的垫圈
耐油橡胶板	3001 3002	较高硬度	可在一定温度的机油、变压器油、汽油等介质中工作，适用于冲制各种形状的垫圈
耐热橡胶板	4001 4002	较高硬度 中等硬度	可在-30～+100℃、压力不大的条件下，热空气、蒸汽介质中工作，用作冲制各种垫圈和隔热垫板
酚醛层压板	3302-1 3302-2	3302-1的力学性能比3302-2高	用于结构材料及制造各种机械零件
聚四氟乙烯树脂	SFL-4～13	耐腐蚀、耐高温（+250℃），并具有一定的强度，能切削加工成各种零件	用于腐蚀介质中，起密封和减磨作用，如垫圈等
工业有机玻璃		耐盐酸、硫酸、草酸、烧碱和纯碱等一般酸碱以及二氧化硫、臭氧等气体腐蚀	用于耐腐蚀和需要透明的零件
油浸石棉盘根	YS450	盘根形状分F（方形）、Y（圆形）、N（扭制）3种	用于回转轴、往复活塞或阀门杆上作为密封材料，介质为蒸汽、空气、工业用水、重质石油产品
橡胶石棉盘根	XS450	盘根形状只有F（方形）	适用于往复活塞和阀门杆上作为密封材料
工业用平面毛毡	112-44 232-36	厚度为1～40mm。112-44表示白色细毛毡，密度为0.44g/cm^3；232-36表示灰色粗毛毡，密度为0.36g/cm^3	用作密封、防漏油、防振、缓冲衬垫等。按需选用细毛、半粗毛、粗毛
软钢纸板		厚度为0.5～3.0mm	用作密封连接处的密封垫片

（续）

材料名称	牌号	说明	应用举例
尼龙	尼龙6 尼龙9 尼龙66 尼龙610 尼龙1010	具有优良的机械强度和耐磨性，可以使用成形加工和切削加工制造零件。尼龙粉末还可喷涂于各种零件表面以提高耐磨性和密封性	广泛用于机械、化工及电气零件，如轴承、齿轮、凸轮、滚子、辊轴、泵叶轮、风扇叶轮、蜗轮、螺钉、螺母、垫圈、高压密封圈、阀座、输油管、储油容器等
MC尼龙（无填充）		强度较高	适用于制造大型齿轮、蜗轮、轴套、大型阀门密封圈、导向环、导轨、滚动轴承保持架、船尾轴承、起重汽车吊索绞盘蜗轮、柴油发动机燃料泵齿轮、矿山挖掘机轴承、水压机立柱导套、大型轧钢机辊道轴瓦等
聚甲醛（均聚物）		具有良好的减摩性和抗磨损性，尤其是有优越的干摩擦性	用于制造轴承、齿轮、凸轮、滚轮、辊子、阀门上的阀杆螺母、垫圈、法兰、垫片、泵叶轮、鼓风机叶片、弹簧、管道等
聚碳酸酯		具有高的冲击韧性和优异的尺寸稳定性	用于制造齿轮、蜗轮、蜗杆、齿条、凸轮、心轴、轴承、滑轮、铰链、传动链、螺栓、螺母、垫圈、铆钉、泵叶轮、汽车化油器部件、节流阀、各种外壳等

附录G 极限与配合

1. 标准公差数值

表G-1 标准公差数值（摘自GB/T 1800.1—2020）

公称尺寸/mm		标准公差等级																	
		µm											mm						
大于	至	IT1	IT2	IT3	IT4	IT5	IT6	IT7	IT8	IT9	IT10	IT11	IT12	IT13	IT14	IT15	IT16	IT17	IT18
—	3	0.8	1.2	2	3	4	6	10	14	25	40	60	0.1	0.14	0.25	0.4	0.6	1	1.4
3	6	1	1.5	2.5	4	5	8	12	18	30	48	75	0.12	0.18	0.3	0.48	0.75	1.2	1.8
6	10	1	1.5	2.5	4	6	9	15	22	36	58	90	0.15	0.22	0.36	0.58	0.9	1.5	2.2
10	18	1.2	2	3	5	8	11	18	27	43	70	110	0.18	0.27	0.43	0.7	1.1	1.8	2.7
18	30	1.5	2.5	4	6	9	13	21	33	52	84	130	0.21	0.33	0.52	0.84	1.3	2.1	3.3
30	50	1.5	2.5	4	7	11	16	25	39	62	100	160	0.25	0.39	0.62	1	1.6	2.5	3.9
50	80	2	3	5	8	13	19	30	46	74	120	190	0.3	0.46	0.74	1.2	1.9	3	4.6
80	120	2.5	4	6	10	15	22	35	54	87	140	220	0.35	0.54	0.87	1.4	2.2	3.5	5.4
120	180	3.5	5	8	12	18	25	40	63	100	160	250	0.4	0.63	1	1.6	2.5	4	6.3
180	250	4.5	7	10	14	20	29	46	72	115	185	290	0.46	0.72	1.15	1.85	2.9	4.6	7.2
250	315	6	8	12	16	23	32	52	81	130	210	320	0.52	0.81	1.3	2.1	3.2	5.2	8.1
315	400	7	9	13	18	25	36	57	89	140	230	360	0.57	0.89	1.4	2.3	3.6	5.7	8.9
400	500	8	10	15	20	27	40	63	97	155	250	400	0.63	0.97	1.55	2.5	4	6.3	9.7

注：公称尺寸小于或等于1mm时，无IT14～IT18。

2. 轴的基本偏差数值

表 G-2 轴的基本偏差数

公称尺寸/mm		基本偏														
		上极限偏差 *es*														
大于	至	所有标准公差等级												IT5 和 IT6	IT7	IT8
		a	b	c	cd	d	e	ef	f	fg	g	h	js	j		
—	3	-270	-140	-60	-34	-20	-14	-10	-6	-4	-2	0	偏差 = ±(IT*n*)/2, 式中 *n* 为标准公差等级数	-2	-4	-6
3	6	-270	-140	-70	-46	-30	-20	-14	-10	-6	-4	0		-2	-4	—
6	10	-280	-150	-80	-56	-40	-25	-18	-13	-8	-5	0		-2	-5	—
10	14	-290	-150	-95	-70	-50	-32	-23	-16	-10	-6	0		-3	-6	—
14	18															
18	24	-300	-160	-110	-85	-65	-40	-25	-20	-12	-7	0		-4	-8	—
24	30															
30	40	-310	-170	-120	-100	-80	-50	-35	-25	-15	-9	0		-5	-10	—
40	50	-320	-180	-130												
50	65	-340	-190	-140	—	-100	-60	—	-30	—	-10	0		-7	-12	—
65	80	-360	-200	-150												
80	100	-380	-220	-170	—	-120	-72	—	-36	—	-12	0		-9	-15	—
100	120	-410	-240	-180												
120	140	-460	-260	-200	—	-145	-85	—	-43	—	-14	0		-11	-18	—
140	160	-520	-280	-210												
160	180	-580	-310	-230												
180	200	-660	-340	-240	—	-170	-100	—	-50	—	-15	0		-13	-21	—
200	225	-740	-380	-260												
225	250	-820	-420	-280												
250	280	-920	-480	-300	—	-190	-110	—	-56	—	-17	0		-16	-26	—
280	315	-1050	-540	-330												
315	355	-1200	-600	-360	—	-210	-125	—	-62	—	-18	0		-18	-28	—
355	400	-1350	-680	-400												
400	450	-1500	-760	-440	—	-230	-135	—	-68	—	-20	0		-20	-32	—
450	500	-1650	-840	-480												

注：1. 公称尺寸小于或等于 1mm 时，基本偏差 a 和 b 均不采用。

2. 公差带 js7 ~ js11，若 IT*n* 值是奇数，则取偏差 = ±(IT*n* - 1)/2。

值（摘自 GB/T 1800. 1—2020）　　　　（单位：μm）

差数值															
下极限偏差 *ei*															
IT4 ~ IT7	≤IT3，>IT7	所有标准公差等级													
k		m	n	p	r	s	t	u	v	x	y	z	za	zb	zc
0	0	+2	+4	+6	+10	+14	—	+18	—	+20	—	+26	+32	+40	+60
+1	0	+4	+8	+12	+15	+19	—	+23	—	+28	—	+35	+42	+50	+80
+1	0	+6	+10	+15	+19	+23	—	+28	—	+34	—	+42	+52	+67	+97
+1	0	+7	+12	+18	+23	+28	—	+33	—	+40	—	+50	+64	+90	+130
									+39	+45	—	+60	+77	+108	+150
+2	0	+8	+15	+22	+28	+35	—	+41	+47	+54	+63	+73	+98	+136	+188
							+41	+48	+55	+64	+75	+88	+118	+160	+218
+2	0	+9	+17	+26	+34	+43	+48	+60	+68	+80	+94	+112	+148	+200	+274
							+54	+70	+81	+97	+114	+136	+180	+242	+325
+2	0	+11	+20	+32	+41	+53	+66	+87	+102	+122	+144	+172	+226	+300	+405
					+43	+59	+75	+102	+120	+146	+174	+210	+274	+360	+480
+3	0	+13	+23	+37	+51	+71	+91	+124	+146	+178	+214	+258	+335	+445	+585
					+54	+79	+104	+144	+172	+210	+254	+310	+400	+525	+690
+3	0	+15	+27	+43	+63	+92	+122	+170	+202	+248	+300	+365	+470	+620	+800
					+65	+100	+134	+190	+228	+280	+340	+415	+535	+700	+900
					+68	+108	+146	+210	+252	+310	+380	+465	+600	+780	+1000
+4	0	+17	+31	+50	+77	+122	+166	+236	+284	+350	+425	+520	+670	+880	+1150
					+80	+130	+180	+258	+310	+385	+470	+575	+740	+960	+1250
					+84	+140	+196	+284	+340	+425	+520	+640	+820	+1050	+1350
+4	0	+20	+34	+56	+94	+158	+218	+315	+385	+475	+580	+710	+920	+1200	+1550
					+98	+170	+240	+350	+425	+525	+650	+790	+1000	+1300	+1700
+4	0	+21	+37	+62	+108	+190	+268	+390	+475	+590	+730	+900	+1150	+1500	+1900
					+114	+208	+294	+435	+530	+660	+820	+1000	+1300	+1650	+2100
+5	0	+23	+40	+68	+126	+232	+330	+490	+595	+740	+920	+1100	+1450	+1850	+2400
					+132	+252	+360	+540	+660	820	+1000	+1250	+1600	+2100	+2600

3. 孔的基本偏差数值

表 G-3　孔的基本偏差数

公称尺寸/mm		基本偏																		
		下极限偏差 *EI*												上极						
大于	至	所有标准公差等级												IT6	IT7	IT8	≤IT8	>IT8	≤IT8	>IT8
		A	B	C	CD	D	E	EF	F	FG	G	H	JS	J			K		M	
—	3	+270	+140	+60	+34	+20	+14	+10	+6	+4	+2	0	偏差 = ±(IT*n*)/2,式中*n*为标准公差等级数	2	4	6	0	0	-2	-2
3	6	+270	+140	+70	+46	+30	+20	+14	+10	+6	+4	0		5	6	10	-1+Δ	—	-4+Δ	-4
6	10	+280	+150	+80	+56	+40	+25	+18	+13	+8	+5	0		5	8	12	-1+Δ	—	-6+Δ	-6
10	14	+290	+150	+95	+70	+50	+32	+23	+16	+10	+6	0		6	10	15	-1+Δ	—	-7+Δ	-7
14	18																			
18	24	+300	+160	+110	+85	+65	+40	+28	+20	+12	+7	0		8	12	20	-2+Δ	—	-8+Δ	-8
24	30																			
30	40	+310	+170	+120	+100	+80	+50	+35	+25	+15	+9	0		10	14	24	-2+Δ	—	-9+Δ	-9
40	50	+320	+180	+130																
50	65	+340	+190	+140	—	+100	+60	—	+30	—	+10	0		13	18	28	-2+Δ	—	-11+Δ	-11
65	80	+360	+200	+150																
80	100	+380	+220	+170	—	+120	+72	—	+36	—	+12	0		16	22	34	-3+Δ	—	-13+Δ	-13
100	120	+410	+240	+180																
120	140	+460	+260	+200	—	+145	+85	—	+43	—	+14	0		18	26	41	-3+Δ	—	-15+Δ	-15
140	160	+520	+280	+210																
160	180	+580	+310	+230																
180	200	+660	+340	+240	—	+170	+100	—	+50	—	+15	0		22	30	47	-4+Δ	—	-17+Δ	-17
200	225	+740	+380	+260																
225	250	+820	+420	+280																
250	280	+920	+480	+300	—	+190	+110	—	+56	—	+17	0		25	36	55	-4+Δ	—	-20+Δ	-20
280	315	+1050	+540	+330																
315	355	+1200	+600	+360	—	+210	+125	—	+62	—	+18	0		29	39	60	-4+Δ	—	-21+Δ	-21
355	400	+1350	+680	+400																
400	450	+1500	+760	+440	—	+230	+135	—	+68	—	+20	0		33	43	66	-5+Δ	—	-23+Δ	-23
450	500	+1650	+840	+480																

注：1. 公称尺寸小于或等于1mm时，基本偏差A和B及大于IT8的N均不采用。

2. 公差带JS7~JS11，若IT*n*值是奇数，则取偏差 = ±(IT*n*-1)/2。

3. 对小于或等于IT8的K、M、N和小于或等于IT7的P~ZC，所需Δ值从表内右侧选取。例如：18~30mm段

4. 特殊情况：250~315mm段的M6，*ES* = -9μm（代替-11μm）。

值（摘自 GB/T 1800.1—2020）　　　　（单位：μm）

差数值															Δ 值					
限偏差 *ES*																				
≤IT8	>IT8	≤IT7	标准公差等级 > IT7												标准公差等级					
N		P ~ ZC	P	R	S	T	U	V	X	Y	Z	ZA	ZB	ZC	IT3	IT4	IT5	IT6	IT7	IT8
-4	-4		-6	-10	-14	—	-18	—	-20	—	-26	-32	-40	-60	0	0	0	0	0	0
+8 +Δ	0		-12	-15	-19	—	-23	—	-28	—	-35	-42	-50	-80	1	1.5	1	3	4	6
-10 +Δ	0		-15	-19	-23	—	-28	—	-34	—	-42	-52	-67	-97	1	1.5	2	3	6	7
-12 +Δ	0		-18	-23	-28	—	-33	—	-40	—	-50	-64	-90	-130	1	2	3	3	7	9
								-39	-45	—	-60	-77	-108	-150						
-15 +Δ	0		-22	-28	-35	—	-41	-47	-54	-63	-73	-98	-136	-188	1.5	2	3	4	8	12
						-41	-48	-55	-64	-75	-88	-118	-160	-218						
-17 +Δ	0		-26	-34	-43	-48	-60	-68	-80	-94	-112	-148	-200	-274	1.5	3	4	5	9	14
						-54	-70	-81	-97	-114	-136	-180	-242	-325						
-20 +Δ	0	在 >IT7 的相应数值上增加一个 Δ 值	-32	-41	-53	-66	-87	102	122	-144	-172	-226	-300	-405	2	3	5	6	11	16
				-43	-59	-75	-102	-120	-146	-174	-210	-274	-360	-480						
-23 +Δ	0		-37	-51	-71	-91	-124	-146	-178	-214	-258	-335	-445	-585	2	4	5	7	13	19
				-54	-79	-104	-144	-172	-210	-254	-310	-400	-525	-690						
-27 +Δ	0		-43	-63	-92	-122	-170	-202	-248	-300	-365	-470	-620	-800	3	4	6	7	15	23
				-65	-100	-134	-190	-228	-280	-340	-415	-535	-700	-900						
				-68	-108	-146	-210	-252	-310	-380	-465	-600	-780	-1000						
-31 +Δ	0		-50	-77	-122	-166	-236	-284	-350	-425	-520	-670	-880	-1150	3	4	6	9	17	26
				-80	-130	-180	-258	-310	-385	-470	-575	-740	-960	-1250						
				-84	-140	-196	-284	-340	-425	-520	-640	-820	-1050	-1350						
-34 +Δ	0		-56	-94	-158	-218	-315	-385	-475	-580	-710	-920	-1200	-1550	4	4	7	9	20	29
				-98	-170	-240	-350	-425	-525	-650	-790	-1000	-1300	-1700						
-37 +Δ	0		-62	-108	-190	-268	-390	475	-590	-730	-900	-1150	-1500	-1900	4	5	7	11	21	32
				-114	-208	-294	-435	-530	-660	-820	-1000	-1300	-1650	-2100						
-40 +Δ	0		-68	-126	-232	-330	-490	-595	-740	-920	-1100	-1450	-1850	-2400	5	5	7	13	23	34
				-132	-252	-360	-540	-660	-820	-1000	-1250	-1600	-2100	-2600						

的 K7，$\Delta=8\mu m$，所以 $ES=(-2+8)\mu m=+6\mu m$；18 ~ 30mm 段的 S6，$\Delta=4\mu m$，所以 $ES=(-35+4)\mu m=-31\mu m$。

4. 优先配合中轴的公差带

表 G-4　优先配合中轴的公差带（摘自 GB/T 1800.2—2020）　　（单位：μm）

公称尺寸/mm		公差带												
		c	d	f	g	h				k	n	p	s	u
大于	至	11	9	7	6	6	7	9	11	6	6	6	6	6
—	3	-60 -120	-20 -45	-6 -16	-2 -8	0 -6	0 -10	0 -25	0 -60	+6 0	+10 +4	+12 +6	+20 +14	+24 +18
3	6	-70 -145	-30 -60	-10 -22	-4 -12	0 -8	0 -12	0 -30	0 -75	+9 +1	+16 +8	+20 +12	+27 +19	+31 +23
6	10	-80 -170	-40 -76	-13 -28	-5 -14	0 -9	0 -15	0 -36	0 -90	+10 +1	+19 +10	+24 +15	+32 +23	+37 +28
10	18	-95 -205	-50 -93	-16 -34	-6 -17	0 -11	0 -18	0 -43	0 -110	+12 +1	+23 +12	+29 +18	+39 +28	+44 +33
18	24	-110 -240	-65 -117	-20 -41	-7 -20	0 -13	0 -21	0 -52	0 -130	+15 +2	+28 +15	+35 +22	+48 +35	+54 +41
24	30													+61 +48
30	40	-120 -280	-80 -142	-25 -50	-9 -25	0 -16	0 -25	0 -62	0 -160	+18 +2	+33 +17	+42 +26	+59 +43	+76 +60
40	50	-130 -290												+86 +70
50	65	-140 -330	-100 -174	-30 -60	-10 -29	0 -19	0 -30	0 -74	0 -190	+21 +2	+39 +20	+51 +32	+72 +53	+106 +87
65	80	-150 -340											+78 +59	+121 +102
80	100	-170 -390	-120 -207	-36 -71	-12 -34	0 -22	0 -35	0 -87	0 -220	+25 +3	+45 +23	+59 +37	+93 +71	+146 +124
100	120	-180 -400											+101 +79	+166 +144
120	140	-200 -450											+117 +92	+195 +170
140	160	-210 -460	-145 -245	-43 -83	-14 -39	0 -25	0 -40	0 -100	0 -250	+28 +3	+52 +27	+68 +43	+125 +100	+215 +190
160	180	-230 -480											+133 +108	+235 +210
180	200	-240 -530											+151 +122	+265 +236
200	225	-260 -550	-170 -285	-50 -96	-15 -44	0 -29	0 -46	0 -115	0 -290	+33 +4	+60 +31	+79 +50	+159 +130	+287 +258
225	250	-280 -570											+169 +140	+313 +284

（续）

公称尺寸/mm		公差带												
		c	d	f	g	h				k	n	p	s	u
大于	至	11	9	7	6	6	7	9	11	6	6	6	6	6
250	280	-300 -620	-190 -320	-56 -108	-17 -49	0 -32	0 -52	0 -130	0 -320	+36 +4	+66 +34	+88 +56	+190 +158	+347 +315
280	315	-330 -650											+202 +170	+382 +350
315	355	-360 -720	-210 -350	-62 -119	-18 -54	0 -36	0 -57	0 -140	0 -360	+40 +4	+73 +37	+98 +62	+226 +190	+426 +390
355	400	-400 -760											+244 +208	+471 +435
400	450	-440 -840	-230 -385	-68 -131	-20 -60	0 -40	0 -63	0 -155	0 -400	+45 +5	+80 +40	+108 +68	+272 +232	+530 +490
450	500	-480 -880											+292 +252	+580 +540

5. 优先配合中孔的公差带

表 G-5　优先配合中孔的公差带（摘自 GB/T 1800.2—2020）　　（单位：μm）

公称尺寸/mm		公差带												
		C	D	F	G	H				K	N	P	S	U
大于	至	11	9	8	7	7	8	9	11	7	7	7	7	7
—	3	+120 +60	+45 +20	+20 +6	+12 +2	+10 0	+14 0	+25 0	+60 0	0 -10	-4 -14	-6 -16	-14 -24	-18 -28
3	6	+145 +70	+60 +30	+28 +10	+16 +4	+12 0	+18 0	+30 0	+75 0	+3 -9	-4 -16	-8 -20	-15 -27	-19 -31
6	10	+170 +180	+76 +40	+35 +13	+20 +5	+15 0	+22 0	+36 0	+90 0	+5 -10	-4 -19	-9 -24	-17 -32	-22 -37
10	18	+205 +95	+93 +50	+43 +16	+24 +6	+18 0	+27 0	+43 0	4 +110 0	+6 -12	-5 -23	-11 -29	-21 -39	-26 -44
18	24	+240 +110	+117 +65	+53 +20	+28 +7	+21 0	+33 0	+52 0	+130 0	+6 -15	-7 -28	-14 -35	-27 -48	-33 -54
24	30													-40 -61
30	40	+280 +120	+142 +80	+64 +25	+34 +9	+25 0	+39 0	+62 0	+160 0	+7 -18	-8 -33	-17 -42	-34 -59	-51 -76
40	50	+290 +130												-61 -86
50	65	+330 +140	+174 +100	+76 +30	+40 +10	+30 0	+46 0	+74 0	+190 0	+9 -21	-9 -39	-21 -51	-42 -72	-76 -106
65	80	+340 +150											-48 -78	-91 -121

（续）

公称尺寸/mm		公差带												
		C	D	F	G	H				K	N	P	S	U
大于	至	11	9	8	7	7	8	9	11	7	7	7	7	7
80	100	+390 +170	+207 +120	+90 +36	+47 +12	+35 0	+54 0	4 +87 0	+220 0	+10 -25	-10 -45	-24 -59	-58 -93	-111 -146
100	120	+400 +180											-66 -101	-131 -166
120	140	+450 +200	+245 +145	+106 +43	+54 +14	+40 0	+63 0	+100 0	+250 0	+12 -28	-12 -52	-28 -68	-77 -117	-155 -195
140	160	+460 +210											-85 -125	-175 -215
160	180	+480 +230											-93 -133	-195 -235
180	200	+530 +240	+285 +170	+122 +50	+61 +15	+46 0	+72 0	+115 0	+290 0	+13 -33	-14 -60	-33 -79	-105 -151	-219 -265
200	225	+550 +260											-113 -159	-241 -287
225	250	+570 +280											-123 -169	-267 -313
250	280	+620 +300	+320 +190	+137 +56	+69 +17	+52 0	+81 0	+130 0	+320 0	+16 -36	-14 -66	-36 -88	-138 -190	-295 -347
280	315	+650 +330											-150 -202	-330 -382
315	355	+720 +360	+350 +210	+151 +62	+75 +18	+57 0	+89 0	+140 0	+360 0	+17 -40	-16 -73	-41 -98	-169 -226	-369 -426
355	400	+760 +400											-187 -244	-414 -471
400	450	+840 +440	+385 +230	+165 +68	+83 +20	+63 0	+97 0	+155 0	+400 0	+18 -45	-17 -80	-45 -108	-209 -272	-467 -530
450	500	+880 +480											-229 -292	-517 -580

参考文献

[1] 白聿钦. 工程图学［M］. 北京：中国电力出版社，2007.
[2] 薛铜龙. 机械设计基础［M］. 北京：电子工业出版社，2014.
[3] 赵建国，何文平，段红杰，等. 工程制图［M］. 3版. 北京：高等教育出版社，2018.
[4] 王贯超. SolidWorks机械设计教程［M］. 北京：中国纺织出版社，2011.
[5] 李爱军，刘瑜. SolidWorks培训教程［M］. 北京：清华大学出版社，2012.
[6] 李迎春，徐芳，程琛. AutoCAD 2014机械绘图实用教程［M］. 北京：中国电力出版社，2016.
[7] 马宏亮，孙燕华. AutoCAD机械制图［M］. 3版. 北京：机械工业出版社，2021.
[8] 冯开平. 画法几何与机械制图［M］. 广州：华南理工大学出版社，2007.
[9] 胡建生. 机械制图［M］. 北京：机械工业出版社，2018.
[10] 叶琳. 工程图学基础教程［M］. 3版. 北京：机械工业出版社，2014.
[11] 叶琳，邱龙辉. 画法几何与机械制图［M］. 2版. 西安：西安电子科技大学出版社，2012.
[12] 张丽萍，李兴田. 工程制图［M］. 2版. 北京：北京理工大学出版社，2014.
[13] 荆蕾. 工程制图［M］. 北京：清华大学出版社，2017.
[14] 王国顺，李宝良. 工程制图［M］. 北京：北京邮电大学出版社，2009.
[15] 王飞，刘晓杰. 现代工程图学［M］. 北京：北京邮电大学出版社，2006.
[16] 彭如恕，厉善元，周荣安，等. 现代工程制图［M］. 北京：国防工业出版社，2007.
[17] 陆载涵，张向华，罗昕. 工程制图［M］. 北京：北京理工大学出版社，2010.
[18] 佟献英，韩宝玲，杨薇. 工程制图［M］. 北京：北京理工大学出版社，2012.